Sprachsensibilität in Bildungsprozessen

Reihe herausgegeben von

Martin Butler, Institut für Anglistik, Universität Oldenburg, Oldenburg, Deutschland

Juliana Goschler, Carl von Ossietzky Universität, Oldenburg, Deutschland

Nanna Fuhrhop, Institut für Germanistik, Universität Oldenburg, Oldenburg, Deutschland

Ira Diethelm, Computer Science Education, Carl von Ossietzky Universität, Oldenburg, Deutschland

Vera Busse, Universität Vechta, Vechta, Vatican City State

Welche Rolle spielt Sprache in Bildungsprozessen? Dieser Frage widmen sich die in der Reihe erscheinenden Arbeiten, die die Bedingungen, Formen und Effekte sprachlichen Handelns in Bildungskontexten in den Blick nehmen. Die Reihe versteht sich als Ort zur Initiierung eines interdisziplinären Dialogs fachdidaktischer, bildungswissenschaftlicher und fachwissenschaftlicher Perspektiven auf diesen Gegenstandsbereich, trägt durch ihren fächerübergreifenden Charakter dessen Multidimensionalität Rechnung und leistet so einen Beitrag zur Entwicklung von Bausteinen einer kritisch-reflexiven Sprachsensibilität in Bildungsprozessen.

Mareike Fuhlrott

Sprachbildende Schulbuchaufgaben im Fachunterricht

Qualitative Inhaltsanalyse und Intervention

Springer Spektrum

Mareike Fuhlrott
Universität Siegen
Siegen, Deutschland

Die vorliegende Veröffentlichung basiert auf der Dissertationsschrift, die am 29.01.2025 an der Universität Siegen, Fakultät I: Philosophische Fakultät, Germanistisches Seminar, im Fach Didaktik der deutschen Sprache als Dissertation zur Erlangung des Grades einer Doktorin der Philosophie (Dr. phil.) angenommen und am 26.05.2025 verteidigt wurde.

ISSN 2524-8081 ISSN 2524-809X (electronic)
Sprachsensibilität in Bildungsprozessen
ISBN 978-3-658-53060-0 ISBN 978-3-658-53061-7 (eBook)
https://doi.org/10.1007/978-3-658-53061-7

Die Deutsche Nationalbibliothek verzeichnet diese Publikation in der Deutschen Nationalbibliografie; detaillierte bibliografische Daten sind im Internet über https://portal.dnb.de abrufbar.

Planung/Lektorat: Carina Reibold
Springer Spektrum ist ein Imprint der eingetragenen Gesellschaft Springer Fachmedien Wiesbaden GmbH und ist ein Teil von Springer Nature.
Die Anschrift der Gesellschaft ist: Abraham-Lincoln-Str. 46, 65189 Wiesbaden, Germany

Danksagung

An dieser Stelle möchte ich allen danken, die in vielfältiger Weise zum Gelingen dieser Arbeit beigetragen haben:

Dem Erstgutachter Prof. Dr. Torsten Steinhoff
Der Zweitgutachterin Prof.in Dr. Katrin Kleinschmidt-Schinke

Allen Beratenden der Beratungskolloquien der die S-Sommerschule, des Sprachdidaktischen Kolloquiums der Universität Siegen und des Sprachdidaktischen Kolloquiums der Universitäten Gießen, Paderborn und Siegen (GiPaSi).

Allen teilnehmenden Schüler: innen und Lehrkräften sowie insbesondere:

Meinen Eltern, meiner wunderbaren Tochter Marla Lia Fuhlrott, René, Linda in't Zandt, meiner Schwester Nina Justen mit Familie sowie

Amelie in't Zandt, Andrea Henzeschulz mit Familie, Andreas Ludwig, Ben in't Zandt, Carina Materna, Christin Büning, Christin Dieker, David Schlephorst, Eva Bordin, Eva Kampschulte, Dr. Irene Corvacho del Toro, Isabella, Dr. Jan Söhlke, Kathrin Aranibar, Dr. Lena Decker, Lilli, Malia, Marc Steffen Freund, Mia, Nayara, Stefanie Schöllchen mit Schröder und Steffi.

Ich danke Euch für Eure jahrelange und stets unermüdliche Unterstützung.

Hinweise zur Lektüre und zum Aufbau

Die vorliegende Studie ist der Frage gewidmet, wie (digitale) Schulbuchaufgaben im Fachunterricht so gestaltet werden können, dass sie fachliches und sprachliches Lernen systematisch miteinander verbinden. Exemplarisch wurde dies für die Erprobungsstufe (Jahrgang 5/6) des Gymnasiums in NRW und die Fächer Wirtschaft-Politik und Physik untersucht. Ausgehend von bildungspolitischen Vorgaben und Diskursen zu Bildungssprache rekonstruiert die Arbeit, welche impliziten und expliziten Normen sich in Aufgabenformaten niederschlagen und wie diese Lernprozesse von Schüler:innen strukturieren können. Der Band richtet sich an Forschende, Lehrkräfte, Studierende und Schulbuchautor:innen, die Unterricht sprachbildend weiterentwickeln möchten. Jedes Kapitel enthält eine Kurzzusammenfassung und die einzelnen Kapitel sind so verfasst, dass sie unabhängig voneinander gelesen und verstanden werden können.

Im Folgenden wird eine Kurzübersicht über die Kapitel und ihre Inhalte gegeben.

Theorie

Kapitel 1 „Einleitung“ und Kapitel 2 „Lernziele“ führen in Kompetenzorientierung, Bildungsstandards (2.1), Kernlehrpläne (2.2) und schulinterne Lehrpläne (2.3) ein und zeigen, wie diese die Konstruktion von Schulbuchaufgaben steuern. Leser:innen, die sich primär für Aufgaben, Operatoren und Schulbücher interessieren, können direkt Kapitel 3 „Lerngegenstände“ nutzen, in dem Aufgaben (3.1), Operatoren (3.2) sowie das Schulbuch als Lerngegenstand (3.3) und Schulbuchaufgaben (3.3.1) mit Blick auf fachliche und sprachliche Anforderungen sowie Formen der Digitalität beschrieben werden.

Kapitel 4 „Lernende“ und Kapitel 5 „Lernprozesse“ bündeln Forschungsergebnisse zu kognitiven und sprachlichen Voraussetzungen des Aufgabenlösens.

Empirie

In Kapitel 6 ist die empirische Anlage der Studie dokumentiert. Zuerst werden das Erkenntnisinteresse (6.1.1) und das Studiendesign (6.1.2) in Abschnitt 6.1 erläutert. Das Design besteht aus einer Aufgabenanalyse (6.2) und einer Interventionsstudie (6.3) und ist somit als Mixed-Methods-Studie angelegt.

Abschnitt 6.2 umfasst die Aufgabenanalyse mit Korpus- und Lehrwerksbeschreibung. Angewendet wird eine strukturierende Qualitative Inhaltsanalyse, die softwaregestützt ausgewertet und über ein ausdifferenziertes Kategoriensystem sowie eine Intercoder-Reliabilitätsprüfung abgesichert wird. Auf der Grundlage des Kategoriensystems zum Schreib(förder)potenzial von Aufgaben sowie einschlägiger Arbeiten zu Demand- und Support-Merkmalen in Anlehnung an Legutke (2006) und Steinhoff (2018) werden 1357 Aufgaben untersucht und im Anschluss typisiert. Eine typische Aufgabe, die gleichsam fachverbindend ist, dient als Grundlage für die folgende Interventionsstudie.

Abschnitt 6.3 präsentiert die Interventionsstudie „Klimatext“, die im Pre-Post-Design mit zwei Interventionsgruppen ($N = 30$) in einem hybriden Lernsetting umgesetzt wurde. Im Zentrum steht die Frage, wie idealtypische und schreibförderlich optimierte Schulbuchaufgaben die Quantität und Qualität fachlich-bildungssprachlicher Schreibprodukte beeinflussen und ob Schüler:innen mit optimierten Aufgaben fachlich besser lernen. Es wird also danach gefragt, wie es um das Lernpotenzial der Aufgaben bestellt ist. Die Auswertungen erfolgen inferenzstatistisch.

Diskussion

In Kapitel 7 werden die Ergebnisse der Gesamtstudie prägnant zusammengefasst, Limitationen benannt und Impulse für die Entwicklung von Unterricht, Lehrkräftebildung, Schulbuchentwicklung und weitere Forschungsvorhaben gegeben.

Die Lektüre lädt dazu ein, bestehende Aufgabenkulturen kritisch zu hinterfragen – auch und gerade in Zeiten von KI.

Inhaltsverzeichnis

Abbildungsverzeichnis

Tabellenverzeichnis

Einleitung

1

Ausgangspunkt der vorliegenden Studie ist ein Praxisproblem, das auftritt, wenn Schüler:innen der Sekundarstufe I beim Lösen von Schulbuchaufgaben das zu bearbeitende Aufgabenproblem nicht verstehen, wie es das folgende Fallbeispiel aus einer Vorerhebung, Abb. 1.1, illustriert:

Schulbuchaufgabe, 6. Klasse, Wirtschaft-Politik, Gymnasium, NRW:

Erkläre, welcher Zusammenhang zwischen Nachhaltigkeit und dem schonenden Umgang mit Rohstoffen besteht.

Schriftliche Lösung eines Schülers, 11 Jahre:

Abb. 1.1 Aufgabenlösung zu einer Schulbuchaufgabe, Schüler, 6. Klasse, 11 Jahre, Gymnasium

Ein Gymnasiast der 6. Klasse wurde gebeten, die oben genannte Schulbuchaufgabe ohne Hilfestellungen in Einzelarbeit zu lösen. Nach 20 Minuten präsentierte er neben der in Abb. 1.1 gezeigten Lösung mehr Fragen als Antworten, etwa:

- *Sollte ich meine Lösung aufschreiben oder sagen?*
- *Sollte ich Stichpunkte machen?*
- *Muss ich alles im Buch lesen?*

M. Fuhlrott, *Sprachbildende Schulbuchaufgaben im Fachunterricht*,
Sprachsensibilität in Bildungsprozessen,
https://doi.org/10.1007/978-3-658-53061-7_1

Was an dieser Stelle passiert ist, expliziert eine andere Schüler:in der 6. Klasse aus einer anderen Schule, nachdem sie vor dem gleichen Problem stand:

> „Ich wusste nicht was ich sonst noch schreiben soll. Ich finde man hätte die Aufgabenstellung noch ausführlicher gestalten können. Ich wusste nicht ob ich hätte noch mehr schreiben sollen oder welche Punkte ich nennen sollte.:/"
>
> (Schüler:innenkommentar nach dem Lösen einer Schulbuchaufgabe, 6. Klasse, Gymnasium, entnommen aus Fuhlrott, 2024, S. 193)

Die Aufgabe ist sehr kurz und offen gestaltet, weshalb es den Schüler:innen schwerfällt, die Aufgabe zu verstehen. Es bedarf einer weiteren Explizierung von Handlungen von außen, um den Erwartungshorizont zu konturieren. Neben fachlichem Wissen benötigen Schüler:innen sprachliches Wissen, um die Aufgabe zu lösen. Es soll ein Zusammenhang sprachlich *erklärt* werden. Für die sprachliche Realisierung enthält die Aufgabenstellung jedoch keine Merkmale, die Schüler:innen unterstützen. Ob es sich bei der Schulbuchaufgabe aus dem Beispiel um eine *typische* Schulbuchaufgabe handelt und ob mit entsprechenden Aufgaben die Etablierung einer Sprachbildung im Allgemeinen und einer Schreibförderung im Speziellen im Fachunterricht möglich ist, sind die Ausgangsfragen der vorliegenden Studie.

Die Studie *Sachfachliche Schreib-Lernaufgaben* widmet sich hierauf aufbauend aus schreibdidaktischer Perspektive der Aufgabenkultur des Fachunterrichts *Wirtschaft-Politik* und *Physik* der Erprobungsstufe des Gymnasiums und damit der Beschaffenheit und Wirkung von Schulbuchaufgaben im Fachvergleich.

In einem ersten Schritt wurden 1357 Schulbuchaufgaben ($N = 1357$) als Teil der fachlichen Aufgabenkultur über qualitativ-quantitative Analysen kategorial untersucht. Ziel war es, das *Schreib(förder)potenzial* von bestehenden Aufgaben zu beschreiben und damit den Fragen nachzugehen, ob einerseits eine fördernde Schreibkultur über Aufgabenmerkmale nachgewiesen werden kann und andererseits, welche sprachhandlungsbezogenen Anforderungen über Aufgabenstellungen an Schüler:innen herangetragen werden. Um dies zu untersuchen, wurden mediale, kognitive und sprachliche Aufgabenmerkmale fachlich-kontrastiv beschrieben, Aufgaben typisiert und für eine Interventionsstudie aufbereitet.

In der Interventionsstudie mit dem Namen *Klimatext* erhielten im Anschluss an die Aufgabenanalyse und eine Pilotierung 15 Schüler:innen eine idealtypische Aufgabenstellung (= Aufgabenstellung, die als solche besonders häufig erhobene Merkmale aufweist). Die Schüler:innen lösten die Aufgabe schriftlich in einem hybriden Lernsetting mit Tablets mit Tastatur. Eine zweite Gruppe von 15

Schüler:innen erhielt die gleiche Aufgabe, die mit schreibförderlichen Merkmalen und didaktisierten Operatoren erweitert wurde. Vor und nach dem Einsatz wurde das Fachwissen getestet und die Textquantität und Textqualität der Schüler:innenlösungen beurteilt ($N = 30$). Die Ergebnisse zeigen, wie sich Fachwissen und die sprachlich-fachliche Qualität der Aufgabenlösungen nach dem Einsatz der beiden Aufgabenstellungen unterscheiden.

Somit wurde neben dem *Schreib(förder)potenzial* von Aufgabenstellungen das *Lernpotenzial* untersucht. Didaktisch wird kognitionspsychologisch die Annahme vertreten, dass jüngere Schüler:innen zu Beginn der Sekundarstufe I von *präzisen Handlungsanweisungen* profitieren, die direkt in der Aufgabenstellung verankert sind und das wiederholte, routinierte Üben mit kleinen Aufgaben zielführend ist, wenn komplexe Routinen – wie das akademisch-fachliche Schreiben – aufgebaut werden sollen (Busse, 2022; Wellenreuther, 2018). Weitere Vorannahmen zur Schreibkultur in den Fächern gründen sich – neben den besagten Vorerhebungen – auf wenige Studien und können mit einem Auszug aus dem Blog-Beitrag „‚Einen schlafenden Riesen wecken' – Von der Autonomie, Geschichte zu schreiben" des Geschichtsdidaktikers Lupschina pointiert zusammengefasst dargestellt werden. Der Beitrag verdeutlicht, warum ein Fokus auf das Schreiben innerhalb der Etablierung einer Sprachbildung im Fachunterricht relevant ist und welcher Zusammenhang zwischen Schulbuchaufgaben und der Etablierung einer Schreibförderung im Fach besteht. Lupschina schreibt 2021:

> „Es gibt einen ‚unbekümmert wenig reflektierten und zielgerichteten Umgang mit den Schreibaufträgen' (Thürmann et al., 2015, S. 21) [...]. Es ist deutlich zu sehen, ‚dass – wenn überhaupt im Fachunterricht geschrieben wird – diese Aktivitäten überwiegend unterhalb der Textebene der Absicherung von Lernergebnissen dienen und nicht der Generierung von Ideen der zusammenhängenden Darstellung komplexerer Sachverhalte, der Stiftung von Erkenntnissen oder der fachlich begründeten Urteilsbildung' (Thürmann et al. 2015, S. 34). Wenn das ein Spot ist, man mag das Licht erst gar nicht anschalten. […] Schulbücher helfen hier nicht weiter. Nachzudenken wäre darüber, inwieweit sie den traditionellen Schematismus sogar generieren. Zusammenhängendes, reflektiertes Schreiben hat in ihnen wenig Platz. In den Buchkonzepten wird nicht so richtig klar, mit welcher Verbindlichkeit was mündlich und was schriftlich bearbeitet werden soll, um Strategien zu erwerben. 45 Minuten sind knapp, der Stoff muss durch. Klar ist nur, bis auf den Tafelanschrieb, der heilige Gral der Ergebnisdidaktik, kann alles flüchtig sein.
>
> Ihre (Ein-Satz-)Aufgaben in normierter Befehlsform sind für Schüler*innen – besonders im Fernunterricht – kaum zu verstehen. Nicht nur, weil die Operatoren selbst übersetzungsbedürftig sind. Dahinter steckt die Idee der Omnipräsenz der Lehrkraft." (Lupschina, 2021)

Lupschina bezieht sich in seinem Beitrag direkt auf die Studie von Thürmann, Pertzel & Schütte (2015), der die Metapher des *schlafenden Riesen* entlehnt ist. Der Artikel „Der schlafende Riese: Versuch eines Weckrufs zum Schreiben im Fachunterricht" aus dem Sammelband *Schreiben als Medium des Lernens – Kompetenzentwicklung durch Schreiben im Fachunterricht*, der 2015 herausgegeben wurde, avancierte zu einem Leitartikel, um die geringe Bedeutung des Schreibens im naturwissenschaftlichen und gesellschaftswissenschaftlichen Fachunterricht zu thematisieren. Der Artikel beginnt mit der folgenden Feststellung:

> „Zu konstatieren ist ein dramatisches Missverhältnis zwischen dem Potenzial des Schreibens im Unterricht als Werkzeug des Lehrens und Lernens und der schulischen Realität und zwar sowohl hinsichtlich der curricularen Rahmenbedingungen als auch der alltäglichen Praxis." (Thürmann, Pertzel & Schütte, 2015, S. 17)

Thürmann, Pertzel & Schütte stellen in ihrem Artikel die Ergebnisse einer multimethodischen Studie zum Stellenwert des Schreibens im Fachunterricht in den Sachfächern der Sekundarstufe I vor. Ausgewertete Korpora waren Transkripte von Videoaufnahmen von 40 Unterrichtsstunden mit 40 Lehrkräften ($N = 40$) aus dem *Archiv für pädagogische Kasuistik* (*ApaeK*) der Goethe-Universität Frankfurt am Main, Interviews mit Lehrkräften[1] und Schüler:innen aller Schulformen ($N = 672$) sowie Curricula. Die Autor:innen kommen nach der Auswertung ihrer Daten zu dem Ergebnis, dass der Unterricht in den Sachfächern Geschichte und Biologie in der Sekundarstufe I vorwiegend mündlich durchgeführt wird. Wenn im Fachunterricht geschrieben wird, dann dominieren einfache Schreibaufträge, wie etwa einen Merksatz zu notieren oder etwas von der Tafel abzuschreiben. Wie es auch Lupschina darlegt, findet Schreiben meist unterhalb der Textebene statt. Neben weiteren institutionellen Faktoren werden Schulbüchern und deren Schreibaufträgen didaktisch ein Teil der Verantwortung für die Fossilierung dieses Status quo zugesprochen, da sie schreibferne Lernmuster im Fachunterricht perpetuieren. Dieser These wird mit der vorliegenden Studie nachgegangen.

Das Erkenntnisinteresse kann sprachdidaktisch grundständig im pragmalinguistischen *Bildungssprachdiskurs* verortet werden (Steinhoff, 2019). Durch Beiträge aus der Schulbuch- und Aufgabenforschung verschiedener Disziplinen werden die Ausführungen ergänzt. Abschnitt 1.1 beginnt mit der Verortung der Theorie und der Beschreibung von *Bildungssprachlichen Handlungen*. In

[1] Die Autor:innen geben keine Stichprobengröße für die Lehrkräftebefragung an und weisen darauf hin, dass die Erhebung explorativen Charakter hat (Thürmann, Pertzel & Schütte, 2015, S. 29).

Abschnitt 1.2 werden die *Desiderate* und in Abschnitt 1.3 der *Aufbau der Arbeit* beschrieben.

Die Studie von Thürmann, Pertzel und Schütte warf 2015 einen *Spot* auf die Bedeutung des Schreibens im Fachunterricht und Lupschina bemerkt: „Wenn das ein Spot ist, man mag das Licht erst gar nicht anschalten" (Lupschina, 2021). Mit Blick auf zwei weitere Fächer, eine Jahrgangsstufe, eine Schulform, 1357 Schulbuchaufgaben und 47 Schüler:innen kann mit dieser Arbeit sicherlich nicht der gesamte Raum erhellt, jedoch durchaus etwas mehr Licht ins Dunkel gebracht werden.

1.1 Bildungssprachliche Handlungen

Sprachgebrauch und soziale Platzierung stehen in direkter Verbindung. Das ist seit der Habitus-Theorie von Pierre Bourdieu interdisziplinär bekannt (Bourdieu, 2023). Sprache kann eine Ressource darstellen, wirkt in der Interaktion symbolisch und ist sozial ungleich verteilt. Letzteres wurde auch im Zuge international vergleichender Schulleistungsstudien wie *PISA* empirisch belegt (OECD, 2023). Sprache gilt als Schlüsselvariable für den Erfolg im Bildungssystem. In Bezug auf die gesellschaftliche Partizipation über das Schulsystem stehen Kinder und Jugendliche aus bildungsfernen Familien mit und ohne Migrationshintergrund vor besonderen Herausforderungen, wenn sie den Sprachgebrauch, wie er für den Bildungserfolg benötigt wird, nicht über die familiäre Sozialisation erwerben können (Cummins, 1979; Riebling, 2013).

Diese Sprachanforderungen wurden lange Zeit als (implizite) Kompetenz für das schulische Lernen vorausgesetzt (Feilke, 2012a). Mit dem bildungspolitischen Diskurs[2] um das Thema *Bildungssprache* änderte sich zunehmend das Bewusstsein für dieses Phänomen (Efing, 2023). Sprache als Medium, Mittel und Ziel des Lernens (Schmölzer-Eibinger & Thürmann, 2015) wurde bildungspolitisch bewusster wahrgenommen, was sich bspw. darin ausdrückte, dass das Thema

[2] Zu trennen ist in dieser Arbeit derjenige Diskursbegriff, der auf die wissenschaftliche und bildungspolitische Aushandlung von Wissen ausgerichtet ist (Linke et al., 2004, S. 290), von demjenigen, der den mündlichen Sprachgebrauch mit Kopräsenz von Hörer:in und Sprecher:in kennzeichnet und dem Text als über Schrift manifestierte Kommunikation gegenübersteht (Redder, 2016, S. 300). Wenn nicht explizit von der mündlichen Kommunikation gesprochen wird, bezeichnet der Begriff in dieser Arbeit die kommunikative Aushandlung von Wissen in verschiedenen Kontexten, wie Schule, Wissenschaft und Bildungspolitik, und kann sich medial grundlegend auf beide Modi beziehen.

von der Ständigen Konferenz der Kultusminister der Länder in der Bundesrepublik Deutschland (KMK) und den einzelnen Bundesländern ab dem Jahr 2012 verstärkt behandelt und als verbindliche Querschnittsaufgabe für Schulen verabschiedet wurde. Es entstanden Forschungsprojekte und die Lehramtsausbildung wurde reformiert, z. B. mit *BiSS-Transfer*[3] oder im Bereich *Sprachbildung in allen Fächern/Deutsch für Schüler:innen mit Deutsch als Zweitsprache.* Die Lehrpläne in Nordrhein-Westfalen (NRW) ab 2019 – wie sie für diese Arbeit genutzt werden – enthalten als Konsequenz den bildungssprachlichen Kompetenzerwerb als verbindliche, fächerübergreifende Aufgabe (KMK, 2019).

Der Forschungsstand zum Thema *Bildungssprache* ist aufgrund der Tatsache, dass *Bildungssprache* zu einem Politikum avancierte, in Forschungsarbeiten der letzten zehn Jahre mehrfach aufgearbeitet worden und lässt sich grob in Ansätze unterteilen, die *erziehungswissenschaftlich*[4] oder (sozio)*linguistisch*[5] orientiert sind oder genuin aus der nationalen oder internationalen Zweitspracherwerbsforschung stammen (Cummins, 1979; Feigenspan & Michalak, 2023; Goschler, 2021; Kleinschmidt-Schinke, 2018; Pendorf, 2019; Struger, 2023). Im Folgenden werden ausschließlich diejenigen Grundlagen beschrieben, welche für das Verständnis der Operationalisierung in dieser Arbeit relevant sind. Darüber hinaus wird das Thema fortlaufend in die Arbeit integriert und an den geeigneten Stellen vertieft. Ziel in diesem Kapitel ist zunächst, einen Zugang zu *bildungssprachlichen Kompetenzen* und *Handlungen* zu ermöglichen, wie sie primär für das Erkenntnisinteresse relevant sind. Die Arbeit ist schreibdidaktisch im Allgemeinen und pragmalinguistisch im Speziellen ausgerichtet.

---

[3] *BiSS-Transfer* (*BiSS = Bildung durch Sprache und Schrift*) ist eine Initiative des Bundesministeriums für Bildung und Forschung (BMBF) und der Bundesländer seit 2019. Hiermit wurde das Vorgängerprojekt *BiSS*, das ab 2013 gefördert wurde, fortgeführt. Ausgangspunkt war die *BiSS-Expertise* (Schneider et al., 2012).

[4] In diesem Zusammenhang wird in den letzten 30 Jahren die historisch erwachsene monolinguale Sprachkultur in Deutschland kontrovers diskutiert (Gogolin, 1994), da mehrsprachige Menschen, die in Deutschland leben, ihre mehrsprachigen Fähigkeiten kaum für den Bildungserfolg in der Schule nutzen können, wenn es sich um eine ökonomisch nicht ausreichend verwertbare Sprache auf dem Arbeitsmarkt handelt (Massumi, 2019).

[5] Zentrales Anliegen ist die (sozio)linguistische Beschreibung und linguistisch-sprachdidaktisch orientierte Vermittlung einschlägiger Kompetenzen (zusammenfassend Efing, 2023; Steinhoff, 2019).

Aus soziolinguistischen Theorien, die auch mit der Zweitspracherwerbsforschung zusammenhängen, stammt primär die Erkenntnis, dass Kinder der Arbeiterklasse und Kinder des (akademischen) Mittelstandes unterschiedlich zielführend im Elternhaus auf die Sprache der Schule vorbereitet werden und alltagssprachliche und akademische Sprachkompetenzen unterschiedlich komplex ausfallen, da sie mit kognitiven Operationen verbunden sind (Bernstein, 1964; Cummins, 1979).

Der Begriff *Bildungssprache* ist (sozio)linguistisch umstritten und wird wissenschaftlich unterschiedlich konzeptualisiert (Steinhoff, 2019), zum Teil auch vermieden (Pohl, T., 2016). Der Grund ist, dass eine umfassende empirisch-linguistische Forschung zu den Grundlagen der Sprache und den Sprachgebrauchsformen in der Schule fehlt, welche heuristische Modelle verifiziert oder falsifiziert.

Es besteht eine Vielzahl an Konzepten und Listen zu bildungssprachlichen Merkmalen (zusammenfassend Steinhoff, 2019), die unter verschiedenen Begriffen und Theorien *Bildungssprache* präsentieren und sich, in Bezug auf sprachliche Merkmale und Einheiten, mit der Wissenschafts- und den Fachsprachen decken (Efing, 2023). Vergleicht man die verschiedenen Konzepte, dann sind zwei Merkmale zu nennen, die als Schnittmenge und Konsens für den Sprachgebrauch zu Lehr- und Lernzwecken im Unterricht gelten können: Erstens bezieht sich das Konzept *Bildungssprache* auf einen *konzeptionell-schriftlichen* Sprachgebrauch (Koch & Oesterreicher, 1985). Zweitens kann als große Schnittmenge nationaler und internationaler Arbeiten die Bezugsgröße der *sprachlichen/kommunikativen Handlungen* als Merkmal von Bildungssprache genannt werden, die wichtig sind, um Wissen zu vermitteln und aufzubauen (Vollmer, 2011). Dabei besteht immer ein Form-Funktions-Zusammenhang von Sprache und intendierter Handlung (Feilke, 2012a; Martin & Rose, 2008; Morek & Heller, 2012; Redder et al., 2013; Schleppegrell, 2004; Thürmann et al., 2017). Bezogen auf diese beiden Schnittmengen wird der Begriff *Bildungssprache* in dieser Arbeit verwendet, da er *griffig*, wenn auch (sozio)linguistisch nicht stark belastbar ist (Efing, 2023).[6]

Ähnliche Erkenntnisse bilden den Grundstein des 2019 erschienenen *Modells zur Konturierung bildungssprachlicher Kompetenzkonstrukte* nach Steinhoff (2019). Das Modell beschreibt – ebenfalls kritisch den Begriff *Bildungssprache* verwendend und eine Synthese verschiedenster Ansätze vorschlagend – drei Bereiche bildungssprachlicher Kompetenzen, die in einem Wechselverhältnis zueinander stehen: *kulturelle Bedingungen*, *bildungssprachliche Handlungen* und *individuelle Ressourcen.*

Bildungssprachliche Kompetenzen können demnach aus drei Perspektiven betrachtet oder untersucht werden bzw. drücken sich über drei Bereiche aus: die *kulturellen Bedingungen*, die *bildungssprachlichen Handlungen* und die *individuellen Ressourcen.*

[6] Es wird davon Abstand genommen, eine gültige, eigene Definition vorzustellen oder ausschließlich eine Definition auszuwählen.

Zu den *kulturellen Bedingungen* zählt Steinhoff *Domänen* (Schule und Fächer), *Funktionen* (kommunikativ, epistemisch, sozialsymbolisch), *Wissensbereiche* (deklaratives oder prozedurales Wissen; Basiskonzepte und fachliche Lerninhalte), *Aufgaben* (und ihre Merkmale und Funktionen), *Interaktionen* (Lesen, Schreiben, Sprechen und Zuhören und einschlägige *Interaktionskulturen*) sowie *Medien* (Stift und Papier, computergestützte Umsetzungen, hybride und multimodale Formen). Alle Aspekte betreffen die Ausgestaltung, die Handlungsorte des Vorkommens sowie die Motive und Möglichkeiten der Anwendung bildungssprachlicher Kompetenzen im Kulturraum. Die kulturelle Seite ist dabei an gesellschaftliche und bildungspolitische Normen gebunden.

Der Bereich der *bildungssprachlichen Handlungen* beinhaltet nach Steinhoff *Modi* (Lesen, Schreiben, Sprechen und Zuhören als Aktivitäten der Schüler:innen und genutzte sprachliche Zeichen) und *Einheiten*, das heißt, ob und wie bildungssprachliche Handlungen vollzogen und wissenschaftlich beschrieben werden können, bspw. über das Konzept der *Alltäglichen Wissenschaftssprache* (Ehlich, 1993), das der *Diskurspraktiken* (Quasthoff, 2011), der *Diskursfunktionen* (Vollmer, 2011), der *bildungssprachlichen Praktiken* (Morek & Heller, 2012) oder das Konzept der *Textprozeduren* (Feilke, 2010). Damit zusammen hängt auch, ob Handlungen grafisch oder phonisch (mündlich oder schriftlich) realisiert werden. In dieser Arbeit wird u. a. das Konzept der *Textprozeduren* genutzt und auf bildungssprachliches Handeln bezogen (auch *Sprach-* oder *Texthandlungen* im schulischen Kontext) (Feilke, 2012a; Feilke & Rezat, 2019a), wobei eine kulturelle Perspektive eingenommen wird (vgl. Abschnitt 3.2).

Die Ebene der *individuellen Ressourcen* nimmt Lernendenaspekte in den Blick. Dazu zählen spracherwerbsbezogene motivationale, volitionale und kognitive Aspekte des Lernens, die über den Ressourcenbegriff eine Anschlussfähigkeit an die Kapitaltheorie nach Bourdieu zeigen (Bourdieu, 2023).[7]

Zentral ist die Annahme, dass kommunikative Probleme in der sozialen Interaktion mündlich und/oder schriftlich gelöst werden müssen, die immer eine Funktion im sozialen Kontext besitzen. Bildungssprachliche Handlungen werden als sprachliche Werkzeuge eingesetzt, um bildungsbezogene kommunikative Probleme zu lösen, z. B. das Aufheben eines Wissensdefizits dadurch, dass ein/e Sprecher:in/Schreiber:in etwas *erklärt* (Hoffmann, 2016).[8]

---

[7] Weitere zentrale Referenztheorien im Bereich Bildungssprache sind die Theorie von Cummins (1979) (*BICS* und *CALP*) und die Theorie von Bernstein (1964) (*restricted* und *elaborated code*), welche u. a. auf die unterschiedliche Verteilung von Sprachkapital eingehen und dabei alltagssprachliche und akademische Sprachkompetenzen bzw. Merkmale unterscheiden.

[8] Relevant sind hierzu international die Arbeiten der *Systemic Functional Grammar* (*SFG*).

In dieser Arbeit ist die Perspektive primär auf den Bereich der *kulturellen Bedingungen* ausgerichtet und verbindet die Normperspektive mit *bildungssprachlichen Handlungen.*[9]

Wichtig für das Verständnis der folgenden Ausführungen und einschlägigen Theorien zu *Bildungssprache* ist das Merkmal *konzeptioneller Schriftlichkeit* und *medial geschriebener* oder *gesprochener Sprache*, für deren Beschreibung häufig das *Koch-Oesterreicher*-Modell/*Nähe-Distanz-Modell* als Ansatzpunkt genutzt wird. Es ist dazu geeignet, den Begriff der *Medialität* im Sinne der Dichotomie *gesprochen/phonisch* und *geschrieben/grafisch* für die Operationalisierung in dieser Arbeit zu beschreiben, diesen Begriff jedoch auch zu diskutieren.[10]

Ausgangspunkt des Modells der Romanisten Peter Koch und Wulf Oesterreicher in den 1980er-Jahren ist die Überlegung, dass die Architektur einer Einzelsprache (synchrone Betrachtung) nicht ausschließlich über die drei Dimensionen des Diasystems (*diaphasisch*, *diastratisch* und *diatopisch*) beschrieben werden kann (Coseriu, 1988), da dies nicht ermöglicht, Mündlichkeit und Schriftlichkeit als Teil des Varietätenraums miteinzubeziehen (Koch & Oesterreicher, 1985, S. 16).[11] Um dies zu ergänzen, unterscheiden die Autoren mit dem *Nähe-Distanz-Modell* die Realisierungsform *Medium* als *grafisch/phonisch* und den Modus der *Konzeption* als *mündlich/schriftlich* und nennen kommunikative Strategien, die an einschlägige Kommunikationsbedingungen gebunden sind. Die Autoren legen ein Vier-Felder-Schema vor, welches vier Zuordnungsmöglichkeiten von Äußerungsformen mit den folgenden Zuordnungen zulässt: *medial-schriftlich* (geschrieben), *medial-mündlich* (gesprochen), *konzeptionell-schriftlich* (Modus orientiert sich an der Schriftlichkeit) und *konzeptionell-mündlich* (Modus orientiert sich an der

---

[9] Die Bezeichnungen von *Einheiten* und *Aspekten* werden in dieser Arbeit zu einem Teil anders konzeptualisiert.

[10] Vgl. zur Diskussion der Aktualität des Modells und seiner Grenzen Feilke & Hennig (2016). Zur Konzeption von *Medialität* und *Medium* unter Berücksichtigung von Digitalität vgl. Dürscheid im genannten Band oder auch den Band von Knopp et al. (2022), hierin v. a. Steinhoff (2022a). Steinhoff (2019) weist darauf hin, dass die Rezeption des Modells in Bezug auf den medialen Aspekt problematisch ist, und schlägt in Anlehnung an Morek und Heller (2012) die Terminologie *bildungssprachlich-mündlich* und *bildungssprachlich-schriftlich* vor.

[11] Damit standen die Romanisten in den 1980er-Jahren vor einer ähnlichen (sozio)linguistischen Herausforderung, wie sie aktuell auch in Bezug auf den Medienbegriff mit Kritik am Koch-Oesterreicher-Modell nachvollzogen werden kann: Bestehende Modelle bilden die Komplexität der realen Möglichkeiten der Verwendung von Sprache und ihren Facetten nicht mehr ausreichend ab und es bedarf einer neuen Konzeption. Vgl. hierzu auch die Überlegungen von Steinhoff (2023) zur Berücksichtigung des Computers als Schreibpartner:in/Ko-Aktant.

Mündlichkeit). Dabei ist der mediale Aspekt als Dichotomie, der konzeptionelle Aspekt als Kontinuum (mit den Polen konzeptionell-mündlich und konzeptionell-schriftlich) mit verschiedenen Abstufungen modelliert, denen sich bestimmte Äußerungsformen/Genres/Gattungen auf der Ebene der Superstrukturen zuordnen lassen.

Koch und Oesterreicher unterscheiden mithilfe der genannten Kategorien eine *Sprache der Nähe* (idealtypisch *konzeptionelle Mündlichkeit*) von einer *Sprache der Distanz* (idealtypisch *konzeptionelle Schriftlichkeit*). An die Umsetzung sind bestimmte Realisierungsformen auf der sprachlichen Meso- und Mikroebene gebunden, wie lexikalische, morphosyntaktische und textuell-pragmatische Merkmale.

Für den bildungssprachlichen Diskurs ist dies zum einen dahingehend relevant, als dass Parameter, die sich in Bezug auf die konzeptionelle Schriftlichkeit ergeben, häufig als Merkmale von mündlicher und schriftlicher *Bildungssprache* ausgewiesen werden (Morek & Heller, 2012; Riebling, 2013). Bildungssprache gilt als distanzsprachlich. Es handelt sich um akademische Sprachmittel, weshalb das Konzept der *Alltäglichen Wissenschaftssprache* hiermit übereinkommt. Zum anderen wird die *Alltagssprache* mit konzeptioneller Mündlichkeit assoziiert, wobei diese als Varietät vor allem in erziehungswissenschaftlichen Ansätzen und Ansätzen aus dem Bereich *Deutsch als Zweitsprache* als eine kontrastive Varietät didaktisch dazu genutzt wird, um *Bildungssprache* zu beschreiben und insbesondere Lehrkräfte für einschlägige Strukturen zu sensibilisieren (Feigenspan & Michalak, 2023; Gogolin & Lange, 2011).

Distanzsprachliche Äußerungen zeichnen sich nach Koch und Oesterreicher idealtypisch durch eine *Fremdheit der Kommunikationspartner*, *Situationsentbindung*, *Monologizität*, *raumzeitliche Trennung*, *geringe Eingebundenheit*, *Themenfixierung*, *Öffentlichkeit*, *Reflektiertheit* und *Objektivität* aus. Hieraus ergibt sich ein höherer Grad an *Komplexität*, *Integration* und *Elaboriertheit*, eine *höhere Informationsdichte* sowie die häufigere Verwendung von *hypotaktischen Strukturen*.

Die Sprache der Nähe ist hingegen an den situativen Kontext gebunden und zeichnet sich durch die kommunikativen Bedingungen der *Dialogizität*, der *stärkeren Eingebundenheit*, der *Vertrautheit der Kommunikationspartner:innen*, einer *Face-to-face-Interaktion*, einer *freien Themenentfaltung*, durch *Privatheit*, *Spontaneität*, *Expressivität*, *Situationsverschränkung* und *Affektivität* aus. Ihre kommunikativen Strategien sind entgegengesetzt der distanzsprachlichen angelegt, was sich bspw. in einem *geringeren Planungsgrad*, einer *Vorläufigkeit der*

Äußerungen, einer stärkeren *Prozesshaftigkeit*, einer *geringeren Informationsdichte*, einem geringeren Grad an *Integration*, *Kompaktheit* und *Elaboriertheit* der Äußerungen ausdrückt (Koch & Oesterreicher, 1985, S. 23).

Während die Alltagssprache zu *Affektbetonung* und *Kontraktionen* neigt, sind bei distanzsprachlichen Varietäten *Deagentivierung* und *Ausdrucksökonomie* wesentlich. Dies sind Eigenschaften, die Bildungssprache, Wissenschaftssprache und Fachsprachen verbinden (Efing, 2023). In Bezug auf den Erwerb von und den Umgang mit *Bildungssprache* in der Schule wird in Anlehnung an das beschriebene Kontinuum konzeptioneller Schriftlichkeit in erziehungswissenschaftlichen Ansätzen u. a. von einer vertikalen Vertiefung von Alltags- und Standardsprache bis zur Wissenschaftssprache über die Jahrgangsstufen ausgegangen. *Bildungssprache* wird dann als *Register* konzeptualisiert (Riebling, 2013). Diese Trennung ist nicht unumstritten, da *Fachsprache*, *Wissenschaftssprache* und *Alltägliche Wissenschaftssprache* kaum merkmalsbezogene Unterschiede zur *Bildungssprache* aufweisen (Efing, 2023). So lässt sich über einen exemplarischen Vergleich von sprachlichen Merkmalen der *Bildungssprache* und *Wissenschaftssprache* zeigen, dass sich bestimmte Oberflächenmerkmale wie Nominalisierungen, Nominalstil, Passiv- und Passiversatzkonstruktionen finden lassen, die als konzeptionell-schriftliche Oberflächenmerkmale gelten können und in nahezu allen theoretischen und empirischen Ansätzen zu finden sind, auch in Fachsprachen (Efing, 2023). An ihnen hängen verschiedene Strategien wie das *Explizieren*, *Verdichten*, *Verallgemeinern* oder *Diskutieren*, wie es Feilke (2012a) überzeugend zusammenfassend darstellt.

Dass jedoch der Grad an konzeptioneller Schriftlichkeit in unterschiedlichen Jahrgängen unterschiedlich ausfällt und damit durchaus von einer vertikalen Vertiefung von der Grundschule bis zur Oberstufe im Unterricht gesprochen werden kann, zeigt Kleinschmidt-Schinke mit ihrer empirischen Studie *Die an die Schüler/-innen gerichtete Sprache (SgS)*, welche die videografierte Sprache von Lehrkräften von der Primär- zur Sekundarstufe II analytisch im intraindividuellen Vergleich beschreibt. Mit komplexeren Wissensbeständen kann eine komplexere Konstruktion der Sprache beobachtet werden (Kleinschmidt-Schinke, 2018, S. 555).

Es geht bei diesem Zusammenspiel von Sprache und Lernen übergreifend um das *Lernen* selbst, die *Wissensprozessierung* (Redder et al., 2013) oder die *Epistemisierung des Unterrichtsdiskurses* (Pohl, T., 2016).

Pohl (T., 2016) – auf dessen Theorie Kleinschmidt-Schinke aufbaut – schlägt zur Untersuchung – mit Bezug zur *Funktionalen Pragmatik* und der *Systemic Functional Grammar* sowie dem Koch-Oesterreicher-Modell – ein

Vier-Felder-Schema zur Untersuchung von sprachlichen Strukturen im Lehr-Lern-Kontext der Schule vor, wobei der Begriff *Bildungssprache* abgelehnt und daher nicht verwendet wird. Das Schema ermöglicht die Verortung von sprachlichen Artefakten, Interaktionsorten und Tätigkeiten als Untersuchungsfeld/Untersuchungsgegenstände, die Teil von Lehr-Lern-Aushandlungsprozessen (*Unterrichtsdiskurs*) sind. Es enthält in Anlehnung an Koch und Oesterreicher (1985) die Ausprägungen der *Medialität*: *medial-mündlich* und *medial-schriftlich*, den *rezeptiven, lernerseitigen Input*, wie die *medial-mündliche* Sprache der Lehrkräfte an die Schüler:innen sowie die *medial-schriftliche* Sprache in Lehrwerken und Unterrichtsmaterialien. Daneben wird der *produktive Outcome* der Lernenden dargestellt. Bezogen auf die *medial-mündliche* Seite repräsentiert dieser die mündlichen Unterrichtsbeiträge der Lernenden sowie für die Kategorie *medial-schriftlich* die von Lernenden verfassten Texte im Unterricht, etwa solche, die bei der Bearbeitung von Schulbuchaufgaben entstehen.[12]

In der vorliegenden Arbeit, in der primär über deskriptive Aufgabenanalysen Schulbuchaufgaben untersucht werden, werden *medial-schriftliche Inputfaktoren* zum Untersuchungsgegenstand gemacht. Analysiert werden Merkmale in schulischen Aufgaben des Fachunterrichts, welche den Rezeptionsprozess und den Produktionsprozess, die mit dem Aufgabenlösen verbunden sind, explizieren – oder nicht explizieren. Es wird ein besonderer Schwerpunkt auf Merkmale gelegt, die auf Anforderungen des produktiven medial-mündlichen und/oder schriftlichen Outcomes der Lernenden bezogen sind. Hierbei werden auch sprachhandlungsbezogene Merkmale in Aufgaben untersucht, die so angelegt sind, dass sie konzeptionell-schriftliches, *bildungssprachliches* Handeln der Schüler:innen evozieren können. Die Bezugsgrößen in dieser Arbeit sind neben expliziten Merkmalen zu sprachlichen Unterstützungsmerkmalen die im Imperativ formulierten *Operatoren* in den Aufgabenstellungen (z. B. *erklären*,

[12] Es wird ein kommunikationsorientierter, pragmatischer Textbegriff der Arbeit zugrunde gelegt (Brinker et al., 2018), der die Wurzeln in der Sprechakttheorie hat (Austin, 1962; Searle, 1993) und das sprachliche Handeln als soziales Handeln mit kommunikativer Funktion, Emittent:in/Produzent:in und Rezipient:in sowie dem Ziel der Herstellung erfolgreicher Kommunikation über Raum und Zeit über das Medium der Schrift berücksichtigt (Becker-Mrotzek & Böttcher, 2018). Diese Theorie lässt sich auf die Mündlichkeit übertragen, wobei das Medium folglich die gesprochene Sprache ist. *Sprechhandlungen/Kommunikative Praktiken/Äußerungsakte/Diskurspraktiken* werden dann für die Beschreibung als Einheiten genutzt (Ehlich & Rehbein, 1986; Kleinschmidt-Schinke, 2018; Morek, 2012; Quasthoff, 2011). Es kann an späterer Stelle gezeigt werden, dass auch das Aufgabenlösen einen kommunikativen Akt darstellt, der zu Texten als Aufgabenlösungen führt (vgl. Abschnitt 3.2).

beschreiben, diskutieren), die mit der Aneignung des Wissens im Fachunterricht als kognitiv-(bildungs)sprachliche Handlungen verbunden sind.[13]

Der Einsatz von Sprachhandlungen hat immer eine bestimmte Funktion. Wie oben beschrieben, soll z. B. mit dem *Erklären* als bildungssprachliche Handlung ein Wissensdefizit durch eine/n Schreiber:in/Sprecher:in bei einem/einer Empfänger:in (mündlich oder schriftlich) ausgeglichen werden. Pohl (T., 2016) legt aufbauend auf dem Zusammenhang von sprachlichen Strukturen und ihrer pragmatischen und kognitiven Funktion ein heuristisches, ontogenetisches Entwicklungsmodell der *Epistemisierung* vor. Das theoretische Modell zeigt auf, wie ein Subjekt die Welt zunehmend erkennt/Erkenntnis von der Welt erlangt und diese Entwicklung an die Denkformen und sprachlichen Ausdrucksformen bindet. Denken wird über Sprache salient. Ohne an dieser Stelle die Theorie vertieft darzustellen, ist die skizzierte Entwicklung der zunehmend über die Jahrgangsstufen stattfindenden Vertiefung des Erkenntnisprozesses und der damit verbundenen sprachlichen Komplexität für diese Arbeit interessant. Diese Entwicklungsstufen werden über *Epistemisierungsprofile* ausgedrückt. Nach Pohl (T., 2010)[14] vollzieht sich das kognitiv-sprachliche Erkennen in Lehr-Lern-Prozessen über drei Stufen, die aufeinander aufbauen (Progression). Ziel ist, dass ein Subjekt erkanntes Wissen zunehmend aus dem persönlichen Erlebnisraum entkoppelt, objektiviert und es als diskursiv-ausgehandeltes Wissen versteht und zu beurteilen lernt:[15]

---

[13] Dies stellt methodisch einen Unterschied zu Untersuchungen dar, die direkt auf der Theorie nach Pohl (T., 2016) aufbauen, etwa Kleinschmidt-Schinke (2018). Die Epistemisierungsprofile nach Pohl (T., 2016) wurden zwar bei der Auswertung der Aufgabenanalyse in dieser Arbeit berücksichtigt, zur Operationalisierung wurden jedoch andere Theorien genutzt. Arbeiten, die auf Pohl (T., 2016) aufbauen, untersuchen dezidiert sprachliche Strukturen (z. B. syntaktische Strukturen, die auf bestimmte Funktionen der Epistemisierung hinweisen, z. B. Nominalgruppenausbau).

[14] Die Quelle *Pohl (T., 2010)* bezieht sich auf eine Präsentation des Autors auf der Sommerschule der *didaktisch empirischen Schreibforschung (dieS)* im Jahr 2010 *„Schreiben: Prozesse, Prozeduren, Interaktionen"* in Graz, die online verfügbar ist und in Kleinschmidt-Schinke (2018) zitiert wird: *Pohl, Thorsten (2010): Sekundäre Literalisierung.*

https://www.uni-giessen.de/cms/fbz/fb05/dies/veranstaltungen/ordnertagungen/Graz/pohl.pdf *[24.04.2026].*

[15] Die Grundüberlegungen erinnern an die Bloom'sche Taxonomie im kognitiven Bereich, verbinden aber deutlich stärker kognitive und sprachliche Prozesse, was der Tradition der Taxonomieforschung fehlt. Vgl. zur Taxonomie, Abschnitt 2.2.

Epistemisierung wird dabei als *Motor* dieser Entwicklung verstanden:

> „*Epistemisierung* soll diejenige kognitive wie sprachliche Entwicklungsbewegung bezeichnen, bei der erkanntes Wissen zusehends aus dem unmittelbar persönlichen Erlebnisraum des erkennenden Individuums heraustritt und mehr und mehr zu einem von konkreten Situationen in der Welt abstrahierten, unter bestimmten, für das Erkennen besonders relevanten Aspekten systematisierten sowie intersubjektiv ausgehandelten, d. h. argumentativ und ggf. methodisch gestützten Wissen wird. Das erkannte Wissen wird dabei in dem Sinne zu einem kritischen Wissen, als es zunehmend unter den Rechtfertigungsdruck gerät, auch tatsächlich erkanntes Wissen zu sein." (Pohl, T., 2016, S. 61, Hervorhebungen im Original)

Pohl (T., 2010, S. 32, vgl. auch Kleinschmidt-Schinke, 2018, S. 539) unterscheidet innerhalb dieser Entwicklung drei Epistemisierungsprofile, die je in der Grundschule, der Mittelstufe und der Oberstufe dominieren. Dabei werden für ein besseres Verständnis *epistemische Leitfragen* ausgegeben:

1. Deskriptiv-veranschaulichendes Profil

Dominierender Schwerpunkt: Grundschule

Epistemische Leitfrage: *Wie ist etwas?*

2. Explikativ-erläuterndes Profil

Dominierender Schwerpunkt: Mittelstufe[16]

Epistemische Leitfrage: *Warum ist etwas, wie es ist?*

3. Diskursiv-argumentierendes Profil

Dominierender Schwerpunkt: Oberstufe

Epistemische Leitfrage: *Warum lässt sich behaupten, warum etwas ist, wie es ist?*

In der Grundschule dominiert nach diesem Modell das *deskriptiv-veranschaulichende Profil* mit der Leitfrage: *Wie ist etwas?* Es geht zunächst um das Erzählen von Erkanntem und das Beschreiben von Dingen in der Welt. Authentische Beispiele für mündliche Aufgabenstellungen von Lehrkräften können aus Kleinschmidt-Schinke (2018) entnommen werden. Für die Grundschule wäre das etwa:

---

[16] Die Erprobungsstufe oder Orientierungsstufe wird nicht konzeptualisiert, da die Mittelstufe der Klassen 7 bis 10 betrachtet wird.

> Was • machen die Tiere eigentlich so den ganzen Tach • im Wald? (LBio – m, GS)
>
> (Kleinschmidt-Schinke, 2018, S. 545).

Der Mittelstufe wird das *explikativ-erläuternde Profil* mit der Leitfrage *Warum ist etwas, wie es ist?* zugeordnet. Damit verbunden sind erklärende, erläuternde und begründende Handlungen:

> Oder warum antworten die nur so kurz? (LDe – w, MS)
>
> (Kleinschmidt-Schinke, 2018, S. 545).

Der Oberstufe wird das *diskursiv-argumentierende Profil* mit der Leitfrage *Warum lässt sich behaupten, warum etwas ist, wie es ist?* zugeordnet. Genutzt werden erklärend-begründende, argumentierende, diskursive Handlungen:

> ((7s)) Vielleicht sollten wir erstmal klären, • welche, welche wissenschaftlichen Annahmen stecken überhaupt • • hinter • Biosphere zwei, dass die das • äh sozusagen überhaupt bauen • • • wollten. (LBio – m, OS)
>
> (Kleinschmidt-Schinke, 2018, S. 545)

Kleinschmidt-Schinke (2018) kann im Rahmen ihrer Untersuchung im Fachunterricht von der Primar- zur Sekundarstufe II in den Fächern Deutsch und Biologie durchschnittlich die ersten beiden Profile und Zuordnungen über Analysen der mündlichen Aufgabenstellungen bestätigen. Das *explikativ-erläuternde Profil* nimmt von der Grundschule zur Mittelstufe zu, es dominiert bis zur Mittelstufe das *deskriptiv-veranschaulichende Profil*. Das dritte Profil kann über die Auswertung nicht bestätigt werden, da entsprechende Aufgaben zwar – wenn sie eingesetzt werden – erst in der Oberstufe auftreten, aber hier insgesamt deutlich seltener vorkommen als Aufgabenstellungen, die den anderen beiden Profilen zugeordnet werden können (Kleinschmidt-Schinke, 2018, S. 544, 545).

Deskriptive Analysen von kognitiv-sprachlichen Input- und Outcome-Faktoren des Unterrichts lassen sich demnach dazu nutzen, kognitiv-sprachliche Normen zu analysieren. Damit kann eine entsprechende Forschung dazu beitragen, die wenig empirisch beschriebenen Eigenschaften der *Sprache der Schule im Fachunterricht* greifbarer zu machen.[17] Thürmann (2014, S. 75) nennt diese „Fähigkeit, sich situativ angemessen der im Fachunterricht üblicherweise vorkommenden Varietäten zu bedienen, [...] ‚fachunterrichtliche Literalität‘ [...]“.

[17] Die Arbeit und Ergebnisse von Kleinschmidt-Schinke wurden auch in den *Dritten Bericht zur Lage der deutschen Sprache* (2021) aufgenommen.

Verschiedene Fächer haben historisch verschiedene Präferenzen für Sprachhandlungen ausgebildet, da sie unterschiedliche *kognitiv-sprachliche Modi der Weltbegegnung* pflegen, wie es Thürmann (2014, S. 75, 76) in Anlehnung an Baumert (2002) und Tenorth (2004) zusammenfasst. Dabei werden vier fachspezifische Arten der *Begegnungen* unterschieden:

- „*kognitiv-instrumentelle Modellierung der Welt (vor allem Naturwissenschaften)*
- *ästhetisch-expressive Begegnung und Gestaltung (u. a. Kunst, Musik, Gestaltung)*
- *normativ-evaluative Auseinandersetzung mit Gesellschaft und Wirtschaft* (u. a. Politik, Sozialwissenschaften)
- *Probleme konstitutiver Rationalität (u. a. Religion, Philosophie)*“ (Thürmann, 2014, S. 76, Hervorhebungen im Original)

In der vorliegenden Studie werden ein Fach mit einem kognitiv-instrumentellen Zugang zur Welt und ein Fach mit einer normativ-evaluativen gesellschaftlichen und wirtschaftlichen Perspektive gegenübergestellt. Der Modus der Weltbegegnung hat potenziell Einfluss auf die Auswahl von Sprache und Inhalt (Efing, 2023; Löffler, 2016). Werden diese Präferenzen über Analysen beschrieben, können die Ergebnisse Aufschluss über sprachlich-fachliche Normen geben, da anzunehmen ist, dass sprachliche Formen von Expert:innen, etwa von Schulbuchautor:innen, implizit oder explizit bei der Aufgabenkonstruktion dahingehend ausgewählt werden, dass sie nach fachlicher Expertise einen zielführenden Zugang zur Welt eröffnen. Somit können empirisch fundierte Ergebnisse dazu genutzt werden, bestehende Entwicklungen zu beschreiben, sie zu evaluieren und neue Entwicklungen zu orientieren. Keinesfalls sollte es dabei jedoch das Ziel sein, eine statische *Normierung des schulischen Sprachgebrauchs* anzuregen, wie auch Thürmann kritisch anmerkt:

> „Zu konstatieren ist also, dass weder auf nationaler noch auf internationaler Ebene ein empirisch abgesicherter Kanon bildungssprachlicher Kompetenzen existiert, der im Sinne eines nach Niveau- bzw. Kompetenzstufen skalierten Referenzsystems Bildungssystemen verbindlich vorgegeben werden kann. Mit der Existenz eines solchen Systems wäre allerdings immer auch die Versuchung verbunden, dieses zur Standardsetzung und Standardüberprüfung und damit zur Normierung des schulischen Sprachgebrauchs zu verwenden. M. E. ginge eine Obligatorik bildungssprachlicher Kompetenzen im Sinne eines abgeschlossenen Inventars von verfügbarem Text(sorten)wissen, von Diskursstrategien und Mitteln zur sprachlichen Ausgestaltung von Textoberflächen am Bildungsauftrag von Schule vorbei.“ (Thürmann, 2014, S. 87)

Thürmann verweist weiter einerseits darauf, dass Sprache einem fortwährenden Wandel unterliegt, was das Ziel, empirisch Normen zu beschreiben, gerade auf der Ebene des Wortschatzes, erschwert. Er merkt andererseits an, dass Schule den Raum geben sollte, Sprache (auch) im Sinne einer Aushandlung von Wissen ohne normierte Vorgaben nutzen zu können und das Einüben von sprachlichen Formen nicht einem *teaching to the test* gleichkommen sollte (Thürmann, 2014, S. 87). Zugänge zu sprachlichen Formen sollten immer auch kreativ und individuell möglich sein. Anskeit (2019a, 2019b) zeigt, dass entsprechende Übungen von bildungssprachlichen Formen und individuelle Zugänge keine Zielkonflikte darstellen müssen und Schüler:innen bildungssprachliche Formen über Aufgaben kennenlernen und sich ihnen kreativ annähern können (hier: *Textprozeduren*). Wie aus den Ausführungen von Thürmann hervorgeht, genießen *Normen* in der Didaktik einen eher *schlechten Ruf*. Dies greift auch Feilke 2015 in *Didaktik Deutsch* mit einer Bestandsaufnahme sowie mit *Überlegungen zum Normbegriff* aus schreibdidaktischer Perspektive auf (Feilke, 2015, S. 118). Feilke konstatiert, dass didaktisches Handeln immer normativ ist und Normen nicht per se schlecht sind. Die Schule ist ein eigener Kommunikationsraum, der durch verschiedene Diskursgemeinschaften, etwa fachdidaktische oder bildungspolitische Diskursgemeinschaften, flankiert wird (Feilke, 2012b; Vollmer & Thürmann, 2010) und zwangsläufig eine Reihe von impliziten und expliziten Normen enthält.

Ziel der vorliegenden Studie ist es vor diesem Hintergrund, empirisch einen Teil der impliziten bildungssprachlichen Normen im Fachunterricht zu beschreiben, über deren Kenntnisse in der Folge zielführende Lernarrangements gestaltet werden können. Ausgangspunkt ist die Idee, dass Lehrkräfte und Schüler:innen von einer Normexplizierung didaktisch profitieren können, da Schule, Lernziele und Lernprozesse funktional besser verstanden und angebahnt werden können. Denn häufig sind implizite Normen auch die Grundlage von Leistungsbeurteilungen in der Schule (Feilke, 2015).

Die Forderung nach der Anerkennung von Normen in der Didaktik ist nicht neu. So schreibt schon 1974 das sogenannte *Bremer Kollektiv*[18]: „[...] jede Didaktik, die sich ernst nimmt, [ist] normativ“ (Bremer Kollektiv, 1974, S. 20). Die Ausführungen des *Bremer Kollektivs* zu Normen bezogen sich direkt auf Ideologiekritik und Demokratisierungsbestrebungen in den 1970er-Jahren. Das

[18] Das *Bremer Kollektiv* war ein Zusammenschluss von Lehrkräften um Heinz Ide, die sich im Rahmen der kommunikativen Wende und der 1968er-Bewegung primär in den 1970er-Jahren für eine Entwicklung des gymnasialen Deutschunterrichts einsetzten und die Entwicklung zur *Mündigkeit* von Schüler:innen vor allem mittels kritischen Lesens fokussierten (Gailberger & Köhnen, 2020).

Kollektiv plädierte für die Transparenz von bildungspolitisch-ideologischen Normen. In dieser Arbeit liegt der Fokus nicht auf der Ideologiekritik, sondern auf der Beschreibung von Normen des Fachunterrichts. Geteilt wird jedoch die Erkenntnis ihrer Existenz und der Vorteile ihrer Verfügbarmachung, wenn sie implizit vorliegen. Auch Feilke plädiert für einen transparenten *didaktischen Normbegriff:*

> „Man muss es sich deutlich vor Augen führen: Die Erwartungsmuster in Unterrichtskontexten sind didaktisch fingiert, ob es nun um didaktische Gattungen, um die sogenannte Lauttreue in Spontanverschriftungskontexten oder um die Erwartung geht, dass Antworten doch bitte ausformuliert sein sollten. Normen im Unterricht haben nicht primär mit der Wirklichkeit an sich, sondern mit der Wirklichkeit des Lernens und Lehrens zu tun." (Feilke, 2015, S. 132)

Es existieren verschiedene Normtypen und Normebenen, die mit verschiedenen Zielen und Betrachtungsweisen verbunden sind, wie die Ausführungen zum *Bremer Kollektiv* oben zeigen. Es gilt daher, die Intention, die Normebene und die Normtypen zu unterscheiden. Hierzu differenziert Feilke (2015, S. 118) für die Schule drei *Normebenen,* die über eine Top-down-Beziehung miteinander verbunden sind:

- „die *Normativität der Didaktik*: Hier geht es um erkenntnistheoretische Fragen einer praktischen Wissenschaft.
- die *Normativität des Fachs:* Hier geht es um Normen als Gegenstand des Fachs, z. B. sprachliche Normen.
- *Normen im Unterricht:* Hier geht es um Normen als kommunikatives und kognitives Regulativ für Lehr- und Lernprozesse." (Feilke, 2015, S. 118, Hervorhebungen im Original)

Die erste Ebene umfasst die *Normativität der Didaktik.* Hiermit gemeint sind Leitideen und didaktische Grundentscheidungen (etwa kanonische oder methodische), die für Bildung und Unterricht konstitutiv sind. Feilke argumentiert, dass diese Entscheidungen *legitimiert* sind, da sie sich im gesellschaftlichen Prozess durchsetzen konnten und daher nicht per se so schlecht sein können wie der Ruf, der ihnen mancherorts anhaftet (Feilke, 2015, S. 119, 120).

Zur zweiten Ebene, der Ebene der *Normativität des Fachs*, zählen Normen, die sich nicht dezidiert auf übergeordnete normative Entscheidungen beziehen, sondern auf fachliche Spezifika. Dies ist die Ebene, die für diese Arbeit relevant ist, wobei Aufgaben und deren Elemente auch oder zu einem Teil als Ausdruck übergreifender didaktischer Normen gewertet werden können. Denn ihre

Konstitutionsmerkmale sind Ausdruck kompetenzorientierter, bildungspolitischer Entscheidungen.

Die letzte Ebene ist die Ebene der *Normen im Unterricht* im Hinblick darauf, wie kognitive und kommunikative Prozesse strukturiert werden, etwa das Aufgabenlösen als schrittweise, musterhafte Handlung, die unterrichtliche, überfachliche Gültigkeit besitzt (Ehlich & Rehbein, 1986).

Betrachtet man die Ausführungen des *Bremer Kollektivs* oder die Kritik an der Kompetenzorientierung (Brügelmann, 1972), dann müssen Normen auch immer einer bestehenden Kritik standhalten bzw. sich an Entwicklungen anpassen. Bleiben Normen unhinterfragt, implizit, werden sie akzeptiert, objektiviert und zu einer *sozialen Tatsache/fait social* (Durkheim, 2019).

Feilke (2015, S. 122–130) unterscheidet daher *explizite* und *implizite Normtypen. Explizite Normen* sind *statuiert*. Sie werden explizit gesetzt, etwa durch die Bildungspolitik. Sie sind greifbar. *Implizite Normen* sind *subsistent*, also soziale Tatsachen, ohne dass sie hinterfragt werden, etwa *Usus*, also Verhalten, das als *typisch* gilt (Feilke, 2015, S. 124). Feilke unterscheidet darüber hinaus, ob *Normen* bewusst angeeignet (*Aneignung*) oder über die Sozialisation eher unbewusst erworben werden (*Soziogenese*). Er legt auf diesen Gedanken aufbauend ein Vier-Felder-Schema mit den folgenden Typen vor: *Transitorische Norm (= didaktische Norm, z. B. didaktische Gattungen; instruktiv vs. nicht-instruktiv)*, *Satzungsnorm (z. B. Vorschriften; richtig vs. falsch)*, *Individualnorm (z. B. Zielvorstellungen; sinnvoll vs. nicht-sinnvoll)* und *Gebrauchsnorm (Usus; typisch vs. nicht typisch)*.

Das Vier-Felder-Schema enthält die Ausprägungen *Aneignung-explizit (Transitorische Normen)*, *Aneignung-implizit (Individualnorm)*, *Soziogenese-explizit (Satzungsnorm)* und *Soziogenese-implizit (Gebrauchsnorm)*. Relevant für diese Arbeit sind einerseits die *transitorischen Normen*, die immer vorläufig-instrumentell, präskriptiv sind, also dazu bestehen, um etwas sukzessive zu erlernen, etwa eine Textsorte im Fachunterricht wie das Versuchsprotokoll; andererseits die *Gebrauchsnormen* als Aufgabenmerkmale oder als Operatorennutzung, die zwar sichtbar sind, deren Regeln der Auswahl jedoch implizit bestehen. Über die in dieser Arbeit durchgeführten Analysen von expliziten und impliziten Aufgabenmerkmalen wird einerseits die *Normativität des Fachs* im Unterschied zur *Normativität der Didaktik (Welche Aufgabenmerkmale sind fachspezifisch, welche didaktisch-fachübergreifend?)* untersucht, andererseits werden implizite Gebrauchsnormen und explizite transitorische Normen beschrieben (*Welche impliziten und expliziten Aufgabenmerkmale enthalten Lernaufgaben?*). Dabei muss angemerkt werden, dass Aufgabenkonstruktionen und Schulbücher immer auch in *Satzungsnormen* eingebunden sind und implizite Normen selten unabhängig von anderen Normgrößen beschrieben werden können. Ein Fokus der

Betrachtung innerhalb von empirischen Untersuchungen kann jedoch dann gesetzt werden, wenn gleichsam Limitationen beschrieben werden.

1.2 Desiderate

Aufbauend auf dem thematischen Einstieg zu *bildungssprachlichen bzw. kognitiv-sprachlichen Handlungen* sowie *Normen* und den damit verbundenen ersten Argumenten für die Relevanz der vorgestellten empirischen Arbeit zu Schulbuchaufgaben des Fachunterrichts werden in diesem Abschnitt konkrete Desiderate genannt, auf denen das Erkenntnisinteresse aufbaut.

Im vorhergehenden Abschnitt wurden bereits Themen flankiert, aus denen ein übergreifendes bildungspolitisches und linguistisches Forschungsinteresse im Bereich *Bildungssprache* zu Normen sowie zu rezeptiven und produktiven medial-mündlichen und medial-schriftlichen In- und Outcome-Faktoren des Fachunterrichts abgeleitet werden kann.

Zu nennen sind grundlegend vier Forschungslücken, welche für die Formulierung des Erkenntnisinteresses dieser Arbeit leitend sind:

1. Die Untersuchung bildungssprachlicher (tradierter) Normen, wie es Pohl (T., 2016, S. 73) und Steinhoff (2019, S. 332, 333) beschreiben, ist bislang gerade aus schreibdidaktischer Perspektive kaum erfolgt. Dies ist vor dem Hintergrund der Frage, wo sprachbildender Fachunterricht ansetzen kann, bedeutsam:

   > „Derzeit sind wir – gedrängt durch gesellschaftliche Problemlagen und von uns geforderte Reparaturvorschläge – immer schon dabei, den Erwerbsprozess verbessern zu wollen. Damit tun wir eigentlich den zweiten vor dem notwendigen ersten Schritt: Wir greifen mit entsprechenden Fördermaßnahmen in einen Spracherwerbsprozess ein, den wir weder zuvor exakt *beobachtet* und präzise *beschrieben* noch hinsichtlich seiner internen Wirkfaktoren *analysiert* und verstanden haben.“ (Pohl, T., 2016, S. 73)

   > „Ein fünfter Forschungszweck betrifft die für bildungssprachliche Kompetenzen relevanten Normen. Dieser Zweck wird im Bildungssprachdiskurs ähnlich vernachlässigt wie die Untersuchung des Kompetenzerwerbs. Es wird zwar fortwährend betont, dass die Bildungssprache Teil einer ebenso wirkmächtigen wie weitgehend unhinterfragten Bildungskultur ist, aber nur selten theoretisch reflektiert und empirisch untersucht, welche Normen für diese Kultur stehen und wie sie zu beurteilen sind.“ (Steinhoff, 2019, S. 332, 333)

2. Wenn angenommen wird, dass Aufgaben des Unterrichts in verschiedenen Domänen bildungssprachliche Normen abbilden und diese über das Aufgabenlösen im Fachunterricht ebensolche evozieren, dann ist mit Bakken und Andersson-Bakken (2021, S. 734, 745) zu hinterfragen, ob Schulbuchaufgaben als ein eigenes *Genre* mit Genremerkmalen verstanden werden können. Wenn dem so ist, dann sollten besonders häufige Merkmale fachspezifisch und fächerübergreifend über empirische Analysen beschreibbar sein, da Aufgaben von fachlichen Expert:innen konstruiert werden, die Teil einer Diskursgemeinschaft sind:

   „If the textbook task is to be perceived as a genre, members of the discourse community must also share a set of norms that influence and constrain the content and style of tasks." (Bakken & Andersson-Bakken, 2021, S. 734)

   „The existence of genre norms for textbook tasks, however, is still only a hypothesis and needs further research. The hypothesis could be strengthened if similar results were found in other subjects and other countries." (Bakken & Andersson-Bakken, 2021, S. 745)

3. Auf heuristischer und empirischer Grundlage weniger Studien für den deutschsprachigen Raum kann angenommen werden, dass sich eine Norm von fachlichen Schulbuchaufgaben über eine nicht-schreibfördernde Anlage der Aufgabenstellungen in den Sachfächern ausdrückt (Bramann & Kühberger, 2021; Decker & Hensel, 2019; Schilcher & Rincke, 2015; Thürmann et al., 2015) und *Ein-Satz-Aufgaben* (Lupschina, 2021) dominieren. Welche Merkmale jedoch für die Realisierung einer schreibförderlichen Anlage genau fehlen, wurde bislang empirisch nicht beschrieben. Aus der Perspektive eines sprachbildenden Fachunterrichts kann argumentiert werden, dass die Etablierung von Sprachbildung unterstützt werden könnte, wenn Lehrkräften über Schulbuchaufgaben sprach- und schreibfördernde Aufgaben (zu einem Teil) zur Verfügung ständen, da sie so entlastet würden, denn:

   „gerade die Erstellung solcher differenzierender Materialien ist es, die im schulpraktischen Alltag viel Zeit und Muße beansprucht." (Bramann & Kühberger, 2021, S. 327)

4. Neben Normen zu sprachbildenden Unterstützungsmerkmalen sind die sprachhandlungsbezogenen Anforderungen bislang kaum untersucht, die mit dem fachunterrichtlichen Aufgabenlösen (normbezogen) in verschiedenen Fächern

und Jahrgangsstufen bestehen. Hier führt Steinhoff (2019) die *Operatoren* in den Aufgaben als Forschungsgegenstand an, um *bildungssprachliche Handlungen* als Normgröße zu untersuchen:

> „Ein Phänomenbereich, der für eine an diesem Modell orientierte Untersuchung bildungssprachlicher Kompetenzen prädestiniert erscheint, sind die Operatoren (Feilke und Rezat 2019). [...] Es könnte sich lohnen, die Erforschung dieses fachübergreifend bedeutsamen Gegenstands mit Bezug zu den beschriebenen Bedingungen, Handlungen und Ressourcen theoretisch wie empirisch intra-, inter- und transdisziplinär zu intensivieren.“ (Steinhoff, 2019, S. 346)

Eine Untersuchung der Operatoren und der Aufgabenmerkmale in den Sachfächern kann dazu beitragen, didaktisch wirksame Lernumgebungen zu planen, die nicht ausschließlich am sprachlichen oder fachlichen, sondern am sprachlichen und fachlichen Lernen integrativ ansetzen und auf einer empirischen Grundlage der fachlich-sprachlichen Strukturen aufbauen (Feigenspan & Michalak, 2023).

Im Folgenden wird der Aufbau der Arbeit beschrieben.

1.3 Aufbau der Arbeit

Die Arbeit besteht insgesamt aus den Kapiteln *Lernziele* (Kapitel 2), *Lerngegenstände* (Kapitel 3), *Lernende* (Kapitel 4), *Lernprozesse* (Kapitel 5) und dem Teil der *Empirie* (Kapitel 6). Die Kapitel *Lernziele*, *Lerngegenstände*, *Lernende* und *Lernprozesse* bilden zusammen den theoretischen Teil der Arbeit, der thematisch den empirischen Teil vorbereitet (Kapitel 6 mit den Abschnitten 6.1 bis 6.3). Eine Diskussion schließt die Arbeit (Kapitel 7).

Der Aufbau der theoretischen Kapitel ist strukturell an dem bildungspolitischen Top-down-Prozess von den Bildungsstandards zu den Aufgaben orientiert bzw. beschreibt Normen und Prozesse von der länderübergreifenden Ebene zur Schüler:innenebene. Die in den Kapiteln behandelten Teilaspekte sind die *Bildungsstandards* (Abschnitt 2.1), die *Kernlehrpläne* (Abschnitt 2.2) – speziell die *Kernlehrpläne* der Fächer *Wirtschaft-Politik* (Abschnitt 2.2.1) und *Physik* (Abschnitt 2.2.2) –, *schulinterne Lehrpläne* (Abschnitt 2.3), *Aufgaben* (Abschnitt 3.1), *Operatoren* (Abschnitt 3.2), *Schulbücher* (Abschnitt 3.3) und *Schulbuchaufgaben* (Abschnitt 3.3.1), die *Erprobungsstufe* (Abschnitt 4.1) und die Bereiche *Kognition* (Abschnitt 5.1) sowie *Lesen* (Abschnitt 5.2) und *Schreiben* (Abschnitt 5.3) als sprachliche Lernprozesse der Schüler:innen beim Aufgabenlösen. Abb. 1.2 illustriert den zur Strukturierung der Arbeit genutzten

Top-down-Prozess. Diese Abbildung wird in den theoretischen Kapiteln als Leitfaden genutzt, sukzessive aufgebaut und zum Ausgangspunkt gemacht, um die einzelnen Etappen vor dem empirischen Teil näher zu erläutern:

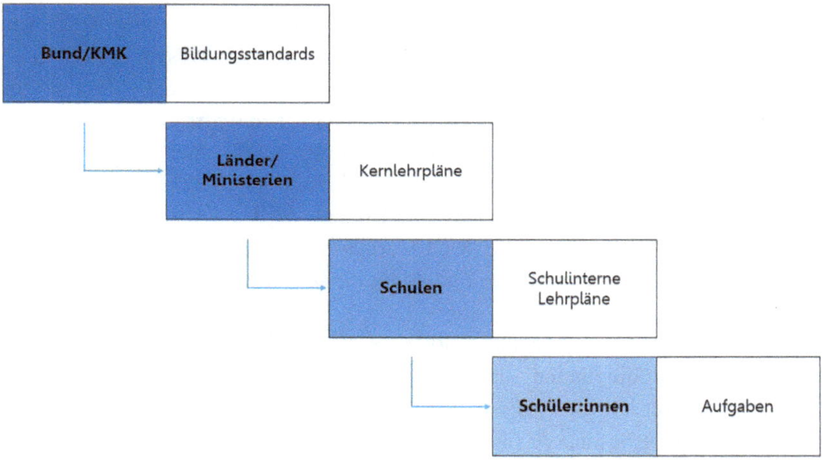

Abb. 1.2 Der Top-down-Prozess von den Bildungsstandards zu den Aufgaben im Unterricht

Mit Steinhoff (2019) und einem direkten Bezug zum sprachlichen Lernen im Fachunterricht lässt sich der Aufbau der vorliegenden Studie *Sachfachliche Schreib-Lernaufgaben* neben dem Weg aus Abb. 1.2 auch mit den Facetten *bildungssprachlicher Kompetenzen* beschreiben.

Die *kulturellen* Bedingungen sind in der vorliegenden Arbeit Thema der Kapitel 2 und 3. Die *bildungssprachlichen* Handlungen sind Thema der Kapitel 2, 3 und 5 und die *individuellen Ressourcen* sind Thema der Kapitel 4 und 5.

Der empirische Teil (Kapitel 6) ist auf alle Bereiche bezogen. Hier werden auf der Grundlage der theoretischen Beschreibung Lernaufgaben aus fachlichen Schulbüchern der Fächer *Wirtschaft-Politik* und *Physik* kontrastiv beschrieben und explorativ im Feld getestet. Die empirische Untersuchung besteht aus der Aufgabenanalyse (Abschnitt 6.2) und der Interventionsstudie (Abschnitt 6.3).

Derjenige Teil der empirischen Untersuchung, der stärker gewichtet ist, ist die Aufgabenanalyse. Sie wird mit der Methode der *Qualitativen Inhaltsanalyse* durchgeführt (Abschnitt 6.2). Die Aufgabenanalyse umfasst die Beschreibung und Begründung der Methode (Abschnitt 6.2.1), die *Fragestellungen*

(Abschnitt 6.2.2) sowie die *Stichprobe* und *Korpusbildung* (Abschnitt 6.2.3), die Beschreibung der *Lehrwerke* (Abschnitt 6.2.4) und die Beschreibung der *softwaregestützten Umsetzung* (Abschnitt 6.2.5). Im Anschluss daran werden das *Kategoriensystem* (Abschnitt 6.2.6), Ergebnisse einer *Intercoder-Übereinstimmungsanalyse* sowie die Ergebnisse einer *Fehleranalyse* dargelegt (Abschnitt 6.2.7). Abschließend werden die *zentralen Ergebnisse* der Aufgabenanalyse präsentiert (Abschnitt 6.2.8) und zusammengefasst (Abschnitt 6.2.9).

Der Teil der Interventionsstudie (Abschnitt 6.3) im Feld umfasst die Beschreibung des *Designs* des Quasi-Experiments *Klimatext* (Abschnitt 6.3.1/2), die Beschreibung der *Stichprobe* (Abschnitt 6.3.3), der *Lernumgebung* (Abschnitt 6.3.4) sowie die Instrumente und Abläufe der Messzeitpunkte (MZP) *MZP 1* (Abschnitt 6.3.5), *MZP 2* (Abschnitt 6.3.6), *MZP 3* (Abschnitt 6.3.7) und *MZP 4* (Abschnitt 6.3.8). Abschließend werden die *Hauptergebnisse* zusammengefasst sowie *Sekundärergebnisse* und *Limitationen* der Untersuchung beschrieben (Abschnitt 6.3.9).

Im folgenden theoretischen Kapitel der Arbeit werden die *Lernziele* als kulturelle Bedingungen des Aufgabenlösens im Fachunterricht dargestellt. Dabei werden die *Bildungsstandards* (Abschnitt 2.1), *Kernlehrpläne* (Abschnitt 2.2), insbesondere für die Erprobungsstufe und die Fächer *Wirtschaft-Politik* (Abschnitt 2.2.1) und *Physik* (Abschnitt 2.2.2), sowie *schulinterne Lehrpläne* (Abschnitt 2.3) als bildungspolitische Dokumente beschrieben, welche die Aufgabenkonstruktion im Fachunterricht beeinflussen. Wenn die Auswahl an bundeslandspezifische Bedingungen gebunden ist, werden die Inhalte für das Bundesland NRW dargestellt.

Lernziele 2

„Die Schülerinnen und Schüler ...
erläutern in Grundzügen Aufbau und Aufgaben von Städten/Gemeinden."

(KLP NRW Wirtschaft-Politik, Gym, Sek. I, 2019, S. 21)

Das Eingangszitat veranschaulicht ein standardisiert formuliertes Lernziel (*Objective*) aus dem Kernlehrplan (KLP) *Wirtschaft-Politik* (ab dem Schuljahr 2019/20) für die Sekundarstufe I in Nordrhein-Westfalen. In *Kapitel 2* werden die *Bildungsstandards* und die *Kompetenzorientierung* als zentrale *bildungspolitische* und *kulturelle Bedingungen* beleuchtet. Ziel ist es, die *Verbindung* zwischen *Bildungsstandards, Kernlehrplänen* und *schulinternen Lehrplänen* herauszuarbeiten. Dies wird sukzessive und spezifisch für die ausgewählte Stichprobe der Erprobungsstufe in NRW und die Fächer *Wirtschaft-Politik* und *Physik* entfaltet. Es soll gezeigt werden, wie und warum Lernziele einem standardisierten Aufbau folgen und welche Verbindungen zur Aufgabenkonstruktion bestehen, die im Anschluss weiterführend behandelt werden.

2.1 Bildungsstandards

Um die bildungspolitische Dimension von Schulbuchaufgaben zu verstehen, ist es wichtig, die Funktion von Lernzielen auf Länderebene und den Weg von den länderübergreifenden *Bildungsstandards* über die *Kernlehrpläne* bis zu den Schulbüchern nachzuvollziehen. Nur so kann angemessen eingeordnet werden, welche Größen für die Aufgabenkonstruktion zentral sind und wie die kulturellen Bedingungen und Normen beschaffen sind, in denen sie entstehen. Der Weg wird – wie im vorhergehenden Kapitel näher erläutert – im Folgenden top-down

M. Fuhlrott, *Sprachbildende Schulbuchaufgaben im Fachunterricht*,
Sprachsensibilität in Bildungsprozessen,
https://doi.org/10.1007/978-3-658-53061-7_2

ausgehend von der länderübergreifenden Ebene nachgezeichnet. Bildung bleibt dabei Ländersache (Art. 30, 70 GG). Die Länder verständigen sich jedoch über das Gremium der Kultusministerkonferenz (KMK) gemeinsam über Standards, die bundesweit gelten (in der Abbildung als „Bund/KMK" bezeichnet).

Seit Beginn der 2000er Jahre nimmt Deutschland regelmäßig und öffentlichkeitswirksam an internationalen Schulleistungsvergleichsstudien teil, wie der OECD-Studie PISA (*Programme for International Student Assessment*), den IEA-Studien (*International Association for the Evaluation of Educational Achievement*) *TIMSS* (*Trends in International Mathematics and Science Study*) und *PIRLS* (engl. *Progress in International Reading Literacy Study*) bzw. *IGLU* (*Internationale Grundschul-Leseuntersuchung*, seit 2001).

In diesem Zusammenhang wurden und werden *Bildungsstandards* entwickelt, die von der KMK herausgegeben werden, um eine Orientierung für Niveaustufen und Outcomes zu beschreiben, die von Schüler:innen zu einem bestimmten Zeitpunkt in der Schulbiografie erreicht werden sollen. Dieses System, das Lernziele an Kompetenzbeschreibungen und schüler:innenseitigen Lernergebnissen orientiert, wird als *Kompetenzorientierung* bezeichnet (= der *Unterricht ist konzeptuell zuerst am Erwerb von Kompetenzen orientiert*). Das Gegenstück bildet die *Inhaltsorientierung*, wonach der zu lernende Inhalt (nicht primär Fähigkeiten) Ausgangspunkt der Curriculumentwicklung ist und Lernziele dem Inhalt nachgestellt entwickelt werden (Bergstermann et al., 2013). Ein wichtiger Bezugspunkt der Kompetenzorientierung in Deutschland ist der sogenannte *Konstanzer Beschluss* der Kultusministerkonferenz vom 24.10.1997 (Grundsätzliche Überlegungen zu Leistungsvergleichen innerhalb der Bundesrepublik Deutschland – Konstanzer Beschluss, 1997).

Bei den kompetenzorientierten *Bildungsstandards* handelt es sich um eine fach- und jahrgangsbezogene Sammlung von Lernziel- und Kompetenzbeschreibungen, die an Kompetenzstufenmodelle anknüpfen und öffentlich zugänglich vorliegen:

> „Bildungsstandards greifen allgemeine Bildungsziele auf. Sie legen fest, welche Kompetenzen die Kinder oder Jugendlichen bis zu einer bestimmten Jahrgangsstufe mindestens erworben haben sollen. Die Kompetenzen werden so konkret beschrieben, dass sie in Aufgabenstellungen umgesetzt und prinzipiell mit Hilfe von Testverfahren erfasst werden können. Der Darstellung von Kompetenzen, die innerhalb eines Lernbereiches oder Faches aufgebaut werden, ihrer Teildimensionen und Niveaustufen, kommt in diesem Konzept ein entscheidender Platz zu. Kompetenzmodelle konkretisieren Inhalte und Stufen der allgemeinen Bildung. Sie formulieren damit eine pragmatische Antwort auf die Konstruktions- und Legitimationsprobleme traditioneller Bildungs- und Lehrplandebatten." (Klieme et al., 2003, S. 10)

Der zitierte Auszug stammt aus der Expertise von Klieme et al. (2003) aus den Anfängen der Umsetzung von bundesweiten Standards nach dem ersten *PISA-Schock*. Um *Kompetenzen* im bildungspolitischen Kontext zu definieren, wurde und wird vielerorts die Kompetenzdefinition nach Franz E. Weinert aus dem Jahr 2001 verwendet, die ebenso wie die *Klieme-Expertise* einen hohen Bekanntheitsgrad genießt und der zufolge Kompetenzen

> „die bei Individuen verfügbaren oder durch sie erlernbaren kognitiven Fähigkeiten und Fertigkeiten [sind], um bestimmte Probleme zu lösen, sowie die damit verbundenen motivationalen, volitionalen und sozialen Bereitschaften und Fähigkeiten, um die Problemlösungen in variablen Situationen erfolgreich und verantwortungsvoll nutzen zu können."[1] (Weinert, 2001, S. 27, 28)

Kompetenzbeschreibungen leisten einen Beitrag dazu, *Wissen und Können* lernzielorientiert zu beschreiben und damit schulische Anforderungen für Lehrkräfte und Schüler:innen transparent zu machen. Kompetenzerwartungen beziehen sich dabei immer auf beobachtbare und auf überprüfbare Handlungen und sollen daher dergestalt formuliert werden, dass sie in Aufgaben umgesetzt und über Lösungen überprüft werden können (Klieme et al., 2003, S. 10).

Bildungsstandards greifen überdies fachliche Modelle (Fachkonzepte) sowie fachliche *Basiskonzepte* auf, über die Wissen begrifflich vernetzt wird (KMK, 2020). Basiskonzepte werden in den Kernlehrplänen der Länder entweder direkt oder als Idee wiederaufgenommen. Das folgende, erläuternde Zitat zu *Basiskonzepten* stammt in diesem Zusammenhang aus dem Kernlehrplan Physik (2019) für die Sekundarstufe I des Gymnasiums in NRW:

> „Basiskonzepte beinhalten zentrale, aufeinander bezogene Begriffe, Modellvorstellungen und Prozesse. Sie eignen sich besonders gut zur Vernetzung des Wissens in unterschiedlichen Inhaltsfeldern der Physik. Sie ermöglichen außerdem, situationsübergreifend Fragestellungen aus bestimmten Perspektiven zu entwickeln. Somit bilden sie übergeordnete Strukturen im Entstehungsprozess eines verknüpften Wissensnetzes."[2] (KLP NRW Physik, Gym, Sek. I, 2019, S. 9)

---

[1] Diese Definition bildet zwar den Ausgangspunkt vieler Kompetenzüberlegungen, sie ist jedoch keinesfalls erschöpfend. Ausprägungen von und Definitionen für *Kompetenz(en)*, wie sie für diese Arbeit relevant sind, werden in den folgenden Kapiteln an den geeigneten Stellen integrativ erläutert.

[2] Basiskonzepte für die Sekundarstufe I in NRW und das Fach Physik sind etwa *Energie*, *Struktur der Materie* oder *Wechselwirkung und System*.

Neben Basiskonzepten werden auch überfachliche Kompetenzen, Lernziele, die Ziele eines Fachs sowie die Grundlagen der Aufgabenkonstruktion und Leistungsüberprüfung in den Bildungsstandards genannt und identisch, verändert oder konzeptuell in den Kernlehrplänen der Bundesländer wiederaufgegriffen.

Zur Standardsetzung im Bundesgebiet sind Bildungsstandards als Kompetenzerwartungen, die zu einer bestimmten Zeit in der Bildungsbiografie erreicht werden sollen, stufenförmig von (I) II bis IV formuliert. In der Entwicklung beziehen sie sich dabei teils auf heuristische, teils auf empirisch validierte Kompetenzstufenmodelle. Es werden *Mindest-/Minimal-* (II), *Regel-* (III) und *Exzellenz-/Maximalstandards* (IV) definiert. *Mindest-/Minimalstandards* beschreiben *ein zu erreichendes Minimum an* Kompetenzen.[3] *Regelstandards* setzen normative Maßstäbe auf mittlerem Niveau.[4] *Exzellenz-/Maximalstandards* beschreiben Kompetenzen, die im hohen Leistungsbereich liegen (KMK, 2005, S. 9).

Bildungsstandards werden für die Fächer *Deutsch* und *Mathematik* für den Abschluss der Grundschule (Klasse 4), für den Hauptschulabschluss (nach Klasse 9) und den mittleren Abschluss nach der Sekundarstufe I (nach Klasse 10) für die Fächer *Deutsch, Mathematik* und die *erste Fremdsprache,* für den mittleren Abschluss zudem in den naturwissenschaftlichen Fächern *Biologie, Chemie* und *Physik,* sowie für das Abitur herausgegeben (*Deutsch, Mathematik, Englisch, Französisch, Biologie, Chemie und Physik*). Sie liegen demnach nicht für alle Jahrgangsstufen und Fächer vor. Die Bildungsstandards für das Abitur schaffen einheitliche Vorgaben für die Abiturprüfung und wurden genutzt, um die *EPA*, die *Einheitlichen Prüfungsanforderungen in der Abiturprüfung*, weiterzuentwickeln, bzw. lösten diese Vorgaben für die Fächer, für die Bildungsstandards ausgegeben werden, ab (KMK, 2020, S. 4). Die Bildungsstandards, an denen sich übergeordnet die Kernlehrpläne der Erprobungsstufe des Gymnasiums orientieren, sind diejenigen für den mittleren Abschluss nach Klasse 10. Sie definieren *Regelstandards*:[5]

[3] Werden diese nicht erreicht, wird dies mit der Stufe I bezeichnet (KMK, 2010, S. 12).

[4] Um Schulen Raum für die Entwicklungen von Bildungszielen zu bieten, wurde die Stufe *Regelstandards Plus* eingeführt (KMK, 2010, S. 12).

[5] Da für das Fach Wirtschaft-Politik keine Bildungsstandards vorliegen, wird die Ebene der Lernziele und übergeordneten Kompetenzbereiche im Rahmen der Beschreibung der Kernlehrpläne in dieser Arbeit vertieft, damit die Fächer der vorliegenden Studie gleichwertig beschrieben werden können (vgl. Abschnitt 2.2).

> „Regelstandards beschreiben Kompetenzen auf einer Niveaustufe (Stufe III), die im Durchschnitt von den Schülerinnen und Schülern bis zu einem bestimmten Bildungsabschnitt erreicht werden sollte. [...] Mit den Bildungsstandards der Kultusministerkonferenz wird die Erwartung verbunden, dass Schülerinnen und Schüler zum Abschluss des Primarbereichs, zum Hauptschulabschluss bzw. zum Mittleren Schulabschluss jeweils über Kompetenzen auf der Niveaustufe III (Regelstandards) verfügen." (KMK, 2010, S. 12)

Wie beschrieben, hat das Setzen von Bildungsstandards eine *Orientierungsfunktion* für die Entwicklung von Lehrplänen, aber auch die Funktion, Monitoring- und Qualitätssicherungsprozesse auf Bundes-, Landes- und Schulebene sicherzustellen. Demnach haben Bildungsstandards auch eine *Überprüfungsfunktion*, denn sie geben Standards der Aufgabenkonstruktion und Leistungsüberprüfung vor, die bundesweit zu ausgehandelten Bildungszielen gefasst und in vergleichenden Studien überprüft werden. Die Ergebnisse werden für die Entwicklung des Bildungssystems genutzt. Damit haben Bildungsstandards auch eine *Entwicklungsfunktion* (KMK, 2010).

Der oben beschriebene bildungspolitische Top-down-Prozess wird dabei im Rahmen des Bildungsmonitorings regelmäßig an gesellschaftliche Veränderungen und Schüler:innenleistungen angepasst. Neben den internationalen Vergleichsstudien nehmen die Unterrichtsforschung und (weitere bildungspolitisch koordinierte) Evaluationen einen wichtigen Stellenwert im System ein, die Entwicklungspotenziale (z. B. relevante Querschnittsthemen oder fachspezifische Handlungsfelder) offenlegen. Man spricht in diesem Zusammenhang auch von der *empirischen Wende* in der Pädagogik und den Erziehungswissenschaften. Ein langfristiges strukturelles Ziel der kompetenzorientierten Bildungspolitik ist es, das bildungspolitische Fundament möglichst umfassend auf empirischen Erkenntnissen aufzubauen. Neben einem damit verbundenen Ausbau empirischer Forschung in den Bildungswissenschaften und der Pädagogischen Psychologie sowie in den Fachdidaktiken an den Universitäten und Pädagogischen Hochschulen sind vorrangig das *DIPF|Leibniz-Institut für Bildungsforschung und Bildungsinformation* und das *IQB* (Institut zur Qualitätsentwicklung im Bildungswesen) als Forschungseinrichtungen zu nennen, die an der direkten Entwicklung des Bildungssystems über Bildungsmonitoring mitwirken. Abb. 2.1 zeigt *Baustein I* der makroperspektiven Betrachtung des Top-down-Prozesses von den Bildungsstandards zu den Aufgaben.

Abb. 2.1 Baustein I: Der Top-down-Prozess von den Bildungsstandards zu den Aufgaben, Bund/KMK, Bildungsstandards

2.2 Kernlehrpläne

Die sich an Bildungsstandards anlehnenden Kernlehrpläne sind bildungspolitisch verbindlich und haben für die Unterrichtskonzeption und die Entwicklung von schulinternen Lehrplänen, Lehrwerken und Aufgaben in den Bundesländern eine starke Orientierungsfunktion. Konzeptuell gehen sie von einer Stufung innerhalb des Kompetenzerwerbs aus, sind auf einzelne Fächer bezogen und sollen – in Anlehnung an die Grundkonzeption von Bildungsstandards – Lernergebnisse überprüfbar werden lassen (KLP NRW Wirtschaft-Politik, Gym, Sek. I, 2019 o. S.). Hierfür ist die Formulierung von überprüfbaren und in Aufgaben umsetzbaren Lernzielen essenziell. Lernziele, Aufgaben und Operatoren stehen auch auf Landesebene in einem direkten Zusammenhang, weshalb im Folgenden Lernziele als Kernelement von Lehrplänen für die Schulbuch- und Aufgabenentwicklung näher beschrieben werden.

Bundeslandspezifische, curriculare Lernziele bilden das Fundament, auf dem schulinterne Lehrpläne aufbauen, Schulbücher mit Aufgaben entwickelt und staatlich zugelassen werden. Schulen, Lehrkräfte und Schulbuchautor:innen beziehen sich bei ihrer Arbeit direkt auf diese fachspezifischen und fächerübergreifenden Vorgaben. Die Gültigkeit von Lehrplänen für den Unterricht regelt § 29 des Schulgesetzes NRW (SchulG – BASS 1–1).[6] Den Einsatz von Lernmitteln regelt § 30 SchulG NRW.

Lernziele sollen in Kernlehrplänen so angelegt sein, dass sie prinzipiell in Aufgaben übersetzt und über Aufgabenlösungen überprüft werden können. Dabei besteht für die Aufgabenkonstruktion der Anspruch, dass Anforderungen transparent gemacht werden können (Schott & Azizi Ghanbari, 2012). Hierzu

[6] Der Bezug zum Schulgesetz bezieht sich in dieser Studie auf das *Schulgesetz für das Land Nordrhein-Westfalen* (Schulgesetz NRW – SchulG) vom 15. Februar 2005 (GV, NRW, S. 102). Zuletzt geändert durch das Gesetz vom 23. Februar 2022 (GV, NRW, 2022, S. 250). Zu finden in *BASS* (Bereinigte Amtliche Sammlung von Schulvorschriften NRW).

werden Lernziele mit Operatoren eingesetzt, die definiert sind und verschiedene Anforderungsbereiche abbilden.[7]

Der theoretische Ausgangspunkt, verschieden komplexe Lernziele und operative Verben für Bildungsprozesse zu definieren und einzusetzen, geht grundlegend auf die sogenannte *Tyler-Matrix (Tyler, 1973)* und die von Bloom und Kollegen (1956, 1972) erarbeitete Taxonomie für kognitive Lernprozesse und deren Weiterentwicklung nach Anderson und Krathwohl (2001) zurück.[8] Die im Jahre 1949 in englischer Sprache und in deutscher Übersetzung 1973 veröffentlichte Schrift *Basic Principles of Curriculum and Instruction* des Pädagogen Ralph W. Tyler enthält erstmalig die Empfehlung, Lernziele in Form eines Inhalts- und Verhaltensaspekts in einer Matrix darzustellen und Lernziele und ihre Überprüfbarkeit zusammen zu denken, das sogenannte *Tyler Rational* (Göldi, 2011; Schott & Azizi Ghanbari, 2012; Tyler, 1973). Tyler war Blooms Mentor, weshalb eine direkte theoretische Verbindung besteht.

Die Taxonomie wurde ab 1948 entwickelt (Göldi, 2011, S. 23). Die erste Publikation hierzu, *Taxonomy of Educational Objectives. Handbook I: Cognitive Domain* von Bloom, Engelhart, Furst, Hill und Krathwohl, erschien im Jahr 1956 (Bloom, 1956).[9] Es bestehen darüber hinaus Taxonomien für den affektiven und psychomotorischen Bereich (*Domains*), die seit Beginn der Entwicklung der Taxonomie mitgedacht wurden, aber aus verschiedenen Gründen nie denselben Erfolg hatten wie die Taxonomie im kognitiven Bereich (Göldi, 2011, S. 23). Der affektive Bereich bezieht sich auf die Entwicklung von Einstellungen, Werten, Interesse und Anpassungsvermögen, die Taxonomie im psychomotorischen Bereich – die letztlich am wenigsten Beachtung erfuhr – auf die motorischen Entwicklungen (Göldi, 2011, S. 23). Probleme der Annahme der Taxonomie im

[7] Lernziele werden in Lehrplänen und Bildungsstandards genutzt, denn die *Lernzielorientierung* ist seit Beginn der Kompetenzorientierung ein wesentlicher Bestandteil der bildungspolitischen Grundidee (Brügelmann, 1972). Dies trifft auch auf das Prinzip der Operationalisierung und damit die Übersetzung und Überprüfbarkeit von Kompetenzen über Aufgaben zu. Für diese Arbeit erscheint es sinnvoll, die Beschreibung von Lernzielen argumentativ auf Ebene der Kerncurricula zu platzieren, da sich die Aufgaben und Operatoren konkret und direkt auf die Kernlehrpläne NRW und die Lehrwerke der Fächer *Wirtschaft-Politik* und *Physik* beziehen. Aufgaben und Operatoren sowie Operatorenlisten werden in einem eigenen Kapitel vertieft behandelt (vgl. Kapitel 3).

[8] Die englische Standardbewegung hat ihre Wurzeln bereits im Ende des 19. Jahrhunderts. Die US-amerikanische Standardbewegung (*standard movement/standard-based reform*) beginnt in den 1980er-Jahren spätestens mit dem im Jahr 1983 veröffentlichten Bericht *A nation at risk* der *National Commission on Excellence in Education* (Göldi, 2011).

[9] Sog. *TEO-Taxonomie* (*Taxonomy of Educational Objectives*) (Kleinknecht et al., 2014)

affektiven Bereich können u. a. mit dem Respekt vor potenzieller schulischer Indoktrination begründet werden (Göldi, 2011, S. 26).

Es handelt sich trotz Vorbehalten, die mit der Rezeption verbunden sind, konzeptuell mit den Bestandteilen *Kognition*, *Affekt* und *Psychomotorik* genuin um eine zusammenhängende Trias, die unabhängig von der taxonomischen Theorie bei anderen pädagogischen Autor:innen seit der Antike zu finden ist, jünger etwa Pestalozzi, mit der Beschreibung von Lernbereichen mit den Kategorien *Kopf, Herz* und *Hand*. Auch wenn die Autoren der Taxonomie später betonten, dass der Mensch nur ganzheitlich betrachtet werden kann, hatte die Taxonomie im kognitiven Bereich international den größten Erfolg. Das pädagogische Buch *Taxonomy of Educational Objectives. Handbook I: Cognitive Domain* wurde in 18 Sprachen übersetzt und mehrere Millionen Male verkauft (Helmke, 2022, S. 23).[10] Im Folgenden soll für ein tieferes Verständnis des Bildungssystems, von Lernzielen, Aufgaben und Operatoren, die Beschreibung der *Tyler-Matrix* sowie die Darstellung der Grundidee der Taxonomie im kognitiven Bereich zusammenhängend erfolgen.

Mit der Tyler'schen Matrix ist die Formulierungstradition von Lernzielen verbunden, die bis heute genutzt wird. Dies folgt dem Schema, ein Substantiv oder eine Nominalgruppe – *Inhalt* – mit einem Verb – *Verhalten* – zu verknüpfen. Ein Lernziel besitzt demnach immer einen Inhalts- und einen Verhaltensanteil. Tab. 2.1 zeigt in Anlehnung an Tyler (1973) und die Darstellung in Schott & Azizi Ghanbari (2012) eine Lernzielkonstruktion mit Bezug zu dem in dieser Studie verwendeten Kernlehrplan für das Fach *Wirtschaft-Politik* auf (KLP NRW Wirtschaft-Politik, Gym, Sek. I, 2019, S. 21).

Tab. 2.1 Inhalts- und Verhaltensaspekt eines ausgewählten Lernziels übertragen in eine Tyler-Matrix

Quelle	Verhaltensaspekt	Inhaltsaspekt
KLP NRW Wirtschaft-Politik, Gym, Sek. I (2019, S. 21)	erläutern (in Grundzügen)	Aufbau und Aufgaben von Städten/Gemeinden

Die kognitive Taxonomie unterscheidet grundlegend die sechs hierarchisch-integrativ angelegten Prozessebenen *Knowledge*, *Comprehension*, *Application*,

[10] Göldi (2011) erwähnt, dass es sich zwar um eines der meistzitierten Bücher handelt, jedoch selten wirklich gelesen wurde, wie es Bloom selbst angemerkt haben soll. Darüber hinaus wurde die isolierte und dominante Rezeption des kognitiven Bereichs später von den Autoren selbst kritisch reflektiert. Sie hofften auf eine Weiterführung der Theorie, die alle Bereiche zusammenbringt (Göldi, 2011, S. 24).

Analysis, *Synthesis* und *Evaluation*, die später als Verben formuliert von Anderson und Krathwohl (2001) in die kognitiven Dimensionen *Remember*, *Understand*, *Apply*, *Analyze*, *Evaluate* und *Create* überführt, auf einer weiteren Ebene ausdifferenziert und über eine Kreuztabelle den Wissensdomänen *Factual Knowledge*, *Conceptual Knowledge*, *Procedural Knowledge* und *Metacognitive Knowledge* zugeordnet wurden. Die Grundidee ist, kognitive Lernprozesse über aufeinander aufbauende Lernziele hierarchisch so zu organisieren, dass Lernende von der ersten Konfrontation mit einem Lerngegenstand zum reflexiven, kritischen Denken gelangen und Lehrkräfte diesen Weg bei der Planung bewusst wahrnehmen können. Ziel ist im Anschluss, die Schritte in Aufgaben zu übersetzen, welche zu überprüfbaren Lernergebnissen führen.

Den Verben kommt dabei ein didaktischer Stützeffekt zu, indem sie den Handlungsteil von Bildungszielen konkretisieren. Die Taxonomie dient demnach sowohl der Bestimmung, der Klassifizierung als auch der Überprüfung von Lernzielen. Ein Beispiel hierfür aus Anderson und Krathwohl (2001, S. 32), das die Bestandteile eines Lernziels enthält und klassifiziert, ist: *The student will learn to apply the reduce-reuse-recycle approach to conservation.* Die Nominalphrase repräsentiert den Inhaltsaspekt des Lernziels. Der Verhaltensaspekt wird mit dem *Verb apply* abgebildet. Reduziert man das Lernziel um Inhalt und Verhalten, dann bleibt ausschließlich der Teil der Könnenserwartung/der Zielbeschreibung übrig, der jedem Lernziel vorausgesetzt wird, hier: *The student will learn to.* Der Inhaltsaspekt wird der Wissensdomäne *Procedural Knowledge* zugeordnet, das Verb der kognitiven Dimension *Apply.*

Das „Kondensat der Bloom'schen Taxonomie“ (Struger, 2017, S. 139) zeigt sich in Deutschland, aber auch in Österreich und in ähnlicher Weise in der Schweiz, über den formalen Aufbau von Bildungsstandards, Lehrplänen und die kognitiven Anforderungsbereiche *I Reproduktion, II Reorganisation* sowie *III Reflexion und Problemlösen*, die vor allem in Operatorenlisten zur Bestimmung der Komplexität von Operatoren/Handlungsverben für Lernziele und Aufgaben eingesetzt werden. Die Bestimmung von Anforderungsbereichen erfolgte bildungspolitisch theoretisch:

> „Diese [Anforderungsbereiche, M.F.] orientieren sich an der Beschreibung in den Einheitlichen Prüfungsanforderungen in der Abiturprüfung (EPA), an theoretischen Grundlagen der PISA-Studie und dem Gemeinsamen europäischen Referenzrahmen für Sprachen.“ (KMK, 2005, S. 17)

Anforderungsbereiche sind keine Kompetenzstufen, sondern bilden Komplexitätsstufen ab, gelten (insofern nicht empirisch bestätigt) als transitorisch und haben eine Orientierungsfunktion, um Aufgabenkomplexitäten einschätzen zu können (KMK, 2005, S. 17). Es ist bildungspolitisch möglich, verfasste Anforderungsbereiche (z. B. Operatorenlisten) weiterzuentwickeln und anzupassen.[11]

Versucht man, die Verbindung der klassischen Taxonomie im kognitiven Bereich und der bildungspolitischen Entwicklung herzustellen, zeigt sich, dass Elemente und Konstruktionsideen übernommen wurden. Dies betrifft u. a. die verbindenden Elemente Lernziel, Lehrplan und Aufgabe. Andere Aspekte, etwa die Praktik der Kreuztabellen und damit die Herleitung von Standards, Operatoren und Komplexitätsstufen können nicht lückenlos nachvollzogen werden.[12]

Daher erscheint es zunächst sinnvoll, die übernommenen Konstruktionsideen mit Beispielen in Verbindung zu bringen, die direkt nachvollzogen werden können und konkret zum Verständnis dieser Arbeit beitragen. Ausgehend vom Lernziel über Schulbuchaufgaben bis zu den spezifischen Kernlehrplänen der Fächer wird diese Verbindung im Folgenden hergestellt und konkretisiert.

Genutzt wird zunächst das Beispiel aus dem Kernlehrplan, das weiter oben zur Erklärung der Tyler-Matrix verwendet wurde. Das Beispiel ist einerseits Teil des Kernlehrplans, andererseits können in zugelassenen Schulbüchern abgeleitete Aufgaben zu diesem curricularen Lernziel gefunden werden. Ein direkter Vergleich soll dies illustrieren. Hier aus dem Schulbuch *Team 5/6 (Mattes & Herzig, 2019)*:

Lernziel aus dem Kernlehrplan:

„Die Schülerinnen und Schüler
erläutern in Grundzügen Aufbau und Aufgaben von Städten/Gemeinden.“

(KLP NRW Wirtschaft-Politik, Gym, Sek. I, 2019, S. 21)

Eine zum Lernziel passende Schulbuchaufgabe *(von mehreren Aufgaben zum Lernziel):*

„Erkläre, warum Entscheidungen in der Gemeinde mit Politik zu tun haben.“

(Mattes & Herzig, 2019, S. 137, Aufgabe 3)

---

[11] Ein Beispiel für eine Neukonzeption ist die Operatorenliste NRW für das Fach *Physik*. Hier wurde – im Gegensatz zur zuvor gültigen Liste bis 2025 – auf eine feste Zuordnung von einzelnen Operatoren zu Anforderungsbereichen verzichtet. Nach der Operatorenliste ab 2025 können sich alle Operatoren auf alle Anforderungsbereiche beziehen [Operatorenliste Physik NRW, o. J.; Operatorenliste Physik NRW (gültig ab dem Abitur 2025), o. J.].

[12] Hierdurch könnte sich auch erklären, warum der Einsatz von Verben in Curricula heute oftmals als *nicht systematisch* bewertet wird (Reitbrecht & Sorger, 2018), denn die konsequente Systematisierung ist nicht (mehr) sichtbar und es bleibt unklar, inwiefern sie noch besteht.

Konkret zeigen die Beispiele über die eingesetzten Verben/Operatoren *erläutern* und *erkläre (warum)* den lernzielbezogenen Verhaltensanteil auf, während *in Grundzügen Aufbau und Aufgaben von Städten/Gemeinden* sowie *Entscheidungen in der Gemeinde (mit Politik zu tun haben)* den Inhaltsaspekt darstellen.[13] Die Darstellung gibt nicht nur einen Einblick in die Verbindung, sondern auch in die Konstruktion von Schulbuchaufgaben. Über anschließende Schüler:innenlösungen soll die Erreichung dieses Lernziels überprüft werden können, und zwar dann, wenn Schüler:innen nach der Unterrichtseinheit in der Lage sind, den Aufbau und die Aufgaben von Städten und Gemeinden in Grundzügen zu erläutern.

Nach der vorgestellten Unterscheidung von *Verhaltensaspekt* und *Inhalt* werden in kompetenzorientierten Kernlehrplänen strukturell *Kompetenzbereiche, Inhaltsfelder und Kompetenzerwartungen* dargestellt. Den Verhaltensaspekt zeigen die *Kompetenzbereiche* auf (*Welches Wissen und Können soll vermittelt werden?*), den Inhaltsaspekt die *Inhaltsfelder* (*Auf welche Fachinhalte ist das Wissen und Können bezogen?)* sowie die *Ziele eines Fachs.* Erwartetes Verhalten wird in den *Kompetenzerwartungen* ausgedrückt (*Welches Wissen und Können wird zu einem bestimmten Zeitpunkt erwartet?*). In den Kernlehrplänen wird nicht dezidiert zwischen *Verhalten* und *Inhalt* unterschieden, sondern zwischen *Prozessen* (Kompetenzbereiche/Können) und *Gegenständen* (Inhaltsfelder/Wissen) (KLP NRW Physik, Gym, Sek. I, 2019, S. 12). Dieser Zusammenhang wird über die Struktur von Kernlehrplänen ausgedrückt. Jeder Kernlehrplan folgt nach einem Vorwort dem Aufbau 1. *Aufgabe und Ziele des Faches*, 2. *Kompetenzbereiche, Inhaltsfelder und Kompetenzerwartungen* und 3. *Lernerfolgsüberprüfung und Leistungsbewertung.*

Zu gegenstands- und prozesskombinierten Kompetenzerwartungen mit Lernergebnissen werden im Kernlehrplan Hinweise zur *Lernerfolgskontrolle* und *Leistungsüberprüfung* gegeben. Lehrpläne werden für jede allgemeinbildende Schulform spezifisch für jedes Fach und jede Jahrgangsstufe, Sekundarstufe I und II, herausgegeben. Die Kernlehrpläne für das Gymnasium in NRW und die Sekundarstufe I gliedern sich in *Kompetenzerwartungen und inhaltliche Schwerpunkte bis zum Ende der Erprobungsstufe* und *Kompetenzerwartungen und inhaltliche Schwerpunkte bis zum Ende der Sekundarstufe I.* Für diese Arbeit sind die Kompetenzerwartungen und die inhaltlichen Schwerpunkte bis zum Ende der Erprobungsstufe relevant.

---

[13] Eine Eins-zu-eins-Übersetzung von Lernziel zu Aufgabe findet in der Regel nicht statt, da Lernziele breiter angelegt sind als Einzelaufgaben. Oftmals gehören daher mehrere Schulbuchaufgaben aus einem Kapitel (oder aus mehreren Kapiteln) zu einem Lernziel. Direkte Kongruenzen sind jedoch wie aufgezeigt nachvollziehbar.

Zur Bestimmung der curricularen Lernziele für die vorliegende Studie *Sachfachliche Schreib-Lernaufgaben* wurden die Kernlehrpläne für das Bundesland Nordrhein-Westfalen und die Sekundarstufe I für die Fächer *Wirtschaft-Politik* und *Physik* herangezogen, die mit der Lehrplanreform im Jahr 2019 und der Wiedereinführung des G9-Abiturs in NRW veröffentlicht wurden. Vergleichbare kompetenzorientierte Kernlehrpläne in dieser Form werden seit 2004 vom *Ministerium für Schule und Bildung des Landes Nordrhein-Westfalen* (MSB NRW) in Düsseldorf sukzessive herausgegeben.[14] Die Kernlehrpläne für *Wirtschaft-Politik* und *Physik*, die im Folgenden beschrieben werden, wurden am 23. Juni 2019 erlassen. Sie traten am 1. August 2019 in Kraft und hatten ab dem Schuljahr 2019/20 Gültigkeit für die Jahrgänge 5 und 6.

Beide Fächer sind mit Querschnittsaufgaben verbunden, die in den Kernlehrplänen verankert sind. Zu den Querschnittsaufgaben beider Fächer zählen *Menschenrechtserziehung*, *Werteerziehung*, *politische Bildung und Demokratieerziehung*, *Bildung für die digitale Welt und Medienbildung*, *Bildung für nachhaltige Entwicklung*, *geschlechtersensible Bildung* und *kulturelle und interkulturelle Bildung* (KLP NRW Physik, Gym, Sek. I, 2019, S. 23). Darüber hinaus ergänzen beide Fächer die *Rahmenvorgabe zur Verbraucher:innenbildung* (Rahmenvorgabe Verbraucherbildung – in der Primarstufe und Sekundarstufe I in Nordrhein-Westfalen, MSW NRW, 2017) und den *Medienkompetenzrahmen NRW* (Integration der Ziele des Medienkompetenzrahmens NRW, *MKR*, in die Kernlehrpläne für die Sekundarstufe I des Gymnasiums, 2019).

Im Folgenden werden die Kernlehrpläne der Fächer *Wirtschaft-Politik* und *Physik* für die Sekundarstufe I beschrieben und ein direkter Bezug zur Erprobungsstufe als ausgewählte Stichprobe hergestellt.[15]

Das Gymnasium zielt als Schulform bereits in der Erprobungsstufe im Besonderen darauf ab, eine zunehmend vertiefte Allgemeinbildung zu vermitteln. „Im Gymnasium haben Fachlichkeit und Wissenschaftspropädeutik einen besonderen Stellenwert" (KLP NRW Physik, Gym, Sek. I, 2019, Vorwort).

Abb. 2.2 zeigt *Baustein II* der makroperspektiven Betrachtung auf den Top-down-Prozess von den Bildungsstandards zu den Aufgaben.

---

[14] Lehrpläne für alle Schulformen und Jahrgänge sowie Materialangebote und Informationen stellt das Schulministerium auf der eigenen Homepage bereit. Bei der Entwicklung der Lehrpläne unterstützt die *QUA-LiS NRW*, die *Qualitäts- und UnterstützungsAgentur – Landesinstitut für Schule NRW*. https://www.qua-lis.nrw.de/schulentwicklung-nrw [24.04.2026].

[15] Vgl. zur Erprobungsstufe Kapitel 4.1.

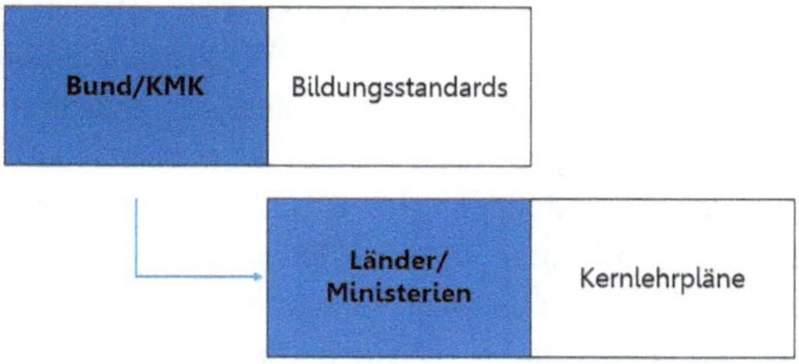

Abb. 2.2 Baustein II: Der Top-down-Prozess von den Bildungsstandards zu den Aufgaben im Unterricht, Bund/KMK, Kernlehrpläne

2.2.1 Wirtschaft-Politik

Im Folgenden werden die Inhalte des Kernlehrplans *Wirtschaft-Politik*, 1. Auflage, (ab) 2019, referiert, welche die Lernziele und Anforderungen an sprachliche Kompetenzen aufzeigen und darüber hinaus für die fachliche Aufgabenentwicklung relevant sind. Dabei wird, insofern möglich, ein direkter Bezug zur Erprobungsstufe hergestellt.

Aufgaben und Ziele des Fachs
Hauptziel des Fachs *Wirtschaft-Politik* in der Sekundarstufe I ist die Förderung der *ökonomischen und politischen Mündigkeit* der Schüler:innen (KLP NRW Wirtschaft-Politik, Gym, Sek. I, 2019, S. 8):

> „In der Sekundarstufe I hat das Fach Wirtschaft-Politik die Aufgabe, bei den Schülerinnen und Schülern **ökonomische und politische Mündigkeit** zu entwickeln. Ziel ist es, die Schülerinnen und Schüler zu befähigen, ihre Interessen in der heutigen Wirtschaft, Politik und Gesellschaft mündig zu vertreten, sachkundig zu urteilen und verantwortungsvoll sowie demokratisch zu handeln." (KLP NRW Wirtschaft-Politik, Gym, Sek. I, 2019, S. 8, Hervorhebungen im Original)

Der Unterricht vermittelt vor dem Hintergrund dieses Ziels Kompetenzen in *diskursiven, simulativen* und *realen Handlungszusammenhängen (KLP NRW Wirtschaft-Politik, Gym, Sek. I, 2019, S. 9)*. Zusammen mit den Fächern Erdkunde und Geschichte wird ein Zugang zur gesellschaftlichen Realität geschaffen, wobei *Orientierungs-*, *Deutungs-*, *Kultur-* und *Weltwissen* sowie die Entwicklung der eigenen *Identität* und die eigenständige *Urteilsbildung* innerhalb einer reflektierten Auseinandersetzung gefördert werden. Das Fach bereitet Schüler:innen auf die eigene Lebensführung in der Gesellschaft vor und vermittelt Fähigkeiten zur politischen und gesellschaftlichen Teilhabe (KLP NRW Wirtschaft-Politik, Gym, Sek. I, 2019, S. 8). Dabei werden ökonomische Grundlagen, Zusammenhänge sowie Chancen und Herausforderungen von sozialer Marktwirtschaft und globalem Wirtschaften, Konsumentscheidungen, Arbeit und Unternehmensführung behandelt, auch in Verbindung mit einer *Bildung für nachhaltige Entwicklung* (BNE). Die Schüler:innen sollen Wissen und ein Verständnis von Demokratie als *Lebens-*, *Gesellschafts-* und *Regierungsform* aufbauen. Der Umgang mit Chancen und Herausforderungen von (sozialen) Medien sollte im Unterricht behandelt und Arbeitstechniken für einen kompetenten Umgang mit diesen eingeübt werden. Die Ziele des Unterrichts sind allgemeinbildende Ziele vor dem Hintergrund der Vorbereitung auf die gymnasiale Oberstufe am Ende der Sekundarstufe I, die mit den oben bereits aufgeführten, fächerübergreifenden Querschnittsaufgaben verbunden sind.

Zur Bedeutung der Sprache heißt es:

> „**Sprache** ist ein **notwendiges Hilfsmittel bei der Entwicklung von Kompetenzen** und besitzt deshalb für den Erwerb einer ökonomischen und politischen Mündigkeit eine **besondere Bedeutung**. In der aktiven Auseinandersetzung mit fachlichen Inhalten, Prozessen und Ideen erweitert sich der vorhandene **Wortschatz**, und es entwickelt sich ein **zunehmend differenzierter und bewusster Einsatz von Sprache**. Dadurch entstehen Möglichkeiten, Konzepte sowie eigene Wahrnehmungen, Gedanken und Interessen angemessen darzustellen." (KLP NRW Wirtschaft-Politik, Gym, Sek. I, 2019, S. 9, Hervorhebungen M.F.)

Sprache ist demnach Hilfsmittel, Medium und Lernziel des fachlichen Lernens. Darüber hinaus wird im Anschluss die Bedeutung des bilingualen Unterrichts und fremdsprachlicher Elemente betont, damit sich Schüler:innen in einer globalen Welt orientieren können (KLP NRW Wirtschaft-Politik, Gym, Sek. I, 2019, S. 10).

Kompetenzbereiche, Inhaltsfelder und Kompetenzerwartungen (für die Erprobungsstufe)

Im Folgenden werden die Kompetenzbereiche, die Inhaltsfelder und die Kompetenzerwartungen aus dem Kernlehrplan beschrieben.

Kompetenzbereiche

Der Lehrplan weist vier übergeordnete Kompetenzbereiche aus: *Sachkompetenz*, *Methoden-*, *Urteils-* und *Handlungskompetenz*. Diese werden im Folgenden beschrieben, wobei die Kompetenzerwartungen für die Erprobungsstufe aus dem Kernlehrplan zitiert werden.

Sachkompetenz bezieht sich auf Wissen über *ökonomische, politische* und *gesellschaftliche* Sachverhalte, Strukturen und Prozesse (KLP NRW Wirtschaft-Politik, Gym, Sek. I, 2019). Für die Erprobungsstufe werden die folgenden übergeordneten Kompetenzerwartungen für diesen Kompetenzbereich ausgegeben:

„Die Schülerinnen und Schüler

- beschreiben grundlegende fachbezogene ökonomische, politische und gesellschaftliche Sachverhalte mithilfe eines elementaren Ordnungs- und Deutungswissens (SK 1),
- erläutern in elementarer Form ökonomische, politische und gesellschaftliche Strukturen (SK 2),
- beschreiben grundlegende ökonomische, politische und gesellschaftliche Konflikte (SK3),
- benennen grundlegende Aspekte des Handelns als Verbraucherinnen und Verbraucher (SK 4),
- beschreiben in Grundzügen Funktionen und Wirkungen von Medien in der digitalisierten Welt (SK 5)." (KLP NRW Wirtschaft-Politik, Gym, Sek. I, 2019, S. 18)

Methodenkompetenz bezieht sich auf fachliche (empirische) Methoden und Arbeitstechniken sowie auf metakognitive Strategien, Lesestrategien und Verfahren zur *Darstellung* und *Präsentation* von Informationen, auch im Rahmen digitaler Möglichkeiten. Es handelt sich um Kompetenzen der *Begriffs-*, *Hypothesen-* und *Modellbildung (KLP NRW Wirtschaft-Politik, Gym, Sek. I, 2019, S. 13).* Dabei wird dieser Bereich in die drei Teilbereiche *Verfahren der Informationsgewinnung und -auswertung*, *Verfahren der Analyse und Strukturierung* und *Verfahren der Darstellung und Präsentation* aufgeteilt. Für die Erprobungsstufe lauten die übergeordneten Kompetenzerwartungen:

„*Verfahren der Informationsgewinnung und -auswertung*

Die Schülerinnen und Schüler

- führen eine eigene Erhebung, auch unter Verwendung digitaler Medien, durch (MK 1),
- erschließen mithilfe verschiedener digitaler und analoger Medien sowie elementarer Lern- und Arbeitstechniken ökonomische, politische und gesellschaftliche Sachverhalte (MK 2). (KLP NRW Wirtschaft-Politik, Gym, Sek. I, 2019, S. 18),

Verfahren der Analyse und Strukturierung

Die Schülerinnen und Schüler

- identifizieren unterschiedliche Standpunkte im eigenen Erfahrungsbereich (MK 3),
- arbeiten in elementarer Form Standpunkte aus kontinuierlichen und diskontinuierlichen Texten heraus (MK 4),
- analysieren unter ökonomischen, politischen und sozialen Aspekten Fallbeispiele aus ihrer Lebenswelt (M K5).

Verfahren der Darstellung und Präsentation

Die Schülerinnen und Schüler

- stellen Sachverhalte und Verwendung relevanter Fachbegriffe dar (MK 6),
- präsentieren adressatengerecht mithilfe selbsterstellter Medienprodukte fachbezogene Sachverhalte (MK 7)." (KLP NRW Wirtschaft-Politik, Gym, Sek. I, 2019, S. 19)

Urteilskompetenz bezieht sich auf die kritisch-reflexive, eigenständige Urteilsbildung im Zusammenhang mit sachlichen und ethischen Aspekten. Politische, ökonomische und soziale Zusammenhänge sollen hergestellt und begründet bewertet werden können. Dazu gehört auch die Fähigkeit der Perspektivübernahme und das Verstehen und Abwägen verschiedener, kontroverser Positionen und Prozesse (KLP NRW Wirtschaft-Politik, Gym, Sek. I, 2019, S. 13). Für die Erprobungsstufe werden die folgenden übergeordneten Kompetenzerwartungen über den Kernlehrplan ausgegeben:

„Die Schülerinnen und Schüler

- beschreiben unterschiedliche Gefühle, Motive, Bedürfnisse und Interessen von betroffenen Personen und Gruppen sowie erste Folgen aus Konfliktlagen für die agierenden Personen oder Konfliktparteien (UK 1),
- ermitteln unterschiedliche Positionen sowie deren etwaige Interessensgebundenheit (UK 2),
- begründen ein Spontanurteil (UK 3),
- erschließen an Fällen mit politischem Entscheidungscharakter die Grundstruktur eines Urteils (UK 4),
- beurteilen verschiedene Optionen ökonomischen, politischen und konsumrelevanten Handelns (UK 5),
- begründen in Ansätzen den Stellenwert verschiedener Medien für ökonomische, politische und gesellschaftliche Entscheidungen und Prozesse (UK 6)." (KLP NRW Wirtschaft-Politik, Gym, Sek. I, 2019, S. 19)

Handlungskompetenz bezieht sich auf die direkte Partizipation im gesellschaftlichen Kontext. Hierzu gehören Kompetenzen der *Entscheidungsfindung* und *Meinungsbildung*. Dies schließt an politische, wirtschaftliche und gesellschaftliche Gestaltungskompetenzen an. Damit verbunden ist ein Transfer von theoretischem Wissen in die Praxis (KLP NRW Wirtschaft-Politik, Gym, Sek. I, 2019, S. 13, 14). Für die Erprobungsstufe werden die folgenden übergeordneten Kompetenzen ausgegeben:

> „Die Schülerinnen und Schüler
>
> - treffen eigene ökonomische, politische und soziale Entscheidungen und vertreten diese in Konfrontation mit anderen Positionen sachlich (HK 1), (KLP NRW Wirtschaft-Politik, Gym, Sek. I, 2019, S. 19),
> - setzen analoge und digitale Medienprodukte zu konkreten, fachbezogenen Sachverhalten sowie Problemlagen argumentativ ein (HK 2),
> - praktizieren in konkreten bzw. simulierten Konfliktsituationen Formen der Konfliktmediation und entscheiden sich im Fachzusammenhang begründet für oder gegen Handlungsalternativen (HK 3),
> - vertreten eigene Positionen und Anerkennung fremder Interessen im Rahmen demokratischer Regelungen (HK 4)." (KLP NRW Wirtschaft-Politik, Gym, Sek. I, 2019, S. 20)

Inhaltsfelder

Insgesamt werden für die Sekundarstufe I elf Inhaltsfelder beschrieben: 1 *Wirtschaftliches Handeln in der marktwirtschaftlichen Ordnung*, 2 *Sicherung und Weiterentwicklung der Demokratie*, 3 *Nachhaltige Entwicklung in Wirtschaft, Politik und Gesellschaft*, 4 *Identität und Lebensgestaltung*, 5 *Medien und Informationen in der digitalisierten Welt*, 6 *Unternehmen und Gewerkschaften in der Sozialen Marktwirtschaft*, 7 *Soziale Sicherung in Deutschland*, 8 *Handeln als Verbraucherinnen und Verbraucher*, 9 *Die Europäische Union als wirtschaftliche und politische Gemeinschaft*, 10 *Globalisierte Strukturen und Prozesse in der Wirtschaft*, 11 *Globalisierte Strukturen und Prozesse in der Politik.*

Für die Erprobungsstufe sind die Inhaltsfelder 1 bis 5 vorgesehen: *Wirtschaftliches Handeln in der marktwirtschaftlichen Ordnung, Sicherung und Weiterentwicklung der Demokratie, Nachhaltige Entwicklung in Wirtschaft, Politik und Gesellschaft*, 4 *Identität und Lebensgestaltung*, 5 *Medien und Informationen in der digitalisierten Welt*. Demnach kommt auf ein Schulhalbjahr in der Erprobungsstufe etwas mehr als ein Inhaltsfeld, das im Unterricht behandelt wird. Im Folgenden werden die Inhaltsfelder für die Erprobungsstufe beschrieben.

Für eine bessere Übersicht der Anteile der Erprobungsstufe an der Sekundarstufe I werden die Inhalte in Tab. 2.2 noch einmal aufgeführt.

Tab. 2.2 Inhaltsfelder der Sekundarstufe I im Fach Wirtschaft-Politik mit den Anteilen der Erprobungsstufe, entnommen aus dem Kernlehrplan (KLP NRW Wirtschaft-Politik, Gym, Sek. I, 2019)

	Sekundarstufe I	Erprobungsstufe
1.	*Wirtschaftliches Handeln in der marktwirtschaftlichen Ordnung*	*Wirtschaftliches Handeln in der marktwirtschaftlichen Ordnung*
2.	*Sicherung und Weiterentwicklung der Demokratie*	*Sicherung und Weiterentwicklung der Demokratie*
3.	*Nachhaltige Entwicklung in Wirtschaft, Politik und Gesellschaft*	*Nachhaltige Entwicklung in Wirtschaft, Politik und Gesellschaft*
4.	*Identität und Lebensgestaltung*	*Identität und Lebensgestaltung*
5.	*Medien und Informationen in der digitalisierten Welt*	*Medien und Informationen in der digitalisierten Welt*
6.	*Unternehmen und Gewerkschaften in der Sozialen Marktwirtschaft*	
7.	*Soziale Sicherung in Deutschland*	
8.	*Handeln als Verbraucherinnen und Verbraucher*	
9.	*Die Europäische Union als wirtschaftliche und politische Gemeinschaft*	
10.	*Globalisierte Strukturen und Prozesse in der Wirtschaft*	
11.	*Globalisierte Strukturen und Prozesse in der Politik*	

Im ersten Inhaltsfeld *Wirtschaftliches Handeln in der marktwirtschaftlichen Ordnung* werden die Grundlagen, Prinzipien und Interessen des marktwirtschaftlichen Wirtschaftssystems sowie die Funktion von Geld als Tauschmittel behandelt. Dabei werden Konsum und Bedürfnis thematisiert.

Im zweiten Inhaltsfeld *Sicherung und Weiterentwicklung der Demokratie* soll ein Verständnis von Demokratie als *Lebens-*, *Gesellschafts- und Herrschaftsform* einschließlich der Verfassung und der Sicherung der demokratischen Grundordnung behandelt werden. Hierbei werden auch das politische System und

Partizipationsmöglichkeiten auf Landes- und Bundesebene thematisiert (KLP NRW Wirtschaft-Politik, Gym, Sek. I, 2019, S. 14).

Im dritten Inhaltsfeld *Nachhaltige Entwicklung in Wirtschaft, Politik und Gesellschaft* geht es um ökologische, ökonomische und soziale Chancen und Herausforderungen in einer globalisierten Welt und den bedachten Umgang mit natürlichen und sozialen Ressourcen der Erde. Konkret werden in diesem Inhaltsfeld Themen für eine Bildung in Richtung nachhaltige Entwicklung behandelt.

Das vierte Inhaltsfeld *Identität und Lebensgestaltung* beinhaltet Aspekte zur individuellen Identitätsentwicklung, dabei Werte, Normen, Rollen und einschlägige Dilemmata sowie Konflikte, etwa zwischen Freiheit und Normierung.

Das fünfte Inhaltsfeld für die Erprobungsstufe, *Medien und Informationen in der digitalisierten Welt,* soll Lerngelegenheiten schaffen, um sich persönlich – im Rahmen der Identitätsentwicklung – und gesellschaftlich mit analogen und sozialen Medien reflektiert auseinanderzusetzen (KLP NRW Wirtschaft-Politik, Gym, Sek. I, 2019, S. 15).

Im Anschluss an die Inhaltsfelder werden die Kompetenzerwartungen für die Erprobungsstufe beschrieben, die auf den fünf Inhaltsfeldern aufbauen.

Kompetenzerwartungen und inhaltliche Schwerpunkte bis zum Ende der Erprobungsstufe

Im Bereich *Kompetenzerwartungen* werden die Kompetenzbereiche und Inhaltsfelder als Verknüpfung von inhaltlichen Gegenständen und Prozessen zusammengeführt. Im Anschluss werden Lernziele formuliert ausgegeben, die über Könnensbeschreibungen dargestellt werden, wie *Die Schülerinnen und Schüler + Operator (Verhaltensaspekt) in der 3. Person Plural, Präsens Aktiv + X-Inhalt (Inhaltsaspekt)*, z. B.:

> **„Inhaltsfeld 3: Nachhaltige Entwicklung in Wirtschaft, Politik und Gesellschaft**
>
> *Inhaltliche Schwerpunkte:*
>
> – ökologische Herausforderungen und Chancen nachhaltigen Handelns: Ressourcenschonung, Energieeinsparung und alternative Lebens- und Wirtschaftsweisen […]
>
> **Sachkompetenz**
>
> Die Schülerinnen und Schüler

- erläutern nachhaltige Entwicklung als Herausforderung im privaten, gesellschaftlichen, wirtschaftlichen und politischen Handeln, […]"
  (KLP NRW Wirtschaft-Politik, Gym, Sek. I, 2019, S. 22)

Die Lernziele, die jeweils aus den Kompetenzbereichen und Inhaltsfeldern abgeleitet und im Kernlernplan genannt werden, sind für die Aufgabenkonstruktion und die Überprüfung von Kompetenzen relevant. Die Lernziele werden im Folgenden nicht zitiert, da sie inhaltlich bereits in den vorhergehenden Ausführungen beschrieben wurden. Was für diese Arbeit interessant ist, sind jedoch die genutzten Operatoren, um einen ersten Eindruck von relevanten kognitiv-sprachlichen Handlungen erhalten zu können. Vor dem Hintergrund der Frage, welche kognitiv-sprachlichen Lernziele für die Erprobungsstufe bestehen, wurde eine Frequenzanalyse der in den Lernzielen eingesetzten Operatoren aus der Operatorenliste durchgeführt.[16]

Insgesamt konnten über die Analyse 25 Operatoren in den Lernzielen erhoben werden, die eindeutig den Operatoren aus der bildungspolitischen Operatorenliste des Landes NRW für das Fach Sozialwissenschaften bzw. Sozialwissenschaften/Wirtschaft zugeordnet werden konnten (Operatorenliste SoWi NRW, o. J.). Am häufigsten wurden gleichrangig die Verben *beurteilen*, *beschreiben* und *erläutern* (4/16,00 %) mit vier absoluten Ausprägungen und einem Anteil von 16,00 % an allen Operatoren in den Lernzielen für die Erprobungsstufe isoliert. Dreimal absolut und mit einem Anteil von 12,00 % wurde *ermitteln* erhoben (3/12,00 %). Gleichrangig mit zwei absoluten Ausprägungen und 8,00 % Anteil an allen Operatoren in den Lernzielen für die Erprobungsstufe wurden *vergleichen*, *darstellen*, *bewerten* und *begründen* isoliert (2/8,00 %). Mit je einer Ausprägung absolut und 4,00 % wurden darüber hinaus *sich auseinandersetzen* und *erklären* gezählt (1/4,00 %). Zusammengefasst lässt sich konstatieren, dass Kompetenzen im Spektrum von beschreibenden und erläuternden kognitiv-sprachlichen Handlungen bis beurteilenden/begründenden erhoben werden konnten.

Tab. 2.3 zeigt absteigend nach Häufigkeit sortiert die *Handlungsverben/Operatoren* aus den *Lernzielen des Kernlehrplans Wirtschaft-Politik für die Erprobungsstufe* in *NRW* (KLP NRW Wirtschaft-Politik, Gym, Sek. I, 2019, S. 20–23).

---

[16] Vgl. weiterführend zu Operatoren und Operatorenlisten das Kapitel 3.2. Die hier angewendete Methode der Frequenzanalyse (Diekmann, 2018) zählt vorhandene Handlungsverben in den Lernzielen und ist vergleichbar mit der in der Aufgabenanalyse genutzten Methode zur Isolation von Operatoren in den Aufgaben (vgl. Kapitel 6.2.6.2).

Tab. 2.3 Absolute und relative Häufigkeit von Operatoren im Kernlehrplan Wirtschaft-Politik für die Erprobungsstufe (2019, S. 20–23)

Operator im Kernlehrplan nach Operatorenliste (KLP NRW Wirtschaft-Politik, Gym, Sek. I, 2019)	**absolut**	**relativ**
beurteilen	4	16,00
beschreiben	4	16,00
erläutern	4	16,00
ermitteln	3	12,00
vergleichen	2	8,00
darstellen	2	8,00
bewerten	2	8,00
begründen	2	8,00
sich auseinandersetzen	1	4,00
erklären	1	4,00
$\sum$	25	100,00

Die in der Operatorenliste genannten Verben waren ausreichend, um alle Verben aus den Lernzielen der Lehrplanseiten 20 bis 23 deduktiv erfassen zu können.

Lernerfolgsüberprüfung und Leistungsbewertung
Abschließend sollen die Ausführungen zur Leistungsbeurteilung aus dem Kernlehrplan ausgeführt werden. Es muss angemerkt werden, dass sich diese Ausführungen auf den gesamten Lernzeitraum von der Erprobungsstufe bis zum Ende der Sekundarstufe I beziehen und demnach nicht alle der folgenden Punkte eine Relevanz für die Erprobungsstufe besitzen. Für das Lernen mit Lernaufgaben in der Erprobungsstufe lassen sich jedoch fachlich bedeutsame sprachliche Aktivitäten und Genres ableiten, denn Leistungsbewertung setzt voraus, „dass die Schülerinnen und Schüler hinreichend Gelegenheit hatten, die in Kapitel 2 [*Kompetenzbereiche, Inhaltsfelder* und *Kompetenzerwartungen*, Erg. M.F.] ausgewiesenen Kompetenzen zu erwerben“ (KLP NRW Wirtschaft-Politik, Gym, Sek. I, 2019, S. 36).

Es wird unterschieden zwischen *Überprüfungsformen* und *Sonstigen Leistungen im Unterricht*, um die Entwicklung der Schüler:innen zu beurteilen. Letzteres bezieht sich auf die Mitarbeit, der erste Punkt auf konkrete Leistungsüberprüfungssituationen.

Zum Bereich *Sonstige Leistungen im Unterricht* zählen:

- „[…] mündliche Beiträge (z. B. Beiträge im Unterricht, Kurzreferate, mündliche Präsentationen, Redebeiträge, Diskussionsbeiträge, Moderation),
- Schriftliche Beiträge (z. B. Protokolle, Materialsammlungen, Hefte/Mappen, Portfolios, Auswertung von Befragungen/Interviews, Leserbriefe, Kommentare, Blog-Texte, Auswertung einer Betriebserkundung, Mindmaps, kurze schriftliche Übungen),
- Praktische Beiträge (z. B. Erstellung von einfachen Diagrammen, Statistiken, Präsentationen und anderen Medienprodukten, Rollensimulationen, Planspiele, Zukunftswerkstätten, Szenario-Techniken, Durchführung von Befragungen/Interviews, Schülerfirmen)." (KLP NRW Wirtschaft-Politik, Gym, Sek. I, 2019, S. 37)

Die Beschreibungen beinhalten genuin sprachliche Leistungen, die auf verschiedene Genres und Fertigkeiten, mündlich wie schriftlich, abzielen. Lernaufgaben im Unterricht sollten Gelegenheiten schaffen, diese Leistungen einzuüben, gerade deshalb, da demnach das Lösen und das Darstellen der Lösung von Lernaufgaben/Schulbuchaufgaben die Bewertung der *Sonstigen Leistungen im Unterricht* beeinflussen.

Als *mögliche Überprüfungsformen* werden fünf Aufgabentypen mit Kurzbeschreibung vorgeschlagen: *Darstellungsaufgabe*, *Analyseaufgabe*, *Erörterungsaufgabe*, *Gestaltungsaufgabe* und *Handlungsaufgabe*. Alle Aufgabentypen sind direkt an sprachliche Voraussetzungen der Lernenden gebunden, ohne die eine fachliche Leistungserbringung nicht auskommt:

„Darstellungsaufgabe

Zusammenstellung, Anordnung, Erläuterung von Sachverhalten

- Fachbegriffe
- Ereignisse
- Prozesse
- Strukturen
- Probleme und Konflikte

Analyseaufgabe

Strukturen erfassen, Zusammenhänge herstellen, Schlussfolgerungen ziehen

- Erklären von Sachverhalten
- Verarbeiten und Ordnen unter bestimmten Fragestellungen

- Verknüpfen von Kenntnissen und Einsichten sowie deren Verarbeiten in neuen Zusammenhängen
- Einordnen von Positionen

Erörterungsaufgabe

Stellungnahme zu und Gegenüberstellen von ökonomischen, politischen und sozialen Positionen und Interessenlagen

- Kriterienorientiertes Abwägen von Pro und Kontra zu einem strittigen ökonomischen, politischen oder sozialen Problem
- Einbeziehen erworbener Kenntnisse und erlangter Einsichten bei der Begründung eines selbständigen Urteils
- Feststellen von Informationslücken bei der Erkenntnisgewinnung
- Begründen des eingeschlagenen Lösungsweges
- Prüfen von Aussagen

Gestaltungsaufgabe

Herstellen von kontinuierlichen und diskontinuierlichen Texten deskriptiver und präskriptiver Art

- Einhaltung von Gestaltungsmerkmalen
- Struktur und Komplexität
- Anwendung der Fachsprache
- Adressatenorientierung
- Kongruente Perspektivübernahme. (KLP NRW Wirtschaft-Politik, Gym, Sek. I, 2019, S. 38)

Handlungsaufgabe

Diskursive, simulative und reale ökonomische, politische und soziale Handlungsszenarien

- Fachgerechte Planung
- Sachgerechte Durchführung
- Kritische Reflexion" (KLP NRW Wirtschaft-Politik, Gym, Sek. I, 2019, S. 39)

Demnach sind erklärende bis argumentierende kognitiv-sprachliche Handlungen neben fachlichem Genrewissen ebenso bedeutsam wie das adressat:innenorientierte Schreiben und Sprechen. Im Folgenden werden die Ziele, Aufgaben, Inhaltsfelder und Kompetenzerwartungen des Fachs *Physik* beschrieben.

2.2.2 Physik

In der Erprobungsstufe kann Physik als eigenes Fach oder integrativ zusammen mit anderen naturwissenschaftlichen Fächern unterrichtet werden (KLP NRW Physik, Gym, Sek. I, 2019, S. 10).

Im Folgenden werden diejenigen Inhalte referiert, die für die Aufgabenentwicklung relevant sind und die Bedeutung von Sprache für das Lernen mit Lernaufgaben für die Erprobungsstufe herausstellen.

Aufgaben und Ziele des Fachs

Das Hauptziel des Fachs Physik ist es, „grundlegende Gesetzmäßigkeiten der Natur zu erkennen und zu **erklären**" (KLP NRW Physik, Gym, Sek. I, 2019, S. 8, Hervorhebungen M.F.). Grundvoraussetzung ist, *Wirkungszusammenhänge* forschend und experimentell zu untersuchen und Modelle zu erarbeiten. Gemeinsam mit den anderen naturwissenschaftlichen Fächern zielt der Unterricht auf die Vermittlung einer *naturwissenschaftlichen Grundbildung* ab. Neben dem Erklären von Zusammenhängen ist den Ausführungen des Kernlehrplans zu entnehmen, dass in Anlehnung an die Bildungsstandards für den Mittleren Abschluss der Unterricht darauf ausgerichtet ist,

> „Phänomene erfahrbar zu machen, die **Sprache** und Geschichte **der Naturwissenschaften** zu verstehen, ihre Erkenntnisse zu kommunizieren sowie sich mit ihren spezifischen Methoden der Erkenntnisgewinnung und deren Grenzen auseinanderzusetzen. Typische theorie- und hypothesengeleitete Denk- und Arbeitsweisen ermöglichen eine analytische und rationale Betrachtung der Welt. Naturwissenschaftliche Bildung ermöglicht eine aktive **Teilhabe an gesellschaftlicher Kommunikation und Meinungsbildung** über technische Entwicklungen und naturwissenschaftliche Forschung und ist deshalb Bestandteil von Allgemeinbildung." (KLP NRW Physik, Gym, Sek. I, 2019, S. 8, Hervorhebungen M.F.)

Der Kernlehrplan räumt – wie auch der Kernlehrplan für *Wirtschaft-Politik* – Sprache im Allgemeinen und der Fachsprache im Speziellen eine *besondere Bedeutung* für die Aneignung von Kompetenzen und das Verstehen von Inhalten sowie für den Austausch über physikalische Inhalte und technologische Entwicklungen ein. So heißt es weiter:

> „**Sprache** ist ein **notwendiges Hilfsmittel bei der Entwicklung von Kompetenzen** und besitzt deshalb für den Erwerb einer vertieften naturwissenschaftlichen Grundbildung eine **besondere Bedeutung**. Kognitive Prozesse des Umgangs mit Fachwissen, der Erkenntnisgewinnung, der Kommunikation und der Bewertung sind ebenso

> **sprachlich vermittelt** wie der **kommunikative Austausch** darüber und die Präsentation von Lernergebnissen. In der aktiven Auseinandersetzung mit fachlichen Inhalten, Prozessen und Ideen erweitert sich der vorhandene **Wortschatz**, und es entwickelt sich ein **zunehmend differenzierter und bewusster Einsatz von Sprache**. Dadurch entstehen Möglichkeiten, Konzepte sowie eigene Wahrnehmungen, Gedanken und Interessen angemessen darzustellen." (KLP NRW Physik, Gym, Sek. I, 2019, S. 10, Hervorhebungen M.F.)

Sprache dient demnach als Hilfsmittel, Werkzeug, Lernziel und Medium. Der zitierte Absatz ist mit dem Kernlehrplan für das Fach *Wirtschaft-Politik* in Teilen im Wortlaut identisch, jedoch ist im Kernlehrplan *Physik* der folgende Satz enthalten, der in *Wirtschaft-Politik* an dieser Stelle nicht enthalten ist:

> „Kognitive Prozesse des Umgangs mit Fachwissen, der Erkenntnisgewinnung, der Kommunikation und der Bewertung sind ebenso **sprachlich vermittelt** wie der **kommunikative Austausch** darüber und die Präsentation von Lernergebnissen." (KLP NRW Physik, Gym, Sek. I, 2019, S. 10, Hervorhebungen M.F.)

Somit kann konstatiert werden, dass Sprache als Hilfsmittel, Lernziel und Medium in beiden Kernlehrplänen übergreifend und größtenteils mit identischer Bedeutung für das Lernen belegt werden kann.

In Physik ist das *Lernen in Kontexten* verbindlich. Dies bedeutet, dass erkenntnisstiftende Problemlösungsprozesse im Unterricht an authentischen, lebensweltlichen Situationen ansetzen, die erkennbar relevant für Schüler:innen sind *(KLP NRW Physik, Gym, Sek. I, 2019, S. 9)*. Aufbauend auf den Bildungsstandards bezieht sich die Ausgestaltung der Lerninhalte auf die Basiskonzepte *Energie, Struktur der Materie, Wechselwirkung* und *System (KLP NRW Physik, Gym, Sek. I, 2019, S. 9)*.

Kompetenzbereiche, Inhaltsfelder und Kompetenzerwartungen (für die Erprobungsstufe)
Im Folgenden werden die Kompetenzbereiche, Inhaltsfelder und Kompetenzerwartungen aus dem Kernlehrplan beschrieben.

Kompetenzbereiche
Im Kernlehrplan werden die vier Kompetenzbereiche *Umgang mit Fachwissen, Erkenntnisgewinnung, Kommunikation* und *Bewertung* ausgewiesen.

In den zwei Kompetenzbereichen *Kommunikation* und *Bewertung* erfolgt übergeordnet ein expliziter Bezug zur Sprache. In den anderen beiden, *Umgang mit Fachwissen* und *Erkenntnisgewinnung*, erfolgt dies primär integrativ.

Der Kompetenzbereich *Umgang mit Fachwissen* beinhaltet, dass für das Lösen von Aufgaben im Fach dezidiert Fähigkeiten und Strukturen genutzt werden, die einen Rückgriff auf physikalisches Fachwissen fördern oder erleichtern. Für die Erprobungsstufe gehören die folgenden übergeordneten Kompetenzerwartungen zum Kompetenzbereich *Umgang mit Fachwissen* (UF):

„Die Schülerinnen und Schüler können

UF1 Wiederholung und Erläuterung	erworbenes Wissen über physikalische Phänomene unter Verwendung einfacher Konzepte nachvollziehbar darstellen und Zusammenhänge erläutern.
UF2 Auswahl und Anwendung	das zur Lösung einfacher vorgegebener Aufgaben und Problemstellungen erforderliche physikalische Fachwissen auswählen und anwenden.
UF3 Ordnung und Systematisierung	physikalische Sachverhalte bzw. Objekte nach vorgegebenen Kriterien ordnen.
UF4 Übertragung und Vernetzung	neu erworbene physikalische Konzepte in vorhandenes Wissen eingliedern und Alltagsvorstellungen hinterfragen.“

(KLP NRW Physik, Gym, Sek. I, 2019, S. 20)

Für den Kompetenzbereich *Erkenntnisgewinnung* wird die Fähigkeit genannt, physikalische Fragestellungen zu erkennen, Experimente durchzuführen, einschlägige Methoden anzuwenden sowie mit Modellen umgehen zu können. Denn im Physikunterricht wird ein Zugang zur Welt über das physikalische Modellieren der Wirklichkeit geschaffen. Hierzu gehört das Herstellen von Analogien bis zu höherer Abstraktion über mathematische Modelle, das Verifizieren, Falsifizieren und Aufstellen von Hypothesen sowie Vorannahmen/Vermutungen. Mathematik wird nicht nur für die Modellierung, sondern auch für das Definieren von fachlichen Begriffen verwendet. Ziel ist, dass Aussagen und Definitionen exakt formuliert werden können.

Die übergeordneten Kompetenzerwartungen zum Kompetenzbereich *Erkenntnisgewinnung* (E) sind für die Erprobungsstufe laut Kernlehrplan die folgenden:

„Die Schülerinnen und Schüler können

E1 Problem und Fragestellung	in einfachen Zusammenhängen Probleme erkennen und Fragen formulieren, die sich mit physikalischen Methoden klären lassen.
E2 Beobachtung und Wahrnehmung	Phänomene aus physikalischer Perspektive bewusst wahrnehmen und beschreiben.
E3 Vermutung und Hypothese	Vermutungen zu physikalischen Fragestellungen auf der Grundlage von Alltagswissen und einfachen fachlichen Konzepten formulieren.
E4 Untersuchung und Experiment	bei angeleiteten oder einfachen selbst entwickelten Untersuchungen und Experimenten Handlungsschritte unter Beachtung von Sicherheitsaspekten planen und durchführen sowie Daten gemäß der Planung erheben und aufzeichnen.
E5 Auswertung und Schlussfolgerung	Beobachtungen und Messdaten ordnen sowie mit Bezug auf die zugrundeliegende Fragestellung oder Vermutung auswerten und daraus Schlüsse ziehen.
E6 Modell und Realität	mit vorgegebenen Modellen ausgewählte physikalische Vorgänge und Phänomene veranschaulichen, erklären und vorhersagen sowie Modelle von der Realität unterscheiden.
E7 Naturwissenschaftliches Denken und Arbeiten	in einfachen physikalischen Zusammenhängen Schritte der naturwissenschaftlichen Erkenntnisgewinnung nachvollziehen und Aussagen konstruktiv kritisch hinterfragen.“

(KLP NRW Physik, Gym, Sek. I, 2019, S. 20, 21)

Da die Beschreibung des Kompetenzbereichs *Kommunikation* in Gänze für das Verständnis von Aufgabenstellungen im Fachunterricht relevant ist, werden neben den Kompetenzerwartungen die Ausführungen des übergeordneten Kompetenzbereichs zitiert:

> „Der Kompetenzbereich **Kommunikation** beschreibt erforderliche Fähigkeiten für einen sachgerechten und *adressatengerechten fachlichen Austausch*, in dem *Bildungs- und Fachsprache im notwendigen Umfang vermittelt werden.* Kennzeichnend dafür ist, mit digitalen und analog verfügbaren *Daten und Informationsquellen sachgerecht und kritisch umzugehen, dabei Informationen gezielt zu entnehmen sowie Ausführungen unter Verwendung unterstützender Medien selbst erstellen und präsentieren zu können.* Dazu gehört es, für Physik wichtige *Darstellungsformen* wie Tabellen, Grafiken und Diagramme variabel *einzusetzen* und zwischen Darstellungsformen wechseln zu können. Wesentlich für die Physik als Naturwissenschaft ist die Fähigkeit zum rationalen, faktenbasierten *Argumentieren* bei der Darstellung eigener Überlegungen, der Diskussion und Reflexion von Ideen und Untersuchungsergebnissen sowie divergenten Positionen." [KLP NRW Physik, Gym, Sek. I, 2019, S. 14, 15, Hervorhebung im Original (fett) und M.F. (kursiv)]

Der Kompetenzbereich *Kommunikation* stellt einen expliziten Bezug zu einem (fach)sprachbildenden Fachunterricht her und benennt Teilkompetenzen wie *Adressat:innenorientierung*, die *Informationsentnahme* aus Texten oder das *Argumentieren* und *Präsentieren.* Darüber hinaus werden *diskontinuierliche Texte* wie Tabellen als bedeutsam herausgestellt. Auch Fähigkeiten der digitalen und analogen rezeptiven und produktiven Verarbeitung von Informationen, also das Lesen und Schreiben, werden als wesentliche Kompetenzen genannt, aber nicht sprachdidaktisch vertieft.

Für die Erprobungsstufe werden darüber hinaus die folgenden übergeordneten Kompetenzerwartungen zum Kompetenzbereich *Kommunikation* (K) ausgegeben:

„Die Schülerinnen und Schüler können

K1 Dokumentation	das Vorgehen und wesentliche Ergebnisse bei Untersuchungen und Experimenten in vorgegebenen Formaten (Protokolle, Tabellen, Skizzen, Diagrammen) dokumentieren.
K2 Informationsverarbeitung	nach Anleitung physikalisch-technische Informationen und Daten aus analogen und digitalen Medienangeboten (Fachtexte, Filme, Tabellen, Diagramme, Abbildungen, Schemata) entnehmen sowie deren Kernaussagen wiedergeben und die Quelle notieren.

K3 Präsentation	eingegrenzte physikalische Sachverhalte, Überlegungen und Arbeitsergebnisse – auch mithilfe von digitalen Medien – bildungssprachlich angemessen und unter Verwendung einfacher Elemente der Fachsprache in geeigneten Darstellungsformen (Redebeitrag, kurze kontinuierliche und diskontinuierliche Texte) sachgerecht vorstellen.
K4 Argumentation	eigene Aussagen fachlich sinnvoll begründen, faktenbasierte Gründe von intuitiven Meinungen unterscheiden sowie bei Unklarheiten sachlich nachfragen.“

(KLP NRW Physik, Gym, Sek. I, 2019, S. 21)

Für die übergeordneten Anforderungen im Bereich des Lesens sind die Kompetenzerwartungen *K2*, für das Sprechen und Schreiben die Kompetenzerwartungen *K3* zentral. In *K3* wird das Schreiben von kurzen, kontinuierlichen Texten unter Verwendung der Bildungssprache bzw. der (einfachen) Fachsprache expliziert.

Der Kompetenzbereich *Bewertung* stellt im Anschluss an den Bereich *Kommunikation* die Bedeutung von Fähigkeiten heraus, die für das kritische Abwägen und Bewerten von kontroversen, auch ethischen Themen relevant sind, und benennt das Formulierenkönnen von Beurteilungskriterien als relevante Fähigkeit (KLP NRW Physik, Gym, Sek. I, 2019, S. 21).

Für die Erprobungsstufe werden die folgenden übergeordneten Kompetenzerwartungen zum Kompetenzbereich *Bewertung* (B) genannt:

„Die Schülerinnen und Schüler können

B1 Fakten- und Situationsanalyse	in einer einfachen Bewertungssituation physikalisch-technische Fakten nennen sowie die Interessen der Handelnden und Betroffenen beschreiben.
B2 Bewertungskriterien und Handlungsoptionen	Bewertungskriterien und Handlungsoptionen benennen.
B3 Abwägung und Entscheidung	kriteriengeleitet eine Entscheidung für eine Handlungsoption treffen.

B4 Stellungnahme und Reflexion	Bewertungen und Entscheidungen begründen.“ (KLP NRW Physik, Gym, Sek. I, 2019, S. 22)

Inhaltsfelder
Insgesamt werden für die Sekundarstufe I elf Inhaltsfelder aufgeführt, von denen vier in der Erprobungsstufe behandelt werden. Die Inhaltsfelder für die Sekundarstufe I sind: 1 *Temperatur und Wärme*, 2 *Elektrischer Strom und Magnetismus*, 3 *Schall*, 4 *Licht*, 5 *Optische Instrumente*, 6 *Sterne und Weltall*, 7 *Bewegung und Energie*, 8 *Druck und Auftrieb*, 9 *Elektrizität*, 10 *Ionisierende Strahlung und Kernenergie* und 11 *Energieversorgung* (KLP NRW Physik, Gym, Sek. I, 2019, S. 16–19). In der Erprobungsstufe sollen die Inhaltsfelder eins bis vier obligatorisch behandelt werden 1. *Temperatur und Wärme*, 2. *Elektrischer Strom und Magnetismus*, 3. *Schall* und 4. *Licht* (KLP NRW Physik, Gym, Sek. I, 2019, S. 22). Somit bezieht sich durchschnittlich ein Inhaltsfeld auf ein Schulhalbjahr Unterricht. Im Folgenden werden ausschließlich die für diese Arbeit relevanten Inhalte und anschließend die entsprechenden Kompetenzerwartungen für die Erprobungsstufe beschrieben.

Tab. 2.4 zeigt die Anteile der Inhaltsfelder der Erprobungsstufe an allen Inhaltsfeldern in der Sekundarstufe I.

Tab. 2.4 Inhaltsfelder der Sekundarstufe I im Fach Physik mit den Anteilen der Erprobungsstufe, entnommen aus dem Kernlehrplan (KLP NRW Physik, Gym, Sek. I, 2019)

	Sekundarstufe I	Erprobungsstufe
1.	*Temperatur und Wärme*	*Temperatur und Wärme*
2.	*Elektrischer Strom und Magnetismus*	*Elektrischer Strom und Magnetismus*
3.	*Schall*	*Schall*
4.	*Licht*	*Licht*
5.	*Optische Instrumente*	
6.	*Sterne und Weltall*	
7.	*Bewegung und Energie*	
8.	*Druck und Auftrieb*	
9.	*Elektrizität*	
10.	*Ionisierende Strahlung und Kernenergie*	
11.	*Energieversorgung*	

Kompetenzen, die innerhalb des Inhaltsfelds *Temperatur und Wärme* erworben werden, beziehen sich auf das Beschreiben und Erklären von thermischer Energie und das Verhalten von Stoffen. Dazu gehören auch Vorgänge des Heizens, Kühlens, Kochens, Wetters, Klimas und eine Kenntnis über das Zustandekommen der Jahreszeiten (KLP NRW Physik, Gym, Sek. I, 2019, S. 15).

Bei *Elektrischer Strom* werden elektrische Geräte, Schaltungen/Schaltkreise und Gefahrenquellen erklärt und auf das Alltagsleben bezogen, z. B. Funktionen von Elektrogeräten im Haushalt. Im Bereich *Magnetismus* werden Elektro- und Permanentmagnete, einschließlich der Modelle der *Feldlinien* und der *Elementarmagnete*, erklärt. Der Bezug zum Alltag wird z. B. über das Verstehen von Schließmechanismen oder Magnettafeln hergestellt (KLP NRW Physik, Gym, Sek. I, 2019, S. 15, 16).

Das Inhaltsfeld *Schall* umfasst das Hören und Kommunizieren von Menschen, die Entstehung und Ausbreitung von Schall und das Wissen über Frequenzbereiche. Es können Orientierungsvorgänge und das Erleben von Musik erklärt sowie ausgewählte technische und medizinische Anwendungen von Schall verstanden werden (KLP NRW Physik, Gym, Sek. I, 2019, S. 16).

Das vierte Inhaltsfeld *Licht* umfasst das Sehen des Menschen und die Eigenschaften sowie die Ausbreitung von Licht und die Entstehung von Schatten. Für Erklärungen soll das *Strahlenmodell* genutzt werden können. Die Inhalte in diesem Inhaltsfeld beziehen sich darauf, zu verstehen und erklären zu können, wie Abbildungen in einer Lochkamera oder im Auge entstehen, und leisten einen Beitrag zur Verkehrserziehung (KLP NRW Physik, Gym, Sek. I, 2019, S. 16).

Kompetenzerwartungen und inhaltliche Schwerpunkte bis zum Ende der Erprobungsstufe

Im Folgenden werden die *Kompetenzerwartungen* als Verknüpfung von inhaltlichen Gegenständen und Prozessen mit den Kompetenzbereichen beschrieben, welche die Lernziele für die Erprobungsstufe enthalten. Bevor die Beschreibung erfolgt, soll auch an dieser Stelle für das Fach *Physik* ein Beispiel zitiert werden, um Ähnlichkeiten der Formulierung von Kompetenzerwartungen einerseits und eine Verbindung zu den beschriebenen Inhalten und Kompetenzbereichen anderseits aufzuzeigen. Die Formulierung der Könnenserwartungen folgt dem Schema *Die Schülerinnen und Schüler können + X-Inhalt (Inhaltsaspekt) + Operator (Verhaltensaspekt) im Infinitiv Präsens Aktiv*, z. B.:

„**Inhaltsfeld 1: Temperatur und Wärme**

Inhaltliche Schwerpunkte:

[...]

- Wärmetransport: Wärmemitführung, Wärmeleitung, Wärmestrahlung; Temperaturausgleich; Wärmedämmung [...]

Umgang mit Fachwissen

Die Schülerinnen und Schüler können

[...]

- Verfahren der Wärmedämmung anhand der jeweils relevanten Formen des Wärmetransports (Mitführung, Leitung, Strahlung) erklären (UF3, UF2, UF1, UF4, E6).“[17]
  (KLP NRW Physik, Gym, Sek. I, 2019, S. 22, Hervorhebungen im Original)

Die Lernziele, die jeweils aus den Kompetenzbereichen und Inhaltsfeldern abgeleitet und im Kernlehrplan genannt werden, sind für die Aufgabenkonstruktion und die Überprüfung von Kompetenzen relevant. Es sollen im Folgenden – ähnlich wie in Abschnitt 2.2.1 – nicht alle Lernziele zitiert werden, da sie inhaltlich bereits in den vorhergehenden Ausführungen beschrieben wurden. Daher werden im Folgenden ausschließlich die Ergebnisse der frequenzanalytischen Lehrplananalyse vorgestellt.

Insgesamt konnten 40 (100,00 %) verhaltensanzeigende Handlungsverben, resp. Operatoren/Operatorensets,[18] in den Lernzielen für die Erprobungsstufe erhoben werden, die auch in der Operatorenliste für das Abitur aufgeführt werden. Zu den fünf häufigsten Verben/Verbsets gehören absteigend und in Klammern mit dem absoluten und relativen Vorkommen beschrieben: *erklären/erläutern* (16/40,00 %), *beschreiben* (7/17,50 %), *darstellen* (3/7,50 %), *begründen* (3/7,50 %), *angeben/nennen* (2/5,00 %) und *interpretieren, prüfen/untersuchen, vergleichen, zeichnen, bestimmen/ermitteln, beurteilen, durchführen, entscheiden* sowie *entwerfen/planen*, die je einmal vorkommen (1/2,50 %).

Tab. 2.5 zeigt absteigend nach Häufigkeit sortiert die *Handlungsverben/Operatoren/Operatorensets* als Marker für den Verhaltensaspekt *in den Lernzielen des Kernlehrplans Physik für die Erprobungsstufe NRW*.

[17] Eine dazugehörige Aufgabe aus dem Lehrwerk *Dorn/Bader – Physik 1* lautet etwa: „Erläutere die Begriffe Wärmestrahlung, Wärmeleitung und Wärmemitführung. Gib jeweils zwei Beispiele an“ (Müller, R., 2019, S. 29, Aufgabe 1).

[18] In Physik werden unter einer Definition manchmal mehrere Handlungsverben genannt. Diese bilden ausgehend von der Definition ein *Operatorenset*, vgl. auch Kapitel 6.2.6.2.

Tab. 2.5 Absolute und relative Häufigkeit von Operatoren im Kernlehrplan Physik für die Erprobungsstufe (2019, S. 23–29)

Operator/Operatorenset nach Operatorenliste (Operatorenliste Physik NRW, o. J.)	**absolut**	**relativ**
erklären, erläutern	16	40,00
beschreiben	7	17,50
darstellen	3	7,50
begründen	3	7,50
angeben, nennen	2	5,00
interpretieren	1	2,50
prüfen, untersuchen	1	2,50
vergleichen	1	2,50
zeichnen	1	2,50
bestimmen, ermitteln	1	2,50
beurteilen	1	2,50
durchführen	1	2,50
entscheiden	1	2,50
entwerfen, planen	1	2,50
$\sum$	40	100,00

Mit Abstand treten demnach am häufigsten *erklären/erläutern* und *beschreiben* auf. Das Spektrum der kognitiv-sprachlichen Operatorenformulierungen reicht von *angeben/nennen* bis *begründen.* Der Schwerpunkt liegt jedoch deutlich auf erklärenden/erläuternden Handlungen.

Daneben konnten weitere handlungsleitende/verhaltensanzeigende Verben in den Lernzielen für die Erprobungsstufe erhoben werden, die nicht Teil der Operatorenliste sind und mit der Definition aus Abschnitt 3.2 als *Quasi-Operatoren* bezeichnet werden. Es handelt sich um Handlungsverben in der Funktion von Operatoren, die aber nicht über die standardisierte Liste des Landes bildungspolitisch definiert werden.

Insgesamt konnten 23 weitere Handlungsverben erhoben werden. Hierzu zählen am häufigsten *bewerten* (3/13,04 %), *unterscheiden* (3/13,04 %), *benennen* (2/8,70 %), *aufbauen* (2/8,70 %) und das Funktionsverbgefüge *Schlussfolgerungen ziehen* (2/8,70 %). Mit einer absoluten Häufigkeit von 1 und 4,35 % konnten *zuordnen, entnehmen, erkunden, klassifizieren, Konsequenzen ziehen, messen, analysieren, übertragen, auswählen, veranschaulichen* und *verwenden* erhoben werden.

Tab. 2.6 zeigt absteigend nach Häufigkeit sortiert die nicht über die Operatorenliste definierten Handlungsverben/*Quasi-Operatoren* als Marker für den Verhaltensaspekt *in den Lernzielen des Kernlehrplans Physik für die Erprobungsstufe NRW* (KLP NRW Physik, Gym, Sek. I, 2019, S. 23–29).

Tab. 2.6 Absolute und relative Häufigkeit von Quasi-Operatoren im Kernlehrplan Physik für die Erprobungsstufe (2019, S. 23–29)

Weitere Verben/Quasi-Operatoren im Kernlehrplan für die Erprobungsstufe, Gym, NRW	absolut	relativ
bewerten	3	13,04
unterscheiden	3	13,04
benennen	2	8,70
aufbauen	2	8,70
Schlussfolgerungen ziehen	2	8,70
zuordnen	1	4,35
entnehmen	1	4,35
erkunden	1	4,35
klassifizieren	1	4,35
Konsequenzen ziehen	1	4,35
messen	1	4,35
analysieren	1	4,35
übertragen	1	4,35
auswählen	1	4,35
veranschaulichen	1	4,35
verwenden	1	4,35
$\sum$	23	100,00

Nicht definierte Verben sind demnach relevant, um die Lernziele zu formulieren. Unter den fünf häufigsten Quasi-Operatoren sind vier von fünf Verben auf kognitiv-sprachliche Handlungen bezogen: *bewerten, unterscheiden, benennen, Schlussfolgerungen ziehen.*[19]

[19] *Aufbauen* bezieht sich auf das Aufbauen von Schaltungen.

Lernerfolgsüberprüfung und Leistungsbewertung

Abschließend werden die Ausführungen im Kernlehrplan zur Leistungsbeurteilung dargestellt, die für die sprachlichen Erwartungen relevant sind. Hier ist jedoch wieder zu berücksichtigen, dass sich diese Ausführungen auf die Zeitspanne von der Erprobungsstufe bis zum Ende der Sekundarstufe I, Klasse 5 bis 10, beziehen. Wichtig für den Einsatz von Aufgaben im Unterricht, die eine Leistungsbeurteilung zulassen, ist der vorhergehende Einsatz von Lernaufgaben, mit denen verschiedene Lerngelegenheiten einhergehen. So heißt es im Kernlehrplan Physik:

> „Erfolgreiches Lernen ist kumulativ. Dies erfordert, dass Unterricht und Lernerfolgsüberprüfungen darauf ausgerichtet sein müssen, Schülerinnen und Schülern Gelegenheit zu geben, Kompetenzen wiederholt und in wechselnden Zusammenhängen unter Beweis zu stellen. [...] Im Sinne der Orientierung an den zuvor formulierten Anforderungen sind grundsätzlich alle in Kapitel 2 des Kernlehrplans ausgewiesenen Kompetenzbereiche bei der Leistungsbewertung angemessen zu berücksichtigen. Überprüfungsformen schriftlicher, mündlicher und praktischer Art sollen deshalb darauf ausgerichtet sein, die Erreichung der dort aufgeführten Kompetenzerwartungen zu überprüfen. Ein isoliertes, auf Reproduktion angelegtes Abfragen einzelner Daten oder Sachverhalte allein kann den zuvor formulierten Ansprüchen an die Leistungsfeststellung nicht gerecht werden." (KLP NRW Physik, Gym, Sek. I, 2019, S. 46)

Demnach sind auch die fach- und bildungssprachlichen Fähigkeiten in Verbindung mit den inhaltlichen und kommunikativen sowie diskursiven Fähigkeiten zu schulen und sowohl mündlich als auch schriftlich zu überprüfen. Der Kernlehrplan schlägt hierzu *mögliche Überprüfungsformen* vor (KLP NRW Physik, Gym, Sek. I, 2019, S. 47, 48):

> *„Darstellungsaufgaben*
>
> - Beschreibung und Erläuterung eines naturwissenschaftlichen Phänomens, Konzepts oder Sachverhalts
> - Darstellung eines naturwissenschaftlichen Zusammenhangs
>
> *Experimentelle Aufgaben*
>
> - Planung, Durchführung und Auswertung von Experimenten
> - Finden und Formulieren von Gesetzmäßigkeiten
> - Überprüfung und Vermutung von Hypothesen (KLP NRW Physik, Gym, Sek. I, 2019, S. 47)
> - Interpretation, fachspezifische Bewertung und Präsentation experimenteller Ergebnisse

Aufgaben zu Messreihen

- Dokumentation und Strukturierung von Daten
- Auswertung und Bewertung von Daten
- Prüfung von Daten auf Zusammenhänge und Gesetzmäßigkeiten

Aufgaben zu Modellen

- Erklärung eines Zusammenhangs oder Überprüfung einer Aussage mit einem Modell
- Anwendung eines Modells auf einen konkreten Sachverhalt
- Übertragung eines Modells auf einen anderen Zusammenhang
- Aufzeigen der Grenzen eines Modells

Rechercheaufgaben

- Erarbeitung von Phänomenen und Sachverhalten aus Texten, Darstellungen und Stellungnahmen
- Analyse, Vergleich und Strukturierung recherchierter Informationen

Dokumentationsaufgaben

- Protokollieren von Untersuchungen und Experimenten
- Dokumentation von Projekten
- Portfolio

Präsentationsaufgaben

- Vorführung/Demonstration eines Experiments
- Kurzvortrag, Referat
- Aufbereitung eines Fachtextes
- Medienbeitrag (z. B. Film)

Bewertungsaufgaben

- Analyse und Deutung von Phänomenen und Sachverhalten
- Stellungnahme zu Texten und Medienbeiträgen
- Abwägen zwischen alternativen Lösungswegen
- Argumentation und Entscheidungsfindung in Konflikt- und Dilemma-Situationen“ (KLP NRW Physik, Gym, Sek. I, 2019, S. 48)

Demnach sind fast alle vorgeschlagenen Überprüfungsformen mit mäßigen bis komplexen rezeptiven und produktiven sprachlichen Anforderungen verbunden, die Wissen über Genres, Lese- und Schreibstrategien und/oder einen fach- und bildungssprachlichen Wortschatz bedingen und mit fachlichen Inhalten vermittelt werden. Was jedoch ebenfalls aus den Ausführungen hervorgeht, ist die große inhaltliche Spannbreite, mit der die sprachlichen Anforderungen beschrieben werden. Wie es schon Thürmann (2014, S. 86, 87) auf der Grundlage von Curriculumanalyse beschreibt, wird auch in den hier vorgestellten Kernlehrplänen zwar die Bedeutung der Sprache, auch der Bildungssprache, Fachsprache, des analogen Lesens und Schreibens oder verschiedener Genre, für das Lernen hervorgehoben, jedoch über eine sehr umfassende, wenig detaillierte Beschreibung, die kaum dazu geeignet erscheint, Lehrkräfte ohne umfassende sprachliche Vorbildung eine ausreichende Orientierung zu geben. Lehrkräfte müssen in beiden Fächern demnach selbst eine Expertise im Bereich *Sprachbildung im Fach* mitbringen, um die Lernziele angemessen umsetzen zu können. Die Nachfrage nach konkreterer Orientierung besteht gerade von Seiten der Lehrkräfte nicht-sprachlicher Fächer (Thürmann, 2014, S. 88).

Im Folgenden wird die Ebene der *schulinternen Lehrpläne* beschrieben, um den bildungspolitischen Top-down-Weg von den Lernzielen auf Bundes- und Landesebene zu den Schulen und ihren Schüler:innen fortzusetzen.

2.3 Schulinterne Lehrpläne

Nachdem die Bildungsstandards und die Kernlehrpläne beschrieben wurden, werden in diesem Abschnitt *schulinterne Lehrpläne* als bildungspolitisches Dokument behandelt, die im Top-down-Prozess unterhalb der Kernlehrpläne zu verorten sind. Die Ausgestaltung von schulinternen Lehrplänen erfolgt innerhalb der Bundesländer schulspezifisch (*schulintern*). Im Schulgesetz § 29 NRW heißt es dazu:

> **„Unterrichtsvorgaben**
>
> (1) Das Ministerium erlässt in der Regel schulformspezifische Vorgaben für den Unterricht (Richtlinien, Rahmenvorgaben, Lehrpläne). Diese legen insbesondere die Ziele und Inhalte für die Bildungsgänge, Unterrichtsfächer und Lernbereiche fest und bestimmen die erwarteten Lernergebnisse (Bildungsstandards).
>
> (2) Die Schulen bestimmen auf der Grundlage der Unterrichtsvorgaben nach Absatz 1 in Verbindung mit ihrem Schulprogramm schuleigene Unterrichtsvorgaben.

(3) Unterrichtsvorgaben nach den Absätzen 1 und 2 sind so zu fassen, dass für die Lehrerinnen und Lehrer ein pädagogischer Gestaltungsspielraum bleibt.“ (§ 29 SchulG NRW)

Die didaktischen Entscheidungen zur Ausgestaltung der schulinternen Lehrpläne trifft die Fachkonferenz der Schule nach § 70 SchulG, NRW. Diese entscheidet auch über die gestaltenden *fachdidaktischen und fachmethodischen Grundsätze* sowie *Grundsätze der Leistungsbewertung* und schlägt der Lehrer:innenkonferenz Lernmittel vor (§ 70 SchulG, NRW, Abs. 4).

Das Land NRW gibt neben den Kernlehrplänen modellhafte Beispiele für die Konzeption von schulinternen Lehrplänen sowie Materialhinweise aus, die von den Fachkonferenzen der Schule genutzt werden können. In Anlehnung an die übergeordneten Kompetenzbereiche und Inhaltsfelder konkretisieren schulinterne Lehrpläne Unterrichtsvorhaben mit Lernzielen und Stundenumfang. Der Aufbau orientiert sich an den Zielen aus dem Schulgesetz und macht Vorschläge zur *fachdidaktischen* und *fachmethodischen* Arbeit, zur *Leistungsbewertung* und zur *Evaluation.* Das Beispiel für einen schulinternen Lehrplan wird den Schulen öffentlich und als veränderbares Template von der *QUA-LiS NRW* auf der Seite der Kernlehrpläne zur Verfügung gestellt.[20] Der Auszug in Abb. 2.3 zeigt einen Vorschlag für ein Unterrichtsvorhaben für das Fach *Wirtschaft-Politik* in Anlehnung an den in Abschnitt 2.2.1 vorgestellten Kernlehrplan mit Lernzielen, Inhaltsfeldern und inhaltlichen Schwerpunkten (QUA-LiS NRW, 2020, S. 11). Es werden keine weiterführenden, neuen Anforderungen beschrieben, sondern es handelt sich um eine Konkretisierung des Kernlehrplans. Über die im Kernlehrplan ausgegebenen Abkürzungen, wie etwa *SK* für *Sachkompetenz,* lassen sich die Kompetenzerwartungen und einschlägige Lernziele direkt zurückverfolgen (vgl. Abschnitt 2.2.1).

Die Fachkonferenz hat bei der Entwicklung der schulinternen Lehrpläne Gestaltungsspielräume in Bezug auf die Methodenwahl, die Schwerpunktsetzung und die Reihenfolge der Lerneinheiten, damit Lernziele innerhalb der schulspezifischen Lernbedingungen angemessen verfolgt werden können. Die Kompetenzbereiche, Inhaltsfelder und Kompetenzerwartungen aus dem übergeordneten Kernlehrplan müssen jedoch im schulinternen Lehrplan abgebildet werden, sodass die landesweit festgelegten Lernziele in jeder Schule verfolgt werden können:

---

[20] Vgl. exemplarisch für das Gymnasium, G9, in NRW ab dem Schuljahr 2019/20 https://lehrplannavigator.nrw.de/sekundarstufe-i/kernlehrplaene-fuer-das-gymnasium-ab-20192020 [24.04.2026].

Jahrgangsstufe 5/6
Unterrichtsvorhaben III: Können Kinder die Welt verändern? – Herausforderungen und Ziele für unsere gemeinsame Zukunft **Schwerpunkte der Kompetenzentwicklung**: Die Schülerinnen und Schüler • beschreiben grundlegende ökonomische, politische und gesellschaftliche Prozesse, Probleme und Konflikte (SK 3), • erschließen mithilfe verschiedener digitaler und analoger Medien sowie elementarer Lern- und Arbeitstechniken ökonomische, politische und gesellschaftliche Sachverhalte (MK 2), • analysieren unter ökonomischen, politischen und sozialen Aspekten Fallbeispiele aus ihrer Lebenswelt (MK 5), • beschreiben unterschiedliche Gefühle, Motive, Bedürfnisse und Interessen von betroffenen Personen und Gruppen sowie erste Folgen aus Konfliktlagen für die agierenden Personen oder Konfliktparteien (UK 1), • beurteilen verschiedene Optionen ökonomischen, politischen und konsumrelevanten Handelns (UK 5), • treffen eigene ökonomische, politische und soziale Entscheidungen und vertreten diese in Konfrontation mit anderen Positionen sachlich (HK 1). **Inhaltsfelder**: IF 3 Nachhaltige Entwicklung in Wirtschaft, Politik und Gesellschaft IF 1 Wirtschaftliches Handeln in der marktwirtschaftlichen Ordnung **Inhaltliche Schwerpunkte**: – ökologische Herausforderungen und Chancen nachhaltigen Handelns: Ressourcenschonung, Energieeinsparung und alternative Lebens- und Wirtschaftsweisen (IF 3) – Sustainable Development Goals (SDGs): keine Armut, Hochwertige Bildung (IF 3) – wirtschaftliches Handeln als Grundlage menschlicher Existenz: Bedürfnisse, Bedarf und Güter (IF 1) **Hinweise:** Bezug zu IF 1 möglich, z.B. Funktionen des Geldes und Taschengeldverwendung Bezug zu IF 2 möglich, z.B. Leben in der Demokratie: Verknüpfung von Politik und Lebenswelt im Erfahrungsbereich von Kindern und Jugendlichen **Zeitbedarf:** ca. 10 Std.

Abb. 2.3 Auszug aus dem Beispiel-Schulinternen-Lehrplan für das Fach Wirtschaft-Politik, Gymnasium, G9, ab Schuljahr 2019/20 (QUA-LiS NRW, 2020, S. 11, Darstellung leicht verändert)

> „Während Kernlehrpläne die erwarteten Lernergebnisse des Unterrichts festlegen, beschreiben schulinterne Lehrpläne schulspezifisch Wege, auf denen diese Ziele erreicht werden sollen.“ (QUA-LiS NRW, 2020, S. 2)

Die Fachkonferenz der Schule entscheidet über Möglichkeiten, wie die Umsetzung der Vorgaben evaluiert werden kann. Damit Lernziele angemessen verfolgt werden können, enthalten schulinterne Lehrpläne neben der Beschreibung von Kompetenzerwartungen die Berücksichtigung von Rahmenbedingungen, in die das Lernen eingebettet ist, wie bspw. das Leitbild der Schule oder die gegebene Ausstattung. Darüber hinaus werden die von der Fachkonferenz ausgewählten Materialquellen, etwa Lehrwerke, aufgeführt.

Abb. 2.4 zeigt die *schulinternen Lehrpläne* als *Baustein III* der makroperspektiven Betrachtung auf den Top-down-Prozess von den Bildungsstandards zu den Aufgaben.

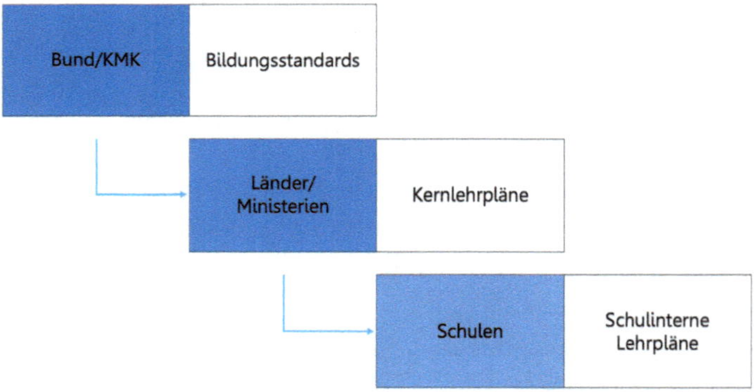

Abb. 2.4 Baustein III: Der Top-down-Prozess von den Bildungsstandards zu den Aufgaben im Unterricht, Bund/KMK, schulinterne Lehrpläne

2.4 Zusammenfassung

Im zweiten Kapitel *Lernziele* wurden die Bedeutung, die bildungspolitische Intention und Einbindung von Lernzielen sowie konkrete Lernziele für die Erprobungsstufe des Gymnasiums in NRW und die Fächer *Wirtschaft-Politik* und *Physik* auf der Grundlage der *Bildungsstandards, Kernlehrpläne* (hier: für NRW) und der *schulinternen Lehrpläne* beschrieben. Ziel war es, ein Verständnis für den Zusammenhang von didaktischen, bildungspolitischen Normen in der Kompetenzorientierung herzustellen, welche die Grundlage für die Konzeption von Schulbüchern und Aufgaben in den Fächern bilden.

Um den Zusammenhang herzustellen, wurde der Weg von den *Bildungsstandards* über die *Kernlehrpläne* zu den *schulinternen Lehrplänen* beschrieben, wobei die länderübergreifende Ebene, die Ebene der Länder und Ministerien sowie die Ebene der Schulen berücksichtigt wurden. Dabei konnten neben *Lernzielen* zentrale bildungspolitische Artefakte und Ziele der Kompetenzorientierung wie *Kompetenzbereiche, Basiskonzepte, Inhaltsfelder* und Grundideen zur Leistungsüberprüfung vorgestellt werden, welche als übergeordnete Normen die Gestaltung von Aufgaben, Lehrwerken und Unterricht beeinflussen.

Im folgenden *Kapitel 3, Lerngegenstände*, werden *Aufgaben, Operatoren* und *Schulbücher* näher behandelt.

Lerngegenstände 3

Das 3. Kapitel *Lerngegenstände* führt den Weg der bildungspolitischen Entscheidungsebenen und damit expliziten Normsetzungsebenen (*Satzungsnormen*) aus dem 2. Kapitel *Lernziele* fort und vertieft auf Grundlage der bereits vorgestellten bildungspolitischen Artefakte *Aufgaben*, *Operatoren* und *Schulbücher*.

Als *Artefakt* wird mit Schmidt (2020, S. 128) „ein menschengemachtes Etwas [verstanden], das neben anderen materialen Entitäten wesentlich an den Praktiken des Unterrichts beteiligt ist“ und im Unterricht zu didaktischen Zwecken präsentiert wird.[1] Didaktische Artefakte sind materialisierte Zeichenträger, die Handlungen zu didaktischen Zwecken initiieren.[2] Nach Schmidt (2020, S. 129) – die sich in ihrer Arbeit auf didaktische Artefakte des Rechtschreibunterrichts bezieht – sind entsprechende Artefakte schrift- bzw. sprachbasiert und nicht haptisch erfahrbar, wie Würfel im Mathematikunterricht (Schmidt, 2020, S. 129, 130).[3] Aufgaben, Texte und Operatoren können mit dem Artefaktbegriff

[1] Schmidt bezieht sich hier auf Schatzki (2016) und Kalthoff et al. (2016) und beschreibt hierauf aufbauend den Artefaktbegriff im Rahmen von sozialen Praktiken. Somit wird die Nutzung von Artefakten im Unterricht zu Praktiken und der Unterricht als *Praktiken-Arrangement-Geflecht* (Schmidt, 2020, S. 200) verstanden.

[2] Auch Sebastian Rezat, der die Nutzung von Schulbüchern durch Schüler:innen mittels Grounded-Theory untersuchte (Rezat, Sebastian, 2009), nutzt den Begriff des Artefakts, um das Schulbuch im Lernprozess handlungsorientiert zu verorten, und platziert es in einem didaktischen Dreieck zwischen Mathematik und Schüler:innen. Er bezieht sich dabei auf Wygotski und stellt die Handlung des Mathematiklernens in den Mittelpunkt (Rezat, Sebastian, 2009, S. 24).

[3] Die Studie von Schmidt (2020) ist auf den Rechtschreibunterricht bezogen, womit der Artefaktbegriff haptisch wahrnehmbare Artefakte ausschließt. Im Fachunterricht *Physik* können dies aber durchaus haptisch wahrnehmbare Experimente und Gegenstände sein. Für den Wirtschaft-Politik-Unterricht sind es überdies methodische Arrangements wie Planspiele,

M. Fuhlrott, *Sprachbildende Schulbuchaufgaben im Fachunterricht*,
Sprachsensibilität in Bildungsprozessen,
https://doi.org/10.1007/978-3-658-53061-7_3

beschrieben werden, denn sie erfüllen auch einen weiteren genannten Aspekt: Sie sind *Wissensobjekte* und machen *Unterricht verhandelbar* (Schmidt, 2020, S. 129). Dadurch, dass didaktische Artefakte Wissenspraktiken im Unterricht initiieren, treten sie selbst als Objekt in den Hintergrund und ihre Funktion in den Vordergrund. So spricht man im Unterricht nicht explizit theoretisch über die Konstruktionsmerkmale einer Aufgabe, sondern handelt entsprechend bzw. handelt Wissen im Sinne der einschlägigen Praktik aus. Folglich muss man Artefakte als Lehrkraft und Schüler:in auch *gebrauchen können*, also explizites und implizites Handlungswissen für den Umgang kennen.

Durch ihre Anlage *strukturieren* didaktische Artefakte die Art und Weise, wie Wissen ausgehandelt wird. Sie besitzen Suggestivkraft. An ihnen haftet ein Repertoire an potenziellen Möglichkeiten und Einschränkungen von Einzelpraktiken und damit Möglichkeitsräumen. Didaktische Artefakte sind dezidiert für die fachliche Vermittlung gemacht und didaktisch aufbereitet, was sich in ihrer Materialität ausdrückt (Schmidt, 2020, S. 130).[4] Sie sind Lerngegenstände, ohne Inhalte zu sein, aber durchaus Träger und Vermittler fachlicher Inhalte, und Ausdruck ihres Entstehungszusammenhangs, weswegen sich im Umkehrschluss über ihre Untersuchung etwas über diese Entstehungszusammenhänge aussagen lässt. Der Begriff des *didaktischen Artefakts* ist somit nah an dem hier genutzten impliziten Normbegriff der *Gebrauchsnorm* gelegen, denn didaktische Artefakte sind Ausdruck von Norm, selbst Normgrößen und Normträger, treten als solche aber stets in den Hintergrund. Sie erhalten ihre Gestalt durch explizite, bildungspolitische Satzungsnormen und implizite Normprozesse, etwa die von Fachgemeinschaften, Schulbuchautor:innen oder Verlagen. Sie sind gleichsam *Lerngegenstände.*

Aufbauend auf diesen didaktischen Überlegungen werden in diesem Abschnitt *Aufgaben*, *Operatoren* und *Schulbücher* als *Lerngegenstände* näher erläutert. *Lerngegenstände* lassen sich übergeordnet dem Bereich *Lernmaterial* des Unterrichts zuordnen und stellen eine Stellschraube (unter vielen) für die Realisierung von Unterrichtsqualität dar (Helmke, 2022, S. 81).

---

die fachliches Wissen transportieren und ausschließlich für das Lernen im Unterricht zu didaktischen Zwecken gemacht wurden.

[4] Schmidt bezieht sich bei der theoretischen Herleitung des Begriffs der *Praktiken* auch auf die Partizipandentheorie nach Hirschauer (2004). Hiermit ist ein interaktionaler Blick verbunden, welcher die Suggestivkraft von Partizipanden (und damit Artefakten) betont.

3.1 Aufgaben

Nach den ersten Ergebnissen der internationalen Schulleistungsvergleichsstudien Anfang der 2000er geriet die Aufgabenkultur in den Fokus der Bildungspolitik. Die Aufgabenkultur wurde folglich reformiert. Konstruktivistisch angelegte, offene Aufgaben, die Basiswissen statt Detailwissenserwerb fördern, Aufgaben für das selbständige und vernetzte Arbeiten von Schüler:innen sowie die soziale Konstruktion waren für diese Reform konstitutiv. Wiater (2011, S. 34) fasst die Entwicklung im Jahr 2011 wie folgt zusammen:

> „Das Neue der neuen Aufgabenkultur [*seit Anfang der 2000er, M.F.*] liegt in der sehr viel genaueren Formulierung von Aufgaben, in der Reflexion darüber, welchen Beitrag sie für den intendierten Kompetenzerwerb bei den Schüler:innen leisten, in ihrer prinzipiellen Ausrichtung auf Schülerselbsttätigkeit, Offenheit, Problemlösung und Situierung in der Alltagswelt sowie in der Aneignung der Aufgaben für eine quantitativ auswertbare Leistungsfeststellung mit unterschiedlichen Anforderungsniveaus (vgl. Friedrich-Verlag, 2003; Stadler-Altmann u.a. 2008; ISB 2001 u. a.)." (Wiater, 2011, S. 34)

Aufgaben sollen seitdem überdies möglichst eindeutig hinsichtlich des Erwartungshorizonts für Schüler:innen formuliert werden. Dabei wurden auch der Gebrauch der Operatoren und die Wahl dieser als primäre Aufforderungsform als bewusstes Gestaltungsmittel für Aufgaben standardisiert eingeführt (Wiater, 2011). Die Investitionen der Bildungspolitik verdeutlichen die hohe Bedeutung von Aufgaben für das Lernen innerhalb des kompetenzorientierten Unterrichts.

Die Rolle von Aufgaben für den Unterricht geht häufig mit einer metaphorischen Beschreibung ihrer Funktion einher, die ihre Bedeutsamkeit für das gelingende Lernen hervorheben soll. So konstatiert Köster (2018, S. 23),[5] dass Lernaufgaben das „Herzstück des Unterrichts" seien, Keller und Reintjes (2016) nennen Aufgaben „Schlüssel zur Kompetenz", für Maier et al. (2010, S. 84) sind sie die „‚Transmissionsriemen' für aktuelle Reformbestrebungen im Schulsystem" und Reusser (2013, S. 4) bezeichnet sie als „Rückgrat (fach-)didaktischer Lernarrangements":

> „Inhaltlich attraktive und methodisch durchdachte Aufgaben und Lernaufträge bilden als Bausteine, Strukturierungs- und Gestaltungsmittel das eigentliche Rückgrat (fach-)didaktischer Lernarrangements: für Schülerinnen und Schüler als Quellen der

[5] Köster bezieht sich hier auf Lechner (2007).

> Motivation, als Lerngelegenheiten und Ausgangspunkte, sich auf fachliche Gegenstände einzulassen; für Lehrerinnen und Lehrer als Fixpunkte ihrer Unterrichtsplanung sowie als Instrumente der didaktischen Unterrichtssteuerung und der Überprüfung von Lernergebnissen.“ (Reusser, 2013, S. 4)

Jordan et al. (2008) stellen im Anschluss an zahlreiche Autor:innen im Rahmen der PISA-Ergänzungsstudie *COACTIV* für das Fach Mathematik aus dem Jahr 2003/2004 die Bedeutung von Aufgaben für den (Mathematik-)Unterricht heraus und konstatieren, dass das *Bearbeiten von Aufgaben die mit Abstand wichtigste Schüleraktivität* im Unterricht darstellt und auch Lehrkräfte ihren Unterricht *um Aufgaben herum* organisieren.[6]

Die Zielgruppe von Aufgaben sind demnach Schüler:innen. Ihre Formgeber:innen sind Lehrkräfte, bildungspolitische Akteurinnen und Akteure, Verlage und Didaktiker:innen. Zu unterscheiden sind *Lern-* und *Leistungsaufgaben.* Beide Typen von Aufgaben, Lern- und Leistungsaufgaben, nehmen in der Kompetenzorientierung einen zentralen Stellenwert ein (Keller & Reintjes, 2016). Als dritten Typ nennt Köster (2018, S. 32) *Aufgaben zur Selbstevaluation*, die in den folgenden Ausführungen nicht näher erläutert werden. Die bildungspolitische Bedeutung von Leistungsaufgaben im kompetenzorientierten Bildungssystem ergibt sich aus dem Grundgedanken der Evaluation von erreichten Kompetenzen. Dies trifft bundesweit, länder- und schulspezifisch zu. Anknüpfend an die Ausführungen zu Bildungsstandards und Lernzielen in den Kernlehrplänen wird im Folgenden zuerst eine prägnante Unterscheidung von Lern- und Leistungsaufgaben gegeben, woran die Beschreibung von Aufgabenmerkmalen anschließt. Lernaufgaben sind für die folgenden Ausführungen relevanter als Leistungsaufgaben, da sie die Untersuchungsgegenstände der vorliegenden Studie darstellen. Entsprechend der Relevanz für diese Arbeit werden sie daher umfassender behandelt.

Lern- und Leistungsaufgaben

Köster (2018, S. 40) unterscheidet *drei Gruppen* von Leistungsaufgaben:

> „1. Aufgaben für Klassenarbeiten und Klausuren zur Überprüfung des Unterrichtserfolgs,

[6] Mit der COACTIV-Studie (Cognitive Activation in the Classroom: The Orchestration of Learning Opportunities for the Enhancement of Insightful Learning in Mathematics) wurde der Zusammenhang von Professionswissen, Überzeugungen und Einstellungen von Lehrkräften untersucht (N = 351 Lehrkräfte zu MZP 1 und 229 Lehrkräfte zu MZP 2). Die Studie bezieht sich auf die 9. und 10. Klasse.

2. Aufgaben für Zentrale Prüfungen zur Zertifizierung von Abschlüssen und
3. normierte Textaufgaben für ‚Assessments zur Bilanzierung von Lernergebnissen'."

(Köster, 2018, S. 40)[7]

Diese drei Typen von Leistungsaufgaben werden im Folgenden beschrieben. Im Anschluss an die vorhergehenden Ausführungen werden zunächst Aufgaben für zentrale Abschlussprüfungen, darauffolgend normierte Aufgaben und abschließend Leistungsaufgaben erläutert, die von Lehrkräften für Schüler:innen entwickelt und im Unterricht zur Überprüfung des Unterrichtserfolgs eingesetzt werden. Nach der Beschreibung von Leistungsaufgaben erfolgen Ausführungen zu Lernaufgaben.

Leistungsaufgaben dienen der Kompetenzprüfung. Über sie werden Lernziele operationalisiert, wobei eingesetzten Handlungsverben/Operatoren eine Bedeutung zukommt (vgl. Abschnitt 3.2). Aufgrund der Stufung von Leistungen werden die beschriebenen Anforderungsbereiche I bis III für die Aufgabenkonstruktion von zentralen Abschlussprüfungen genutzt, um einfache, mittlere und schwierige Aufgaben in den Abiturprüfungen unterscheiden zu können. Für die länderübergreifende Umsetzung von Bildungsstandards werden ab dem Schuljahr 2005/2006 Aufgabenbeispiele ausgegeben, welche die Anforderungsniveaus veranschaulichen (KMK, 2005, S. 6). Da Kompetenzen immer fachspezifisch erworben werden, handelt es sich um fachliche Beispiele. Die Aufgabenbeispiele haben die Funktion, zu zeigen, welche Leistungen bei zentralen Abschlüssen erfüllt werden müssen, um einen bestimmten Standard zu erreichen, etwa den des Mittleren Abschlusses im Fach *Deutsch*. Darüber hinaus illustrieren Aufgabenbeispiele der Anforderungsbereiche I bis III das fachliche Leistungsspektrum (KMK, 2005, S. 16, 17).

Aufgabenbeispiele als Lernaufgaben, welche diese Standards abbilden, werden über das IQB veröffentlicht.[8] Sie können von Lehrkräften dazu genutzt werden, die Erreichung der Bildungsstandards im Unterricht anzubahnen. Lernaufgaben bereiten demnach Leistungsaufgaben vor (Köster, 2018). Sie orientieren sich neben den Anforderungsbereichen an Kompetenzstufenmodellen und Kompetenzbereichen des Fachs (KMK, 2022a). Normierte Leistungsaufgaben werden als psychometrische Testaufgaben beispielsweise in den *VERgleichsArbeiten* (*VERA*)

---

[7] Auch abgebildet in Anskeit (2019a).

[8] Vgl. Aufgabenbeispiele für das Fach Deutsch, hrsg. durch das IQB: https://www.iqb.hu-berlin.de/de/schule/aufgaben/seki/lernaufgaben-deutsch/ [24.04.2026].

eingesetzt, die in den Ländern des Bundesgebiets bis auf wenige Ausnahmen in den Klassen 3 und 8 durchgeführt werden (Groß Ophoff et al., 2006; Thiel et al., 2019). Leistungsaufgaben kommt jedoch nicht nur im Rahmen von Vergleichsarbeiten eine Bedeutung zu, sondern sie sind darüber hinaus Grundlage für die fortlaufende Leistungsbeurteilung im Unterricht und somit die Grundvoraussetzung für die Notenbildung und prozessbezogene Lernerfolgskontrollen.

Aufgabenformate von Leistungsaufgaben umfassen geschlossene Multiple- und Single-Choice-Aufgaben, Zuordnungsaufgaben, teiloffene und offene Aufgaben (Köster, 2018, S. 42, Erg. M.F.). Aufgaben für zentrale Prüfungen, Assessments, gerade im Rahmen von standardisierten Testverfahren innerhalb der Diagnostik, etwa bei dem Leseverstehenstest *ELFE II* (Lenhard et al., 2022), sollten den wissenschaftlichen Gütekriterien *Reliabilität*, *Objektivität* und *Validität* entsprechen und bei gleichen Leistungen gleiche Beurteilungen ermöglichen (Köster, 2018, S. 44).

Leistungsaufgaben im Unterricht sind in der Regel nicht standardisiert und werden von Lehrkräften entwickelt oder ausgewählt. Hierbei ist – im Gegensatz zu standardisierten Aufgaben – die Berücksichtigung der eigenen Schulklasse ein wichtiger Entscheidungsfaktor für die Aufgabenkonstruktion bzw. -auswahl, aber auch die Beurteilung von Lösungen. Im Rahmen der Kompetenzorientierung ist die Nachvollziehbarkeit der Beurteilung von Leistungen stärker als zuvor in den Fokus gerückt; dies gilt für Lern- und Leistungsaufgaben (Schrader & Helmke, 2001) und drückt sich in der Unterrichtspraxis auch bei Lernaufgaben über Checklisten oder Beurteilungsraster aus, z. B. im Fach Deutsch zur Beurteilung von Textkompetenzen (vgl. u. a. Becker-Mrotzek & Böttcher, 2018). Die formalen Möglichkeiten der Leistungsmessung in den Fächern fassen der Kernlehrplan und der schulinterne Lehrplan zusammen, wie bereits in den Abschnitten 2.2 und 2.3 erläutert wurde.

Lernaufgaben werden anders als Leistungsaufgaben nicht primär dazu eingesetzt, um Kompetenzen zu überprüfen, sondern, um sie zu erwerben. In diesem Zusammenhang können verschiedene Aufgabentypen an unterschiedlichen Stellen im Lernprozess didaktisch sinnvoll sein.

Köster (2018) unterscheidet hinsichtlich der Funktion vier Aufgabentypen: *Erarbeitungsaufgaben*, welche Schüler:innen mit neuem Wissen konfrontieren, *Dekontextualisierungsaufgaben*, welche am Ende der Bearbeitung von neuem Wissen die Funktion haben, Wissen zu abstrahieren, *Übungsaufgaben*, welche fachliches Wissen und Strategien automatisieren sollen, sowie *Transferaufgaben*, welche es nötig machen, erworbenes Wissen und bereits erlernte Strategien auf einen anderen Gegenstandbereich zu übertragen. Darüber hinaus lässt sich eine

Unterscheidung auch weniger detailreich vornehmen, sodass *Erarbeitungsaufgaben*, *Übungsaufgaben* und *Evaluationsaufgaben* unterschieden werden können (Winkler, 2011). Es wird neues Wissen erarbeitet, bereits eingeführtes Wissen geübt oder metareflexiv der eigene Lernprozess betrachtet. In der vorliegenden Studie werden auf Grundlage dieser Klassifikation *Erarbeitungs-* und *Übungsaufgaben* empirisch als *Lernaufgaben* zusammengefasst und untersucht.[9]

Anders als Leistungsaufgaben, die eine Tendenz zu geschlossenen Formaten und Richtig-falsch-Lösungen zeigen, damit summativ Leistungen vergleichbar bewertet werden können, sind Lernaufgaben aus didaktischen, lernprozessorientierten Gründen *offen, teiloffen* oder *geschlossen* angelegt. Sie können neben der Erarbeitung und Übung auch für formative Feedbackprozesse genutzt werden (Sturm et al., 2018; Winkler, 2011). Für diese Arbeit ist die Unterscheidung von offenen, teiloffenen und geschlossenen Aufgaben bedeutsam, da diese am Ende der Aufgabenanalysen auf das Erkenntnisinteresse übertragen genutzt wird, um die Ergebnisse zu beschreiben (vgl. Abschnitt 3.1). Für das schreibdidaktisch perspektivierte *Schreib(förder)potenzial* liegen keine im Detail publizierten Studien zum aufgabenkulturellen Ist-Zustand im Fachunterricht vor, die merkmalsbezogen den Grad an Offenheit oder Geschlossenheit einbeziehen.[10]

Daher wird die Argumentation der vorliegenden Studie aus dem aufgabentheoretischen Diskurs zur kognitiven Komplexität von Aufgaben abgeleitet. Die Erkenntnisse lassen sich darüber hinaus in dieser Studie nutzen, um das Lernpotenzial der analysierten und exemplarisch konstruierten Lernaufgaben einzuschätzen.

Offenheit und Komplexität

> „Eine Aufgabe ist offen, wenn sie mehr als eine richtige Lösung erlaubt oder unterschiedliche Lösungswege ermöglicht. Das Maß an Offenheit wird durch den Entscheidungsspielraum bestimmt, den eine Aufgabe den Schülern gewährt." (Köster, 2018, S. 45)

[9] In der empirischen Analyse werden die Typen nicht weiterführend binnendifferenziert, da dies in der Pilotierung keinen erkenntnisbezogenen Mehrwert zeigte. Lernaufgaben als *Erarbeitungs-* und *Übungsaufgaben* werden demnach als *Lernaufgaben* in die Korpora aufgenommen (vgl. Abschnitt 6.2.3).

[10] Ausnahmen stellen Thürmann et al. (2015) und Decker und Hensel (2019) dar, die jedoch einem anderen Schwerpunkt folgen.

Wie Köster es im aufgeführten Zitat deutlich macht, sind *offene Aufgaben* mit einem methodischen und/oder inhaltlichen *Entscheidungsspielraum* verbunden.[11] Ist der Entscheidungsspielraum groß und die Aufgabe dazu komplex, dann kann die Offenheit die Komplexität der Aufgabe erhöhen (Köster, 2018, S. 45). Ist die Anforderung weniger komplex und die Aufgabe dazu offen, erlauben offene Aufgaben verschiedene Wege der Aufgabenlösung, was der Differenzierung zugutekommen kann, etwa bei Aufgaben zu Meinungen und Einstellungen.

Köster (2018, S. 46) konstatiert, dass eine zu große Offenheit oft mit einem hohen Grad an Abstraktion verbunden ist und Strategien für den Umgang mit der Aufgabe entweder für das Aufgabenlösen eingesetzt werden oder Schüler:innen aufgrund des Abstraktionsgrades kapitulieren. Denn zu viel Entscheidungsspielraum kann auch überfordern. Es bestehen in vielen Fällen normative Erwartungen an Lösungen, auch dann, wenn die Aufgaben offen gestaltet sind, da explizite Anforderungen und implizite Erwartungen nicht immer übereinkommen müssen. Dies kann nicht nur inhaltlich, sondern auch sprachlich begründet sein. Bildungssprachliche Anforderungen an Aufgabenlösungen sind ein Beispiel für implizite Erwartungen, die bestehen und selten in Aufgabenstellungen expliziert werden. Aufgabentheoretisch wird dieser Umstand selten thematisiert.[12]

Im Gegensatz zu offenen Aufgaben lassen *geschlossene Aufgaben* ausschließlich eine Lösung zu, die richtig oder falsch sein kann. *Teiloffene Aufgaben* bewegen sich diesbezüglich im Mittelfeld, sodass ein bestimmter Teil der Lösung ohne, ein anderer Teil mit einem Entscheidungsspielraum verbunden ist.

Ein lernfördernder Aspekt, der mit offenen Lernaufgaben aus konstruktivistischer Sicht im Gegensatz zu geschlossenen Aufgaben assoziiert wird, ist, dass *Offenheit* Lernwege für verschiedene Lerntypen ermöglichen kann, etwa *linguistische*, *logisch-mathematische*, *visuell-räumliche*, *kinästhetische*, *musikalische*, *interpersonale*, *intrapersonale* oder *naturbezogene* Lerntypen mit unterschiedlichem methodischen, fachlichen und sprachlichen Vorwissen (Müller, F., 2018, S. 14–16).[13] Auch und gerade im Hinblick auf Differenzierung und Schüler:innen

[11] Winkler nennt in Bezug auf Textverstehensaufgaben in Anlehnung an Artelt et al. (2004) darüber hinaus den *Integrations- und Präzisionsgrad* von Aufgaben (Winkler, 2011, S. 42). Der *Integrationsgrad* bezieht sich bei Textverstehensaufgaben auf die Anforderungen, die mit der Kohärenzbildung beim Lesen zusammenhängen. Der *Präzisionsgrad* gibt an, wie genau Aufgabenbearbeitende auf den Wortlaut der Aufgabenstellung achten müssen, um die Aufgabe zielführend zu bearbeiten.

[12] Dies wird im Verlauf der Arbeit vertieft, denn die vorliegende Studie liefert einen Beitrag zur Beschreibung der sprachlichen/schreibförderlichen Offenheit und Geschlossenheit von Lernaufgaben des Fachunterrichts.

[13] Wie es Steinmetz (2020, S. 79, in Anlehnung an Liegmann & Dreyer, 2014) anführt, können die Überzeugungen zum Merkmal *Offenheit* von Aufgaben verschieden sein. Einerseits

mit verschiedenen Lernvoraussetzungen bietet das teiloffene Aufgabenformat Möglichkeiten, einzelne Aufgabenmerkmale in der Aufgabenstellung so zu platzieren, dass die Größe des Entscheidungsspielraums angepasst werden kann. Folglich eröffnen sich Möglichkeiten, um die Komplexität und Zugänge zum Lernen für Schüler:innen zu variieren. Artelt et al. (2005, S. 8, 9) zeigen im Rahmen der PISA-Untersuchungen in Bezug auf das Aufgabenverständnis auf, dass es nicht *trivial* ist, die richtige Aufgabenschwierigkeit als Expert:in einzuschätzen, und Einschätzungen von Expert:innen (hier: Lehrplanexpert:innen) meist Schüler:innen (hier: Neuntklässler:innen) eher überschätzen bzw. die Aufgabenschwierigkeiten unterschätzen.

Nach Köster (2018, S. 46) bemisst sich die Komplexität einer Aufgabe über die Anzahl an verknüpften Variablen und einschlägigen *Verknüpfungsgraden* (vgl. auch Jonassen, 2000, S. 67). Diese Variablen können als *Aufgabenmerkmale* bezeichnet werden. Im Folgenden werden Aufgabenmerkmale beschrieben, die eine wichtige Stellschraube für die Aufgabenkonstruktion, die Komplexität und den Grad an Offenheit von Aufgaben darstellen. Sie bilden überdies einen Ausgangspunkt dafür, Aufgabenschwierigkeiten und den Grad an Offenheit beschreiben zu können.

Aufgabenmerkmale

> „Aufgaben treten als komplexe Gebilde auf, deren Bestandteile unterschiedliche Funktionen übernehmen." (Hlebec, 2018, S. 6)

Wie es Hlebec (2018) darstellt, sind Aufgaben *komplexe Gebilde*, auch dann, wenn sie augenscheinlich mit wenigen Aufgabenmerkmalen repräsentiert sind. Aufgabenmerkmale haben das Potenzial, Einfluss auf den Lösungsweg und die

---

haben offene Aufgaben im übergreifenden didaktischen Diskurs einen guten Ruf und werden in der Aufgabenkultur der Kompetenzorientierung bewusst genutzt (Obersteiner et al., 2011), da sie Zugänge für unterschiedliche Lerntypen eröffnen können und historisch eine Wende von einer instruktiven zu einer konstruktivistischen Didaktik mittragen. Offenheit und Komplexität gelten als Hochwertwörter (Winkler, 2011, S. 42, in Anlehnung an Köster 2004). Andererseits kann Offenheit Schüler:innen überfordern. Empirisch lassen sich Ergebnisse für beide Positionen finden. Es kommt auf die Art der Offenheit an und darauf, welcher Entscheidungsspielraum betroffen ist. Im Hinblick auf Unterstützungsmerkmale besteht empirisch eine Tendenz dazu, teiloffene Formate zu befürworten, da hiermit Förderpotenziale für alle Schüler:innen eröffnet werden können. Starke Schüler:innen können in der Regel sowohl mit Offenheit als auch mit Unterstützungsmerkmalen gut zurechtkommen. Schwächere Schüler:innen können hingegen von Aufgaben mit zusätzlichen Unterstützungsmerkmalen profitieren oder überfordert werden (Heins, 2017; Liegmann & Dreyer, 2014; Rüßmann, 2018; Steinmetz, 2020).

Aufgabenlösung zu nehmen. Es gehören meistens die folgenden grundlegenden Elemente zu einer Aufgabe, die wichtig zu benennen sind, um Ankerstellen bzw. Einflüsse von Aufgabenmerkmalen zu beschreiben:

a) eine *Aufgabenstellung*
b) eine *Frage*/eine *Aufforderung innerhalb der Aufgabenstellung*
c) eine *Informationsquelle*
d) ein *Lösungsweg*
e) ein *Ergebnis* bzw. eine *Aufgabenlösung* (Kauertz et al., 2015, Erg. M. F.).

Aufgabenmerkmale, wie sie für diese Arbeit relevant sind, beziehen sich auf die Aufgabenstellung und werden über Schrift in der Aufgabenstellung expliziert oder nicht expliziert. Neubrand (2002) nennt diesen Teil *Aufgabenperipherie.* Hierzu gehört darüber hinaus die Aufforderung innerhalb der Aufgabenstellung. Es soll aufbauend auf den gegebenen theoretischen Grundlagen mit der folgenden, eigenen Definition von Aufgabenmerkmalen gearbeitet werden:[14]

***Aufgabenmerkmale** sind explizite oder implizite Charakteristika von Aufgaben innerhalb eines aufgabenkonstituierenden Merkmalbündels, die eine bestimmte Einzel-Funktion für den Weg der Aufgabenbearbeitung erfüllen. Sie eröffnen oder schränken den Möglichkeitsraum der Bearbeitung für Schüler:innen ein und transportieren obligatorische oder fakultative implizite oder explizite Erwartungen an die Aufgabenlösung.*

Für diese Arbeit sind vor allem die instruktional expliziten oder impliziten Aufgabenmerkmale bedeutsam, welche die Aufgabenbearbeitung lenken und Teil von Lernaufgaben sind (Winkler, 2011). Diese werden im Folgenden fachübergreifend und deutschdidaktisch erläutert, bevor sie im 5. Kapitel dieser Arbeit weiterführend auf sprachdidaktische bzw. schreibdidaktische Merkmale bezogen werden. Sie bestimmen den Grad der Offenheit von Aufgaben, wie es auch Winkler (2011, S. 60) zusammenfasst:

> „Der Grad an Offenheit bzw. Lenkung einer Aufgabenstellung liegt in erster Linie in den Merkmalen der Instruktion begründet, also darin, inwieweit die Instruktion

---

[14] In der Literatur wird der Begriff *Aufgabenmerkmale* nicht oder für diese Arbeit nicht zielführend definiert, weshalb an dieser Stelle eine eigene Arbeitsdefinition gegeben wird.

> konkrete Vorgaben bezüglich Ausgangszustand, erwarteter Lösung und geeignetem Lösungsprozess bietet.“ (Winkler, 2011, S. 60)

Über Aufgabenmerkmale lassen sich Aufgaben in ihrem Schwierigkeitsgrad variieren und Handlungen *lenken.*[15] Aufgaben konfrontieren Schüler:innen im Sinne der Weinert'schen Kompetenzdefinition (2001) mit einem Problem, das gelöst werden will und für dessen Lösung eine bestimmte Auswahl an mentalen Werkzeugen benötigt wird, welche den Schüler:innen mit der Aufgabe gegeben werden oder nicht.[16] Jonassen (2000) unterscheidet *well-structured problems* und *ill-structured problems,* was sich über das Verhältnis von Aufgabenstellung und Aufgabenlösung ausdrückt. Ist dieses Verhältnis explizit eindeutig, spricht man von einem *well-structured problem,* ist dieses Verhältnis nicht eindeutig/offen, dann spricht man von *ill-structured problem* (vgl. auch Winkler, 2011, 45). Lernen mit Aufgaben in Bildungsinstitutionen findet oftmals mit simulierten Problemen statt, um auf das Leben außerhalb der Lernkontextes vorzubereiten (Feilke, 2015; Jonassen, 2000, S. 69). Gerade Noviz:innen profitieren von Problemen, die gut strukturiert sind und bei denen die Arbeitsbelastung angemessen ausfällt. Jonassen (2000, S. 67) nennt Merkmale von gut und schlecht strukturieren Problemen:

> „Well-structured problems:
>
> - Present all elements of the problem to the learners.
> - Require the application of a limited number of regular and well-structured rules, and principles that are organized in predictive and prescriptive ways.
> - Have knowable, comprehensible decision choices and all problem states is known or probabilistic (Wood, 1983) […]
>
> Ill-structured problems appear ill-structured because they:
>
> - Possess problem elements that are unknown or not known with any degree of confidence (Wood, 1983).
> - Possess multiple solutions, solution paths, or no solutions at all (Kitchner, 1983).

---

[15] Vgl. auch Steinmetz (2020, S. 79). Für normierte und standardisierte Leistungsaufgaben ist dies ebenfalls relevant, wenn die Vergleichbarkeit bei der Messung von Schüler:innenleistungen gewährleistet werden soll.

[16] Geht man über die Perspektive der kognitiven Bearbeitung hinaus, können Werkzeuge auch reale, haptisch erfahrbare Unterstützungskomponenten darstellen, bspw. Material, um ein physikalisches Experiment durchzuführen.

- Possess multiple criteria for evaluating solutions, so there is uncertainty about which concepts, rules and principles are necessary for the solution and how they are organized.
- Often require learners to make judgements and express personal opinions or beliefs about the problem, so ill-structured problems are uniquely human interpersonal activities (Meacham & Emont, 1989)."

(Jonassen, 2000, S. 67)

Die Komplexität von Lernaufgaben ist demnach durch die Explizierung des Problemraums bestimmt. Überdies ist sie von dem deklarativen, prozeduralen und metakognitiven Vorwissen der Lernenden und letztlich auch von den didaktischen Möglichkeiten der Einbettung in den Unterricht durch die Lehrkraft abhängig. Hierzu gehören auch Ressourcen, die zur Verfügung gestellt werden (können), etwa durch die Ausstattung der Schule. Daher ist es kaum möglich, Aufgabenkomplexitäten erschöpfend unabhängig vom Unterricht und von der Lerngruppe zu beschreiben.

Die *Kontextabhängigkeit* und *Kontextunabhängigkeit* von Aufgaben bestimmt darüber hinaus einen weiteren Anteil der den Aufgaben innewohnenden Komplexität (Jonassen, 2000; Jordan et al., 2008). Diesbezüglich können verschiedene Typen von Lernaufgaben unterschieden werden. *Hausaufgaben* etwa sollen ebenso wie andere *Selbstlernaufgaben* ohne Lehrkraft von den Schüler:innen bearbeitet werden können, was sich über die Auswahl an Aufgabenmerkmalen ausdrückt bzw. ausdrücken sollte. Anders zu beurteilen sind Aufgaben für den Unterricht, die von Lehrkräften direkt verändert oder über das Unterrichtsgespräch ergänzt werden können. Schulbuchaufgaben nehmen eine Zwischenposition ein, da das Schulbuch sowohl im Unterricht eingesetzt als auch als Aufgabensammlung für die selbständige Arbeit genutzt wird (Rezat, Sebastian, 2009). Da die Aufgabenanalyse in dieser Arbeit darauf ausgerichtet ist, *Aufgabenmerkmale* zu beschreiben, werden Aufgabenmerkmale ohne die Berücksichtigung des Unterrichtskontextes betrachtet.

Legutke (2006) unterscheidet *Lernaufgaben als Plan* (*task as plan*) und *Lernaufgaben des tatsächlichen Unterrichtsverlaufs* (*task in process*), um genau diesen Umstand zu unterscheiden. In der vorliegenden Arbeit werden innerhalb der Aufgabenanalyse *Lernaufgaben als Plan*, wie sie in Lehrwerken vorkommen, untersucht. Exemplarisch werden im Anschluss über die Interventionsstudie Aufgaben aus dem Unterrichtsverlauf näher betrachtet. Es werden zusammengefasst das Schreib(förder)potenzial und das Lernpotenzial untersucht. Um sich hieran theoretisch anzunähern, sollen im Folgenden Aufgabenmerkmale beschrieben werden, welche die kognitive Komplexität und das kognitive Lernpotenzial von *tasks as plan* und *tasks in process* beeinflussen können. Dabei ist vor allem der Zusammenhang zum Merkmal *Offenheit* wichtig, da dieses später auf das Schreib(förder)potenzial übertragen wird.

Das kognitive Potenzial einer Lernaufgabe hängt merkmalsbezogen nach Maier, Kleinknecht und Metz (2010)[17] in Relation zur Zielgruppe überfachlich von der *Art des Wissens* (Faktenwissen, Prozedurales Wissen, Konzeptuelles Wissen, Metakognitives Wissen), dem *kognitiven Anforderungsbereich* (Reproduktion, naher und weiter Transfer, Problemlösen), der *Anzahl an eingesetzten Wissenseinheiten* (eine, bis vier, mehr als vier Wissenseinheiten pro Aufgabe), der Art des *Lebensweltbezugs* (ohne, konstruiert, konstruiert-authentisch wirkend), der *sprachlogischen Komplexität* einer Aufgabe (einfach, mittel, hoch), der *Repräsentation von Wissen* (eine Repräsentationsform, verschiedene, Anforderung der Transformation in eine andere Repräsentationsform) und auch von der *Offenheit der Aufgabenstellung* ab. Maier et al. (2010) definieren drei Grade an Offenheit, wobei sie auf relationale Definitionen zurückgreifen, die eine Verbindung zwischen *Anfangs-* und *Zielzustand*, also eine Verbindung von Aufgabenstellung und Aufgabenlösung herstellen, wie es auch Jonassen (2000) beschreibt. Je mehr zwischen Anfangs- und Zielzustand von den Schüler:innen bei der Bearbeitung *transformiert* werden kann, umso offener ist eine Aufgabe.

Die Autoren unterscheiden:

a) *definierte und konvergente* Aufgaben. Sie haben einen klar definierten Anfangs- und Endzustand. Die Antwort kann richtig oder falsch sein. Beispiel: Einen Satz ins Präteritum übersetzen (Maier et al., 2014, S. 88);
b) *definierte und divergente Aufgaben.* Diese Aufgaben haben einen gut definierten Anfangszustand, es sind aber mehrere Lösungen möglich. Beispiel: Einen Leser:innenbrief schreiben lassen und den Schüler:innen dafür Lernmaterial zur Verfügung stellen (Maier et al., 2014, S. 88);

---

[17] Maier et al. (2010) schließen u. a. an die Merkmale aus der *COACTIV*-Studie, die Klassifikation von Wissenseinheiten nach Anderson und Krathwohl (2001) und die kognitiven Anforderungsbereiche an. Das Kategoriensystem wurde empirisch überprüft und im Projekt *LAGOS* (Lernprozesse durch Aufgabenstellungen gestalten, optimieren und steuern) eingesetzt, woran u. a. auch das IQB beteiligt war (Kleinknecht et al., 2014). Das Analyseinstrument wurde mit vier Rater:innen evaluiert. Es wurde eine Interrater-Reliabilität berechnet. Die Aufgabenstichprobe umfasste Aufgaben für die Sekundarstufe I, Klasse 7 und 8 und insgesamt 30 Aufgaben aus dem Fach Deutsch ($n = 30$), 50 aus Mathematik ($n = 50$), 33 aus den Naturwissenschaften ($n = 33$) und 14 aus den Gesellschaftswissenschaften ($n = 14$). Es wurden ausschließlich Operatorenaufgaben getestet und dabei möglichst alle Aufgabentypen berücksichtigt, auch 10 Lernaufgaben aus Schulbüchern ($n = 10$). Das Analyseraster stellt ein anerkanntes Aufgabenanalyseraster zur Bestimmung der kognitiven Komplexität dar.

c) *ungenau definierte und divergente Aufgaben.* Der Anfangszustand ist nicht genau beschrieben und lässt Fragen offen. Die Schüler:innen müssen sich diese Informationen einholen. Als Beispiel wird genannt, dass ein Stuhl gebaut werden soll, der bequem ist, ohne Hilfestellungen zu geben, wie dies genau geschehen kann (Maier et al., 2014, S. 88).

Die oben aufgeführte Unterscheidung von *offen*, *teiloffen* und *geschlossen* wird mit der vorgestellten Klassifizierung nach Maier et al. (2014) insofern erweitert, als der konkrete Zusammenhang von Aufgabenstellung und Aufgabenlösung hergestellt wird, wobei Aufgabenmerkmalen eine wichtige Bedeutung zukommt. Dies leistet für die vorliegende Studie, typisierte Aufgaben des Fachunterrichts klassifizieren zu können und etwas über die Offenheit der untersuchten *tasks as plan* auszusagen. Da mit der vorliegenden Studie neben dem Schreib(förder)potenzial exemplarisch das Lernpotenzial typischer Aufgaben (*tasks in process*) experimentell untersucht wird, soll im Folgenden das Zusammenspiel von Aufgabenanforderungen und Unterstützungsmerkmalen dargelegt werden.

Für den lernförderlichen Unterricht gilt es, das Anspruchsniveau an die Lerngruppe anzupassen. Eine Möglichkeit ist, die Anfänge (Maier et al., 2010), also bereits die Aufgabenstellungen, so zu definieren, dass Schüler:innen Strategien als Werkzeuge an die Hand gegeben werden, damit sie zu einer Lösung kommen können, die den Anforderungen im Erwartungsspektrum entspricht. In der Regel handelt es sich dabei um definierte und divergente Aufgaben mit unterstützenden Aufgabenmerkmalen. Bachmann und Becker-Mrotzek (2010, S. 198) sprechen innerhalb ihres Aufgabenkonzepts *Aufgaben mit Profil* auch von *Aufgabenstrukturen*, die hinsichtlich des Aufgabenziels eine eigene Gestalt annehmen. Die Präferenz für strategienvermittelnde Aufgabenstrukturen definiert-divergenter Aufgaben eint literaturdidaktische und sprachdidaktische Positionen im Aufgabendiskurs (zusammenfassend Steinmetz, 2020, S. 252). Bei der Aufgabenkonstruktion gilt es, Anforderung und Unterstützung in Balance zu halten und schulische Anforderungen als implizite (Gebrauchs-)Normen für Schüler:innen zu explizieren.

Die Englischdidaktikerin Surkamp (2022, S. 143) unterscheidet in diesem Zusammenhang *challenge* und *support*, also *Herausforderung* und *Unterstützung*, und verknüpft dies mit Emotionen, die Lernende mit Aufgaben bzw. dem Aufgabenbearbeiten verbinden, wenn ein bestimmtes Verhältnis von Herausforderung und Unterstützung vorliegt. Sie bezieht sich dabei auf den US-amerikanischen Psychologen Herzberg und konstatiert, dass je nach Lernvoraussetzungen vier Möglichkeiten bestehen, die eine Balance oder Imbalance von Herausforderung und Unterstützung abbilden. Aufgaben können von Lernenden kognitiv-emotional entweder als unterfordernd, optimal, überfordernd oder als Stressor empfunden werden, je nachdem, in welchem Verhältnis *support* und *challenge* zueinander stehen:

- „**high support – low challenge**: no need for input into the task comfort/ suboptimal learning
- **high support – high challenge**: growth is promoted, real learning occurs development, growth, engagement
- **low support – high challenge:** difficult to cope stress, apprehension
- **low support – low challenge**: little progress in learning apathy, disengagement"

(Surkamp, 2022, S. 143)

Nach dem Kreuzschema von Surkamp, das sich aus *high, low support* und *challenge* zusammensetzt, findet optimales Lernen mit denjenigen Aufgaben statt, die Schüler:innen herausfordern, aber gleichzeitig hohen Support bieten. Dies beschreibt näher das Zusammenspiel von Herausforderung und Unterstützung, wie es auch in der Deutschdidaktik präferiert wird.

In der Literaturdidaktik liegen hierzu Studien von Heins (2017) und Steinmetz (2020) vor, mittels derer untersucht wurde, inwiefern sich Aufgaben mit einem „starken und geringen Lenkungsgrad" (Heins, 2017) bzw. wie sich Aufgaben *mit* und *ohne* „Support" (Steinmetz, 2020) auf die Verstehensleistungen im Literaturunterricht auswirken. Eine wesentliche Grundlage bilden die Arbeiten von Winkler (2011) zu *Aufgabenpräferenzen* von Lehrkräften *für den Literaturunterricht* (Winkler, 2011). Die Komplexität einer Aufgabe wird dabei von Winkler (2011) in Anlehnung an Legutke (2006, S. 141)[18] ähnlich dem vorgestellten Konzept von Surkamp als „Wechselbeziehung von *demand* und *support*" beschrieben (Winkler, 2011, S. 41). Im Gegensatz zu Surkamp liegt der Schwerpunkt mit *demand* auf den *Anforderungen* statt auf *Herausforderungen*, die mit einer Aufgabe bzw. mit der Aufgabenbearbeitung verbunden sind:

> „Die Anforderungen (demand) können dabei aus der Aufgabenstellung selbst oder aus der Schwierigkeit des Lerngegenstandes resultieren. Hilfestellungen (support) kann wieder die Aufgabe i. e. S. bieten, indem sie z. B. den Prozess der Aufgabenlösung vorstrukturiert; support bei der Aufgabenlösung kann aber auch von den ‚peers' oder der Lehrperson kommen und damit außerhalb der Aufgabenstellung angesiedelt sein. [...] Diesbezüglich wesentliche Aufgabenmerkmale sind Offenheit und Komplexität." (Winkler, 2011, S. 41, 42)

---

[18] Die Unterscheidung von Winkler (2011a) von *demand* and *support* geht – wie auch die Ausführungen von Surkamp – auf die englische Fremdsprachendidaktik zurück.

Das Zitat benennt noch einmal die Kontextabhängigkeit als Komplexitätsmerkmal sowie den *Lerngegenstand*. Der Lerngegenstand ist gerade im Fachunterricht stark an die Komplexität von Aufgaben gebunden. In schreibdidaktischen Studien aus der Deutschdidaktik wird das Vorwissen häufig als *Weltwissen* konzeptualisiert (Bachmann & Becker-Mrotzek, 2010 im Anschluss an das Konzept auch Anskeit, 2019a). Hier besteht der Anspruch an *gute Lernaufgaben*, dass das Weltwissen, das für die Bearbeitung einer Aufgabe benötigt wird, den Schüler:innen zur Verfügung gestellt wird, weshalb häufig Aufgabenprobleme genutzt werden, die auf Alltagswissen aufbauen.

Die didaktisch-empirische Schreibforschung empfiehlt im Bereich *Texte verfassen* tendenziell Aufgaben mit Support, etwa *Profilierte Aufgaben* (Bachmann & Becker-Mrotzek, 2010) oder *Arrangement-Konzepte* (Steinhoff, 2018), wie sie bei Rüßmann (2016), Anskeit (2019a) oder im Projekt *KIS* (KI-Schreibarrangements, Bodora et al. 2025) genutzt wurden. Entsprechende Aufgabenkonzepte setzen explizite Unterstützungsmerkmale zur Förderung von Schreibkompetenzen ein (vgl. Abschnitt 5.3). Einige der genannten Studien arbeiten mit *Aufgabenvariationen* in Interventionsgruppen und damit mit *Aufgabenoptimierungen*, das heißt, dass Aufgabenmerkmale einer bestehenden Aufgabe verändert werden, vor dem Hintergrund der Intention, das Lern- bzw. Schreibförderpotenzial zu verändern.

Nicht alle Bildner:innen, die Aufgaben entwickeln, teilen diese Sicht auf Unterstützungsmerkmale, die als Instruktionsmerkmale bewertet werden können. Denn welche Aufgaben für den Unterricht von Akteur:innen der Wissenschaft und Bildung als geeignet bewertet werden, hängt neben vielen anderen Rahmenbedingungen von den „ideologischen Stühlen" (Steinmetz, 2020, S. 42) ab, auf denen die Beurteilenden sitzen. Die Zugänge, die hier beschrieben wurden, sind die einer *kognitiv-konstruktivistisch* oder *instruktivistisch* angelegten Sichtweise. Steinmetz (2020, S. 40) stellt mithilfe eines *Wertequadrats* heraus, dass beide Positionen bezogen auf das Verstehen von Texten Chancen und Herausforderungen zeigen. Er bezieht seine Ausführungen konkret auf den Verstehens-Support von Texten; dies lässt sich jedoch auch allgemeiner lesen. Während rein konstruktivistische Aufgabenansätze übergreifende leser:innenseitige Bedürfnisse weniger bedenken und auf die Schaffung von individuellen kognitiven Konstruktionsmöglichkeiten setzen – hiermit ist vor allem die Offenheit von Aufgaben gemeint –, ist es bei instruktivistischen Ansätzen umgekehrt angelegt. Hier erfolgt eine Entindividualisierung zugunsten von generellen Instruktionen, die möglichst viele Lernende unterstützen sollen. In beiden Fällen ist das Ziel, Aufgaben möglichst lernförderlich zu gestalten. Beim instruktivistischen Ansatz wird dabei in Bezug auf Aufgabenmerkmale versucht, implizite Anforderungen, die (normativ) bestehen, explizit und damit sichtbar zu machen und Handlungen zu einem Teil zu *lenken* (Heins, 2016).[19] Ein Beispiel für einen entsprechenden Aufgabenstrukturtyp sind *Lernarrangements.*

Bei der Konstruktion von *Lernarrangements* als Aufgabenstrukturtyp wird versucht, ein lernförderliches Gesamtsetting zu schaffen, wobei in der Regel teiloffene Aufgaben genutzt werden. Es wird eine Balance zwischen Anforderung und Unterstützung im Sinne der *Zone der nächsten Entwicklung* angestrebt (Vygotskij & Lompscher, 2003). Dabei kommt der Lehrkraft zunehmend die Rolle eines/einer Arrangeur:in, einer/eines Moderator:in, einer/eines Berater:in oder Expert:in zu. Hierbei werden ausgehend von einem Lernziel parallel mehrere bis alle Kompetenzdimensionen (Fachkompetenz, Sozialkompetenz, Personalkompetenz, Methodenkompetenz) und Wissensdomänen angesprochen, welche sich didaktisch geschickt *arrangiert* für den Wissensprozess komplementär und additiv hinsichtlich des Lernziels zueinander verhalten. Die Einbindung angemessener Medien und Lernmaterialien als Quelle des Wissens ist in diesem Zusammenhang ebenfalls als bedeutsam einzustufen (Müller, H.-J., 2010). Beispiele für Lernarrangement-Konzepte für Lernende mit *Deutsch als Zweit- und Fremdsprache* bzw. für Fremdsprachen, für Ansätze einer *Bildung für nachhaltige Entwicklung* (BNE), aber für den sozialwissenschaftlichen oder wirtschaftsdidaktischen Unterricht, sind Konzepte des *szenariobasierten Lernens* bzw. das der *Szenarien*, das der *Planspiele* oder das der *Simulationen* (angrenzend an analoge oder digitale Spiele, *Gamification* und *Game Based Learning)* (Beißwenger et al., 2020; Hölscher, 2005; Surkamp, 2022).

Lernarrangements stellen Lernenden ein *Gerüst* zur Seite, um Kompetenzen zu erwerben, das sukzessive im Lernprozess abgebaut wird, das sogenannte *Scaffolding* (Gibbons, 2015). Instruktive Aufgabenmerkmale, die gleichzeitig Anforderungen an Lernende stellen und potenzieller Ausgangspunkt für Scaffolding-Maßnahmen sind, können die *Operatoren* in den Aufgaben darstellen. Sie werden im folgenden Abschnitt näher erläutert.

Zum Abschluss wird die Abbildung mit *Aufgaben* als *Baustein IV* der makroperspektiven Betrachtung auf den Top-down-Prozess von den Bildungsstandards zu den Aufgaben komplettiert und in Abb. 3.1 dargestellt. Mit der Ebene der Aufgaben kann die Verbindung zu den Schüler:innen hergestellt werden, da sie die Adressat:innen von Aufgaben sind:

---

[19] Dies kann jedoch ebenfalls als entindividualisierte *Anleitung* verstanden werden (Steinmetz, 2020, S. 37, 6).

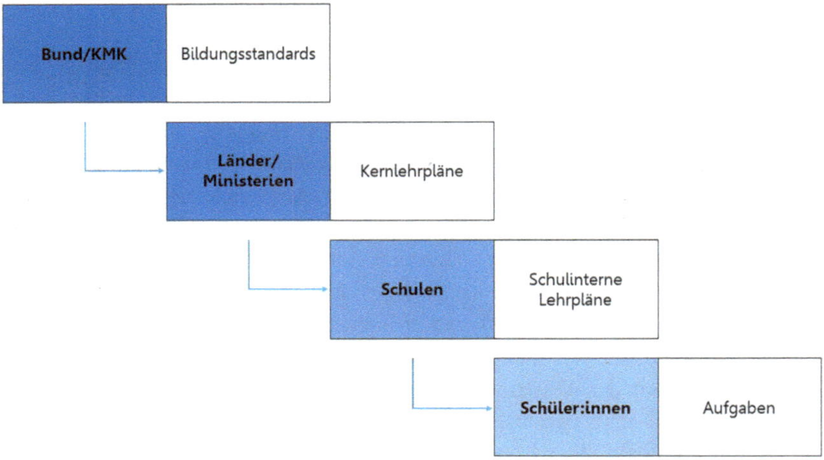

Abb. 3.1 Baustein IV: Der Top-down-Prozess von den Bildungsstandards zu den Aufgaben im Unterricht, Schüler:innen, Aufgaben

3.2 Operatoren

In diesem Abschnitt werden – neben den Operatoren als aufgabenkonstituierende Größe – Aufforderungsformen und Fragen behandelt, die Schüler:innen zur aufgabenspezifischen *Problemlösung* auffordern. Aufforderungsformen sind Teil der Aufgabenstellung (*Aufgabenperipherie*, Neubrand, 2002) und gehören zum grundlegenden Repertoire schulischen Lernens, denn sie initiieren das Lernen. In diesem Abschnitt werden Operatoren zunächst als handlungsaufforderndes Element in Aufgabenstellungen betrachtet. Anschließend wird ihre Stellung im sprach- und fachdidaktischen Diskurs vorgestellt, wobei sie linguistisch eingeordnet und Chancen und Herausforderungen erläutert werden. Um den Diskurs mit strukturgebenden Elementen zu ergänzen, wird eine eigene Diskursposition eingebracht. Es wird einerseits ein diskursstrukturierender Vorschlag für eine Systematik für die Beurteilung des Operatorensystems vorgestellt und andererseits der strukturgebende Terminus *Quasi-Operatoren* näher erläutert und diskursiv eingebettet. Zum Schluss wird eine Verbindung zu Schulbuchaufgaben hergestellt, die Thema des anschließenden Abschnitts sind.

Aufforderungsformen

Operatoren wie *erläutern* oder *erklären* kommen als handlungsauffordernde Verben in Aufgabenstellungen im Imperativ Singular (*erkläre*!) oder Plural (*erklärt!*) vor und in Curricula im Infinitiv Präsens (vgl. Abschnitte 2.2.1 und 2.2.2). Die Handlungsverben bilden im Rahmen der Formulierungstradition (vgl. Abschnitt 2.2) von Lernzielen und Aufgaben den Handlungsaspekt neben dem Inhaltsaspekt ab. In Lernaufgaben sind sie derjenige Teil der Aufgabe, der die Aufforderung enthält. Es handelt sich bei Operatoren in Aufgaben demnach ähnlich der grammatischen Erklärung für den Imperativ um eine *Aufforderungsform*, die neben anderen Aufforderungsformen des Unterrichts besteht, etwa BITTEN oder auch das FRAGEN („alle Fragen = Aufforderung, eine Antwort zu geben", Schäfers, 2005, S. 66). Mit der pragmatischen Betrachtung werden in Anlehnung an Searle (2011) auch die Normen der Kommunikationssituation angesprochen, in denen eine erfolgreiche Kommunikation stattfindet.

Die besondere Betrachtung von Aufforderungsmarkern und damit auch Operatoren wurde bislang ausschließlich in einer deutschdidaktischen Monografie sprechakttheoretisch für schriftliche Dokumente behandelt, wie es auch Abraham und Saxalber (2012, S. 1) feststellen. Es handelt sich um die Dissertation von Schäfers (2005): *Deutschaufgaben verständlich formulieren. Eine sprachwissenschaftliche Untersuchung schulischer schriftlicher Aufgabenstellungen am Beispiel des Deutschunterrichts in der gymnasialen Oberstufe.*[20] In der Arbeit wird das AUFFORDERN in Verbindung mit dem schulischen Aufgabenstellen theoretisch detailliert rekonstruiert. Schäfers (2005) geht der Frage nach, wie Aufgabenstellungen für den Deutschunterricht gestaltet werden können, die für Schüler:innen verständlich sind, und untersucht qualitativ Schulbücher, Lehrpläne und Fachzeitschriften. Die Autorin spricht sich am Ende ihrer Untersuchung für den Gebrauch von verständlichen Aufgabenstellungen mit Operatoren aus, die ausschließlich aufgabenrelevante Teile enthalten. Sie plädiert im Sinne der Verständlichkeit dafür, große Aufforderungen in kleine Teilhandlungen zu zerlegen, die kurze und verständliche Teilaufforderungen darstellen. Darüber hinaus sollte überdies Raum für eigene Lösungswege der Schüler:innen geschaffen werden. Insgesamt lässt sich diese Position mit der in der vorliegenden Arbeit beschriebenen Aufgabentheorie in Einklang bringen. Auch aus sprechakttheoretischer Sicht erscheinen übergreifend *definierte, divergente Aufgaben*, die über Support-Merkmale verfügen, empfehlenswert.

---

[20] Hieran hat sich nach dem Kenntnisstand der Verf.'in nichts geändert. Anders verhält es sich für den mündlichen Unterrichtsdiskurs. Hier sind vor allem die Funktionale Pragmatik (Ehlich & Rehbein, 1979, 1986; Redder et al., 2013) und darauf aufbauende Analysen (z. B. Kleinschmidt-Schinke, 2018) zu nennen.

Mit der Perspektive auf die Aufforderung wird die sprachliche Repräsentation der Handlungsaufforderung in der Aufgabenstellung angesprochen, die klar, eindeutig und verständlich sein sollte. Dies ist aufgabentheoretisch und sprechakttheoretisch dann gegeben, wenn *Ausgangsbedingung/Anfangszustand, Handlungsoperator(en) und Ziel bzw. Zweck* (Schäfers, 2005, S. 266, erg. M.F.) in einem balancierten Verhältnis stehen. Die Definition von Aufforderungsformen in der Aufgabenstellung bezieht somit die pragmatische Funktion der Aufgabenstellung und ihre fachliche Funktion im Kommunikationsraum *Schule* ein. Das Aufgabenlösen kann demnach als das Lösen eines kommunikativen Problems verstanden werden. Die Aufgabenlösung stellt den Lösungsvorschlag dar.

Das AUFFORDERN wird sprechakttheoretisch den direktiven Handlungen zugeordnet. Es kann unterteilt werden in *Aufforderungen zu Handlungen* oder *zu Unterlassungen*. Bei Operatoren als Aufforderungsformen in Aufgabenstellungen handelt es sich um Aufforderungen zu Handlungen. Ein Beispiel für eine Aufforderung zur Unterlassung wäre etwa dann gegeben, wenn Lehrkräfte Schüler:innen auffordern, ein Gespräch mit dem/der Sitznachbar:in einzustellen (Schäfers, 2005, S. 32–39).

Der Begriff *Aufforderungsform* steht in der Literatur nah oder in Konkurrenz zu Begriffen wie *Fragentyp* (Kleinschmidt-Schinke, 2018) oder *Operatorenfragen/Fragetechniken* (Le & Pinkwart, 2016). Diese Bezeichnungen können an dieser Stelle im Anschluss an die Ausführungen zu *Aufgaben* einerseits und einem linguistischen Verständnis von *Fragen* andererseits nicht adaptiert werden, da operatorenbasierte Aufgaben im Imperativ keine Fragen, sondern explizite (auch grammatische) Aufforderungen (in Befehlsform) mit implizitem Fragencharakter darstellen. Dies verhält sich bei W- und Entscheidungsfragen andersherum. Mit diesen Aufforderungsformen bzw. Fragetypen werden explizite direkte und indirekte Fragen an die Schüler:innen gestellt, die schulisch eine implizite Aufforderung enthalten; implizit deshalb, da in Fragen des Unterrichts im Gegensatz zu Operatorenformulierungen nicht explizitert wird, dass Schüler:innen, denen diese Frage gestellt wird, aufgefordert werden, zu antworten. Die Handlung ANTWORTEN wird entweder über den Kontext (z. B. initiiert durch das *Auffordern zu Antworten*, Ehlich & Rehbein, 1986, 67) oder die erlernte Gebrauchsnorm/das kulturelle Handlungsmuster ANTWORTEN still eingeleitet.

In Bezug auf den Aufforderungscharakter können für den Unterricht die Formen *Operator*, *W-Fragen* und *Entscheidungsfrage* unterschieden werden.[21]

[21] Spezifischere Klassifikationen bestehen für die mündliche Lehrer:innenfrage im Unterricht (vgl. Kleinschmidt-Schinke, S. 167, 168). So unterscheiden bspw. Ehlich und Rehbein (1986, S. 67), neben *Entscheidungs-* und *W-Fragen*, die *Alternativfrage* oder die *indirekte Frage* und beziehen überdies *Aufforderungen zu Antworten* ein.

Die Bezeichnung *-formen* in *Aufforderungsformen* soll hier darüber hinaus in Anlehnung an Pohl und Steinhoff (2010) verstanden werden als Markierung des sprachbezogenen (auch bildungssprachlichen), transitorischen Charakters, der dem Aufgabenlösen über Operatorenaufforderungen im Fachunterricht innewohnt (vgl. Abschnitt 5.3).

Wie bereits ausgeführt, ist über die Nutzung von (schriftlich fixierten) Operatoren weniger empirisch bekannt, als es ihre Alltagsbedeutung vermuten lässt. In Bezug auf die Funktion für die Beurteilung des Schwierigkeitsgrades von Aufgaben und die Auswahl durch Lehrkräfte für den Unterricht konnte von Kleinknecht et al. (2014) (Projekt *LAGOS*) nachgewiesen werden, dass die Operatoren als schwierigkeitsbestimmende Aufgabenmerkmale am häufigsten von Lehrkräften direkt erkannt werden – im Gegensatz zu anderen schwierigkeitsbestimmenden Aufgabenmerkmalen. Vor allem die sprachlogische Komplexität einer Aufgabe sowie benötigtes metakognitives Wissen zum Aufgabenlösen als Aufgabenmerkmal (*Wissensart*) fielen den Proband:innen besonders schwer einzuschätzen (Kleinknecht et al., 2014, S. 147). An der Studie nahmen 13 Lehrkräfte des Fachs Deutsch und 38 Lehrkräfte des naturwissenschaftlichen Unterrichts teil. Operatoren sind demnach saliente Aufgabenmerkmale, die im Gegensatz zu anderen Aufgabenmerkmalen gut von Lehrkräften erkannt werden können.

Oleschko und Moraitis (2012) kommen nach einer diachronen, empirischen Untersuchung von Geschichts- und Politikschulbüchern zu dem Schluss, dass die Anzahl an Operatoren in den Aufgaben zugenommen hat und die W-Fragen zunehmend verdrängten. Ihre Ergebnisse zeigen jedoch auch, dass beide Typen von Aufforderungsformen, Operatoren und W-Fragen, in den ausgewählten Stichproben aus den Jahren 1975, 1977, 2003 und 2011 genutzt wurden und Schulbücher unterschiedlich starke Präferenzen für Aufforderungsformen zeigen.

Strödter und Fothe (2012) fokussieren Erwartungshaltungen von Schüler:innen im Informatikunterricht, die an Operatoren aus Abituraufgaben gebunden sind, und stellen fest, dass die Operatoren als Handlungskomponente der Inhaltskomponente unterliegen. Konkret bedeutet dies, dass nicht die verwendeten Operatoren ausschlaggebend für den Lösungsweg sind, sondern der Inhalt, dessen Behandlung über die Aufgabe eingefordert wird. Die Autor:innen unterstreichen den didaktischen Stützeffekt von Operatoren und Operatorenlisten für das Aufgabenverständnis, fügen jedoch an, dass es kaum erreichbar sein wird, eine „ganz große Vereinheitlichung“ (Strödter & Fothe 2012, S. 15) im Rahmen von Standardisierung zu etablieren. Aus der Studie geht hervor, dass die Operatoren von Schüler:innen demnach weniger bewusst wahrgenommen werden.[22]

Für das mündliche Fragenstellen ($n = 105$) im Unterricht erhoben Le und Pinkwart (2016) über eine Umfrage, dass 60,8 % der Lehrkräfte eine Entscheidung für einen bestimmten Fragentyp nicht bewusst treffen. Der andere Anteil an Lehrkräften, der eine bewusste Auswahl trifft, präferiert nach eigenen Angaben W-Fragen, wonach offene Fragestellungen folgen und abschließend Aufforderungen, die mithilfe von Operatoren realisiert werden:

> „Offensichtlich spielen ‚W-Fragen‘ als Fragentyp in der Praxis noch immer eine große Rolle, obwohl im Zeitalter Output-orientierten Unterrichts die Kompetenzentwicklung im Vordergrund steht und daher eher Fragen mit fachspezifischen Operatoren zu erwarten gewesen wären.“ (Le & Pinkwart, 2016, S. 153)

Die Autoren kommen demnach zu dem Ergebnis, dass die Operatoren einen geringeren Stellenwert im Rahmen des unterrichtlichen mündlichen Fragenstellens einnehmen. Befragt wurden Lehrkräfte aus den Bereichen Naturwissenschaften (42,01 %), Sprachen (31,60 %), Gesellschaftswissenschaften (21,18 %) und Sportlehrkräfte (5,21 %), vorwiegend der Sekundarstufe I und II mit durchschnittlich 19 Jahren Berufserfahrung.

Fasst man die genannten empirischen und theoretischen Ergebnisse zusammen, dann zeigt sich, dass standardisierte Operatoren mehr in der schriftlichen Aufgabenkultur vorkommen, vor allem auch in Lehrwerken, sie für Lehrkräfte ein greifbares Aufgabenmerkmal für die kognitive Komplexität darstellen und Schüler:innen weniger auf die Operatoren als spezifisches handlungsaufforderndes Element achten als auf die Inhaltskomponente. Aufgrund der wenigen bestehenden Studien zu Operatoren ist eine empirische Generalisierbarkeit dieser Annahmen kaum möglich. Die Annahmen decken sich jedoch mit Positionen, die im sprachdidaktischen und fachdidaktischen Diskurs mit Operatoren verbunden sind. Diese Positionen werden im Folgenden erläutert. Hiermit verbunden ist vor allem die *Systematik* und *Unsystematik* des Operatorensystems.

---

[22] In Gesprächen mit erfahrenen Lehrkräften und Schulbuchautor:innen im Rahmen der Untersuchung zu der hier vorliegenden Studie wurde mehrfach betont, dass die Operatoren unterhalb der Abiturebene zwar in Aufgaben vorkommen (müssen), die Schüler:innen diese jedoch nicht einmal mit dem Namen *Operatoren* benennen können, da sie als soziale Tatsache im Rahmen der Enkulturation *einfach mitlaufen* (vgl. Abschnitt 6.3). Schulbuchautor:innen verschiedener Verlage berichteten zwar davon, dass ihnen die Verlage Operatorenlisten zur Verfügung stellten und sie angehalten würden, diese für die Aufgabenkonstruktion zu nutzen, die Auswahl aber eher intuitiv bei der Aufgabenkonstruktion erfolge.

Zur (Un-)Systematik des Operatorensystems
Wie in Abschnitt 2.2 beschrieben, ist das Operatorensystem einschließlich der Anforderungsbereiche, wie es im deutschsprachigen Raum genutzt wird, eine sehr stark reduzierte Form der Grundidee der Traditionslinie der Bloom'schen Taxonomie. Es ist heute kaum noch möglich, auf der Grundlage von Lehrplänen, Bildungs- und Lernzielen oder Aufgaben eine *bildungspolitische Systematik* des Operatorensystems innerhalb dieser Traditionslinie zurückzuverfolgen. Dies könnte ein Grund sein, weshalb das Operatorensystem gerade aus sprachdidaktischer Perspektive oftmals als *unsystematisch* beurteilt wird (zusammenfassend Steinhoff, 2019). Diese Bewertung ist mit fach- und sprachdidaktischen Bestrebungen verbunden, eine *sprachhandlungsbezogene Systematik* oder eine *fachliche Systematik* in Bezug auf den Einsatz von Operatoren in den Fächern im Sinne einer top-down angeleiteten, bildungspolitischen Lernprogression finden zu wollen. Es entsteht der Eindruck, dass es innerhalb des Diskurses kaum eine Unterscheidung oder eine Definition von dem *System* gibt, das eigentlich gesucht bzw. nicht gefunden wird.

In diesem Abschnitt soll zu diesem Desiderat ein theoretischer Beitrag geleistet werden. Dabei wird vor allem die sprachliche Ebene der Operatoren linguistisch behandelt, nachdem sich alle vorhergehenden Ausführungen auf kognitive Merkmale von Aufgaben und Operatoren bezogen haben. Am Beispiel des *Erklärens* werden konkrete linguistische Bezüge exemplarisch vertieft, da ERKLÄREN als kognitiv-sprachliche Handlung bedeutsam für den Wissenserwerb in der Schule ist und überdies eine zentrale Rolle im empirischen Teil dieser Studie einnimmt (Bachmann & Becker-Mrotzek, 2010; Kiel, 1999; Klein, 1987; Vollmer, 2011; vgl. Abschnitt 3.2.1, 6.2.8, 6.2.9, 6.3).

Im Rahmen dieser Arbeit sollen drei Ebenen einer *Systematik* in Bezug auf den Operatorengebrauch unterschieden werden:

a) eine *bildungspolitische Systematik,*
b) eine *sprachhandlungsbezogene Systematik,*
c) eine *fachbezogene Systematik.*

Alle Ebenen sind miteinander verbunden, sie lassen sich hinsichtlich ihrer Merkmale jedoch auch unabhängig voneinander diskutieren. Dies soll einen Vorschlag darstellen, um einen strukturierenden Beitrag in die sprachdidaktische und fachdidaktische Operatorendiskussion einzubringen (Abraham & Saxalber, 2012; Feilke & Rezat, 2019a; Köster, 2018; Krabbe et al., 2019; Luft, 2019; Oleschko & Moraitis, 2012; Schäfers, 2005; Steinhoff, 2019; Tajmel & Hägi-Mead, 2017). Bevor die Ebenen definiert werden, werden die Herausforderungen und Potenziale aufgezeigt, die mit Operatoren (fach)didaktisch und linguistisch verbunden sind, da sich hieraus erklärt, warum es zielführend sein kann, die genannten Systemebenen zu unterscheiden.

Herausforderungen

Operatoren sollen Aufgaben für Lehrkräfte und Schüler:innen verständlich machen. Abraham und Saxalber (2012, S. 3) nennen drei *Bedingungen* für die Verwendung von Operatoren:

- „Operatoren bezeichnen nicht nur eine kognitive Anforderung (z. B. nicht: ‚Bedenken Sie'), sondern sind Verben, die Typen sprachlichen Handelns repräsentieren.
- Operatoren sind für Schüler/-innen wiedererkennbar als erlernte Strategien des Umgangs mit Texten und ausführbar im Sinn einer nun selbstständigen Anwendung dieser Strategien.
- Operatoren sind in Bezug auf die Textvorlage und deren Textsorte plausibel (z. B. nicht: ‚Fassen Sie die Grafik zusammen')" (Abraham & Saxalber, 2012, S. 3)

Damit Operatoren Aufgabenstellungen verständlich machen können, ist eine überschaubare Anzahl an Operatoren wichtig, deren Bearbeitungsschritte Schüler:innen als Strategie erlernen können (Feilke & Rezat, 2019a). Es ist jedoch kaum etwas dazu bekannt, wann welche Operatoren in welchen Fächern eingesetzt werden. Struger (2017, S. 131) spricht in diesem Zusammenhang auch von der *Vagheit des Operatorenraums* und fasst damit den Ausgangspunkt aller Herausforderungen sehr gut zusammen. Mit Abraham und Saxalber (2012), Donnerhack et al. (2013), Struger (2017), Feilke und Rezat (2019a), Reitbrecht und Sorger (2018) lassen sich die folgenden Herausforderungen von Operatoren in Lernmaterial und Curricula aus fachdidaktischer/sprachdidaktischer Perspektive übergreifend benennen:

- Es existiert in Lernmaterial eine unüberschaubare Anzahl an Operatoren.
- Es werden im Lernmaterial Operatoren/Verben genutzt, die nicht in den Operatorenlisten der Länder aufgelistet werden, z. B. Passepartoutverben wie *machen.*
- Es treten Verbdopplungen von Operatorenverben auf. Dabei auch Homonymie, Heteronymie und Polysemie.
- Die Operatorenlisten zwischen Fächern und Bundesländern können sich hinsichtlich der Auswahl an Operatoren, der Anzahl in den Listen und den Definitionen unterscheiden.
- Operatorenlisten enthalten selten konkrete Spracherwartungen.

- Die Modalitäten, das heißt, wie mit Operatoren im Unterricht umgegangen werden soll und ob sie sich medial auf mündliche oder schriftliche Handlungen beziehen, sind häufig unklar. Dies trifft auf Curricula ebenso zu wie auf Lernmaterial/Aufgabenstellungen.
- Die fachlichen Unterschiede der Nutzung von Operatoren in den Aufgaben von der Grundschule bis zur Sekundarstufe II sind nicht normiert oder bekannt. Es ist unklar, ob eine Lernprogression bei ihrem Einsatz berücksichtigt wird.

Die Herausforderungen, die mit Operatoren verbunden werden, beziehen sich demnach vor allem auf die Undurchsichtigkeit des Operatorensystems. Niemand weiß genau, wann welche Operatoren zu welchem Erwerbszeitpunkt in welchem Fach eingesetzt werden. Wäre dies bekannt, so die Schlussfolgerung, könnten Operatoren dazu genutzt werden, Sprachhandlungskompetenzen im Unterricht anzubahnen.

Potenziale

Es sind zwei Potenziale voneinander zu unterscheiden, die sich gegenseitig bedingen können: *forschungsbezogene Potenziale* und *didaktische Potenziale*. Forschungsbezogene Potenziale sind solche, aus denen sich Erkenntnisse über den fachlichen Einsatz von Operatoren ableiten lassen. Didaktische Potenziale sind Potenziale für das Lernen und Lehren.

Gerade der erfahrungsbasierte praktische Einsatz von Operatoren, also der Umstand, dass unterhalb des Abiturs kaum bekannt ist, wann welche Operatoren relevant sind, kann forschungsbezogen dazu genutzt werden, implizites Wissen der fachunterrichtlichen Lernkulturen zu untersuchen. Geht man davon aus, dass eine (Fach-)Sprachgemeinschaft über ein begrenztes Repertoire an kulturell verfügbaren Sprachhandlungen zur kulturell adäquaten Lösung von wiederkehrenden Problemen verfügt, dann lässt sich hiervon ausgehend die Annahme ableiten, dass eine implizite, kulturell-fachliche Systematik des Einsatzes von Operatoren in Aufgaben zugrunde liegt, die sich über die Untersuchung der Auswahl begründen lässt. Expert:innen wählen demnach diejenigen Operatoren für die Aufgabenkonstruktion aus, die zum fachlichen Gegenstand und dem fachlichen Lernen passen. Dies ist bspw. dann gegeben, wenn Lernmaterialien wie Schulbücher mit Aufgaben entwickelt werden. Wie es Bakken und Andersson-Bakken (2021) ausdrücken, kann man in diesem Zusammenhang auch von *Genremerkmalen* von Aufgaben sprechen (Bakken & Andersson-Bakken, 2021). Auch Konzepte zu Bildungssprache, die sich auf Sprachhandlungen/kognitiv-sprachliche Handlungen oder auf Diskursfunktionen von fachlichen Diskursgemeinschaften beziehen, sind hieran ebenso linguistisch anschlussfähig (Thürmann et al., 2017; Vollmer & Thürmann, 2010) wie Fachsprachentheorien (Efing, 2023).[23]

Das forschungsbezogene Potenzial der Operatoren liegt demnach darin begründet, dass dadurch, dass Operatoren Handlungen für das Aufgabenlösen im Fachunterricht salient machen, es möglich wird, die Handlungen empirisch zu erheben und auszuwerten. Eine gängige methodische Praxis, um Operatoren zu untersuchen, ist der Einsatz von Frequenzanalysen, wobei Handlungsverben in Aufgaben oder Curricula gezählt und beschrieben werden (z. B. Reitbrecht & Sorger, 2018; Oleschko & Moraitis, 2012).

Das didaktische Potenzial knüpft hieran an. Denn wenn Operatoren aus Erhebungen für die Fächer und Jahrgänge bekannt sind, können diese Erkenntnisse didaktisch dazu genutzt werden, Curricula und Kompetenzvermittlung an diesen Handlungen zu orientieren. Daher stellen Operatoren nach Steinhoff (2019, S. 327) auch aus sprachdidaktischer Perspektive einen *lohnenswerten* Forschungsgegenstand dar. Sprachdidaktische Potenziale ergeben sich vor allem aus dem Wissen über Operatoren, die auf kognitiv-sprachliche Handlungen/Sprach- bzw. Texthandlungen referieren, wie *beschreiben, erklären* usw. Struger (2018, S. 82) fasst das sprachdidaktische Potenzial von Operatoren wie folgt zusammen:

> „Operatoren wie *darstellen, beschreiben, zusammenfassen, appellieren etc.* stellen Basissprach- bzw. Schreibhandlungen dar, die sich anhand etwa des Bewerbungsschreibens in textsortentypischen Kombinationen darstellen lassen. Damit ist es möglich, einen Abstraktionsschritt vorzunehmen. […] Eine solche Systematisierung setzt auf der Ebene der analytischen Texterfassung an, im Vordergrund stehen dabei Textstrukturen anstatt Detailvorgaben." (Struger 2018, S. 82, Hervorhebungen im Original)

Das hier beschriebene Potenzial setzt demnach bei der Erkennung von Textmusterstrukturen an. Operatoren können dazu genutzt werden, komplexe Texthandlungen über die Benennung von Teilhandlungen sichtbar zu machen oder Textmuster über sequenzierte Aufgabenstellungen zu dekomponieren, etwa große Genres/Textsorten wie das Versuchsprotokoll in Physik oder eine Argumentation

[23] Theoretisch lässt sich dieser Ansatz auch auf Feilkes (1994) soziologische Grundlagen des sprachlichen *Common Sense* mit systemlinguistischen Annahmen beziehen. Ähnlich argumentieren auch die *Genre Theory* (Halliday & Martin, 2004; Martin & Rose, 2008) oder die *Funktionale Pragmatik* (Redder, 2008) zum Zusammenhang von Gesellschaft und der Etablierung sprachlicher Musterhandlungen.

im Politikunterricht (Enzenbach et al., 2019; Luft, 2019). Dies kann man sich als Puzzleprinzip vorstellen, wie es Abb. 3.2 zeigt.

Abb. 3.2 Komposition von Sprachhandlungen – Beispiel in Anlehnung an Struger (2018, S. 82)

Bezogen auf das von Struger genannte Beispiel der Textsorte *Bewerbungsschreiben* können das *Darstellen* der Motivation für die ausgeschriebene Arbeitsstelle, das *Beschreiben* der eigenen Fähigkeiten sowie das *Zusammenfassen* der beruflichen Stationen zusammen einen Teil des Bewerbungsanschreibens bilden. Die einzelnen Texthandlungen unterscheiden sich in ihrer Größe. Vollmer (2011) spricht in diesem Zusammenhang von Makro(diskurs)funktionen, die sich aus Mikrofunktionen zusammensetzen:

> „‚Argumentieren' setzt andere Diskursfunktionen wie ‚Beschreiben' und ‚Erklären' voraus, geht aber deutlich darüber hinaus, […]. Die Diskursfunktion umfasst dabei Aspekte des Erschließens, des Analysierens, des Deutens, des argumentativen Unterstützens und des Interpretierens. […]" (Vollmer, 2011, S. 8)

Vollmer stellt demnach linguistisch begründet Größenunterschiede von Sprach-/Texthandlungen bzw. *Diskursfunktionen* dar. Kleinere Texthandlungen bilden größere bzw. sind in den Textmusterplänen der größeren als ein Teil integriert.

Der Begriff *Diskursfunktionen* referiert auf den Begriff der *Sprachfunktion*, geht aber darüber hinaus, indem die kognitive Aktivität und das Zusammenspiel von Inhalten, Denken und Sprache ebenso betont wird wie die Sprachgemeinschaft, in der Sprache ausgehandelt wird – hier die Schule und der Fachunterricht der Schule (Beacco et al., 2015, S. 13; Vollmer, 2011; Vollmer & Thürmann, 2010, S. 10).[24] Der Begriff kann für ein besseres Verständnis in dieser Arbeit mit

[24] Vollmer (2011, o. S.) bezeichnet diese selbst mit „Texttypen/Diskurstypen".

den Termini *kognitiv-sprachliche Handlung/Sprachhandlung/Texthandlung* übersetzt werden. Der Hinweis der Autoren auf die kognitiven Lernprozesse, die durch Sprach-/Texthandlungen initiiert werden, ist für die folgenden Ausführungen ebenfalls grundlegend relevant.

Im Auftrag des Europarats untersuchten Arnold, Hammann, Ohm, Thürmann und Vollmer im Jahr 2008[25] über Curriculumanalysen fachübergreifend für die Sekundarstufe I idealtypische Makrofunktionen (Vollmer 2011, S. 2). Die Ergebnisse flossen in die Erarbeitung eines Papiers für die sprachlichen Anforderungen der Schule im Fachunterricht ein, das sich an den *Gemeinsamen Europäischen Referenzrahmen für Sprachen* (*GER*) anlehnt (Beacco et al., 2015). Nach Vollmer (2011) nennen Thürmann und Vollmer (2017, S. 306, 307) die folgenden zentralen Diskursfunktionen für das kognitiv-sprachliche Lernen in der Schule. Ein Teil von ihnen setzt sich selbst wieder aus anderen kleineren Sprach-/Texthandlungseinheiten (*Mikrofunktionen*) zusammen:

- Benennen/Definieren
- Beschreiben/Vergleichen
- Erzählen/Berichten
- Erklären/Erläutern
- Vermuten/Hypothesen bilden
- Schlussfolgern/Argumentieren
- Bewerten/Beurteilen
- Meinung äußern/Position beziehen (Thürmann & Vollmer, 2017, S. 306, 307)[26]

An sprachlichen Teilhandlungen lassen sich auf einer weiteren Ebene unterhalb der Texthandlungen bildungssprachliche, syntaktische und lexikalische Formulierungshilfen binden (Feilke & Rezat, 2019a; ähnlich auch Vollmer & Thürmann, 2010), welche als Support-Merkmale für Aufgaben genutzt werden können. Sowohl das Dekomponieren von Textmustern über sichtbare Texthandlungen/Operatoren als auch das Geben einschlägiger Formulierungshilfen können als sprachliche Unterstützungsmerkmale (Support) in Aufgabenstellungen genutzt

[25] Die Autoren werden ausschließlich im Text von Vollmer (2011) genannt. Die Untersuchung und die Ergebnisse sind nicht an eine Literaturangabe gebunden und wurden nicht detailliert veröffentlicht.

[26] Kleinschmidt-Schinke (2018, S. 42, 44) weist darauf hin, dass die Zusammenführung von *Erzählen* und *Berichten* linguistisch nicht sinnvoll erscheint, und schlägt eine Trennung vor. Dieser Einschätzung ist zuzustimmen. *Erzählen* zählt zu den narrativen Texthandlungen, während *Berichten* zum Beschreiben gehört bzw. zum *Erklären*-wie. Daher könnte auch eine Zusammenführung von *Beschreiben/Berichten* vorgeschlagen werden.

werden. Studien zum Einsatz von Schreibarrangements und Textprozeduren weisen darauf hin, dass Schüler:innen dann bessere Texte schreiben, wenn sie Einsichten in die Struktur von Texten erhalten (z. B. Rüßmann et al., 2016).

Textprozeduren sind konzeptionell schriftliche Handlungs- und Ausdrucksschemata, die sowohl mündlich (Steinhoff et al., 2021) als auch schriftlich (Anskeit, 2019a; Rüßmann, 2018) dazu genutzt werden können, bildungssprachliche Formulierungshilfen mit Aufgabenstellungen zu verbinden. Es handelt sich um idiomatische Wendungen des akademischen Sprachgebrauchs. Linguistisch-theoretisch sind sie mit der Konstruktionsgrammatik verbunden und wurden in die deutsche Sprachdidaktik von dem Linguisten und Sprachdidaktiker Helmuth Feilke eingeführt (Feilke, 2010).[27] Auf der sichtbaren Ebene des Ausdrucks stellen die Textprozeduren eine weitere Ebene unter den Text-/Sprachhandlungen dar, deren Bestandteile sie sind. Fremdsprachendidaktisch erinnern Textprozeduren als Ausdrucksmittel an *Chunks* oder *Redemittel* zur Bewältigung kommunikativer Probleme. Didaktisiert werden sie als *Textbausteine* oder *Werkzeuge* bezeichnet. Sie können darüber hinaus als akademischer/bildungssprachlicher Wortschatz begriffen werden, indem die syntaktischen Fügungen als festes Konstrukt, also als lexikalische Einheiten, wahrgenommen werden (Steinhoff, 2022b; Wurm, 2024).[28] Das Beispiel in Tab. 3.1 zeigt das Zusammenspiel von Schemahandlung und Ausdruck am Beispiel des *Definierens* als Teil des *Erklärens*. Zu sehen sind dabei potenzielle Leerstellen, die mit drei Punkten realisiert werden (…). Diese eröffnen eine flexible Nutzung.

Tab. 3.1 Das Textprozedurenprinzip mit „Ausdruck-" und „Schemahandlung" am Beispiel von „definieren", Beispiele in Anlehnung an Steinhoff (2022b, S. 649)

Schemahandlung	*definieren*
Ausdruckshandlungen	*Unter X versteht man …*
	Als X bezeichnet man …

[27] Nach 2010 hat sich, durch den Artikel von Feilke (2010) angestoßen, eine *Textprozedurenforschung* in der deutschen Sprachdidaktik etabliert (Anskeit, 2019a; Feilke, 2012a; 2012b; Feilke & Rezat, 2021; Rüßmann, 2016; Steinhoff, 2017; Steinhoff et al., 2021).

[28] In erziehungswissenschaftlichen Ansätzen und Deutsch als Zweitsprache werden die Operatoren als lexikalische Mittel/Registermerkmale klassifiziert (Riebling, 2013).

Der Einsatz von Textprozeduren wird auch für den Fachunterricht vorgeschlagen (Decker et al., 2021; Luft, 2019). Didaktisch interessant ist an diesem Konzept nicht nur, dass dieses dazu genutzt werden kann, Support-Merkmale über Aufgabenstellungen in den Fachunterricht zu integrieren, sondern auch, dass einige der Schemahandlungen an Operatoren erinnern.

Feilke & Rezat (2019a) setzen Texthandlungen und damit Handlungsschemata und Operatoren jedoch nicht gleich, sondern sprechen bei den Verben der Operatoren von *Operatorenausdrücken* bzw. *Operatorenformulierungen* (Feilke & Rezat, 2019a), die eine metatextuelle Funktion besitzen und auf Texthandlungstypen verweisen, wobei sich Operatoren konkret auf das schriftliche Sprachhandeln beziehen:

> „Es ist sinnvoll, den Operatorenbegriff nicht auf jegliches sprachliche Handeln, sondern im Schwerpunkt auf metatextuelles Handeln zu beziehen. Im Kern geht es um Lesen und Schreiben. Das Ergebnis der Bearbeitung ist immer ein zu schreibender Text.“ (Feilke & Rezat, 2019a, S. 274)

Sicherlich ist es überzeugend, dass sich die meisten Operatoren in Aufgaben auf das Herstellen eines Textes beziehen und metatextuell auf die Struktur von Texten verweisen. Dass Operatoren in Aufgaben als bildungspolitische Artefakte eine Suggestivkraft im Bereich des textuellen Handelns aufweisen, ist darüber hinaus eine wichtige Eigenschaft, die sich aus den Schlussfolgerungen ableiten lässt und im Folgenden mitgedacht wird. Wie in den vorhergehenden Ausführungen jedoch auch gezeigt werden konnte, können Operatoren sowohl in Lernzielen als auch in der Mündlichkeit eingesetzt werden. Daher soll hier der Operatorenbegriff auf mündliches und schriftliches sprachliches Handeln bezogen werden, wie es auch anderenorts im Diskurs geläufig ist (Krabbe et al., 2019; Luft, 2019). Es wird im Folgenden von (kognitiv-sprachlichen) Text- und Sprachhandlungen gesprochen, wobei sich Texthandlungen immer auf die schreibende Realisierungsform beziehen.

In Anlehnung an Vollmer (2011), Abraham & Saxalber (2012); Feilke (2012a, 2012b), Struger (2017, 2018), Feilke/Rezat (2019), Krabbe et al. (2019) und Steinhoff (2019) werden übergreifend die folgenden vier Potenziale von Operatoren aus sprachdidaktischer Perspektive angenommen:

1. Operatoren referieren auf kognitiv-sprachliche Sprach-/Texthandlungen. Diese Sprach-/Texthandlungen sind Teil von kulturellen (Fach-)Sprachgemeinschaften, weshalb sie für die fachliche und (fach-)sprachliche Sozialisation und das fachliche Lernen in der Schule genutzt werden (können).

2. Operatoren und operatorengeleitete Spracherwartungen in Aufgaben gehören als bildungspolitische Größe genuin zur schulischen Lernziel- und Aufgabenkultur und sind wiedererkennbare und sichtbare Merkmale in Aufgaben.
3. Mit Operatoren lassen sich gezielt Sprachhandlungskompetenzen und Textmusterwissen einüben. An sie können Strategien für den Umgang mit Texten gebunden werden, etwa Formulierungsstrategien.
4. Operatoren können mit dem Textprozedurenkonzept verbunden werden, wobei sie die Schemaseite abbilden, an die konzeptionell schriftliche Formulierungshilfen gebunden werden können. Dieser Ansatz kann für die Entwicklung von Aufgabenstellungen genutzt werden, die Support-Merkmale enthalten, welche sprachhandlungsbezogen direkt an die Anforderungen der Aufgaben geknüpft sind.

Aus den vorgelegten linguistischen und sprachdidaktischen Gründen sind die Urteile über Operatoren im sprach- und fachdidaktischen Diskurs nachvollziehbar, denn die Potenziale von Operatoren werden bildungspolitisch und praktisch kaum ausgeschöpft.

Denkt man das linguistische Zusammenspiel sprachdidaktisch für den Umgang mit Operatoren im Fachunterricht konsequent weiter, erscheint es sinnvoll, zu hinterfragen, wann welche Operatoren in Lernmaterial eingesetzt werden, da man von ihnen ausgehend konkret fachbezogene Sprachbildung in den Unterricht integrieren kann.[29]

Da das Operatorensystem sprachdidaktisch aber kaum greifbar ist, zeigt es sich den Suchenden nach einem System diffus und vage, womit einschlägige didaktische Potenziale nicht – oder ausschließlich über Einzelaufgaben partiell – genutzt werden können. Dies ist jedoch unabhängig vom bildungspolitisch motivierten Einsatz von Operatoren als Übersetzung von Lernzielen in Aufgaben zu werten. Um an dieser Stelle einen Beitrag zur sprachdidaktischen Operatorendefinition zu leisten, wird vorgeschlagen, die sprachdidaktisch geführte Diskussion um sprachbildende Potenziale und die bildungspolitische Dimension einerseits zu trennen und darüber hinaus die Ebene des Fachunterrichts im Speziellen von der sprachdidaktischen/sprachhandlungsbezogenen Dimension andererseits abzugrenzen. Somit werden die Operatoren nicht ausschließlich als Größen des Gesamtsystems betrachtet, sondern die sprachliche Dimension von der bildungspolitischen und fachlichen Dimension getrennt.

---

[29] Es gehört international zu Empfehlungen im Rahmen der Etablierung eines sprachsensiblen oder sprachbildenden Unterrichts, die Curricula und Aufgabenstellungen als Lehrkraft vor der Unterrichtsplanung auf sprachhandlungsbezogene Anforderungen und Textsorten/Genres zu untersuchen (Beacco et al., 2015; Schleppegrell, 2004; Tajmel, 2018; Vollmer & Thürmann, 2010). Dies ist dem Umstand geschuldet, dass zu wenig umfassend gültiges Wissen dazu vorliegt.

Im Folgenden werden die drei Ebenen *bildungspolitische* Systematik, *sprachhandlungsbezogene Systematik* und *fachbezogene Systematik* unterschieden.

Die *bildungspolitische Systematik* bezieht sich auf den systematischen, das heißt durchgängigen, standardisierten und nachvollziehbaren Einsatz von Operatoren in Lernzielbestimmungen und Aufgaben, wie sie nach der Traditionslinie der Bloom'schen Taxonomie mit kognitiven Anforderungsbereichen (AFB I bis III) genutzt werden und bildungspolitisch vor allem für das Abitur definiert sind. Hierzu gehören auch die Standards der KMK, die Kernlehrpläne und die Schulbuchaufgaben, wenn es um die Bestimmung von kognitiven Schwierigkeitsgraden von Aufgaben geht.

Eine *sprachhandlungsbezogene Systematik* meint, dass Operatoren, die auf Sprach-/Texthandlungen bezogen sind, nicht ausschließlich als kognitive, sondern auch als kognitiv-sprachhandlungsbezogene Größen systematisch im Bildungssystem bildungspolitisch wahrgenommen und genutzt werden, um fächerübergreifend Sprachhandlungskompetenzen zu fördern, etwa durch Aufgabensequenzierungen mit Schemahandlungen und Ausdrucksprozeduren. Nach Feilke & Rezat (2019a) erhöht sich die Komplexität der curricular relevanten Textsorten des Deutschunterrichts über die Schullaufbahn. So sind das Erzählen für die Grundschule und das Beschreiben für den Anfang der Sekundarstufe I relevant, während das Argumentieren in der Oberstufe hinzukommt. Feilke (2005) spricht in diesem Zusammenhang auch von einem *pragmatischen Kontinuum* (vgl. auch Pohl, T., 2016; Abschnitt 1.1). Hier kann ein direkter didaktischer Zusammenhang zu den Operatoren hergestellt werden.

Eine *fachbezogene Systematik* liegt dann vor, wenn die Prinzipien der *bildungspolitischen Systematik* und die der *sprachhandlungsbezogenen Systematik* im Fachunterricht dazu genutzt werden, fachliche Kompetenzen anzubahnen und auszubauen. Diese Sichtweise umfasst demnach sowohl konkret die bestehenden bildungspolitischen Bedingungen des Operatoreneinsatzes als auch die Nutzung von Potenzialen, die aus sprachdidaktischer Sicht bestehen. Bei der fachbezogenen Systematik können alle Verben in der Funktion von Operatoren relevant für das Aufgabenstellen sein, da bislang noch nicht beschrieben ist, welche Operatoren wann für das fachliche Lernen relevant sind. Wichtig ist hierbei zu betonen, dass Operatorenformulierungen als Oberflächenmerkmal fachlich identisch, aber hinsichtlich der kognitiv-sprachlichen dahinterliegenden fachspezifischen Handlung im Fachvergleich unterschiedlich sein können (Göbert, 2015). Überdies kann aus den genannten Studien abgeleitet werden, dass häufig mehr Operatorenformulierungen im Fach genutzt werden, als aus den Operatorenlisten ersichtlich werden. An dieser Stelle setzt der zweite diskursstrukturierende

Vorschlag der vorliegenden Studie an. Über den Begriff *Quasi-Operatoren* soll diesem Phänomen ein Name gegeben werden, damit es didaktisch greifbar wird.

Quasi-Operatoren

Der Begriff *Quasi-Operatoren* ist eine Wortneuschöpfung, die im Rahmen der Studie *Sachfachliche Schreib-Lernaufgaben* kreiert wurde. Die Notwendigkeit knüpft an die fehlende Systematik und die Herausforderungen an, die mit dem Operatorensystem verbunden sind. Eine der großen Kritiken am Operatorensystem ist, dass sehr viele Verben in Curricula und Aufgabenstellungen genutzt werden, die – wie bspw. das Passepartoutverb *machen* – nicht in den Operatorenlisten der Fächer zu finden sind. Das Spektrum solcher Verben fasst weit (Donnerhack et al., 2013, S. 384; Reitbrecht & Sorger, 2018). Mit dem hier eingeführten Begriff der *Quasi-Operatoren* soll diesen Verben ein konzeptueller Name innerhalb der Operatorendiskussion zukommen. Für die Definition wird die erste veröffentlichte Definition aus Fuhlrott (2023) wiedergegeben:

> „Unter *Quasi-Operatoren* werden im Rahmen der hier vorgestellten Studie handlungsleitende Verben und Funktionsverbgefüge zusammengefasst, welche Schüler:innen in Aufgaben zu Handlungen in der Funktion von Operatoren auffordern, jedoch nicht über die fachlichen Operatorenlisten des Landes definiert werden. Somit können neben kognitiv-sprachlichen Handlungen auch *kognitive*, *lese-* und/oder *schreibbezogene* Aufforderungen wie lesen, planen oder schreiben erfasst und nach Handlungsbereichen klassifiziert werden (Köster, 2018).“ (Fuhlrott, 2023, S. 227)

Mit dieser konzeptuellen Definition und vor dem Hintergrund des Wissens sowie der theoretischen Ausführungen zum taxonomischen Ursprung der Operatoren kann konstatiert werden, dass über Quasi-Operatoren und Frequenzanalysen oder Qualitative Inhaltsanalysen Kenntnisse über die Nutzung in Lernmaterial erhoben werden können. Denn neben Sprach- und Texthandlungen, die zu einem Großteil in den Operatorenlisten der Fächer vertreten sind, werden diese Verben zwar für das Lernen fachlich gebraucht, aber kaum didaktisch ernst genommen. Wären sie didaktisiert, lägen für sie vielleicht standardisierte Quasi-Operatorenlisten vor.

Operatorenlisten

In Abschnitt 2.2. wurden die Operatorenlisten bereits innerhalb der *bildungspolitischen Systematik* beschrieben. In diesem Abschnitt werden ihr Aufbau und ihr Vorkommen noch einmal kurz skizziert, da sie methodisch relevant sind.

Operatorenlisten werden standardisiert über die KMK und die Ministerien der Länder für die Einschätzung des kognitiven Anforderungsniveaus von Abituraufgaben herausgegeben. Aufgabenkonstrukteur:innen können sich hieran orientieren, aber auch Schüler:innen und Lehrkräfte, die das Abitur vorbereiten. Operatorenlisten findet man überdies vereinzelt in Schulbüchern und in Handreichungen für den Unterricht, jedoch nicht zuverlässig und standardisiert, wie sie für das Abitur bestehen. Die Operatorenlisten der Länder beziehen sich immer auf ein Fach oder eine Fächerkombination und enthalten die wichtigsten Operatoren, ihre Definition und oftmals, durchaus nicht immer, den kognitiven Anforderungsbereich. Zunehmend werden standardisiert Hinweise dazu ausgegeben, dass neben den in den Listen aufgeführten Operatoren andere Operatoren/Verben für Aufgaben genutzt werden können, wenn diese standardsprachlich verständlich sind (vgl. z. B. Operatorenliste Deutsch NRW, 2023). Operatorenlisten sollen Anforderungen transparent machen und stehen in der Kritik, dies gerade nicht zu unterstützen (Feilke & Rezat, 2019a). Krabbe et al. (2019, S. 265) fassen es wie folgt zusammen:

> „Betrachtet man die Definitionen der Operatoren BESCHREIBEN, ERKLÄREN und BEGRÜNDEN für den Physikunterricht durch die Kultusministerkonferenz (KMK) und in den verschiedenen Bundesländern, so ergibt sich **ein verwirrendes Bild**." (Krabbe et al., 2019, S. 265, Hervorhebungen M.F.)

Operatoren sollen für alle Akteurinnen und Akteure transparent machen, welche Kompetenzen erwartet werden (KMK, 2010). Diese Transparenzanforderungen sind in den letzten Jahren in der Sprachdidaktik mehrfach angezweifelt worden (z. B. Feilke & Rezat, 2019a), dies erfolgte jedoch – wie bereits beschrieben – ausgehend von einer sprachdidaktischen Perspektive. Dabei bleibt manchmal unklar, ob der Umstand, dass die Listen genuin für das Abitur herausgegeben werden, bei dieser Bewertung mitbedacht wird. Die Physikdidaktiker:innen Krabbe et al. (2019) bedenken diesen Umstand mit, fordern aber, dass auch Listen unterhalb des Abiturs herausgegeben werden sollten, welche „[e]ine bessere Unterscheidung dieser sprachlich-kognitiven Handlungen [*resp.* Operatoren, M.F.]" (Krabbe et al., 2019, S. 265) möglich machen. Sie beziehen sich dabei konkret auf das BESCHREIBEN, ERKLÄREN und BEGRÜNDEN für den Physikunterricht. Folglich wäre eine Forderung nach einer Synthese einer bildungspolitischen, sprachhandlungsbezogenen und fachbezogenen Liste angemessen, um Operatoren als Lehrgegenstand lernprogressiv für den sprachbildenden Fachunterricht nutzbar zu machen.

Am Beispiel des Operators *erklären* sollen im Folgenden Auszüge aus zwei Operatorenlisten zum einen veranschaulichen, wie diese grundlegend aufgebaut sind, zum anderen fachliche Gemeinsamkeiten und Unterschiede andeuten. Die Gemeinsamkeiten und Unterschiede werden in Abschnitt 3.2.1 und im Methodenteil dieser Arbeit vertieft (Abschnitt 6.2).

Genutzt wird je ein Auszug aus der Operatorenliste für *Sozialwissenschaften bzw. Sozialwissenschaften/Wirtschaft in NRW* und *Physik*, wie sie im Jahr 2024 gültig waren und in Tab. 3.2 und Tab. 3.3 dargestellt sind.

Sozialwissenschaften bzw. Sozialwissenschaften/Wirtschaft

Tab. 3.2 Auszug aus der Operatorenliste Sozialwissenschaften/Sozialwissenschaften/Wirtschaft, NRW (Operatorenliste SoWi NRW, o. J.)

Operator	Definition	AFB-Bandbreite
erklären	Sachverhalte durch Wissen und Einsichten in einen Zusammenhang (Theorie, Modell, Regel, Gesetz, Funktionszusammenhang) einordnen und deuten	II

Physik

Tab. 3.3 Auszug aus der Operatorenliste Physik, NRW (Operatorenliste Physik NRW, o. J.)

Operator	Definition	AFB-Bandbreite
erklären, erläutern	Sachverhalte mit Hilfe eigener Kenntnisse verständlich und nachvollziehbar machen und ggf. durch zusätzliche Informationen in Zusammenhänge einordnen	II–III, vorw. II

Die beiden ausgewählten Auszüge und Definitionen aus den Operatorenlisten definieren den Operator *erklären* zwar unterschiedlich, die Definitionen sind im linguistischen Kern aber ähnlich. Es soll ein Zusammenhang hergestellt werden. Um dies linguistisch einordnen zu können, werden im folgenden Abschnitt das Erklären als kognitiv-sprachliche Handlung und der Operator *erklären* linguistisch beschrieben.

3.2.1 Erklären

Wissensaufbau und Erklären gehören zusammen. Im Unterricht und beim Lernen wird erklärt, sei es durch Lehrkräfte, durch Peers, angeregt durch Schulbuchaufgaben, in analogen oder digitalen Texten oder über Videos (Kulgemeyer, 2020). Das lernförderliche, instruktionale Erklärenkönnen stellt eine Core Practice, also eine Kernkompetenz des professionellen Handelns von Lehrkräften dar (Asen-Molz et al., 2022). Das instruktionale Erklären der Lehrkraft wird in dieser Arbeit nicht untersucht. Relevant ist die Frage nach dem Stellenwert des Erklärens für das fachunterrichtliche Lernen mit Schulbuchaufgaben. Nach Pohl ist im Prozess der Epistemisierung das explikativ-erläuternde Profil in der Mittelstufe relevant, nachdem in der Grundschule das deskriptiv-veranschaulichende Profil vorherrschend war (Pohl, T., 2016). In Sprach-/Texthandlungen vereinfacht übertragen, beginnt das Lernen in der Grundschule mit erzählenden, beschreibenden Handlungen und bewegt sich mit zunehmendem Wissenserwerb bis zur Mittelstufe auf dem pragmatischen Kontinuum (Feilke, 2005) mehr und mehr hin zu erklärenden, begründenden Handlungen. Kiel (1999)[30] unterscheidet drei theoretische Zugänge zu *Erklären*: zuerst in Bezug auf die Psychologie des Denkens des Kindes, dann das Erklären in der Wissenschaftstheorie und zuletzt das Erklären als Sprachhandlung. Bei der Entwicklung des Kindes steht die *Übertragung des Wissens* im Vordergrund (vgl. Abschnitt 5.1), die Wissenschaftstheorie bemüht sich um das Erklären als *Entwicklung von Wissen* und mit dem letzten Punkt ist das *Erklären* als *Aushandlung von Wissen im Diskurs* gemeint. Hierbei bezieht sich Kiel auf die Funktionale Pragmatik. Die Ausführungen in diesem Abschnitt schließen an diesen sprachbezogenen Zugang an.

Es wird das Erklären als Sprach-/Texthandlung vertieft, um exemplarisch Erkenntnisse über den Zusammenhang von Sprach-/Texthandlungen und Operatoren abzuleiten. Dabei werden Typen des Erklärens beschrieben, die methodisch für diese Studie relevant sind und zeigen sollen, dass ein Operatorenausdruck in Bezug auf das sprachliche Handeln verschiedene Ausprägungen haben kann, hier: das *Erklären-was*, *Erklären-wie* und *Erklären-warum*. Darüber hinaus werden kognitiv-sprachliche Handlungen erläutert, die dem Erklären nahestehen.

Redder (2016, S. 309) ordnet das *Erklären* den *markanten Sprachhandlungen der Wissensprozessierung* zu. Sie schreibt:

---

[30] Eine der umfangreichsten und bis heute einschlägigsten deutschen Monografien zum Erklären als didaktisches Handeln ist Kiel (1999). Trotz der Bedeutung des Erklärens für den schulischen Wissenserwerb existieren relativ wenige Studien und Publikationen zum Erklären als didaktisches Handeln, die vor allem eine Verbindung von Sprache und Denken berücksichtigen.

> „Die unstreitig bildungsrelevanten Illokutionen *Erklären* und *Begründen* sowie *Erläutern* werden oft umgangssprachlich und gleichrangig neben der Diskursart Argumentieren als notwendige pragmatische Befähigungen von Schülern angeführt, jedoch kaum präziser distinkt gehalten; *(funktionales) Beschreiben* und *Instruieren* gelten als weitere wissensrelevante Sprechhandlungen in Diskurs oder Text, die etwa sprachfördernd von Interesse sind.“ (Redder, 2016, S. 309, Hervorhebungen im Original)

Aus pragmatischer Perspektive wird beim Erklären ein Wissensdefizit bei einem/einer Hörenden oder einem/einer Lesenden durch Schreibende oder Sprechende behoben. Die Aufhebung des Wissensdefizits ist das Problem, das es kommunikativ zu lösen gilt. Hiermit begründet sich gleichsam die Funktion/der Zweck der Handlung. Wenn etwas erklärt wird, muss das Sprach- und Weltwissen bzw. Fachsprachwissen und Fachwissen beider Aktanten so aufeinander abgestimmt werden, dass die Kommunikation erfolgreich verlaufen kann (Hoffmann, 2016).

Kritisch angemerkt werden kann an dieser Stelle, dass *Wissen* im Unterricht immer auch *auszuhandelndes* Wissen darstellt, also immer auch diskursiv entwickelt wird (Kiel, 1999). Bezogen auf Schulbuchaufgaben, die mündlich gelöst werden, ist dies anwendbar. Werden Schulbuchaufgaben schriftlich in Einzelarbeit gelöst und gibt es ggf. keine Adressat:innen für die Aufgabenlösungen, also keine Lesenden, welche ein Wissensdefizit haben und diese Wissenslücke über das Lesen der Aufgabenlösung als Kommunikant (Aufgabenlösung/Erklärung) schließen können, dann müssen Schüler:innen das Wissen mit sich selbst aushandeln und das eigene Wissensdefizit über das Schreiben der Erklärung auflösen (*epistemisches Schreiben*).

An Erklären-Aufgaben sind kulturelle Formulierungsmuster gebunden, welche über die Abgrenzung zu anderen Sprach-/Texthandlungen eingegrenzt werden können.

Redder definiert ERKLÄREN wie folgt und grenzt es von BEGRÜNDEN und ERLÄUTERN, BESCHREIBEN und INSTRUIEREN ab:[31]

> „Das Erklären dient der Behebung eines Wissensdefizits nach Maßgabe der inneren, handlungsfunktionalen Struktur einer Sache (des Wissensthemas) und in Ausdrücken von dem gemäßer Wissensqualität (z. B. begrifflich, wissenschaftsbegrifflich, praktisch-vorbegrifflich) (Hohenstein 2006). Demgegenüber dient das Begründen, wie Ehlich/Rehbein (1986, Kap. 5) schulbezogen rekonstruieren, der Bearbeitung eines Verstehensdefizits […]. Das Erläutern ist wiederum eine Art des *reformulierenden Handelns* (Bührig 1996), die reparierend für den Hörer so viel Wissen nachliefert, wie dieser für eine konvergente Beteiligung am Diskurs benötigt. Nicht Wissens-

[31] Sprachliche Muster werden in der Funktionalen Pragmatik nicht in Kapitälchen geschrieben, in der Sprechakttheorie jedoch schon.

oder Verstehensbearbeitung, sondern Vorstellungs- bzw. Praxisbearbeitung prägen den Zweck von Beschreiben bzw. Instruieren." (Redder, 2016, S. 310, Hervorhebungen im Original)

In Tab. 3.4 werden die von Redder genannten Sprachhandlungen und ihre kommunikative Funktion/ihr kommunikativer Zweck prägnant zusammengefasst und sortiert. Die Sortierung erfolgt von BESCHREIBEN[32] zu BEGRÜNDEN entlang des pragmatischen Kontinuums (Feilke, 2015; Feilke & Rezat, 2019a).

Tab. 3.4 Sprachhandlungen und Funktionen um das Erklären nach Redder (2016, S. 310), sortiert nach zunehmender kognitiv-sprachlicher Komplexität

Sprachhandlung	Kommunikative Funktion/Zweck
BESCHREIBEN/INSTRUIEREN	Vorstellungs-/Praxisbearbeitung
ERKLÄREN	Wissensdefizit beheben
ERLÄUTERN	reformulierende Handlung: Wissen nachliefern
BEGRÜNDEN	Verstehensdefizit beheben

Fast alle genannten Sprachhandlungen verweisen über ihre Ausdrucksseite (*Signifikant*) auf bekannte Operatoren aller Fächer (*beschreiben, erklären, erläutern, begründen*). Jedoch kann sehr Unterschiedliches erklärt werden, womit die Inhaltsseite (*Signifikat*) verschieden komplex sein kann. Dabei hängt diese Komplexität einerseits vom fachlichen Inhalt ab, andererseits lassen sich Unterformen des Erklärens linguistisch beschreiben: *Erklären-was*, *Erklären-wie* und *Erklären-warum*. Diese drei Typen werden als *Explanandumtypen* bezeichnet. Der Begriff *Explanandum* geht auf wissenschaftstheoretische Überlegungen zurück und wird etwa im deduktiv-nomologischen *Hempel-Oppenheim-Schema*[33] (*HO-Schema*) aus dem Jahr 1948 genutzt (Kiel, 1999; Klein, 1987). Nach diesem Modell sind gute wissenschaftliche Erklärungen subsumierte Erklärungen, aus denen sich allgemeingültige Gesetze ableiten lassen, die *Erklären-warum*-Fragen beantworten

[32] Die kognitiv-sprachlichen Handlungen/Sprachhandlungen/Texthandlungen werden im Folgenden nur dann nach sprechakttheoretischer Tradition in Kapitälchen geschrieben, wenn sie sich konkret auf die linguistische Beschreibung beziehen. Daneben wird die Schreibweise ohne Kapitälchen genutzt, wenn es um kognitiv-sprachliche Handlungen des Lernens geht. Operatoren werden im Folgenden konsequent als Verben klein geschrieben und zunächst als Operatorenausdrücke verstanden, die auf potenzielle kognitiv-sprachliche Handlungen verweisen/metatextuelles Handeln initiieren können (Feilke & Rezat, 2019a).

[33] Das Schema hat viel Kritik erfahren und wurde von Cartwright verworfen (Cartwright, 1989). Es bleibt jedoch ein deutungsmächtiges Erklärungsmodell der Wissenschaftstheorie.

(Herzog, 2012). Es handelt sich um Kausalbeziehungen, also Erklärungen mit Ursache-Wirkungs-Logik und demnach um *logische* Schlussfolgerungen. Wissenschaftliche Erklärungen werden dabei nach der *deduktiv-nomologischen* Methode *deduktiv* abgeleitet, also vom Allgemeinen zum Speziellen verständlich gemacht, wobei mindestens eine Gesetzmäßigkeit für eine Erklärung herangezogen wird (gr. *nomos = Gesetz*). Man unterscheidet die *Deduktion*, das Schlussfolgern vom Allgemeinen zum Speziellen, und die *Induktion*, bei der vom Speziellen zum Allgemeinen abgeleitet wird.[34]

Das Modell besteht immer aus einem Gesetz (G) und einer Randbedingung, *Antezedensbedingung* (A) (Grund/Ursache). Beides bezieht sich auf ein Ereignis (E). Zur Verdeutlichung führt Herzog (Herzog, 2012, S. 99) das folgende Beispiel aus der Psychologie an, um das *Hempel-Oppenheim-Schema* zu erklären:[35]

> „G: Für alle Menschen (Lebewesen) gilt: Wenn sie eine Frustration erleiden, dann reagieren sie mit Aggression.
>
> A: Hans hat eine Frustration erlitten.
>
> E: Hans reagiert mit Aggression.“

„Was erklärt wird, heißt *Explanandum*; das, womit erklärt wird, nennt man *Explanans*“ (Herzog, 2012, S. 99, Hervorhebungen im Original). Im oben aufgeführten Beispiel ist das Explanandum die Frage, warum Hans aggressiv ist. Die Frustration ist die Randbedingung/Antezedensbedingung. Auf der Grundlage der *Frustrations-Aggressions-Theorie*, welche den Zusammenhang zwischen Frustration und Aggression gesetzmäßig beschreibt, kann man ableiten, dass Hans aggressiv ist, weil er frustriert ist. Herzog (2012, S. 99) weist darauf hin, dass mit dem Modell keine Ereignisse erklärt werden, sondern *Aussagen*, die Ereignisse *beschreiben*, und *die Wissenschaft nur erklären kann, was sie vorher selbst beschrieben hat*. Diese deduktiv-nomologische Tradition ist auch für das Lernen

[34] Die dritte Art des Schlussfolgerns ist die *Abduktion*, bei der die beste Erklärung ausgewählt wird.

[35] Die genannte deduktive Schlussfolgerung könnte an dieser Stelle auch mit dem Prinzip des *Syllogismus* und dem *Modus ponens* erklärt werden, wobei davon ausgegangen wird, dass beide Prämissen wahr sind und die folgende Struktur vorliegt: Prämisse 1: *Wenn Menschen eine Frustration erleiden, dann reagieren sie mit Aggression.* Prämisse 2: *Hans hat eine Frustration erlitten.* Schlussfolgerung/Konklusion: *Weil Hans eine Frustration erlitten hat, reagiert Hans mit Aggression.* Da in dieser Arbeit die Beschreibung von wissenschaftlichen Kausalbeziehungen, nicht das logische Argumentieren, Gegenstand ist, wird das Hempel-Oppenheim-Schema als Erklärungsansatz bevorzugt (siehe auch Klein, 1987, S. 127, 128).

im Fachunterricht relevant, z. B. für naturwissenschaftliche Gesetze. Es handelt sich um ein *Erklären-warum.*

Für die sprachliche Realisierung gilt der Konditionalsatz als Erklärungskonstitutive:

> „Gesetze haben eine *konditionale* Struktur, wie wir am Beispiel der Frustrations-Aggressions-Theorie gesehen haben: *Wenn* A (Frustration), *dann* B (Aggression).
>
> Und sie gelten im Idealfall ohne räumliche und zeitliche Einschränkung:
>
> Wenn A, dann B, und *zwar immer und überall.*" (Herzog, 2012, S. 100, Hervorhebungen im Original)

Neben dem Konditionalsatz sind auch andere sprachliche Strukturen bedeutsam, die eine Kausalbeziehung herstellen und damit die Ursache benennen (*Konditionalismus* und *Kausalismus*), etwa: *Hans ist aggressiv, weil er eine Frustration erlebt hat.* Oder wie oben aufgeführt: *Hans ist aggressiv, da er frustriert ist* (eigenes Beispiel in Anlehnung an Herzog, 2012). Um entsprechende Erklärungen zu geben, wird deklaratives Wissen benötigt. Von der nomologischen Erklärung wird die *teleologische* Erklärung unterschieden, die auf den Zweck, die Intention oder Funktion ausgerichtet ist (gr. *telos* = *Zweck*) und nicht auf die Ursache.[36]

Betrachtet man die Definitionen in den Operatorenlisten zum Operator *erklären* in den beiden hier behandelten Fächern, dann werden in beiden Fächern Kausalbeziehungen erwartet. Um dies zu verdeutlichen, sind die Operatorenlisteneinträge für den Operator *erklären* in Tab. 3.5 und Tab. 3.6 noch einmal aufgeführt.

Sozialwissenschaften bzw. Sozialwissenschaften/Wirtschaft

Tab. 3.5 Auszug aus der Operatorenliste Sozialwissenschaften/Sozialwissenschaften/Wirtschaft, NRW (Operatorenliste SoWi NRW, o. J.)

Operator	Definition	AFB-Bandbreite
erklären	Sachverhalte durch Wissen und Einsichten in einen Zusammenhang (Theorie, Modell, Regel, Gesetz, Funktionszusammenhang) einordnen und deuten	II

[36] In Bezug auf das Beispiel mit Hans könnte eine teleologische Erklärung lauten: *Hans reagiert mit Aggression, um seine Frustration emotional zu verarbeiten.*

Physik

Tab. 3.6 Auszug aus der Operatorenliste Physik, NRW (Operatorenliste Physik NRW, o. J.)

Operator	Definition	AFB-Bandbreite
erklären, erläutern	Sachverhalte mit Hilfe eigener Kenntnisse verständlich und nachvollziehbar machen und ggf. durch zusätzliche Informationen in Zusammenhänge einordnen	II–III, vorw. II

Die unterschiedlich ausgedrückten Definitionen aus der Liste zeigen darin eine Gemeinsamkeit, dass *Sachverhalte* von den Schüler:innen *in einen Zusammenhang eingeordnet* werden sollen (vgl. auch Becker-Mrotzek & Vogt, 2009). In Physik kommen Erklärungen zu Funktionszusammenhängen und Deutungen hinzu, in Sozialwissenschaften das Erklären von Sachverhalten. Dies referiert auf verschiedene Arten des Erklärens.

Für das schulische Lernen sind – wie oben bereits angeführt – nicht nur *Erklären-warum*, sondern auch *Erklären-was* und *Erklären-wie* relevant. Diese beiden weiteren Formen sollen im Folgenden definiert werden, um das Spektrum des Erklärens darzustellen.

Im Gegensatz zum *Erklären-warum* ist für das *Erklären-was* das Nennen von Definitionen konstitutiv, etwa von Begriffen oder Sachverhalten. Bleibt man bei dem oben genannten Beispiel von Herzog, dann wäre die Frage *Was ist „Frustration"?* eine *Erklären-was*-Frage, die eine sprachliche, definitorische Fügung verlangen würde, etwa: *Unter Frustration versteht man …* Für den Fachunterricht ist dies z. B. relevant, wenn Fachbegriffe erlernt werden. Es wird demnach deklaratives Wissen benötigt (vgl. auch Becker-Mrotzek & Vogt, 2009).

Das *Erklären-wie* initiiert die Darstellung oder die Vermittlung von prozeduralem Wissen, etwa dann, wenn Vorgänge und Prozesse beschrieben werden. Das *Erklären-wie* steht der Vorgangsbeschreibung und dem Anleiten nahe (Becker-Mrotzek & Vogt, 2009). Es werden Handlungsabfolgen bzw. chronologische Schritte veranschaulicht. Bezogen auf das genannte Beispiel wäre eine entsprechende Frage: *Wie kommt es zur* Aggression? Typische sprachliche Ausdrücke sind etwa *Erstens …, zweitens …, drittens* oder *Zuerst …, dann …, …zuletzt.*[37] Exemplarisch kann hier für den Fachunterricht Physik die Durchführung eines Versuchs genannt werden, bei dem eine bestimmte Schrittfolge einzuhalten ist, oder für Wirtschaft-Politik eine Anleitung zur Durchführung eines Planspiels.

[37] Einen Überblick über Ausdrucksprozeduren zu den Explanandumtypen bieten Feilke und Rezat (2021).

Die Fragen zu den Explanandumtypen können auch mit Operatorenaufforderung gebildet werden, und zwar dann, wenn ein Interrogativpronomen oder Interrogativadverb mit dem Operator verbunden wird. Zu *Erklären-was* gehört dann *Erkläre, was X ist*, zu *Erklären-wie* gehört *Erkläre, wie X funktioniert* und zu *Erkläre-warum* gehört *Erkläre, warum X ein X ist*. Tab. 3.7 fasst dies noch einmal zusammen, dabei werden die Typen absteigend nach kognitiv-sprachlicher Komplexität sortiert.

Tab. 3.7 Übersicht über die Explanandumtypen mit Funktion, Beispielfrage und Operatoren-Aufforderung

Explanandumtyp	Funktion/ Zweck	Beispielfrage	Operatoren-Aufforderung
ERKLÄREN-WAS	Definitionen nennen	Was ist X?	Erkläre, was …
ERKLÄREN-WIE	Prozesse beschreiben	Wie funktioniert X?	Erkläre, wie …
ERKLÄREN-WARUM	Kausale Beziehungen begründen	Warum ist X ein X?	Erkläre, warum …

Betrachtet man die Funktionen in der zweiten Spalte, dann fällt auf, dass die operativen Handlungsverben *nennen, beschreiben* und *begründen* genutzt werden, um die Typen des Erklärens selbst zu definieren. Und tatsächlich changiert das Erklären zwischen *Nennen* und *Begründen.* Klein (1987, S. 17) grenzt das *BEGRÜNDEN* vom *ERKLÄREN*-WARUM ab, indem er als kommunikatives Ziel „das Stützen eines Wahrheitsanspruchs für den Inhalt einer Behauptung" (Klein, 1987, S. 17) anführt. (ER)NENNEN zählt zu den deklarativen Handlungen.

Aus den Ausführungen sollte hervorgegangen sein, dass ein Operatorenausdruck, hier *erklären,* auf verschiedene kognitiv-sprachliche Handlungen verweisen kann und demnach von einem Operatorenausdruck allein noch keine Aussage darüber getroffen werden kann, welche Sprachhandlungen exakt relevant sind. Sie sind jedoch dazu geeignet, Sprachhandlungstendenzen aufzuzeigen.

Ein Beispiel für eine Forscher:innengruppe, die diese Unterscheidung didaktisiert hat, stellen die Autor:innen Krabbe, Timmerman & Boubakri dar, die im Rahmen des Verbundprojekts *Schreiben im Fachunterricht der Sekundarstufe I unter Einbeziehung des Türkischen* (*SchriFT II*) sprachliche Operatoren mit Interrogativa so ergänzen, dass sie zu den passenden Sprachhandlungen gelangen und hiervon ausgehend diese Handlungen um fachspezifische Schemahandlungen erweitern. Sie berücksichtigen dabei auch die Angabe des wissenschaftlichen Schlussfolgerns (Krabbe et al., 2019). Krabbe et al. (2019) beziehen neben dem ERKLÄREN auch das BESCHREIBEN und BEGRÜNDEN ein und geben sequenzierte Sprachhandlungen des Versuchsprotokolls zum Thema *Elektrischer Strom* aus.

Die didaktische Idee dieser Arbeit ist, dass über Aufgaben in Schulbüchern und das regelmäßige Üben mit dem fachlichen Gegenstand Schüler:innen dabei unterstützt werden, fachlich und gleichzeitig sprachlich zu lernen. Im Folgenden werden Schulbücher als Träger von Schulbuchaufgaben beschrieben, die in Abschnitt 3.3.1 näher erläutert werden.

3.3 Schulbücher

Schulbücher werden von Schulbuchverlagen konzipiert, über das Schulministerium zugelassen, von der Fachkonferenz in der Schule ausgewählt und von Lehrkräften und Schüler:innen im Unterricht genutzt. Dies ist der ideale Weg von der Konzeption bis zum Einsatz. In diesem Abschnitt werden die Zulassungsbedingungen und das Zulassungsverfahren sowie das Schulbuch als Lern- und Forschungsgegenstand beschrieben. Dabei werden digitale Angebote und Entwicklungen mitgedacht. Ziel ist, die Rahmenbedingungen von Schulbuchaufgaben näher zu erläutern.

Zulassungsbedingungen und Zulassungsverfahren

Über das Schulgesetz NRW § 30 und BASS 16–01, Nr. 2 sind der Einsatz und die Zulassungsvoraussetzungen von Lernmitteln geregelt, wozu auch Schulbücher gehören. Nachdem Schulbücher von Verlagen in Anlehnung an die Kernlehrpläne konzipiert wurden, muss der Verlag einen Antrag auf Zulassung beim bundeslandspezifischen Ministerium stellen. Bevor Lehrwerke auf dem Markt angeboten werden können, müssen sie also ein bundeslandspezifisches Zulassungsverfahren durchlaufen.[38] Das Schulbuch ist demnach auch immer „ein indirektes Mittel

[38] Dies gilt für kommerzielle Lernmittel und Lehrmittel, die keine pauschale Zulassung erhalten. Eine pauschale Zulassung erhalten: wissenschaftliche Literatur, Atlanten, Formelsammlungen, Wörterbücher, Grammatiken, Lexika, Bibeln und andere Gebetbücher sowie Lieder- und Kochbücher (vgl. BASS 16–1, Nr. 2, Abs. 4.1). Neuere Entwicklungen stellen mit Open Educational Resources (OER) den Schulen offene und kostenlose Lernmaterialen zur Verfügung. Diese Angebote beziehen sich jedoch mehrheitlich auf einzelne Arbeitsblätter, Übungen oder digitale Anwendungen (Apps) und weniger auf Sammlungen, die über einen ähnlich langen Zeitraum wie Lehrwerke eingesetzt werden können. Dies stellt eine

der staatlichen Beeinflussung des Schulwesens“ (Wiater, 2003, S. 13). Es hat eine *gesellschaftliche* und eine *pädagogisch-didaktische* Funktion (Wiater, 2003). Im Entstehungszusammenhang sind bildungspolitisch-kulturelle Normierung wie auch bildungspolitische Leitziele verankert, was sich in den Zulassungsverfahren und den Kriterien der Zulassung niederschlägt.

Die Kriterien für die Zulassung in NRW (im Jahr 2024) sind die folgenden:

> „Lernmittel müssen
>
> - den Richtlinien, Lehrplänen und weiteren Unterrichtsvorgaben entsprechen,
> - Kinder ganzheitlich ansprechen und individuelle Lernwege eröffnen, entdeckendes Lernen und selbstständiges Arbeiten durch methodische und mediale Vielfalt fördern,
> - auf dem Stand der Fachwissenschaften sein,
> - mit der verfassungsmäßigen Ordnung und den rechtlichen Vorgaben für die Schulen vereinbar sein.
> - Lernmittel müssen volle Schuljahre hindurch die Schülerin und den Schüler versorgen, in der gymnasialen Oberstufe volle Halbjahre.“ (BASS 16–01, Nr. 2, 2)

Es werden neben pauschalen Zulassungen zwei Zulassungsverfahren unterschieden: 1) vereinfachte Verfahren und 2) Verfahren mit Gutachter:innen. Der jeweilige Weg unterscheidet sich von Fach zu Fach und wird vom Ministerium festgelegt (BASS 16–01, Nr. 2, 4). Bei vereinfachten Verfahren stellt der Verlag einen Antrag, der online zur Verfügung steht, und das Ministerium begutachtet das Lehrwerk stichprobenartig. Es können ein Gutachter:innenverfahren mit einer Dauer von ca. drei Monaten dem vereinfachten Verfahren mit einer Dauer von ca. vier Wochen angehängt werden. Gutachter:innenverfahren werden über einen Antrag auf Zulassung eröffnet. Sowohl alle Lehrwerke der sozialwissenschaftlichen Fächer als auch für Physik unterliegen für die Sekundarstufe I und das Gymnasium in NRW der Auflage des Verfahrens mit umfangreicherem Begutachtungsprozess. Ist ein Lehrwerk als Printmedium bereits zugelassen und soll die digitale Ausgabe des Lehrwerks zugelassen werden, so wird dieses Zulassungsverfahren mit einem vereinfachten Verfahren gehandhabt.[39] Bei Gutachter:innen muss es sich um unbefangene Personen handeln, die vom Ministerium ausgewählt werden (BASS 16–01, Nr. 2, 4.2 und 4.3). Es handelt sich immer um Lehrkräfte,

Besonderheit von digitalen und analogen Lehrwerken dar: Sie sind für einen mittelfristigen, zusammenhängenden und am Lehrplan orientierten Lernweg konzipiert.

[39] https://www.schulministerium.nrw.de/BiPo/VZL/lernmittel [24.04.2026].

die im aktiven Dienst sind. Ein zugelassenes Lehrwerk wird öffentlich in der Zulassungsliste gelistet.[40]

Lehrwerke werden nur dann in der Schule eingesetzt, wenn sie von der Fachkonferenz ausgewählt werden (SchulG NRW § 30). Den gesetzlichen Anforderungen an die Zulassung wohnt inne, dass Lehrwerke neben dem Einsatz im Unterricht auch für das selbständige Lernen konzipiert sein sollten bzw. dieses über die Bearbeitung fördern. Neben den rechtlichen Rahmenbedingungen entstehen Lehrwerke auch unter wirtschaftlichen Gesichtspunkten und sind an der Nachfrage des Schulbuchmarkts orientiert. Dies wurde beispielsweise besonders deutlich, als in den letzten Jahren mit der zunehmenden Digitalisierung von Lernmitteln auch die Schulbuchverlage reagieren mussten und seitdem neben eBooks interaktive Lehrwerke und Lernbegleiter entwickeln (Eickelmann & Jarsinski, 2018). Dabei werden adaptive Lernplattformen mit personalisierten KI-Anwendungen in den letzten Jahren weltweit erprobt, deren verstetigte Etablierungsmöglichkeiten sich aber erst in der Zukunft zeigen werden (Lynch et al., 2020; Pratama et al., 2023). Lehrwerke, wie sie aktuell eingesetzt werden, sind grundlegend in vier Formen vorzufinden:

Als

a) Printmedium
   oder als eine von drei Formen von digitalen Lehrwerken:
b) als digitalisierte Ausgaben des Printmediums,
c) als digitale Ausgabe des Printmediums mit digitalen Zusatzoptionen (z. B. Videoeinbindung, Bearbeitungswerkzeuge für Texte u. Ä.) und
d) als stärker von der konventionellen Form abweichender individueller Lernbegleiter mit automatisierten Lernstandserhebungen (Eickelmann & Jarsinski, 2018).

Die Lehrwerke, welche für die Aufgabenanalyse in der vorliegenden Studie ausgewählt wurden, liegen als Printmedium (a) und digitale Ausgabe mit digitalen Zusatzoptionen (c) vor. Das Lehrwerk mit seinen Texten und Aufgaben ist dabei in der Printversion und der digitalen Version identisch (vgl. Abschnitt 6.2.3/4). In der explorativen Erprobung in der Praxis wurden adaptive Elemente ergänzt (vgl. Abschnitt 6.3.4). Im Folgenden wird das Schulbuch als Forschungsgegenstand und als Lerngegenstand vorgestellt, wobei in Bezug auf Aufgaben und Texte Lehrwerke beschrieben werden, die in den Formen a), b) und/oder c) vorliegen.

[40] https://www.schulministerium.nrw.de/BiPo/VZL/lernmittel [24.04.2026].

Das Schulbuch als Forschungsgegenstand
Schulbuchforschung hat eine lange Tradition in fast allen Fachdidaktiken und den Erziehungs- bzw. Bildungswissenschaften und wird aufgrund der Vielfalt an Bildungsmedien auch als *Bildungsmedienforschung* bezeichnet oder mit ihr verbunden (Menck, 2022).

Die ersten Schulbücher nach heutigem Verständnis können um die Zeit des Buchdrucks durch Johannes Gutenberg im 15. Jahrhundert datiert werden. Die erste Schulbuchtheorie geht auf Johann Amos Comenius im 17. Jahrhundert zurück (Wiater, 2003). Ein zentraler Ausgangspunkt der Schulbuchforschung, wie sie heute besteht, kann in Deutschland mit der Zeit nach dem Zweiten Weltkrieg datiert werden. In dieser Zeit kam es zu einer Reform des Erziehungssystems, welches sich über die nächsten Jahrzehnte zunehmend zu einem Bildungssystem entwickelte und in den Anfängen bestrebt war, die faschistische Ideologie aus dem Schulbuch zu entfernen (Fuchs et al., 2014). In den 1970er-Jahren nahmen Demokratisierungsbestrebungen und die Kommunikative Wende Einfluss auf die Ausgestaltung von Lehrwerken und die Auswahl von neuen Textsorten für den Unterricht. Der gesellschaftliche Auftrag von Lehrwerken wurde in dieser Zeit kritisch hinsichtlich des Einflusses oder der Potenziale emanzipatorischer Bestrebungen diskutiert (Bremer Kollektiv, 1974; Fuchs et al., 2014). Jüngere Forschungsentwicklungen nach den 1980er-Jahren sind zunehmend (kritisch) diskursanalytisch auf kognitive Lernprozesse oder multimediale Bildungsmedien ausgerichtet (Fuchs et al., 2014). Der diskutierte Paradigmenwechsel bezieht sich auf Chancen und Herausforderungen des Lernens innerhalb oder neben einer *Kultur der Digitalität* (Stalder, 2016).[41]

Zentrale Forschungspublikationsreihen und Institute der Schulbuch- und Bildungsmedienforschung sind das *Leibniz-Institut für Bildungsmedien | Georg-Eckert-Institut* (*für internationale Schulbuchforschung*), die *Internationale Gesellschaft für Forschung zu Schulbüchern und Bildungsmedien* (*International Association for Research on Textbooks and Educational Media, IARTEM*) und die Reihe der *Schulbuch- und Bildungsmedienforschung* des *Julius Klinkhardt* Verlags der *Internationalen Gesellschaft für historische und systematische Schulbuch- und Bildungsmedienforschung e. V.*[42]

Einzelne Untersuchungsgegenstände aus Lehrwerken können Texte, Aufgaben, Text-Bild-Relationen, historische Entwicklungen, ideologische Ausrichtungen oder auch die fachliche oder sprachliche Aufbereitung von Texten, Aufgaben,

---

[41] Stalder (2016) nennt *Referentialität*, *Gemeinschaftlichkeit* und *Algorithmizität* als Charakteristika einer Kultur der Digitalität.

[42] Zur Geschichte vgl. Menck (2022).

Methoden und/oder Medien sein (Matthes & Schütze, 2011; Wiater, 2015). Fuchs et al. (2014, S. 22) zitieren an dieser Stelle Weinbrenner (1995) und unterscheiden eine *prozessorientierte*, eine *produktorientierte* und eine *wirkungsorientierte* Schulbuchforschung. Die erste Forschungsausrichtung ist auf die Entstehung von Lehrwerken bis zu ihrem Einsatz ausgerichtet, die zweite auf das Schulbuch als Mittel der Kommunikation und die dritte auf das Schulbuch als Sozialisationsfaktor. Die hier vorliegende Studie kann aufgrund der Tatsache, dass sprachsozialisatorische Aspekte dieser Klassifizierung genuin nicht zugrunde liegen, nicht trennscharf eingeordnet werden. Bezieht man jedoch erwerbsbezogene Aspekte der bildungssprachlichen Sozialisation mit ein, dann lässt sich die vorliegende Studie zwischen die produktorientierte und die wirkungsorientierte Schulbuchforschung einordnen.

Nach Wiater (2003) werden fünf Bereiche der Schulbuchforschung unterschieden, denen Forschungszweige nach Erkenntnisinteressen zugeordnet werden können. Diese beziehen sich auf *Schulbuchforschung als*

- Teil der kulturhistorischen Forschung,
- Teil der Medienforschung,
- Forschung unter fachwissenschaftlichen oder fachdidaktischen Aspekten,
- Textanalyse-Forschung,
- Teil historischer Quellenforschung (vgl. Wiater, 2003, S. 14–16).

Die vorliegende Studie kann der fachdidaktischen Forschung zugeordnet werden, die sich sozialwissenschaftlicher Methoden bedient. Seit den 1980er-Jahren werden sozialwissenschaftliche Forschungsmethoden in der Schulbuchforschung eingesetzt (Fuchs et al., 2014). In der Studie *Sachfachliche Schreib-Lernaufgaben* wird mit einer Kombination aus inhaltsanalytischen und wirkungsbezogenen Verfahren gearbeitet.

Um Schulbücher als Bildungsmedien zu untersuchen, sind nicht ausschließlich ganze Lehrwerke oder Reihen[43] interessant, sondern auch einzelne Elemente eines Lehrwerks. Um dies methodisch zu erfassen, ist eine Strukturierung sinnvoll. Auf die Mathematikdidaktik geht ein Strukturierungsvorschlag für Schulbücher und ihre Elemente zurück, der einerseits in der TIMSS-Studie (Valverde et al., 2002) seine Wurzeln hat und andererseits hierauf aufbauend von

[43] Reihentitel umfassen Lehrwerke unter einem Titel, die für mehrere Jahrgangsstufen angeboten werden und sukzessive aufeinander aufbauen, z. B. für die Jahrgangstufe 5/6, 7/8 und 9/10.

Sebastian Rezat (2009) weiterentwickelt wurde. Rezat (Sebastian, 2009) unterscheidet eine *Makro-*, *Meso-* und *Mikrostruktur* und begreift das Schulbuch als „vermittelndes Artefakt" (Rezat, Sebastian, 2009, S. 24) zwischen Mathematik und Schüler:innen, sodass nicht das Lernen *mit* dem Lehrwerk, sondern das fachliche Lernen *über die Handlung der Nutzung* des Lehrwerks im Vordergrund steht. Rezat (Sebastian, 2009) konzeptualisiert dies mit einem didaktischen Dreieck für die Schulbuchnutzung mit den drei Eckbezeichnungen *Schüler*, *Mathematikbuch*, *Mathematik*. In dieser Arbeit wird der Artefaktbegriff auf Aufgabenebene angesiedelt; die grundlegende, interaktionale Sichtweise ist jedoch ähnlich.[44]

Die *Mikrostruktur* fasst nach der Klassifikation von Rezat (Sebastian, 2009) die kleinsten Elemente (Elemente der Lerneinheit), die *Mesostruktur* Elemente mittlerer Größe (Elemente von Kapiteln) und die *Makrostruktur* Elemente zusammen, die lehrwerksübergreifend oder strukturgebend sind (Elemente auf übergeordneter Ebene des Lehrwerks). Die Aufgabenanalyse dieser Arbeit stellt nach der vorgestellten Klassifikation eine Analyse von Elementen auf der Mikroebene dar. Nach Heer (2011) können Aufgaben als *Paratexte* jedoch grundsätzlich zwischen allen Ebenen vermitteln. Die Ausführungen beziehen sich dabei jeweils auf die Schüler:innenbände.

Neben Schüler:innenbänden lassen sich weitere Arbeits- und Lernmittel benennen, die direkt mit dem Lehrwerk in Verbindung stehen (können), wie Handreichungen für Lehrkräfte bzw. Lehrer:innenbände, Differenzierungs- und Arbeitshefte für Schüler:innen sowie Kopiervorlagen für Lehrkräfte. Darüber hinaus sind digitales Zusatzmaterial und digitale Angebote zu nennen, die über Links oder QR-Codes mit dem Lehrwerk verknüpft werden (können) oder – insbesondere bei digitalen Ausgaben – im Lehrwerk platziert sind.[45] Trotz umfangreicher Angebote von Verlagen „müssen Lehrkräfte [oftmals, Erg. M.F.] vorgegebene Rahmenbedingungen akzeptieren und mit demjenigen Buch arbeiten, das in ihrer Schule (lehrmittelfrei) eingeführt ist" (Girwidz, 2020, S. 324). Weiteres Zusatzmaterial deckt dies in der Regel nicht ab. Die Beziehungen zu Zusatzangeboten zum Lehrwerk werden in der Aufgabenanalyse dieser Arbeit nicht berücksichtigt.

---

[44] In Steinmetz (2020, S. 64) findet man eine ähnliche Konzeption des aufgabentheoretischen didaktischen Dreiecks, in dem anstatt des Lehrwerks der Lerngegenstand und anstatt des Fachs die Anforderungen berücksichtigt werden, die der Lerngegenstand an die Lernenden stellt. Die Anforderungen stehen zwischen dem Lerngegenstand und den Lernenden und sind mit potenziellen Support-Elementen verbunden.

[45] Heer (2011) ergänzt die Klassifikation von Rezat (Sebastian, 2009) um die *Megastruktur*, womit die Autorin „die Ebene des Medienverbundes" (Heer, 2011, S. 47) einbezieht. Somit wird auch vernetztes Lernmaterial außerhalb des Lehrwerks einbezogen, worauf ein Lehrwerk Bezug nimmt oder potenziell Bezug nehmen kann.

Untersucht wird das Lehrwerk in der Schüler:innenausgabe, da dieses das Kernelement für das Lernen innerhalb und außerhalb des Unterrichts darstellt (Rezat, Sebastian, 2009).

Für die Gestaltung von Lehrwerken konstatieren Fuchs et al. (2014), dass sich diese an Prinzipien wie Funktionalität, Prägnanz und Entlastung durch Mustererkennung orientieren.[46] Farben, konstante und symmetrische Formen sind ebenso wichtig wie eine Reduktion auf das Wesentliche und Nützliche. Es fließen weitere Ansprüche ein, wie lerntheoretische Überzeugungen, Forschungsstände, fachliche Konzepte, kompetenzorientierte Rückwärtsplanung und Lernziele des Kernlehrplans[47] sowie der Anspruch, an die Lebenswelt der Schüler:innen mit möglichst realen Problemen anzuknüpfen. Keinesfalls sollten Prinzipien der Prägnanz oder „Präzision zu Lasten einer auf die Lernenden bezogenen Begriffsentwicklung" negativ einwirken, wie es Girwidz (2020, S. 323) für Lehrwerke des Physikunterrichts bemerkt. So lässt sich mit der Formel „Allen Wünschen kann kein Buch gerecht werden" (Girwidz, 2020, S. 324) ein Fazit zu den Schwierigkeiten formulieren, die mit der Entwicklung von Schulbüchern verbunden sind.[48]

---

[46] So stellt auch Rezat (Sebastian, 2009) fest, dass wesentliche Strukturmerkmale zwischen Mathematikschulbüchern identisch sind und der Aufbau damit musterhaft angelegt ist.

[47] Röhl (2015, S. 238, 239) beschreibt aufbauend auf der *Akteur-Netzwerk-Theorie* (ANT) einerseits, dass „das Kultusministerium über die Lehrpläne in den Schulbüchern im Unterricht anwesend" ist. Dies verdeutlicht noch einmal stärker die Zusammenhänge. Andererseits weist er aber auch darauf hin, dass unter den Akteuren eine Anpassungsleistung vollzogen werden muss, etwa dann, wenn „ein Lehrplan an die lokalen Bedingungen des Unterrichts" angepasst wird und „sich Lehrer und Schüler ihrerseits dem Lehrplan fügen" (Röhl, 2015, S. 238, 239). Der Autor führt weiter aus, dass „[e]inmal so zustande gekommene Netzwerke [...] ihrerseits Akteure [sind], deren einzelne Bestandteile und Entstehungsgeschichte größtenteils in einer Black Box verschwinden. Gerade dadurch sind sie wirkmächtig und relativ stabil" (Röhl, 2015, S. 238, 239). Beim Umgang mit Lehrwerken im Unterricht greifen diesbezüglich Abfolgen sozialer Tatsachen, deren Entstehungszusammenhänge kaum in Gänze rekonstruierbar sind.

[48] Schulbücher müssen demnach sehr viele Funktionen erfüllen und Ansprüchen sowie Zielgruppen gerecht werden (Heer, 2010). Es erscheint daher forschungsethisch angemessen, dies noch einmal explizit zu erwähnen. Neben den genannten Kriterien müssen Schulbücher darüber hinaus auch zu einem angemessenen Preis angeboten werden und politische, etwa normative Leitbilder zeitgemäß berücksichtigen, die sich ggf. im Wandeln befinden (etwa gesellschaftliche Diskurse um die Geschlechtsidentität von Menschen). Herausforderungen in Bezug auf bestimmte Qualitätsmerkmale können Resultate aus Entscheidungen zugunsten anderer Standards sein. Dies ist bei der wissenschaftlichen Beurteilung der Qualität von Lehrwerken immer zu berücksichtigen. Wenn in dieser Arbeit also bestimmte Aspekte deskriptiv beschrieben werden, werden andere Aspekte, welche die Qualität des Lehrwerks

Material und Materialnutzung sind dabei keinesfalls gleichzusetzen:

> „Die in den Klassen ausgeteilten Schulbücher sagen noch wenig über die tatsächliche Verwendung im Unterricht aus. Ein direkter Transfer der Inhalte zu den Schüler/-innen und […] zu den Lehrkräften ist wegen der multikriterialen unterrichtlichen Bedingungen nicht anzunehmen. Gleichwohl dürften die Schulbücher die Inhaltsauswahl der Lehrkräfte beeinflussen. Sie ist andererseits aber auch durch die Curricula vorgegeben, die die Schulbücher abzubilden haben." (Weißeno & Götzmann, 2020, S. 140)

Ein Lehrwerk oder auch eine Aufgabe als didaktisches Artefakt kann – wie bereits zuvor ausgeführt – höchstens einen Potenzialraum eröffnen, dessen Nutzung von verschiedensten Faktoren abhängt. Daher bilden deskriptive Schulbuch- oder Aufgabenanalysen ganz andere Ergebnisse ab als Studien, die eine Wirkung von Material untersuchen. Bei deskriptiven Dokumentenanalysen werden Merkmale und Vorkommen von Schulbüchern und/oder ihrer Teile beschrieben, während Wirksamkeitsstudien Wirkungen untersuchen, die vom Material auf Nutzer:innen ausgehen. Davon zu trennen sind Interviewstudien, welche Einschätzungen und Einstellungen erheben (Fuchs et al., 2014; Tatje, 2017). Insgesamt fehlt es in Deutschland an einer systematischen Wirkungsforschung (Fuchs et al., 2014).

Das Schulbuch als Lerngegenstand
Lehrwerke enthalten fachdidaktisches Unterrichtsmaterial, das der Initiierung, Organisation und Evaluation schulischer Informations- und Kommunikationsprozesse dienen kann und an fachwissenschaftliche, fachdidaktische und methodische Forschungsstände und Grundlagen angelehnt ist. Sie sind fach- und bildungssprachlich ausgerichtet (Wiater, 2015). Im Gegensatz zu anderen Lernmitteln gilt das Schulbuch als wenig motivierend, wobei es gleichsam als fester Bestandteil von Unterricht akzeptiert wird:

> „Bekannt ist allerdings, dass Schulbücher im Vergleich mit anderen Unterrichtsmedien wenig motivierend wirken (von Borries 1995, Hemmer und Hemmer 2010), obwohl Lernende und Lehrende sie als zuverlässige Grundlage für Lernprozesse ansehen." (Fuchs et al., 2014, S. 74)

Die Nutzung des Schulbuchs in der Praxis ist schwer übergreifend zu beurteilen, denn die Stichproben sind groß und unübersichtlich. Die Bereitschaft von

---

vielleicht ebenfalls abbilden, aber eine andere Ausrichtung flankieren, ggf. nicht dargestellt, etwa Text-Bild-Kohärenzen, Lebensweltbezug, Schüler:innenorientierung, Hinweise auf Begleitmaterial u. a.

Lehrkräften, Schulbücher tatsächlich durchgehend zu nutzen oder nicht zu nutzen, kann verschieden ausfallen und motiviert sein (Fuchs et al., 2014). Es liegen nur wenige Studien vor, die sich konkret auf die Nutzung beziehen. Einerseits kann das Schulbuch dadurch, dass es am Lehrplan orientiert ist, eine Hilfe für die Gestaltung von Unterricht darstellen, andererseits kann es für Schüler:innen schwer verständlich sein, wobei verschiedene Fächer verschiedene Komplexitätsgrade aufweisen (können) (Niederhaus, 2011). In der Literatur wird jedoch durchaus häufig dargelegt, dass das Schulbuch ein *Leit-* oder *Lernmedium* für den Unterricht darstellt.[49] Mit zunehmender Digitalisierung wird jedoch ebenso diskutiert, ob das Schulbuch nicht seinen Stellenwert für den Unterricht zunehmend verliere (Pohl, M., 2023). Dies betrifft vor allem das Schulbuch als gedrucktes Buch, während das Schulbuch als digitales Lehrwerk oder multimedial vernetzte Lernplattform zunehmend eine Aufwertung erfährt (Lobin, 2014; Pohl, M., 2023).

Die Nutzung von Schulbüchern durch Lernende ist wenig umfangreich untersucht. Zu nennen ist die bereits zitierte Arbeit von Sebastian Rezat *Das Schulbuch als Instrument des Schülers. Eine Studie zur Schulbuchnutzung in den Sekundarstufen* (Rezat, Sebastian, 2009) aus der Mathematikdidaktik zur Nutzung von analogen Schulbüchern durch Schüler:innen in den Klassen 6 und 12 des Gymnasiums sowie die Studie von Maximilian Pohl (2023) *Digitale Mathematikschulbücher in der Sekundarstufe I. Eine deskriptive und empirische Studie zur Struktur und Nutzung digitaler Schulbücher durch Lernende*, die in der 5. Klasse des Gymnasiums mit einem Mixed-Methods-Design durchgeführt wurde. Für das Fach *Politik* hat Christian Tatje (2017) *Die Rolle des Schulbuchs bei der Vermittlung der Europäischen Union – Nutzung und Wirkung im politischen Fachunterricht* untersucht.

Für die Behandlung der Europäischen Union im Unterricht kann Tatje (2017) für Niedersachsen und das Fach Politik anhand einer Zufallsstichprobe mittels umfassender Interviews mit Lehrkräften ($n = 123$) und Umfragen mit Schüler:innen der allgemeinbildenden Schulen ($n = 52$ Klassen) nachweisen, dass das Schulbuch regelmäßig im Unterricht der 10. und 11. Klasse eingesetzt wird. Nur eine von 123 Lehrkräften gab an, das Schulbuch gar nicht zu verwenden. Für den Geographieunterricht konnten Behnke und Bagoly-Simó (2017) zusammenfassend Ähnliches bestätigen. Tatje kann darüber hinaus nachweisen, dass das Schulbuch für die Konzeption von Unterricht und für die Durchführung einzelner Stunden relevant ist. Ein Viertel aller Lehrkräfte nutzt das Lehrwerk darüber

[49] Den Mediumsbegriff an dieser Stelle zu verwenden, ist schwierig, da er in dieser Arbeit bereits innerhalb der Beschreibung von medial mündlicher und schriftlicher Kommunikation belegt und bezüglich digitaler Möglichkeiten problematisiert wurde. Vgl. auch Menck (2022).

hinaus, um eigene Kenntnisse zum Fachthema aufzufrischen (Tatje, 2017, S. 155, 156). Tatje schlussfolgert, dass auf tagesaktuelle oder weitere Medien tendenziell mehr Lehrkräfte zurückgreifen, die sich sicher in der Themenvermittlung sind. Lehrkräfte, die sich weniger sicher sind, nutzen das Lehrwerk als Material- und Aufgabensammlung und orientieren sich an dessen Struktur.

Rezat (Sebastian, 2009) kann über den Einsatz einer Grounded Theory feststellen, dass auch Lernende das Schulbuch innerhalb, aber auch außerhalb des Unterrichts als Aufgabensammlung zum selbständigen Lernen nutzen. Vor allem das Bearbeiten von Aufgaben ist eine zentrale Handlung der Nutzung. Er fasst in seinen Forschungsergebnissen zusammen:

> „Beim Bearbeiten von Aufgaben ist die Handlung der Schüler auf eine Aufgabe gerichtet. Das Ziel besteht im Lösen der Aufgabe. Teilziele können sein:
>
> - Verstehen des Aufgabentextes;
> - Erhalten von Lösungshinweisen;
> - Kontrollieren der Lösungen.“ (Rezat, Sebastian, 2009, S. 316)

Interessant für das Erkenntnisinteresse dieser Arbeit ist, dass Schüler:innen einerseits gern Musterbeispiele und Merkkästen für ihren Lösungsweg nutzen und andererseits Hilfestellungen oder Hinweise für die Bearbeitung von Aufgaben lokal in der Lerneinheit, also in naher Aufgabenumgebung, suchen. Das Suchen nach Hinweisen nennt Rezat (Sebastian, 2009) *beispiel-* bzw. *kastenorientiertes Bearbeiten von Aufgaben*. Er unterscheidet hiervon das sogenannte *lageorientierte* Bearbeiten von Aufgaben, bei dem Lernende unterhalb der Überschrift mit dem linearen Lesen des Schulbuchtextes beginnen. Das lageorientierte Arbeiten wird von Schüler:innen primär beim eigenständigen Vorarbeiten zur Aneignung neuen Wissens genutzt. Dies folgt der Erwartungshaltung, dass das Lehrwerk im Unterricht sukzessive abgearbeitet wird und man durch die lineare Weiterarbeit das Richtige vorarbeitet.[50] Der letzte Handlungstyp für das Bearbeiten von Aufgaben ist das *salienzorientierte Bearbeiten*, wobei Schüler:innen in der Lerneinheit des Lehrwerks nach sichtbaren Informationen zur Bearbeitung von Aufgaben suchen, welche deutlich mit der Aufgabe verbunden sind (Rezat, Sebastian, 2009, S. 218):

> „Die Aufmerksamkeit bei der Auswahl im Buch wird auf Ausschnitte gelenkt, die einen Zusammenhang zum Gesuchten aufweisen, und ist damit *salienzorientiert* im Sinne eines Top-Down-Prozesses.“ (Rezat, Sebastian, 2009, S. 216)

---

[50] Rezat (Sebastian, 2009) kann nachweisen, dass Lernende sich selbst im Rahmen des Vorarbeitens neues Wissen aneignen, dies aber nicht für die Nachbereitung von Unterricht feststellen.

Im Anschluss an Rezat (Sebastian, 2009) kann auch Pohl (M., 2023) nachweisen, dass das Aufgabenbearbeiten nicht nur eine wesentliche Handlung bei der Nutzung von analogen, sondern auch von digitalen Mathematikschulbüchern darstellt. Hier sind die Studienergebnisse an die Nutzung von Printmedien anschlussfähig. Im Gegensatz zu rein analogen Printmedien ist jedoch besonders, dass Lernende mit den digitalen Möglichkeiten auch eigene Aufgaben generieren und damit lernen. Was aus den zitierten Studien zur Nutzung von Lehrwerken hervorgeht, ist die Bedeutung von Schulbuchaufgaben im Zusammenhang mit der Nutzung von Lehrwerken durch Lernende als Lerngegenstand sowie die Bedeutung von expliziten, schüler:innenorientierten Hilfestellungen für das Lösen von Schulbuchaufgaben.

3.3.1 Schulbuchaufgaben

Schulbuchaufgaben haben für Lernende, aber auch für Lehrende eine Bedeutung für die Durchführung von Unterricht. Grundlegend für die folgenden Ausführungen ist der Abschnitt zu Aufgaben (vgl. Abschnitt 3.1). In diesem Abschnitt soll der Zusammenhang zwischen Unterrichtspraxis und Schulbuchaufgaben einerseits hergestellt und andererseits das Thema *Genremerkmale von Schulbuchaufgaben* näher erläutert werden.

Schulbuchaufgaben in der Praxis

Zum Zusammenhang von im Schulbuch gegebenen Aufgabenstellungen und der Durchführung von Unterricht liefert die Studie von Tatje (2017) Erkenntnisse dazu, wie Schulbuchaufgaben von Lehrkräften hinsichtlich ihrer Nützlichkeit eingeschätzt werden. Tatje (2017) kann empirisch einen Zusammenhang zwischen Selbstwirksamkeitsüberzeugungen von Lehrkräften und der Einschätzung von in den Schulbüchern vorgegebenen Aufgabenstellungen für den Unterricht zur Europäischen Union im Fach Politik feststellen. Man kann die Ergebnisse übergreifend dergestalt zusammenfassen, dass Lehrkräfte mit einer hohen Selbstwirksamkeitsüberzeugung weniger abhängig sind von der Qualität der mit dem Schulbuch gelieferten Aufgaben als diejenigen, die sich weniger sicher fühlen. Lehrkräfte, die sich weniger sicher fühlen, orientieren sich stärker an den im Lehrwerk gegebenen Aufgaben. Dies ist insofern interessant, als demnach geschlussfolgert werden könnte, dass der Umgang mit Hilfestellungen in Aufgaben dann zu einer starken Handlungslenkung für Lehrkräfte führen kann, wenn diese eine geringe Selbstwirksamkeitserwartung mitbringen. Für die Entwicklung von Schulbuchaufgaben bedeutet dies aber ebenfalls, dass gegebene, fachlich fundierte Hilfestellungen in Lehrwerken eine Unterstützung für Lehrkräfte darstellen können.[51] Leubecher et al. (2024) sprechen von einer potenziellen Doppelfunktion von Lehrwerken a) in Bezug auf die Professionalisierung von Lehrkräften und b) in Bezug auf die Umsetzung eines impliziten Curriculums (Leubecher et al., 2024).[52]

Darüber hinaus zeigt Tatje, dass die lerntheoretische Einstellung einen Einfluss auf die lehrkräfteseitige Bewertung von Aufgaben hat, die mit den Schulbüchern mitgeliefert werden. *Transmissive* Überzeugungen, das heißt solche, die Lernen mit der Weitergabe von Wissen in Zusammenhang bringen, führen tendenziell dazu, gegebene Aufgabenstellungen in Lehrwerken positiver zu bewerten, als dies *konstruktivistisch* überzeugte Lehrkräfte vollziehen. Diese stehen gegebenen Aufgaben aus Schulbüchern vor allem hinsichtlich des Lebensweltbezugs und der Schüler:innenorientierung eher kritisch gegenüber und bewerten sie als wenig anspruchsvoll (Tatje, 2017, S. 130–157). Lehrkräfte, welche mit gegebenen Aufgaben nicht arbeiten wollen, konzipieren in der Regel selbst Material, suchen dieses aus oder entwickeln Bestehendes weiter. Unsichere Lehrkräfte oder solche mit transmissiven Überzeugungen übernehmen die Aufgabenangebote aus den Lehrwerken demnach eher für die Durchführung des eigenen Unterrichts und nutzen das Lehrwerk darüber hinaus, um Hausaufgaben aufzugeben (Letzteres traf auf insgesamt 14 von 16 interviewten Lehrkräften in der Pilotstudie zu, Tatje, 2017, S. 64).[53]

---

[51] Gerade innerhalb des Quereinstiegs von Lehrkräften mit wenig Berufserfahrung lässt sich dieser Umstand positiv weiterdenken, wenn Schulbuchaufgaben professionell fachlich und fachdidaktisch konzipiert sind, gerade deshalb, da Schulbücher für die Begleitung eines längeren Lernzeitraums angelegt sind. Auch Winkler (2011) kann für den Literaturunterricht und *Aufgabenpräferenzen* von Lehrkräften über eine Fragebogenerhebung am Gymnasium belegen, dass 102 von 382 Lehrkräften (26,7 % von $n = 382$) das Aufgabenangebot aus Schulbüchern annehmen, ohne genau lerntheoretisch begründen zu können, warum sie dies tun. Winkler nennt nach eigener Typisierung diese Lehrkräfte *die Angebotsorientierten* (Winkler, 2011, S. 256, 257).

[52] Die Autor:innen können in Bezug auf die Förderung von Bewertungskompetenzen über die Nutzung von Biologielehrwerken anhand von 39.464 Aufgaben (n = 39.464) aus 72 deutschen Lehrwerken aller Verlage zeigen, dass diese Funktionen nicht erfüllt werden.

[53] Auch wenn Winkler (2011) den Angebotsorientierten keine Lerntheorie zuweisen kann, da die Ergebnisse nicht eindeutig sind, kann sie nachweisen, dass trendorientierte Lehrkräfte meist konstruktivistische Überzeugungen aufweisen (Winkler, 2011, S. 287, 288), was mit den Ergebnissen von Tatje übereinkommt.

Mägdefrau und Michler (2012) befragten 612 ($N = 612$) Geschichtslehrkräfte aus Bayern in einer Fragebogenstudie. Die befragten Lehrkräfte brachten Berufserfahrung von einem bis zu mehr als 16 Jahren mit. Die Verteilung war diesbezüglich ausgeglichen. Die Lehrkräfte wurden danach gefragt, woher sie ihre Arbeitsaufträge nehmen, wie sie Aufgaben aus bayerischen Lehrwerken beurteilen und wie oft sie diese einsetzen bzw. warum sie gegebene Aufgaben nicht einsetzen oder selbst Aufgaben konstruieren. Die Ergebnisse zeigen, dass 61 % der Befragten mit den Aufgaben aus dem Lehrwerk arbeiten, lediglich 5 % vorwiegend das Lehrer:innenhandbuch nutzen und 34 % eigene Aufgaben konstruieren. Gemeinsam ist den meisten, relativ 96 %, dass sie „zusätzlich zu den Schulbuchaufgaben oder ersatzweise mit selbst konstruierten Arbeitsaufträgen […] arbeiten“, wobei „[d]ie Mehrzahl der Befragten […] sich durch das Schulbuch sehr gut (15 %) oder gut (62 %) in der Unterrichtsplanung“ unterstützt fühlt (Mägdefrau & Michler, 2012, S. 218). Aufgaben wurden jedoch kritischer beurteilt als andere Materialien im Schulbuch. Besonders kritisch wurden die wenigen Möglichkeiten der Adaptivität, der Schwierigkeitsgrad und die Zielgruppenpassung beurteilt.[54] Positiv wurden die Arbeitsaufträge hinsichtlich der Vermittlung von Faktenwissen eingeschätzt.

Die befragten Lehrkräfte zeigten darüber hinaus Präferenzen für Aufgaben, die für alle Schüler:innen geeignet sind, also für den Konstruktions- und Differenzierungstyp *eine Aufgabe für alle*, ohne über verschiedene Aufgabenstellungen zu differenzieren (Berufsanfänger:innen: 91,40 %, Erfahrene: 82,50 % von $n = 300$). Bei der Umsetzung orientieren sich nach eigenen Angaben die meisten Befragten an einem mittleren Leistungsniveau (Berufsanfänger:innen: 88,00 %, Erfahrene: 94,50 % von $n = 300$). Dieser Befund kann einerseits je nach Aufgabenstellung dem Anspruch an Adaptivität bzw. Differenzierung zuwiderlaufen, andererseits dafür sprechen, dass eine Verankerung von Unterstützungsmerkmalen in Aufgaben für alle Schüler:innen sinnvoll erscheint. Die Autor:innen konstatieren: „Materialgestützter fragen-entwickelnder Unterricht überwiegt nach wie vor und ein über Lernaufgaben gesteuerter differenzierender Unterricht kommt praktisch nicht vor“ (Mägdefrau & Michler, 2012, S. 231). Die Autor:innen leiten aus ihrer Studie einen Zusammenhang zwischen Professionswissen und Aufgabenkonstruktionskompetenzen ab.

[54] Es soll an dieser Stelle angemerkt werden, dass die Zufriedenheit auf Heterogenitätsaspekte und historisches Lernen, nicht auf das sprachliche Förderpotenzial von Aufgaben bezogen war. Die Ergebnisse der Studie geben jedoch Hinweise darauf, dass die untersuchten Aufgaben in Lehrwerken kaum zur Differenzierung genutzt werden können.

Übergreifend flankieren *Wissen* und *Überzeugungen* von Lehrkräften als Faktoren für den Umgang mit Aufgaben die Frage nach dem benötigten Professionswissen (Kunter & Trautwein, 2013). Dick (2024) untersuchte in diesem Zusammenhang für das literarische Lernen mit Studierenden ($N = 143$), die sich durchschnittlich in der Mitte ihres Studiums mit dem Fach Deutsch befanden, ob die Studierenden Anforderungen angemessen einschätzen können, die fachlich mit Aufgabenstellungen verbunden sind. Darüber hinaus überprüfte und testete sie, ob die Studierenden selbst kompetenzfördernde Aufgaben konstruieren können. Mit einem Quasi-Experiment im Pre-Post-Test-Design mit Kontroll- und Treatmentgruppe konnte Dick zum einen nachweisen, dass es den Proband:innen im Pretest schwerfiel, Anforderungen an Aufgaben einzuschätzen. Andererseits konnte Dick nach der Auswertung des Quasi-Experiments zeigen, dass eine Verzahnung von fachdidaktischer und fachwissenschaftlicher Lehre (Vermittlung von *vernetztem Professionswissen*) einen lernförderlichen Beitrag dazu leisten kann, dass Studierende nicht nur das Anforderungsniveau von Aufgaben besser einschätzen können, sondern sich dies insgesamt positiv auf die Fähigkeit auswirkt, Aufgaben lernförderlich zu konstruieren. Die Autorin weist einen mittleren bis starken Effekt (β =.30, p <.001) nach (Dick, 2024, S. 327).[55] Die referierten Einblicke in die Studie von Dick deuten darauf hin, dass es ein ausreichend entwickeltes und vernetztes Professionswissen benötigt, um Aufgaben und ihre Anforderungen einschätzen und diese konstruieren zu können.

Eine entsprechende Expertise ist vor allem dann wichtig, wenn heterogene Lerngruppen unterrichtet werden. Support-Merkmale werden, wie bereits in Abschnitt 3.1 erwähnt, oftmals für schwächere Lernende empfohlen, also mit Maßnahmen für die Binnendifferenzierung in Verbindung gebracht (Bramann & Kühberger, 2021).

Übergreifend unterscheidet man eine *äußere* und eine *innere* Differenzierung. Beide Differenzierungsmöglichkeiten dienen dazu, möglichst lernförderlich auf heterogene Lerngruppen zu reagieren und verschiedene Schwierigkeitsgrade für verschiedene Lernende anzubieten (Müller, F., 2018). Eine äußere Differenzierung ist dann gegeben, wenn Lernende aufgrund von Merkmalen vorab in

---

[55] In der Studie erhielten die Studierenden Lernhilfen, sog. *defragmentierende Prompts*, welche eine Verzahnung von fachwissenschaftlichem und fachdidaktischem Wissen anbahnten. Der Ausgangspunkt der Studie bezieht sich auf die Überprüfung der Konstruktion des Lehramtsstudiums, bei dem fachdidaktisches und fachwissenschaftliches Wissen meist getrennt voneinander unterrichtet wird und es in der Folge Studierenden schwerfällt, die Bereiche des Professionswissen zu vernetzen. In der Studie wurden vernetzte Lerneinheiten getestet, die vernetze Lernhilfen beinhalteten. Es konnte gezeigt werden, dass Support-Merkmale auch hier lernförderlich wirken.

Gruppen eingeteilt werden, sodass in den Gruppen selbst ein eher homogenes Lernniveau herrscht. Dies wird z. B. in Sprachkursen vorgenommen, wenn Lerngruppen den Kompetenzstufen des *Gemeinsamen Europäischen Referenzrahmens für Sprachen* (GER) zugeordnet werden (z. B. Gruppe A1.1, B2.1 usw.).

Bei innerer Differenzierung handelt es sich um die Differenzierung innerhalb einer Lerngruppe. Diese Form wird auch als *Binnendifferenzierung* bezeichnet und bezieht sich auf die Inklusion aller Lernenden. Hierbei befinden sich Lernende mit verschiedenen Leistungsniveaustufen in einer Lerngruppe und erhalten z. B. Aufgaben oder Schulbuchtexte mit unterschiedlichen Anforderungen, die möglichst am individuellen Lernstand orientiert sind, also nach oben und/oder unten differenzieren. Bezogen auf das Beispiel des Sprachkurses, lernen A1.2- und B2.1-Lernende zusammen in einer Lerngruppe, in der ein B2.2-Niveau herrscht, und erhalten hier zum Unterrichtsthema zwei verschiedene Arbeitsblätter, wobei in der Regel die Lernenden mit dem niedrigeren Sprachwissen mehr Hilfestellungen oder andere Hilfestellungen – wie Methoden für das Lösen von Aufgaben – erhalten als die Lernenden, die bereits über ein weiter entwickeltes Sprachniveau verfügen. Diese könnten Aufgaben der nächsthöheren Entwicklungsstufe erhalten und ggf. in Tandems mit den Lernenden des A1-Niveaus zusammenarbeiten. Hier ist zu entscheiden, wann eine Balance zwischen *Demand* und *Support* besteht.

Da Lehrwerke des Sachfachunterrichts auf die Aneignung von Fachwissen und Fachmethoden ausgerichtet sind, beziehen sich Differenzierungssysteme in Schulbüchern nicht selten auf die Differenzierung der fachlichen Komplexität, wobei Ampelsysteme, verschiedene Farbcodes oder ähnliche Erkennungsverfahren in Schulbüchern diese Differenzierung sichtbar machen. Dabei wird z. B. dreistufig differenziert in *leicht – mittel – schwer*, *1–2–3* oder *grün – gelb – rot* (vgl. Abschnitt 6.2.4). Eine entsprechende Binnendifferenzierung über das Material kann jedoch auch kritisch diskutiert werden. Dies ist beispielsweise dann gegeben, wenn Lerninhalte durchgehend vereinfacht werden und damit die Gefahr besteht, dass niedrigere Lernniveaus aufgrund der Differenzierung stagnieren. Die sichtbare Klassifizierung verschiedener Leistungsgruppen innerhalb der Binnendifferenzierung birgt darüber hinaus die Gefahr einer Stigmatisierung über die Markierung von Leistungsunterschieden (Emmerich, 2016).

Wichtig für die Bereitstellung und den Einsatz von Differenzierungsmaterial ist ein möglichst einfacher Einsatz in der Praxis. Dies spricht dafür, entsprechende Angebote direkt in Lehrwerken zu verankern (Bramann & Kühberger, 2021). *Offene* Lernangebote gelten häufig gleichzeitig als differenzierende Angebote, da sie verschiedene Lernwege eröffnen (vgl. Abschnitt 3.1). Hier möchte die vorliegende Studie einen Beitrag leisten, indem das Konzept der Aufgabenoffenheit sprachdidaktisch kritisch hinterfragt wird. Denn in der Regel ist mit Offenheit nicht konkret die der *bildungssprachlichen* Aufgabenbearbeitung gemeint, sondern die Offenheit des *fachlichen Lernwegs*. Es ist daher anzunehmen, dass es mit verschiedenen Konstrukten von *Offenheit* auch verschiedene – im bildungswissenschaftlichen und didaktischen Sinne – *legitime* Offenheitsgrade gibt. Ersichtlich wird hierbei, dass auch in Bezug auf Differenzierung *Aufgaben* und *Material* für den Unterricht eine besondere Bedeutung zukommen (Bramann & Kühberger, 2021). Wie es auch Bramann und Kühberger (2021) in ihrer Untersuchung zu Differenzierungsmerkmalen in Geschichtslehrwerken machen, lohnt es sich, potenzielle Differenzierungsansätze für *Aufgaben* und *Material* zu unterscheiden. Die Autoren definieren darüber hinaus, dass dann, wenn Material und Aufgaben nicht voneinander getrennt betrachtet werden können, der Aufgabe die Leitfunktion zugesprochen wird. *Hilfestellungen zur Bearbeitung oder Formulierung/Scaffolds* zählen die Autoren konkret zu *Differenzierungsansätzen* von Aufgaben und klassifizieren sie als *Lernhilfen,* „die Schüler_innen zur individuellen Nutzung zur Verfügung gestellt werden" (Bramann & Kühberger, 2021, S. 320). Sie unterscheiden daneben *Leistungsvermögen*, *Lerninteresse*, *Lernwege und Lernzugänge* als Differenzierungsansätze.[56]

Für diese Arbeit sind die explizit in den Aufgaben gegebenen Formulierungshilfen von Interesse, welche die Autoren extrahieren konnten. Konkret wurden auch Textprozeduren einbezogen, denn auch ohne den sprachdidaktischen Terminus zu verwenden, geben die Autoren ein entsprechendes Beispiel an und verweisen auf ein Lehrwerk mit einer mit Textprozeduren versehenen Operatorenliste (*Forum Geschichte*, 2017, Bramann und Kühberger, 2021, S. 327). Die Ergebnisse der Schulbuchbetrachtung in Bezug auf explizite Formulierungshilfen in den Aufgaben aus Geschichtslehrwerken fielen wie folgt aus:

- In neun von zehn Lehrwerken konnten *im kursorischen Überblick keine Formulierungshilfen festgestellt werden.*
- In einem von zehn Lehrwerken waren Formulierungshilfen *häufig* vorhanden, wobei es sich um das Lehrwerk *Forum Geschichte 3* für Hessen (2017) handelte, das eine Operatorenliste mit Textprozeduren enthielt.

[56] Bramann und Kühberger analysierten zehn ($n = 10$) (digitale) Lehrwerke (Schüler:innenbände) aus verschiedenen Verlagen und betrachteten diese für Kategorien aller genannten Bereiche. Sie untersuchten explizite Merkmale vor dem Hintergrund „der Erwartung, dass auch auf eventuelle zusätzliche Differenzierungsangebote im Schulbuch explizit verwiesen werden sollte, um Schüler:innen die selbstständige Nutzung zu ermöglichen" (Bramann & Kühberger, 2021, S. 320).

Demnach fanden die Autoren kaum explizite Formulierungshilfen in den Aufgaben.

Bramann und Kühberger verweisen jedoch auf Zusatzmaterial für den sprachsensiblen Unterricht für eines der betrachteten Lehrwerke, das zusätzlich zum Schulbuch erworben werden kann und entsprechende Hilfen enthält. Aus sprachbildender Perspektive soll angemerkt werden, dass Formulierungshilfen allen Schüler:innen Unterstützung bieten können und nicht ausschließlich für Schüler:innen mit Deutsch als Zweitsprache hilfreich sind (Rüßmann, 2016). Das Konzept der vorliegenden Studie folgt der Idee, dass entsprechende Hilfen in Aufgaben nicht nur der Differenzierung zuträglich sind und ressourcenschonend für Lehrkräfte sein könnten, sondern dass ihr Einsatz überdies das sprachliche Üben am fachlichen Gegenstand für alle Schüler:innen über das Üben mit kleinen, regelmäßigen Aufgaben im Fachunterricht erlaubt (Feigenspan & Michalak, 2023; Becker-Mrotzek & Lemke, 2022; Sturm & Beerenwinkel, 2020).

Man muss bedenken, dass – wie weiter oben erwähnt – Schulbuchaufgaben von Schüler:innen als eher wenig motivierend wahrgenommen werden. Hierzu lassen sich auch in Tatje (2017) Belege finden. Zunächst kann Tatje über Schüler:innenbefragungen im Rahmen von Pilotstudien in Niedersachsen zur Nutzung von Schulbüchern in Politik erheben ($N = 282$), dass 75 % der Schüler:innen das Schulbuch regelmäßig im Unterricht nutzen (Tatje, 2017, S. 54).[57] In der Hauptstudie wurden fast viermal so viele Schüler:innen zur Nutzung und Beurteilung von Einheiten zur Vermittlung der EU befragt ($N = 1076$). Die Schüler:innen beurteilten zusammengefasst die über das Schulbuch gegebenen Aufgaben als „wenig kreativ, langweilig und nicht besonders originell" (Tatje, 2017, S. 134), wobei das Anforderungsniveau gleichzeitig als nicht zu niedrig eingeschätzt wurde. Diese aus Schüler:innensicht relevanten Aspekte von Aufgaben lassen sich über das Geben von sprachlichen Hilfen sicherlich nicht überwinden. Diese Aspekte sind mit Aufgabenmerkmalen verbunden, die für Schulbuchaufgaben konstitutiv sind und über Sprachbildung allein hinausgehen. Aufgaben lassen sich jedoch auch in Settings einbinden, die motivationsfördernd sind (etwa Lernarrangements). Was erkenntnisbezogen jedoch darüber hinaus aus der Beurteilung und dem Bekanntheitsgrad des Typs *Schulbuchaufgabe* hervorgeht, ist, dass Schulbuchaufgaben einen Wiedererkennungswert besitzen. Rezipient:innen haben eine bestimmte Vorstellung von Schulbuchaufgaben und ihrer Merkmale. Diese Merkmale werden im Folgenden als *Genremerkmale* von Schulbuchaufgaben klassifiziert.

---

[57] Ähnlich fassen auch Behnke und Bagoly-Simó (2017) es für die Bedeutung von Lehrwerken für das Lernen im Fach Geographie zusammen.

Schulbuchaufgaben als Genre

> „Schlägt man Physiklehrbücher für die Schule auf, dann wird jedoch sofort augenfällig, dass sich die Wirklichkeit des Unterrichts offenbar noch auf dem Weg zur Entwicklung einer Unterrichtstradition befindet, in der bewertende oder kommunikative Aspekte denen, die sich auf das Fachwissen beziehen, auf Augenhöhe begegnen [...].“ (Schilcher & Rincke, 2015, S. 100)

Wie es die Sprach- und Literaturdidaktikerin Schilcher und der Physikdidaktiker Rincke zur Beziehung von Sprachbildung im Physikunterricht resümieren, ist es beim Aufschlagen von Schulbüchern *augenfällig*, dass Sprach- und Fachbildung sich nicht auf Augenhöhe begegnen. Diese *Augenfälligkeit* gibt Hinweise darauf, dass Schulbuchaufgaben schnell kognitiv von Lesenden eingeordnet werden können, da Menschen eine Vorstellung von Schulbuchaufgaben haben. Mit Bezug auf Aufgaben spricht Lupschina (2021) für das Fach Geschichte auch von *Ein-Satz-Aufgaben,* und zwar derart selbstverständlich, dass davon ausgegangen werden kann, dass Aufgabenmerkmale von Schulbuchaufgaben bei den Lesenden als bekannt vorausgesetzt werden können. Dieser kulturelle Wiedererkennungswert deutet auf kulturelle Musterhaftigkeit hin, weshalb man heuristisch von der Vorannahme ausgehen kann, dass Schulbuchaufgaben wie Textgenres bestimmte Merkmale tragen, die ihnen einen Wiedererkennungswert verleihen.

Bakken und Andersson-Bakken (2021) untersuchten nach der Curriculumreform in Norwegen im Jahr 2020 mittels einer Qualitativen Inhaltsanalyse sechs Schulbücher und $N = 5067$ Schulbuchaufgaben und betrachteten, inwieweit die Curriculumreform Einfluss auf die Konzeption der Schulbuchaufgaben nahm. Sie wählten dafür Lehrwerke für den sprach- und naturwissenschaftlichen Unterricht aus und verglichen die Aufgaben, die nach der Reform erschienen sind, mit denen, die vor der Reform 2020 und nach der Reform 2013 in Schulbüchern veröffentlicht wurden. Sie konstatieren auf der Grundlage ihrer Ergebnisse, dass die Reform 2020 kaum Einfluss auf die Aufgabenmerkmale ausübte, und schlussfolgern, dass es Normen und manifeste kulturelle Aufgabenmerkmale gibt, die als *Genremerkmale* betrachtet werden können. Die Autor:innen plädieren im Rahmen der Beurteilung und Entwicklung von Schulbuchaufgaben dafür, Schulbuchaufgaben als *Genre* aufzufassen, um diese starke kulturelle Verankerung von kaum veränderbaren Merkmalen, *the stability of textbook tasks* (Bakken & Andersson-Bakken, 2021, S. 731), anzuerkennen, die ein Ergebnis der internationalen Schulbuchforschung abbilden:

> „This theoretical perspective [*textbook tasks as a genre*, M.F.] may explain a consistent finding in international research on textbook tasks, namely that such tasks in

most countries appear to be resistant to change.“ (Bakken & Andersson-Bakken, 2021, S. 731)

Dabei gehen sie auch auf die Handlungsverben in Aufgaben und Aufgaben als Paratexte ein, wenn sie die Realisierung von Aufforderungsformen in den Aufgaben (W-Fragen oder Operatoren) als *directive speech act* begreifen, wobei das kommunikative Ziel das Lernen selbst ist, wie es der folgende Auszug zusammenfasst:

„In line with our previous studies (Andersson-Bakken et al., 2020; Bakken & Andersson-Bakken, 2017), *we define a textbook task as a paratext that performs a directive addressed to the student. A paratext* is a separate textual element that surrounds the main text (Genette, 1997), and a *directive* is a speech act that encourages or requires the recipient to perform a particular action (Searle, 1976). A directive is usually expressed grammatically as a question (e.g. 'What is the difference between monologue and dialogue?') or an imperative (e.g. 'Explain the terms protagonist and antagonist') (*Grip teksten*, p. 116). The communicative goal of a task is, as described by Littlejohn (2011), 'bringing about … learning' (p. 188).“ (Bakken & Andersson-Bakken, 2021, S. 733, Hervorhebungen im Original).

Die Autor:innen führen zahlreiche internationale Studien zusammen und begründen ihre These, dass Schulbuchaufgaben als Genre aufzufassen sind, mit verschiedenen Argumenten. Mit der Bestätigung dieser These könnte eine Erklärung für international übereinstimmende Forschungsergebnisse zur (Un-)Veränderlichkeit von Aufgabenmerkmalen vorliegen. Die internationalen Forschungsergebnisse können wie folgt zusammenfasst werden:

1. Innerhalb eines Fachs lassen sich in einem Land ähnliche Aufgabenmerkmale in Schulbüchern finden, was auf den Einfluss der bildungspolitischen und fachlichen Diskursgemeinschaften hinweist.
2. Aus Punkt 1 lassen sich auch Unterschiede zwischen Schulbüchern in einem Land erklären.
3. Fachliche Diskursgemeinschaften in den Ländern entwickeln eigene Normen, da diese die Kommunikation über Aufgaben innerhalb einer Diskursgemeinschaft entlasten, was der Grund für ihre Resistenz ist.

(Nach Bakken & Andersson-Bakken, 2021, S. 734)

Der Grund für den *statischen Phänotyp* von Schulbuchaufgaben kann demnach u. a. in der kommunikativen Funktion für die Diskursgemeinschaft gesucht werden. Dies stellt eine völlig andere Perspektive auf Schulbuchaufgaben dar, als es die Perspektive auf die Nützlichkeit für Lehrende und Lernende leistet. Damit verbunden ist auch eine international belegbare Erkenntnis darüber, dass Mitglieder einer fachlichen Diskursgemeinschaft Gefahr laufen, nicht verstanden oder abgelehnt zu werden, wenn sie versuchen, die Normen zu brechen und neue Schulbuchaufgaben zu implementieren. Hierfür benötigt es einen gewissen Grad an Autorität in der Diskursgemeinschaft, damit ein entsprechendes Vorhaben überhaupt gelingen kann (Bakken & Andersson-Bakken, 2021, S. 734).[58]

Auch Bakken und Andersson-Bakken (2021) konnten über ihre Studie erneut Argumente für die Untermauerung der Genrehypothese in norwegischen Schulbuchaufgaben finden. Sie belegen, dass die Lehrwerke der verschiedenen Fächer unterschiedliche Aufgabenformate in Bezug auf *Offenheit* und *Geschlossenheit* präferieren, wobei die Sprachlehrwerke deutlich mehr offene Aufgaben beinhalten und dieser Umstand in den Naturwissenschaften umgekehrt vorliegt (Bakken & Andersson-Bakken, 2021, S. 740–744). Mit *Offenheit* und *Geschlossenheit* ist dabei, wie auch im Abschnitt zu Aufgaben beschrieben (vgl. Abschnitt 3.1), die Beziehung von Anfangszustand (Problem) und Endzustand (Problemlösung) im Prozess des Aufgabenlösens gemeint. Offene Aufgaben können über mehrere Wege gelöst werden, geschlossene bedingen *einen* Lösungsweg. Der Aufgabenvergleich zwischen 2013 und nach 2020 zeigte, dass diese Präferenzen auch dann stabil bleiben, wenn eine Lehrplanreform durchgeführt wird (NW: 2013, 22,60 % offene Aufgaben und 77,40 % geschlossene Aufgaben; 2020, 25,60 % offene Aufgaben und 74,40 % geschlossene Aufgaben; Sprachbuch: 2013, 67,90 % offene Aufgaben und 32,10 % geschlossene Aufgaben; 2020, 66,20 % offene Aufgaben und 33,80 % geschlossene Aufgaben). Die Autor:innen können ähnliche Gemeinsamkeiten und Unterschiede für die Analysekategorie *Aufgabentyp* hinsichtlich der *kognitiven Anforderungen* belegen (Bakken & Andersson-Bakken, 2021, S. 741). Aufgaben und Aufgabentypen wurden demnach bei der Neuauflage der Lehrwerke ähnlich gestaltet.

Behnke und Bagoly-Simó (2017) untersuchten 18 Geographieschulbücher (Reihentitel, $n = 18$) für die Sekundarstufe I, vorwiegend für die Realschule und das Gymnasium, die zwischen den Jahren 2008 und 2016 von den Verlagen Westermann, Klett und Cornelsen herausgegeben wurden. Sie fokussierten das Thema

[58] Als die ersten Ergebnisse der Studie *Sachfachliche Schreib-Lernaufgaben* auf Tagungen vorgestellt wurden, haben diese oftmals einen kontroversen Diskurs um (Schulbuch-) Aufgaben ausgelöst, wobei Grundsatzfragen diskutiert wurden, etwa, welche Bedeutung diesen für das Lernen zukommt oder ob Schulbuchaufgaben überhaupt Support-Merkmale wie sprachliche Hilfen tragen sollten. Ein Beispiel dokumentiert der Bericht in *Didaktik Deutsch* (56) über das Colloquium *Sprachlichkeit und Fachlichkeit in ihrem Zusammenspiel für fachliche Lernprozesse*, welches am 04.03. und 05.03.24 auf Schloss Wahn von der Universität zu Köln ausgerichtet wurde (Hülsmann & Hesse, 2024).

Nährstoffkreislauf im tropischen Regenwald und fragten vor dem Hintergrund von Heterogenität und Differenzierung danach, ob bei Neuauflage der Schulbücher das Material und die Aufgaben aus der vorhergehenden Auflage *recycelt*, also in der Neuauflage wiederverwendet wurden. Diese inhaltsanalytische Studie ist deshalb interessant, da eine Wiederaufnahme von Aufgabenmerkmalen eine weitere kulturelle Legitimation dieser bedeuten und Fossilierungen von Aufgabenmerkmalen aufzeigen können. Die Autor:innen berichten, dass in den untersuchten Reihen 35 % (Klett), 40 % (Westermann) und 81 % (Cornelsen) der Aufgaben bei Neuauflage unverändert aus der älteren Auflage übernommen wurden. Damit eine Aufgabe als verändert galt, zählten bereits leichte Veränderungen wie etwa der Austausch eines Operators. Demnach zeigen sich unterschiedliche Überarbeitungspraktiken der Verlage. Die Studienergebnisse deuten jedoch darauf hin, dass Aufgaben grundlegend bei Neuauflage noch einmal vom Verlag geprüft werden. Leider sind die Ausführungen zu Aufgaben im Forschungsbericht kürzer als zu anderen Elementen, was die Autor:innen auch als Limitation der Studie darstellen und anmerken, dass gerade in diesem Bereich ein Forschungsdesiderat besteht (Behnke & Bagoly-Simó, 2017, S. 43, 42).

Aus der Studie lässt sich einerseits ableiten, dass potenzielle Genremerkmale nicht ausschließlich auf eine fehlende Überarbeitungspraxis der Verlage zurückgeht und andererseits Aufgaben in Lehrwerken existieren, die trotz Überarbeitungspraxis unverändert fortbestehen. Aufbauend auf diesen Ergebnissen wird in der vorliegenden Studie *Sachfachliche Schreib-Lernaufgaben* über den Fachvergleich von Ergebnissen geprüft, ob Hinweise auf Genremerkmale fachübergreifend bestehen.

Bevor im Folgenden die zentralen Aspekte aus dem Kapitel 3 *Lerngegenstände* noch einmal zusammengefasst werden, wird Abb. 3.3 mit den Bausteinen I bis IV um Schulbücher ergänzt, womit die makroperspektive Betrachtung auf den Top-down-Prozess von den Bildungsstandards zu den Aufgaben um den Ort von Schulbüchern und Schulbuchaufgaben weiter ausgebaut wird. Im Anschluss werden die Schüler:innen als Zielgruppe beschrieben.

3.4 Zusammenfassung

Im 3. Kapitel, *Lerngegenstände*, wurden *Aufgaben*, *Operatoren* im Allgemeinen und *Erklären/erklären* im Speziellen, *Schulbücher* und *Schulbuchaufgaben* als fächerübergreifende *Lerngegenstände* beschrieben. Damit wurde der Weg von

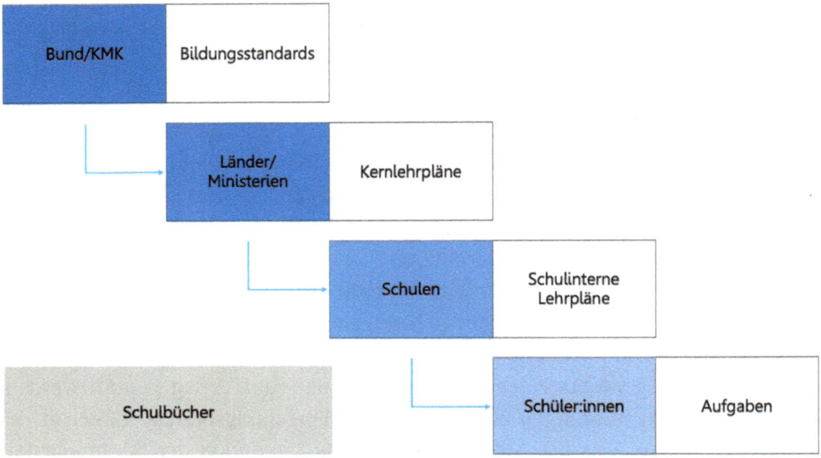

Abb. 3.3 Schulbücher innerhalb der Bausteine I bis IV im Top-down-Prozess von den Bildungsstandards zu den Aufgaben im Unterricht

den bildungspolitischen Entscheidungsebenen und den *Satzungsnormen* fortgesetzt und um *Gebrauchsnormen* ergänzt, womit Ausführungen zu didaktischen Artefakten verbunden waren.

Über die Ausführungen konnte aus den Perspektiven der deutschdidaktischen und fachdidaktischen Aufgabenforschung sowie der internationalen Schulbuchforschung die Bedeutung von Aufgaben für den Unterricht und für die fachlichen Diskursgemeinschaften herausgestellt werden. Dabei wurden zentrale Merkmale von Aufgaben beschrieben. Besonders fruchtbar für eine Weiterentwicklung von Aufgaben im Allgemeinen und Schulbuchaufgaben im Speziellen erscheinen die Merkmale *Offenheit* und *Geschlossenheit*. *Offenheit* und *Geschlossenheit* beziehen sich aufgabentheoretisch auf die potenzielle Anzahl an Lösungswegen für ein Aufgabenproblem. Sie sind mit dem einschlägigen Möglichkeitsraum verbunden und damit, inwiefern dieser in der Aufgabenstellung für Schüler:innen expliziert wird. Der Diskurs um Aufgaben ist dabei mehrheitlich kognitiv-konstruktivistisch ausgerichtet.

Da an Aufgaben immer bestimmte Anforderungen (*Demand*) gebunden sind, welche mit Unterstützungsmerkmalen (*Support*) in den Aufgabenstellungen entlastet werden können, wurden Positionen zur *Offenheit* und *Geschlossenheit* um sprachliche Aspekte ergänzt. Offene Aufgaben genießen im kognitiv ausgerichteten Diskurs einen *guten Ruf*, da sie verschiedenen Lernenden einen Zugang zum Lernen über eine hohe Anzahl an Lösungswegen ermöglichen. Andererseits kann zu viel Offenheit auch überfordern. Auf der Grundlage empirischer Ergebnisse erscheint sowohl kognitiv (vgl. auch Abschnitt 5.1.) als auch sprachlich gerade unter Berücksichtigung von Heterogenität und Differenzierung ein mittlerer Weg didaktisch sinnvoll zu sein.[59] Innerhalb der Aufgabendiskussion sind entsprechende Aufgaben fächerübergreifend als *definierte und divergente Aufgaben* beschreibbar. Bei entsprechenden Aufgabenstellungen werden einerseits die Anforderungen transparent gemacht und Schüler:innen wird Support über Aufgabenstellungen angeboten, der von den Lernenden optional genutzt werden kann, andererseits werden verschiedene Lösungswege eröffnet. Ziel ist es, ein *well-structured problem* zu definieren. Eine Möglichkeit, Support über Aufgabenstellungen anzubieten, kann in der Bereitstellung bildungssprachlicher Formulierungshilfen liegen. Erste Forschungsergebnisse weisen darauf hin, dass kaum sprachliche Hilfen oder keine sprachlichen Hilfen in Schulbüchern bereitgestellt und Operatoren unterhalb des Abiturs nicht didaktisiert werden.

Vor diesem Hintergrund wurden Operatoren als Merkmale der Aufgabenstellung betrachtet, die sprachliche Anforderungen an das Lösungsprodukt transportieren. Sie stellen eine spezifische Form von Aufforderungsformen dar. Dieser Aspekt wurde aus bildungspolitischer, sprach- bzw. schreibdidaktischer Sicht näher erläutert. Es wurden bildungspolitische, kognitive und sprachliche Aspekte differenziert. Mit der Einführung des Begriffs *Quasi-Operatoren* und einem Vorschlag für eine Systematisierung von Operatoren mit den Klassifikationen *bildungspolitische Systematik, sprachhandlungsbezogene Systematik und fachbezogene Systematik* konnten verschiedene Zugänge zum Operatorensystem unterschieden werden. Mithilfe der Textlinguistik und Sprechakttheorie sowie der Sprach- und Schreibdidaktik wurde es möglich, Ansatzpunkte für die Bestimmung von Anforderungen und Unterstützung in Aufgabenstellungen zu lokalisieren und verschiedene Typen von ERKLÄREN (Explanandumtypen) zu beschreiben, die potenziell für das Aufgabenlösen in der Erprobungsstufe relevant sind. Darüber hinaus wurden Typen von Aufgaben vorgestellt und es wurde erläutert, dass in den folgenden Ausführungen Lernaufgaben aus Schulbüchern zum Forschungsgegenstand gemacht werden. Diese eignen sich gerade deshalb für eine Sprachförderung, weil sie das kontinuierliche Üben mit kleinen Aufgaben am fachlichen Lerngegenstand selbst ermöglichen.

Daher wurden Schulbücher im Allgemeinen und Schulbuchaufgaben im Speziellen in diesem Kapitel beschrieben und Aspekte ihres Einsatzes im Unterricht

[59] Die Bewertung erfolgt vor dem Hintergrund, dass in Regelklassen (noch) kein ganzheitliches personalisiertes Lernen möglich ist, etwa mit adaptiven KI-Lernsystemen.

skizziert. Es wurde eine Genrehypothese für Schulbuchaufgaben vorgestellt, die einen Ansatzpunkt bietet, einerseits zu erklären, wie Aufgabenkulturen mit der fachlichen Diskursgemeinschaft verbunden sind, und andererseits, warum Schulbuchaufgaben als Konstitutionstyp einen Wiedererkennungswert haben und ggf. schwer reformierbar sind. Es wurde darüber hinaus thematisiert, inwiefern Aufgaben bei der Neuauflage eines Lehrwerks oder bei einer Lehrplanreform überarbeitet werden. Anhand von Studien konnte gezeigt werden, dass dies bei Verlagen bzw. Reihen variieren kann, Aufgaben jedoch bei einer Neuauflage von Verlagen geprüft werden und demnach davon auszugehen ist, dass konstante Aufgabenmerkmale Teil der Aufgabenkultur und nicht Produkte der Verlage sind.

Zum Einsatz von Schulbuchaufgaben im Unterricht wurde gezeigt, dass das Schulbuch gerade für Lehrkräfte, die thematisch unsicher sind, wenig Selbstwirksamkeitserwartung mitbringen und transmissive Überzeugungen pflegen, eine wichtige Planungshilfe für den Unterricht darstellen kann. Lehrkräfte, die sich thematisch sicher sind und konstruktivistische Lernüberzeugungen haben, gehen bei der Unterrichtsplanung häufiger über die mit dem Schulbuch gelieferten Aufgaben hinaus. Darüber hinaus erscheint es relevant, dass Aufgaben unterrichtspragmatisch gestaltet sind. Die Fähigkeit, Aufgaben zu konstruieren, ist ein Teil der Profession von Lehrkräften und kann geübt werden. Hier können Unterstützungsmerkmale in Schulbuchaufgaben hilfreich sein, um Lehrkräfte zu entlasten, sie zu professionalisieren und/oder an fördernde Aufgabenmerkmale heranzuführen. Auch über Schulbücher hinaus sollten beide Bereiche zusammen gedacht werden: Der Unterricht benötigt gute Aufgaben, aber auch professionelle Lehrkräfte, welche mit diesen umgehen können.

Neben den Lehrenden wurden in Bezug auf die Schulbuchnutzung und die Bewertung der Nützlichkeit von Schulbuchaufgaben für das Lernen die Lernenden in einem ersten Schritt betrachtet. Studienergebnisse weisen darauf hin, dass das Schulbuch analog oder digitalisiert bzw. digital von Schüler:innen sowohl zum selbständigen Lernen als auch im Unterricht genutzt wird. Die Nutzungsfrequenzen sind in den Fächern unterschiedlich, aber das Schulbuch ist für die Umsetzung von Unterricht weiterhin bedeutsam. Das Bearbeiten von Aufgaben stellt eine zentrale Nutzungshandlung von Lernenden dar. Dies trifft auf analoge Lehrwerke ebenso zu wie auf digitale Lehrwerke. In digitalen Lehrwerken können – je nach Beschaffenheit – Aufgaben jedoch auch verändert oder von Schüler:innen selbst gestaltet werden. Die Arbeit mit Schulbuchaufgaben wird zum einen von Schüler:innen anerkannt, gilt zum anderen aber als wenig motivierend und schwierig. Im folgenden Kapitel 4, *Lernende*, werden die Lernenden und potenzielle Kompetenzerwartungen am Übergang von der Primar- zur Sekundarstufe I behandelt.

4 Lernende

In diesem Kapitel werden die Lernenden als Zielgruppe der in dieser Studie ausgewählten Bildungsmedien und didaktischen Implikationen beschrieben. Zuerst erfolgt eine Beschreibung der Klassenstufen 5 und 6 des Gymnasiums, der Erprobungsstufe, auf die sich diese Studie bezieht. Nach einer bildungspolitischen Verortung und der Erläuterung der gesetzlichen Ausführungen zur Erprobungsstufe wird die Relevanz dieser Jahrgangsstufe für den Bildungsaufstieg von Kindern aus nicht-bildungsaffinen Elternhäusern dargelegt, woran u. a. die Legitimation gebunden ist, (bildungs)sprachliche Hilfen als Support einzusetzen.

An das Unterkapitel *Erprobungsstufe* schließt ein Abschnitt zu *sprachlichen Kompetenzerwartungen am Übergang* an, in dem bildungspolitische Dokumente mit Lernzielen zu Kompetenzen referiert werden, die sich direkt auf Schüler:innen der Erprobungsstufe des Gymnasiums oder auf Kompetenzen beziehen, die Schüler:innen am Ende der Grundschulzeit bzw. zu Beginn der Erprobungsstufe erworben haben (sollten). Ausgewählt wurden die Bildungsstandards und die Kernlehrpläne. An die Beschreibung der sprachlichen Kompetenzen schließen Ausführungen zu *fachlichen Kompetenzen* an, die sich primär auf die curricularen Anteile des *Sachunterrichts* beziehen, welcher der Erprobungsstufe vorausgeht. Es wird demnach ein potenzielles Kompetenzspektrum *am Übergang von der Primar- zur Sekundarstufe I* (des Gymnasiums) für potenzielle Lernende beschrieben, um hiervon ausgehend Instrumente für die Erprobungsstufe konstruieren und Ergebnisse besser interpretieren zu können.

M. Fuhlrott, *Sprachbildende Schulbuchaufgaben im Fachunterricht*,
Sprachsensibilität in Bildungsprozessen,
https://doi.org/10.1007/978-3-658-53061-7_4

4.1 Erprobungsstufe

Die Entscheidung für die Erprobungsstufe des Gymnasiums als Stichprobe und Zielgruppe ist bildungspolitisch und methodisch motiviert. Methodisch deshalb, da die Schulbuchnutzung und vor allem die selbständige Nutzung von Schulbüchern am ehesten am Gymnasium zu erwarten ist (Rezat, Sebastian, 2009). Schüler:innen der Erprobungsstufe befinden sich – im Gegensatz etwa zu Oberstufenschüler:innen – in einem „explorativen Stadium der instrumentellen Genese" (Rezat, Sebastian, 2009, S. 321), in der das Schulbuch nur eingeschränkt und auf bestimmte Situationen bezogen genutzt und erst einmal als Lernmaterial entdeckt wird. Der kulturelle Umgang mit dem Schulbuch wird nach der Grundschule zunehmend (neu) erlernt, in der erfahrungsgemäß häufiger mit Arbeitsheften und Schnellheftern mit Einzelblattsammlungen gearbeitet wird. Demnach erscheint es sinnvoll, über Unterstützungsmerkmale in Schulbüchern gerade in der Erprobungsstufe nachzudenken, um diese kulturelle Entwicklung auch hinsichtlich der sprachlichen Entwicklung zu unterstützen.

Hiermit ist auch eine bildungspolitische Relevanz der Erprobungsstufe verbunden. Für die Studie *Sachfachliche Schreib-Lernaufgaben* wurde die *Erprobungsstufe* des Gymnasiums als Stichprobe für die Aufgabenanalyse ausgewählt, da der Übergang von der Grundschule in die Sekundarstufe I eine *Chance für den Bildungsaufstieg*, aber auch eine *Selektionshürde* darstellen kann (Neugebauer, 2010). Das Gymnasium ist bundes- und NRW-weit die meistbesuchte Schulform nach der Grundschule (Statistisches Bundesamt, 2023). Die Entscheidung für eine weiterführende Schule hat einen mittel- und langfristigen Einfluss auf die späteren beruflichen Chancen des Kindes und stellt für viele Schüler:innen überdies eine herausfordernde Phase in der Bildungsbiografie dar (van Ophuysen et al., 2021). So werden Schüler:innen mit einer größeren Schule (mehr Schüler:innen und Lehrkräfte, andere und mehr Räume, andere Organisationsstrukturen), einer anderen Art der Beziehungsebene zwischen Lehrkräften und Schüler:innen und neuen Fächern konfrontiert. Schüler:innen treffen hier zum ersten Mal auf die Fächer *Wirtschaft-Politik* und *Physik*, die in dieser Studie behandelt werden, nachdem sie in der Grundschule ausschließlich das Kombinationsfach *Sachunterricht* kennengelernt haben. Alle Veränderungen führen dazu, dass viele Schüler:innen gleich welcher Ausgangslage ihre Leistungen der Grundschule nicht halten und auch sehr gute Schüler:innen scheitern können (Schwarz, 2013, S. 128). Für Forschung und Schulpraxis steht damit „[d]ie Relevanz des Übergangs und seiner Gestaltung […] außer Frage" (van Ophuysen et al., 2021, S. 150).

Die Erprobungsstufe umfasst in NRW die Klassen 5 und 6 in der Hauptschule, der Realschule und im Gymnasium (SchulG § 13, 1–3, BASS 1–1). Sie markiert den Übergang von der Primar- zur Sekundarstufe I.[1] *Erprobung* verweist auf die Funktion im Rahmen der Schullaufbahnentscheidung nach der Grundschule. So heißt es im Schulgesetz für NRW (SchulG NRW, § 13, 2):

> „Die Erprobungsstufe dient der Erprobung, Förderung und Beobachtung der Schülerinnen und Schüler, um in Zusammenarbeit mit den Eltern die Entscheidung über die Eignung der Schülerinnen und Schüler für die gewählte Schulform sicherer zu machen."

Nach zwei, maximal drei Jahren entscheidet die Klassenkonferenz am Ende der Klasse 6 über die Versetzungsmöglichkeiten in der jeweiligen Schulform in die Klasse 7. Dabei kann die Klasse 5 einmal freiwillig wiederholt werden (APO – SI, Abschnitt 2).[2] Ein Sitzenbleiben ist darüber hinaus nicht möglich, da die Klassen 5 und 6 als eine „pädagogische Einheit" (APO – SI, Abschnitt 2, § 10, 1) behandelt werden. Es können jedoch bereits früher Empfehlungen für einen Schulformwechsel ausgesprochen werden. Individuelle Leistungen der Schüler:innen werden dreimal im Schuljahr auf Erprobungsstufenkonferenzen besprochen. Für die Koordination besteht ein von einer Lehrkraft geführtes Amt zur Erprobungsstufenkoordination. Dabei sollen zuerst und besonders frühzeitig geeignete Fördermaßnahmen eingeleitet werden, z. B. „spätestens bis zum Ende der Klasse 6", wenn „Beeinträchtigungen des Lesens und Rechtschreibens (LRS)" (APO – SI, Abschnitt 2, VV zu § 10, 10.3 zu Absatz 3) bestehen.

Eine Änderung der Schulform in der Erprobungsstufe ist für Schüler:innen nach Rücksprache mit den Eltern vertikal im Bildungssystem sowohl nach oben als auch nach unten möglich. Im Gymnasium führt der Weg bei Nicht-Erreichen der Leistungen in der Erprobungsstufe auf eine Gesamtschule, eine Realschule oder eine Hauptschule, womit eine absteigende Bildungsmobilität verbunden ist. Dies ist eine wichtige Tatsache, um die Relevanz der Erprobungsstufe für den Bildungsweg zu beurteilen.

---

[1] Neben *Erprobungsstufe* ist auch die Bezeichnung *Orientierungsstufe* bekannt, die historisch und je nach Bundesland synonym oder auf ein anders angelegtes Übergangssystem von der Grundschule zur weiterführenden Schule bezogen ist. Vgl. z. B. Kapitel 4, Schulordnung Rheinland-Pfalz. Fassung erschienen im Januar 2022.

[2] *BASS*, 13–21 Nr. 1.1 *Verordnung über die Ausbildung und die Abschlussprüfungen in der Sekundarstufe I (Ausbildungs- und Prüfungsordnung Sekundarstufe I – APO-S I)* vom 2. November 2012. Zuletzt geändert durch die Verordnung vom 6. Juni 2024 (GV. NRW. S. 330). Abschnitt 2: *Erprobungsstufe, Wechsel der Schulform oder des Bildungsgangs ab Klasse 7.*

Grundsätzlich haben alle Eltern die Möglichkeit, ihr Kind an einem Gymnasium anzumelden, da die Übergangsempfehlungen, die mit dem ersten Halbjahreszeugnis in der Grundschule in NRW ausgesprochen werden, nicht bindend sind. Eltern mit höheren Verwaltungsberufen und akademischen Bildungsgängen wählen einerseits als weiterführende Schule häufiger das Gymnasium für ihr Kind aus als Eltern ohne höhere Bildungserfahrung, und zwar auch dann, wenn die Übergangsempfehlung keine Gymnasialempfehlung enthält. Andererseits werden nicht alle Kinder mit ausreichenden intellektuellen Fähigkeiten von Eltern am Gymnasium angemeldet. Eltern mit nicht-bildungsaffinem Hintergrund (ob deutschstämmig oder nicht) haben häufiger Berührungsängste mit dem Gymnasium (El-Mafaalani, 2012; Geißler, 2014). Übergreifend wird das Gymnasium (dennoch) als weiterführende Schulform bundesweit und NRW-weit am häufigsten besucht (sogenannte *Bildungsexpansion*, Geißler, 2014). So gingen im Bundesland NRW 2021 42 % der Schüler:innen nach der Grundschule auf ein Gymnasium, 29 % auf eine Gesamtschule, 20 % auf eine Realschule, 5 % auf eine Sekundarschule, 3 % auf eine Hauptschule und je weniger als 1 % auf eine PRIMUS-Schule, Freie Waldorfschule/Hiberniaschule oder Förderschule (Bildungsland NRW & Ministerium für Schule und Bildung des Landes Nordrhein-Westfalen, MSB NRW, 2022).

Betrachtet man die Schulformwechsel in der Sekundarstufe I, dann fällt auf, dass NRW im Ländervergleich mit 1,8 % Wechsler:innen (Daten aus 2011) im mittleren Bereich liegt (Bellenberg, 2012, S. 11). In der Sekundarstufe I verließen 2011 rund 6 % der Schüler:innen das Gymnasium (Bellenberg, 2012, S. 146).[3]

Van Ophuysen et al. (2021, S. 153) fassen zusammen, dass es bereits bei der Entscheidung von Lehrkräften für Übergangsempfehlungen in der Grundschule zu sozioökonomisch bedingten Effekten kommt, wonach die bildungsbezogene Herkunft des Kindes Einfluss auf die Übergangsempfehlung und die ersten Testergebnisse und Beurteilungen in der Erprobungsstufe hat. Es kann daher konstatiert werden, dass das Bildungssystem mehr zu einer Stagnation von Bildungschancen beiträgt als zu einer realen Durchlässigkeit, vertikale Abstiege wahrscheinlicher sind als Aufstiege und die soziale Herkunft maßgeblich den Bildungserfolg bestimmt (Stanat et al., 2023; van Ackeren et al., 2015). In diesem Zusammenhang werden auch der Erst- und Zweitspracherwerb sowie Migrations- und Fluchterfahrungen diskutiert. Gerade Schüler:innen, die einen Zweitspracherwerb und dazu einen geringen sozioökonomischen Status mitbringen, ggf. darüber hinaus Fluchterfahrungen gemacht haben, sind strukturell im deutschen

[3] Neuere, differenziert interpretierbare Daten lagen 2024 nicht vor.

Bildungssystem deutlich benachteiligt und müssen mehr Eigeninitiative mitbringen als Gleichaltrige aus privilegierten Milieus mit Deutsch als Erstsprache. Um entsprechende institutionelle und strukturelle Ungleichheiten zu mindern, ist es u. a. notwendig, dass Anforderungen an Schüler:innen klar formuliert werden, Lerngelegenheiten auf diesen transparenten Anforderungen aufbauen und strukturell-institutionelle Änderungen hin zu einem diversitätssensiblen Schulsystem angestrebt werden (Massumi, 2019). Sprachliche Anforderungen und Unterstützungsangebote in Lernmaterial, wie sie im Rahmen dieser Arbeit diskutiert werden, können als eine mögliche Stellschraube für die Gestaltung dieser bedeutsamen schulbiografischen Phase bewertet werden.

Im Folgenden werden sprachliche und fachliche Kompetenzerwartungen und Lernziele am Übergang von der Grundschule ins Gymnasium beschrieben.

4.2 Sprachliche Kompetenzerwartungen am Übergang

Dieser Abschnitt beschreibt Kompetenzerwartungen und Regelstandards am Übergang von der Grundschule in die weiterführende Schule, welche Schüler:innen laut Kernlehrplan und Bildungsstandards im Fach *Deutsch* erreichen sollen. Für den Kernlehrplan *Deutsch* werden überdies die Kompetenzen für die Erprobungsstufe des Gymnasiums in NRW beschrieben, um für die vorliegende Studie *Sachfachliche Schreib-Lernaufgaben* einen Eindruck von den im Fach Deutsch verfolgten Kompetenzen als Voraussetzung für das Lösen von Aufgaben im Fachunterricht erhalten zu können.

Bildungsstandards für das Fach Deutsch für die Primarstufe

Die Kompetenzbereiche des Fachs *Deutsch* werden in *Lesen, Schreiben, Sprechen und Zuhören, Sich mit Texten und anderen Medien auseinandersetzen* und *Sprache und Sprachgebrauch untersuchen* unterschieden. Diese Einteilung ist für die Konzeption von Deutschunterricht über die Bildungsstandards hinaus einschlägig und findet sich auch in den Kernlehrplänen der weiterführenden Schulen wieder (vgl. u. a. KMK, 2022b, S. 8). Dabei werden die Kompetenzbereiche unterteilt in *Prozessbezogene Kompetenzbereiche* und *Domänenspezifische Kompetenzbereiche.* Zu den prozessbezogenen Kompetenzen gehören *Lesen, Schreiben, Sprechen und Zuhören,* zu den domänenspezifischen gehören *Sich mit Texten und anderen Medien auseinandersetzen* und *Sprache und Sprachgebrauch untersuchen.* Die beiden letzteren Bereiche werden genuin als deutschdidaktische Bereiche ausgewiesen, die prozessbezogen und überfachlich relevant sind. Sie lassen sich in rezeptive und produktive Fähigkeiten unterteilen (KMK, 2022b, S. 8). Der Erwerb von *Sprachhandlungskompetenzen* soll in allen Bereichen querschnittlich mitgedacht werden (KMK, 2022b, S. 8).

Die einzelnen Kompetenzbereiche werden im Folgenden mit Einzelfertigkeiten beschrieben, da diese für die weiterführenden Ausführungen übergreifend relevant sind.

Prozessbezogene Kompetenzbereiche

- *Sprechen und Zuhören:* Zu dem Kompetenzbereich *Sprechen und Zuhören* gehören produktive und rezeptive mündliche Kommunikationsfertigkeiten, wie „*Zu anderen sprechen, Verstehend zuhören, Mit anderen sprechen und Vor anderen sprechen*" (Hervorhebungen im Original KMK, 2022b, S. 9).
- *Schreiben:* Zu dem Kompetenzbereich *Schreiben* gehört der Erwerb des Schreibens als grafomotorische Fähigkeit, das Rechtschreiben sowie das kommunikationsorientierte Verfassen von Texten. Die hiermit verbundenen Teilbereiche sind: „*Über Schreibfertigkeiten verfügen, Orthografisch schreiben* und *Texte verfassen*" (Hervorhebungen im Original KMK, 2022b, S. 9). Das Schreiben von Texten bezieht sich dabei auf das Handschreiben und das Verfassen digitaler Texte.[4]
- *Lesen:* Der Kompetenzbereich *Lesen* ist mit Fertigkeiten verbunden, die es Schüler:innen einerseits ermöglichen, Texte zu verstehen, Inhalte mit dem eigenen Vorwissen und anderen Informationen zu vernetzen und sich dabei andererseits persönlich zu entwickeln und gesellschaftlich zu partizipieren. Die Ausbildung von Lesekompetenzen bezieht sich auf analoge und digitale Texte. Die Teilbereiche sind: „*Lesefertigkeiten* und *Lesefähigkeiten*" (Hervorhebungen im Original KMK, 2022b, S. 9).

[4] Es wird nicht ausdrücklich beschrieben, dass das Schreiben mit der Tastatur erlernt werden soll. Es heißt pauschal „digital" (KMK, 2022b, S. 13).

Domänenspezifische Kompetenzbereiche

- *Sich mit Texten und anderen Medien auseinandersetzen:* Mit dem Kompetenzbereich *Sich mit Texten und anderen Medien auseinandersetzen* wird Textsortenwissen über literarische, Sach- und Gebrauchstexte in analoger und digitaler Form vermittelt. Die einschlägigen Bereiche sind: *Über Textwissen verfügen, Sich im Medienangebot orientieren, Texte und andere Medien erschließen und nutzen, Digitale Formate und Umgebungen.*
- *Sprache und Sprachgebrauch untersuchen*: Zum Kompetenzbereich *Sprache und Sprachgebrauch untersuchen* gehört die Vermittlung formaler Strukturen (etwa Grammatik) und die Reflexion über Sprache, sprachliche Vielfalt und Variationen. Die aufgeführten Teilbereiche sind: *Sprachliche Verständigung und sprachliche Vielfalt untersuchen* sowie *Sprachliche Strukturen untersuchen und nutzen* (vgl. KMK, 2022b, S. 9).

Die konkreten Lernziele in den Bildungsstandards für die Primarstufe und das Fach *Deutsch* lassen sich für die beschriebenen Kompetenzbereiche wie folgt zusammenfassen, wobei der Registerwechsel und der Ausbau *bildungssprachlicher Fähigkeiten* übergeordnete Kompetenzziele darstellen (KMK, 2022b, S. 7, 11, 20).[5]

Sprechen und Zuhören

Zu anderen sprechen

> „Die Schülerinnen und Schüler können in vertrauten und überschaubaren Situationen des vor und mit anderen Sprechens angemessen und adressatengerecht kommunizieren, z. B. in Gesprächen, bei Präsentationen." (KMK, 2022b, S. 11)

Die Schüler:innen sprechen verständlich (auch in Bezug auf den Sprachapparat, Intonation etc.), beherrschen erste demokratische Gesprächsregeln und können sich situationsangemessen und mit einem altersentsprechenden Wortschatz ausdrücken. Sie können adressat:innenorientiert folgende Sprachhandlungen nutzen: *erzählen, berichten, beschreiben, erklären, argumentieren, appellieren.*[6] Die Schüler:innen können mündliches Feedback geben, sich Notizen machen, um Kommunikationssituationen zu gestalten, digitale Formen der Kommunikation

[5] Weitere Querschnittsaufgaben mit übergeordneten Kompetenzzielen sind *Bildung für nachhaltige Entwicklung* und *Demokratiebildung* (KMK, 2022b, S. 7).

[6] Vgl. den *Referenzrahmen zur altersspezifischen Sprachaneignung* (Ehlich et al., 2010).

(z. B. Videokonferenzen) nutzen und erste Gesprächsregeln in digitaler Form einhalten (KMK, 2022b, S. 11).

Verstehend zuhören

> „Die Schüler:innen können die Aufmerksamkeit auf die Beiträge anderer richten und ihr Verstehen in vertrauten und überschaubaren Situationen zum Ausdruck bringen.“ (KMK, 2022b, S. 11)

Die Schüler:innen können lernstandsbezogen Gesprächen folgen und bei Nichtverstehen nachfragen, Informationen aus Hörtexten isolieren und einfache Schlussfolgerungen ziehen. Sie können Gesprächssignale für das Zuhören aussenden und nonverbale Signale wahrnehmen und in vertrauten und überschaubaren Situationen kognitive und metakognitive prozessbezogene Strategien für das verstehende Zuhören anwenden (KMK, 2022b, S. 12).

Mit anderen sprechen

> „Die Schüler:innen können in vertrauten und überschaubaren Situationen mit mehreren Teilnehmerinnen und Teilnehmern aufeinander Bezug nehmen, um kommunikative Ziele zu verfolgen.“ (KMK, 2022b, S. 12)

Die Schüler:innen können sich regelgeleitet mit konstruktiven Beiträgen an Gesprächen beteiligen und ausgewählte mündliche Lernformen nutzen und praktizieren (z. B. Lesetandems, Rechtschreibgespräche, videogestützte Gespräche). Die Schüler:innen können über ihre Lernerfahrungen sprechen und Beobachtungen wiedergeben, Sachverhalte beschreiben, Erklärungen und Begründungen geben und mündlich reflektieren (KMK, 2022b, S. 12).

Vor anderen sprechen

> „Die Schülerinnen und Schüler können über einen kurzen, begrenzten Zeitraum (vorbereitet und durch Medien gestützt) sprechen und eigene kommunikative Ziele verfolgen (Ausdrucks-, Darstellungs- und Appellfunktion).“ (KMK, 2022b, S. 12)

Die Schüler:innen können kurze, adressat:innenorientierte Vorträge halten, die durch Strategien (z. B. Notizen machen) unterstützt werden. Hierfür können sie auch geeignete Hard- und Software altersbezogen einsetzen. Sie planen und gestalten darüber hinaus szenische Formen des Sprechens.

Schreiben[7]

Der Kompetenzbereich *Schreiben* bezieht sich sowohl auf das Schreiben mit der Hand als auch das digitale Schreiben. Die epistemischen Möglichkeiten, die durch die Langsamkeit des Schreibens entstehen, werden hierbei bedacht. Über Geschriebenes kann nachgedacht werden, auch mit anderen.

Grundlegende Rechtschreibfähigkeiten sollten bis zum Ende der Jahrgangsstufe 4 ausgebildet sein. Die Schüler:innen kennen am Ende der 4. Jahrgangsstufe grundlegende orthografische Strategien und solche, die ihnen helfen, mit Zweifelsfällen umzugehen.

Die Schüler:innen können schreiben, um mit anderen zu kommunizieren, Informationen festhalten und Gefühle sowie Gedanken ausdrücken und kreativ mit Sprache schreibend umgehen.

Sie können ihr Schreiben kooperativ organisieren und berücksichtigen grundlegende Textanforderungen. Die Schüler:innen können erste digitale und analoge Schreibstrategien nutzen (KMK, 2022b, S. 13). Alle genannten Aspekte sind je lernstandsbezogen zu lesen. Dies tritt deutlicher in den folgenden Einzelausführungen hervor.

Über Schreibfertigkeiten verfügen

> „Die Schülerinnen und Schüler schreiben kurze Sätze flüssig. Sie schreiben in einer leserlichen Handschrift. Die Schülerinnen und Schüler schreiben auch mithilfe digitaler Schreibwerkzeuge. Sie gestalten ihre Texte zweckmäßig und übersichtlich.“ (KMK, 2022b, S. 13)[8]

Orthografisch schreiben

> „Die Schülerinnen und Schüler schreiben häufig vorkommende Inhalts- und Funktionswörter richtig, sie beachten die Zeichensetzung […], haben eine Fehleraufmerksamkeit ausgebildet, kennen Rechtschreibstrategien und Rechtschreibhilfen und wenden diese zur Klärung fraglicher Schreibungen an. Sie überprüfen und korrigieren Texte auf ihre orthografische Richtigkeit.“ (KMK, 2022b, S. 14)

[7] Da dieser Bereich für den weiteren Verlauf dieser Arbeit wichtig ist, wird er ausführlicher wiedergegeben.

[8] Diesem Lernziel kann auf der Grundlage weiterer Ausführungen in den Bildungsstandards kaum etwas hinzugefügt werden. Das Schreiben mit der Hand sollte am Ende der Grundschule automatisiert sein; inwieweit das digitale Schreiben ausgebaut sein sollte und mit welchen Mitteln, kann nicht explizit entnommen werden.

Die Schüler:innen kennen Gemeinsamkeiten und Unterschiede von Wortschreibungen, können sich die Struktur von Kernwörtern silbisch und morphologisch erschließen, kennen Merkwörter und können Kern- und Fremdwörter unterscheiden. Häufig vorkommende Fremdwörter können sie richtig schreiben, sie können Eigennamen und Kerne von Nominalgruppen großschreiben, nutzen Rechtschreibhilfen und wenden Strategien an, um eigene Fehlschreibungen zu korrigieren.

Texte verfassen

> „Die Schülerinnen und Schüler planen und strukturieren, formulieren und überarbeiten Texte und beachten dabei allgemeine Textmerkmale, Adressaten, den Schreibanlass, Schreibfunktion und Textsorte sowie verschiedene Formen des Schreibens, den Einsatz digitaler Schreibwerkzeuge und die Anwendung von Schreibstrategien.“ (KMK, 2022b, S. 14)

Texte planen und strukturieren

> „Die Schülerinnen und Schüler können ihre Schreibumgebung (Arbeitsplatz mit Blatt oder Heft und Stift bzw. digitalen Schreibumgebungen) einrichten und einfache Planungsschritte durchführen.“ (KMK, 2022b, S. 14)

Die Schüler:innen können sich eine Schreibumgebung einrichten und einfache Planungsschritte vollziehen, etwa: Ideen sammeln und hierzu entsprechende Techniken anwenden (z. B. Mindmaps erstellen), Wörter und Wortfelder sammeln, Vorwissen zu Adressat:innen aktivieren, festhalten und für das Schreiben nutzen, ein Schreibziel festlegen, digitale Möglichkeiten nutzen und kooperativ Texte planen (KMK, 2022b, S. 14, 15).

Texte formulieren

> „Die Schülerinnen und Schüler beherrschen grundlegende Schreibfunktionen, sie können Texte zu bekannten Textsorten mit einer kommunikativen oder personalen Funktion für konkrete und überwiegend bekannte Adressaten verständlich und angemessen sowohl in ausgewählter kooperativer als auch digitaler Schreibumgebung formulieren und Schreibstrategien anwenden.“ (KMK, 2022b, S. 15)

Die Schüler:innen können einfache Texte adressat:innengerecht formulieren, die kohärent und in Bezug auf das Lernalter sprachlich angemessen sind. Sie können Schreibfunktionen realisieren (Ausdrucks-, Darstellungs-, Appellfunktion) und einschlägige Textsorten, z. B. Erlebniserzählung, Beschreibung,

Erklärung, Instruktion, Back- oder Kochrezept, Briefe oder Filmtipps verfassen. Die Schüler:innen nutzen kooperative, produktive und kreative Schreibformen und kennen analoge und digitale Formen der Textgestaltung und grundlegende Formulierungsstrategien, die sie auch anwenden können (KMK, 2022b, S. 15).

Texte überarbeiten

> „Die Schülerinnen und Schüler können auf Textteile bezogene Hinweise (bspw. von der Lehrkraft oder von Mitschülerinnen und Mitschülern) einarbeiten und Überarbeitungsstrategien anwenden." (KMK, 2022b, S. 15)

Die Schüler:innen können ihr Wissen über Textsorten nutzen, um ihre Texte und die von Mitschüler:innen zu überprüfen. Sie können ausgewählte Kriterien der Textbeurteilung (Aufbau, Inhalt, Formulierungen, Wortwahl, Rechtschreibung, Gestaltung, Kohärenz, Verständlichkeit, Adressat:innenorientierung) anwenden. Für die Textüberarbeitung können die Schüler:innen analoge und digitale Werkzeuge angeleitet nutzen (z. B. Wörter einfügen/Sätze umstellen) und kennen erste Überarbeitungsstrategien (z. B. Planungsnotizen zur Prüfung nutzen, das Hören nutzen und den Textentwurf laut vorlesen) (KMK, 2022b, S. 16).

Lesen

Über die Grundschulzeit sollen die Schüler:innen grundlegende Lesefertigkeiten erwerben, sodass sie flüssig und verstehend, textorientiert lesen können. Sie können sich Leseziele setzen, Leseaufgaben verstehen, Leseerwartungen entwickeln und grundlegende Lesestrategien nutzen. Lesen wird, wie Schreiben auch, als Prozess betrachtet (vgl. Abschnitte 5.2 und 5.3). In der Grundschulzeit soll neben den prozessbezogenen Fähigkeiten auch das Leseinteresse gefördert sowie das Selbstkonzept als Leser:in positiv gestärkt werden (KMK, 2022b, S. 16).

Lesefertigkeiten: Flüssig lesen

> „Die Schülerinnen und Schüler lesen leise und laut, automatisiert, genau, sinngestaltend und zügig." (KMK, 2022b, S. 16)

Lesefertigkeiten: Über Lesetechniken verfügen

> „Die Schülerinnen und Schüler verfügen über Techniken zur Orientierung in und zwischen Texten." (KMK, 2022b, S. 16)

Die Schüler:innen können sich einen Überblick über strukturelle Merkmale verschaffen und diesen für das Verstehen nutzen; sie nutzen textuelle Lesehilfen. Hierzu gehören nach den Bildungsstandards u. a. eine Orientierung an Überschriften, Absätzen oder auch an Abbildungen (KMK, 2022b, S. 16).

Lesefähigkeiten: Leseverstehen

> „Die Schülerinnen und Schüler lesen dem Lernstand entsprechende Texte sinnverstehend." (KMK, 2022b, S. 17)

Lesefähigkeiten: Über Strategien zum Leseverstehen verfügen

> „Die Schülerinnen und Schüler kennen erste grundlegende kognitive und metakognitive Lesestrategien zum Einsatz vor dem Lesen, während des Lesens und nach dem Lesen. Sie können diese bei gut strukturierten Texten anwenden." (KMK, 2022b, S. 17)

Die Schüler:innen können das Lesen vorbereiten, indem sie z. B. ihr Vorwissen aktivieren, das Lesen organisieren, indem sie z. B. ordnende (z. B. Markieren), elaborierende (über den Text hinausgehende Gedanken entwickeln) oder reflektierende (Verstehenshürden identifizieren) Lesetechniken nutzen. Sie bereiten das Lesen nach, indem sie bspw. Textaussagen wiedergeben (KMK, 2022b, S. 17).

Sich mit Texten und anderen Medien auseinandersetzen
Die Schüler:innen machen ästhetische Erfahrungen mit literarischen Texten und entwickeln Lesemotivation. Sie lernen verschiedene Textsorten in verschiedenen Medien kennen. Sie können sich altersentsprechend im Medienangebot orientieren (analog und digital). Eine kritische Reflexion von Medienangeboten findet bereits in der Grundschule statt (KMK, 2022b, S. 17).

Über Textwissen verfügen

> „Die Schülerinnen und Schüler verfügen über ein grundlegendes Orientierungswissen zu Texten unterschiedlicher medialer Form, Textsorten und Gattungen." (KMK, 2022b, S. 18)

Die Schüler:innen kennen Kinderliteratur und können hierüber berichten, unterscheiden narrative, lyrische und szenische Texte sowie informierende (z. B. Lexikonartikel), instruierende (z. B. Spielanleitungen) und regulierende Textsorten (z. B. Klassenregeln) und können Texte bekannten Gattungen zuordnen.

Sie kennen und nutzen medial vielfältige Zugänge zu Textsorten (etwa Hörbücher oder Erklärvideos) und nutzen auch digitale Formen wie Hypertexte (KMK, 2022b, S. 18).

Sich im Medienangebot orientieren

> „Die Schülerinnen und Schüler nutzen das Medienangebot zur Entwicklung und Pflege eigener Interessen, zur Erweiterung ihrer Wissensbasis und als Anlass zum Austausch mit anderen." (KMK, 2022b, S. 18)

Texte in unterschiedlicher medialer Form erschließen und nutzen

> „Die Schülerinnen und Schüler erschließen sich Texte unterschiedlicher medialer Form – auch als Grundlage für die mündliche und schriftliche Anschlusskommunikation." (KMK, 2022b, S. 18)

Digitale Formate und Umgebungen
Die Schüler:innen nutzen digitale Möglichkeiten wie Wikis, Chats, Computerspiele etc., können ihre Erfahrungen beschreiben und sich kritisch damit auseinandersetzen. Sie nutzen digitale Angebote zur Erstellung eigener Produkte (KMK, 2022b, S. 19).

Texte präsentieren

> „Die Schülerinnen und Schüler präsentieren Texte eigener Wahl oder vorgegebene Texte und nutzen verschiedene Präsentationsformen." (KMK, 2022b, S. 19)

Sprache und Sprachgebrauch untersuchen
Die Schüler:innen sollen in der Grundschule die Gelegenheit dazu erhalten, sprachliche Strukturen zu untersuchen und Sprache als Kommunikationsmittel kennenzulernen. Es soll mit Struktureinheiten gearbeitet (Wörter, Sätze, Texte und Gespräche) und wesentliche Strukturbegriffe im Unterricht behandelt werden. Neben sprachsystematischen und variationsbezogenen Einblicken (*Dialekte*, *Alltags-* und *Bildungssprache*) sowie Einblicken in das Thema *Mehrsprachigkeit* und die Deutsche Gebärdensprache sollen verschiedene Zugänge eröffnet und die Freude am kreativen Umgang mit Sprache gefördert werden. Dies bildet die Grundlage für metasprachliche Fähigkeiten und (adressat:innenbezogene) Sprachbewusstheit, das Erlernen von Fremdsprachen und den bewussten Umgang mit Medien und Texten (KMK, 2022b, S. 20).

Sprachliche Verständigung und sprachliche Vielfalt untersuchen

> „Die Schülerinnen und Schüler untersuchen und beschreiben Aspekte sprachlicher Verständigung und sprachlicher Variation in Texten, Gesprächen und Formen digitaler Kommunikation.“ (KMK, 2022b, S. 20)

Mündliche und schriftliche Kommunikation
Die Schüler:innen kennen Unterschiede zwischen gesprochener und geschriebener Sprache und Unterschiede der Rollen Schreiber:in/Sprecher:in/Leser:in/Hörer:in (KMK, 2022b, S. 20).

Ausprägungen und Bedingungen sprachlicher Variation und Vielfalt
Die Schüler:innen beschreiben eigene Erfahrungen mit sprachlicher Vielfalt und Variation und untersuchen ausgewählte Beispiele (KMK, 2022b, S. 20).

Sprachliche Strukturen untersuchen und nutzen
Die Schüler:innen können sprachliche Strukturmerkmale der geschriebenen und gesprochenen deutschen Sprache beschreiben und nutzen. Hierzu gehören die Strukturmerkmale und Bereiche *Wörter und Sätze*, *Texte und Gespräche*, *Rechtschreibung*, *Aussprache* sowie die Nutzung von *Ressourcen der deutschen Sprache*, wie Wörterbücher oder Grammatiken (KMK, 2022b, S. 21).

Übergreifend ist es darüber hinaus Aufgabe des Deutschunterrichts, einen Grundwortschatz zu vermitteln, der an Sprachhandlungssituationen gekoppelt ist. Der Deutschunterricht stellt ein Sprachangebot bereit, das sich zunehmend ausdifferenziert und sowohl auf den mündlichen als auch den schriftlichen Sprachgebrauch bezogen ist (KMK, 2022b, S. 24).

Die Bildungsstandards setzen – wie in Abschnitt 2.1 beschrieben – einen Rahmen für die Entwicklung der Lehrpläne in den Bundesländern und sind als erstrebenswertes Bildungsziel zu interpretieren. Im Folgenden werden die Lernziele für die Grundschule und die Erprobungsstufe und das Fach Deutsch – aufbauend auf den Ausführungen zu den Bildungszielen – für NRW zusammengefasst referiert.

Lehrplan für das Fach Deutsch für die Primarstufe
Die Richtlinien und Lehrpläne für die Grundschule in NRW wurden am 01.08.2021 reformiert und ab Klasse 1 ab dem Schuljahr 2022/23 eingesetzt. Da die Daten dieser Studie für die Klassen 5 und 6 vor 2023 erhoben wurden bzw. die Schüler:innen ab dem Jahr 2023 bereits eine weiterführende Schule besuchten, wird die auslaufende, zu diesem Zeitpunkt gültige Fassung aus dem Jahr

2008 in den zentralen Punkten beschrieben.[9] Da für diese Studie das Schreiben und das Lesen für die nachfolgenden Ausführungen wichtig sind, soll hierauf der Schwerpunkt gelegt werden.[10] Grundsätzlich lässt sich konstatieren, dass sowohl die beschriebenen Kompetenzbereiche als auch die Lernziele aus den Bildungsstandards im Kernlehrplan abgebildet sind (LP, Grundschule, NRW, 2008). Wichtig für die Beschreibung der Lernenden sind die Kompetenzen, welche die Schüler:innen am Ende der Grundschule/zu Beginn der Erprobungsstufe erworben haben sollten. Für den Bereich *Schreiben* werden die folgenden Kompetenzen und Ziele genannt:

> „Die Schülerinnen und Schüler schreiben Sachverhalte, Erfahrungen, Gedanken und Gefühle für sich und andere auf. Sie lernen, ihre jeweiligen Schreibabsichten mit Hilfe entsprechender Sprachmittel und Textmuster bewusst zu gestalten. Sie orientieren sich dabei zunehmend an regelkonformen Schreibweisen und benutzen dazu entsprechende Strategien und geeignete Hilfsmittel." (LP, Grundschule, NRW, 2008, S. 29)

Für alle Kompetenzbereiche werden Fähigkeiten als Lernziele definiert, welche die Schüler:innen am Ende der Klasse 4 erreicht haben sollten. Diese sind für den Bereich *Schreiben* und *Über Schreibfertigkeiten verfügen*, dass die Schüler:innen am Ende der Klasse 4 in der Lage sind, „flüssig und formklar in einer gut lesbaren verbundenen Handschrift" (LP, Grundschule, NRW, 2008, S. 29) zu schreiben, nachdem sie die Druckschrift automatisiert haben. Darüber hinaus können sie „den PC als Schreibwerkzeug" (LP, Grundschule, NRW, 2008, S. 29) und dabei „Gestaltungs- und Überarbeitungsmöglichkeiten" (LP, Grundschule, NRW, 2008, S. 29) nutzen.

Im Bereich *Texte situations- und adressatengerecht verfassen* werden Textsorten und Textfunktionen aufgeführt, die auch in den Bildungsstandards benannt und oben beschrieben wurden. Die Schüler:innen sollten am Übergang zur Sekundarstufe I über ein grundlegendes Repertoire an Planungs- und Überarbeitungstechniken verfügen und ihre Texte auf die Einhaltung formaler Kriterien altersgerecht selbst überprüfen können (LP, Grundschule, NRW, 2008, S. 29, 30).

---

[9] Die Richtlinien und Lehrpläne für die Fächer der Grundschule liegen als ein Sammeldokument vor. Einmal auslaufend aus dem Jahr 2008 (LP, Grundschule, NRW, 2008) und einmal reformiert ab 2021 (LP, Grundschule, NRW, 2021).

[10] Damit wird gänzlich der Bereich *Sprechen und Zuhören* ausgeklammert, dessen Inhalte auf den Seiten 27, 28 und 29 des Lehrplans nachgelesen werden können (LP, Grundschule, NRW, 2008). Der Bereich *Sprache und Sprachgebrauch untersuchen* wird referiert, da hier u. a. Grundlagen für das Verstehen von Aufgaben in allen Fächern gelegt werden.

Im Bereich *Richtig schreiben* ist aufgeführt, dass die Schüler:innen ebenfalls über ein grundlegendes Repertoire an Rechtschreibstrategien und Regelwissen sowie Methoden verfügen sollten. Das orthografische Wissen wird im Kernlehrplan für die Laut-/Buchstabenebene, die Wortebene und für die Satzebene sowie in Bezug auf Ausnahmen konkret aufgelistet (LP, Grundschule, NRW, 2008, S. 30).

Im Bereich *Lesen – mit Texten und Medien umgehen* besteht das folgende übergeordnete Kompetenzziel:

> „Die Schülerinnen und Schüler entwickeln ihre Lesefähigkeiten in einer anregenden Leseumgebung. Über das genießende und interessengeleitete Lesen erhält das Lesen im eigenen Alltag eine positive Funktion. Die Schülerinnen und Schüler machen Erfahrungen mit unterschiedlichen fiktionalen Texten sowie Sach- und Gebrauchstexten. Sie nutzen Lesestrategien, um das Verstehen von Texten und Medien zu intensivieren, und verbinden das Gelesene mit ihrem Sach- und Weltwissen." (LP, Grundschule, NRW, 2008, S. 31)

Im Teilbereich *Über Lesefähigkeiten verfügen* wird aufgeführt, dass Schüler:innen am Ende der Klasse 4 Arbeitsanweisungen zum Lesen und zum Filtern von Informationen aus Texten verstehen können sollten und überdies Texte nach Interesse begründet auswählen können (LP, Grundschule, NRW, 2008, S. 31).

Im Bereich *Über Leseerfahrung verfügen* wird u. a. die für diese Arbeit relevante Fähigkeit aufgeführt, dass die Schüler:innen Sach- und Gebrauchstexte (kontinuierlich und diskontinuierlich) altersgerecht kennen und verstehen (LP, Grundschule, NRW, 2008, S. 31).

Im Teilbereich *Texte erschließen – Lesestrategien nutzen* werden die folgenden Lesestrategiebereiche genannt: Strategien zur Orientierung im Text, Erfassen und Zusammenfassen von Aussagen und Inhalten, Aussagen mit Textstellen belegen, Strategien zur Klärung von Verständnisproblemen anwenden, eigene Gedanken zum Text formulieren und Schlussfolgerungen ziehen, Texte vergleichen sowie Texte in eine andere Form umsetzen (z. B. in eine Collage) (LP, Grundschule, NRW, 2008, S. 32).

Die Teilbereiche *Texte präsentieren* und *Mit Medien umgehen* beinhalten die über die Bildungsstandards beschriebenen Präsentationsfähigkeiten, einschließlich der Auswahl und Nutzung von Ton-, Video- und recherchiertem Material zur Ergebnispräsentation (LP, Grundschule, NRW, 2008, S. 32, 33).

Der Bereich *Sprache und Sprachgebrauch untersuchen* ist ebenfalls mit den Bildungsstandards vergleichbar und für die vorliegende Studie deshalb interessant, da hier die Kompetenzen für den Umgang mit Aufforderungsformen angebahnt werden. Es wird im Kernlehrplan eine Liste mit Fachbegriffen ausgegeben, welche die Schüler:innen am Ende der 4. Jahrgangsstufe kennen sollen, etwa im Bereich *Wort* die Bezeichnungen von Wortarten (z. B. *Nomen, Artikel, Verb)*, auf Satzebene u. a. die Satzzeichen (z. B. *Punkt, Komma, Fragezeichen*) oder die Satzarten. Auf der Ebene des Textes sind es Textformen (z. B. auch die *Beschreibung*) sowie situationale Rollen, wie *Hörer:in/Sprecher:in* und *Leser:in/ Schreiber:in* (LP, Grundschule, NRW, 2008, S. 35). Somit fließen über den Lehrplan Lernziele in das Fach *Deutsch* ein, die für das Aufgabenverständnis und das Aufgabenlösen in allen Fächern notwendig sind.

Im Folgenden werden die Kompetenzen für das Fach *Deutsch* und die Erprobungsstufe des Gymnasiums zusammengefasst, welche die Kompetenzerwartungen und Ziele beschreiben, die parallel zu dem hier behandelten Physik- und Wirtschaft-Politik-Unterricht im Deutschunterricht umgesetzt werden sollen.

Kernlehrplan für das Fach Deutsch für die Erprobungsstufe

Der Kernlehrplan NRW für die Sekundarstufe I in allen Fächern beinhaltet sowohl die Lernziele für die Erprobungsstufe als auch für die weiterführende Sekundarstufe I bis zum Ende der Klasse 10. Alle Kernlehrpläne folgen einem identischen strukturellen Aufbau, der sich aus den Teilen *Ziele des Fachs/Übergreifende fachliche Kompetenz, Kompetenzbereiche, Inhaltsfelder (Gegenstände), Kompetenzbereiche (Prozesse)* und *Kompetenzerwartungen* zusammensetzt. Als Inhaltsfelder und Kompetenzbereiche im Fach Deutsch werden im Kernlehrplan *Sprache, Texte, Kommunikation* und *Medien* als Inhaltsfelder unterschieden, die sich – sehr ähnlich den bereits vorgestellten Bildungsstandards und dem Lehrplan für die Grundschule – in rezeptive und produktive Fähigkeiten unterteilen lassen und die Kompetenzbereiche *Lesen, Schreiben, Sprechen* und *Zuhören* unterscheiden. Hinzu kommt als Querschnittsbereich *Reflektieren und Beurteilen* (KLP NRW Deutsch, Gym, Sek. I, 2019, S. 14).

Die Kompetenzerwartungen für die Erprobungsstufe werden auf den Seiten 16 bis 22 des Kernlehrplans ausgewiesen, der in NRW für das Fach Deutsch und das Gymnasium ab 2019 bzw. das Schuljahr 2019/20 ab dem 5. Schuljahr gültig ist (KLP NRW Deutsch, Gym, Sek. I, 2019). Im Folgenden sollen die Lernziele zu den Bereichen *Schreiben* und *Lesen* zitiert werden, da diese elementar für das Lösen von Schulbuchaufgaben im Fachunterricht in Einzelarbeit innerhalb des Erkenntnisinteresses dieser Arbeit sind.

Inhaltsfeld Sprache
Im Inhaltsfeld *Sprache* ist aufgeführt, dass die Schüler:innen im Bereich *Rezeption* „Lesestrategien [...]“ und „schreibproduktive Formen der Texterschließung für [ein] vertieftes Leseverstehen einsetzen [...]“ können (KLP NRW Deutsch, Gym, Sek. I, 2019, S. 16).

Im Bereich *Produktion* werden die folgenden Lernziele ausgegeben.
Die Schüler:innen können:

- „Texte in handschriftlicher und digitaler Form leserfreundlich aufbereiten,
- eigene Texte angeleitet planen und nach vorgegebenen Kriterien überarbeiten,
- Arbeitsergebnisse in schriftlicher Form sachgerecht sichern und dokumentieren,
- die inhaltliche und sprachliche Gestaltung von Texten als Modell für eigenes Schreiben verwenden,
- mündliche und schriftliche Texte funktional gestalten, [...]
- orthografisch und grammatisch normgerecht schreiben, [...].“

(KLP NRW Deutsch, Gym, Sek. I, 2019, S. 16)

Im *Inhaltsfeld Texte* und dem Bereich *Rezeption* liegen die folgenden Lernziele vor:
Die Schüler:innen können:

- „[...]
- grundlegende Textfunktionen innerhalb von Sachtexten (appellieren, argumentieren, berichten, beschreiben, erklären) unterscheiden,
- in einfachen diskontinuierlichen und kontinuierlichen Sachtexten – auch in digitaler Form – Aufbau und Funktion beschreiben,
- Informationen aus Sachtexten aufeinander beziehen und miteinander vergleichen.“

(KLP NRW Deutsch, Gym, Sek. I, 2019, S. 19)

Für den Bereich *Produktion* lauten die Lernziele im Kernlehrplan:
Die Schüler:innen können:

- „[...] ein Schreibziel benennen und mittels geeigneter Hilfen zur Planung und Formulierung (u. a. typische grammatische Konstruktionen, lexikalische Wendungen, satzübergreifende Muster der Textorganisation, Modelltexte) eigene Texte planen, verfassen und überarbeiten, [...] (KLP NRW Deutsch, Gym, Sek. I, 2019, S. 19)
- angeleitet mögliche Erwartungen und Interessen einer Adressatin bzw. eines Adressaten einschätzen und im Zielprodukt berücksichtigen, [...]
- Sachtexte – auch in digitaler Form – zur Erweiterung der eigenen Wissensbestände, für den Austausch mit anderen und für das Verfassen eigener Texte gezielt einsetzen,

- beim Verfassen eines eigenen Textes verschiedene Textfunktionen (appellieren, argumentieren, berichten, beschreiben, erklären, informieren) unterscheiden und situationsangemessen einsetzen."

(KLP NRW Deutsch, Gym, Sek. I, 2019, S. 20)

Auch der Bereich *Medien* ist für die vorliegende Studie relevant, da die Schüler:innen in der Interventionsstudie (vgl. Abschnitt 6.3) innerhalb eines Lernsettings ihre Aufgaben lösen, indem analoge und digitale Elemente kombiniert werden und das Schreiben mit der Tastatur für das Formulieren und Überarbeiten des eigenen Textes genutzt wird (vgl. Abschnitt 6.3.4). Laut Kernlehrplan für das Fach Deutsch und die Erprobungsstufe sollen diejenigen Lernziele erreicht werden, welche im Folgenden in *Rezeption* und *Produktion* unterteilt zitiert werden.

Inhaltsfeld Medien
Bereich *Rezeption:*
Die Schüler:innen können:

- „dem Leseziel und dem Medium angepasste einfache Lesestrategien des orientierenden, selektiven, intensiven und vergleichenden Lesens einsetzen (u. a. bei Hypertexten) und die Lektüreergebnisse darstellen,
- Medien bezüglich ihrer Präsentationsform (Printmedien, Hörmedien, audiovisuelle Medien: Websites, interaktive Medien) und ihrer Funktion beschreiben (informative, kommunikative, unterhaltende Schwerpunkte),
- Informationen und Daten aus Printmedien und digitalen Medien gezielt auswerten, [...]."

(KLP NRW Deutsch, Gym, Sek. I, 2019, S. 21)

Bereich *Produktion:*
Die Schüler:innen können:

- „[...] in digitaler und nicht-digitaler Kommunikation Elemente konzeptioneller Mündlichkeit bzw. Schriftlichkeit identifizieren, die Wirkungen vergleichen und in eigenen Produkten (persönlicher Brief, digitale Nachricht) adressatenangemessen verwenden, [...]
- grundlegende Funktionen der Textverarbeitung unterscheiden und einsetzen.")

(KLP NRW Deutsch, Gym, Sek. I, 2019, S. 22)

Demnach sollen im Deutschunterricht der Erprobungsstufe des Gymnasiums bis zum Ende der Klasse 6 die rezeptiven und produktiven Fertigkeiten weiter ausgebaut und wiederholt werden, die bereits in der Grundschule angebahnt wurden. Dies betrifft die Anwendung verschiedener Lesestrategien und -techniken, das Üben des adressat:innenorientierten Schreibens sowie das Verfassen von Texten mit Beachtung der Textfunktion. Die Schüler:innen sollen ihre Rechtschreibkompetenzen weiter ausbauen, beim Verfassen von Texten Planungs- und Überarbeitungsstrategien für analoge und digitale Texte anwenden sowie Wissen über Textsortenmerkmale, auch im Bereich der Sachtexte, aufbauen. Hinzu kommt eine Orientierung an Mustertexten und eine Nutzung von musterhaften Wendungen zum Verfassen von Texten.

Entsprechende Kompetenzen sind für den Erwerb im naturwissenschaftlichen und gesellschaftswissenschaftlichen Sachunterricht relevant. Bevor das Kapitel 4, *Lernende*, zusammengefasst wird und im Anschluss die kognitiven und sprachlichen Lernprozesse näher beschrieben werden, erfolgt abschließend eine prägnante Zusammenfassung der sachunterrichtlichen Kompetenzerwartungen, welche laut Lehrplan für die Grundschule bestehen und der Erprobungsstufe vorausgehen.

4.3 Fachliche Kompetenzerwartungen am Übergang

In den Abschnitten 2.2.1 und 2.2.2 wurden die Kernlehrpläne der Erprobungsstufe für Physik und Wirtschaft-Politik vorgestellt. Im vorhergehenden Abschnitt 4.2 wurden die sprachlichen Kompetenzerwartungen am Übergang von der Primar- zur Sekundarstufe I beschrieben. Demnach konnten bis zu diesem Abschnitt für das sprachlich-fachliche Lernen für die Erprobungsstufe sowohl die fachlichen Lernziele beschrieben werden, die für den aktuellen Lernzeitpunkt der Schüler:innen relevant sind, als auch die sprachlichen Lernziele, die bereits erreicht sein sollten, bzw. diejenigen, die parallel zum Fachunterricht im Deutschunterricht der Erprobungsstufe erworben werden.

Abschließend werden in diesem Kapitel diejenigen Lernziele beschrieben, welche für den Sachunterricht der Grundschule vorliegen. Es werden die physikalischen und gesellschaftswissenschaftlichen Auszüge dargestellt. Beide geben Hinweise auf potenzielles Vorwissen der Schüler:innen in der Erprobungsstufe im Bereich Physik und Wirtschaft-Politik.

Das Kombinationsfach *Sachunterricht* wird im Lehrplan für die Grundschule in fünf Bereiche aufgeteilt:

1. Natur und Leben, 2. Technik und Arbeitswelt, 3. Raum, Umwelt und Mobilität, 4. Mensch und Gemeinschaft sowie 5. Zeit und Kultur (LP, Grundschule, NRW, 2008) Es kann zusammengefasst werden, dass einige Themenfelder, die in der Erprobungsstufe in *Physik* und *Wirtschaft-Politik* im Kernlehrplan aufgeführt werden, in der Grundschule bereits Teil des Kernlehrplans *Sachunterricht* sind und damit angebahnt werden.

Hierzu gehören die Themenfelder:

1. Natur und Leben:

   - „Stoffe und ihre Umwandlung
   - Wärme, Licht, Feuer, Wasser, Luft, Schall
   - Magnetismus und Elektrizität […].“
     (LP, Grundschule, NRW, 2008, S. 41)

2. Technik und Arbeitswelt:

   - „Beruf und Arbeit, Arbeit und Produktion
   - Werkzeuge und Materialien, Maschinen und Fahrzeuge
   - Bauwerke und Konstruktionen
   - Ressourcen und Energie.“
     (LP, Grundschule, NRW, 2008, S. 41)

3. Raum, Umwelt und Mobilität:

   - „[…] Schulweg und Verkehrssicherheit, Verkehrsräume, Verkehrsmittel
   - Umweltschutz und Nachhaltigkeit.“
     (LP, Grundschule, NRW, 2008, S. 42)

4. Mensch und Gemeinschaft:

   - „Zusammenleben in der Klasse, in der Schule und in der Familie
   - Aufgaben des Gemeinwesens
   - Interessen und Bedürfnisse
   - Frauen und Männer
   - Freundschaft […].“
     (LP, Grundschule, NRW, 2008, S. 42)

5. Zeit und Kultur

   - „Zeiteinteilungen und Zeiträume […]
   - Ich und andere
   - Viele Kulturen – eine Welt
   - Medien als Informationsmittel
   - Mediennutzung.“

Ohne an dieser Stelle alle Kompetenzerwartungen am Ende der Jahrgangsstufe 4 zu zitieren, kann konstatiert werden, dass diese Kompetenzerwartungen zu den aufgeführten Inhaltsfeldern direkt an die Erprobungsstufe anschließen (LP, Grundschule, NRW, 2008, S. 43–50).

Konkrete Beispiele sind etwa für *Physik*:

> „Die Schülerinnen und Schüler planen und führen Versuche durch und werten Ergebnisse aus (z. B. *Licht, Feuer, Wasser, Luft, Schall*) [...].“
>
> (LP, Grundschule, NRW, 2008, S. 43, Hervorhebungen im Original)
>
> „Die Schülerinnen und Schüler sammeln und dokumentieren Beispiele für unterschiedliche Formen der Energieumwandlung (z. B. *Wasser, Wind, Licht, Kohle*).“
>
> (LP, Grundschule, NRW, 2008, S. 45, Hervorhebungen im Original)

Für *Wirtschaft-Politik*:

> „Die Schülerinnen und Schüler erkunden, vergleichen und erklären Zusammenhänge zwischen Arbeit, Lebensunterhalt und Lebensstandard (z. B. *früher – heute, andere Länder*).“
>
> (LP, Grundschule, NRW, 2008, S. 44, Hervorhebungen im Original)
>
> „Die Schülerinnen und Schüler versetzen sich in Bedürfnisse, Gefühle und Interessen anderer und argumentieren aus deren Sicht [...]
>
> Nutzen adäquater Verfahren, um Entscheidungen herbei zu führen (sic!) (z. B. *Beratungen, Klassenrat, Abstimmungen, Wahlen*).“
>
> (LP, Grundschule, NRW, 2008, S. 47, Hervorhebungen im Original)

Die Ziele des Sachunterrichts sind derart gestaltet, dass über den Unterricht die folgenden Werte, Fähigkeiten und das Wissen vernetzt vermittelt werden, womit ein Beitrag zur Identitäts- und Persönlichkeitsentwicklung geleistet werden soll:

- „die Achtung vor der Würde des Menschen
- den verantwortungsvollen Umgang mit der natürlichen und gestalteten Lebenswelt und ihren Ressourcen
- die Solidarität mit und in der sozialen Gemeinschaft
- eine kritisch-konstruktive Haltung zu Naturwissenschaft und Technik
- das Bewusstsein für die Bedeutung von Kultur und Geschichte und für die damit verbundenen Werte und sozialen Orientierungen.“ (LP, Grundschule, NRW, 2008, S. 39).

Kompetenzerwartungen können immer nur einen Richtwert geben, was Schüler:innen am Ende einer Jahrgangsstufe können sollten, und bilden keine erreichten Kompetenzen ab. Sie geben aber durchaus Einblicke in potenzielle Inhalte und Lernprozesse einer Jahrgangsstufe. Überdies sind sie für diese Arbeit relevant, da sie die Grundlage für die Konzeption der untersuchten und im Experiment eingesetzten Lehrwerke und Aufgaben bilden.

4.4 Zusammenfassung

Ein/e durchschnittliche/r Schüler:in wechselt mit etwa 10 Jahren von der Grundschule auf die weiterführende Schule, sodass Lernende der Erprobungsstufe meist 10 bis 12 Jahre alt sind (in Randfällen 9 bis 13 Jahre). Anschließend gehen die Schüler:innen nach der Erprobungsstufe in die Mittelstufe über. Zuvor haben sie die Grundschule besucht, in der *Deutsch* als eigenes Fach und *Sachunterricht* als Kombinationsfach unterrichtet wurde. In der Erprobungsstufe differenziert sich das Fach *Sachunterricht* u. a. in die Fächer *Wirtschaft-Politik* und *Physik* aus.

Das Gymnasium ist nach der Bildungsexpansion die meistbesuchte Schulform in Deutschland. Die Erprobungsstufe kann eine wichtige Hürde in der Bildungsbiografie von Schüler:innen darstellen, vor allem dann, wenn sie zu Hause keine Unterstützung für diesen Übergang erhalten können, denn der Schulwechsel ist mit sozialen, räumlichen, zeitlichen und fachbezogenen Veränderungen verbunden. Am Gymnasium sind in der Regel die Anforderungen an zu erbringende Leistungen höher als in der Grundschule. Die Erprobungsstufe umfasst die Klassen 5 und 6, die als pädagogische Einheit verbunden sind. Dies bedeutet auch, dass die Schüler:innen zwar einmal freiwillig eine Klasse wiederholen, grundsätzlich aber nicht sitzenbleiben können.

Die sprachlichen und fachlichen Kompetenzerwartungen, die zu Beginn der Erprobungsstufe bestehen, werden von allen weiterführenden Schulformen als erreichte Regelstandards am ehesten am Gymnasium vorausgesetzt, da das Gymnasium die Schulform für leistungsstärkere Schüler:innen darstellt. Nach den Bildungsstandards und dem Kernlehrplan für das Fach *Deutsch* und die Grundschule in NRW sollten Schüler:innen am Ende der Klasse 4 und damit am Eingang in die Erprobungsstufe neben einer automatisierten Druckschrift über eine verbundene Handschrift verfügen und grundlegende Erfahrungen mit dem digitalen Schreiben gemacht haben.[11]

---

[11] Für die Umsetzung ist eine entsprechende digitale Ausstattung der Schule notwendig. Vgl. auch die Bitkom-Studie 2023, eine repräsentative Umfrage mit 504 Schüler:innen (*n*

Laut den Kompetenzerwartungen des Lehrplans kennen die Schüler:innen für das Verfassen analoger und digitaler Texte altersentsprechende Planungs- und Überarbeitungsstrategien, beherrschen bereits einige Rechtschreibregeln und können ihre eigenen Texte und Texte von Mitschüler:innen überprüfen und kriteriengeleitet eine altersgemäße Rückmeldung geben. Sie kennen das adressat:innengerechte Schreiben und können grundlegend Textfunktionen unterscheiden. Sie hatten Grammatikunterricht und kennen grammatische Beschreibungskategorien, sprachliche Varianten und konnten Erfahrungen mit sprachlicher Vielfalt sammeln. Hierzu gehört die Unterscheidung von Alltags- und Bildungssprache. Die Schüler:innen konnten idealerweise in der Grundschule erste Erfahrungen mit der Nutzung von Formulierungsmustern und Modelltexten für das Schreiben sammeln.

Am Ende der Erprobungsstufe sollten darüber hinaus die meisten orthografischen Grundregeln erworben worden sein. Die Schüler:innen nutzen zu Beginn der Erprobungsstufe den Grundwortschatz und erweitern diesen einerseits fortwährend und ergänzen diesen andererseits zunehmend mit einem Fachwortschatz. Die Schüler:innen kennen Aufforderungsformen und Fragestellungen, können Sätze mit Satzzeichen versehen und bringen damit am Eingang der Erprobungsstufe die Voraussetzungen mit, um Aufgabenstellungen mit Aufforderungen in allen Fächern grundlegend zu lösen. Dies gilt auch für die Mündlichkeit und Schriftlichkeit.

Im Bereich *Lesen* sollten die Schüler:innen am Ende der Jahrgangsstufe 4 ausreichend flüssig und sinnentnehmend lesen können und haben erste Lesestrategien und Lesetechniken kennengelernt. Sie können Verstehenshürden identifizieren und Verständnisfragen stellen. Die Schüler:innen sollten in der Grundschule bereits Erfahrungen mit Sachtexten sowie mit dem Beschreiben und Erklären als Texthandlungen gesammelt haben. Sie kennen neben kontinuierlichen Texten auch erste diskontinuierliche Texte.

In Bezug auf die sachfachliche Bildung sollten die Schüler:innen eine sachfachliche Grundbildung aus der Grundschule in die Erprobungsstufe des Gymnasiums mitbringen, was sich auf physikalisches und gesellschaftliches Wissen zu anschlussfähigen Themen der Erprobungsstufe bezieht. Hierzu gehören Kompetenzerwartungen wie die Durchführung von Experimenten zu Elektrizität oder Schall oder die Thematisierung von Gemeinschaft und demokratischen Strukturen.

= 504) zwischen 14 und 19 Jahren. 87 % der Schüler:innen gaben 2023 an, über kein oder nur schlechtes WLAN an der Schule zu verfügen; 56 % gaben eine schlechte technische Ausstattung an (Wintergerst, 2023).

Es wird ersichtlich, dass der Deutschunterricht wichtige Voraussetzungen schafft, um fachliches Lernen zu ermöglichen. Da der Deutschunterricht jedoch nicht auf sachfachliche Lerninhalte bezogen ist, ist es über den Deutschunterricht hinaus wichtig, erlernte Techniken und Methoden dort, wo es dem Lernen dienlich ist, direkt am fachlichen Gegenstand zu üben bzw. ausgehend vom fachlichen Gegenstand einen Zugang zu Sprache und einem weiterführenden Spracherwerb zu schaffen (Feigenspan & Michalak, 2023; Schmellentin, 2023). Hieran sind verschiedene Lernprozesse beteiligt, die im folgenden Kapitel näher beschrieben werden.

Lernprozesse 5

Im 5. Kapitel, *Lernprozesse*, werden aufbauend auf den referierten Kompetenzerwartungen, den Ausführungen zur Zielgruppe, zu Aufgaben, Schulbüchern und Schulbuchaufgaben sowie vor dem Hintergrund des Ziels der Förderung bildungssprachlicher Kompetenzen kognitive und sprachliche Lernprozesse beschrieben. Den Ausgangspunkt bildet der vereinfachte *Weg des Aufgabenlösens* einer Schulbuchaufgabe aus sprachdidaktischer Perspektive.

In der vereinfachten[1] Darstellung enthält der Lösungsweg grundlegend drei Phasen, bei denen Schüler:innen mit Aufgaben als didaktischen Artefakten interagieren. Diese Phasen laufen bis zur Fertigstellung des Lösungsprodukts interdependent und rekursiv ab.[2] Der Lösungsweg von Schüler:innen wird – wie in den Abschnitten 3.1 und 3.2 dargelegt – durch eine Frage oder Aufforderung in der Aufgabenstellung (Anfangszustand) angestoßen, führt über die Rezeption von Informationen und mündet in einer produktiven Aufgabenlösung (Endzustand). Im Folgenden sollen diese drei Phasen des sprachlichen Lösungswegs erläutert werden. Sie sind in der Illustration zu Beginn von links nach rechts zu lesen und dann je nach Aufgabenstellung wechselseitig aufeinander zu beziehen: (1) *Aufgabenrezeption*, (2) *Rezeption der Informationsquelle* und (3) *Aufgabenlösung*. Da in dieser Arbeit der Fokus auf das Schreiben im Fachunterricht gelegt wird, soll primär das schriftliche Aufgabenlösen Gegenstand der Betrachtung sein. Abb. 5.1 zeigt den vereinfachten Weg des Aufgabenlösens aus sprachdidaktischer Perspektive nach Bordin und Fuhlrott (2026).

---

[1] Für eine ausführliche Darstellung einschließlich weiterer Subphasen und Prozesse vgl. u. a. Heins (2017), Stephany (2018) oder Steinmetz (2020).

[2] Die Anregung zur Prozessinteraktion stammt von dem Schreibprozessmodell von Hayes und Flower (2016) sowie von Kauertz et al. (2015).

M. Fuhlrott, *Sprachbildende Schulbuchaufgaben im Fachunterricht*, Sprachsensibilität in Bildungsprozessen,
https://doi.org/10.1007/978-3-658-53061-7_5

Abb. 5.1 Der sprachliche Weg des Aufgabenlösens aus Bordin & Fuhlrott (2026) (CC-BY-SA 4.0)

Die drei aufgeführten Phasen werden nachfolgend näher erläutert. Ziel ist es, die gegebenen bildungspolitischen und aufgabentheoretischen Perspektiven auf das Aufgabenlösen um eine sprachdidaktische Perspektive zu ergänzen und den konkreten Rückbezug zur Förderung bildungssprachlicher Handlungskompetenzen herzustellen. Der Weg des Aufgabenlösens besteht vereinfacht aus den folgenden Prozessen:

(1) *Aufgabenrezeption:* Zunächst wird die Aufgabenstellung fachlich und sprachlich rezipiert. Sprachliche Oberflächenmerkmale der Aufgabenstellung müssen verstanden werden. Das zu lösende Problem muss erkannt und Vorwissen aktiviert werden. Dabei ist es relevant, dass die Art der Aufforderung in der Aufgabenstellung ebenfalls verstanden wird, etwa der Operator.
(2) *Rezeption der Informationsquelle:* Häufig müssen einschlägige Informationsquellen zunächst innerhalb oder außerhalb des Lehrwerks gefunden werden, die mit der Aufgabenstellung in Verbindung stehen. Beim Lesen der Informationen muss Vorwissen aktiviert werden. Es ist wichtig, dass eine Kohärenz zwischen Aufgabenstellung und den Informationen hergestellt werden kann. Um ein mentales Modell des Informationstextes zu bilden, ist Textsortenwissen notwendig. Je nach Ausprägung der Informationsquelle sind verschiedene Strategien im Umgang mit Informationsquellen relevant, um zielgerichtet Informationen sammeln, auswählen und verarbeiten zu können, etwa solche für analoge, digitale oder multimodale Texte.
(3) *Aufgabenlösung:* Die Aufgabenlösung ist als mündliche, schriftliche, zeichnerische oder rechnerische Produktion – je nach fachlichem Gegenstand und Fach – von (sprachlichen) Zeichen/als Textproduktion zu verstehen, bei der Planungs-, Formulierungs- und Überarbeitungsstrategien/Reparaturen

zum Einsatz kommen. In vielen Fällen müssen wissens- und sprach-/texthandlungsbezogene (fachliche) Operationen (*beschreiben, erklären, erläutern* etc.) mündlich oder schriftlich eingelöst werden, die den Prozess der Wissensbildung begleiten und ausdrücken. Das Aufgabenlösen bedingt in der Regel einen konzeptionell schriftlichen Outcome, für den fachliche und/oder bildungssprachliche Lexik sowie lexikalische Einheiten zielgerichtet genutzt werden müssen (Bordin & Fuhlrott, 2026).

Die sprachdidaktische Perspektive auf Aufgaben verdeutlicht die mehrdimensionalen Anforderungen und das potenzielle Komplexitätsspektrum, das mit dem Aufgabenlösen verbunden sein kann. Neben Wissen über implizite Gebrauchsnormen und Praktiken für den Umgang mit Artefakten ist sprachliches und faktisches Wissen ebenso relevant, wie die Anwendung von kognitiven und metakognitiven Lernstrategien. Im Folgenden werden kognitive und sprachliche Prozesse beschrieben, die an das Lernen gebunden und für das Verständnis der Arbeit wichtig sind.

5.1 Kognition

Aufgaben im Unterricht verfolgen das Ziel, bei Schüler:innen Lernzuwachs zu begünstigen. Der Bereich der kognitiven Prozesse umfasst jenes Lernen, das im Kopf des Lernenden stattfindet. Hierbei ist das Ziel, neues Wissen in das Langzeitgedächtnis zu überführen bzw. vorhandene Gedächtnisstrukturen zu vernetzen oder neu aufzubauen. Die Veränderung von Neuronen durch Erfahrungen wird als *neuronale Plastizität* bezeichnet. Diese ermöglicht *Lernen* und das Abspeichern von Informationen im Gedächtnis.

In den Neurowissenschaften werden grundlegend zwei Arten von Gedächtnis unterschieden, die sich in Kompetenzmodellen des Lernens wiederfinden lassen (vgl. z. B. Becker-Mrotzek & Schindler, 2007): das *deklarative* Gedächtnis und das *nichtdeklarative Gedächtnis*, zu dem u. a. das *prozedurale Gedächtnis* gehört.

Das deklarative Gedächtnis (*medialer Temporallappen, Zwischenhirn*) ermöglicht es Lernenden, Fakten und Erinnerungen langfristig zu speichern und für einen Abruf bereitzustellen; im prozeduralen Gedächtnis werden Fähigkeiten und Gewohnheiten (*Striatum*) abgespeichert. Zum nichtdeklarativen Gedächtnis gehören das *motorische System* (*Kleinhirn*) und der Bereich, der für emotionale Reaktionen zuständig ist (*limbisches System*, insbes. *Amygdala*). Da der Aufbau und das Abrufen deklarativer Gedächtnisinhalte meist ein bewusster, expliziter Lernprozess ist und das Speichern sowie das Abrufen von Inhalten, die mit dem nichtdeklarativen Gedächtnis verbunden sind, meist unbewusst, implizit, geschehen, wird fachsprachlich auch vom *impliziten* und *expliziten Gedächtnis* gesprochen (Bear et al., 2018). Wichtig für diese Arbeit und das Lernen mit Aufgaben ist, dass Erinnerungen an deklarative Lerninhalte, etwa eine Formulierungshilfe, zwar schneller aufgebaut werden können, sie langfristig aber nur dann zu bleibenden Erinnerungen werden, wenn sie über einen längeren Zeitraum wiederholt Anwendung finden, sehr bedeutsam sind oder in bestehende Erinnerungen integriert werden können. Implizite Erinnerungen, etwa, welche Schritte notwendig sind, um eine Schulbuchaufgabe zu lösen, benötigen insgesamt mehr Zeit, um neuronal vernetzt zu werden, bleiben einmal gelernt aber länger unbewusst erhalten (Bear et al., 2018). Für das Aufgabenlösen in der Schule sind sowohl deklarative (*Wissen-was*) als auch prozedurale Erinnerungen (*Wissen-wie*) wichtig.

Das Gehirn empfängt täglich sehr viele sensorische Reize bzw. macht sensorische Erfahrungen. Nur ein Teil des Inputs wird dauerhaft gespeichert und hinterlässt eine Gedächtnisspur (*Engramm*).

An der langfristigen Speicherung (*Engrammierung*), wie man sie in der Schule anstrebt, sind verschiedene Bereiche des Gehirns, etwa der Hippocampus, Bereiche des hippocampusnahen Cortex, der Neocortex und das Zwischenhirn, beteiligt (Bear et al., 2018). Der Weg eines eingehenden Reizes in den *sensorischen Speicher* (*Ultrakurzzeitgedächtnis*) sowie der Übergang in das *Kurzzeit-* und *Langzeitgedächtnis* wird durch das *Dreispeichermodell/Atkinson-Shiffrin-Modell* zusammengefasst. Wenn eine sensorische Erfahrung ins Kurzzeitgedächtnis gelangt (Aufmerksamkeit für einen Reiz), wird dies als *Gedächtnisbildung* bezeichnet. Die hier entstehenden Erinnerungen sind noch nicht dauerhaft abrufbar, sondern werden ausschließlich vorübergehend gespeichert. Den Prozess der Überführung vom Kurzzeit- ins Langzeitgedächtnis nennt man *Gedächtniskonsolidierung*. Erinnerungen im Langzeitgedächtnis sind auch Jahre nach ihrem Eingang abrufbar.

Am Prozess des Lernens ist neben dem Kurzzeit- und Langzeitgedächtnis auch das *Arbeitsgedächtnis* beteiligt. Das Arbeitsgedächtnis hält Informationen nur vorübergehend, sodass diese sehr häufig wiederholt werden müssen, wenn sie im Arbeitsgedächtnis gehalten werden sollen (Bear et al., 2018). Die Gehirnregion, die mit dem Arbeitsgedächtnis und dem Problemlösen verbunden ist, ist der präfrontale Cortex, der beim Menschen im Gegensatz zu anderen Säugetieren besonders ausgebildet ist. Diese Gehirnregion wird überdies mit anderen Fähigkeiten assoziiert, die für das Lernen in der Schule wichtig sind, etwa der Fähigkeit zur kognitiven und emotionalen Empathie oder Selbstregulationsfähigkeiten (Bear et al., 2018).

Das Arbeitsgedächtnis ist für das Aufgabenlösen deshalb wichtig, da ein Überschuss an eingehenden Informationen durch Aufgabenstellungen, Informationsquellen und Anforderungen an Lösungsprodukte zu einer kognitiven Überlastung des Arbeitsgedächtnisses bei Schüler:innen führen kann. Die Theorie, die dies beschreibt, ist die *Cognitive Load Theory*, CLT, nach Sweller (2004). Für die Materialerstellung und die Bewertung von Aufgaben und Hilfestellungen ist die Architektur des Gedächtnisses bedeutsam, denn Aufgaben sind nur dann förderlich, wenn sie die Arbeitsgedächtniskapazität nicht überlasten. Um das Arbeitsgedächtnis zu beschreiben, werden drei Basismodule als Teil des Arbeitsgedächtnisses nach dem sogenannten *Baddeley-Hitch-Modell* (Baddeley & Hitch, 1974) unterschieden:

- Eine zentrale Exekutive (*central executive*), welcher Kontrollfunktionen und die Verbindung zum Langzeitgedächtnis zugesprochen werden.
- Eine phonologische Schleife (*phonological loop*), die akustische Signale verarbeitet und passiv im Kurzzeitgedächtnis verankert.
- Ein visuell-räumlicher Skizzenblock (*visuospatial sketchpad*), der ebenfalls Informationen im Kurzzeitgedächtnis speichert und dabei für die Verarbeitung visuell-räumlicher Reize verantwortlich ist.[3]

Das *Baddeley-Hitch-Modell* ist bis heute ein empirisch gut belegtes Standardmodell zur Beschreibung der Struktur des Arbeitsgedächtnisses (Abidin et al., 2024; Wellenreuther, 2018),[4]der Ort, an dem Aufgabenprobleme gelöst und eingehende Informationen des Lesetextes verarbeitet werden.

Empirisch belegte Praktiken, die das Arbeitsgedächtnis im Unterricht aufgabenbezogen entlasten können, sind nach Wellenreuther (2018, S. 61–79):

- das *direkte Geben von Lösungsbeispielen* (sprachdidaktisch erfüllen diese Funktion auch Modelltexte),
- die integrative Darstellung von verbundenen Teilen einer Aufgabe (*Aufmerksamkeitsteilungseffekt*; Zusammengehöriges sollte als zusammengehörig explizit gekennzeichnet sein),
- die Reduktion von überflüssigen Informationen *(Redundanzeffekt)*,

---

[3] Ab 2000 wurde das Modell um einen *episodischen Puffer* ergänzt, der Informationen integriert bzw. bündelt, die nicht in der phonologischen Schleife und dem visuell-räumlichen Skizzenblock verarbeitet werden (Wellenreuther, 2018).

[4] Drei weitere Modelle sind die Modelle von N. Cowan aus dem Jahr 1999, das Modell von R.W. Engle aus dem Jahr 2002 und das Modell von K. Oberauer aus dem Jahr 2002 (Abidin et al., 2024).

- die parallele Nutzung von phonologischer Schleife und visuell-räumlichem Skizzenblock (*Modalitätseffekt*),
- Lerntransfer durch Variabilität in den verwendeten Aufgabensituationen (*Variabilitätseffekt*).

Um eine kognitive Überlastung innerhalb didaktischer Settings zu reduzieren, kann überdies das Modell der *Load Reduction Instruction* (LRI) (aufbauend auf Martin, 2016) genutzt werden. Das Modell schließt an die *Cognitive Load Theory* an und beschreibt fünf Prinzipien, um die kognitive Überlastung des Arbeitsgedächtnisses didaktisch sinnvoll bei der Planung von Aufgaben zu berücksichtigen. Es werden die folgenden fünf Grundprinzipien genannt:

1. „reducing the difficulty of instruction during initial learning,
2. instructional support and scaffolding,
3. ample structured practice,
4. appropriate provision of instructional feedback, and
5. independent application."

(Martin & Evans, 2018, S. 203)

Es ist demnach übergreifend sinnvoll, einen Einstieg zunächst niedrigschwellig zu planen, Scaffolding-Elemente zu nutzen, ein strukturiertes Üben (mit Wiederholungen) zu gewährleisten sowie Feedback und Transferaufgaben einzubinden.

Schüler:innen der Erprobungsstufe, die etwa 10 bis 12 Jahre alt sind, befinden sich bei einer durchschnittlichen Entwicklung nach Piaget zwischen der *konkret-operationalen* und *formal-operationalen Stufe* der geistigen Entwicklung. Man kann daher davon ausgehen, dass Sechstklässler:innen des Gymnasiums in diesem Alter zu logischem Denken, einfacher Hypothesenbildung, deduktivem Schlussfolgern und dem Herstellen von Kausalzusammenhängen in moderater Weise im Sinne wissenschaftlicher Rationalität fähig sind (Piaget, 2016).

Für das Lernen, das auf die Bildung von Gedächtnisspuren im Langzeitgedächtnis ausgerichtet ist, stellt es eine Entlastung dar, wenn an bereits bestehende Erinnerungen angeknüpft werden kann. Beim Sprachenlernen besteht ein enger Zusammenhang zwischen Wortschatzwissen und Vokabellernen sowie zwischen Leseverstehensleistungen und syntaktischem Wissen. Werden gänzlich neue Wörter oder Sätze gelernt, steigt die kognitive Belastung des Arbeitsgedächtnisses so lange an, bis Wörter und Strukturen ins Langzeitgedächtnis überführt werden können und ein Zugriff automatisiert erfolgt (Wellenreuther, 2018 mit Bezug auf Schmidt, 2000). Dies ist der Grund, warum kleine, wiederholte Einheiten des

Übens bei der Aneignung von neuem Wissen didaktisch ebenso sinnvoll sind wie das Segmentieren von großen Aufgaben (Wellenreuther, 2018).

Man geht davon aus, dass beim Aufgabenlösen nicht mehr als zwei bis fünf neue Einheiten (*Chunks* bzw. *Schemata*) verarbeitet werden können. Man lernt jedoch umso mehr, je mehr Vorwissen besteht. Um bestimmte Inhalte aus dem Langzeitgedächtnis zu aktivieren, ist der richtige Auslöser/Trigger wesentlich (Wellenreuther, 2018). Bei der Verarbeitung sprachlicher Formulierungen merken sich Menschen meist nur dann den exakten Wortlaut, wenn sie konkret auf diesen hingewiesen werden oder dieser anderweitig bedeutsam für sie ist, da bei einer normalen Verarbeitung ausschließlich die Bedeutung einer Formulierung im Gedächtnis abgespeichert wird (Anderson & Funke, 2013, mit Bezug zu den Ergebnissen von Wanner, 1968). Daher wird in dieser Arbeit davon ausgegangen, dass explizite Aufforderungen in Aufgabenstellungen effizienter dazu führen, Schüler:innen an erwartete Handlungen zu erinnern oder sie zu diesen anzuleiten, was legitimiert, diese Aufforderungen in Aufgabenstellungen zu explizieren, wenn kulturell-schulische, implizite Normen ohnehin Teil des Aufgabenproblems sind.[5]

Durch langfristiges Üben werden Schemata automatisiert (*Chunking*) und für einen späteren Abruf ohne kognitive Belastung vorbereitet. Dies betrifft sowohl deklaratives als auch prozedurales Wissen. Werden Textprozeduren als (Informations-)Chunks eingesetzt, dann ist es sowohl wichtig, die Nutzung bei Einführung auf eine überschaubare Anzahl zu begrenzen, als auch an Bestehendes anzuknüpfen, ein wiederholtes Üben zu gewährleisten sowie Ausdrucks- und Schemahilfen in verschiedenen Aufgabenkontexten anzuwenden. Eine konkrete visuelle Repräsentation der Formulierung in der Aufgabenstellung hilft, die Konstruktion kognitiv effizienter zu verarbeiten und sich diese zu merken. Dieser Bereich betrifft das deklarative Wissen um die sprachliche Repräsentation. In dieser Arbeit wird gemäß dem Textprozedurenkonzept und der Konstruktionsgrammatik davon ausgegangen, dass entsprechende Formulierungen auf einer übergeordneten Ebene an Sprach- und Texthandlungen gebunden sind. Kognitionspsychologisch ist dies lernförderlich, da über Sprach-/Texthandlungen Schemata oder auch *Ereigniskonzepte/Skripte* gelernt werden können, was an die

[5] Vertreter:innen anderer lerntheoretischer Zugänge würden an dieser Stelle anders argumentieren, z. B. Vertreter:innen des *entdeckenden Lernens* (vgl. Wellenreuther, 2018). Es sei angemerkt, dass die Bearbeitung von Schulbuchaufgaben nur einen Teil des täglichen Lernens in der Schule ausmacht und ein Zugang oder eine Lerntheorie die andere nicht grundlegend ausschließen muss, sondern verschiedene Zugänge ergänzend eingesetzt werden können. Dies ist gerade hinsichtlich verschiedener Lernvoraussetzungen, Lerntypen, Fächer und Entwicklungsphasen tragbar (Müller, F., 2018).

natürliche Fähigkeit anknüpft, wiederkehrende Abfolgen zu erlernen. Dies veranschaulicht beispielhaft das Ereignisschema, das bei einem Restaurantbesuch vorliegt: *eintreffen, bestellen, essen, bezahlen, gehen* mit den Subhandlungen *Restaurant betreten, einen Tisch suchen* usw. (vgl. Anderson & Funke, 2013, mit Bezug auf Schank & Abelson, 1977).

Kognitive Prozesse des Lernens werden durch folgende weitere Faktoren beeinflusst: Anstrengungsbereitschaft, Motivation, Volition, Interesse und emotionale Voraussetzungen des Lernens (Wellenreuther, 2018). Unterricht und lernförderliche Aufgaben sind ein Angebot, das unterschiedlich genutzt wird und auch von unterschiedlichen Lernenden unterschiedlich genutzt werden kann (Helmke, 2022). Für nachhaltige Lernprozesse sind die Vermittlung und Anwendung von kognitiven und metakognitiven Lernstrategien wichtig. Ressourcenorientierte Lernstrategien können überdies den Lernprozess unterstützen (Helmke, 2022).

Zu *kognitiven Lernstrategien* gehören Praktiken des Wiederholens (z. B. durch Lesen oder Schreiben), des Organisierens (z. B. Gliedern, Lernmaterial ordnen) und des Elaborierens (Materialverknüpfungen herstellen). Zu *metakognitiven Lernstrategien* gehören Lernstrategien, die es ermöglichen, das eigene Lernen zu planen, über das eigene Lernen zu reflektieren und ggf. eigene Praktiken daraufhin anzupassen. Hierzu gehören das Planen, Überwachen und Regulieren.

Ressourcenorientierte Strategien dienen der Unterstützung äußerer und innerer Rahmenbedingungen des Lernens, etwa die Herstellung eines lernförderlichen Arbeitsplatzes bzw. einer lernförderlichen Schreibumgebung (Helmke, 2022). Die Wirksamkeit von Lernstrategien konnte durch die Ergebnisse von Hattie (2012) empirisch bestätigt werden. Das übergreifende Ziel der Vermittlung von Lernstrategien besteht darin, selbstreguliertes Lernen zu ermöglichen. Laut Helmke (2022, S. 218) ist es daher wichtig, dass eine Aufgabenkultur „Spielräume für unterschiedliche Lösungen" eröffnet.

Es erscheint für die Beurteilung und Konstruktion von Aufgaben daher einerseits wichtig, kognitive Prozesse bei der Aufgabenkonstruktion zu berücksichtigen, andererseits aber auch keine geschlossenen Lernwege vorzugeben. Unbestritten ist darüber hinaus, dass Aufgaben kognitiv aktivierend sein sollten. Das bedeutet, dass ein vertieftes Lernen durch Maßnahmen angeregt wird, die durch Lehrpersonen gegeben werden.

Kognitive Aktivierung kann potenziell laut Reusser, Lipowsky & Pauli (2021, S. 12) dann durch Aufgaben angeregt werden, wenn Lernende u. a.

- Sachverhalte in eigenen Worten erklären, begründen und erläutern,
- sich auf andere Positionen beziehen,
- Vermutungen zu Lösungen/Lösungswegen anstellen,

- Rück- und Verständnisfragen stellen,
- Analogien bilden, vergleichen, abwägen,
- auf Vorwissen Bezug nehmen, Querbezüge herstellen, Fachbegriffe verwenden,
- Konzepte, Strategien oder Verfahren transferieren,
- den eigenen Lern- und Arbeitsprozess reflektieren.

Die Förderung von kognitiver Aktivierung und die Nutzung von Lernstrategien sind nicht nur für das Lernen im Allgemeinen, sondern auch für Lese- und Schreiblernprozesse relevant.

5.2 Lesen

Lesen ist ein individueller, sozialer und kognitiver Prozess (Rosebrock & Nix, 2020). Für die Aufgabentheorie und -bearbeitung in der vorliegenden Studie ist die kognitive Ebene des Lesens relevant, da für das Lösen von Schulbuchaufgaben die Rezeption der Aufgabe und die Rezeption von kontinuierlichen oder diskontinuierlichen Informationsquellen notwendig sind (vgl. den *sprachlichen Weg des Aufgabenlösens*, Kapitel 5). Aufbauend auf dem vorhergehenden Unterkapitel ist das Ziel dieses Abschnitts, einen prägnanten Überblick über kognitive Prozesse des Lesens sowie Strategien zur Förderung des Textverstehens zu geben, da diese Prozesse und Strategien für die Beschreibung und das Lösen von Aufgaben innerhalb der vorliegenden Studie relevant sind (vgl. Abschnitte 6.2.6.1 und 6.3.7). Überdies werden dadurch Begriffe und Inhalte der bereits vorgestellten Lernziele aus den Lehrplänen und Bildungsstandards näher erläutert (vgl. Abschnitte 2.2.1, 2.2.2, 4.2 und 4.3). Anschließend werden Merkmale der Textkomplexität überblicksartig beschrieben, da in der Intervention die Textkomplexität als Störvariable für das Leseverstehen berücksichtigt wurde (vgl. Abschnitt 6.3.7).

Ausgangspunkt der kognitiv orientierten Leseforschung ist die Beschreibung und Unterscheidung von Teilprozessen des Lesens sowie die Annahme, dass Lesende ein *mentales Modell* des Textes über die Interaktion mit dem Text bilden *(Situationsmodell).* Das *Situationsmodell* wurde von van Dijk & Kintsch (1983) begründet. Lenhards Unterscheidung von hierarchieniedrigen und hierarchiehohen Leseprozessen aus dem Jahre 2013 bietet eine didaktische Hilfestellung zur Differenzierung von kognitiven Teilprozessen des Lesens und der Findung von Ansatzpunkten für eine Förderung von Einzelphänomenen. Philipp (2017a) bereitete aufbauend auf Lenhard (2013) das Modell der kognitiven Teilprozesse auf und setzte es mit Schreibprozessmodellen in Beziehung, bei denen ebenfalls hierarchieniedrige und hierarchiehohe Teilprozesse unterschieden werden (vgl. Abschnitt 5.3).

Zu den *hierarchieniedrigen Teilprozessen des Lesens* gehören Fähigkeiten, die es Menschen grundlegend erlauben, einen Text zu lesen. Sie werden in der didaktischen Forschung auch als *basale* Prozesse bezeichnet, da sie die Grundfähigkeiten abbilden bzw. die Voraussetzungen für sinnentnehmendes Lesen schaffen. Didaktisches Ziel ist es in der Schule daher zunächst, im Erwerbsverlauf basale Prozesse innerhalb des Schriftspracherwerbs bei den Schüler:innen zu automatisieren (Philipp, 2017a). Hiermit sind das *Recodieren* von Buchstaben, das *Decodieren* von Wörtern und Worteinheiten, die *Propositionsbildung* als die Extraktion von elementaren Bedeutungen sowie das *Erkennen von Kohäsionsmitteln* verbunden. Werden entsprechende Fähigkeiten ohne Anstrengung akkurat und automatisiert genutzt, dann können Schüler:innen *flüssig lesen.* Über *Leseflüssigkeit* zu verfügen, ist eine notwendige Voraussetzung, damit im Arbeitsgedächtnis Kapazitäten für höhere Prozesse frei werden (Rosebrock et al., 2019). Im Gegensatz zu hierarchieniedrigen Prozessen sind hierarchiehohe Teilprozesse des Lesens solche, die das *Textverstehen* ermöglichen.

Zu den *hierarchiehohen Prozessen* gehören die *Aktivierung von Vor- und Textformatwissen* vor, nach und während des Lesens, das Schlussfolgern bzw. *Ziehen von Inferenzen*, die *globale Kohärenzbildung* sowie die *Selbstregulation*, bei der kognitive und metakognitive Strategien gezielt angewendet werden, um eine Leseaufgabe effektiv zu Ende zu führen (Lenhard, 2013). Die *Arbeitsgedächtniskapazität*, das *Vorwissen*, das *Sprachverständnis* (und Sprachwissen), die Geschwindigkeit des Zugriffs auf zentrale Gehirnleistungen der Sprachverarbeitung, aber auch die Konzentrationsfähigkeit sind ausschlaggebend dafür, wie gezielt und effektiv ein mentales Modell in Relation zum Schwierigkeitsgrad des Textes gebildet werden kann (Lenhard, 2013). Um Leseprozesse zu entlasten und die kognitive Verarbeitung von Informationen aus einem Sachtext zu unterstützen, können Schüler:innen Lesestrategien angeboten werden, die eine direkte Anschlussfähigkeit an die oben vorgestellten Lernstrategien zeigen oder ihnen gleich sind. Lesestrategien sind Lernstrategien.

Man unterscheidet nach Rosebrock & Nix (2020) drei Arten von Lesetechniken, die zu Strategiebündeln kombiniert werden können: *Ordnende Lesetechniken*, *Wiederholende Lesetechniken* und *Elaborierende Lesetechniken. Ordnende Lesetechniken* helfen Lesenden dabei, den Text und die darin befindlichen Informationen zu ordnen. Hierzu gehören etwa das Finden von Überschriften zu Textabschnitten, das Unterstreichen von Textstellen oder das Herausarbeiten von Kernaussagen. *Wiederholende Lesetechniken* instruieren das wiederholte laute und leise Lesen von Textabschnitten und ganzen Texten oder leiten dazu an, den Text oder einige Teile des Textes abzuschreiben. *Elaborierende Lesetechniken* sollen das Nachdenken über den Text fördern, etwa die Imagination einer potenziellen Fortsetzung eines Textes (wie es z. B. Anwendung im *Reziproken Lesen* findet), das Visualisieren von Zusammenhängen (z. B. mittels *Concept-Mapping*) oder das Umformulieren von Absätzen.

Lesestrategien sind gebündelte Lesetechniken (z. B. die *Fünf-Schritt-Lesemethode* bzw. *SQ3R- oder PQ4R-Methode*), die als Handlungsstrategien im Unterricht erlernt werden können. Sie beziehen sich auf das kognitive Verstehen eines Textes und damit auf hierarchiehöhere Prozesse, welche sie sequenzieren (Rosebrock & Nix, 2020). Die Anwendung entsprechender Techniken und Strategien setzt die Automatisierung basaler Lese- und Schreibprozesse voraus. Bei Schüler:innen in einer sechsten Klasse der Erprobungsstufe des Gymnasiums kann diese Voraussetzung grundsätzlich als erfüllt angenommen werden. Das Beherrschen der Grundlagenkompetenzen allein garantiert allerdings nicht, dass Lesetechniken und -strategien zur Anwendung kommen, sodass diese explizit im Unterricht angeleitet werden müssen. Deklaratives Wissen über Techniken und Strategien ist nicht ausreichend.[6] Für die Implementierung in den Fachunterricht werden didaktisches Material und Lehrkräfte benötigt, die über ein entsprechendes Wissen verfügen. Denn Lesestrategien sollten bestenfalls an denjenigen Textsorten im Fachunterricht eingeführt und eingeübt werden, an denen sie später genutzt werden. Es ist nicht ausreichend, diese ausschließlich im Deutschunterricht zu vermitteln (Schmellentin, 2023).

Aufbauend auf den Ergebnissen der internationalen Schulleistungsvergleichsstudien und der zunehmenden Bedeutung einer expliziten Verankerung von Lern- und Lesestrategien im Unterricht hat sich auch die sachfachdidaktische Forschung zunehmend bemüht, fachspezifische Anforderungen des Lesens zu

---

[6] Schulleistungsvergleichsstudien belegten bis 2024 wiederholt, dass das Leseverstehen der 15-jährigen Schüler:innen in Deutschland im internationalen Vergleich im Mittelfeld liegt (McElvany et al., 2023), wobei das Wissen über Lesestrategien vorhanden ist, wie die PISA-Ergebnisse 2018 zeigten: Deutschland erreicht den Spitzenplatz (Reiss et al., 2019). Bundesweit erreichten 2022 (Post-Corona) laut IQB-Bildungstrend weniger Grundschüler:innen am Ende der Jahrgangsstufe 4 die Mindeststandards in Mathematik und Deutsch, weshalb NRW die Förderung basaler Kompetenzen auch in der Sekundarstufe I ab 2024 verstärkt in den Fokus nahm (SWK, 2022). Neben Forderungen nach einer stärkeren Professionalisierung von Lehrkräften und mehr Lernzeit ist der Einsatz evidenzbasierter und diagnostischer Maßnahmen und Verfahren ein wesentlicher Bestandteil der Empfehlungen der SWK. Da das Leseverstehen das Verständnis der Lerninhalte beim Lösen von Schulbuchaufgaben mit Informationsquellen einschränken kann, wurde in der vorliegenden Studie innerhalb der Intervention das Leseverstehen standardisiert getestet (vgl. Abschnitt 6.3.5.1). Überdies wurden Lesetechniken für das Aufgabenlösen modelliert (vgl. Abschnitt 6.3.6.2).

beschreiben, die mit verschiedenen Textsorten verbunden sind (Debus et al., 2020; Fuchs et al., 2014; Krabbe & Beese, 2015). Beispiele für Textsorten für das Fach Wirtschaft-Politik sind z. B. journalistische Texte, Gesetzestexte, wissenschaftliche Zeitschriftenaufsätze, politische oder ökonomische Fachtexte sowie diskontinuierliche Texte in Form von Diagrammen, Tabellen, Schaubildern oder Moderatorentexten (vgl. Beese u. a. 2014). Textsorten in Lehrwerken des Physikunterrichts sind u. a. das Versuchsprotokoll und der Versuchsaufbau (linear, grafisch oder multimodal), mathematische Darstellungen, z. B. Diagramme, Graphen und abstrakte Visualisierungen, Tabellen oder Sachtexte (vgl. auch die Anforderungen in den Lehrplänen, Abschnitte 2.2.1 und 2.2.2).

Explizites Lesen und das wiederholte Üben von Lesetechniken und -strategien sind demnach auch für den Fachunterricht in der Erprobungsstufe des Gymnasiums wichtig, um weiterführende Kompetenzen zu stärken, gerade dann, wenn viele neue Fächer und Lehrwerke am Übergang von der Primar- zur Sekundarstufe I hinzukommen. Hierfür benötigt es Aufgaben, die konkret zum Lesen und Nutzen von Strategien auffordern, da materialgestütztes Schreiben mit multimodalen Texten im Fachunterricht die Regel ist. Multimodales Lesen stellt hohe Anforderungen an Lernende, sodass es beim Umgang mit unterschiedlichen Materialgefügen strategiegeleiteter Entlastungsmöglichkeiten bedarf (Bordin, i.V.). Es gilt, die Komplexitätsanforderungen des Materials sprachbewusst wahrzunehmen, da die Komplexität von Schulbuchtexten (gleich welcher Art) selten einer didaktischen Progression folgt, die für Lehrkräfte explizit erschließbar ist (Berendes et al., 2018). So konnten Berendes et al. (2018) nach der Analyse verschiedener Lehrwerkstexte darlegen, dass die sprachliche Komplexität von Schulbuchtexten verlagsabhängig ist und stärker von dem Erfahrungswissen als von allgemeinen didaktischen Kriterien abhängt:

> „The results indicate that the complexification has been made on the basis of the wisdom of the practice rather than on a thorough and consistent systematic approach. […] Therefore, publisher-specific ‚idiosyncrasies‘ regarding text complexity features can be assumed to be a general phenomenon.“ (Berendes et al., 2018, S. 530, 531)

In den letzten Jahren wurden im Bereich *Sprache im Fachunterricht* verschiedene Studien zur Schwierigkeit von Schulbuchtexten durchgeführt (u. a. Schneider et al., 2019). Dabei wurden einerseits verschiedene Varianten erprobt, um Texte verständlicher für Schüler:innen zu machen, und andererseits linguistische Merkmale und Stellschrauben untersucht, welche bildungssprachlich die Textkomplexität beeinflussen.

Neben bildungs- und fachsprachlichen Oberflächenmerkmalen wie Lexik und komplexe syntaktische Strukturen hat sich in den letzten Jahren über empirische Forschungsergebnisse herausgestellt, dass vor allem ein Zusammenhang zwischen der lokalen und globalen Kohärenz eines Textes und dem lernendenseitigen Verstehen besteht (Schmellentin, 2023). Verstehenshürden sind nach Schmellentin (2023) darüber hinaus mit einer sehr hohen Informationsdichte, fehlenden Text-Bild-Bezügen, ungewohnten Thema-Rhema-Strukturen und/oder fehlenden Kohäsionsmitteln im Text verbunden.

Die Studie *Nawi-Text* zeigte (Schneider et al., 2019), dass die meisten Lehrbuchtexte zu komplex angelegt sind. So resümiert Schmellentin (2023, S. 19): „Die Schulbuchtexte eignen sich für einen großen Teil der Lernenden nicht, um daraus eigenständig zu lernen." Aus der Studie *Nawi-Text* ging ein analytisches Kategoriensystem hervor, das neben Layout, Inhaltsorganisation, Kohäsion und Bildgestaltung auch Prinzipien für syntaktische Strukturen sowie den fachlichen und bildungssprachlichen Wortschatz enthält (Schneider et al., 2019, S. 71). Diese Kategorien können lehrer:innenseitig genutzt werden, um komplexe Phänomene zu identifizieren und diese ggf. anzupassen. Jedoch betont Schmellentin (2023), dass Komplexitätsmerkmale und Leseziele fachlich variieren können. Überdies besteht innerhalb eines offensiven Förderansatzes Konsens darüber, dass eine reine Vereinfachung bzw. Anpassung der Textanforderungen an die Lesenden weder im Sinne der Fachlichkeit noch im Sinne des Verstehens zuträglich ist (Schmellentin, 2023). Es ist jedoch ebenfalls wichtig, dass Lehrbuchtexte entwicklungssensitiv angelegt sind. Anpassungen sind wie oben bereits beschrieben vor allem dann hilfreich, wenn die Kohäsionsmittel hinsichtlich der Angemessenheit für die Jahrgangsstufe überarbeitet werden (Schuttkowski, 2021; Stephany, 2018).

Ein Tool, das Lehrkräften helfen kann, die Textschwierigkeit für eine Klasse oder Jahrgangsstufe ohne die konkrete Berücksichtigung der Kohäsionsmittel algorithmisch einzuschätzen, ist die browserbasierte Anwendung *RATTE – Regensburger Analysetool für Texte* (Wild & Pissarek, o. J.). Der Schulbuchtext (oder auch die Aufgabe) kann in ein Textfeld eingefügt werden. Über verschiedene Indizes wird nach einer automatischen Analyse durch die Software der Schwierigkeitsgrad ausgegeben, z. B. über die Indizes *LIX* oder *gSMOG*. Überdies gibt das Programm die technisch durchschnittliche Lesedauer für Schüler:innen der Klassen 1 bis 12 an und markiert potenzielle Stolpersteine, wie Nominalphrasen oder mehrsilbige Wörter. Darüber hinaus werden quantitative Merkmale des Textes angezeigt, z. B. die Anzahl an Wörtern oder die Type-Token-Relation (*Type-Token-Ratio*, *TTR*). RATTE wurde auch in der vorliegenden

Studie im empirischen Teil der Intervention genutzt, um den Schwierigkeitsgrad des in der Intervention eingesetzten Schulbuchtextes einzuschätzen (vgl. Abschnitt 6.3.7).

Neben dem Grad der Kohäsion und ggf. schwierigkeitsbestimmenden Oberflächenmerkmalen übt das Medium der Repräsentation Einfluss auf die Rezeption aus. Dies ist auf die Repräsentation auf einem elektronischen Bildschirm (mit Qualitäts- und Größenunterschieden) oder auf analogem Papier (mit Qualitäts- und Größenunterschieden) bezogen. Die Metaanalyse von Clinton (2019) konnte bezüglich expositorischer Texte zeigen, dass Leseverstehen durch analoges Lesen begünstigt wird, ohne jedoch konkrete Gründe ableiten zu können. Insgesamt wurden 33 experimentelle Studien mit Randomisierung aus den Jahren 2008 bis 2018 ausgewertet, die das Lesen auf dem Bildschirm mit dem Lesen auf Papier verglichen. Die Studien, die den Auswahlkriterien entsprachen, bezogen sich auf Schüler:innen unter 18 Jahren und College-Studenten sowie auf narrative und expositorische Texte. Es konnten keine signifikanten Effekte bezüglich des Alters oder der Lesezeit nachgewiesen werden. Die technische Entwicklung ist bei Studien, die sich auf Zeiträume von zehn und mehr Jahren beziehen, unbestritten ein wesentlicher Einflussfaktor. Daher sind die Ergebnisse vorsichtig zu interpretieren. Es sprechen jedoch Gründe dafür, Schüler:innen, die ihre Lesekompetenz noch entwickeln, (auch) analoges Lesematerial zur Verfügung zu stellen. Dies kann gerade dann vorteilhaft sein, wenn das analoge Papier mit Textmarker und Stift von den Schüler:innen bearbeitet werden kann, da so ordnende und elaborierende Lesestrategien genutzt werden können.

Für das Lernen in der Schule mit digitalen Lehrwerken, die auf Tablets präsentiert werden, ergeben sich neben dem beschriebenen *Mediumseffekt* auf das Leseverstehen weitere Unterschiede zum analogen Lesen. Einerseits sind die in dieser Studie untersuchten digitalen Lehrwerke so gestaltet, dass die Doppelseiten der analogen Lehrwerke auf einem – meist in der Schule genutzten – Tablet-Bildschirm immer nur als Auszug dargestellt werden können. Dies bedeutet, dass Schüler:innen heraus- und hineinzoomen müssen, wenn sie alle Teile der Lehrwerksdoppelseite sehen möchten. Andererseits ergeben sich durch digitale Zusatzoptionen wie digitale Textmarker, Notepad-Funktionen oder digitale Wörterbücher neue Möglichkeiten, um Lesestrategien aktiv einzusetzen. Hierfür ist es bei analogen Lehrwerken notwendig, Kopien anzufertigen oder Zusatzendgeräte bereitzustellen, um ähnliche Möglichkeiten zu eröffnen, etwa das Schreiben für das Leseverstehen zu nutzen (Philipp, 2020b).

5.3 Schreiben

„Wer schreibt, treibt kognitiven Hochleistungssport." (Philipp, 2014, S. 42)

Das Schreiben gehört zu den produktiven sprachlichen Fähigkeiten, steht im Modell des Aufgabenlösens am Ende des idealtypischen Prozesses (vgl. Kapitel 5) und ist – wie auch Lesen – eine anstrengende kognitive Tätigkeit. Obwohl Schreiben als zu fördernde Fähigkeit im Fachunterricht integrativer Bestandteil der vorliegenden Arbeit ist, sollen an dieser Stelle der Schreibprozess und seine Teilphasen konkret aufgezeigt werden, da hieran die Konstruktion lernförderlicher Aufgaben ansetzt. Ähnlich der Lesetechniken und -strategien (vgl. Abschnitt 5.2) sind die Phasen des Schreibprozesses sowie Schreibstrategien für die Formulierung von Lernzielen und Kompetenzerwartungen in (Kern-)Lehrplänen konstitutiv (vgl. Abschnitte 4.2 und 4.3).

In diesem Unterkapitel werden zunächst der Schreibprozess und hierauf aufbauend Aufgabenkonzepte vorgestellt, die das Schreibenlernen fördern. Darauf folgt der empirische Teil der Arbeit *(Kapitel 6)*, in dem zunächst die Aufgabenanalyse (Abschnitte 6.1, 6.2) und anschließend die Interventionsstudie (Abschnitt 6.3) jeweils bezüglich ihres Designs und ihrer Ergebnisse vorgestellt werden.

Der Schreibprozess wird seit dem Schreibprozessmodell von Hayes und Flower, das erstmalig in den 1980er-Jahren veröffentlicht und 2012 weiterentwickelt wurde, in die grundlegenden drei Schreibprozessphasen *Planen* (*planning*, wobei Schreibziele gesetzt werden und der Prozess geplant wird*)*, *Formulieren* (*translating*) und *Überarbeiten* (*reviewing*, bei dem gelesen und editiert wird) eingeteilt. Das Modell genießt vor dem Hintergrund der kognitiven Wende in der Schreibdidaktik bis heute große Aufmerksamkeit und wurde vielfach rezipiert, kritisiert und jüngst aufgrund digitaler Entwicklungen hinterfragt (Steinhoff, 2023; Fix, 2008). Das Grundmodell eröffnet Beschreibungskategorien, um Einzelprozesse des Schreibens theoretisch greifbar zu machen und gleichsam Ansatzpunkte zur Unterstützung von Schreibenden zu identifizieren. Ausgangspunkt der Überlegungen ist ein kognitives, aufgabenbezogenes Problem, das gelöst werden will.

Daher bildet die Aufgabenumgebung *(task environment)* mit Schreibaufgabe *(writing assignment)* und bereits geschriebenen Textteilen *(text produced so far)* einen wichtigen Teil des Modells. Der Schreibauftrag wird unterteilt in das Thema *(topic)*, die Adressat:innen des Schreibauftrags *(audience)* und motivationale Elemente *(motivating cues)*. Dargestellt wird überdies das Langzeitgedächtnis *(the writer's long term memory)*, mit dem die Schreibenden in den Schreibprozess eintreten und die Schreibaufgabe als ein *ill-defined problem* lösen (vgl.

auch Abschnitt 3.1). Hiermit verbunden sind das Vorwissen zum Thema des Textes *(knowledge of topic)*, das Wissen über Adressat:innen *(knowledge of audience)* sowie vorhandenes strategisches Wissen zur Umsetzung von Schreibplänen *(stored writing plans)*. Neben dem Langzeitgedächtnis wird der *Monitor* als kognitive Instanz dargestellt, die den Prozess metareflexiv überwacht. Das Modell ist rekursiv und interdependent angelegt und nicht linear zu lesen (Fix, 2008; Hayes & Flower, 2016).

Dieses Grundmodell dient seit den 1980er-Jahren als Basis vieler weiterer Prozessmodelle (z. B. Ludwig, 1983, vgl. weiterführend Fix, 2008) und bildet den Ausgangspunkt für Überlegungen zu Merkmalen guter Schreibaufgaben, die bis heute anerkannt sind.

Für den Deutschunterricht sind in diesem Zusammenhang vor allem die Konzepte *Aufgaben mit Profil* von Bachmann und Becker-Mrotzek (2010) sowie das Konzept *Schreibarrangements* nach Steinhoff (2018) zu nennen. Das Konzept der *Aufgaben mit Profil* nutzt kommunikative, authentische Schreibaufgaben, um schreiblernförderliche Umgebungen zu gestalten. Das Aufgabenkonzept der *Schreibarrangements* knüpft hieran an, geht jedoch darüber hinaus, indem neben sozial-kommunikativen und authentischen Schreibanlässen auch epistemische, memorativ-konservierende, psychische und ästhetische Schreibfunktionen sowie nicht-authentische und konstruierte Adressat:innen ebenso mitgedacht werden können wie verschiedene mediale Realisierungen und die Vermittlung geeigneter kognitiver und metakognitiver Strategien. Das Modell kann je nach Zielgruppe und curricularem Lernziel fächerübergreifend eingesetzt werden. Es ist dazu geeignet, Schreibaufgaben zu konstruieren, die auf den Ausbau bildungssprachlicher Handlungskompetenzen ausgerichtet sind. Dabei werden sowohl der Schreibprozess als auch die Spezifika des Schreibprodukts als *Textform* (Pohl & Steinhoff, 2010) dezidiert in die Konstruktion fördernder Schreibaufgaben einbezogen, wobei verschiedene Förderschwerpunkte gesetzt werden können.

Textformen bedeutet hier, dass textsortenorientiert im Schreibunterricht der Schule gearbeitet wird, damit Schüler:innen über das Üben mit Textformen Kompetenzen erlangen, die sie für die Bewältigung kommunikativer Probleme benötigen. Der Begriff betont mit einem hohen Grad an *Offenheit* die Bedeutung des Erwerbsprozesses und der lerntheoretischen Modellierung im Sinne des Formens (*Texte formen)*. Dabei werden die Erwartungen an Performanz ernst genommen, womit Aspekte der *Situierung*, *Motivierung* und *Differenzierung* verbunden sind (Pohl & Steinhoff, 2010, S. 22). Eine Einbindung des Schreibenlernens in Lernarrangements (vgl. Abschnitt 3.1) ist die Konsequenz dieser theoretisch und empirisch fundierten *Philosophie* (Pohl & Steinhoff, 2010, S. 22) und bildet den Ausgangspunkt für das Konzept der *Schreibarrangements* nach Steinhoff (2018).

Ausgehend von schreibdidaktischen und kognitionspsychologischen Theorien und empirischen Befunden enthält das Aufgabenkonzept fünf Komponenten für die Aufgabenkonstruktion:

1. Ein angemessenes *Lernziel*,
2. eine *funktionsspezifische Situierung* – einschließlich der Merkmale
   2.1 *Schreibfunktion,*
   2.2 *Adressat:in,*
   2.3 *Inhalt,*
   2.4 *Sprache,*
   2.5 *Strategie,*
   2.6 *Ko-Aktant:in,*
   2.7 *Medium,*
3. einen *sequenzierten Schreibprozess,*
4. eine *konstruktive Rückmeldung sowie*
5. eine *sinnstiftende Textform.*

Aufbauend auf dem *Lernziel* (1) wird ein schreibförderliches Setting (2. *Situierung*) geschaffen, welches das Schreiben in einen größeren Handlungszusammenhang einbettet und *Schreib- und Textfunktionen* (2.1) sowie mögliche *Adressat:innen* (2.2) des geschriebenen Textes transparent macht. Diese Aspekte zeigen die pragmalinguistische Ausrichtung des Aufgabenkonzepts auf. Es können *Lern- und Schreibstrategien* (*Sprache* und *Strategie* 2.4 und 2.5) (etwa über das Geben von Textprozeduren) in der Aufgabenstellung verankert sein, die den Schreibprozess begleiten. Eine Interaktion mit *Ko-Aktanten* (2.6), also Kooperationspartner:innen für das Aufgabenlösen, kann über die Aufgabenstellung angeleitet werden. Mediale Aspekte (*Medium*, 2.7), wie das Schreiben mit Stift und Papier, mit der Tastatur oder mit der mündlichen Sprache via Speech-to-Text, sollten konkret während der Aufgabenkonstruktion hinsichtlich entlastender bzw. belastender Faktoren reflektiert und gezielt integriert werden (Steinhoff, 2023; Steinhoff, 2018). Wann welches Medium lernförderlich eingesetzt werden kann, ist u. a. abhängig von der Schreibprozessphase.[7] Das Konzept der *Schreibarrangements* sieht für die Aufgabenkonstruktion vor, den *Schreibprozess*

[7] In der hier vorliegenden Arbeit wurde innerhalb eines analog-digitalen hybriden Settings für die Erprobungsstufe und das fachliche Lernen entschieden, dass die Schüler:innen analog ihre Texte mit Stift und Papier planen, handschriftlich eine Texterstfassung verfassen und digital mit einer Tastatur ihre Textzweitfassung überarbeiten (vgl. Abschnitt 6.3.6.2; 6.3.7).

zu *sequenzieren* (3) und Potenziale einzelner Phasen bei der Aufgabenkonstruktion zu reflektieren. Ko-Aktant:innen, andere Peers oder Expert:innen können für eine konstruktive *Rückmeldung* (4) vorgesehen werden. Wichtig ist überdies, dass die ausgewählte *Textform* sinnstiftend ist (5). Dies kann mit dem Lebensweltbezug und der Förderung von Motivation und Volition in Verbindung gebracht werden.

Somit bietet das Konzept einen Vorschlag, um aufgabentheoretisch nach Maier et al. (2014) definierte und divergente Aufgabenstellungen zu gestalten, die eine Balance zwischen *Support* und *Demand* anstreben. Als Support-Merkmale werden *Textprozeduren* als Kombination aus *Ausdrucks*- und *Schemahandlung* empfohlen.

Entsprechende Aufgaben und Merkmale wurden empirisch von Anskeit (2019a) und Rüßmann (2018) in sprachdidaktischen Interventionsstudien zur Wirksamkeit sprachlicher Hilfen (*Textprozeduren*) in Aufgabenstellungen eingesetzt.

Anskeit (2019a) untersuchte in ihrem Dissertationsprojekt *Schreibarrangements in der Primarstufe – Eine empirische Untersuchung zum Einfluss der Schreibaufgabe und des Schreibmediums auf Texte und Schreibprozesse in der 4. Klasse* der Grundschule ($N = 487$ Schüler:innen; $N = 974$ Texterst- und Textendfassungen von Schüler:innen), ob *schwach profilierte*, *profilierte* oder *sprachprofilierte* Aufgabenstellungen Einfluss auf die Textqualität und -quantität sowie die Überarbeitungspraktiken der Schüler:innen haben. Als Textformen wurden eine Zimmerbeschreibung und eine Argumentation zu einem Ausflugsziel eingesetzt. Die Schüler:innen schrieben sowohl analog als auch digital in ein Wiki. Anskeit konnte nachweisen, dass Ausdruckshilfen in Kombination mit Schemahilfen den höchsten Einfluss auf die Qualität der Schreibprodukte von Grundschüler:innen haben. Überdies konnten keine Effekte des Schreibmediums festgestellt werden, durchaus aber, dass digitales Schreiben mit der Tastatur bereits in der 4. Klasse zu erfolgreicheren Überarbeitungspraktiken führt.

Rüßmann (2018) untersuchte im BMBF-Projekt *Schreibförderung in der multilingualen Orientierungsstufe (SimO)* 2166 Schüler:innentexte ($N = 2166$) von 322 Schüler:innen ($N = 322$) der Orientierungsstufe (Erprobungsstufe) des Gymnasiums, der Gesamtschule (NRW) und der Oberschule (Bremen). In einem Setting zur Personenbeschreibung von Superheld:innen wurde getestet, wie sich Ausdrucks- und Schemahilfen bzw. eine Kombination dieser auf die Textqualität und -quantität der Schüler:innen auswirken. Im Projekt wurden deutsche und türkische Texte ausgewertet. Rüßmann untersuchte die deutschsprachigen Texte und kam zu dem Ergebnis, dass Schüler:innen bessere Texte schreiben, wenn ihnen zur Überarbeitung Schemahandlungen zur Verfügung gestellt werden.

Bezüglich der Teilstichprobe der Schüler:innen des Gymnasiums ($n = 116$), für die Rüßmann insgesamt eine höhere Literalitätserfahrung sowie längere und qualitativ bessere Texte nachweisen konnte, zeigen die Ergebnisse, dass Gymnasiast:innen vor allem von einer Prozedurenprofilierung profitieren, die Ausdrucks- und Schemahilfen in Aufgabenstellungen verbindet. Rüßmann wies überdies nach, dass ein Zusammenhang zwischen der effizienten Nutzung einer sprachlichen Hilfe und der Leistungsstärke unabhängig von der Familiensprache (L1) besteht. Überdies konnte Rüßmann nachweisen, dass vor allem wiederholtes Üben wirksam ist und der direkte Bezug zum sprachlichen Handeln relevant ist. Sprachliche Hilfen müssen eingeführt und bestenfalls über einen längeren Zeitraum wiederholt genutzt werden, damit sie ihre volle Wirkung entfalten.

In Bezug auf das wissenschaftliche Schreiben und die kognitive Verarbeitung von neuen Reizen (vgl. Abschnitt 5.1) sowie die kognitive Entwicklung kann argumentiert werden, dass es Zeit benötigt, um von einem Erstkontakt mit einer sprachlichen Hilfe zu einer erfolgreichen Nutzung mit kontextueller Passung zu gelangen. Es benötigt Wiederholungen und Entwicklungszeit sowie verschiedene Aufgabenprobleme, in denen so lange geübt werden kann, bis ein Gleichgewicht zwischen Angebot (außen) und Nutzung (innen) hergestellt wird (vgl. auch Steinhoff mit Bezug zu Piaget, 2007, zur Entwicklung des wissenschaftlichen Schreibens).[8]

Für die hier vorliegende Studie sind primär das epistemische Schreiben und die Frage nach Effekten des Schreibens auf das Lernen von Interesse. Auf der Grundlage des Forschungsstandes ist es kaum möglich, eine generalisierbare Aussage darüber zu treffen, ob das Schreiben übergreifend und bei allen Lernenden dazu genutzt werden kann, fachliches Lernen zu fördern. Dies ist nicht zuletzt dem Umstand geschuldet, dass hierfür die Entwicklung des Fachwissens bei Lernenden getestet werden muss und die Konzeption von Fachwissenstests

---

[8] Das Konzept der Schreibarrangements wurde u. a. im Verbundprojekt *Schreibförderung im Fachunterricht der Sekundarstufe I* (*SchriFT II*, Roll et al., 2022) aufgenommen und für das epistemische Schreiben und das genrebasierte Lernen genutzt. Es handelt sich um das Folgeprojekt des Verbundvorhabens *SchriFT I* (Roll et al., 2019). Es nahmen die Fächer *Geschichte*, *Politik*, *Physik*, *Technik*, *Deutsch* und *Türkisch* teil. In allen Fächern wurden Interventionsstudien zum *Beschreiben* und *Erklären* durchgeführt. Die Ergebnisse können auf die hier vorliegende Studie aufgrund des Studiendesigns und der Zielgruppen nicht zielführend übertragen werden. Für Physik kann jedoch ein Interventionseffekt für Ausdruckprozeduren für das Beschreiben berichtet werden ($d = .29$). Insgesamt zeigt die Verbundstudie, dass der Versuch, Effekte im Bereich des epistemischen Schreibens nachzuweisen, schwierig ist.

nicht nur aufgabenabhängig, sondern bezüglich der Testkonstruktion herausfordernd ist. Dennoch bestehen Hinweise darauf, dass die Förderung des Lesens und Schreibens das fachliche Lernen fördert.

So zeigt die Metaanalyse von Graham, Kiuhara & MacKay (2020) positive Effekte in Bezug auf das Schreiben für fachliches Lernen in Mathematik und Naturwissenschaften sowie Sozialwissenschaften für die Klassen 1 bis 11 ($N =$ 56). Philipp (2020a) nimmt die Ergebnisse der Metaanalyse auf und verbindet diese mit den Ergebnissen der Metaanalyse von Graham & Hebert (2011) ($N =$ 95 Studien, Klasse 2 bis 12, insbesondere Sachtexte). Er gibt Effektstärken *(ES)* aus und berichtet, wann das Schreiben effektiv zur Förderung des Leseverstehens einerseits und zur Förderung des fachlichen Lernens andererseits genutzt werden kann. Als am wirksamsten für die Unterstützung des Leseverstehens zeigten sich die Strategien des *ausführlichen Schreibens* ($ES = .68$), des *schriftlichen Zusammenfassens* ($ES = .54$), des *Notizenanfertigens* ($ES = .45$), des *Fragenbeantwortens und -stellens* ($ES = .28$). Darüber hinaus konnte ein geringer Effekt nachgewiesen werden, wenn Schüler:innen mehr Zeit für das Schreiben gegeben wurde ($ES = .35$).

In Bezug auf die Wirksamkeit des Schreibens für das Fachlernen zeigen die Ergebnisse übergreifend für alle Fächer und Jahrgangsstufen einen geringen positiven Effekt ($ES = .30$). Bezüglich der hier vorliegenden Studie sind die Bereiche des informierenden Schreibens und begleitende Schreibstrategien interessant. Für das informierende Schreiben ($ES = .34$) und das Anfertigen von Notizen ($ES = .19$) konnte je ein geringer Effekt auf das Fachwissen nachgewiesen werden. Schreiben, das nach der Bloom'schen Taxonomie dem Synthetisieren von Informationen zugeordnet werden kann, zeigte einen Effekt von $ES = .32$. Am effektivsten waren Schreibaufträge, die mit Reflexion und Argumentation verbunden waren, was dafür sprechen könnte, dass eine Verbindung von kognitiver und sprachlicher Komplexität besteht. Überdies konnte auch hier die Wirkung des häufigen Übens nachgewiesen werden ($ES = .49$). Philipp (2020a) leitet aus den Ergebnissen vier Empfehlungen für das Schreiben im Fachunterricht ab:

1. „Generell das Schreiben nutzen. […]
2. Schreiben über Gelesenes und Fachinhalte verstetigen. […]
3. Textsortenspezifische Strategien vermitteln. […]
4. Anspruchsvolle kognitive Prozesse beim Schreiben fordern und fördern. […]“

(Philipp, 2020a, S. 31)

Da Schreiben viel Zeit in Anspruch nimmt, ist es für Lehrkräfte wichtig, dass Lerneffekte mit der Nutzung des Schreibens für das Fachlernen verbunden sind.

Neben den aufgeführten Effekten für fachliches Lernen, die nicht in allen Studien gleichzeitig nachgewiesen werden können (vgl. Roll et al., 2022), kann der Einsatz von schreibprozessbezogenen Aufgabenstellungen mit Support neben dem Fachlernen das Schreibenlernen fördern.

Ebenfalls auf mehrere Metaanalysen aufbauend, fasst Philipp (2017b) Schreibfördermaßnahmen zusammen, die effektiv sind, um Schüler:innen dazu zu befähigen, „selbständig ihre Schreibprozesse zu orchestrieren" (Philipp, 2017b, S. 286). Hier stellt sich die *Vermittlung von Schreibstrategien* als die effektivste Maßnahme dar ($ES = 1.00$). Vor allem kognitive Schreibstrategien sind empirisch wirksam ($ES = 1.06$); auch hier ist das *schriftliche Zusammenfassen* eine effektive Möglichkeit ($ES = 0.82$) zur gezielten Förderung hierarchiehoher Schreibprozesse.

Ähnlich dem Leseprozess wird der Schreibprozess in hierarchieniedrige und hierarchiehohe Prozesse unterteilt. Zu den hierarchieniedrigen Schreibprozessen gehört nach Philipp (2017b) das *Verschriften*, zu den hierarchiehohen das *Planen*, *Überarbeiten* sowie die *Selbstregulation* (Philipp, 2017b).

> „Die ‚hierarchieniedrigen' Prozesse sind in aller Regel automatisch ablaufende Prozesse, die ihre Mühelosigkeit und schwere metakognitive Zugänglichkeit erst durch vielfältiges Üben erreicht haben und die sich auf eine überschaubare Informationsmenge beziehen.
>
> Die ‚hierarchiehohen' Prozesse hingegen dienen dazu, dass man mehr Informationen verarbeitet und dies bewusst bzw. bewusstseinsfähiger tut."
>
> (Philipp, 2017b, S. 48)

Anders konzeptualisiert Sturm (2024) beide Prozessebenen. Sturm zählt das *Planen, Formulieren* und *Überarbeiten* zu den hierarchiehohen Schreibprozessen der Vertextung und das *Handschreiben/Tastaturschreiben* sowie die *Rechtschreibung* und das *automatisierte Formulieren* zu den hierarchieniedrigen. Somit fasst die Autorin diejenigen Aspekte als hierarchieniedrige Prozesse zusammen, welche zur *Schreibflüssigkeit* gehören. Wie auch bei der *Leseflüssigkeit* ist diese dann gegeben, wenn automatisiert, akkurat und ausreichend schnell geschrieben werden kann (Sturm, 2024). Dies ist – wie auch beim Lesen – die Grundvoraussetzung für höhere Schreibaktivitäten. Getestet werden kann die Schreibflüssigkeit sowohl für das Hand- als auch das Tastaturschreiben z. B. über eine *Alphabet Task*, eine Aufgabe, bei der Proband:innen das Alphabet in einer vorgegebenen Zeit möglichst korrekt und häufig schreiben (vgl. zusammenfassend Sturm, 2024, S. 67).[9]

Das grafomotorische Schreiben mit der Hand ist in der Erprobungsstufe des Gymnasiums zu einem Großteil bereits automatisiert. Es kann für das Fachlernen und die kognitive Verarbeitung genutzt werden. Van der Weel und van der Meer (2024) konnten über eine EEG-Studie mit 36 Studierenden ($N = 36$) wiederholt zeigen, dass beim Handschreiben im Gegensatz zum Tastaturschreiben mehr Gehirnareale aktiv an der Verarbeitung beteiligt sind. Eine ähnliche Studie führten die Autor:innen bereits 2017 durch. 2017 wurden Stift und Papier gegen das Tastaturschreiben, 2024 der Smart Pen gegen das Tastaturschreiben experimentell getestet. Beide Studien brachten belastbare Ergebnisse hervor, die das Handschreiben – ob analog oder digital – mit mehr Lern- und Gedächtnisbildungspotenzial in Verbindung bringen. Digitales Schreiben mit der Tastatur ist jedoch – wie auch den Lehrplänen entnommen werden kann (vgl. Abschnitt 4.2), eine Kompetenz, die Schüler:innen für die Bewältigung des Alltags erwerben müssen und die – wie die Studie von Anskeit (2019a) zeigt – mit Bezug zum Schreibprozess z. B. für das erfolgreiche Überarbeiten von Texten genutzt werden kann. Relevant ist, dass das digitale (wie auch das analoge) Schreiben mit seinen spezifischen Facetten ernst genommen und lernförderlich eingesetzt wird (vgl. zu den Facetten des digitalen Schreibens weiterführend Steinhoff, 2022a).

5.4 Zusammenfassung

In diesem Kapitel wurden relevante Prozesse für kognitiv-sprachliches Aufgabenlösen expliziert. Zuerst wurden kognitive Prozesse erläutert, die beim Lernen und Aufgabenlösen stattfinden. Dabei wurden das *Dreispeichermodell* und das *Baddeley-Hitch-Modell* vorgestellt, die Aufschluss darüber geben, wie eine Erinnerung ins Langzeitgedächtnis überführt wird und aus welchen Modulen das Arbeitsgedächtnis besteht. Das *Arbeitsgedächtnis* ist für das Aufgabenlösen wichtig, da eine kognitive Aktivierung einerseits und möglichst keine

[9] Wie Sturm (2024, S. 70, mit Verweis auf Odersky, 2018, und Pontart et al., 2013) anführt, ist diese Methode nicht unumstritten, da u. a. auch das Alphabet kognitiv abgerufen werden muss und keine Buchstabenverbindungen erfasst werden. Daher wird die Methode ab Klasse 4 empfohlen und sollte bestenfalls mit Abschreibaufgaben oder anderen Methoden kombiniert werden. In der vorliegenden Studie wurde die Alphabet Task genutzt, um die Tippgeschwindigkeit mit der Tastatur anzunähern, da es sich um eine etablierte und leicht umzusetzende Methode handelt. Sie wurde mit einer Abschreibaufgabe (*Sentence Copying*) in Klasse 6 kombiniert (vgl. Abschnitt 6.3.5.2).

kognitive Überlastung andererseits über Aufgabenstellungen evoziert werden sollten. Es wurden mit der *Cognitive Load Theory* und der hierauf aufbauenden *Load Reduction Instruction* Merkmale benannt, welche für die Konstruktion von Aufgabenstellungen genutzt werden können, um eine entsprechende Balance zwischen *Demand* und *Support* zu erreichen. Überdies wurden Erkenntnisse aus der Kognitiven Psychologie herangezogen, um Aufgabenmerkmale für einen potenziell förderlichen kognitiven Lernprozess ableiten zu können bzw. um ein *well-structured problem* zu definieren.

Zu den Merkmalen gehören die Nutzung verschiedener Repräsentationsformen, Scaffolding, explizite Aufgabenmerkmale innerhalb sequenzierter Aufgabenprobleme, das wiederholte Üben sowie der Transfer von Inhalten in andere Kontexte. Dabei sollte eine zu große Menge an Einzelschritten vermieden werden, da Menschen nicht mehr als zwei bis fünf neue *Chunks* pro Lerneinheit verarbeiten können.

Anschließend wurden kognitive, metakognitive und ressourcenorientierte Lernstrategien beschrieben, die auf das Lesen und Schreiben übertragen werden können.

In Abschnitt 5.2. wurden das *Situationsmodell* sowie *hierarchieniedrige* und *hierarchiehohe Leseprozesse* beschrieben. Dabei wurden kognitive Prozesse erläutert, die beim Lesen ablaufen. Ebenso wie bei der Aufgabenkonstruktion ist auch hinsichtlich der Textkomplexität entwicklungssensitiv darauf zu achten, dass Schüler:innen nicht kognitiv überfordert, sondern angemessen gefordert werden. Hierbei kommt für das Sachtextlesen im Fachunterricht der Anwendung von Lesetechniken und -strategien eine besondere Bedeutung zu, da diese zur Unterstützung des verstehenden Lesens eingesetzt werden können. Es wurden ordnende, wiederholende und elaborierende Lesetechniken vorgestellt und im Anschluss Merkmale und Zusammenhänge zur Textkomplexität beschrieben. Studien zum Zusammenhang von Textkomplexität und Leseverstehen zeigten, dass vor allem das Merkmal *Kohärenz* für das Textverstehen entscheidend ist. Überdies gelten sprachliche Oberflächenmerkmale wie die Häufigkeit von Nominalphrasen als schwierigkeitsbestimmende Merkmale.

Um Schulbuchtexte zu Aufgaben hinsichtlich der sprachlichen Komplexität algorithmisch bewerten zu lassen, wurde das Regensburger Analysetool *RATTE 2.0* vorgestellt, das auch für die Interventionsstudie in dieser Arbeit genutzt wurde. Abschließend wurde der *Mediumseffekt* beschrieben, nach dem das Leseverstehen durch das Medium der Repräsentation – analog oder digital – beeinflusst wird.

Dass das Medium explizit bei der Konstruktion von Lernaufgaben zu bedenken ist, wurde auch in Bezug auf das Schreiben in Abschnitt 5.3 dargelegt.

Ausgangspunkt war der kognitionspsychologisch orientierte Schreibprozess, wie er seit den 1980er-Jahren mit Hayes and Flower Einzug in die Schreibdidaktik nahm. Anhand der drei Schreibprozessphasen *Planen, Formulieren* und *Überarbeiten* sowie der Darlegung der Bedeutung des Langzeitgedächtnisses, der Aufgabenstellung und der Aufgabenumgebung wurden mit dem ausgewählten Aufgabenkonzept *Schreibarrangements* nach Steinhoff (2018) schreibförderliche Aufgabenmerkmale dargelegt, die theoretisch und empirisch wirksam für die Förderung des Lernens mit *Textformen* in der Schule sind, also mit entwicklungssensitiven, instruktiven und textsortenbezogenen Übungssituationen in der Schule in Verbindung stehen.

In Bezug auf die Konstruktion von Schreibaufgaben, die Vermittlung von Schreibstrategien sowie das selbstregulierte Lernen konnten Verbindungen zur Aufgabentheorie aus Abschnitt 3.1 hergestellt werden. Einerseits stellt eine Schreibaufgabe grundsätzlich ein *ill structured problem* (Philipp, 2014) dar, wobei davon ausgegangen werden kann, dass in der Erprobungsstufe Schreibnoviz:innen von einer zu großen Offenheit überfordert werden können. Darum kann es wichtig sein, diese Offenheit durch Strategievermittlung – resp. Merkmale in Aufgabenstellungen – je nach Erwerbsalter zu einem Teil einzuschränken. Es konnte gezeigt werden, dass es sich bei dem Konzept der Schreibarrangements einerseits um ein Aufgabenkonzept handelt, das den *Lernarrangements* zugeordnet werden kann, andererseits das Konzept Aufgabenmerkmale vorsieht, welche die Offenheit des zu lösenden Problems mithilfe von *Support-Merkmalen* einschränkt. Aufgabentheoretisch werden *definierte und divergente Aufgabenstellungen* entwickelt. Aufgabenstellungen, die entsprechende Merkmale enthalten, können als *schreibförderliche Aufgabenstellungen* gelten.

Überdies wurde die Bedeutung des Schreibens im Fachunterricht für das Lernen und damit das *Lernförderpotenzial* des Schreibens im Allgemeinen in Abschnitt 5.3 behandelt. Auch wenn Studien keine großen Effekte nachweisen können und Ergebnisse – u. a. auch aufgrund der Schwierigkeiten der Testkonstruktion und Vergleichbarkeit – unterschiedlich ausfallen, können stabile geringe Effekte aus Metaanalysen berichtet werden, die einen positiven Einfluss des Schreibens auf das Fachlernen nachweisen. In Bezug auf das Lernen wurde das Schreiben mit der Hand und das Schreiben mit der Tastatur verglichen. Anhand von EEG-Studien konnte gezeigt werden, dass das Schreiben mit der Hand – gleich ob mit dem Smart Pen oder analog – stärkere, mit Lernen und Gedächtnisbildung in Verbindung stehende, Gehirnaktivitäten fördert als das Schreiben mit der Tastatur. Daher ist es für die Aufgabenkonstruktion wichtig, zu überlegen, wann es didaktisch sinnvoll sein kann, Schüler:innen mit der Hand oder der Tastatur schreiben zu lassen. Das Tastaturschreiben zeigt bspw. Vorteile, wenn es in der Schreibprozessphase des Überarbeitens eingesetzt wird. Somit können sich das Lern- und das Schreibpotenzial von Aufgaben wechselseitig bedingen.

Fällt ein *Lernpotenzial* mit einem *Schreibförderpotenzial* zusammen, können Aufgabenstellungen für den Fachunterricht als potenzialreich für das sprachlich-fachliche Lernen bewertet werden. Hierfür ist es wichtig, dass explizite Aufgabenmerkmale bestehen. Im Folgenden werden im empirischen Kapitel dieser Arbeit das *Schreib- und Lernpotenzial* von Schulbuchaufgaben untersucht.

Empirie 6

6.1 Die Studie *Sachfachliche Schreib-Lernaufgaben*

Im Folgenden wird der empirische Teil der Mixed-Methods-Studie *Sachfachliche Schreib-Lernaufgaben* beschrieben. Nach der Vorstellung des Erkenntnisinteresses und einem einführenden Überblick über das Studiendesign (Abschnitt 6.1.2) erfolgen je die Darstellung der Analysen und der Ergebnisse. Dabei ist der empirische Teil in einen großen und einen kleineren Untersuchungsabschnitt eingeteilt: Eine *Aufgabenanalyse* (Hauptstudienteil I) (Abschnitt 6.2) und eine *Interventionsstudie*, die als Quasi-Experiment konzipiert ist (aufbauender Teil) (Abschnitt 6.3).

6.1.1 Erkenntnisinteresse

Das Erkenntnisinteresse der Studie ist darauf ausgerichtet, herauszufinden, wie schreibförderlich Schulbuchaufgaben angelegt sind (*Schreibförderpotenzial*) und welche kognitiv-sprachlichen Anforderungen sie enthalten. Hierzu werden *Aufgabenmerkmale* und *Operatoren* untersucht. Darüber hinaus ist von Interesse, wie aus diesen Erkenntnissen abgeleitete *typische* Schulbuchaufgaben gestaltet sind und welches fachliche Lernpotenzial von entsprechenden Aufgaben ausgeht (*Lernpotenzial*).

Ergänzende Information Die elektronische Version dieses Kapitels enthält Zusatzmaterial, auf das über folgenden Link zugegriffen werden kann https://doi.org/10.1007/978-3-658-53061-7_6.

M. Fuhlrott, *Sprachbildende Schulbuchaufgaben im Fachunterricht*, Sprachsensibilität in Bildungsprozessen,
https://doi.org/10.1007/978-3-658-53061-7_6

Ein Wissen über die Beschaffenheit von Aufgaben des Fachunterrichts ist für die Etablierung eines sprachbildenden Fachunterrichts deshalb bedeutsam, da zum einen lernförderliches Material eine wichtige Grundvoraussetzung für qualitätvollen Unterricht darstellt (Helmke, 2022), zum anderen kaum etwas darüber bekannt ist, wie die aufgabenkulturelle Ausgangssituation beschaffen ist, auf der ein sprachbildender Fachunterricht aufgebaut werden kann. Schulbuchaufgaben bilden einen Teil dieser Aufgabenkultur als medial schriftlichen Input ab, an den potenziell die medial mündliche und schriftliche Sprachproduktion im Unterricht anschließt (Pohl, T., 2016). Darüber hinaus enthalten Schulbuchaufgaben Operatoren, die Aufschluss über fachlich relevante kognitiv-sprachliche Handlungen geben können (Steinhoff, 2019). Der Studie wird die heuristische und über wenige Studien belegte Vorannahme zugrunde gelegt, dass Schulbuchaufgaben des Fachunterrichts kaum Aufgabenmerkmale enthalten, die aus Sicht der Schreibdidaktik als schreibförderlich gelten können. Dies empirisch zu überprüfen und merkmalsbasiert zu beschreiben, ist das Haupterkenntnisinteresse der vorliegenden Studie und wird mit dem ersten großen Untersuchungsteil, der *Aufgabenanalyse*, verfolgt. Hierauf aufbauend ist von weiterführendem Interesse, wie Schüler:innen mit typischen Aufgaben umgehen und ob schreibförderliche Aufgabenmerkmale, wie sie für den Fachunterricht empfohlen werden (Becker-Mrotzek & Lemke, 2022; Pertzel & Schütte, 2016), einen Beitrag dazu leisten können, dass Schüler:innen im Fachunterricht effektiver fachliche Inhalte erschließen, da ohne eine Kenntnis hierüber eine umfassende Etablierung von (neuen) Aufgabenformaten in den Fachunterricht kaum erfolgen kann. Dabei wird von einem Mehrwert des Übens mit *kleinen*, bewältigbaren Aufgaben ausgegangen (Becker-Mrotzek & Lemke, 2022; Sturm & Beerenwinkel, 2020, vgl. auch Kapitel 5). Dies kann als Ergänzung zum genrebasierten Lernen gewertet werden (Martin & Rose, 2008; Roll et al., 2022). Für Lehrkräfte ist es erstens wichtig, dass sprachbildende Aufgaben – für die meist einstündig unterrichteten Nebenfächer – zu den vorhandenen Zeitressourcen passen, zweitens, dass Aufgaben auch für Lehrkräfte handhabbar sind, die keine ausgebildeten Sprachexpert:innen sind, und drittens eine Schreibförderung im Fach dem Aufbau inhaltlicher Kompetenzen nicht zuwiderläuft. Schulbuchaufgaben haben das Potenzial, zu diesen Zwecken förderlich eingesetzt zu werden.

Dass schreibförderliche Aufgabenmerkmale einen positiven Einfluss auf den Ausbau bildungssprachlicher Kompetenzen haben können, ist empirisch weit besser untersucht als der aufgabenkulturelle Ist-Zustand und der Einfluss auf das Fachwissen. Vieles spricht dafür, dass schreibförderliche Aufgaben Schüler:innen mit verschiedenen Lernvoraussetzungen dabei unterstützen können, bessere Texte zu schreiben, und eine zielführendere Verwendung von Fachsprache fördern und dass das Üben von sprachlichen Strukturen überdies einen positiven Einfluss auf den Ausbau mündlicher Kompetenzen haben kann (Anskeit, 2019a; Anskeit & Steinhoff, 2019; Steinhoff et al., 2020; Philipp, 2020a; Rüßmann, 2018; Wey, 2022; vgl. auch Abschnitte 5.1 und 5.3).

Da gerade der im Erkenntnisinteresse liegende aufgabenkulturelle Ist-Zustand aus schreibdidaktischer Perspektive kaum erforscht ist (vgl. Kapitel 1), liegt der Fokus der Studie *Sachfachliche Schreib-Lernaufgaben* auf der Beschreibung dieses Ist-Zustandes und der Frage nach der Wirksamkeit.

6.1.2 Methodisches Mixed-Methods-Design

Das methodische Design der Studie *Sachfachliche Schreib-Lernaufgaben* besteht aus zwei Studienteilen, bei denen mehrere Methoden integrativ und sequenziell kombiniert werden. Grundlegend handelt es sich um ein qualitativ dominantes Design mit quantitativen Anteilen und einer Aufbaustudie. In einem ersten Schritt werden mithilfe einer strukturierenden und typenbildenden Qualitativen Inhaltsanalyse je zwei fachliche Lehrwerke pro Fach untersucht ($n = 1357$ Aufgaben) (Kuckartz, 2018; Mayring, 2015; Rädiker & Kuckartz, 2019). Bei den analysierten Aufgaben handelt es sich um Lernaufgaben im Allgemeinen und um Erarbeitungs- und Übungsaufgaben im Speziellen. Allen Aufgaben ist gemeinsam, dass sie in ihrer Form sowohl digital als auch analog im Unterricht eingesetzt werden können, da die Lehrwerke als digitales Schulbuch und Printmedium verlegt werden. Ziel der Aufgabenanalyse ist es, bestehende sprachliche Anforderungen und schreibförderliche Merkmale von Schulbuchaufgaben fach- und jahrgangsvergleichend zu beschreiben und Aufgaben zu typisieren. Die Ergebnisse der Aufgabenanalyse werden genutzt, um authentische Schulbuchaufgaben für die Praxis zu konzipieren und zu testen.

So wird in einem zweiten Schritt die Interventionsstudie (Marx & Steinhoff, 2017) *Klimatext* als Quasi-Experiment mit einem Pre-Post-Test-Design und zwei Experimentalgruppen im fachverbindenden Themenfeld *Nachhaltigkeit* in der sechsten Jahrgangsstufe des Gymnasiums durchgeführt. Dabei wird der Frage nach der Wirksamkeit von bestehenden Aufgabenformaten und Aufgabenoptimierungen nachgegangen. Eine Gruppe erhält eine typisch konstruierte Schulbuchaufgabe, eine zweite Gruppe die gleiche Aufgabe, die schreibförderlich optimiert wurde. Zum Zeitpunkt des Pre- und des Posttests lösen die Schüler:innen je einen Fachwissenstest und eine Schulbuchaufgabe. Es wird überprüft, ob eine Veränderung der Aufgabenstellung (UV: unabhängige Variable) einen

Einfluss auf die Qualität der Aufgabenlösungen der Schüler:innen in der Intervention (AV_1: abhängige Variable 1) und die Verarbeitung des Fachwissens (AV_2: abhängige Variable) hat.

Abb. 6.1 zeigt das Gesamtdesign der Mixed-Methods-Studie *Sachfachliche Schreib-Lernaufgaben.*

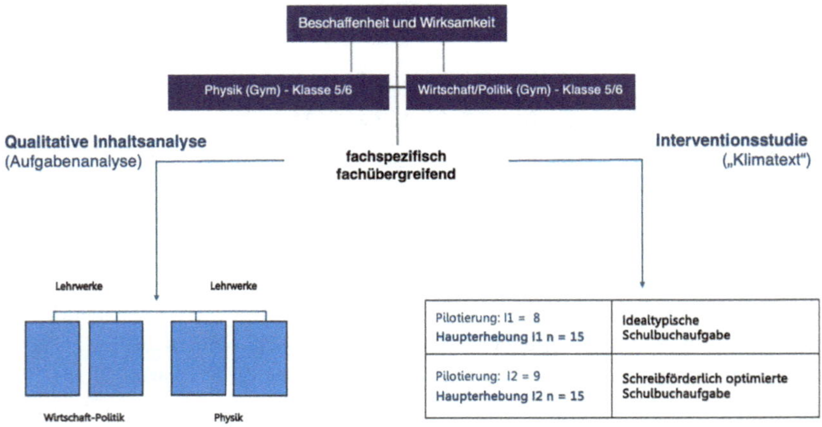

Abb. 6.1 Überblick über das Design der Mixed-Methods-Studie „Sachfachliche Schreib-Lernaufgaben"

Im Folgenden werden – dem Design chronologisch folgend – beide Studienteile methodisch im Detail beschrieben und je anschließend die Ergebnisse referiert und zusammengefasst.

6.2 Aufgabenanalyse

In diesem Unterkapitel wird die Aufgabenanalyse mit Ergebnissen vorgestellt. Dazu werden zunächst die Methode der Qualitativen Inhaltsanalyse (Abschnitt 6.2.1) und ihre Anwendung beschrieben. Im Anschluss erfolgt die Vorstellung der Fragestellungen, die für die Erhebung leitend waren (Abschnitt 6.2.2). Die Abschnitte 6.2.3, 6.2.4 und 6.2.5 behandeln hierauf aufbauend die Beschreibung der Stichprobe sowie die Darstellung des Verfahrens der softwaregestützten Analyse. Hieran schließen die Beschreibung des

Kategoriensystems (Abschnitt 6.2.6) einschließlich der Ergebnisse der Intercoder-Reliabilitätsprüfung (Abschnitt 6.2.7) an.

Im Anschluss werden die Ergebnisse der Haupterhebung vorgestellt (Abschnitt 6.2.8). Hierbei wird eine durchgehende Binnenstruktur eingehalten, welche dazu beitragen soll, dass die umfangreichen Ergebnisdarstellungen verständlicher werden. So werden zunächst zu jeder Kategorie bzw. Subkategorie mit Ausprägungen zu Beginn der Vorstellung einer jeden Ergebnispräsentation das Erkenntnisinteresse und die Fragestellung wiederholt. Dann werden die Ergebnisse der einzelnen Kategorien zunächst aus jedem Lehrwerk eines Fachs vorgestellt. Die Darstellung beginnt mit dem Fach Wirtschaft-Politik und dem Lehrwerk *TEAM 5/6*. Es folgt das Lehrwerk *Wirtschaft-Politik 1*. Nachdem die Einzelergebnisse vorgestellt wurden, erfolgt eine Zusammenfassung. Anschließend werden die Einzelergebnisse der Lehrwerke des Physik-Unterrichts vorgestellt. Die Ergebnispräsentation beginnt mit der Stichprobe *Dorn/Bader – Physik 1*. Die Ergebnisse von *Physik heute 1* schließen an. Auch diese Darstellung endet mit einer tabellarischen Zusammenfassung. Den Einzeldarstellungen der Lehrwerke nach Fächern sortiert folgt der Fachvergleich.

Die Ergebnispräsentation der zwei Hauptbereiche der Analyse, *Aufgabenmerkmale* und *Operatoren*, schließt jeweils mit einem Zwischenfazit. Zum Abschluss der Ergebnisdarstellung der Gesamterhebung werden alle Ergebnisse noch einmal sehr prägnant zusammengefasst und grafisch illustriert (vgl. Abschnitt 6.2.9).

6.2.1 Qualitative Inhaltsanalyse

Die Aufgabenanalyse ist als Dokumentenanalyse deskriptiv angelegt, wobei qualitative Daten inhaltsanalytisch auf der Grundlage der Fragestellungen mithilfe von vorwiegend deduktiven Kategorien untersucht, zunächst quantitativ über Häufigkeitsanalysen und abschließend qualitativ interpretiert und typisiert werden. Die Analyse bedient sich dabei der Werkzeuge verschiedener inhaltsanalytischer Ansätze (Döring & Bortz, 2016; Gläser-Zikuda, 2011; Heins, 2016; Kuckartz, 2018; Mayring, 2015; Rädiker & Kuckartz, 2019). Das Design der Aufgabenanalyse folgt dem Dreischritt *qualitativ-quantitativ-qualitativ*, wie er von Mayring (2015, S. 21) für den Prozess der Zusammenführung qualitativer und quantitativer inhaltsanalytischer Verfahren beschrieben wird. Dies zeigt Abb. 6.2.

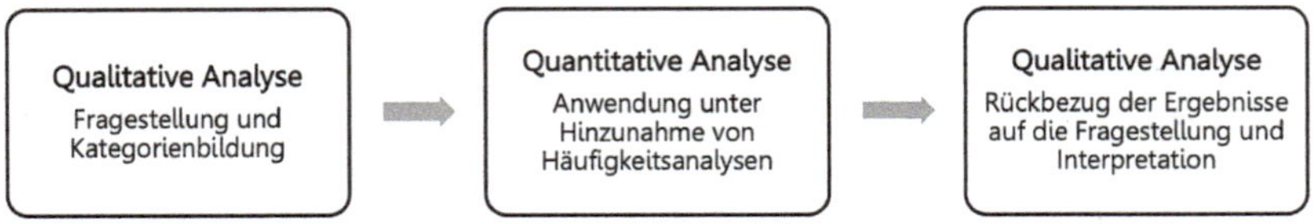

Abb. 6.2 Phasenmodell zum Verhältnis qualitativer und quantitativer Analyse, angepasst nach Mayring (2015, S. 21)

Die Häufigkeitsanalysen besitzen bei der Untersuchung einen zentralen Stellenwert, weshalb es an dieser Stelle relevant erscheint, das Vorgehen von ausschließlich quantitativen Verfahren abzugrenzen (Döring & Bortz, 2016). Methodisch sprechen folgende Gründe gegen eine Zuordnung des Verfahrens zu einer primär Quantitativen Inhaltsanalyse und für die Zuordnung zu einer primär Qualitativen Inhaltsanalyse:

(1) Die vorgestellte Aufgabenanalyse nutzt mit Schulaufgaben qualitatives Material, welches ausschließlich im Rahmen eines Kommunikationszusammenhangs, dem Aufgabenlösen in der Schule durch Schüler:innen, verstanden werden kann (Mayring, 2015). Das verwendete Verfahren stellt dabei ein Auswertungsverfahren, keine Erhebungsmethode dar, weshalb es dem qualitativen Verfahren nähersteht, sich jedoch gerade durch ein sehr enges deduktives Vorgehen und Häufigkeitsanalysen von rein qualitativen Verfahren unterscheidet (Diekmann, 2018; Döring & Bortz, 2016).

(2) Das Verfahren ist hypothesengenerierend, nicht hypothesenprüfend angelegt, da der Zugang zum Material auf der Grundlage der Fragestellungen erfolgte. Dies ist vor allem dadurch begründet, dass keine vergleichbare Erhebung vorlag, auf der theoriebasiert aufgebaut werden konnte.

(3) Die vorwiegend deduktiv angelegten Kategorien lassen einen Anteil an Interpretationsspielräumen offen und bedürfen bei der Anwendung der qualitativen Analysefähigkeit der Codierer:innen (Schreier, 2014).[1] Zwar beinhaltet das Verfahren auch rein quantitative Frequenzanalysen (s. Kategorie „Operatoren" und „Quasi-Operatoren", Abschnitt 6.2.6.2; theoretisch zur Frequenzanalyse: Diekmann, 2018), die aber ausschließlich einen Teil der Gesamtanalyse darstellen.

[1] Die Beschreibung des Verfahrens als *Korpusanalyse* wird hier bewusst nicht gewählt, da dieser Begriff hinsichtlich der Aufgabenanalyse unspezifischer ist als die Inhaltsanalyse und hiermit i. d. R. linguistische Analysen der Korpuslinguistik verbunden werden, vgl. Andresen und Zinsmeister (2019).

(4) Die Auswertung über Häufigkeiten stellt nicht den Abschluss der Analyse dar. Die eingesetzten quantitativen Ergebnisdarstellungen sollen vor allem die Argumentation stärken und Einblicke in das Material erlauben. Die Anwendung wird kritisch reflektiert (Kuckartz, 2018) und für weiterführende Schlussfolgerungen (Mayring, 2015) und Typisierungen von Aufgaben genutzt (Kuckartz, 2018).

Demnach ist die Analyse grundlegend an der Methode der Qualitativen Inhaltsanalyse orientiert. Übergreifend ist es nicht selten *problematisch* (Mayring, 2015, S. 13), die Methode der Inhaltsanalyse auf eine Definition und ein Verfahren zu verkürzen, da Daten als Texte in sehr unterschiedlicher Form und aus unterschiedlichen Kommunikationszusammenhängen vorliegen können. Vielmehr handelt es sich bei der Methode der Inhaltsanalyse um Werkzeuge und Gütekriterien für die Auswertung von Texten, die es erlauben, *fixierte Kommunikation systematisch, regelgeleitet* und *theoriegeleitet* zu analysieren und dabei *Rückschlüsse auf bestimmte Aspekte der Kommunikation* zu ziehen (Mayring, 2015, S. 13). Inhaltsanalytische Werkzeuge eröffnen somit einen flexiblen Materialzugang (Heins, 2016). Schreier (2014) hat inhaltsanalytische Verfahren verglichen und kommt zu dem Schluss, dass grundlegend zwei Subformen qualitativ inhaltsanalytischer Vorgehensweisen unterschieden werden können: eine *strukturierende* Variante, die dem gleichnamigen Verfahren nach Mayring entspricht, und eine Variante, deren charakteristisches Merkmal die *Extraktion* ist und mit dem Verfahren nach Gläser und Laudel (2009) in Verbindung gebracht werden kann, bei dem Kategorien aus dem Material extrahiert werden.[2]

Das hier vorgestellte Verfahren ist der strukturierenden qualitativen Variante zuzuordnen, für die ein schrittweises Vorgehen auf der Grundlage eines deduktiv-induktiven Kategoriensystems leitend ist, welches im „Rahmen einer Probekodierung sukzessive modifiziert und schließlich in seiner Gesamtheit auf das Material angewandt wird“ (Schreier, 2014, S. 20). Dabei wurde auf die „Zusammenstellung eines Kategoriensystems mit Definitionen, Ankerbeispielen, Kodierregeln und Fundstellenbezeichnungen“ (Gläser-Zikuda, 2011, S. 114)

[2] Bei Mayring (2015) und Gläser-Zikuda (2011) finden sich bspw. die Typen der *Zusammenfassung*, *Explikation* und *Strukturierung*, wobei die Strukturierung die Typen der *formalen/inhaltlichen*, *typisierenden* und *skalierenden Strukturierung* umfasst. Kuckartz (2018) unterscheidet die *inhaltlich strukturierende*, die *evaluative* und die *typenbildende Qualitative Inhaltsanalyse*. Beide Theorieschulen zeigen Überschneidungen. Während Mayring und Gläser-Zikuda die Bedeutung quantitativer Elemente für verschiedene Zwecke einbeziehen, ist die Theoriebildung von Kuckartz deutlich stärker auf induktive Verfahren ausgerichtet.

geachtet, wobei die Kategorien möglichst *disjunkt*, *erschöpfend* und *präzise* formuliert wurden (Diekmann, 2018, S. 589). Als Subtypen der strukturierenden Inhaltsanalyse vereint das hier vorgestellte Verfahren primär inhaltlich strukturierende und typisierende Elemente. Für die Bildung des Designs auf der Grundlage der Fragestellungen und der Beschaffenheit des Materials waren theoretisch vor allem die Ausführungen von Mayring (2015) und Gläser-Zikuda (2011) leitend. Für die computergestützte Umsetzung und die Reliabilitätsprüfung wurde primär mit den Ausführungen von Kuckartz (2018) und Rädiker und Kuckartz (2019) gearbeitet.

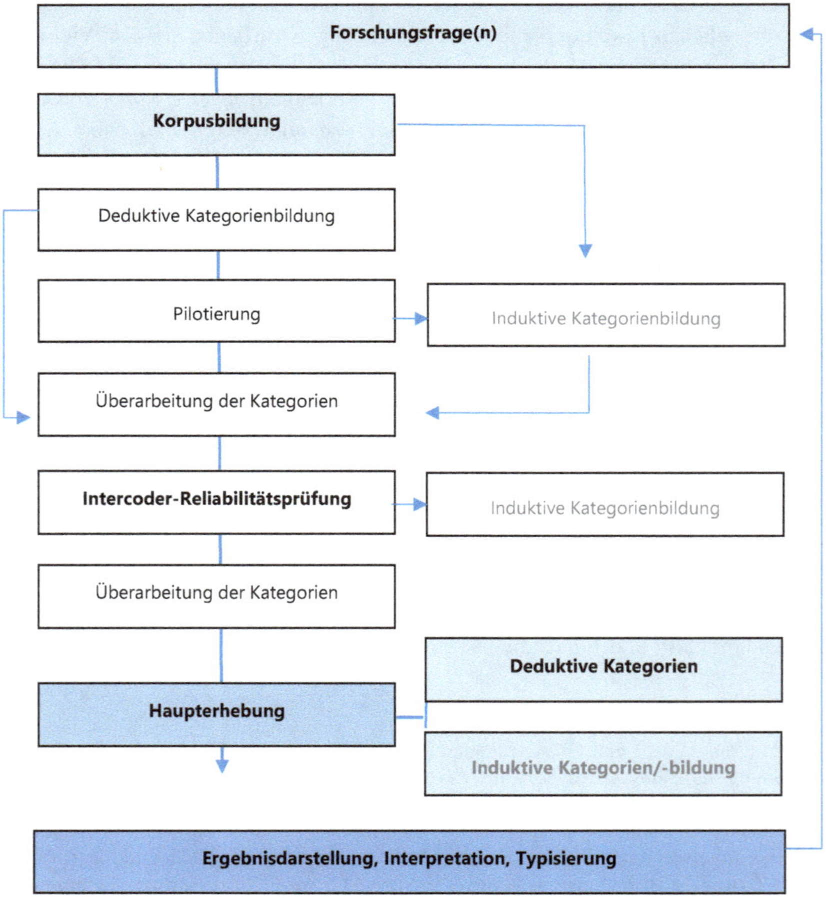

Abb. 6.3 Methodisches Ablaufmodell der Aufgabenanalyse. (Eigene Darstellung)

Abb. 6.3 zeigt zusammenfassend den Ablauf der Aufgabenanalyse im Rahmen der hier vorgestellten Studie (vgl. u. a. Mayring, 2015, S. 62).

Zunächst wurden die *Fragestellungen* theoriebasiert entwickelt und es wurde eine geschichtete Stichprobe gezogen. Dabei wurden Schulbücher kriteriengeleitet ausgewählt. Es erfolgte eine *Korpusbildung* (Gesamtkorpus). Unter Rückbezug auf die Fragestellung und die Theorie wurden *deduktive Kategorien gebildet,* deren Anwendbarkeit zunächst über eine *Pilotierung* an einem Lehrwerk überprüft wurde, welches nicht zur Stichprobe gehörte (Barmeier et al., 2018). Während der Pilotierung wurde eine Kategorie induktiv mit einer Ausprägung ergänzt („Rezeption – Lesen: Impliziter Hinweis“) und darüber hinaus die a priori verfasste *induktive Kategorie Quasi-Operatoren* erprobt. Nach einer ersten Überarbeitung der Kategorien durchliefen alle Kategorien eine *Intercoder-Reliabilitätsprüfung* am Material. Auch diese gab Anlass, die Kategorien und deren Beschreibungen noch einmal zu überarbeiten. Das geprüfte Kategoriensystem fand anschließend Anwendung in der Haupterhebung. Die Ergebnisse werden im Folgenden unter Rückgriff auf die Fragestellungen *deskriptiv beschrieben, interpretiert* und *typisiert.*

Gütekriterien

Die aus der quantitativen Forschung stammende Trias der Gütekriterien *Objektivität – Reliabilität – Validität* findet auch bei qualitativer Forschung Anwendung. Eine Ad-hoc-Übertragung wird forschungsmethodisch jedoch kontrovers diskutiert, da inhaltsanalytische Verfahren, Werkzeuge und Prozesse auf verschiedenste Daten aus unterschiedlichen Entstehungszusammenhängen angewandt werden können (z. B. Interviewtranskripte, Dokumente) und immer einen Teil an Interpretation durch Forscher:innen bedingen. Dies führt dazu, dass Gütekriterien der quantitativen Forschung, die sich auf metrisch formulierbare Daten beziehen, in der qualitativen Forschung abgelehnt, angenommen oder reformuliert werden (Gläser-Zikuda, 2011; Kuckartz, 2018). So fasst Gläser-Zikuda (2011, S. 105) spezifische Gütekriterien für die qualitative Forschung zusammen, die für diese Arbeit adaptiert werden:

> „Spezifisch qualitative Gütekriterien werden den Ansprüchen qualitativer Forschung gerecht und gewährleisten die Grundprinzipien der Wissenschaftlichkeit. Dies sind: Verfahrensdokumentation, Regelgeleitetheit, Intercoder-Reliabilität, Kommunikative Validierung und Kombination qualitativer und quantitativer Analyseschritte.“

Nach Gläser-Zikuda (2011) sind demnach fünf Gütekriterien leitend:

(1) Die Dokumentation des Verfahrens und die Transparenz der methodischen Schritte stellen ein Gütekriterium dar. Gerade aufgrund der Flexibilität des forschungsmethodischen inhaltsanalytischen Werkzeugkoffers und der oft notwendigen Anpassung etablierter Verfahren an die Daten ist eine intersubjektiv nachvollziehbare und möglichst exakte *Verfahrensbeschreibung* wichtig.
(2) Die Flexibilität inhaltsanalytischer Verfahren impliziert keine Regellosigkeit, sondern ist gerade durch die Flexibilität auf eine strikte *Regelgeleitetheit* angewiesen.
(3) Die Reliabilität sollte mithilfe einer *Intercoder-Reliabilitätsprüfung* gesichert werden. Dabei werden in Anlehnung an Mayring die „Stabilität (die nochmalige Anwendung des Analyseinstruments), Reproduzierbarkeit (Grad, zu dem die Analyse bei anderen Analytiker:innen zu denselben Ergebnissen führt) sowie Exaktheit (Grad, zu dem das Vorgehen einem bestimmten funktionellen Standard entspricht)" (Gläser-Zikuda, 2011, S. 116) überprüft. Hierzu können Reliabilitätskoeffizienten mit Zufallsbereinigung berechnet werden.
(4) Die *Kommunikative Validierung* prüft die Interpretationen der Ergebnisse über die Konfrontation und Diskussion der Ergebnisse mit Teilnehmenden oder außenstehenden Personen auf konsensuelle Passung.
(5) *Multimethodische Designs* bzw. Triangulation sind eindimensionalen Analysen vorzuziehen.

Die hier vorgestellte Studie reagiert wie folgt auf diese Anforderungen:

(1) Das Vorlegen einer Verfahrensdokumentation.
(2) Die Einhaltung von Regelgeleitetheit und Transparenz über Materialeinsicht, Belegstellen, Codierregeln und Fehleranalysen.
(3) Eine Intercoder-Reliabilitätsprüfung über Quoten einschließlich der Berechnung der zufallskorrigierten Koeffizienten Cohens Kappa κ (Cohen, 1960), Kappa κ_n nach Brennan und Prediger (Brennan & Prediger, 1981)[3] sowie Krippendorffs Alpha α (Krippendorff, 2004).
(4) Das Vorgehen, die Kategorien, die Reliabilitätsprüfung und Ergebnisse wurden in Forschungskolloquien und auf Tagungen während des gesamten Prozesses mit Expert:innen mindestens zweimal pro Jahr diskutiert. Darüber hinaus wurden Ergebnisse fortwährend mit Lehrkräften und Schüler:innen besprochen, um eine weitere Annäherung an die Gültigkeit und Generalisierbarkeit der Ergebnisse ableiten zu können.

[3] Entspricht Bennett et al. (1954) (Rädiker & Kuckartz, 2019).

(5) Mit dem Design qualitativ-quantitativ-qualitativ verfolgt die Inhaltsanalyse im Speziellen einen multimethodischen Ansatz. Darüber hinaus dienen die Ergebnisse der Vorbereitung eines Feldexperiments.

Beschreibt man die Gütekriterien mit Begriffen der quantitativen Forschung, dann sind vor allem die der *Validität* und *Reliabilität* abgedeckt. Durch den immer auch gegebenen Interpretationsspielraum, der mit der Dateninterpretation qualitativer Forschung verbunden ist, wird das Kriterium der Objektivität in der qualitativen Forschung deutlich seltener als festes Gütekriterium angestrebt. Es kann aber erfüllt werden, wenn Reliabilitätsprüfungen intersubjektive Nachvollziehbarkeit dadurch erlauben, dass die Anwendung der Kategorien von zwei unabhängigen Forscher:innen einen sehr hohen Grad an Übereinstimmung erzielt (Diekmann, 2018; Mayring, 2015). Auch in der quantitativen Forschung unterliegt das Kriterium der Objektivität dem der Reliabilität. Die Reliabilitätsprüfung nimmt daher auch hier einen zentralen Stellenwert ein. Die Reliabilität ist das Maß der Wiederholbarkeit von Messergebnissen und bezieht sich wie erläutert bei inhaltsanalytischen Verfahren auf die *Exaktheit der Vorgehensbeschreibung*, die *Stabilität* und die *Reproduzierbarkeit* der Ergebnisse. Für die Erfüllung des Kriteriums der *Validität* ist ebenfalls zuerst die Erfüllung der Reliabilität notwendig.

> „Validity is that quality of research results that leads us to accept them as true, as speaking about the real [...]. A content analysis is valid if the inferences drawn from the available texts withstand the test of independently available evidence, of new observations, of competing theories or interpretations, or of being able to inform successful actions." (Krippendorff, 2004, S. 313)

Unter Validität versteht man demnach die *Gültigkeit* der generierten Ergebnisse. Dabei unterscheidet man in der quantitativen Forschung *externe*, *interne*, *statistische Validität* und *Konstruktvalidität*. Externe Validität liegt dann vor, wenn Ergebnisse als extern übertragbar, verallgemeinerbar gelten können. Dabei sind vor allem die Qualität der Stichprobe und die Qualität des Untersuchungsdesigns wesentlich. Interne Validität bezieht sich in der quantitativen Forschung auf bestehende Kausalbeziehungen von abhängigen und unabhängigen Variablen und ist von der Qualität des Forschungsdesigns abhängig. Statistische Validität meint die korrekte Durchführung von Analysen. Unter Konstruktvalidität ist die Exaktheit der Theoriearbeit gemeint, auf deren Basis operationalisiert wird und in deren Folge das Konstrukt valide misst, was es messen soll (Döring & Bortz, 2016, S. 97).

Mayring (2015) überträgt in Anlehnung an Krippendorff (1980) die genannten Kriterien auf Inhaltsanalysen und formuliert, dass Validität in Inhaltsanalysen *materialorientiert*, *ergebnisorientiert* und *prozessorientiert* erfolgen kann. Materialorientierte Güte meint die *semantische Gültigkeit*, die sich auf die Gültigkeit der Kategoriendefinition bezieht, sowie die *Stichprobengültigkeit*. Ergebnisorientierte Validität meint einerseits *korrelative Gültigkeit*, die dann gegeben ist, wenn weitere Studien vorliegen, welche die Ergebnisse validieren, sowie *Vorhersagegültigkeit*, wonach sich Prognosen aus dem Material ableiten lassen, die überprüft werden können. *Prozessorientierte Validität* beinhaltet die *Konstruktgültigkeit*, die geprüft werden kann, indem „bisherige Erfolge mit ähnlichen Konstrukten und/oder Situationen" erzielt wurden, „Erfahrungen mit dem Kontext des vorliegenden Materials" bestehen, „etablierte Theorien und Modelle" genutzt werden und „repräsentative Interpretationen" vorliegen oder Expert:innen konsultiert werden konnten (Mayring, 2015, S. 125–127). Interne Validität wird demnach vor allem über methodische Strenge, die Qualität des Designs, die Transparenz des Verfahrens sowie Regelgeleitetheit erreicht, externe Validität über externe Evaluation.

6.2.2 Fragestellungen

Die Fragestellungen der Analyse sind aus den im Theorieteil beschriebenen Desideraten zum Schreib(förder)potenzial von Schulbuchaufgaben hervorgegangen und über Pilotierungen und externe Validierungen mit Expert:innen weiterentwickelt worden. Es werden in der hier vorliegenden Aufgabenanalyse explizite Instruktionsmerkmale untersucht, die auf das sprachliche Aufgabenlösen bezogen sind. Explizite und implizite Verweise auf Lesetexte werden überdies einbezogen. Damit der Stellenwert des Schreibens in Abgrenzung zur Mündlichkeit beschrieben werden kann, werden neben expliziten Schreibaufforderungen Aufgaben berücksichtigt, die explizit auf das Sprechen bezogen sind. Der Fokus liegt jedoch auf der Analyse des Schreib(förder)potenzials von Aufgaben sowie den Handlungsverben in den Aufgaben, um die Anforderungen von fachlichen Schulbuchaufgaben neben den Support-Merkmalen beschreiben zu können. Es werden das Spektrum der Operatoren und Quasi-Operatoren sowie die Spezifik des Operators *erklären* untersucht. Die Aufgabenanalyse konzentriert sich aufgabentheoretisch auf *tasks as plan* (vgl. Abschnitt 3.1) und ist fachbeschreibend und fächervergleichend angelegt.

Die Fragestellungen der Analyse werden in die drei großen Bereiche (a) „Aufgabenmerkmale", (b) „Operatoren – Spektrum/Spezifik" und (c) „Fachspezifik" unterteilt, woran die Operationalisierung von Kategorien anschließt (vgl. Abschnitt 6.2.6).

Folgende Fragen wurden mithilfe der Studie untersucht:

(a) *Aufgabenmerkmale*
  (I) Wie hoch ist der Anteil an Leseaufgaben, die explizite, implizite und keine Leseaufforderungen enthalten?
  (II) Wie hoch ist der Anteil an Aufgaben, die medial explizit bestimmt/nicht bestimmt sind (Ausprägungen: explizit mündlich, explizit schriftlich, explizit mündlich & schriftlich; medial offen)?
  (III) Wie hoch ist der Anteil an expliziten einfachen und komplexen Schreibaufgaben?
  (IV) Wie hoch ist der Anteil an Schreibaufgaben, die eine explizite Adressat:innenorientierung enthalten?
  (V) Wie hoch ist der Anteil an Schreibaufgaben, die explizite sprachliche Hilfestellungen in Form von Formulierungs- und/oder Textmusterhilfen enthalten?
(b) *Operatoren – Spektrum*
  (I) Welche Operatoren und Quasi-Operatoren werden in Schulbuchlernaufgaben eingesetzt?
  (II) Welche kognitiv-sprachlichen Teilhandlungen können über Operatoren und Quasi-Operatoren erhoben werden?
  Operatoren – Spezifik
  (III) Wie hoch ist der Anteil an spezifischen erkläre-Aufgaben (erkläre-was/-wie/-warum)?
(c) *Fachspezifik* (wird auf a und b angewendet)
  (I) Welche Gemeinsamkeiten und Unterschiede bestehen zwischen den Lehrwerken der Fächer Wirtschaft-Politik und Physik?

6.2.3 Stichprobe und Korpusbildung

Bei der Schulbuchauswahl wurden Schulbücher für die Klassen 5/6 der Erprobungsstufe des Gymnasiums berücksichtigt, welche für die G9-Abiturjahrgänge ab 2019 für das Bundesland NRW konzipiert wurden, ab dem Schuljahr 2019/20 mit den neuen Kernlehrplänen von 2019 eingesetzt werden konnten und über das Schulministerium NRW empfohlen werden. Ein Auswahlkriterium war darüber hinaus, dass die Schulbücher von einem großen Verlagshaus verlegt werden. Hierfür wurden im Jahr 2019 über Messebesuche und die Auswertung von Schulbuchankündigungen Titel herausgesucht, die diesen Kriterien entsprechen. Klassische Reihentitel wurden bevorzugt. Wichtig für die Auswahl war darüber hinaus, dass die Schulbücher sowohl im analogen Unterricht als Printmedium als auch im digitalen Unterricht als E-Book oder Unterrichtsmanager eingesetzt werden können, nach dem Doppelseitenprinzip aufgebaut sind und Aufgaben mit Imperativformulierungen, Operatoren sowie nummerierte oder klar abgrenzbare Aufgabenformate enthalten.

Es wurde eine zufällige Auswahl aus möglichen Titeln gezogen.[4] Dies erbrachte final vier Lehrwerke aus der Verlagsgruppe *Westermann*. Die Verlagsgruppe gehört zu den Marktführern in Deutschland. Es konnte über nichtrepräsentative Anfragen an Schulen und den Verlag sichergestellt werden, dass die ausgewählten Titel ausreichend nachgefragt werden.[5]

Insgesamt umfasst die Stichprobe Lernaufgaben aus zwei Lehrwerken pro Jahrgang und Fach. In die Stichprobe zogen folgende Lehrwerke ein:

Gymnasium (G9), Klasse 5/6, Wirtschaft-Politik

- *Mattes, W. & Herzig, K. (2019). TEAM 5/6 – Wirtschaft-Politik. Westermann.*
- *Frintrop-Bechthold, D. & Floren, J. (2019). Wirtschaft-Politik 1. Westermann.*

Gymnasium (G9), Klasse 5/6, Physik

- *Müller, R. (2019). Dorn/Bader – Physik 1. Westermann.*
- *Otte-Spille, S. & Langer, M. (2019). Physik heute 1. Westermann.*

Zur Klassifikation einer Aufgabe war von Bedeutung, ob eine Aufgabe ohne die Bearbeitung der angrenzenden Teilaufgaben gelöst werden kann. Darüber hinaus musste eine Aufgabe über ein oder mehrere Strukturmerkmal(e) als Aufgabe ausgewiesen werden, z. B. eine Nummerierung oder ein Symbol, und eine Aufforderung zur Bearbeitung enthalten (z. B. über W-Fragen, Operatoren, Entscheidungsfragen). Für die Korpusbildung wurden zwei grundlegende Konstitutionstypen von Aufgaben unterschieden:

---

[4] Die exakte Größe der Grundgesamtheit, das heißt die Anzahl aller Lehrwerke für die Jahrgangsstufe und Schulform, die für den deutschen Fachunterricht zugelassen sind, konnte nicht ermittelt werden.

[5] Wie umfangreich die Lehrwerke in der Praxis genutzt werden, ist für die hier vorliegende Studie nicht relevant, da es sich um eine Dokumentenanalyse handelt. Zu Limitationen der Studie und der Stichprobenauswahl sowie zu kompensatorischen Begleitstudien siehe Abschnitt 6.2.9.2.

Grundlegende Konstitutionstypen von Aufgaben: einfach und komplex

(1) *Einfache Aufgaben*, welche nicht sequenziert angelegt sind und in Form eines kurzen, in sich geschlossenen Arbeitsauftrags unter einer einzelnen Nummerierung aufgeführt werden. Die Aufgabe kann dabei ohne die Bearbeitung der Nachbaraufgaben erfolgen. Kognitive, affektive, soziale, fachliche, methodische oder sprachliche Teilziele werden dabei nicht oder ausschließlich sehr marginal transparent gemacht. Die Bezeichnung „einfach" bezieht sich dabei auf die Darstellungsform der Aufgabe, nicht auf deren kognitive, fachliche oder sprachliche Komplexität, und bedeutet ein *einfach* (ohne Sequenzierung) *repräsentierter Arbeitsauftrag*. Einfache Aufgaben können durch verschiedene Aufforderungs- bzw. Frageformen realisiert werden, wie Operatoren, W-Fragen, Entscheidungsfragen, andere Fragenformen oder einer Mischung aus diesen. Die Aufgaben können Einleitungssätze beinhalten und auf Einzel-, Gruppen- oder Partner:innenarbeit ausgerichtet sein. Einfache Aufgaben können grundlegend alle Differenzierungsgrade repräsentieren. Dabei kann mehr als eine Wissenseinheit eingesetzt werden, die Aufgabe besteht in der Regel jedoch aus nicht mehr als zwei bis drei Wissenseinheiten, zwei zusammenhängenden Einzelaufforderungen und zwei bis drei Sätzen. Es können eine oder mehrere fachliche Lösungsmöglichkeiten bestehen (Maier et al., 2010). Die Aufgaben enthalten nicht mehr als zwei Teilhandlungen. Das folgende Zitat einer Aufgabe zeigt ein Beispiel für eine *einfache Schulbuchaufgabe* mit zwei Teilhandlungen und der hier definierten maximalen Größe. Würde die Aufgabe nach dem Wort „Wärmemitführung" enden, läge eine *einfache* Aufgabe mit einer Teilhandlung vor. Durch die Aufforderung, Beispiele zu nennen, sind zwei Teilhandlungen vorhanden:

„Erläutere die Begriffe Wärmestrahlung, Wärmeleitung und Wärmemitführung. Gib jeweils zwei Beispiele an."

(Beispiel für eine „einfache Aufgabe" mit zwei Teilhandlungen aus Müller, R., 2019, S. 29, Aufgabe 1)

(2) *Sequenzierte Aufgaben* zerlegen einen Arbeitsauftrag nachvollziehbar über die Transparenz von mehreren kognitiven, affektiven, sozialen, fachlichen, methodischen oder sprachlichen Teilhandlungen, aus denen ein abgeschlossener Arbeitsauftrag besteht. Die Sequenzierung wird über eine zusammenhängende Nummerierung, Symbole, die layoutbezogene Darstellung des

Aufgabentextes (z. B. über Absätze) oder trennscharf beschriebene Handlungen angezeigt, die drei oder mehr Teilhandlungen umfassen. Einzelne Teilaufgaben können dabei nicht ohne die Bearbeitung der anderen Teilaufgaben (auch Nachbaraufgaben) gelöst werden bzw. stehen mit diesen Teilaufgaben in einem inhaltlichen oder methodischen Abhängigkeitsverhältnis. Über Verweise in der Aufgabenstellung zu weiteren Handlungsschritten (z. B. Anwendung einer beschriebenen Methode) können Aufgaben ebenfalls sequenziert werden. Sequenzierte Aufgaben können einen Einleitungssatz beinhalten und über verschiedene Aufforderungs- bzw. Frageformen realisiert werden – wie Operatoren, W-Fragen, Entscheidungsfragen, andere Fragenformen – oder aus einer Mischung dieser bestehen. Sie können in Einzel-, Gruppen- oder Partner:innenarbeit gelöst werden, wobei gerade größere Arbeitsaufträge häufig Gruppenarbeitsphasen in Form von Planspielen, Experimenten o. Ä. repräsentieren. Sequenzierte Aufgaben können grundlegend alle Differenzierungsgrade in sich aufnehmen und auf eine oder mehrere fachliche Lösungsmöglichkeiten abzielen. Das folgende Beispiel enthält eine sequenzierte Aufgabe in Form eines Gruppenarbeitsauftrags zur Erstellung einer Präsentation aus dem Fach Wirtschaft-Politik und dem Lehrwerk *TEAM 5/6*, der mit einer Nummerierung der Teilhandlungen operiert:

„Euer Auftrag:

1. Ihr sollt die Aussagen im Schulgesetz zu Rechten und Pflichten in kurzen und verständlichen Aussagen zusammenfassen und in Form von Folien oder Plakaten präsentieren – möglichst mithilfe eines Computerprogramms.
2. Lest den Auszug aus dem Schulgesetz Satz für Satz laut vor und verständigt euch darüber, welches Recht oder welche Pflicht in dem Satz benannt wurde.
3. Formuliert so nach und nach die Rechte und Pflichten in kurzen Sätzen.
4. Entwerft mehre [sic!] Folien, mit denen ihr andere über Schülerrechte und -pflichten informieren könnt.
5. Übt euren Vortrag mithilfe der Folienentwürfe in der Gruppe ein. Die Foliengestaltung am PC können ein oder zwei Gruppenmitglieder übernehmen."

(Beispiel für eine sequenzierte Aufgabe. Zu sehen unter „Euer Auftrag", Aufgaben 1 bis 4, entnommen aus Mattes & Herzig, 2019, S. 41)

Das folgende Beispiel zeigt ebenfalls eine sequenzierte Aufgabe (Frintrop-Bechthold & Floren, 2019, S. 145, Aufgabe 3), die nicht über Symbole oder

Nummerierungen getrennt ist, jedoch drei trennscharfe Teilhandlungen zur Bearbeitung des Arbeitsauftrags umfasst: Wünsche allein schriftlich formulieren, diese mit dem Sitznachbarn austauschen und anschließend in der Klasse sammeln. Didaktisch handelt es sich damit um die Methode *Think-Pair-Share*, deren Teilschritte in einer Aufgabenstellung zusammengefasst werden:

> „Formuliert Wünsche, die die beiden Eltern an ihren Sohn, der am Laptop sitzt, richten könnten. Schreibt diese zunächst alleine [sic!] auf, tauscht euch dann mit dem Sitznachbarn aus und sammelt die Wünsche schließlich in der Klasse."
>
> (Beispiel für eine sequenzierte Aufgabe, bei der die Teilaufträge optisch nicht getrennt werden. Aufgabe 3, entnommen aus Frintrop-Bechthold & Floren, 2019, S. 145).

Einfache und *sequenzierte* Aufgaben wurden jeweils als separate Korpora zuerst erfasst und beschrieben, um die Anteile an einfachen und sequenzierten Aufgaben vorab ausgeben zu können. Anschließend wurden die Korpora für die Korpusbildung der fachlichen Stichproben wieder zusammengeführt.

Die *fachlichen Korpora* wurden jeweils pro Lehrwerk und Fach erstellt. Tab. 6.1 zeigt eine Übersicht über die Korpusbildung, einschließlich der Bildung und Verwendung von Teilkorpora. Zu unterscheiden sind zunächst das „Gesamtkorpus n_{gesamt}", welches alle Lernaufgaben der Gesamtstichprobe *n* umfasst, und das „Gesamtkorpus n_{Fach}", welches alle Lernaufgaben *eines* Lehrwerks der Lehrwerke „I" bis „IV" sowie die „Teilkorpora" „A" und „B" enthält. „A" markiert alle *einfachen* Lernaufgaben, B alle *sequenzierten* Aufgaben.

Diese Basiskorpora wurden verschieden für Analysen und zur Bildung von Subkorpora herangezogen. Ihre Beschreibung ist vor allem für das Verständnis der Ergebnisberichte relevant. Die genutzten Subkorpora $n_{Leseaufgaben}$, $n_{Medialität}$, $n_{Schreibaufgaben}$, $n_{Adressat:in}$, $n_{Sprachliche\ Hilfen}$, $n_{Operatoren}$, $n_{Quasi-Operatoren}$, $n_{erklären-X}$ der Analysekategorien, wie sie ebenfalls in Tab. 6.1 aufgeführt sind, werden mit den Kategorienbeschreibungen und Ergebnisdarstellungen genauer erläutert. An dieser Stelle wird ausschließlich ein tabellarischer Gesamtüberblick vorangestellt, auf den bei der Rezeption der Ergebnisse zurückgegriffen werden kann. Im Anschluss werden die Stichprobengröße und die Verteilung auf die Lehrwerke und Fächer ausgegeben, abschließend der Umfang einfacher und sequenzierter Aufgaben berichtet.

Tab. 6.1 Übersicht über alle Korpora der Aufgabenanalyse: Korpusbildung, Bezeichnung und Verwendung

Übergreifende Korpora			
Gesamtkorpus n_{gesamt}	Alle Lernaufgaben nach Definition der Stichprobe $n = 1357$		
Gesamtkorpus $n_{\text{LWFach I bis IV}}$	Alle Lernaufgaben nach Definition eines Lehrwerks (für alle vier Lehrwerke I bis IV)		
Gesamtkorpus $n_{\text{Fachgesamt}}$	Alle Lernaufgaben nach Definition aus beiden Lehrwerken eines Fachs aus Fach 1 (Wirtschaft-Politik) und 2 (Physik)		
A	Alle *einfachen* Lernaufgaben nach Definition		
B	Alle *sequenzierten* Lernaufgaben nach Definition		
Verwendete Subkorpora – Aufgabenmerkmale			
Bezeichnung	**Kategorie**	**Subkategorie/ Ausprägung**	**Zusammensetzung**
$n_{\text{Leseaufgaben}}$	Rezeption	Lesen *Expliziter Hinweis* *Impliziter Hinweis* *kein Hinweis*	Subkorpus „Lesen“ mit A und B: Enthält ausschließlich Aufgaben, die das Lesen eines kontinuierlichen oder diskontinuierlichen Textes erfordern
$n_{\text{Medialität}}$	Produktion	Medialität *explizit mündlich* *explizit schriftlich* *explizit mündlich & schriftlich* *medial offen*	Subkorpus „Medialität“ mit A und B: Enthält alle Aufgaben, die für das Aufgabenlösen mündliche und/oder schriftliche Handlungen erfordern und dies in der Aufgabe explizieren/nicht explizieren
$n_{\text{Schreibaufgaben}}$		Schreibaufgaben *einfach* *komplex*	Subkorpus aus „Medialität“ mit dem Merkmal „explizit schriftlich“ mit A und B
$n_{\text{Adressat:in}}$		Adressat:in	Subkorpus „Schreibaufgaben“ mit A und B: Enthält Aufgaben, die eine Adressat:innenorientierung enthalten und gleichzeitig explizite Schreibaufgaben darstellen

(Fortsetzung)

Tab. 6.1 (Fortsetzung)

$n_{\text{Sprachliche Hilfen}}$		Sprachliche Hilfen *Formulierungshilfen* *Textmusterhilfen*	Subkorpus „Schreibaufgaben" mit A und B: Enthält Aufgaben, welche den Schüler:innen sprachliche Hilfen zur Verfügung stellen und gleichzeitig explizite Schreibaufgaben darstellen
Verwendete Subkorpora – Operatoren			
	Spektrum		A und B; Bildung der Subkorpora „Operatoren" und „Quasi-Operatoren"
$n_{\text{Operatoren}}$		Operatoren	Subkorpus „Operatoren" aus A und B
$n_{\text{Quasi-Operatoren}}$		Quasi-Operatoren	Subkorpora „Quasi-Operatoren" aus A und B
$n_{\text{erklären-X}}$	Spezifik	Erklären-wie/-was/ -warum	Teilkorpus der erkläre-Aufgaben aus dem Korpus „Operatoren" aus A und B

Insgesamt wurden 1357 Lernaufgaben untersucht, die sich wie in Tab. 6.2 dargestellt auf die Lehrwerke (*I* bis *IV*) und Fächer verteilen.

Tab. 6.2 Übersicht über die Stichprobengrößen der Aufgabenanalyse

Fach/n-Bezeichnung	Lehrwerk	Absoluter Anteil (*n*)	absolut kumulativ	relativer Anteil (*n*)
Wirtschaft-Politik n_{LWFachI}	*TEAM 5/6*	397	397	29,26
Wirtschaft-Politik n_{LWFachII}	*Wirtschaft-Politik 1*	465	862	34,27
gesamt $\mathbf{n_{Fachgesamt1}}$		**862**		**63,52**
Physik $n_{\text{LWFachIII}}$	*Dorn/Bader – Physik 1*	256	1118	18,87
Physik n_{LWFachIV}	*Physik heute 1*	239	1357	17,61
gesamt $\mathbf{n_{Fachgesamt2}}$		**495**		**36,48**
$\sum \mathbf{n_{gesamt}}$		**1357**		**100**

Die Gesamtstichprobe (n_{gesamt}) der fachlichen Lernaufgaben umfasst 1357 Lernaufgaben. Rund 63,52 % der Aufgaben der Gesamtstichprobe entstammen den Wirtschaft-Politik-Lehrwerken ($n_{Fachgesamt1}$), rund 36,48 % der Lernaufgaben den Physik-Lehrwerken. Damit enthalten die Wirtschaft-Politik-Lehrwerke 367 (27,04 %) mehr Lernaufgaben als die Physik-Lehrwerke ($n_{Fachgesamt2}$). Im Folgenden werden Mittelwertvergleiche für die Beschreibung herangezogen, um diesem Umstand Rechnung zu tragen und die Aufgaben der Fächer vergleichbar beschreiben zu können. Der Aufgabenumfang wurde in der beschriebenen Weise in der Zufallsstichprobe vorgefunden. Die Zusammensetzung verteilt sich wie folgt auf die Teilkorpora: Das Wirtschaft-Politik-Lehrwerk *TEAM 5/6* (Mattes & Herzig, 2019) enthält 397 Aufgaben (29,26 %), die den Kriterien der Aufgabenanalyse entsprechen, das Lehrwerk *Wirtschaft-Politik 1* (Frintrop-Bechthold & Floren, 2019) enthält 465 Lernaufgaben (34,27 %) und die Aufgaben aus dem Fach Physik verteilen sich mit 256 Aufgaben auf *Dorn/Bader – Physik 1* (Müller, R., 2019) (18,87 %) und mit 239 Aufgaben (17,61 %) auf *Physik heute 1* (Otte-Spille & Langer, 2019).

Abschließend wird der *Anteil an einfachen und sequenzierten Aufgaben* berichtet. Damit werden die Teilkorpora *A* und *B* beschrieben, innerfachlich und fachlich ausgeweitet und verglichen. Beiden Fächern ist gemeinsam, dass einfache Aufgaben häufiger genutzt werden als sequenzierte Aufgaben und im Fach Physik in beiden Lehrwerken relativ häufiger sequenzierte Aufgaben vorkommen. Dies ist fachlich-methodisch begründbar. So treten in den Physik-Lehrwerken physikalische Versuche auf, die sequenziert angeleitet und durchgeführt werden, während in den Wirtschaft-Politik-Lehrwerken sequenzierte Aufgaben nicht mit physikalischen Versuchen, sondern oftmals mit Gruppenarbeiten verbunden sind, bei denen ein Produkt erstellt wird, etwa ein Plakat, und/oder ein Sachverhalt in der Gruppe erschlossen und diskutiert wird. Auch Plan- und Rollenspiele sind mit sequenzierten Aufgaben verbunden. Aufgaben zu prozeduralem Wissen, etwa Methodenwissen, werden in allen Lehrwerken häufiger über sequenzierte Aufgaben angeleitet als über einfache.

Einfache Aufgaben beziehen sich in beiden Fächern auf die Erarbeitung, Aneignung und Festigung von deklarativem oder prozeduralem Wissen. Der Anteil an ihnen ist hoch. So treten in beiden Wirtschaft-Politik-Lehrwerken 726 einfache Aufgaben und 135 sequenzierte auf ($n_{Fachgesamt}$). Dies entspricht einer relativen Verteilung von 84,22 % und 15,66 %. Bei den Physik-Lehrwerken kann die Verteilung mit absolut 341/relativ $68,8\overline{8}$ % und absolut 153/relativ 30,91 % angegeben werden.

Die relative Verteilung auf die einzelnen Lehrwerke liegt im *innerfachlichen Vergleich* nah beieinander (absolute Zahlen in Klammern). So bestehen 85,89 % (341) der Lernaufgaben des ersten Wirtschaft-Politik-Lehrwerks *TEAM 5/6* ($n_{LWFachI}$) aus einfachen, 13,85 % (55) aus sequenzierten Aufgaben. Das Lehrwerk *Wirtschaft-Politik 1* ($n_{LWFachII}$) enthält 82,80 % (385) einfache und 17,20 % (80) sequenzierte Aufgaben. Der Lehrwerksvergleich für das Fach Wirtschaft-Politik zeigt ein Verhältnis von rund 84 % zu 16 % zugunsten der einfachen Aufgaben.

Die *Physik-Lehrwerke* enthalten zwar prozentual mehr sequenzierte Lernaufgaben als Wirtschaft-Politik-Lehrwerke, der Vergleich zwischen den Physik-Lehrwerken fällt jedoch auch hier innerfachlich ähnlich aus. So ließen sich 67,58 % (173) einfache Aufgaben in dem Werk *Dorn/Bader – Physik 1* ($n_{LWFachIII}$) erheben und 32,03 % (82) sequenzierte Aufgaben, während im Lehrwerk *Physik heute 1* ($n_{LWFachIV}$) 70,29 % (168) einfache und 29,71 % (71) sequenzierte Aufgaben vorlagen. Der Lehrwerksvergleich für das Fach Physik zeigt demnach ein Verhältnis von rund 69 % zu 31 % zugunsten der einfachen Aufgaben.

Betrachtet man die *Gesamtstichprobe* (n_{gesamt}), dann setzt sich diese zusammen aus 1067 einfachen Aufgaben, was einem Anteil von 78,63 % entspricht, und 288 sequenzierten Aufgaben, was einem Anteil von 21,22 % entspricht. In der Gesamtstichprobe traten zwei Zweifelsfälle auf, die nicht sicher mit dem Merkmal *einfach* oder *sequenziert* beschrieben werden können. Die Zweifelsfälle verteilen sich mit je einer absoluten Aufgabe auf die Fächer. Da dies einen Anteil von je unter 0,5 % ausmacht, werden diese Fälle nicht näher betrachtet. Tab. 6.3 fasst die Korpora zu einfachen und sequenzierten Aufgaben noch einmal zusammen.

Tab. 6.3 Korpora der einfachen und sequenzierten Aufgaben in den Lehrwerken mit innerfachlichem und fachlichem Vergleich

Fach	Lehrwerk	Absoluter Anteil (*n*)	Einfache Aufgaben absolut/ relativ (A)	Sequenzierte Aufgaben absolut/ relativ (B)
Wirtschaft-Politik ($n_{LWFachI}$)	TEAM 5/6	397	341/85,89	55/13,85
Zweifelsfälle	*1/0,26*			
Wirtschaft-Politik ($n_{LWFachII}$)	Wirtschaft-Politik 1	465	385/82,80	80/17,20
Zweifelsfälle	*0/0,00*			
gesamt ($\mathbf{n_{Fachgesamt1}}$)		**862**	**726/84,22**	**135/15,66**
Physik ($n_{LWFachIII}$)	Dorn/Bader – Physik 1	256	173/67,58	82/32,03
Zweifelsfälle	*1/0,40*			
Physik ($n_{LWFachIV}$)	Physik heute 1	239	168/70,29	71/29,71
Zweifelsfälle	*0/0,00*			
gesamt ($\mathbf{n_{Fachgesamt2}}$)		**495**	$\mathbf{341/68,8\overline{8}}$	**153/30,91**
$\sum$ ($\mathbf{n_{gesamt}}$)		**1357**	**1067/78,63**	**288/21,22**

6.2.4 Lehrwerke

Im Folgenden werden die ausgewählten Lehrwerke der Stichprobe für die Klassen 5 und 6 des Gymnasiums in NRW für die einzelnen Fächer näher vorgestellt. Dies folgt strukturell der Stichproben- und späteren Ergebnisbeschreibung. Zunächst werden die Lehrwerke des Fachs Wirtschaft-Politik mit den Lehrwerken *TEAM 5/6* ($n_{LWFach\,I}$) und *Wirtschaft-Politik 1* ($n_{LWFach\,II}$), anschließend die Physik-Lehrwerke *Dorn/Bader – Physik 1* ($n_{LWFach\,III}$) und *Physik heute 1* ($n_{LWFach\,VI}$) vorgestellt.

TEAM 5/6

Bei dem ausgewählten Lehrwerk *TEAM 5/6* (Mattes & Herzig, 2019) handelt es sich um die Schülerausgabe der Reihe *TEAM*.

Das Schulbuch enthält insgesamt 260 Seiten. Es wird über elf thematische Kapitel realisiert, enthält ein Inhaltsverzeichnis (S. 3–7), ein einleitendes Orientierungskapitel (S. 8–13), ein Glossar (S. 248–253), Hilfekarten, welche den Schüler:innen weitere Unterstützungsangebote für das Aufgabenlösen bereitstellen (S. 254–257), ein Register (S. 258, 259) und ein Bildquellenverzeichnis (S. 260).

Inhaltlich werden die Themen „Meine Klasse und ich – Wie gehen wir fair miteinander um?“, „Leben in der Schulgemeinschaft – Warum ist aktives Mitmachen wichtig?“, „Zusammenleben in der Familie – Welche Bedeutung haben Familien für uns und für den Staat?“, „Kinder in aller Welt – Was sind die Wünsche, Sorgen und Herausforderungen?“, „Mit Unterschieden leben lernen – Wie können wir fair zusammenleben?“, „Umgang in der Gemeinde – Wie können Kinder mitreden und mitmachen?“, „Grundlagen des Wirtschaftens – Welche Bedeutung hat Wirtschaft im Alltag?“, „Vom Umgang mit Geld – Wie lässt sich mit Geld vernünftig wirtschaften?“, „Kinder und Jugendliche als Verbraucher – Wie treffen wir gut überlegte Kaufentscheidungen?“ und „Umweltschutz im Alltag – Was können wir und andere zum Schutz unserer Erde beitragen?“ behandelt.

Didaktisch weist das Schulbuch eine kompetenzorientierte Struktur auf. Über ein Ampelsystem wird Schüler:innen transparent gemacht, welche Kompetenzen jeweils ausgebaut werden. Der Begriff der *Kompetenz* und die Idee des Kompetenzerwerbs werden in diesem Zusammenhang zu Beginn des Lehrwerks erklärt (Mattes & Herzig, 2019, S. 9). Hierzu wird das Akronym „SMUH“ eingeführt, welches sich aus den Anfangsbuchstaben der verschiedenen Kompetenzen des sozialwissenschaftlichen Unterrichts Sachkompetenz, Methodenkompetenz, Urteilskompetenz und Handlungskompetenz zusammensetzt. Darüber hinaus wird das Lernen über unterschiedliche Ordnungselemente unterstützt. Die SchülerInnen finden „Infoseiten“, welche auf Sachkompetenz abzielen, „Methodenkarten“, welche die Methodenkompetenz berücksichtigen, „Aktiv lernen“-Seiten, welche zur selbständigen Auseinandersetzung einladen, sowie „Kompetenzstationen“, über die das Gelernte über Merksätze und ein Quiz wiederholt und gesichert werden kann. Letzteres wird über eine sich wiederholende grafischen Struktur auf einer Doppelseite am Ende eines jeden Hauptkapitels realisiert. Die Aufgabenanalyse bezieht Aufgaben aller Seiten mit ein. Die Quiz-Seiten zur Selbstüberprüfung werden als eine Aufgabe zusammengefasst, da es hier jeweils um eine Selbsteinschätzung und eine Übertragung von Merksätzen in das Schüler:innenheft geht. Darüber hinaus werden „Detektivaufgaben“, welche jedem neuen Kapitel vorangestellt werden, in die Analyse einbezogen. Diese dienen didaktisch dazu, die Aufmerksamkeit zu binden, und stellen eine Frage zu einer Sekundärinformation, die bei der Bearbeitung von den Schüler:innen entdeckt werden kann.

Die Lernaufgaben des Lehrwerks sind differenziert angelegt und werden über farbliche Markierungen Differenzierungsbereichen zugeordnet: Grüne Arbeitsaufträge dienen dazu, den Inhalt des Materials zu erarbeiten. Sie weisen den niedrigsten Differenzierungsgrad auf und sollen von allen Schüler:innen bearbeitet werden können. Blau markierte Aufgaben können einer mittleren Niveaustufe zugeordnet werden. Sie dienen dazu, das gegebene Material genauer zu untersuchen, und können mehrfach auftreten und sowohl eigenständiges Arbeiten oder Gruppenarbeit einschließen, bei der die Aufgaben auf die Gruppenmitglieder aufgeteilt werden. Rot markierte Aufgaben können der höchsten Niveaustufe zugeordnet werden. Sie leiten zur Reflexion an, wobei ausgewiesen wird, dass gerade schwierige Aufgaben auch in Partner- oder Gruppenarbeit bearbeitet werden können. Diese Aufgaben können dabei Hinweise auf die Hilfekarten enthalten (Mattes & Herzig, 2019, S. 11). Diese Hilfekarten wurden bei der Analyse einbezogen (Mattes & Herzig, 2019, S. 254–257). Ebenso Aufgaben, die markiert für das Weiterlernen mit Medien bestimmt sind und unter „Selbständig weiterlernen mit Medien" geführt werden. Das Schulbuch enthält keine Operatorenliste. Es werden Lesemethoden, wie die Fünf-Schritt-Lesemethode, behandelt.

Wirtschaft-Politik 1

Das zweite Lehrwerk für den sozialwissenschaftlichen Unterricht ist das Lehrwerk *Wirtschaft-Politik 1* (Frintrop-Bechthold & Floren, 2019). Das Schulbuch enthält 264 Seiten einschließlich Anhang und wird ebenfalls über elf thematische Kapitel realisiert, enthält ein Inhaltsverzeichnis (S. 3–5), ein einleitendes Orientierungskapitel (S. 6 f.), ein Register (S. 260–262) und ein Bildquellenverzeichnis (S. 263, 264).

Behandelt werden die Themen „Wirtschaft-Politik – Was kann man in diesem Fach lernen?", „Was heißt ‚Wirtschaften' – Von Märkten und der Rolle des Geldes", „Was kann ich mir leisten?" – Mit dem Geld auskommen", „‚Hier fühle ich mich wohl!' – Meine Schule als Lebensraum", „‚Wie kann ich meine Schule mitgestalten?' – Demokratie und Mitbestimmung in der Schule", „‚Das musst du unbedingt haben!' – Wovon hängt es ab, was man sich wünscht?", „Gut informiert und unterhalten? – Kinder und Medien", „Was hält uns zusammen? Was zeichnet uns aus? – Familie im Wandel der Zeit", „Können Kinder mitbestimmen? – Politik in der Gemeinde", „Zukunftsaufgabe Umweltschutz: rettet die Erde" – Aber wie?" und „Zukunftsaufgabe Kinderarmut – Wie kann sie wirksam bekämpft werden?".

Didaktisch folgt auch dieses Lehrwerk einer sich wiederholenden Struktur. Aufbauend auf einem Einstieg mit einschlägigem Fallbeispiel, einem Spiel oder einem anderen Angebot folgen Materialien mit Aufgaben (Frintrop-Bechthold & Floren, 2019, 6, 7). Auch wenn das Konzept der Kompetenzampel „SMUH" nicht ausgewiesen wird, so findet sich eine solche mit dem leicht veränderten Akronym „MSUH" am Ende eines jeden Kapitels wieder. Ähnlich wie im bereits vorgestellten Lehrwerk *TEAM 5/6* geht es auch hier am Ende eines Kapitels darum, mit Fragen eine Selbstüberprüfung anzuregen. Die Kompetenzampel zeigt dabei an, welche Kompetenzen jeweils angesprochen werden sollen. Dabei beziehen sich die Buchstaben ebenfalls auf die Kompetenzbereiche des sozialwissenschaftlichen Unterrichts (z. B. Frintrop-Bechthold & Floren, 2019, S. 41–43). Anders als im Lehrwerk *TEAM 5/6* folgt auf die Seiten zur Selbstüberprüfung ein Angebot, um das erworbene Wissen mit weiterem Material vertiefen zu können. Die Aufgaben zur Vertiefung und die Selbstprüfungsaufgaben werden bei der Analyse dieses Lehrwerks berücksichtigt.

Insgesamt zeigen die Lehrwerke demnach strukturelle Gemeinsamkeiten. Auch die Lernaufgaben sind ähnlich strukturiert und differenziert. Orange Aufgaben werden dabei als stark materialgebundene Aufgaben beschrieben, bei deren Bearbeitung etwas gelistet, benannt oder herausgeschrieben werden soll. Hellgrüne Aufgaben markieren Aufträge, bei denen etwas erläutert wird, während dunkelgrüne auf den höchsten Schwierigkeitsgrad verweisen. Bei der Bearbeitung dieser Aufgaben sollen Schüler:innen argumentative Handlungen bei der Bearbeitung vollziehen. Auch nehmen die Aufgaben Arbeitsaufträge auf, bei denen etwas präsentiert oder recherchiert werden soll. Zuletzt bestehen darüber hinaus mit „V" markierte Vertiefungsaufgaben (Frintrop-Bechthold & Floren, 2019, S. 7). Alle genannten Arbeitsaufträge wurden in die Analyse einbezogen. Das Lehrwerk enthält keine Operatorenliste. Methoden werden zwischen den Aufgaben erklärt und zu einem Teil wiederholt in den Aufgaben aufgegriffen (z. B. auch hier die Anwendung der Fünf-Schritt-Lesemethode).

Dorn/Bader – Physik 1

„Dorn/Bader – Physik 1" (Müller, R., 2019) entstammt der Reihe „Dorn/Bader", die von Franz Bader und Friedrich Dorn begründet wurde.

Das Schulbuch enthält insgesamt 136 Seiten. Es wird über drei Hauptkapitel realisiert, enthält ein Inhaltsverzeichnis (S. 3–5), ein Lösungskapitel (S. 128–131), ein Stichwortverzeichnis (S. 132–133), einen „Kompetenzrahmen Medienpass" (S. 134–135) und ein Bildquellenverzeichnis (S. 136).

Die Hauptkapitel behandeln die fachlichen Themen „Temperatur und Wärme", „Magnetismus und Elektrizität" sowie „Licht und Schall". Das Buch enthält keine Einführung für Schüler:innen in die Nutzung der Aufgaben. Die großen Hauptkapitel sind in Unterkapitel aufgeteilt, welche thematische Seiten mit Aufgaben („Löse selbst" sowie „Zusammenfassung – Aufgaben mit Lösungen"), „Exkurse" und Methodenseiten enthalten. Die Aufgaben sind nicht durch Farben differenziert, enthalten jedoch kleine Pfeile, welche die Schwierigkeit als mittel oder hoch anzeigen. Darüber hinaus existiert ein Symbol für Gruppenarbeiten und ein Medienkompass, der Aufgaben mit Medieneinsatz ausweist. Das Lehrwerk enthält beide Typen von Aufgaben, die mit den hier verwendeten Begriffen *einfach* und *sequenziert* beschrieben werden können. Sequenzierte Aufgaben sind dabei häufig auf Methodenseiten zu finden und stellen oftmals Versuche („V") dar, die fortlaufend innerhalb der Kapitel abgebildet werden. Beide Aufgabentypen werden in die Analyse einbezogen. Beispielaufgaben mit Musterlösungen werden bei der Analyse nicht hinzugezogen. Insofern Verweise auf sie in weiteren Aufgabenstellungen vorliegen, werden die Musterlösungen als Modelltexte gewertet. Die wiederholenden Aufgaben zur Selbstüberprüfung, die am Ende eines jeden Kapitels gelegen sind, werden ebenfalls in die Analyse einbezogen. Das Lehrwerk enthält keine Operatorenliste.

Physik heute 1

Das Lehrwerk „Physik heute 1" (Otte-Spille & Langer, 2019) zeigt – ebenso wie es bei den Lehrwerken des Fachs Wirtschaft-Politik im Vergleich beschrieben werden kann – Ähnlichkeiten bei der Konzeption mit dem Lehrwerk *Dorn/Bader – Physik 1.*

„Physik heute 1" umfasst 143 Seiten und enthält ebenfalls drei Hauptkapitel zu den Themen „Magnetismus und Strom", „Temperatur und Wärme" sowie „Licht und Schall", Methodenseiten und „Streifzüge", die mit den erläuterten „Exkursen" aus „Dorn/Bader" verglichen werden können. Jedes Kapitel enthält am Ende Selbstüberprüfungsaufgaben und dazugehörige Tests.

Das Lehrwerk umfasst darüber hinaus ein Inhaltsverzeichnis (o. S.), einen Medienkompass (S. 138–139), ein Stichwortverzeichnis (S. 140–142) und ein Bildquellenverzeichnis (S. 143).

Die Aufgaben sind differenziert angelegt, was auch in diesem Physik-Lehrwerk über Symbole in den Aufgaben ausgewiesen wird. Hierbei handelt es sich um eine ordinalskalierte Punktevergabe von *1* bis *3.* Aufgaben, die den niedrigsten Grad ausweisen, sind mit einem Punkt, Aufgaben, die mittlere Anforderungen stellen, mit zwei und Aufgaben mit hohen Anforderungen mit drei Punkten versehen.

Das Lehrwerk enthält nur wenige *einfache Aufgaben* und zeichnet sich dadurch aus, dass die Aufgabentypen „V" – Versuch und „A" – Aufgaben unterschieden werden können, wobei beide zu einem Großteil den sequenzierten Aufgaben zugeordnet werden können. *Einfache Aufgaben* finden sich auf den Seiten, die unter der Überschrift „Teste dich" am Ende eines jeden Kapitels aufgeführt werden. Sie werden bei der Analyse hinzugezogen, da sie eindeutig zu den *einfachen Aufgaben* zählen. Das Lehrwerk enthält keine Operatorenliste.

Insgesamt zeigt sich somit, dass die Lehrwerke fachspezifische Gemeinsamkeiten zeigen und aufgrund ihrer Struktur und Aufgabentypen ähnlich angelegt sind. Es ist anzunehmen, dass durch die Herkunft aus einem Verlagshaus ein redaktionelles Basisset einerseits und die Orientierung an den Kernlehrplänen andererseits einen Teil der Ähnlichkeiten in Struktur und Inhalt erklären können. Nicht alle Merkmale von Lernaufgaben lassen sich jedoch hierauf zurückführen.

6.2.5 Softwaregestützte Umsetzung

Für die Auswertung der Daten wurde die Software MAXQDA (VERBI, 2022) genutzt, welche speziell für die Durchführung von Inhaltsanalysen entwickelt wurde. Die Software gehört zu den CAQDAS-Programmen (*Computer Assisted Qualitative Data Analysis Software*) und kann für die Auswertung verschiedenster qualitativer Daten verwendet werden (Rädiker & Kuckartz, 2019).

Um die Schulbuchaufgaben als Daten codieren und extrahieren zu können, wurden zunächst die Printausgaben der Schulbücher mithilfe eines hochauflösenden Buchscanners gescannt, wobei Schulbuchdoppelseiten als Einzeldateien (JPG und PDF) erfasst und zweckhaft benannt wurden. Über die Dateinamen konnte jede Lehrwerkseite nach dem Import und Export fortlaufend exakt zugeordnet werden. Eine Übersicht über die Daten wurde zunächst tabellarisch unter Berücksichtigung von Ober- und Unterkapiteln der Schulbücher erfasst. Tab. 6.4 zeigt einen Auszug aus der Dokumentation der Forschungsdaten.

Tab. 6.4 Auszug aus der Dokumentation der Forschungsdaten der Aufgabenanalyse zu Dorn/Bader – Physik 1

Temperatur und Wärme	Ausdehnung von Gasen	22 bis 25	1_Dorn.Bader_Temperatur_und_Wärme_S_22–25
Temperatur und Wärme	Energie und ihre Eigenschaften	26 bis 27	1_Dorn.Bader_Temperatur_und_Wärme_S_26–27
Temperatur und Wärme	Wärmeübertragung	28 bis 29	1_Dorn.Bader_Temperatur_und_Wärme_S_28–29
Temperatur und Wärme	Leben in der Kälte	30 bis 31	1_Dorn.Bader_Temperatur_und_Wärme_S_30–31
Temperatur und Wärme	Klimawandel	32 bis 33	1_Dorn.Bader_Temperatur_und_Wärme_S_32–33
Temperatur und Wärme	Aggregatzustände	34 bis 35	1_Dorn.Bader_Temperatur_und_Wärme_S_34–35

Die Auswertung wurde pro Lehrwerk und Kategorie einzeln durchgeführt, um Fehlcodierungen aufgrund überladener Daten und Kategorien zu vermeiden. Dieses Verfahren hat sich in der Pilotierung als sinnvoll erwiesen. Es zeigte sich, dass sich die Fehlerquote umso stärker erhöht, je mehr Kategorien gleichzeitig an einer Aufgabe codiert werden und je mehr Einzeldaten in einer Erhebung verarbeitet werden. Daher wurden die Kategorien und Lehrwerke je einzeln analysiert.

Um die Aufgaben pro Kategorie und Lehrwerk zu codieren, wurden die Doppelseiten in MAXQDA importiert und zunächst über eine Vorcodierung Gesamtkorpora pro Lehrwerk erstellt. Anschließend erfolgten die Einzelcodierungen pro Kategorie. Es galt: ein Lehrwerk – eine Kategorie – eine Datei.

6.2.6 Kategoriensystem

Dieser Abschnitt stellt das Kategoriensystem mit Codierleitfaden der Aufgabenanalyse vor. Das Kategoriensystem enthält zwei Bereiche, vier Hauptkategorien und sieben Subkategorien. Tab. 6.5 zeigt hierzu eine Übersicht, deren einzelne Elemente im Anschluss näher erläutert werden.

Tab. 6.5 Übersicht über das Kategoriensystem der Aufgabenanalyse

Kategorien der Aufgabenanalyse				
Aufgabenmerkmale		Operatoren		
Rezeption	Produktion	Spektrum		Spezifik
Lesen	Medialität	Operatoren	Quasi-Operatoren	erklären (wie/was/warum)
	Schreibaufgaben: Adressat:in Sprachliche Hilfen			
Fachspezifik				

6.2.6.1 Aufgabenmerkmale

Mit dem Bereich „Aufgabenmerkmale" werden Aufgabenstellungen nach expliziten, impliziten oder nicht bestehenden Instruktionsmerkmalen untersucht, die auf das rezeptive und produktive Aufgabenlösen referieren. Dabei werden zwei Hauptkategorien „Rezeption" und „Produktion" mit den Subkategorien „Lesen", „Medialität", „Adressat:in" und „Sprachliche Hilfen" unterschieden. Grundsätzlich wird bei der Analyse der Aufgaben außerhalb des Unterrichtskontexts angenommen, dass neu präsentiertes Wissen nicht als Vorwissen vorausgesetzt werden kann und Schüler:innen Aufgaben eigenständig lösen. Dies ist an den Stellen der Aufgabenanalyse wichtig, wo es zu entscheiden gilt, ob eine Aufgabe auch ohne einen expliziten Hinweis oder eine Hilfestellung über das Material gelöst bzw. bearbeitet werden kann. Für alle Analysen gilt demnach, dass im Schulbuch aufgeführtes deklaratives und prozedurales Wissen als *neues,* noch zu erwerbendes Wissen betrachtet wird.

Rezeption

Für das fachliche Lernen ist Lesen eine zentrale Tätigkeit. Das gezielte Auswählen und Organisieren von inhaltlichem Wissen ist eine Grundvoraussetzung dafür, dass zu lernende Inhalte mit bestehendem Vorwissen verknüpft und in das Langzeitgedächtnis überführt werden können (Philipp, 2021). Zum Lösen von Schulbuchaufgaben müssen in vielen Fällen Schulbuchtexte rezipiert werden. Diese können besondere sprachliche Herausforderungen an Schüler:innen stellen (Schneider et al., 2019). Nicht zuletzt zeichnen sich Doppelseiten von Schulbüchern, auf denen man entsprechende Texte findet, durch eine hohe Informationsfülle aus, die bewältigt werden will (Lindauer et al., 2012). Bevor jedoch ein Text gelesen werden kann, muss dieser erst einmal von den Schüler:innen aufgefunden werden. Konkrete Aufgaben-Text-Bezüge können Schüler:innen dabei unterstützen, einschlägige Informationsquellen schneller zu identifizieren und damit den Prozess des Lesens einzuleiten (Lindauer et al., 2012; Schmölzer-Eibinger et al., 2012). Über die Kategorie „Rezeption" wird erhoben, inwiefern Aufgabenstellungen *explizite, implizite* oder *keine* Hinweise auf das Lesen des Aufgabentextes enthalten und Schüler:innen demnach in einem ersten Schritt unterstützen, Informationen gezielt für das Lösen der Aufgabe auszuwählen.

Alle Ausprägungen der Kategorie „Rezeption" werden im Folgenden einzeln dargestellt. Es handelt sich um eine ordinale Kategorie. Eine Aufgabe, für die etwas gelesen werden muss, kann ausschließlich *explizit*, *implizit* oder *ohne Hinweis*, also nicht, auf den zu rezipierenden Schulbuchtext verweisen, womit eine Ordnung abgebildet wird. Bei der Erprobung der Kategorie am Material zeigte sich zwar, dass Aufgaben gleichzeitig explizite und implizite Verweise enthalten können, implizite Verweise expliziten jedoch immer unterlegen sind, weshalb die Kategorie „Explizite Hinweise" bei der Codierung stärker gewichtet wurde. Das Korpus umfasst alle potenziellen und faktischen Leseaufgaben ($n_{\text{Leseaufgaben}}$). Aussortiert wurden Aufgaben, die nicht das Lesen eines kontinuierlichen oder diskontinuierlichen Textes voraussetzen, z. B. „Halte zunächst für einige Zeit deine rechte Hand in kaltes Wasser und die linke Hand in heißes Wasser. Tauche dann beide Hände in das mittlere Gefäß mit lauwarmem Wasser. Beschreibe, was du in dem Moment empfindest, in dem du beide Hände gleichzeitig in lauwarmes Wasser tauchst" (Müller, R., 2019, S. 9, V1).

Lesen: Explizite Hinweise

Über die Ausprägung *Explizite Hinweise* der Kategorie *Rezeption* im Bereich *Aufgabenmerkmale* wurden Aufgaben erfasst, die Schüler:innen über die Aufgabenstellung explizite Hinweise auf das Lesen von kontinuierlichen oder diskontinuierlichen Texten geben: in Form von Quasi-Operatoren („lesen", „betrachten" etc.), lokalen Verweisen (z. B. „was oben/unten steht"), Verweisen auf eine konkrete Seite über eine schriftliche Anmerkung oder ein etabliertes Lesesymbol, Verweisen wie „vgl." oder die Nennung der Quelle selbst in der Aufgabenstellung („Vgl. M5", wobei M5 ein Text ist). Auch eine grafische Verbindung in Form von Pfeilen, Kästen oder verbindenden Strichen wurde als ein expliziter Hinweis gewertet.

Code (deduktiv) – Lesen: Explizite Hinweise
Inhaltliche Bestimmung
Das Lesen von diskontinuierlichen oder kontinuierlichen Texten wird über die Aufgabe explizit angeleitet.
Ankerbeispiel
„Lies den folgenden Fall.“ (Mattes & Herzig, 2019, S. 29, Aufgabe 1) „Welche Merkmale guter Regeln werden im Text genannt? Nenne sie und verdeutliche sie mit einem von dir selbst gewählten Beispiel.“ (Mattes & Herzig, 2019, S. 18, Aufgabe 2) „Erläutere anhand von **Bild B5** den unterschiedlichen Informationsgehalt eines Wärmebildes und eines Fotos.“ (Müller, R., 2019, S. 15, Aufgabe 2, Hervorhebung im Original)
Codierregel
Eine Aufgabe wird dann mit diesem Code codiert, wenn die Aufgabe das Lesen von kontinuierlichen und diskontinuierlichen Texten explizit anleitet, z. B. durch: • Einen Quasi-Operator wie z. B. „lesen“, „betrachten“ (Text) • Einen konkreten lokalen Verweis zu einem Schulbuchtext, bspw. „Was kannst du aus dem Text (Titel, Nummer o. Ä. des Textes wird genannt) entnehmen?“, „Nehmt das, was oben/rechts, links steht, um …“ usw. Hierzu zählen auch Aufforderungen in naher Aufgabenumgebung, z. B. ein Hinweis auf den Methodenteil oder Hilfekarten, die zum Lesen dieser auffordern, oder in dem jeweiligen Schulbuch etablierte Lesesymbole (z. B. eine Brille oder ein Buch) • Die Nutzung von konventionellen Abkürzungen und Quellenverweisen, z. B. „Vgl. M5“, wobei „M5“ ein Text ist • Eine grafische Verbindung (Pfeil, Strich, Kasten etc.) Es werden keine weiteren impliziten Aufforderungen erfasst.

Lesen: Implizite Hinweise
Mit der Ausprägung *Implizite Hinweise* der Kategorie *Rezeption* im Bereich *Aufgabenmerkmale* wurden Aufgaben erfasst, die durch inhaltliche oder layoutspezifische Rückbezüge einen Hinweis auf zu lesende kontinuierliche und diskontinuierliche Texte geben und damit mehr Hinweise auf das Lesen enthalten als Aufgaben, die keine Rückbezüge herstellen, aber weniger als diejenigen Aufgaben, welche explizite Hinweise enthalten. Die Kategorie hat sich zur Beschreibung des Materials in der Pilotierung als sinnvoll erwiesen, da über die Nutzung weitere Besonderheiten fachlicher Aufgaben im Bereich *Rezeptionsmerkmale* dargestellt werden können. Im Gegensatz zu expliziten Hinweisen werden implizite Hinweise in den Aufgabenstellungen durch die Wiederaufnahme eines Zitats, einer Paraphrase, einer Person, eines Gegenstandes aus dem zu

lesenden oder betrachtenden Text realisiert oder durch die Wiederaufnahme einer Überschrift in der Aufgabenstellung.

Code (deduktiv) – Lesen: Implizite Hinweise
Inhaltliche Bestimmung
Durch inhaltliche Rückbezüge in der Aufgabenstellung wird auf einen kontinuierlichen oder diskontinuierlichen Text verwiesen, der für das Lösen der Aufgabe gelesen werden muss.
Ankerbeispiel
„Sammelt gemeinsam die Probleme der 5a.“ (Mattes & Herzig, 2019, S. 16, Aufgabe 2) „Erläutere die Begriffe Wärmestrahlung, Wärmeleitung und Wärmemitführung. Gib jeweils zwei Beispiele an.“ (*Anm.: Wobei die zu erläuternden Begriffe Teilüberschriften darstellen*) (Müller, R., 2019, S. 29, Aufgabe 1)
Codierregel
Eine Aufgabe wird dann mit diesem Code codiert, wenn die Aufgabe eine Rückfrage an den zu lesenden Text oder eine Passage aus dem angrenzenden Schulbuchtext (Doppelseite) enthält. Ein impliziter Rückbezug kann hergestellt werden über: • Ein Zitat, einen Bildausschnitt oder eine Paraphrase aus dem zu lesenden Text • Die Wiederaufnahme einer Überschrift • Die Wiederaufnahme einer Person oder eines Gegenstandes aus dem zu lesenden Text Tritt ein expliziter Hinweis zum Lesen und ein direkter Textbezug in einer Aufgabe auf, wird der explizite Verweis erfasst, da dieser stärker gewichtet wird.

Lesen: Kein Hinweis

Mit der Ausprägung *Kein Hinweis* der Kategorie *Rezeption* werden Aufgaben erfasst, die weder explizite noch implizite Hinweise auf das Lesen eines kontinuierlichen oder diskontinuierlichen Textes enthalten, jedoch als Leseaufgabe dadurch gewertet werden können, dass einschlägige Informationen für das Lösen auf der Doppelseite, auf der sich die Aufgabe befindet, gefunden werden können.

Code (deduktiv) – Lesen: Kein Hinweis
Inhaltliche Bestimmung
Eine Aufgabe enthält weder einen expliziten noch einen impliziten Hinweis auf das Lesen eines einschlägigen kontinuierlichen oder diskontinuierlichen Schulbuchtextes, wurde jedoch deshalb in das Korpus der Leseaufgaben aufgenommen, da sich auf der Doppelseite ein Text befindet, der die Inhalte für das Lösen der Aufgabe bereitstellt.
Ankerbeispiel

(Fortsetzung)

(Fortsetzung)

„Erkläre, für welche Tiere Plastikabfälle besonders gefährlich sind, und nenne die Gründe.“ (Mattes & Herzig, 2019, S. 237, Aufgabe 2) „Die Formen für Gegenstände aus Gusseisen sind stets größer als das spätere Fertigteil. Begründe.“ (Müller, R., 2019, S. 19, Aufgabe 1)
Codierregel
Eine Aufgabe wird dann mit diesem Code codiert, wenn die Aufgabe weder der Kategorie „Expliziter Hinweis“ noch „Impliziter Hinweis“ zugeordnet werden kann und den Schüler:innen keinen Hinweis auf das Lesen eines Textes bereitstellt.

Produktion

Mit der deduktiven Kategorie *Produktion* im Bereich *Aufgabenmerkmale* wird nach produktiven Medialitätsanforderungen und Unterstützungsangeboten gefragt. Die Kategorie umfasst die Subkategorie *Medialität* sowie für Schreibaufgaben die Erhebung einer Adressat:innenorientierung (*Adressat:in*) in den Aufgaben und die Erhebung von *sprachlichen Hilfen*, welche den Schüler:innen über die Aufgabenstellung oder die Aufgabenumgebung explizit gegeben werden. Ein Wissen darüber, ob eine Aufgabe mündlich oder schriftlich gelöst werden soll und für welche Adressat:innen eine Lösung angedacht ist, kann nicht nur Schüler:innen dabei unterstützen, den sprachlichen Erwartungshorizont zu antizipieren, sondern bietet auch Lehrkräften Ansatzpunkte, um Aufgaben sprachförderlich zu kontextualisieren. Transparente mediale Anforderungen in den Aufgaben stellen demnach ein Qualitätsmerkmal sprachsensibler bzw. sprachbildender Aufgaben dar (Thürmann et al., 2017). Wenige, exemplarische Aufgabenanalysen zeigen, dass Schulbuchaufgaben kaum oder gar keine Hinweise darauf enthalten, ob eine Aufgabe mündlich oder schriftlich gelöst werden soll, womit spezifische sprachliche Unterstützungsangebote keinen Ansatzpunkt finden (Donnerhack et al., 2013). Unterstützungsangebote, bspw. in Form von Formulierungshilfen, die auch im Rahmen der Differenzierung und gerade für das eigenständige Lernen relevant wären, fehlen häufig, womit es Lehrkräften obliegt, Aufgaben sprachbewusst zu kontextualisieren (Bramann & Kühberger, 2021). Dies gilt nicht nur für schriftliche, sondern auch für den Ausbau mündlicher Kompetenzen, auch wenn in dieser Arbeit der schriftliche Kompetenzaufbau fokussiert wird.

Medialität

Mit der Subkategorie *Medialität* wird überprüft, ob Aufgaben explizite Merkmale auf mündliche, schriftliche oder mündliche & schriftliche Schüler:innenaktivitäten enthalten oder ob keine Medialitätsmarker in den Aufgabenstellungen vorhanden sind. Die Bezeichnungen der Kategorien lauten: „Explizit mündlich", „Explizit schriftlich", „Explizit mündlich & schriftlich" sowie „Medialität offen".

Die medialen Bereiche beziehen sich ausschließlich auf die Produktion und lehnen sich an die produktiven sprachlichen Bereiche *Sprechen* und *Schreiben* an (Becker-Mrotzek & Schindler, 2007; vgl. auch Abschnitt 4.2). Ausgewertet wird das Gesamtkorpus. Es wird beschrieben, wie häufig produktive sprachliche Erwartungen in Aufgaben explizit transparent gemacht werden. Es handelt sich um eine nominale Kategorie.

Explizit mündlich

Mit der Ausprägung *Explizit mündlich* werden Aufgaben erfasst, die ausschließlich konkrete Hinweise für Schüler:innen enthalten, die sie zum mündlichen Handeln auffordern. Dies kann über den Einsatz von Quasi-Operatoren wie „sprechen", „sich austauschen" oder „präsentieren" geschehen, über explizit mündliche Textformen vermittelt werden, wie eine Debatte führen, über Adjektive wie „mündlich" oder Zusätze wie „im Gespräch" deutlich gemacht werden.

Code (deduktiv) – Explizit mündlich
Inhaltliche Bestimmung
Eine Aufgabe fordert die Schüler:innen explizit zum mündlichen Handeln auf.
Ankerbeispiel
„Hast du Verständnis für Jasmins Ärger? Überlege einen Moment, tausche dich mit einer Partnerin/einem Partner darüber aus und äußere dich dann im Klassengespräch." (Mattes & Herzig, 2019, S. 34, Aufgabe 2).
Codierregel
Eine Aufgabe wird dann mit diesem Code codiert, wenn die Aufgabe Schüler:innen zum mündlichen Handeln auffordert. Dabei werden medial keine weiteren Handlungen für das Aufgabenlösen in der Aufgabe expliziert. Wird in der Aufgabe auf eine Tippkarte oder den Methodenteil verwiesen und wird dort weiterführend expliziert, dass die Aufgabe mündlich gelöst werden soll, z. B. da die Aufgabe darin besteht, eine Debatte zu führen, wird dies berücksichtigt. Hinweise in Aufgaben können durch Quasi-Operatoren wie „sprechen", „sich austauschen", „sagen", „präsentieren" o. Ä. oder Adjektive wie „mündlich", Zusätze wie „im Gespräch" oder die Realisierung von mündlichen Textformen, wie z. B. das Führen einer Debatte, explizit gemacht werden.

Explizit schriftlich

Mit der Ausprägung *Explizit schriftlich* werden Aufgaben erfasst, die ausschließlich konkrete Hinweise für Schüler:innen enthalten, die sie zum schriftlichen Handeln auffordern. Dies kann über den Einsatz von Quasi-Operatoren wie „schreiben",

„notieren“ oder „formulieren“ geschehen, über explizit schriftliche Textformen vermittelt werden, wie das Schreiben eines Briefs, über Adjektive wie „schriftlich“ oder Zusätze wie „mit einem Textverarbeitungsprogramm“ deutlich gemacht werden.

Isolierte explizit schriftliche Aufgaben bilden im Anschluss an die Analyse das Korpus expliziter Schreibaufgaben ($n_{Schreibaufgaben}$), das für die Analyse weiterer Kategorien genutzt wird.

Code (deduktiv) – Explizit schriftlich
Inhaltliche Bestimmung
Eine Aufgabe fordert die Schüler:innen explizit zum schriftlichen Handeln auf.
Ankerbeispiele
„Was versteht man unter Inklusion? Notiere eine Erklärung und präge sie dir ein. Das geht allein.“ (Mattes & Herzig, 2019, S. 27, Aufgabe 1)
Codierregel
Eine Aufgabe wird dann mit diesem Code codiert, wenn die Aufgabe Schüler:innen zum schriftlichen Handeln auffordert. Dabei werden medial keine anderen Handlungen für das Aufgabenlösen in der Aufgabe expliziert. Wird in der Aufgabe auf eine Tippkarte oder den Methodenteil verwiesen und wird dort weiterführend expliziert, dass die Aufgabe schriftlich gelöst werden soll, z. B. da die Aufgabe darin besteht, ein Plakat anzufertigen, wird dies berücksichtigt. Hinweis in Aufgaben können durch Quasi-Operatoren wie „schreiben“, „formulieren“, „notieren“ o. Ä. oder Adjektive wie „schriftlich“ oder die Realisierung von schriftlichen Textformen, wie z. B. das Schreiben eines Briefs, oder Zusätze wie „mit einem Textverarbeitungsprogramm“ explizit gemacht werden.

Explizit mündlich & schriftlich

Mit der Ausprägung *Explizit mündlich & schriftlich* werden Aufgaben erfasst, die konkrete Hinweise für Schüler:innen enthalten, die sie zum mündlichen und schriftlichen Handeln auffordern. Dabei werden die Codierregeln der Ausprägungen *explizit mündlich* und *explizit schriftlich* kombiniert.

Code (deduktiv) – Explizit mündlich & schriftlich
Inhaltliche Bestimmung
Eine Aufgabe fordert die Schüler:innen explizit sowohl zum mündlichen als auch zum schriftlichen Handeln auf.
Ankerbeispiel
„Sollen behinderte und nicht behinderte Kinder gemeinsam in einer Schulklasse lernen? Schreibe auf, wie du darüber denkst. Begründe deine Ansicht. Sprecht gemeinsam darüber.“ (Mattes & Herzig, 2019, S. 27, Aufgabe 3)

(Fortsetzung)

(Fortsetzung)

Codierregel
Eine Aufgabe wird dann mit diesem Code codiert, wenn die Aufgabe Schüler:innen zum mündlichen und schriftlichen Handeln auffordert. Wird in der Aufgabe auf eine Tippkarte oder den Methodenteil verwiesen und wird dort weiterführend expliziert, dass die Aufgabe mündlich und schriftlich gelöst werden soll, z. B. über eine Einzelarbeit, die dann zu einer Präsentation vor der Klasse führt, wird dies berücksichtigt.

Medialität offen

Aufgaben, bei deren Bearbeitung bzw. Lösung sprachlich produktive Handlungen notwendig sind und demnach *Medialitätsanforderungen* bestehen, bei denen diese notwendigen Handlungen jedoch nicht über Aufgabenmerkmale explizit in der Aufgabenstellung benannt werden und damit unbestimmt bleibt, ob eine Aufgabenbearbeitung bzw. -lösung mündlich oder schriftlich erfolgen soll, werden als *medial offene* Aufgaben bezeichnet.

Ein Beispiel wäre: „Erkläre, warum der Eisbär (Bild **B1**) zum Symbol des Klimawandels geworden ist" (Müller, R., 2019, S. 33, Aufgabe 1, Hervorhebung im Original). Diese Aufgabe kann mündlich und/oder schriftlich im Unterricht in Einzelarbeit, mündlich & schriftlich in Gruppenarbeit oder schriftlich als Hausaufgabe bearbeitet werden. Es bestehen keine Aufgabenmerkmale, die dies einschränken. Im Gegensatz zu Aufgaben, die ausschließlich kognitive Anstrengungen, wie etwas beobachten, oder nicht-mündlich oder -schriftliche Handlungen bedingen, wie einen Versuch aufbauen, ist bei medial offenen Aufgaben eine Medialitätsanforderung gegeben. Alle Aufgaben, die Medialitätsanforderungen besitzen, wurden in das Korpus $n_{\text{Medialität}}$ aufgenommen. Konnten die Aufgaben nicht über explizite Aufgabenmerkmale den anderen drei Kategorien *explizit mündlich*, *explizit schriftlich* oder *explizit mündlich & schriftlich* zugeordnet werden, handelte es sich um *medial offene* Aufgaben. Diese Offenheit impliziert gleichsam mediale Flexibilität. Die mediale Dimension kann und muss der Aufgabe von außen hinzugefügt werden, z. B. im Unterricht durch die Lehrkraft.

Code (deduktiv) – Medialität offen
Inhaltliche Bestimmung
Eine Aufgabe fordert die Schüler:innen auf, eine oder mehrere Handlungen für die Aufgabenbearbeitung oder Aufgabenlösung zu vollziehen, bei der mündliche und/ oder schriftliche Teilhandlungen zur Bearbeitung oder Lösung notwendig sind, wobei Aufgabenmerkmale die medialen Handlungen nicht explizieren, sondern flexibel offenlassen. Die Aufgabe besitzt demnach undefinierte Medialitätsanforderungen und muss von außen medial bestimmt werden, z. B. durch die Lehrkraft und den Unterrichtskontext.

(Fortsetzung)

(Fortsetzung)

Ankerbeispiel
„Erkläre, warum der Eisbär (Bild **B1**) zum Symbol des Klimawandels geworden ist." (Müller, R., 2019, S. 33, Aufgabe 1, Hervorhebung im Original)
Codierregel
Eine Aufgabe wird dann mit diesem Code codiert, wenn die Aufgabe Medialitätsanforderungen stellt, diese jedoch nicht über die Aufgabenstellung expliziert werden. Alle Aufgaben, die in das Korpus *Medialität* aufgenommen werden, jedoch nicht über explizite Merkmale den anderen drei Kategorien *explizit mündlich*, *explizit schriftlich* oder *explizit mündlich & schriftlich* zugeordnet werden können, sind medial offen gestaltete Aufgaben.

Schreibaufgaben – Adressat:in

Mit der Subkategorie „Schreibaufgaben – Adressat:in" wird die Frage nach einer expliziten Adressat:innenorientierung in den Aufgaben aufgegriffen. Über die Kategorie wird erhoben, inwieweit Schulbuchaufgaben explizit das adressat:innenorientierte Schreiben einfordern und damit potenzielle Übungssituationen schaffen. Adressat:innenorientierung setzt Wissen über mögliche Adressat:innen und die Fähigkeit zur Perspektivübernahme voraus und steht in einem Zusammenhang mit der Textkohärenz und der Textqualität (Becker-Mrotzek et al., 2014). Auf diesem Wissen aufbauend empfehlen Autoren profilierter Aufgabenkonzepte (Bachmann & Becker-Mrotzek, 2010; Steinhoff, 2018), adressat:innenorientierte Schreibaufgaben regelmäßig einzusetzen, um entsprechende Fähigkeiten zu üben. Für den Deutschunterricht ist dieses Ziel bereits seit längerer Zeit ein fester Bestandteil der fachlichen Lernziele (KLP NRW Deutsch, Gym, Sek. I, 2019).

Über die Transparenz einschlägiger funktionaler Erwartungen, die mit einer Adressat:innenorientierung verbunden sind, sollen Schüler:innen einen besseren Zugang zum Schreiben erhalten und Schreiben als Teil von Kommunikation erfahren, ob mit sich selbst oder mit anderen. Nicht zuletzt belegen adressat:innenorientierte Aufgaben das Aufgabenlösen oftmals auch für Schreiber:innen mit einem höheren Maße an Sinnhaftigkeit, was die Förderung der Motivation und damit die Selbstregulationsfähigkeit begünstigen kann. Fachlich sind hiermit die Textfunktion und der Lebensweltbezug verbunden (Anskeit, 2019a).[6] Man unterscheidet in Verbindung mit verschiedenen Schreibfunktionen grundlegend zwei Formen der Adressat:innenorientierung in der Schreibforschung, die zur Kategorienbildung herangezogen wurden: *das Schreiben für sich selbst* und das

[6] Beide Kategorien, *Textfunktion* und *Lebensweltbezug*, konnten nicht reliabel als eigenständige Kategorien im Rahmen der hier vorliegenden Studie operationalisiert werden.

Schreiben für andere. Während das Schreiben für sich selbst kognitiven (epistemischen) Zwecken, Zwecken der Erinnerung (des Memorierens), Zwecken der psychischen Entlastung oder Reflexion folgen kann, hat das Schreiben für andere eine sozial-kommunikative Funktion, woran wiederum bestimmte Textfunktionen (z. B. informieren, überzeugen, appellieren) gebunden sind (Anskeit, 2019a).

Im Kernlehrplan des Fachs *Physik* wird eine *sachgerechte und adressat:innengerechte* Kommunikation als übergreifende Aufgabe der Kompetenzentwicklung benannt (KLP NRW Physik, Gym, Sek. I, 2019, S. 14). In den einzelnen Lernzielen findet man jedoch keine Angaben zum Umgang. Im Kernlehrplan für das Fach *Wirtschaft-Politik* ist das adressat:innenorientierte Schreiben von *kontinuierlichen und diskontinuierlichen Texten deskriptiver und prädeskriptiver Art* Teil der Kompetenzerwartungen (KLP NRW Wirtschaft/Politik, Gym, Sek. I, 2019, S. 19, 25, 38). In beiden Fächern bezieht sich dies sowohl auf den bildungssprachlichen als auch auf den fachsprachlichen Sprachgebrauch. Der Fachvergleich zeigt, dass das Fach *Wirtschaft-Politik* die Adressat:innenorientierung etwas stärker einbindet.

Mittels der Subkategorie „Adressat:in" wurden alle Möglichkeiten einer Adressat:innenorientierung aus den Bereichen *Schreiben für andere* sowie *Schreiben für sich selbst* summiert erfasst. Dies ist dadurch begründet, dass sowohl in der Pilotierung als auch bei der Erhebung der Intercoder-Übereinstimmung nur sehr wenige adressat:innenorientierte Aufgaben erhoben wurden, weshalb die Ergebnisse typisierend a posteriori beschrieben werden und nicht a priori als skalierte Kategorien verwendet werden (vgl. 6.2.7.1). Analysiert wurden ausschließlich explizite Schreibaufgaben. Somit umfasst das Korpus diejenigen Aufgaben, welche über die Erhebung der Medialität als „explizit schriftlich" bestimmt werden konnten.

Eine Adressat:innenorientierung liegt nach der in dieser Arbeit verwendeten Operationalisierung dann vor, wenn sich das zu schreibende Aufgabenprodukt explizit an eine/einen oder mehrere in der Aufgabe genannte/n Adressat:innen aus dem privaten, schulischen oder öffentlichen Leben richtet. Dies können reale, konstruierte oder authentisch-konstruierte Adressat:innen aus der Erfahrungswelt der Schüler:innen sein (z. B. andere Schüler:innen, Eltern, Lehrkräfte, Politiker:innen), damit auch Ko-Aktant:innen, und konstruierte oder authentisch-konstruierte Adressat:innen, die über den Schulbuchtext vermittelt werden (Behrens, 2016). Darüber hinaus kann der/die Schreiber:in selbst der/die Adressat:in sein und als solche/solcher explizit benannt werden (Steinhoff, 2018). Explizite Adressat:innen und generalisierte Andere werden in ihrer Verteilung in einem zweiten Schritt beschrieben. Primärziel der Auswertung dieser Kategorie ist jedoch, den kumulativen Anteil an adressat:innenorientierten Schreibaufgaben auszugeben.

Code (deduktiv) – Adressat:in

Inhaltliche Bestimmung

Eine Aufgabe enthält eine explizite Adressat:innenorientierung. Das Schreibprodukt ist an eine oder mehrere reale, authentisch-konstruierte oder konstruierte Person/en oder an den/die Schreiber:in selbst gerichtet. Generalisierte Andere stellen Adressat:innen dar.

Ankerbeispiel

„Kannst du die Person auf dieser Seite davon überzeugen, ihre Meinung zu überdenken? Schreibe eine Entgegnung." (Mattes & Herzig, 2019, S. 37, Aufgabe 4)

„Was erwiderst du einem Schüler, der die Vorschläge der ‚Kleinen' als Kinderkram bezeichnet? Formuliere eine Antwort." (Mattes & Herzig, 2019, S. 42, Aufgabe 2)

„Briefe schreiben: Stelle dir vor, du hättest wirklich die Aufgabe, Herrn Hilbig (oder eine andere Lehrerin, einen anderen Lehrer) zu beraten. Welche Tipps würdest du geben? Schreibe einen solchen Brief und stelle ihn vor." (Mattes & Herzig, 2019, S. 21, Aufgabe 2 „Was auch noch interessant sein könnte")

Eine Aufgabe wird dann mit diesem Code codiert, wenn die Aufgabe eine explizite Adressat:innenorientierung enthält, d. h. Personen oder Gruppen explizit genannt werden, auf die sich das Lösungsprodukt der Aufgabe richten soll, und somit kommunikativ-funktionale Erwartungen transparent gemacht werden können.

Diese Adressat:innen können real, authentisch-konstruiert oder konstruiert sein und ebenso vorstellbare generalisierte Andere darstellen, wie die Schreibenden selbst (epistemisches Schreiben), z. B.:

- Andere Schüler:innen/Ko-Aktant:innen (z. B. die Klasse, Kooperationspartner:innen, weitere Schüler:innen; Freund:innen), die bekannt oder (generalisiert) nicht bekannt sind (variable Konstruktion)
- Personen des privaten, schulischen oder öffentlichen Lebens, Expert:innen
- Personen aus dem Aufgabenkontext, z. B. dem Schulbuchtext
- Der/die Schreiber:in selbst

Schreibaufgaben – Sprachliche Hilfen

Sprachliche Hilfen können Schüler:innen dabei unterstützen, Sprachkompetenzen im Fach auszubauen. Über die Subkategorie „Sprachliche Hilfen" werden konkrete Schreibaufgaben dahingehend ausgewertet, ob Aufgabenstellungen explizit sprachliche Hilfestellungen in Form von „Formulierungshilfen" oder „Textmusterhilfen" enthalten.

Formulierungshilfen

Formulierungshilfen sollen Schüler:innen Hilfestellungen für das Verfassen von Texten geben. Mit der Kategorie „Formulierungshilfen" wurde über die Ausprägungen „Textprozeduren (Ausdrucksseite)" und „Lexikalische Hilfen" untersucht, ob in Aufgaben direkt, über einen expliziten Verweis auf eine bestimmte Schulbuchseite oder in naher Aufgabenumgebung (assoziierte Doppelseite) sprachliche Hilfen in Form von lexikalischen Hilfen oder textprozeduralen Ausdruckshilfen zur Verfügung standen (Feilke & Rezat, 2021). Enthielt das Schulbuch eine Operatorenliste mit Formulierungshilfen, wurde diese bei der Analyse hinzugezogen und als Formulierungshilfe für eingesetzte Operatoren gewertet.[7]

Code (deduktiv) – Formulierungshilfen
Inhaltliche Bestimmung
Eine Aufgabe enthält oder verweist explizit auf Formulierungshilfen, die für das Lösen der Aufgabe von Schüler:innen genutzt werden können. **Erfasst werden einerseits sprachliche Hilfen, welche die Ausdrucksseite von Textprozeduren darstellen, andererseits weitere sprachliche Hilfen in Form von lexikalischen Hilfen.**
Ankerbeispiel
Textprozeduren (Ausdrucksseite): „Erkläre den Begriff nachhaltiger Tourismus so, dass es ein Grundschüler verstehen kann (M1, T1, T2)." > „Dies kann man erklären, mit … // Es bedeutet, dass … /Das heißt, … // Da/Weil/Aufgrund von …" (Elbin-Bruns et al., 2020, 119; o.S. (Klappe hinten) *Lexikalische Hilfen* „Warum ist die Familie wichtig? Fasse zusammen, was die Materialien A, B und C insgesamt darüber aussagen. S. 254" > „Zu deiner Zusammenfassung kannst du die folgenden Stichworte zu ganzen Sätzen umformen: – Start ins Leben // – Geborgenheit // – Urvertrauen // – Schutz // – Zusammenhalt // – Gemeinschaft." (Mattes & Herzig, 2019, 55; 254, Aufgabe 3 & Hilfekarte)
Eine Aufgabe wird dann mit diesem Code codiert, wenn die Aufgabe Schüler:innen sprachliche Hilfen in Form von Textprozeduren oder lexikalischen Formulierungshilfen zur Verfügung stellt. Die Kategorie enthält dabei die Erfassung der separaten Ausprägungen „Textprozeduren (Ausdrucksseite)" und „Lexikalische Formulierungshilfen". Enthält das Schulbuch eine Operatorenliste mit Formulierungshilfen, wird diese hinzugezogen.

[7] Kein in der Pilotierung und der Überprüfung der Kategorien über die Erhebung der ICÜ genutztes Lehrwerk enthielt eine entsprechende Operatorenliste. Auch die in diesem Rahmen analysierten Aufgaben enthielten keine sprachlichen Hilfen in Form von Textprozeduren. Daher wurde zur Beschreibung der Kategorie ein Lehrwerk für das Fach Gesellschaftslehre der Klassen 5/6 für Gesamtschulen in NRW herangezogen, welches entsprechend konzipiert ist. Die Empfehlung von Textprozeduren und entsprechenden Formulierungshilfen für den Fachunterricht findet sich bspw. bei Pertzel & Schütte (2016) oder Anskeit & Steinhoff (2019).

Textmusterhilfen

Bildungssprachliche Handlungskompetenz ist Voraussetzung für eine erfolgreiche Partizipation im Bildungswesen (Steinhoff, 2019). Es müssen *Textformen als Lernformen* der Schule beherrscht werden (Pohl & Steinhoff, 2010). Gerade deshalb fokussieren viele sprachbildende und sprachsensible Forschungsprojekte sowie Forschungsstränge sprachhandlungsbezogene und genrebasierte Ansätze, welche das Erklären, Beschreiben oder Argumentieren in den Fächern ebenso wie zentrale Textformen des Unterrichts, beispielsweise das Versuchsprotokoll in Physik oder die Schaubildbeschreibung im Politik-Unterricht, in den Blick nehmen (vgl. u. a. Roll et al., 2019).

Allen Ansatzpunkten ist gemeinsam, dass Einblicke in Textmusterstrukturen Schüler:innen dabei unterstützen sollen, sprachlich im Fachunterricht zu partizipieren. An die Funktionen und Musterhaftigkeit von Texten sind Formulierungsentscheidungen gebunden, die dann adäquater von Schüler:innen ausgewählt werden können, wenn die Textform oder der Aufbau einer textuellen Handlung bekannt sind (Brinker et al., 2018; Fix, 2008). Eine wichtige Rolle spielen die auf Texthandlungen verweisenden Operatoren in den Aufgaben, da sie Mikro-, Meso- oder Makrohandlungen von Texten abbilden können (vgl. Abschnitte 3.2/3.2.1).

Die Subkategorie „Textmusterhilfen" im Bereich „Schreibaufgaben – Sprachliche Hilfen" wurde konzipiert, um zu erheben, ob Schüler:innen explizite sprachliche Hilfestellungen über die Aufgabenstellung, über einen direkten Verweis zu einer Schulbuchseite mit entsprechenden Informationen zum Textmuster (z. B. dem Methodenteil) oder zu einem Modelltext zur Verfügung gestellt werden. Dabei wurden auch Aufgaben erfasst, bei denen Operatoren zur Anleitung von textuellen Teilhandlungen genutzt werden (*Dekomposition*). Somit wurde überprüft, inwiefern das theoretisch angenommene Potenzial von Operatoren bereits ausgeschöpft wird (vgl. Abschnitt 3.2). Die Inhalte der Methodenteile wurden bei der Auswertung beschrieben, flossen jedoch ausschließlich dann in die Erhebung ein, wenn über einen direkten Verweis eine Binnenstruktur im Lehrwerk erkannt werden konnte. Untersucht wurde das Korpus „Schreibaufgaben" aus dem Subkorpus „Medialität" der Gesamtstichprobe.

Code (deduktiv) – Textmusterhilfen
Inhaltliche Bestimmung
Eine Aufgabe enthält oder verweist explizit auf Textmusterhilfen, die für das Lösen einer Aufgabe von Schüler:innen genutzt werden können.
Ankerbeispiel
„Briefe schreiben: Stelle dir vor, du hättest wirklich die Aufgabe, Herrn Hilbig (oder eine andere Lehrerin, einen anderen Lehrer) zu beraten. Welche Tipps würdest du geben? Schreibe einen solchen Brief und stelle ihn vor.“ > „Sehr geehrter Herr Hilbig, wir hätten da einige Ratschläge, um die Probleme in Ihrer Klasse zu lösen …“ (*Anm.: reduzierter grafischer Modelltext*) (Mattes & Herzig, 2019, S. 21, Aufgabe 2 „Was auch noch interessant sein könnte“). „Erkläre X, indem du zuerst Y beschreibst, die Eigenschaften von X nennst und diese mit etwas vergleichst, was du kennst.“ (Eigenes Beispiel)[8]
Eine Aufgabe wird dann mit diesem Code codiert, wenn die Aufgabe Schüler:innen textmusterbezogene Hilfestellungen direkt, über einen Verweis oder in naher Aufgabenumgebung zur Verfügung stellt. Dies kann einerseits über eine Dekomposition über Operatoren bezogen auf eine Handlung geschehen oder über eine Beschreibung der Textform, durch einen Modelltext. Operatorenlisten werden herangezogen, insofern vorhanden. Verweise zu beschriebenen Textformen im Methodenteil o. Ä. müssen binnenstrukturell explizit vorliegen. Dabei zählen auch kleine Hinweise, z. B. ein Auszug aus einem Modelltext, oder umfangreiche Beschreibungen, z. B. das Anleiten einer Argumentation. Wichtig ist das Vorhandensein einer Binnenstruktur des Lehrwerks. Ein Methodenteil, der unabhängig von der Aufgabe zu bewerteten ist, wird nicht als Hilfestellung gewertet, da hierauf konkret extern verwiesen werden muss oder die recherchierende ungerichtete Eigenleistung der Schüler:innen verlangen würde.

6.2.6.2 Operatoren

Mit dem Bereich „Operatoren“ wurden die eingesetzten Operatoren in den Aufgaben erhoben und deren „Spektrum“ und „Spezifik“ beschrieben. Die erste Kategorie „Spektrum“ erfasste das Vorkommen deduktiv bestimmbarer Operatoren aus den Operatorenlisten des jeweiligen Fachs über die Subkategorie „Operatoren“. Mit der Subkategorie „Quasi-Operatoren“ wurden induktiv weitere handlungssauffordernde Verben in den Aufgaben, die nicht über die Operatorenliste bestimmt werden konnten, erhoben. Die zweite Kategorie „Spezifik – erklären“ bezieht sich deduktiv auf *erkläre*-Aufgaben. Die Ergebnisse

[8] Weder über die Pilotierung noch über die Erhebung der ICR konnten entsprechende Aufgabenmerkmale erhoben werden, weshalb an dieser Stelle ein eigenes Beispiel gewählt wird. Dieses folgt dem Ansatz, Operatoren und Quasi-Operatoren zur Sequenzierung zu nutzen und damit eine Einsicht in textuelle Teilhandlungen zu geben. Dieser Ansatz findet sich bspw. auch in den Aufgaben bei Pertzel und Schütte (2016) (vgl. auch Abschnitt 3.2).

zeigen, wie häufig die Typen *erkläre-was*, *erkläre-wie* und *erkläre-warum* in den Aufgaben auftreten, um exemplarisch die an fachliche Operatoren gebundenen kognitiv-sprachlichen Handlungen tendenziell erfassen zu können (vgl. Abschnitt 3.2.1).

Spektrum – Operatoren

Bislang ist kaum empirisch belegt, welche sprachlichen Anforderungen die Schule an die Schüler:innen stellt und wo demnach Fördermöglichkeiten ansetzen können (Pohl, T., 2016; Steinhoff, 2019). Einen Ansatzpunkt, um fachspezifische Sprachhandlungen in den Blick zu nehmen, bieten Operatoren als Aufforderungen zu kognitiv-sprachlichen Operationen in den Aufgaben (Feilke & Rezat, 2019a; Vollmer, 2011).

Über die Subkategorie „Spektrum – Operatoren" werden deduktiv über die Operatorenliste des Fachs bestimmbare Handlungsverben in den Aufgaben gezählt. Dabei wird die Operatorenliste des Schulministeriums NRW für das jeweilige Fach zur Konstruktion der Kategorie herangezogen. Listen in Schulbüchern können diese ergänzen, insofern sie vorhanden sind und einschlägige Definitionen enthalten. Für die Fächer Wirtschaft-Politik (Sozialwissenschaften) und Physik der Sekundarstufe I werden die Listen der Fächer für das Abitur verwendet, da keine standardisierten Listen für die Sekundarstufe I vorliegen (vgl. Abschnitt 3.2).

Aufgrund des Umfangs an Operatoren wird die Codebeschreibung exemplarisch an dieser Stelle für den Operator „erklären" und das Fach Wirtschaft-Politik aufgezeigt:

Code (deduktiv) – Operatoren: erklären
Inhaltliche Bestimmung
Eine Aufgabe enthält einen Operator aus der Operatorenliste SoWi NRW, o. J.
Beispiel: erklären
Erklären wird als Operator im Imperativ Singular oder Plural in der Aufgabenstellung verwendet.
Ankerbeispiel
„Erkläre, welche Ziele Malala erreichen möchte und wozu sie die Regierung aufruft." (Aufgabe 2: Mattes & Herzig, 2019, S. 86)
Codierregel
Aufgaben werden dann mit diesem Code codiert, wenn der Imperativ Singular oder Plural von „erklären" in der Aufgabe als Handlungsinitiator (Operator) in Verberststellung genutzt wird.

Tab. 6.6 zeigt die Operatoren der Listen für die Fächer Sozialwissenschaften bzw. Sozialwissenschaften/Wirtschaft (Operatorenliste SoWi NRW, o. J.) und Physik (Operatorenliste Physik NRW, o. J.) auf. Operatorensets wie bspw. „erklären, erläutern" im Fach Physik wurden gemeinsam als eine Kategorie aufgenommen.

Tab. 6.6 Operatoren aus den Operatorenlisten SoWi und Physik, NRW, o. J

Operatoren Sozialwissenschaften, NRW (Wirtschaft-Politik) (29)	Operatoren Physik, NRW (19)
analysieren	angeben, nennen
auswerten	begründen
begründen	berechnen
benennen	beschreiben
beschreiben	bestimmen, ermitteln
beurteilen	beurteilen
bewerten	darstellen
charakterisieren	durchführen
darstellen	entscheiden
diskutieren	entwerfen, planen
einordnen	erklären, erläutern
entwerfen	herleiten
entwickeln	interpretieren
erklären	nachweisen, widerlegen
erläutern	prüfen, untersuchen
ermitteln	skizzieren
erörtern	vergleichen
erschließen	zeichnen
gestalten	zeigen
herausarbeiten	
interpretieren	
nennen	
problematisieren	
prüfen	
sich auseinandersetzen	
Stellung nehmen	
überprüfen	
vergleichen	
widerlegen	

Spektrum – Quasi-Operatoren
Alle Verben und Funktionsverbgefüge im Imperativ Singular oder Plural in Erststellung, welche die Aufgaben steuern, aber nicht über die Operatorenliste definiert werden, wurden induktiv als *Quasi-Operatoren* zur Erweiterung des Kategoriensystems bei Erstauftreten erfasst und folgend als Kategorie in Form des Infinitiv Präsens Aktiv für die Analyse genutzt, z. B. „Sammelt gemeinsam die Probleme in der 5a.“ = „sammeln“ (Aufgabe 2: Mattes & Herzig, 2019, S. 16). Das Auswertungsverfahren und das Korpus glichen denen der Erhebung der Operatoren.

Code (induktiv) – Quasi-Operatoren
Inhaltliche Bestimmung
Eine Aufgabe enthält Verben, welche die Schüler:innenhandlungen in der Funktion von Operatoren steuern, aber nicht bildungspolitisch über die Operatorenliste für das Abitur definiert sind. Diese Verben werden als Quasi-Operatoren induktiv erfasst.
Beispiel: aufschreiben
aufschreiben
Ankerbeispiel
„Sollen behinderte und nicht behinderte Kinder gemeinsam in einer Schulklasse lernen? Schreibe auf, wie du darüber denkst. […]“ (Aufgabe 2: Mattes & Herzig, 2019, S. 27)
Codierregel
Alle Verben im Imperativ Singular oder Plural, welche die Aufgabe steuern und damit in der Funktion eines Operators eingesetzt werden, jedoch nicht als Teil der fachlichen Operatorenliste für das Land NRW und das entsprechende Fach definiert sind, werden induktiv im Indikativ Präsens Aktiv als Kategorien bei Erstauftreten erfasst und für die weitere Auswertung genutzt. Hierzu zählen auch Passepartoutverben. Funktionsverbgefüge werden mit Konstruktion in das Kategoriensystem aufgenommen. Präpositionen, Adverbien und (Reflexiv-)Pronomen werden darüber hinaus ausschließlich dann miterfasst, wenn ohne ihre Erfassung die Markierung der Semantik verzerrt wird. Induktive Codes enthalten keine Abkürzungen.

Spezifik – erklären
Das ERKLÄREN ist eine fachlich und überfachlich relevante Sprach-/ Texthandlung, der für alle Fächer und Jahrgänge eine Bedeutung für den Wissensaufbau zukommt (Gadow, 2016; Kiel, 1999). Pragmatisch handelt es sich bei der sprachlichen Handlung des Erklärens funktional immer um das Ausgleichen eines Wissensdefizits eines Hörenden (H) bzw. Lesenden durch Sprechende (S) bzw. Schreibende (im Sinne einer zerdehnten Kommunikationssituation; Ehlich, 1984). Erkläraufgaben können über W-Fragen, Entscheidungsfragen oder direkte

Aufforderungen realisiert werden (Morek, 2012). Die hier beschriebene Untersuchung nimmt ausschließlich „Erkläraufforderungen" (Morek, 2012, S. 70) in den Blick, die konkret über Operatoren realisiert werden.

Je nachdem, was oder warum erklärt wird bzw. erklärt werden soll, müssen verschiedene sprachliche Mittel von Schreibenden ausgewählt werden. Wie in Abschnitt 3.2.1 dargelegt, können *erklären-was*, *erklären-wie* und *erklären-warum* linguistisch unterschieden werden. Für einen sprachsensiblen und sprachbildenden Fachunterricht ist es von Interesse, welche Spezifika fachliche Sprachhandlungen aufweisen und wo demnach Fördermöglichkeiten für den Ausbau der Sprachhandlungskompetenzen ansetzen können (Krabbe et al., 2019; Schmellentin & Lindauer, 2020). Es wird davon ausgegangen, dass die Art des Wissens über kollokative Interrogativa in der Aufgabenstellung näher eingegrenzt wird. Werden diese Konstruktionen erhoben, kann eine Tendenz für fachlich relevante kognitiv-sprachliche Handlungen des fachlichen Erkentnnisgewinns erfasst werden, wovon einschlägige Sprachmittel des fachlichen Lernens abgeleitet werden können, nachdem sie weiterführend klassifiziert wurden.[9]

Mit der Kategorie „Spezifik – erklären" im Bereich „Operatoren" wurden auf diesen Ideen aufbauend Aufgaben erfasst, die mit den interrogativen Operatorenkonstruktionen *erklären-was*, *erklären-wie* und *erklären-warum* realisiert werden, um schlussfolgernd darauf aufbauend Aussagen darüber treffen zu können, welche sprachlichen Mittel für den Fachunterricht der Stichproben tendenziell relevant sein können.

Erklären – was

Die Kategorie „erklären-was" erfasst Aufgaben, die über die Konstruktion *erkläre + [+ ggf. Einschub + Komma]was* realisiert werden. Es werden demnach Erkläre-Operatoren-Aufgaben mit dem Interrogativpronomen *was* erfasst. Nach Becker-Mrotzek & Vogt (2009) steht das *Erklären-was* linguistisch dem Beschreiben nahe und fordert häufig eine Begriffsbestimmung ein, wie es auch der folgenden Aufgabe zu entnehmen ist: „Erkläre, was man unter Medien im Allgemeinen und speziell unter den neuen Medien versteht, um die es in der Familie Schmidt geht" (Mattes & Herzig, 2019, S. 114, Aufgabe 2). Schüler:innen sollen hier die Begriffe „Medien" und „neue Medien" erklären, indem sie mithilfe der Informationen aus dem Schulbuchtext eine definitorische Erklärung verfassen, etwa mit sprachlichen Mitteln wie: *Unter ‚Medien' versteht man …"*.

[9] Es handelt sich ausschließlich um eine *Tendenz*, da, wie bereits dargelegt, eine Operatorenformulierung als Oberflächenausdruck ungleich der fachspezifischen Bedeutung sein kann.

Code (deduktiv) – Erklären – was
Inhaltliche Bestimmung
Aufgaben werden durch die folgende Konstruktion realisiert: *erkläre + [+ ggf. Einschub + Komma]was*, wobei *erklären* als Operator auftritt.
Ankerbeispiel
„Erkläre, was man unter Medien im Allgemeinen und speziell unter den neuen Medien versteht, um die es in der Familie Schmidt geht.“ (Mattes & Herzig, 2019, S. 114, Aufgabe 2)
Codierregel
Aufgaben werden dann mit diesem Code codiert, wenn eine Aufgabe durch die Operatorenkonstruktion *erkläre + [Komma]was* realisiert wird.

Erklären – wie
Die Kategorie „erklären-wie“ erfasst Aufgaben, die über die Konstruktion *erkläre + [Komma]wie* realisiert werden. Es werden demnach Erkläre-Operatoren-Aufgaben mit dem Interrogativadverb *wie* erfasst.

Im Gegensatz zu *Erklären* – was stehen bei diesem Typ Prozesse und Handlungsabfolgen im Zentrum der Erklärung, wie der folgenden Aufgabe des Fachs Wirtschaft-Politik entnommen werden kann: „Erkläre, wie sich der Staat oder die Schule verändern würde, wenn die Merkmale einer Demokratie nicht umgesetzt würden“ (Frintrop-Bechthold & Floren, 2019, S. 106, Aufgabe 2). Schüler:innen sollen hier einen Veränderungsprozess beschreiben, etwa mit einem Konditionalsatz: „Wenn die Merkmale einer Demokratie nicht umgesetzt würden, dann ...“.

Code (deduktiv) – Erklären – wie
Inhaltliche Bestimmung
Aufgaben werden durch die folgende Konstruktion eingeleitet: *erkläre + [+ ggf. Einschub + Komma]was,* wobei *erklären* als Operator auftritt.
Ankerbeispiel
„Erkläre, wie sich der Staat oder die Schule verändern würde, wenn die Merkmale einer Demokratie nicht umgesetzt würden.“ (Frintrop-Bechthold & Floren, 2019, S. 106, Aufgabe 2)
Codierregel
Aufgaben werden dann mit diesem Code codiert, wenn eine Aufgabe durch die Operatorenkonstruktion *erkläre + [Komma]wie* realisiert wird.

Erklären – warum

Die Kategorie „erklären-warum“ erfasst Aufgaben, die über die Konstruktion *erkläre + [+ ggf. Einschub + Komma]warum* realisiert werden. Es werden demnach Erkläre-Operatoren-Aufgaben mit dem Interrogativadverb *warum* erfasst.

Das *Erklären-warum* steht dem Erläutern, Begründen und auch dem Rechtfertigen nahe, ist hiervon aber insofern zu trennen, als es hierbei um „das Explizieren des Zustandekommens eines Sachverhalts“ (Klein, 1987, S. 23) geht, ohne einen Richtigkeitsanspruch oder einen Wahrheitsanspruch zu vertreten und ohne eigene Erfahrungen einfließen zu lassen. Unterschieden werden die Subformen *deduktiv-nomologisch* (kausal, auf Ursachen beruhend, z. B. Naturgesetze) und *teleologisch* (auf Ziele und Zwecke ausgerichtet, z. B. Handeln nach ethischen Motiven) (Becker-Mrotzek & Vogt, 2009; vgl. auch Abschnitt 3.2.1). Eine Beispielaufgabe für eine deduktiv-nomologische Aufgabe wäre: „Erkläre, warum die Griffe von Kochtöpfen aus Materialien bestehen, die schlechte Wärmeleiter sind“ (Müller, R., 2019, S. 29, Aufgabe 3). Zielführende sprachliche Mittel für das Lösen der Aufgabe können bspw. kausale Konstruktionen sein, wie: „Die Griffe von Töpfen bestehen aus Materialien, die schlechte Wärmeleiter sind, da/weil …“. Ein Beispiel für eine Aufforderung zu einer teleologischen Erklärung ist die folgende Aufgabe: „Erkläre, warum es für Leute in deinem Alter sinnvoll ist, nicht nur mit der Suchmaschine Google nach Informationen zu suchen, sondern auch die empfohlenen Kindersuchmaschinen zu benutzen“ (Mattes & Herzig, 2019, S. 120, Aufgabe 1). Auch hier können für das Lösen der Aufgabe kausale Sätze genutzt werden (vgl. auch Abschnitt 3.2.1).

Code (deduktiv) – Erklären – warum
Inhaltliche Bestimmung
Aufgaben werden durch die folgende Konstruktion eingeleitet: *erkläre + [+ ggf. Einschub + Komma]warum*, wobei *erklären* als Operator auftritt.
Ankerbeispiel
„Erkläre, warum die Griffe von Kochtöpfen aus Materialien bestehen, die schlechte Wärmeleiter sind.“ (Müller, R., 2019, S. 29, Aufgabe 3) „Erkläre, warum es für Leute in deinem Alter sinnvoll ist, nicht nur mit der Suchmaschine Google nach Informationen zu suchen, sondern auch die empfohlenen Kindersuchmaschinen zu benutzen.“ (Mattes & Herzig, 2019, S. 120, Aufgabe 1)
Codierregel

(Fortsetzung)

(Fortsetzung)

Aufgaben werden dann mit diesem Code codiert, wenn eine Aufgabe durch die Operatorenkonstruktion *erkläre + [Komma]warum* realisiert wird.

Die Reliabilität des Kategoriensystems wurde über die Prüfung der Intercoder-Übereinstimmung getestet, die im Folgenden vorgestellt wird.

6.2.7 Intercoder-Übereinstimmung und Fehleranalyse

Die *Intercoder-Übereinstimmung* (Rädiker & Kuckartz, 2019) (ICÜ) oder auch *Intercoder-Reliabilität* (ICR) (Mayring, 2015) bzw. *Beobachterübereinstimmung* (Döring & Bortz, 2016) zeigt die Reliabilität des Kategoriensystems an. Es wird demnach geprüft, inwieweit das Kategoriensystem dazu geeignet ist, personenunabhängig Ergebnisse hervorzubringen. Die Reliabilitätsprüfung leistet darüber hinaus, potenzielle Fehlerquellen vor der Haupterhebung sichtbar werden zu lassen (Döring & Bortz, 2016; Rädiker & Kuckartz, 2019).

In der vorliegenden Studie wurde im Anschluss an die Pilotierung die ICÜ mithilfe von zwei unabhängigen, geschulten Codierer:innen überprüft. Dabei wurden zunächst für jede induktive und deduktive Kategorie die Codeüberlappungen an 100 Schulbuchaufgaben aus dem Schulbuch *TEAM 5/6* (Mattes & Herzig, 2019) softwaregestützt mit MAXQDA erhoben und ausgewertet, woraufhin eine Fehlerauswertung und eine Anpassung des Kategoriensystems erfolgten. Um berücksichtigen zu können, inwieweit die Ergebnisse der ICÜ auf weitere Schulbücher übertragen werden können, wurden in einem anschließenden Schritt 50 Aufgaben aus dem Physik-Lehrwerk *Dorn/Bader – Physik 1* (Müller, R., 2019) untersucht und bei der Reliabilitätsbeurteilung hinzugezogen.

Die Schulbuchaufgaben des ICÜ-Korpus wurden dabei als Segmente vorab bestimmt und lagen beiden Codierer:innen identisch vor. Dies war vor allem deshalb wichtig, da Schulbuchaufgaben über verschiedene Layoutvorgaben und layoutbezogene Asymmetrien der Scans es kaum erlauben, zwei Segmente zu zwei Zeitpunkten mit exakt identischen Segmentgrenzen zu versehen. Minimal verschiedene Segmentgrenzen können jedoch zu einer Datenverzerrung führen. Für die Berechnung der Zufallskorrektur ist es darüber hinaus notwendig, Segmente vorab festzulegen (Rädiker & Kuckartz, 2019). Die Ergebnisse werden im Folgenden für induktive und deduktive Kategorien über die relativen und absoluten Übereinstimmungen berichtet.[10] Darüber hinaus werden für deduktive Kategorien Zufallsbereinigungen über die Koeffizienten Cohens Kappa κ (Cohen, 1960), Kappa κ_n nach Brennan und Prediger (Brennan & Prediger, 1981)[11] sowie Krippendorffs Alpha α angegeben (Krippendorff, 2004).

Kappa-Koeffizienten können Werte zwischen −1,00 und +1,00 annehmen, wobei ein Wert von 0 aussagt, dass die erhobenen Übereinstimmungen durch absoluten Zufall entstanden sind und der Wert 1 eine hundertprozentige Übereinstimmung beider Codierer:innen mit Zufallsbereinigung repräsentiert. Kleinere Werte als 0 repräsentieren Übereinstimmungswerte, die unter den zufälligen Übereinstimmungen liegen (Döring & Bortz, 2016; Rädiker & Kuckartz, 2019). Zur Beurteilung werden die Benchmarks von Landis und Koch (1977) herangezogen, wonach Übereinstimmungen mit.61 als gutes und Werte über.81 als sehr gutes Ergebnis bewertet werden können (Landis & Koch, 1977; Rädiker & Kuckartz, 2019). In Tab. 6.7 werden die Benchmarks aufgeführt.

Tab. 6.7 Kappa Benchmarks. Zitiert nach Landis & Koch (1977, S. 165)

Kappa Statistic	Strength of Agreement
< 0.00	Poor
.00–.20	Slight
.21–.40	Fair
.41–.60	Moderate
.61–.80	Substantial
.81–1.00	Almost Perfect

Für die Beurteilung von Krippendorffs Alpha α gilt, dass der Koeffizient den Wert von $\alpha \geq .800$ nicht unterschreiten darf und Daten mit $\alpha \leq .667$ verworfen werden sollten (Krippendorff, 2004). Die Ausgabe verschiedener Koeffizienten und Übereinstimmungen soll gewährleisten, dass trotz der verschiedenen Anzahl an Kategorien und Codes die Beurteilung der Reliabilität möglichst zielführend und multiperspektivisch erfolgen kann (vgl. Abschnitt 6.2.1). Darüber hinaus sind jeweils Vor- und Nachteile mit der Anwendung einzelner Koeffizienten verbunden (Krippendorff, 2004).

Die Beurteilung der absoluten und relativen Häufigkeiten kann nach Rädiker und Kuckartz (2019) nicht über die Angabe etablierter Werte erfolgen, da

[10] Für induktive Codes werden keine Koeffizienten berichtet, da es sich methodisch um ein freies Codieren im Dokument handelt, womit die Daten für die Analyse zufallskorrigierter Koeffizienten nicht geeignet sind (Kuckartz 2018).

[11] Entspricht Bennett et al. (1954) (Rädiker & Kuckartz 2019).

auch hier die Werte von mehreren Faktoren wie der Anzahl an Codierungen oder der Anzahl an Kategorien und Subkategorien abhängen. Nach Döring und Bortz (2016) sollten bei deduktiven Kategorien, die keine großen Interpretationsspielräume eröffnen, Werte nahe 100 % angestrebt werden. Bedeutend ist hierbei die Analyse von Abweichungen, weshalb Nicht-Übereinstimmungen im Folgenden aufgezeigt und als Fehlertypen „Codierfehler" und „Abweichende Entscheidungen" klassifiziert werden. Ein „Codierfehler" liegt dann vor, wenn auf der Grundlage der bestehenden Kategorienbeschreibung eine eindeutige Codierung hätte vorgenommen werden können, diese aber nicht vorgenommen wurde. Eine „Abweichende Entscheidung" besteht dann, wenn kein Codierfehler vorliegt und der Fall demnach nicht über die Kategorienbeschreibung bestimmt werden kann, sondern eine Lücke im Kategoriensystem aufzeigt.

Im Folgenden werden die Werte der Intercoder-Übereinstimmung zunächst einzeln, dann zusammengefasst ausgegeben. Die Übereinstimmungen wurden auf Basis der Codier-Entscheidungen von Coder 2 berechnet. Die im vorhergehenden Unterkapitel vorgestellten Kategorienbeschreibungen berücksichtigen diese Ergebnisse.

6.2.7.1 Aufgabenmerkmale

Der Bereich „Aufgabenmerkmale" zeigt die ICÜ für die Kategorien „Rezeption" und „Produktion" einschließlich der benannten Subkategorien und Ausprägungen (vgl. Abschnitt 6.2.6.1). Dabei werden die Werte tabellarisch dargestellt und beschrieben.

Rezeption

Die folgende Darstellung zeigt für die Ausprägungen *Explizite Hinweise* und *Implizite Hinweise* die Intercoder-Übereinstimmungen auf. Die Reliabilität der Kategorie *Keine Hinweise* wurde über eine übergreifende Zählkategorie erhoben. Es wurden 92 Codes an 100 Aufgaben für das Korpus *TEAM 5/6* vergeben und 17 Codes an 50 Aufgaben für das Korpus *Dorn/Bader – Physik 1*:

Intercoder-Übereinstimmung
Kategorie *Rezeption*
Korpus *TEAM 5/6*
Deduktive Subkategorie

Anzahl vergebener Codes von Coder 2 an 100 Aufgaben	92
Übereinstimmung absolut	90
Übereinstimmung relativ	98

κ_n	.967
κ	.955
α	.978
Intercoder-Übereinstimmung **Kategorie *Rezeption*** **Vergleichskorpus *Dorn/Bader – Physik 1*** **Deduktive Subkategorie**	
Anzahl vergebener Codes von Coder 2 an 50 Aufgaben	17
Übereinstimmung absolut	15
Übereinstimmung relativ	88
κ_n	.824
κ	.663
α	.882

Die Intercoder-Übereinstimmungen der deduktiven Kategorie *Rezeption* kann zusammengefasst für die Analyse des Wirtschaft-Politik-Lehrwerks absolut mit 90/92, relativ mit 98 % sowie κ_n =.967, κ = .955 und α = .978 angegeben werden. Für das Lehrwerk des Fachs Physik lagen die Übereinstimmungen bei 15/17, 88 % sowie κ_n =.824, κ = .663 und α = .882.

Beide Übereinstimmungsüberprüfungen zeigen somit gute bis sehr gute Werte. In beiden Erhebungen konnten jeweils zwei Nicht-Übereinstimmungen identifiziert werden, die zusammengefasst drei Codierfehler von Coder 1 und eine abweichende Entscheidung der beiden Codierer:innen darstellen. Hier ist die abweichende Entscheidung interessant, die darauf zurückgeführt werden konnte, dass eine Aufgabe Textelemente des zu lesenden Schulbuchtextes enthielt, die von Coder 1 als allgemeinverständlich und nicht als auf den Schulbuchtext verweisend bewertet wurden (Mattes & Herzig, 2019, S. 54, Zusatzaufgabe zu Aufgabe 2). Hier wurde das finale Kategoriensystem im Bereich *impliziter Hinweis* überarbeitet.

Produktion

Die deduktive Kategorie „Produktion" umfasst die Subkategorie *Medialität* sowie für Schreibaufgaben die Erhebung einer Adressat:innenorientierung (*Adressat:in*) in den Aufgaben sowie die Erhebung von *sprachlichen Hilfen*, welche den Schüler:innen über die Aufgabenstellung oder die Aufgabenumgebung explizit gegeben werden.

Medialität

Bei der nominalen Subkategorie *Medialität* waren Mehrfachcodierungen pro Aufgabe nicht möglich. Zweifelsfälle konnten für das ICÜ-Gesamtkorpus *TEAM 5/6* nicht erhoben werden:

Intercoder-Übereinstimmung
Kategorie *Produktion – Medialität*
Korpus *TEAM 5/6*
Deduktive Subkategorie

Anzahl vergebener Codes von Coder 2 an 100 Aufgaben	100
Übereinstimmung absolut	99
Übereinstimmung relativ	99
κ_n	.987
κ	.984
α	.990

Intercoder-Übereinstimmung
Kategorie *Produktion – Medialität*
Vergleichskorpus *Dorn/Bader – Physik 1*
Deduktive Subkategorie

Anzahl vergebener Codes von Coder 2 an 50 Aufgaben	47
Übereinstimmung absolut	47
Übereinstimmung relativ	100
κ_n	1.00
κ	1.00
α	1.00

Die ICÜ für das Lehrwerk des Fachs Wirtschaft-Politik und die Kategorie *Produktion – Medialität* lag absolut bei 99/100, relativ bei 99 % sowie κ_n = .987, κ = .984 und α = .990. Für das Lehrwerk des Fachs Physik lagen die Übereinstimmungen bei 47/47, 100 % sowie κ_n = 1.00, κ = 1.00 und α = 1.00.

Die ICÜ zeigt somit für beide Korpora *TEAM 5/6* und *Dorn/Bader – Physik 1* eine sehr gute Übereinstimmung. In den 50 Aufgaben aus *Dorn/Bader – Physik 1* wurden drei Aufgaben von beiden Codierer:innen als „Zweifel" markiert. Bei den Zweifelsfällen handelt es sich um mathematische Aufgaben, die von der deduktiven Kategorie *Medialität* und deren Ausprägungen fachspezifisch abweichen. In der Haupterhebung wurde die Kategorie „Zweifel" als „Weiteres" zur mitlaufenden Erfassung von Abweichungen beibehalten, um entsprechende Fachspezifika induktiv erfassen und qualitativ beschreiben zu können.

Schreibaufgaben – Adressat:in

Das Korpus der Schreibaufgaben umfasst für das Lehrwerk *TEAM 5/6* 16 Aufgaben aus dem Korpus *Medialität*, welche unabhängig aus 100 Aufgaben von beiden Codierer:innen isoliert und codiert wurden. Mehrfachcodierungen waren nicht möglich, sodass eine Codierung eine Aufgabe repräsentierte. Bei der Überprüfung der Übertragung auf das Vergleichskorpus Physik wurden von beiden Codierer:innen je 5 Schreibaufgaben aus den ersten 50 Lehrwerkaufgaben isoliert. Mit einer Übereinstimmung von 100 % konnten keine Merkmale einer expliziten Adressat:innenorientierung von beiden Codierer:innen erhoben werden:[12]

Intercoder-Übereinstimmung
Kategorie *Produktion – Schreibaufgaben – Adressat:in*
Korpus *TEAM 5/6*
Deduktive Subkategorie

Anzahl vergebener Codes von Coder 2 an 16 Aufgaben (isoliert aus 100)	5
Übereinstimmung absolut	5
Übereinstimmung relativ	100
κ_n	1.00
κ	1.00
α	1.00

Die ICÜ für das Lehrwerk des Fachs Wirtschaft-Politik und die Kategorie *Produktion – Schreibaufgaben – Adressat:in* lag absolut bei mit 5/5, relativ bei 100 % sowie $\kappa_n = 1.00$, $\kappa = 1.00$ und $\alpha = 1.00$.

Aufgrund der Übereinstimmungswerte wurde die Kategorie *Adressat:in* als reliabel gewertet, auch wenn Aufgaben mit entsprechenden Merkmalen kaum oder gar nicht innerhalb des Korpus codiert werden konnten. Jedoch stellt auch das Nicht-Codieren in einem spezifisch eingegrenzten Korpus innerhalb des beschriebenen Codierprozesses durch beide Codierer:innen eine Übereinstimmung zu einer Ausprägung dar, hier: *keine Adressat:innenorientierung.*

---

[12] Da die Merkmalsausprägung „Kein/e Adressat:in" nicht bestand, sondern eine Nicht-Codierung die Abwesenheit eines Merkmals anzeigte, sind übereinstimmende Nicht-Codierungen als Übereinstimmungen zu werten und können mit $\kappa_n = 1.00$, $\kappa = 1.00$ und $\alpha = 1.00$ angegeben werden.

Sprachliche Hilfen

Insgesamt konnten an 16 Schreibaufgaben aus 100 Aufgaben sechs Aufgaben mit sprachlichen Hilfen und einer Übereinstimmung von 100 % von beiden Codierer:innen im Korpus *TEAM 5/6* codiert werden:

Intercoder-Übereinstimmung
Kategorie *Produktion – Schreibaufgaben – Sprachliche Hilfen*
Korpus *TEAM 5/6*
Deduktive Subkategorien gesamt

Anzahl vergebener Codes von Coder 2 an 16 Aufgaben	6
Übereinstimmung absolut	6
Übereinstimmung relativ	100
κ_n	1.00
κ	1.00
α	1.00

Die ICÜ für das Lehrwerk des Fachs Wirtschaft-Politik und die Kategorie *Produktion – Schreibaufgaben – Sprachliche Hilfen* lag demnach absolut bei 6/6, relativ bei 100 % sowie $\kappa_n = 1.00$, $\kappa = 1.00$ und $\alpha = 1.00$. Die Analyse des Vergleichskorpus Physik zeigte, dass beide Codierer:innen an fünf Schreibaufgaben, isoliert aus 50 Schulbuchaufgaben, übereinstimmend keine sprachlichen Hilfen codieren konnten.

6.2.7.2 Operatoren

Der Bereich *Operatoren* zeigt die ICÜ für die Kategorien „Spektrum" und „Spezifik" einschließlich der benannten Subkategorien und Ausprägungen.

Operatoren

Mit der Kategorie *Operatoren* wird deduktiv erhoben, wie häufig diejenigen Operatoren in den Aufgaben vorkommen, die über die Operatorenlisten des Landes NRW für das jeweilige Fach angegeben werden. Die folgende ICÜ-Auswertung zeigt die Übereinstimmungen für die ersten 100 Aufgaben des Korpus *TEAM 5/6* sowie die Übereinstimmungen bei der Analyse der ersten 50 Aufgaben aus dem Vergleichskorpus Physik *Dorn/Bader – Physik 1*:

Intercoder-Übereinstimmung
Kategorie *Spektrum – Operatoren*
Korpus: *TEAM 5/6*
Deduktive Kategorien gesamt: 29

Anzahl vergebener Codes von Coder 2 an 100 Aufgaben	43
Übereinstimmung absolut	41
Übereinstimmung relativ	95
κ_n	.907
κ	.973
α	.977

Intercoder-Übereinstimmung
Kategorie *Spektrum – Operatoren*
Korpus: *Dorn/Bader Physik 1*
Deduktive Kategorien gesamt: 19

Anzahl vergebener Codes von Coder 2 an 50 Aufgaben	41
Übereinstimmung absolut	41
Übereinstimmung relativ	100
κ_n	1.00
κ	1.00
α	1.00

Bei der Analyse der deduktiven Subkategorien im Bereich „Operatoren" wurden an 100 Aufgaben aus dem Korpus *TEAM 5/6* 43 Codes von Coder 2 vergeben. Es konnten zwei Codierungen ermittelt werden, bei denen keine Übereinstimmung erzielt wurde. Hierbei handelte es sich um zwei Codierfehler. Einmal wurde ein Operator von Coder 1 überlesen, einmal wurde ein Operator ohne Wissen der falschen Subkategorie zugeordnet (Drag-and-Drop-Fehler). Die Übereinstimmung kann absolut mit 41 Codierungen berichtet werden und lag somit bei 95 % mit $\kappa_n = .907$, $\kappa = .973$ sowie $\alpha = .977$. Die Auswertung des Vergleichskorpus aus dem Fach Physik zeigte keine Nicht-Übereinstimmungen mit relativ 100 %, $\kappa_n = 1.00$, $\kappa = 1.00$ sowie $\alpha = 1.00$, womit die Kategorie als reliabel beurteilt wird.

Quasi-Operatoren
Mit der zweiten Subkategorie des Bereichs „Spektrum" wurden die *Quasi-Operatoren* in den Aufgaben induktiv erfasst. Bei der Bestimmung der ICÜ für

induktive Codes können ausschließlich absolute und relative Häufigkeiten ohne Zufallskoeffizienten ausgegeben werden:

Intercoder-Übereinstimmung
Kategorie *Spektrum – Quasi-Operatoren*
Korpus: *TEAM 5/6*
Induktive Kategorien gesamt: 60

Anzahl vergebener Codes von Coder 2 an 100 Aufgaben	144
Übereinstimmung absolut	137
Übereinstimmung relativ	95

Intercoder-Übereinstimmung
Kategorie *Spektrum – Quasi-Operatoren*
Korpus: *Dorn/Bader – Physik 1*
Induktive Kategorien gesamt: 23

Anzahl vergebener Codes von Coder 2 an 50 Aufgaben	31
Übereinstimmung absolut	30
Übereinstimmung relativ	97

Die Auswertung der induktiven Kategorien zeigt die relativen und absoluten Häufigkeiten. An 100 Aufgaben wurden bei der Übereinstimmungsprüfung im Fach Wirtschaft-Politik insgesamt 144 Codes von Coder 2 vergeben und insgesamt 60 induktive Subkategorien von beiden Codierer:innen gebildet, wobei 137 absolute Übereinstimmungen gezählt werden konnten. Die relative Übereinstimmung lag bei 95 %. Insgesamt wurden 7 Codes abweichend vergeben. Dabei konnten drei Subklassen von Codierfehlern erkannt werden. Erstens wurden vier Aufgaben von Coder 2 als Quasi-Operatoren erfasst, obwohl die Verben nicht im Imperativ in den Aufgaben auftraten und damit nicht die Handlungsaufforderung selbst darstellen, z. B: „Ihr könnt das Gespräch auch im Rollenspiel darstellen" (Mattes & Herzig, 2019, S. 71, Aufgabe 3). Dies zeigt, dass zwar über das Verb *darstellen* die auszuführende Tätigkeit ausgedrückt wird, es sich hierbei jedoch nicht um eine Aufforderung im Imperativ, sondern um einen Vorschlag mit Aufforderungscharakter mit Modalverbkonstruktion handelt. In der Haupterhebung wurden abweichende Fragestellungen bzw. Aufforderungsformen neben Imperativformen über das Bilden von Subkorpora a priori ausgeschlossen. Hierzu gehörten auch W-Fragensätze.[13] Zweites kam es zu zwei

[13] Bei der Korpusbildung wurde die ICÜ ebenfalls für die Klassifizierung von Aufgaben zu W-Fragen, Operatorenaufgaben, hybride Formate und andere, z. B. Vorschläge oder Entscheidungsfragen, mit folgenden Übereinstimmungswerten erhoben: WiPo: 305/315, 97 %

Nicht-Übereinstimmungen, da Quasi-Operatoren von Coder 1 nicht erkannt oder überlesen wurden. Drittens wurde der Quasi-Operator „aufschreiben" von Coder 1 richtig erfasst, von Coder 2 jedoch der Kategorie „schreiben" zugeordnet, womit demnach ein Partikelverb eine Herausforderung darstellen kann.

Die Vergleichserhebung im Fach Physik zeigte eine übereinstimmende Erfassung von 30/31 Codierungen und damit eine relative Übereinstimmung von rund 97 %. Es trat demnach eine Abweichung auf, die auf ein Überlesen von Coder 1 zurückgeführt werden kann. Die Fehlerquellen wurden zur Überarbeitung der Codieranleitung hinzugezogen. Darüber hinaus wurde eine zusätzliche Prüfung der finalen Codierungen eingerichtet.

Spezifik – erklären

Die deduktive Subkategorie *Spezifik – erklären* zieht anders als die anderen ICÜ-Analysen für das Fach Wirtschaft-Politik ein weiteres Lehrwerk hinzu, um das Korpus von je 100 Aufgaben abbilden zu können, da ausschließlich Aufgaben analysiert werden, die den Operator *erklären* nutzen. Das Korpus für das Fach Wirtschaft-Politik setzt sich daher aus Aufgaben aus dem Lehrwerk *TEAM 5/6* (Mattes & Herzig, 2019) und aus Aufgaben des Lehrwerks *Wirtschaft-Politik 1* (Frintrop-Bechthold & Floren, 2019) zusammen. Für das Fach Physik wurden ausschließlich Aufgaben aus *Dorn/Bader – Physik 1* (Müller, R., 2019) genutzt, da dieses Lehrwerk ausreichte, um die Stichprobe zu sättigen.

Untersucht wird, wie viele *erklären*-Aufgaben in der Aufforderung über die Interrogativpronomen und Interrogativadverbien *was*, *wie* und *warum* spezifiziert werden.

Intercoder-Übereinstimmung
Kategorie *Spezifik – Operatoren*
Korpus: TEAM 5/6 und *Wirtschaft-Politik 1*

Anzahl vergebener Codes von Coder 2 an 100 Aufgaben	56
Übereinstimmung absolut	56
Übereinstimmung relativ	100
κ_n	1.00
κ	1.00
α	1.00

sowie $\kappa_n = .940$, $\kappa = .924$ und $\alpha = .950$; Physik: 48/50, 96 % sowie $\kappa_n = .950$, $\kappa = .802$ und $\alpha = .960$.

Intercoder-Übereinstimmung
Kategorie *Spezifik – Operatoren*
Korpus: *Dorn/Bader Physik 1*
Deduktive Kategorien gesamt: 19

Anzahl vergebener Codes von Coder 2 an 50 Aufgaben	16
Übereinstimmung absolut	15
Übereinstimmung relativ	94
κ_n	.917
κ	.908
α	.938

Die ICÜ für das Lehrwerk des Fachs Wirtschaft-Politik und die Kategorie *Operatoren – Spezifik – erklären* liegt absolut bei mit 56/56, relativ bei 100 % sowie $\kappa_n = 1.00$, $\kappa = 1.00$ und $\alpha = 1.00$. Die Werte der Vergleichserhebung können mit 15/16, 94 %, $\kappa_n = .917$, $\kappa = .908$ und $\alpha = .938$ berichtet werden.

Die Auswertung der ICÜ zeigt damit sehr gute Übereinstimmungswerte. Ausschließlich bei der Analyse der Aufgaben des Fachs Physik lag ein Codierfehler vor, der auf eine nicht intendierte Zuordnung zurückzuführen war.

6.2.7.3 Zusammenfassung der Ergebnisse der Intercoder-Übereinstimmung

Tab. 6.8 und Tab. 6.9 zeigen eine Zusammenfassung der Erhebung der Intercoder-Übereinstimmung. Insgesamt wurden 582 Codes für die Codierung der Kategorien vergeben. Darüber hinaus wurden die Aufgaben von beiden Codierer:innen fortwährend gezählt (Monitoring), was weiteren 1050 Codes entspricht. Insgesamt traten 15 Codierfehler und eine „Abweichende Entscheidung" bei 1632 Codierungen auf. Berücksichtigt man ausschließlich die Codierfehler und Codes für Kategorien, dann liegt eine Fehlerquote von 2,58 % bzw. eine Zuverlässigkeit von rund 97 % vor. Berücksichtigt man alle vergebenen Codes, welche für die Erhebung der Intercoder-Übereinstimmung gesetzt wurden, dann liegt die Fehlerquote bei 0,92 % und damit die Zuverlässigkeit bei 99 %. Bei der Haupterhebung wurden Codierfehler über die Einführung einer zusätzlichen Prüfung weiter reduziert. Alle Kategorien konnten über die Bestimmung der ICÜ als reliabel gewertet werden und wurden in der im vorhergehenden Abschnitt vorgestellten Form für die Haupterhebung genutzt, deren Ergebnisse im nächsten Abschnitt berichtet werden.

Lehrwerk *TEAM 5/6* (Mattes & Herzig, 2019), Codes an 100 Aufgaben

Tab. 6.8 Überblick über die Ergebnisse der Intercoder-Übereinstimmungsprüfung „TEAM 5/6“

Kategorie	absolut	relativ	κ_n	κ	α
Aufgabenmerkmale					
Rezeption	90/92	98	.967	.955	.978
Produktion – Medialität	99/100	99	.987	.984	.990
Produktion – Schreibaufgaben – Adressat:in	5/5	100	1.00	1.00	1.00
Produktion – Schreibaufgaben – Sprachliche Hilfen	6/6	100	1.00	1.00	1.00
Operatoren					
Spektrum – Operatoren	41/43	95	.907	.973	.977
Spektrum – Quasi-Operatoren	137/144	95	–	–	–
Spezifik – erklären	56/56	100	1.00	1.00	1.00

Vergleichslehrwerk *Dorn/Bader – Physik 1* (Müller, R., 2019), Codes an 50 Aufgaben

Tab. 6.9 Überblick über die Ergebnisse der Intercoder-Übereinstimmungsprüfung „Dorn/Bader – Physik 1“

Kategorie	absolut	relativ	κ_n	κ	α
Aufgabenmerkmale					
Rezeption	15/17	88	.824	.663	.882
Produktion – Medialität	47/47	100	1.00	1.00	1.00
Produktion – Schreibaufgaben – Adressat:in	0/0	100	(1.00)	(1.00)	(1.00)
Produktion – Schreibaufgaben – Sprachliche Hilfen	0/0	100	(1.00)	(1.00)	(1.00)
Operatoren					
Spektrum – Operatoren	41/41	100	1.00	1.00	1.00
Spektrum – Quasi-Operatoren	30/31	97	–	–	–
Spezifik – erklären	15/16	94	.917	.908	.938

6.2.8 Ergebnisse der Aufgabenanalyse

Im Folgenden werden die Ergebnisse der Aufgabenanalyse der Haupterhebung nach Fächern und Merkmalen sortiert vorgestellt. Dabei folgt der Aufbau dem Kategoriensystem. Um den Fachvergleich möglichst transparent darzustellen, werden die Einzelanalysen jeweils zunächst nach Fächern sortiert und anschließend mithilfe von Mittelwertvergleichen zusammengefasst dargestellt. Als Mittelwert wird das arithmetische Mittel angegeben.

Die Ergebnisse werden absolut und relativ berichtet. Wenn die Ergebnisse auf ein Subkorpus bezogen sind, wird jeweils die Relation zum Gesamtkorpus eines Lehrwerks, bzw. beim Fachvergleich die Relation zu beiden Lehrwerken eines Fachs, und zum jeweils verwendeten Subkorpus ($n_{XSubKorpus}$) mit relativen Häufigkeiten angegeben. Für die Beschreibung der Anteile der erhobenen Ausprägungen an der Gesamtstichprobe und am Lehrwerk bzw. den Lehrwerken werden die Bezeichnungen *relativ₁* und *relativ₂* genutzt. *Relativ₁* beschreibt den prozentual erhobenen Anteil an Lernaufgaben mit dem jeweils erhobenen Merkmal am Subkorpus ($n_{XSubkategorie}$), z. B. Anteil an Aufgaben mit einem *expliziten Hinweis* auf zu lesende Texte in Relation zu allen Leseaufgaben (wobei $n_{XSubKorpus} = n_{Leseaufgaben}$). *Relativ$_{2LW}$* beschreibt den prozentual erhobenen Anteil an Aufgaben mit dem jeweils erhobenen Merkmal (z. B. *Lesen/expliziter Hinweis*) am Korpus aller Lernaufgaben aus einem Lehrwerk ($n_{LWFachI\ bis\ IV}$) bzw. aus beiden, wenn die Ergebnisse für den Fachvergleich aufbereitet werden. Die Beschreibung von Korpora bezieht sich auf die in Abschnitt 6.2.3 beschriebene Klassifikation. Unter Rückbezug auf die Korpora werden alle Ergebnisse der Aufgabenanalyse prägnant und grafisch in Abschnitt 6.2.9 dargestellt. Im Folgenden werden die Ergebnisse ausführlich berichtet.

6.2.8.1 Aufgabenmerkmale

Im Folgenden werden die Ergebnisse für den Bereich „Aufgabenmerkmale“ und die Kategorien „Rezeption“ und „Produktion“ mit den dazugehörigen Subkategorien und ihren Ausprägungen jeweils in einem Fließtext und anschließend tabellarisch berichtet. Dabei ist es das Ziel, die folgenden Forschungsfragen hinsichtlich der bestehenden Aufgabenmerkmale zu beantworten (vgl. auch Abschnitt 6.2.2):

(a) *Aufgabenmerkmale*
  (I) Wie hoch ist der Anteil an Leseaufgaben, die explizite, implizite und keine Lese-Aufforderungen enthalten?

(II) Wie hoch ist der Anteil an Aufgaben, die medial explizit bestimmt/nicht bestimmt sind (explizit schriftlich, explizit mündlich, explizit mündlich & schriftlich, medial offen)?
(III) Wie hoch ist der Anteil an expliziten einfachen und komplexen Schreibaufgaben?
(IV) Wie hoch ist der Anteil an Schreibaufgaben, die eine explizite Adressat:innenorientierung enthalten?
(V) Wie hoch ist der Anteil an Schreibaufgaben, die explizite sprachliche Hilfestellungen in Form von Formulierungs- und/oder Textmusterhilfen enthalten?

Darüber hinaus wird ein Fachvergleich angestrebt:

(c) *Fachspezifik*
(I) Welche fachlichen Unterschiede zeigen sich zwischen den Lehrwerken der Fächer Wirtschaft-Politik und Physik der Klasse 5/6?

In Anlehnung an die jeweilige Forschungsfrage schließt jede fachvergleichende Auswertung mit einer Zusammenfassung der Ergebnisse. Die einzelnen Auswertungen werden im Folgenden chronologisch nach der Anordnung im Kategoriensystem beschrieben.

Rezeption

Bei der Auswertung der Kategorie *Rezeption* werden die Anteile an Aufgaben beschrieben, die *explizite Hinweise*, *implizite Hinweise* oder *keine Hinweise* auf zu lesende kontinuierliche und/oder diskontinuierliche Texte enthalten. Es werden Gemeinsamkeiten und Unterschiede zwischen den Lehrwerken der Fächer herausgestellt.

Dabei werden die folgenden Forschungsfragen bearbeitet:

(a) (I) Wie hoch ist der Anteil an Leseaufgaben, die explizite, implizite und keine Lese-Aufforderungen enthalten?

(c) (I) Welche fachlichen Unterschiede zeigen sich zwischen den Lehrwerken der Fächer Wirtschaft-Politik und Physik der Klassen 5/6?

Vergleich und Zusammenfassung Wirtschaft-Politik-Lehrwerke

Zunächst werden die Ergebnisse für die Wirtschaft-Politik-Lehrwerke beschrieben. Der Anteil an *Leseaufgaben* ($n_{Leseaufgaben}$) im Lehrwerk *TEAM 5/6* ($n_{LWFachI}$) im Verhältnis zu allen im Lehrwerk erhobenen Aufgaben lag bei 85,64 %. 340

von 397 erhobenen Lernaufgaben waren mit einer zu rezipierenden Quelle assoziiert. 57 Aufgaben waren hiervon unabhängig, z. B. deshalb, weil Schüler:innen zu einer formlosen Befragung von Personen im Alltag aufgefordert werden, z. B. „Befragt Eltern, Verwandte oder Freunde zu ihrem Standpunkt zu einer Sondersteuer für Ungesundes. Nehmt die Aussagen mit der Sprachfunktion auf oder erstellt ein kurzes Video“ (Mattes & Herzig, 2019, S. 178, „Selbständig weiterlernen mit Medien“).

Im Folgenden werden die Ergebnisse aller Subkategorien absolut und mit den Verhältniswerten $relativ_1$ und $relativ_2$ berichtet.

Von 340 *Leseaufgaben* des Lehrwerks *TEAM 5/6* ($n_{LWFachI}$) enthalten 134 Aufgaben (39,41 %/33,75 %) einen expliziten Hinweis, 192 Aufgaben (56,47 %/ 48,36 %) einen impliziten Hinweis und 14 Aufgaben (4,12 %/3,53 %) keinen Hinweis auf zu rezipierende Texte. Am häufigsten treten demnach implizite Hinweise in den Leseaufgaben auf, die mehr als die Hälfte der gesamten Leseaufgaben des Lehrwerks umfassen. Dabei handelt es sich meist um direkte Erarbeitungsaufgaben zu einem Schulbuchtext der Doppelseite. Der Verweis wird häufig durch eine Wiederaufnahme von Personen, Begriffen oder Sachverhalten aus dem Text hergestellt, z. B. „Sammelt gemeinsam die Probleme der 5a“ (Mattes & Herzig, 2019, S. 16, Aufgabe 2), wobei die Probleme der 5a im assoziierten Text behandelt werden.

Bei Leseaufgaben mit explizitem Verweis handelt es sich meist um die Herstellung einer Referenz über einen direkten Hinweis auf den Text in der Aufgabe, ohne eine exakte Quellenkurzbezeichnung zu benennen, wie z. B.: „Was erfahrt ihr in diesem Interview über Antonia und Jannis? Fasse in eigenen Worten zusammen“ (Mattes & Herzig, 2019, S. 26, Aufgabe 2, Hervorhebung M. F.), wobei der Text (hier: das Interview) direkt über der Aufgabe abgedruckt ist. Die wenigsten Aufgaben enthalten keinen Hinweis.

Der *Anteil an Leseaufgaben* im Lehrwerk *Wirtschaft-Politik 1* ($n_{LWFachIi}$) im Verhältnis zu allen im Lehrwerk erhobenen Leseaufgaben ($n_{Leseaufgaben}$) kann mit 87,74 % angegeben werden. 408 von 465 Aufgaben sind mit einem kontinuierlichen oder diskontinuierlichen Text assoziiert. 57 Aufgaben sind keine Leseaufgaben.

Von 408 Leseaufgaben enthalten 244 Leseaufgaben (59,80 %/52,47 %) einen expliziten Hinweis, 155 (37,99 %/33, $3\overline{3}$ %) einen impliziten Hinweis und 9 Aufgaben (2,21 %/1,94 %) keinen Hinweis auf die zu lesenden Texte. Im Gegensatz zum Lehrwerk *TEAM 5/6* sind hier vor allem die expliziten Hinweise mehrheitlich vertreten, die rund 60 % der Leseaufgaben und rund 52 % aller Lernaufgaben des Lehrwerks ausmachen. Das Lehrwerk arbeitet deutlich häufiger mit expliziten Quellenbezeichnungen und einschlägigen Quellenbezügen in den Aufgaben als das Lehrwerk *TEAM 5/6*, z. B. „Seid ihr mit der vorgenommenen Gliederung (Abschnittseinteilung) des Textes (M2b) einverstanden? Begründe!“ (Frintrop-Bechthold & Floren, 2019, S. 29, Aufgabe 1, Hervorhebung M.F.), wobei der Text „M2b Was hat ‚Ötzi‘ mit Wirtschaft zu tun?“ (Frintrop-Bechthold & Floren, 2019, S. 28) auf der Doppelseite in der Aufgabenumgebung abgedruckt ist und die Bezeichnung „M2b“ trägt. Eine Gemeinsamkeit mit dem Lehrwerk *TEAM 5/ 6* ist, dass selten Aufgaben genutzt werden, die keine Hinweise enthalten, und implizite Hinweise mit direkten Erarbeitungsaufgaben zum Schulbuchtext auf der Doppelseite verbunden sind.

Tab. 6.10 fasst die Ergebnisse zur Kategorie *Aufgabenmerkmale – Rezeption* für die Lehrwerke des Fachs *Wirtschaft-Politik* zusammen. Anschließend werden die Ergebnisse für die Physik-Lehrwerke berichtet.

Tab. 6.10 Ergebnisse der Aufgabenanalyse: „Rezeption“, Wirtschaft-Politik-Lehrwerke

Korpus/ Merkmal	TEAM 5/6 (Mattes & Herzig, 2019) $n_{LWFachI}$			Wirtschaft-Politik 1 (Frintrop-Bechthold & Floren) $n_{LWFachII}$		
	absolut	$relativ_1$	$relativ_{2LW}$	absolut	$relativ_1$	$relativ_{2LW}$
$\mathbf{n_{LWFach}}$	397	–	100	465	–	100
$\mathbf{n_{Leseaufgaben}}$	340	100	85,64	408	100	87,74
Expliziter Hinweis	134	39,41	33,75	**244**	**59,80**	**52,47**
Impliziter Hinweis	**192**	**56,47**	**48,36**	154	37,99	33, 3$\overline{3}$
Kein Hinweis	14	4,12	3,53	9	2,21	1,94

Vergleich und Zusammenfassung Physik-Lehrwerke

Der *Anteil an Leseaufgaben* ($n_{Leseaufgaben}$) im Lehrwerk *Dorn/Bader – Physik 1* ($n_{LWFachIII}$) im Verhältnis zu allen im Lehrwerk erhobenen Aufgaben (256) liegt bei 83,98 %. Zu 215 von 256 Aufgaben gehört ein kontinuierlicher oder diskontinuierlicher Text. Bei 41 Aufgaben muss keine Quelle rezipiert werden. Hierbei handelt es sich vielfach um Alltagsversuche, die keiner weiteren Versuchsanleitung bedürfen. Zum Beispiel „Sprich den Satz ‚Physik macht großen Spaß‘ laut aus und halte dabei deine Finger an deinen Kehlkopf. Notiere dir, bei welchen Lauten du Schwingungen spürst und bei welchen nicht. Vergleiche dabei insbesondere *k* und *g* sowie *ß* und *s*“ (Müller, R., 2019, S. 112, V2).

Im Folgenden werden die Ergebnisse der Subkategorien einerseits absolut, andererseits mit den Verhältniswerten $relativ_1$ und $relativ_2$ ausgegeben. $Relativ_2$

gibt – wie oben bereits beschrieben – im Anschluss an das Verhältnis der Merkmalsausprägung zu den Leseaufgaben noch einmal das Verhältnis zu allen Lernaufgaben eines Lehrwerks wieder.

Von 215 Leseaufgaben des Lehrwerks *Dorn/Bader – Physik 1* ($n_{LWFachIII}$) enthalten 118 Aufgaben (54,88 %/46,09 %) einen expliziten Hinweis auf die zu lesenden Informationsquellen, 84 Aufgaben (39,07 %/32,81 %) einen impliziten Hinweis und 13 Aufgaben (6,05 %/5,08 %) keinen Hinweis. Am häufigsten treten demnach explizite Hinweise in Leseaufgaben auf, die fast die Hälfte der gesamten Lernaufgaben und mehr als die Hälfte der Leseaufgaben des Lehrwerks umfassen. Leseaufgaben mit explizitem Verweis enthalten entweder einen direkt in der Aufgabe verankerten Hinweis wie „Die Tabelle **T1** zeigt verschiedene Temperaturen […]" (Müller, R., 2019, S. 14, Aufgabe 2, Hervorhebung im Original) oder Bilder, Tabellen und Diagramme, die optisch so über einen Kasten mit der Aufgabenstellung zusammengefügt und vom Rest der Doppelseite getrennt sind, dass ihre explizite Beziehung hervortritt. In der Regel handelt es sich dabei um die Darstellung physikalischer Versuche, Ergebnisdarstellungen aus Versuchen oder die Darstellung von Alltagssituationen oder Gegenständen, auf welche explizit in der Aufgabe Bezug genommen wird und die für das Aufgabenverständnis relevant sind.

Somit enthält mehr als die Hälfte der Leseaufgaben explizite Hinweise. Anschließend an die expliziten treten die impliziten Hinweise am häufigsten auf, die meist auf einen kontinuierlichen Schulbuchtext bezogen sind oder Übungsaufgaben darstellen, z. B. „In Thermometern zur Messung der Raumtemperatur wird Alkohol als Thermometerflüssigkeit verwendet. Erläutere" (Müller, R., 2019, S. 14, Aufgabe 4). Deutlich unterrepräsentiert sind Lernaufgaben, die keine Hinweise enthalten. Dabei handelt es sich oftmals um Rechercheaufgaben, bei denen ein Text außerhalb des Lehrwerks rezipiert werden soll, der ungewiss ist, z. B. „Es gibt Fieberthermometer, mit denen man berührungslos messen kann. Recherchiere und trage zusammen, was du darüber weißt" (Müller, R., 2019, S. 11, Aufgabe 2).

Der *Anteil an Leseaufgaben* im Lehrwerk *Physik heute 1* ($n_{LWFachIV}$) im Verhältnis zu allen im Lehrwerk erhobenen Leseaufgaben ($n_{Leseaufgaben}$) (239) liegt bei 67,36 %. 161 von 239 Aufgaben sind mit einem kontinuierlichen oder diskontinuierlichen Text assoziiert. Mit 78 Aufgaben ist kein Text verbunden.

Von 161 Leseaufgaben enthalten 94 Leseaufgaben (58,39 %/39,33 %) einen expliziten Hinweis, 56 (34,78 %/23,43 %) einen impliziten Hinweis und 11 Aufgaben (6,83 %/4,60 %) keinen Hinweis auf die zu lesenden Informationsquellen. Am häufigsten treten demnach auch in diesem Physik-Lehrwerk explizite Hinweise auf, worauf implizite und keine Hinweise folgen. Die Verteilung der Häufigkeiten lassen Gemeinsamkeiten zwischen den Lehrwerken erkennen, die sich auch darüber ausdrücken, dass der direkte Bezug von diskontinuierlichen Texten zu Aufgaben in ähnlicher Weise erfolgt und implizite Verweise auch hier in der Regel auf kontinuierliche Vermittlungstexte bezogen sind.

Tab. 6.11 fasst die Ergebnisse zur Kategorie *Aufgabenmerkmale – Rezeption* für die Physik-Lehrwerke zusammen.

Tab. 6.11 Ergebnisse der Aufgabenanalyse: „Rezeption", Physik-Lehrwerke

Korpus/ Merkmal	Dorn/Bader – Physik 1 (Müller, R., 2019) $n_{LWFachIII}$			Physik heute 1 (Otte-Spille & Langer, 2019) $n_{LWFachIV}$		
	absolut	$relativ_1$	$relativ_{2LW}$	absolut	$relativ_1$	$relativ_{2LW}$
n_{LWFach}	256	–	100	239	–	100
$n_{Leseaufgaben}$	215	100	83,98	161	100	67,36
Expliziter Hinweis	**118**	**54,88**	**46,09**	**94**	**58,39**	**39,33**
Impliziter Hinweis	84	39,07	32,81	56	34,78	23,43
Kein Hinweis	13	6,05	5,08	11	6,83	4,60

Die einzelne Verteilung der Leseaufgaben ($n_{Leseaufgaben}$) auf die thematischen Schulbuchkapitel können im Anhang A 1.1.1 im elektronischen Zusatzmaterial eingesehen werden.

Fachvergleich – Zusammenfassung

Als Antwort auf die Forschungsfrage (a) (I) *Wie hoch ist der Anteil an Leseaufgaben, die explizite, implizite und keine Lese-Aufforderungen enthalten?* kann fachvergleichend (c) (I) Folgendes berichtet werden:

Die ausgewählten Lehrwerke des Fachs *Wirtschaft-Politik* ($n_{LWFachI}$/$n_{LWFachII}$) zeigen Gemeinsamkeiten und Unterschiede. Mit rund 86 % und 88 % Leseaufgaben in Relation zu den erfassten Lernaufgaben eines Lehrwerks ist der Anteil an *Leseaufgaben* ($n_{Leseaufgaben}$) sehr ähnlich. Gemeinsam ist den Lehrwerken, dass implizite Verweise oftmals mit Erarbeitungsaufgaben zu einem Vermittlungstext auf der Doppelseite verbunden sind. Es kann konstatiert werden, dass die meisten Leseaufgaben auf kontinuierliche Texte bezogen sind. Eine weitere Gemeinsamkeit bezieht sich darauf, dass in beiden Lehrwerken Aufgaben unterrepräsentiert sind, die als Leseaufgaben klassifiziert werden konnten und dabei keine Hinweise auf kontinuierliche oder diskontinuierliche Texte enthalten. So enthält das Lehrwerk *TEAM 5/6* lediglich rund 4 % dieser Aufgaben, das Lehrwerk *Wirtschaft-Politik* 1 nur rund 2 %.

Unterschiedlich ist die am häufigsten erhobene Ausprägung in den Korpora. Im Lehrwerk *TEAM 5/6* werden vorrangig implizite Leseverweise (rund 56 %) in den Aufgaben genutzt, im Lehrwerk *Wirtschaft-Politik 1* explizite (rund 60 %). Dabei arbeitet das Lehrwerk *Wirtschaft-Politik 1* deutlich stärker mit expliziten Quellenbezeichnungen und einschlägigen Quellenverweisen in den Aufgaben.

Auch die *Physik-Lehrwerke* zeigen untereinander Gemeinsamkeiten und Unterschiede ($n_{LWFachIII}/n_{LWFachIV}$). Unterschiedlich ist der Anteil an Leseaufgaben ($n_{Leseaufgaben}$) an den analysierten Lernaufgaben der einzelnen Physik-Lehrwerke ($n_{LWFachIII}$ und $n_{LWFachIV}$). Dieser liegt bei rund 84 % bzw. 67 %. Die Bearbeitung des Lehrwerks *Dorn/Bader* bedingt damit mehr Rezeptionsleistungen als die Bearbeitung von *Physik heute 1*.

Die relativen Anteile an expliziten Hinweisen in Leseaufgaben fallen mit rund 55 % bzw. 58 % sehr ähnlich aus. Diese Ähnlichkeit kann auch für die anderen beiden erhobenen Merkmale berichtet werden: Implizite Merkmale treten mit 39 % bzw. 35 %, keine Hinweise mit rund 6 % bzw. 7 % auf. Dabei kann konstatiert werden, dass explizite Hinweise häufig auf diskontinuierliche Texte bezogen sind, implizite auf kontinuierliche Vermittlungstexte und deutlich seltener keine Verbindung zu dem zu lesenden Text hergestellt wird.

Vergleicht man die Stichproben der Fächer über das arithmetische Mittel ($\bar{x}$), nimmt diese also als Fachstichproben $n_{LWFachI+II}$ und $n_{LWFachIII+VI}$ zusammen und vergleicht sie miteinander, dann zeigen die erhobenen Ausprägungen und relativen Häufigkeiten deutliche Gemeinsamkeiten. Für das Fach *Wirtschaft-Politik* konnte ein Anteil von rund 87 % und für *Physik* ein Anteil von rund 76 % Leseaufgaben in Relation zu den analysierten Lernaufgaben erhobenen werden. Mit rund 51 % und 56 % Leseaufgaben mit expliziten Hinweisen in den Leseaufgaben und rund 44 % bzw. 43 % Leseaufgaben mit expliziten Hinweisen an Lernaufgaben sind explizite Verweise das Merkmal mit der höchsten Ausprägung. Die meisten Leseaufgaben in den Fächern tragen damit einen expliziten Verweis auf eine oder mehrere einschlägige Informationsquellen. Diese sind in *Wirtschaft-Politik* meist kontinuierliche, in *Physik* häufiger diskontinuierliche Texte. Implizite Hinweise treten in beiden Fächern am zweithäufigsten auf und umfassen einen Anteil von rund 46 % bzw. 37 % an Leseaufgaben und rund 40 % bzw. 28 % an den Lernaufgaben der Schulbücher. Beiden Fächern ist überdies gemeinsam, dass Aufgaben ohne Hinweise sowohl in Relation zu den Leseaufgaben als auch in Relation zu den Lernaufgaben mit rund je 3 % für das Fach *Wirtschaft-Politik* und rund 6 % bzw. 5 % für das Fach *Physik* deutlich selten auftreten. Tab. 6.12 gibt einen Überblick über den Fachvergleich. Dabei werden die fachlichen Mittelwerte ($\bar{x}$) berichtet und gegenübergestellt.

Tab. 6.12 Ergebnisse der Aufgabenanalyse: durchschnittlicher Fachvergleich „Rezeption"

Korpus/ Merkmal	WiPo-Lehrwerke $n_{LWFachI+II}$			Physik-Lehrwerke $n_{LWFachIII+IV}$		
	absolut $\bar{x}$	relativ$_1$ $\bar{x}$ LWFachI+II	relativ$_2$ $\bar{x}$ LWFachI+II	absolut $\bar{x}$	relativ$_1$ $\bar{x}$ LWFachIII+IV	relativ$_2$ $\bar{x}$ LWFachIII+IV
$n_{LWFachgesamt}$	431	–	100	247,5	–	100
$n_{Leseaufgaben}$	374	100	86,77	188	100	75,96
Expliziter Hinweis	**189**	**50,53**	**43,85**	**106**	**56,38**	**42,83**
Impliziter Hinweis	173,5	46,39	40,26	70	37,23	28,28
Kein Hinweis	11,5	3,07	2,67	12	6,38	4,85

Zusammengefasst lässt sich festhalten, dass *explizite Verweise* auf diskontinuierliche und kontinuierliche Texte, die für die Bearbeitung einer Aufgabe relevant sind, durchschnittlich *am häufigsten* in beiden Fachstichproben auftreten. Der Anteil an Leseaufgaben mit expliziten Hinweisen ist demnach am höchsten, gefolgt von impliziten Hinweisen in den Aufgaben. Selten muss für eine Aufgabe etwas gelesen werden, ohne dass ein expliziter oder impliziter Hinweis in der Aufgabe darauf verweist. Alle Lehrwerke bemühen sich demnach um eine Kohärenz zwischen Aufgabe und Informationsquelle, nicht alle greifen dafür jedoch auf explizite Quellenbezeichnungen und eindeutige, einschlägige Verweise in den Aufgaben zurück. Fachlich bestehen im Rahmen von Mittelwertvergleichen keine nennenswerten Unterschiede zwischen den Lehrwerken und Fächern. Durchaus zeigte sich jedoch über die Datenauswertung, dass die Lehrwerke des *Wirtschaft-Politik*-Unterrichts häufiger längere kontinuierliche Vermittlungstexte und Erarbeitungsaufgaben zu Vermittlungstexten enthalten, während Aufgaben im *Physik*-Unterricht mehr auf diskontinuierliche Texte bezogen sind. Neben Versuchsanleitungen gehören hierzu z. B. Diagramme, Tabellen, Fotos, Skalen und Schaltpläne.

Für die fachübergreifende Typisierung von Aufgaben kann über die Analyse das Merkmal *expliziter Verweis* bestimmt werden. Im Folgenden werden die Ergebnisse der Kategorie *Produktion* vorgestellt.

Produktion

Über die Hauptkategorie *Produktion* werden die Ergebnisse für die Subkategorie *Medialität* ebenso berichtet wie die Auswertungen zu den Subkategorien *Adressat:in* und *Sprachliche Hilfen* aus dem Subkorpus der *Schreibaufgaben.*

Es wurden die nachstehenden Forschungsfragen bearbeitet:

(a) (II) Wie hoch ist der Anteil an Aufgaben, die medial explizit bestimmt/nicht bestimmt sind (explizit schriftlich, explizit mündlich, explizit mündlich & schriftlich, medial offen)?

(a) (III) Wie hoch ist der Anteil an expliziten einfachen und komplexen Schreibaufgaben?

(a) (IV) Wie hoch ist der Anteil an Schreibaufgaben, die eine explizite Adressat:innenorientierung enthalten?

(a) (V) Wie hoch ist der Anteil an Schreibaufgaben, die explizite sprachliche Hilfestellungen in Form von Formulierungs- und/oder Textmusterhilfen enthalten?

(c) (I) Welche fachlichen Unterschiede zeigen sich zwischen den Lehrwerken der Fächer Wirtschaft-Politik und Physik der Klasse 5/6?

In den folgenden Abschnitten werden zunächst die Ergebnisse zur Kategorie *Medialität* und damit die Beschaffenheit des Korpus $n_{\text{Medialität}}$ dargestellt, anschließend werden die oben genannten Teilauswertungen berichtet.

Medialität

Das Subkorpus $n_{\text{Medialität}}$ umfasst Aufgaben aus $n_{\text{LW Fach I bis IV}}$, welche für das Aufgabenlösen mündliche und/oder schriftliche Handlungen von Schüler:innen einfordern und dies über Merkmale in der Aufgabenstellung explizieren oder nicht. Genutzt werden die Ausprägungen *explizit mündlich*, *explizit schriftlich*, *explizit mündlich & schriftlich* und *Medialität offen*. Nicht in das Korpus aufgenommen wurden Aufgaben aus n_{LWFach}, bei denen eine Rezeptions- oder Denkleistung oder eine andere Handlung im Zentrum und am Ende der Aufgabenlösung stehen, die keine mündlichen und/oder schriftlichen produktiven Handlungen bedingen, z. B. „Wenn du diese Homepage öffnest, wirst du unter dem Stichwort *Kinderrechte* weitere Informationen über die Rechte von Kindern finden" (Mattes & Herzig, 2019, S. 140, „Selbständig weiterlernen mit Medien", Hervorhebungen im Original).

In diesem Abschnitt werden zunächst das Gesamtkorpus sowie die fachlichen Einzelauswertungen und Vergleiche von $n_{\text{Medialität}}$ vorgestellt, wobei die folgenden Forschungsfragen beantwortet werden:

(a) (II) Wie hoch ist der Anteil an Aufgaben, die medial explizit bestimmt/nicht bestimmt sind (explizit schriftlich, explizit mündlich, explizit mündlich & schriftlich, medial offen)?

(c)(I) Welche fachlichen Unterschiede zeigen sich zwischen den Lehrwerken der Fächer Wirtschaft-Politik und Physik der Klasse 5/6?

Die Ergebnisse werden wie bei der vorhergehenden Ergebnisdarstellung für jedes Fach und Lehrwerk dargestellt und anschließend verglichen, wobei die relativen Häufigkeiten in Relation zum analysierten Merkmalskorpus einerseits (hier: $n_{Medialität}$/relativ$_1$) und die Relation zu allen Lernaufgaben eines Lehrwerks bzw. Fachs (n_{LWFach}/relativ$_2$) andererseits berichtet werden. Nach jedem Bericht erfolgt eine tabellarische Zusammenfassung. Diese Darstellungsform ist auch für alle weiteren Ergebnisdarstellungen leitend.

Vergleich und Zusammenfassung Wirtschaft-Politik-Lehrwerke

Der Anteil an Aufgaben, der eine mündliche und/oder schriftliche Handlung für das Aufgabenlösen bedingt, lag im ersten untersuchten Wirtschaft-Politik-Lehrwerk ($n_{LWFachI}$) *TEAM 5/6* bei 379 von 397 Aufgaben. Damit flossen lediglich 18 Aufgaben von 397 nicht in das Korpus $n_{Medialität}$ von $n_{LWFachI}$ ein. Dies entspricht einem relativen Anteil von 4,53 %. 95,47 % aller Lernaufgaben des Lehrwerks sind demnach auf kommunikative Aktivitäten ausgerichtet, die mehr oder weniger in den Aufgaben expliziert werden.

Wie auch bei den Leseaufgaben werden im Folgenden bei der Beschreibung der erhobenen Häufigkeiten zunächst der absolute Anteil am analysierten Subkorpus (hier: $n_{Medialität}$) und anschließend relativ$_1$ und relativ$_2$ berichtet. Die Angaben der relativen Werte erfolgen nachgestellt in Klammern.

Von 379 Lernaufgaben, die eine kommunikative Aktivität bedingen, enthalten 48 Aufgaben (12,66 %/12,09 %) ausschließlich einen expliziten Hinweis auf mündliche Aktivitäten, 66 (17,41 %/16,62 %) ausschließlich einen expliziten Hinweis auf schriftliche Aktivitäten, 38 (10,03 %/9,57 %) sowohl einen expliziten Hinweis auf mündliche als auch auf schriftliche Aktivitäten und 227 Aufgaben (59,89 %/ 57,18 %) keinen medialen Hinweis. Diese sind demnach medial offen gestaltet, z. B. „Welche Möglichkeiten haben Kinder und welche nicht? Nenne sie" (Mattes & Herzig, 2019, S. 140, Aufgabe 1). In der Verteilung der Häufigkeiten folgen medial offene Aufgaben solchen, die explizit schriftliche Merkmale enthalten, und jenen, die explizit mündlich bzw. explizit mündliche & schriftliche Aufgabenmerkmale tragen.

Das zweite untersuchte Lehrwerk *Wirtschaft-Politik 1* enthält 421 von 465 Aufgaben, bei denen sprachliche Prozesse für die Bearbeitung bzw. für das Aufgabenlösen in Einzel-, Partner:innen- oder Gruppenarbeit notwendig sind. Rund 90 % der Aufgaben sind demnach mit kommunikativen Aktivitäten assoziiert. 9,46 % der Aufgaben können ohne diese gelöst werden. Dies entspricht absolut 44 Aufgaben.

Von den 421 Aufgaben mit Medialitätsanforderungen konnten 32 explizit mündliche Aufgaben erfasst werden (7,60 %/6,88 %), 83 explizit schriftliche Aufgaben

(19,71 %/17,85 %) und 40 Aufgaben, die sowohl explizit mündlich als auch schriftlich angelegt sind (9,50 %/8,60 %). Am häufigsten konnten auch in diesem Lehrwerk medial offene Aufgaben erhoben werden. Mit 266 von 421 bzw. 465 Aufgaben liegt ihr Anteil am Korpus $n_{LWFachII}$ bei 63,18 % bzw. 57,20 %, z. B. „Welche Gefahren gehen von Fake News aus? Erläutert!“ (Frintrop-Bechthold & Floren, 2019, S. 160, Aufgabe 3). Nach Häufigkeiten absteigend sortiert, konnten medial offene Aufgaben am häufigsten, explizit schriftliche, explizit mündliche & schriftliche Aufgaben weniger häufig und am wenigsten Aufgaben erhoben werden, welche ausschließlich explizit mündliche Merkmale enthalten.

Tab. 6.13 gibt einen Überblick über den Fachvergleich für die analysierten Stichproben des Fachs *Wirtschaft-Politik* zur Hauptkategorie *Aufgabenmerkmale – Produktion – Medialität.*

Tab. 6.13 Ergebnisse der Aufgabenanalyse: „Produktion“ – „Medialität“, Wirtschaft-Politik-Lehrwerke

Korpus/ Merkmal	TEAM 5/6 (Mattes & Herzig, 2019) $n_{LWFachI}$			Wirtschaft-Politik 1 (Frintrop-Bechthold & Floren) $n_{LWFachII}$		
	absolut	$relativ_1$	$relativ_{2LW}$	absolut	$relativ_1$	$relativ_{2LW}$
$\mathbf{n_{LWFach}}$	397	–	100	465	–	100
$\mathbf{n_{Medialität}}$	379	100	95,47	421	100	90,54
Explizit mündlich	48	12,66	12,09	32	7,60	6,88
Explizit schriftlich	66	17,41	16,62	83	19,71	17,85
Explizit mündlich & schriftlich	38	10,03	9,57	40	9,50	8,60
Medialität offen	**227**	**59,89**	**57,18**	**266**	**63,18**	**57,20**

Vergleich und Zusammenfassung Physik-Lehrwerke

Auf die Zusammenfassung der Ergebnisse der Wirtschaft-Politik-Lehrwerke folgt in diesem Unterkapitel die Zusammenfassung der Ergebnisse der Physik-Lehrwerke für die Kategorie *Aufgabenmerkmale – Produktion – Medialität*. Zunächst werden die Ergebnisse des Lehrwerks *Dorn/Bader – Physik* 1, anschließend die Ergebnisse des Lehrwerks *Physik heute 1* berichtet. Diese Abfolge der Darstellung wird auch für die folgenden Ergebnisdarstellungen verwendet.

Das erste Lehrwerk *Dorn/Bader – Physik 1* enthält 193 von 256 Aufgaben mit Medialitätsanforderungen, unabhängig davon, ob diese Anforderungen in den Aufgaben expliziert werden. 63 Aufgaben können ohne die genannten sprachlichen Prozesse gelöst werden. Hierbei handelt es sich um solche, bei denen Versuche und Versuchsabläufe beobachtet oder durchgeführt werden, ohne dass die Schüler:innen ihre Erkenntnisse oder die Abläufe erklären, beschreiben oder erläutern. Darüber hinaus handelt es sich um Aufgaben, bei denen ausschließlich gerechnet oder gezeichnet wird (z. B. Lichtgeschwindigkeit oder Lichtwege). Entsprechende Aufgaben treten zu einem Anteil an allen Lehrwerksaufgaben aus $n_{LWFachIII}$ von 24,61 % auf. 75,39 % der Aufgaben sind demnach Aufgaben mit Medialitätsanforderungen.

Die Ergebnisse zeigen, dass 158 der 193 medialen Aufgaben (81,87 %/61,72 %) medial offen gestaltet sind, z. B.: „Erkläre, warum der Eisbär (Bild **B1**) zum Symbol des Klimawandels geworden ist" (Müller, R., 2019, S. 33, Aufgabe 1, Hervorhebung im Original). Daneben konnten 23 Aufgaben erfasst werden, die explizit schriftlich zu lösen sind (11,92 %/8,98 %), neun Aufgaben, die ausschließlich mündliche Fertigkeiten einfordern (4,66 %/3,52 %) und drei Aufgaben (1,55 %/1,17 %), für die sowohl mündliche als auch schriftliche Handlungsschritte explizit über die Aufgabenstellung benannt werden.

Die Ergebnisse des zweiten Lehrwerks *Physik heute 1* zeigen eine ähnliche Rangfolge der erhobenen Häufigkeiten. Von 239 Lernaufgaben des Korpus $n_{LWFachIV}$ konnten 188 als Aufgaben klassifiziert werden, für deren Bearbeitung sprachlich produktive Fähigkeiten des Sprechens und/oder Schreibens notwendig sind. Dies entspricht einem Anteil von 78,66 %. 51 Aufgaben des Korpus sind demnach davon ausgenommen. Dies entspricht einem Anteil an $n_{LWFachIV}$ von 21,34 %. Wie auch im Lehrwerk *Dorn/Bader – Physik 1* handelt es sich um praktische Handlungsaufforderungen, z. B. die Durchführung von Versuchen, um mathematische Aufgaben, oder Aufgaben, bei denen etwas gezeichnet wird. Hinzu kommen Zuordnungsaufgaben und Aufgaben, bei denen ausschließlich eine kognitive Leistung im Mittelpunkt oder am Ende der Aufgabenbearbeitung steht.

Unter den Aufgaben, die schriftliche oder sprachliche Prozesse bedingen, konnten 170 Aufgaben (90,43 %/71,13 %) erfasst werden, die medial offen gestaltet sind, wie z. B. „Beschreibe den Kreislauf des Wassers bei einer Warmwasserheizung" (Otte-Spille & Langer, 2019, S. 76, Aufgabe 1). Überdies konnten 18 Aufgaben erhoben werden, die explizit zum Schreiben auffordern (9,57 %/7,53 %). Daneben konnten weder Aufgaben, die explizit mündlich (0,00 %/0,00 %), noch Aufgaben, die sowohl explizit zu mündlichen als auch zu schriftlichen Handlungen auffordern (0,00 %/0,00 %), isoliert werden.

Tab. 6.14 fasst die Ergebnisse der Kategorie *Aufgabenmerkmale – Produktion – Medialität* für die Physik-Lehrwerke zusammen.

Tab. 6.14 Ergebnisse der Aufgabenanalyse: „Produktion" – „Medialität", Physik-Lehrwerke

Korpus/ Merkmal	Dorn/Bader – Physik 1 (Müller, R., 2019) $n_{LWFachIII}$			Physik heute 1 (Otte-Spille & Langer, 2019) $n_{LWFachIV}$		
	absolut	$relativ_1$	$relativ_{2LW}$	absolut	$relativ_1$	$relativ_{2LW}$
n_{LWFach}	256	–	100	239	–	100
$n_{Medialität}$	193	100	75,39	188	100	78,66
Explizit mündlich	9	4,66	3,52	0	0	0
Explizit schriftlich	23	11,92	8,98	18	9,57	7,53
Explizit mündlich & schriftlich	3	1,55	1,17	0	0	0
Medialität offen	**158**	**81,87**	**61,72**	**170**	**90,43**	**71,13**

Die Verteilung der Aufgaben auf die thematischen Kapitel kann im Anhang A 1.1.2 im elektronischen Zusatzmaterial eingesehen werden. Es folgt der Fachvergleich einschließlich der Ergebniszusammenfassung für die Kategorie *Aufgabenmerkmale – Produktion – Medialität.*

Fachvergleich – Zusammenfassung

Zunächst werden die fachlichen Lehrwerke untereinander verglichen, worauf aufbauend der Fachvergleich (c) (I) über Mittelwerte dargestellt wird. Das Kapitel endet mit einer Zusammenfassung. Als Antwort auf die Forschungsfrage (a) (II) mit Fachvergleich *Wie hoch ist der Anteil an Aufgaben, die medial explizit bestimmt/nicht bestimmt sind (explizit schriftlich, explizit mündlich, explizit mündlich & schriftlich, medial offen)?* kann Folgendes berichtet werden:

Die Lehrwerke des Fachs Wirtschaft-Politik ($n_{LWFachI + II}$) beinhalten mit rund 95 % und 91 % am Lehrwerkskorpus je ähnlich viele Aufgaben, für deren Bearbeitung oder Lösung Schüler:innen sprechen oder schreiben müssen. Den Lehrwerken ist gemeinsam, dass die meisten Aufgaben der Lehrwerke zwar Medialitätsanforderungen stellen, konkret rund 60 % und 63 %, jedoch keinen expliziten Medialitätshinweis beinhalten. Bezogen auf alle Lernaufgaben sind dies in beiden Lehrwerken je 57 %. An zweiter Stelle konnten in beiden Lehrwerken explizit schriftliche Aufgaben am häufigsten erhoben werden, womit konkrete Schreibaufgaben in Relation zu Aufgaben mit Medialitätsanforderungen mit 17 % bzw. 20 %

und in Relation zu allen Lernaufgaben der Lehrwerke mit 17 % bzw. 18 % erhoben werden konnten. Die dritthäufigste Ausprägung zeigt einen geringen Unterschied zwischen den Lehrwerken. In *TEAM 5/6* traten mit rund 12 % bzw. 13 % an dieser Stelle explizit mündliche Aufgaben auf, in *Wirtschaft-Politik* waren es mit 10 % bzw. 9 % Aufgaben, die explizit sowohl zu mündlichen als auch schriftlichen Handlungen auffordern. Damit entscheidet sich auch der letzte Rang. In *TEAM 5/6* konnten mit 10 % bzw. 11 % explizit mündliche und schriftliche, in *Wirtschaft-Politik 1* mit 8 % bzw. 7 % explizit mündliche Aufgaben erhoben werden. Es zeigt sich deutlich, dass die Lehrwerke hinsichtlich des Merkmals dennoch als vergleichbar gelten können, gerade im Hinblick auf die Häufigkeit medial offener Aufgaben.

Diese Charakteristika zeigten sich auch bei der Auswertung der Physik-Lehrwerke ($n_{\text{LWFachIII + VI}}$), wobei diese im Gegensatz zu den Wirtschaft-Politik-Lehrwerken gemeinsam haben, dass der Anteil an Aufgaben mit Medialitätsanforderungen geringer ist. *Dorn/Bader – Physik 1* enthält in Relation zu allen Lernaufgaben des Lehrwerks rund 75 % Aufgaben mit Medialitätsanforderungen, *Physik heute 1* rund 79 %. Beiden Lehrwerken ist gemeinsam, dass auch hier medial offene Aufgaben mit rund 89 % bzw. 90 % – in Relation zu allen Aufgaben mit Medialitätsanforderungen – und 62 % bzw. 71 % – in Relation zu allen Lernaufgaben der Lehrwerke – überwiegen. Ähnlich wie bei den vorherigen Ergebnissen ist das zweithäufigste Merkmal in beiden Lehrwerken identisch, das dritte Merkmal nicht. In *Dorn/Bader – Physik 1* und in *Physik heute 1* traten am zweithäufigsten explizit schriftliche Aufgaben auf. Dies entspricht einem Anteil an allen Lernaufgaben von rund 9 % und 8 % und einem Anteil an Aufgaben der Lehrwerke mit Medialitätsanforderungen von rund 12 % bzw. 10 %. Die Relationen zeigen auch hier deutliche Gemeinsamkeiten zwischen den Lehrwerken des Physikunterrichts.

Unterschiedlich ist, dass in *Dorn/Bader – Physik 1* explizit mündliche mit rund 5 % bzw. 4 % und am wenigsten explizit mündliche und schriftliche Aufgaben mit rund 2 % bzw. 1 % erhoben werden konnten. Im zweiten Physik-Lehrwerk *Physik heute 1* konnten weder Aufgaben mit explizit mündlichen noch explizit mündlichen und schriftlichen Aufgabenmerkmalen erhoben werden.

Die Mittelwertvergleiche ($\bar{x}$) bestätigen die bisher konstatierten Gemeinsamkeiten und Unterschiede. Beiden Stichproben ist gemeinsam, dass medial offene Aufgaben am häufigsten auftreten. Für das Fach *Wirtschaft-Politik* konnte ein Anteil von rund 62 % bzw. 57 %, für *Physik* ein Anteil von 86 % bzw. 66 % erhoben werden. Mit 19 % bzw. 17 % und 11 % bzw. 8 % treten auf dem zweiten Rang mit Abstand am häufigsten explizite Schreibaufgaben in den Lehrwerken auf.

Unterschiede zeigen sich einerseits bei dem Anteil an Aufgaben, die Schreiben und Sprechen verlangen. So werden in *Physik* auch Versuche und Überlegungen angestellt, die ohne verbale Handlungen auskommen. Es wird in *Physik* deutlich mehr in Einzelarbeit gezeichnet und gerechnet, in *Wirtschaft-Politik* werden eher Gruppenarbeiten und Diskussionen durchgeführt, die mündliche bzw. mündliche und schriftliche Handlungen bedingen, welche in den Aufgaben transparent gemacht werden. Die Mittelwerte dieser Ausprägungen der Wirtschaft-Politik-Ergebnisse sind auf dem dritten Platz mit einem Anteil von je 10 % bzw. 9 % zu verorten. Zu mündlichen Handlungen fordern durchschnittlich je 2 % der Aufgaben in der Physik-Stichprobe auf, zu mündlichen und schriftlichen 1 % bzw. 0,5 %. Diese Ausprägungen sind damit deutlich unterrepräsentiert.

Tab. 6.15 fasst die fachvergleichenden Ergebnisse mit Mittelwerten für die Kategorie *Aufgabenmerkmal – Produktion – Medialität* zusammen.

Tab. 6.15 Ergebnisse der Aufgabenanalyse: durchschnittlicher Fachvergleich „Produktion" – „Medialität"

Korpus/ Merkmal	WiPo-Lehrwerke $n_{LWFachI+II}$			Physik-Lehrwerke $n_{LWFachIII+IV}$		
	absolut $\bar{x}$	relativ$_1$ $\bar{x}$ LWFachI+II	relativ$_2$ $\bar{x}$ LWFachI+II	absolut $\bar{x}$	relativ$_1$ $\bar{x}$ LWFachIII+IV	relativ$_2$ $\bar{x}$ LWFachIII+IV
$n_{LWFachgesamt}$	431	–	100	247,5	–	100
$n_{Medialität}$	400	100	92,81	190,5	100	76,97
Explizit mündlich	40	10	9,28	4,5	2,36	1,81
Explizit schriftlich	74,50	18,63	17,29	20,5	10,76	8,28
Explizit mündlich & schriftlich	39	9,75	9,03	1,5	0,79	0,61
Medialität offen	**246,5**	**61,63**	**57,19**	**164**	**86,10**	**66,26**

Zusammengefasst lässt sich festhalten, dass medial offene Aufgaben in beiden Stichproben am häufigsten vorkommen und dies fachunabhängig ein typisches Merkmal mit quantitativ dominanter Ausprägung ist. Gemeinsamkeiten zeigen sich ebenfalls – wenn auch mit großem Abstand – darin, dass explizit schriftliche Aufgaben in beiden fachlichen Stichproben am zweithäufigsten auftreten. Unterschiede zeigen sich vor allem bei explizit mündlichen und explizit mündlichen & schriftlichen Aufgaben. Während diese an dritter Stelle zusammengefasst rund 20 % aller Aufgaben mit Medialitätsanforderungen des Fachs *Wirtschaft-Politik* ausmachen, treten entsprechende Aufgaben in der *Physik*-Stichprobe mit zusammengefasst rund

3 % selten auf. Insgesamt kommen 16 % weniger Aufgaben mit Medialitätsanforderungen in den Physik-Lehrwerken der Stichprobe vor. Dieser Anteil wird hier durch Aufgaben zum Rechnen und Zeichnen gefüllt.

Für die Typisierung kann demnach das Merkmal *Medialität offen* als häufigstes und zugleich fachverbindendes Merkmal aus dieser Erhebung bestimmt werden (vgl. Abschnitt 6.2.9.1). Im Folgenden wird das Korpus der Schreibaufgaben qualitativ näher beschrieben. Anschließend werden die Ergebnisse der Subkategorien *Adressat:in* und *Sprachliche Hilfen* vorgestellt, die sich beide auf das Korpus der Schreibaufgaben beziehen.

Schreibaufgaben

In diesem Abschnitt wird die Zusammensetzung der Korpora mit Schreibaufgaben differenziert beschrieben. Da die Korpora mit Schreibaufgaben für die folgenden Analysen herangezogen werden, ist es wichtig, diese vor der weiterführenden Ergebnisdarstellung qualitativ näher zu beschreiben, um die Interpretation der Ergebnisse verständlicher darzustellen. Das Korpus der Schreibaufgaben ist als Korpus *Aufgabenmerkmale – Produktion – Medialität – explizit schriftlich* und als $n_{\text{Schreibaufgaben}}$ aus $n_{\text{Medialität}}$ konzipiert.

Es werden die folgenden Forschungsfragen über die Analyse und Interpretation beantwortet:

(a) (III) Wie hoch ist der Anteil an expliziten einfachen und komplexen Schreibaufgaben?

(c) (I) Welche fachlichen Unterschiede zeigen sich zwischen den Lehrwerken der Fächer Wirtschaft-Politik und Physik der Klasse 5/6?

Auf der Grundlage weniger bestehender Studien ist anzunehmen, dass Aufgaben des Fachunterrichts selten zu komplexen Schreibaufgaben auffordern, sondern entweder das Schreiben gar nicht initiieren oder wenn, einfache Schreibaufgaben im Fachunterricht dominieren (vgl. Kapitel 1). Unter *einfachen* Schreibaufgaben versteht man in diesem Zusammenhang Arbeitsaufträge, die dazu anregen, einzelne Sätze oder Wörter aufzuschreiben, also Aufgaben, die vorwiegend auf Reproduktionsleistungen und/oder memorativ-konservierende Schreibfunktionen abzielen, etwa das Notieren, Listen Anfertigen oder das Ausfüllen von Lücken. Hierzu gehören u. a. auch Aufgaben mit dem Operator *nennen*, der dem Anforderungsbereich I zugeordnet ist und zu Reproduktionsleistungen, bspw. zum Niederschreiben von Fachbegriffen, auffordert. *Komplexe* Schreibaufgaben beziehen sich auf die Realisierung von Sprachhandlungen, wie *beschreiben*, *erklären* oder *argumentieren*, und auf das Schreiben von Textformen wie *Briefen* oder *Versuchsprotokollen* (vgl.

weiterführend Abschnitt 5.3).[14] Es geht hierbei deutlich stärker um die Produktion zusammenhängender Texte und Textteile, die kulturellen Mustern folgen und eine globale und lokale Kohärenzherstellung bedingen.

Bevor die Daten im Folgenden qualitativ beschrieben werden, wird das Korpus nach Fächern sortiert noch einmal quantitativ zusammengefasst, wie es bereits ausführlich im vorhergehenden Kapitel dargestellt wurde. Ziel ist es, hiermit noch einmal einen Überblick über die Grundbeschaffenheit der Daten zu geben und die Forschungsfragen gezielt zu beantworten. Insgesamt kommen in allen fachlichen Stichproben 190 explizite Schreibaufgaben vor. Die Gegenüberstellung zeigt, dass absolut in den Stichproben des gesellschaftswissenschaftlichen Unterrichts 108 Schreibaufgaben mehr isoliert werden konnten als in den Lehrwerken des naturwissenschaftlichen Unterrichts. 66 + 83 Aufgaben (= 149) verteilen sich auf die Wirtschaft-Politik-Stichprobe, 23 + 19 (= 41) auf die Physik-Stichprobe. Zieht man für eine weiterführende Beurteilung die relativen Werte der Fächer heran, den Anteil an den fachlichen Lernaufgaben insgesamt, dann entspricht dies einer Differenz von 9,01 %. 17,29 % der Aufgaben aus $n_{\mathrm{LWFachI + II}}$ und 8,28 % der Aufgaben aus $n_{\mathrm{LWFachIII + VI}}$ sind somit explizite Schreibaufgaben im hier definierten Sinn (vgl. Abschnitt 6.2.6.1). Zusammengefasst enthalten die Wirtschaft-Politik-Lehrwerke nicht nur absolut, sondern auch relativ mehr Schreibaufgaben.

Tab. 6.16 fasst die quantitativen Ergebnisse und damit die Korpora mit *Schreibaufgaben* zusammen, wie sie bereits im Kapitel *Medialität* dargestellt wurden. Der Anteil an Schreibaufgaben liegt im Lehrwerk *TEAM* 5/6 bei absolut 66, der Anteil relativ_1 bei 17,41 %, relativ_2.bei 16,62 %. Im Lehrwerk *Wirtschaft-Politik 1* konnten absolut 83 explizite Schreibaufgaben erfasst werden, was 19,71 % des Medialitätskorpus der Stichprobe entspricht und einem Anteil von 17,85 % an allen Lernaufgaben des Lehrwerks. In den Physik-Stichproben liegen die Anteile für *Dorn/Bader – Physik 1* bei absolut 23, mit relativ_1 = 11,92 % und relativ_2 = 8,98 %. In *Physik heute 1* konnten 18 Schreibaufgaben isoliert werden, was 9,57 % der Medialitätsaufgaben des Lehrwerks entspricht und 7,53 % aller Lernaufgaben des Lehrwerks. Vergleicht man die Stichproben fachlich, dann kommen in der Wirtschaft-Politik-Stichprobe absolut 149, in der Physik-Stichprobe 41 explizite Schreibaufgaben vor. Die Durchschnittswerte zeigen, wie im vorhergehenden Kapitel ausführlich beschrieben, dass relativ rund doppelt so viele Schreibaufgaben in der Wirtschaft-Politik-Stichprobe vorkommen (74,5; 18,63 %/17,29 %) wie in der Physik-Stichprobe (20,5; 10,76 %/8,28 %).

---

[14] Es kamen in dem hier analysierten fachlichen Gesamtkorpus Textformen auch in medial als *explizit mündlich & schriftlich* oder *explizit mündlich* klassifizierten Aufgaben vor, die

Tab. 6.16 Zusammenfassende Darstellung der Korpora der Schreibaufgaben

Korpus/ Merkmal	TEAM 5/6 (Mattes & Herzig, 2019) $n_{LWFachI}$			Wirtschaft-Politik 1 (Frintrop-Bechthold & Floren) $n_{LWFachII}$		
	absolut	relativ$_1$	relativ$_{2LW}$	absolut	relativ$_1$	relativ$_{2LW}$
$n_{Schreibaufgaben}$	**66**	17,41	16,62	**83**	19,71	17,85
Absolute Anzahl an Aufgaben in den Wirtschaft-Politik-Lehrwerken: 149						
Korpus/ Merkmal	Dorn/Bader – Physik 1 (Müller, R., 2019) $n_{LWFachIII}$			Physik heute 1 (Otte-Spille & Langer, 2019) $n_{LWFachIV}$		
$n_{Schreibaufgaben}$	**23**	11,92	8,98	**18**	9,57	7,53
Absolute Anzahl an Aufgaben in den Physik-Lehrwerken: 41						
Korpus/ Merkmal	WiPo-Lehrwerke $n_{LWFachI+II}$			Physik-Lehrwerke $n_{LWFachIII+IV}$		
$n_{Schreibaufgaben}$	74,50	18,63	**17,29**	20,5	10,76	**8,28**

Aufbauend auf dieser quantitativen Beschreibung der Anteile an Schreibaufgaben wird im Folgenden die Stichprobe qualitativ im Hinblick auf die Art der Schreibaufgaben beschrieben. Die Auswertung der Schreibaufgaben aus den *Wirtschaft-Politik-Lehrwerken* zeigt, dass in beiden fachlichen Stichproben mehr einfache als komplexe Schreibaufgaben vorkommen. In *TEAM 5/6* konnten von 397 Lernaufgaben und den darin enthaltenen 66 Schreibaufgaben (16,62 %) 43 Schreibaufgaben als *einfache Aufgaben* (65,15 %/10,83 %) und 23 Aufgaben als *komplexe Schreibaufgaben* (34,85 %/5,79 %) klassifiziert werden. Die weiterführende Auswertung legt dar, dass ein Großteil der *einfachen* Schreibaufgaben aus Arbeitsaufträgen besteht, bei denen Merksätze, Regeln oder einzelne Sätze formuliert werden (18) oder Stichpunkte in einer Tabelle (11) oder in das Heft notiert werden sollen (9). Darüber hinaus werden die Schüler:innen dazu angeregt, Wörter zu ergänzen (2), Listen zu erstellen (2) oder einen Satz zu beenden (1).

Komplexe Schreibaufträge sind mit der Realisierung von Textformen, Sprachhandlungen und der Umsetzung von schreibbezogenen Arbeitsmethoden assoziiert. Lernende werden zu schriftlichen Stellungnahmen (4), zum schriftlichen Erläutern (3), zum Erstellen von digitalen Präsentationen (3), zum schriftlichen Beschreiben (3) und Erklären (3) ebenso aufgefordert wie zum Schreiben einer Entgegnung (1), eines Portraits (1), eines Briefs (1), eines Beitrags für die Schüler:innenzeitung

bei der vorliegen Analyse von Schreibaufgaben nicht hinzugezogen wurden, da vor dem Hintergrund des Designs ausschließlich explizite Schreibaufgaben von Interesse waren.

(1), eines Taschengeldplans (1), einer schriftlichen Begründung (1) und eines Schreibgesprächs (1).

In *Wirtschaft-Politik 1* ist die Verteilung auf einfache und *komplexe Aufgaben* ähnlich. Von 465 Lernaufgaben des Lehrwerks und den darin enthaltenen 83 Schreibaufgaben (17,85 %), entfallen 61 Aufgaben auf einfache (73,49 %/13,12 %) und 22 auf komplexe Aufgaben (26,51 %/4,73 %). Relativ fällt demnach in diesem Lehrwerk das Verhältnis noch etwas stärker zugunsten der einfachen Aufgaben aus. Zu den *einfachen* Aufgaben gehörten auch hier Aufgaben, bei denen wenig notiert (26) oder formuliert (5) wird, Sätze ergänzt (5) oder zu Ende geschrieben werden (1), Stichpunkte gemacht (10) oder Listen erstellt werden (7). Hierzu zählt auch das Erstellen von Plakaten, auf denen vermehrt mit Bildern, Tabellen oder Stichpunkten gearbeitet wird (7).

Zu den *komplexen Schreibaufgaben* gehören in dieser Stichprobe Textformen, Sprachhandlungen und Arbeitsmethoden, die das Schreiben erfordern. Aufgefordert werden die Schüler:innen zum schriftlichen Erklären (2) und Erläutern (2), zum Verfassen eines schriftlichen Dialogs (2), zum Verfassen eines Briefs (2), einer Geschichte (2), einer Broschüre (1), eines Wahlprogramms (1), eines Aktionsplans gegen Mobbing (1), eines Ratschlags (1), eines Regierungsprogramms (1), zu einer Stellungnahme (1), zu einem Beitrag für die Schüler:innenzeitung (1), zum schriftlichen Begründen (1) und Beschreiben (1) und auch dazu, einen Fragebogen auszuwerten (1), eine digitale Präsentation vorzubereiten (1) und ein Portrait (1) zu erstellen.

Tab. 6.17 gibt einen Überblick über die Auswertung der Kategorie *Aufgabenmerkmal – Produktion – Schreibaufgabe einfach und komplex* für das Fach *Wirtschaft-Politik*:

Tab. 6.17 Klassifikation erhobener Schreibaufgaben in „einfach" und „komplex"/Korpus Wirtschaft-Politik

Korpus/ Merkmal	TEAM 5/6 (Mattes & Herzig, 2019) $n_{LWFachI}$			Wirtschaft-Politik 1 (Frintrop-Bechthold & Floren) $n_{LWFachII}$		
	absolut	$relativ_1$	$relativ_{2LW}$	absolut	$relativ_1$	$relativ_{2LW}$
$\mathbf{n_{LWFach}}$	397	–	100	465	–	100
$\mathbf{n_{Schreibaufgaben}}$	66	100	16,62	83	100	17,85
einfach	**43**	**65,15**	**10,83**	**61**	**73,49**	**13,12**
komplex	23	34,85	5,79	22	26,51	4,73

Die wenigen Schreibaufgaben der Physik-Lehrwerke sind ebenfalls häufiger einfach als komplex angelegt. In *Dorn/Bader – Physik 1* konnten von 256 Lernaufgaben 23 Schreibaufgaben (8,98 %) isoliert werden, von denen 15 einfach (65,22 %/ 5,86 %) und 8 (34,78 %/ 3,13 %) komplex gestaltet sind. Konkret handelt es sich bei den *einfachen Aufgaben* um solche, bei denen etwas in einer Tabelle (11) oder in Stichpunkten notiert (4) werden soll. Bei den *komplexen Schreibaufgaben* werden die Schüler:innen aufgefordert, Versuchsprotokolle bzw. Beobachtungsprotokolle zu schreiben (5) und eine Geschichte (2) zu verfassen.

In *Physik heute 1* konnten von 239 Lernaufgaben 18 Schreibaufgaben isoliert werden (7,53 %). Zwölf dieser Aufgaben sind einfach ($66{,}6\overline{6}$ %/5,02 %), 6 komplex angelegt ($33{,}3\overline{3}$ % /2,51 %). Zu den *einfachen Aufgaben* gehören auch hier Aufgaben, bei denen etwas notiert wird oder Stichpunkte gemacht werden (8) oder ein Merksatz bzw. einzelne Sätze formuliert werden (3). Auch sollen Stichpunkte in einer Tabelle festgehalten werden (1). Bei *komplexeren Schreibaufgaben* handelt es sich auch in diesem Lehrwerk um Aufgaben zum Anfertigen von Beobachtungs- bzw. Versuchsprotokollen und um solche, bei denen Beobachtungsvermutungen formuliert werden (6).

Tab. 6.18 gibt einen Überblick über die Auswertung der Kategorie *Aufgabenmerkmal – Produktion – Schreibaufgaben einfach und komplex* für das Fach *Physik*.

Tab. 6.18 Klassifikation erhobener Schreibaufgaben in „einfach“ und „komplex“/Korpus Physik

Korpus/ Merkmal	Dorn/Bader – Physik 1 (Müller, R., 2019) $n_{LWFachIII}$			Physik heute 1 (Otte-Spille & Langer, 2019) $n_{LWFachIV}$		
	absolut	$relativ_1$	$relativ_{2LW}$	absolut	$relativ_1$	$relativ_{2LW}$
$\mathbf{n_{LWFach}}$	256	–	100	239	–	100
$\mathbf{n_{Schreibaufgaben}}$	23	100	8,98	18	100	7,53
einfach	15	65,22	5,86	12	$66{,}6\overline{6}$	5,02
komplex	8	34,78	3,13	6	$33{,}3\overline{3}$	2,51

Fachvergleich – Zusammenfassung

Um die Darstellung der Korpora der Schreibaufgaben abzuschließen, werden die Fächer in diesem Kapitel mit ihren Durchschnittswerten gegenübergestellt, um anschließend die Ergebnisse fachvergleichend (c) (I) vor dem Hintergrund der Forschungsfrage (a) (III) *Wie hoch ist der Anteil an expliziten einfachen und komplexen Schreibaufgaben?* interpretieren zu können.

In *Wirtschaft-Politik* kommen zusammengefasst im Durchschnitt 74,50 Schreibaufgaben in 431 Lernaufgaben vor (17,29 %). 52 Aufgaben sind davon *einfach*, 22,5 *komplex*. Dies entspricht einem Anteil an allen Schreibaufgaben von 69,80 % bzw. 30,20 % und einem Anteil an der fachlichen Gesamtstichprobe von 12,06 % bzw. 5,21 %. In den Stichproben für das Fach *Physik* kommen auf 247,5 Lernaufgaben 20,5 Schreibaufgaben, von denen 13,5 einfach und 7 komplex sind, was einem Anteil von 65,85 % an expliziten Schreibaufgaben bzw. 34,15 % und 5,45 % sowie 3,83 % an allen fachlichen Lernaufgaben entspricht.

Tab. 6.19 zeigt den Fachvergleich über Mittelwertvergleiche der Auswertung der Kategorie *Aufgabenmerkmal – Produktion – Schreibaufgaben einfach und komplex.*

Tab. 6.19 Klassifikation durchschnittlich erhobener Schreibaufgaben in „einfach" und „komplex"/Fachvergleich

Korpus/ Merkmal	WiPo-Lehrwerke $n_{LWFachI+II}$			Physik-Lehrwerke $n_{LWFachIII+IV}$		
	absolut $\bar{x}$	relativ$_1$ $\bar{x}$ LWFachI+II	relativ$_2$ $\bar{x}$ LWFachI+II	absolut $\bar{x}$	relativ$_1$ $\bar{x}$ LWFachIII+IV	relativ$_2$ $\bar{x}$ LWFachIII+IV
$\mathbf{n_{LWFachgesamt}}$	431	–	100	247,5	–	100
$\mathbf{n_{Schreibaufgaben}}$	74,50	100	17,29	20,5	100	8,28
einfach	52	**69,80**	**12,06**	13,5	**65,85**	**5,45**
komplex	22,5	30,20	5,21	7	34,15	2,83

Zusammengefasst lässt sich festhalten, dass sich die Vorannahme zum Stellenwert des Schreibens im Fachunterricht über diese empirische Auswertung von Aufgaben aus Lehrwerken bestätigen konnte. Das Schreiben wird in beiden Fächern vorrangig für einfache Schreibanlässe explizit genutzt. Explizite Schreibaufgaben sind deutlich unterrepräsentiert, explizite Schreibaufgaben, die zu komplexen Schreibaktivitäten auffordern, sind noch seltener. Das Verhältnis von einfachen und komplexen Schreibaufgaben in den Korpora der Schreibaufgaben kann für alle Fächer und Stichproben rund mit einem Verhältnis von 2:1 beschrieben werden. Das heißt, dass im Schnitt auf zwei einfache explizite Schreibaufgaben eine komplexe explizite Schreibaufgabe kommt. Einfache Aufgaben sind mit Notieren, Ergänzen, Listen und dem Formulieren einzelner Wörter und Sätze verbunden. Dies trifft auf beide Fächer zu und ist eine deutliche *Gemeinsamkeit*, welche über den Fachvergleich erhoben werden konnte.

Bei näherer Betrachtung zeigen sich jedoch auch *Unterschiede* zwischen den Fächern. Dies betrifft einerseits den *Anteil der Schreibaufgaben an den Lernaufgaben.* In den Wirtschaft-Politik-Lehrwerken kommen durchschnittlich mehr Schreibaufgaben vor, relativ circa doppelt so viele wie in Physik.

Andererseits bezieht sich ein *Unterschied* auf das komplexe Schreiben und die damit verbundenen *Textformen, Sprachhandlungen und schreibbezogenen Arbeitsmethoden*, die über die Aufgaben initiiert werden. Über die Auswertung der *Physik*-Lehrwerke konnte die Annahme der Relevanz der Textform *Versuchsprotokoll* für schreibende, komplexe Tätigkeiten im Fach bestätigt werden. Darüber hinaus gibt es sehr wenige Aufgaben, die als explizite Schreibaufgaben einerseits und als komplexe Schreibaufgaben andererseits konzipiert sind. Zweimal wird eine Geschichte erwartet.[15] Es kann daher bestätigt werden, dass explizite Schreibaufgaben in der Aufgabenkultur der Stichprobe *Physik* eine untergeordnete Rolle spielen und *keine Vielfalt an Textformen* in der analysierten Stichprobe erhoben werden konnte. Hier unterscheidet sich die Physik-Stichprobe von der Wirtschaft-Politik-Stichprobe.

In der *Wirtschaft-Politik-Stichprobe* zeigt sich eine *weit gefächerte Auswahl an Textformen, Sprachhandlungen und Arbeitsmethoden.* Zu den fachlich genutzten Textformen gehört etwa der Brief, der Dialog, die Broschüre, das Wahlprogramm, die Stellungnahme, der Artikel, der Fragebogen, eine Präsentation, ein Taschengeldplan oder ein Portrait. Komplexe Textformen und Arbeitsaufträge werden sowohl in den Physik-Lehrwerken als auch in den Wirtschaft-Politik-Lehrwerken in Bezug auf den grundlegenden Aufbau eingeführt. Diese Erklärungen sind jedoch oftmals nicht über Hinweise mit den Aufgaben verbunden.

Für die Typisierung kann für Schreibaufgaben das Merkmal *einfache Schreibaufgaben* aus den Ergebnissen abgeleitet werden (vgl. Abschnitt 6.2.9 und 6.2.9.1).

Bevor beschrieben wird, wie viele sprachliche Hilfen in den Aufgabenstellungen oder in naher Aufgabenumgebung vorkommen, wird zunächst berichtet, wie viele der in diesem Kapitel vorgestellten Schreibaufgaben eine Adressat:innenorientierung enthalten. Im Folgenden werden die Ergebnisse der Kategorie *Produktion – Schreibaufgaben – Adressat:in* vorgestellt.

Schreibaufgaben – Adressat:in

Der Bericht über die Ergebnisse der Analyse zur Beantwortung der Fragestellung, wie viele explizite Schreibaufgaben eine Adressat:innenorientierung enthalten,

---

[15] Die Schreibaufträge mit narrativen Erwartungen zeigen die Bemühung, Textformen und das Schreiben in den Fachunterricht Physik zu integrieren. Die Nutzung der Textform „Geschichte" erscheint schreibdidaktisch bei einem der beiden Aufgabenszenarien passend (Otte-Spille & Langer, 2019, S. 49, 81, Aufgabe 4, Aufgabe 19).

beginnt mit der Darstellung der Wirtschaft-Politik-Stichprobe. Im Anschluss wird die Stichprobe für Physik dargestellt. Zur Kohärenzstiftung wird auch noch einmal die jeweilige Anzahl an Schreibaufgaben berichtet. Da die Ergebnisdarstellung dieser Kategorie aufgrund des Umfangs der Ergebnisse kürzer ausfällt als vorhergehende Ergebnisdarstellungen, werden die fachlichen Einzelauswertungen im Fließtext ohne Zwischenüberschriften untereinander entfaltet. Das Kapitel endet mit einem Fachvergleich einschließlich einer Zusammenfassung.

Es werden die folgenden Forschungsfragen über die Analyse und die Interpretation der Ergebnisse beantwortet:

(a) (IV) Wie hoch ist der Anteil an Schreibaufgaben, die eine explizite Adressat:innenorientierung enthalten?

(c) (I) Welche fachlichen Unterschiede zeigen sich zwischen den Lehrwerken der Fächer Wirtschaft-Politik und Physik der Klasse 5/6?

Bei den Einzelauswertungen werden weiterführend die erhobenen Adressat:innen qualitativ beschrieben und klassifiziert. Zunächst danach, ob es sich um einen expliziten/eine explizite Adressat:in handelt, der/die sehr konkret benannt wird, wie z. B. „Herr Hilbig“ als Empfänger eines Briefs (Mattes & Herzig, 2019, S. 21, „Was auch noch interessant sein könnte“). Hiervon werden Adressat:innen unterschieden, die generalisierbare Andere darstellen, wie z. B. „Wie kann man jemanden, der glaubt, ein Kind hätte keinerlei politische Rechte, davon überzeugen, dass das nicht stimmt? Formuliere eine Antwort“ (Mattes & Herzig, 2019, S. 140, Aufgabe 2). Hierbei werden auch Ko-Aktant:innen erfasst, die variabel sind, z. B. hörende oder lesende Mitschüler:innen, z. B. „Das Nobelpreiskomitee hebt das Recht jedes Kindes auf Bildung hervor. Warum wird gerade dieses Recht als besonders bedeutsam herausgestellt? Formuliere eine Begründung und stelle sie vor“ (Mattes & Herzig, 2019, S. 86, Aufgabe 3). Bei Letzterem handelt es sich in der Regel um authentische Adressat:innen in sozialer Interaktion, da oftmals Ergebnisse in der Klasse oder vor anderen präsentiert werden, die jedoch damit auch Adressat:innen des schriftlichen Produkts sind, das der Präsentation vorausgeht.[16] Der Anteil an konstruierten, authentisch-konstruierten und authentischen (realen) Adressat:innen wird darüber hinaus ausgegeben. Es wird das *Schreiben für sich selbst* und das *Schreiben für andere* unterschieden.

[16] Der Bericht zur Verteilung der Ergebnisse auf die thematischen Kapitel der Lehrwerke im Anhang (A1.1.2 im elektronischen Zusatzmaterial) berücksichtigt diese Differenzierung, die auch bei der Überprüfung der ICÜ mitgeprüft wurde. Die Forschungsfrage ist auf die kumulierten Ergebnisse ausgerichtet.

Aus den 66 Schreibaufgaben des Lehrwerks *TEAM 5/6* konnten insgesamt 17 Schreibaufgaben isoliert werden. Dies entspricht einem Anteil von 25,76 % an allen Schreibaufgaben des Lehrwerks und 4,28 % Anteil an allen Lernaufgaben des Lehrwerks. Von den 17 Aufgaben konnten 9 Aufgaben mit konkretisierten Adressat:innen erfasst werden, wovon 8 soziale Adressat:innen sind, die authentisch konstruiert sind. Eine dieser Aufgaben fordert die Lernenden auf, für sich selbst zu schreiben. Weitere 8 Aufgaben enthalten variable bzw. generalisierbare Andere, wovon 6 Aufgaben authentische Adressat:innen darstellen und 2 Aufgaben authentisch-konstruierte.

Im Lehrwerk *Wirtschaft-Politik 1* konnten 26 von 83 Schreibaufgaben erhoben werden, die gleichzeitig eine Adressat:innenorientierung enthalten. Dies entspricht einem Anteil von 31,33 % an den Schreibaufgaben des Lehrwerks und 5,59 % an allen Aufgaben des Lehrwerks *Wirtschaft-Politik 1*. Von den vorliegenden 26 Aufgaben kommen 11 Aufgaben mit exakt explizitem/expliziter Adressat:in vor und 15 Aufgaben mit variablen oder generalisierbaren Anderen. Von den 11 Aufgaben mit expliziter Adressat:innenorientierung können 7 als authentisch-konstruierte Adressat:innen und 4 als authentische ausgewiesen werden. Von den authentischen sind 2 epistemisch ausgerichtet. Hier sind die Schreibenden demnach selbst die Adressat:innen der Aufgabenlösung. Die 15 Aufgaben mit variablen bzw. allgemeinen Adressat:innen können mit einer Ausprägung von 8 am häufigsten authentischen Adressat:innen zugeordnet werden, wovon 1 Aufgabe eine epistemische Funktion besitzt. Wie auch in der vorhergehenden Auswertung sind in der Regel Mitschüler:innen hier direkte Ko-Aktant:innen. Es konnten darüber hinaus 6 Aufgaben mit authentisch-konstruierten Adressat:innen in der Stichprobe isoliert werden und 1 Aufgabe mit einem/einer konstruierten Adressat:in.

Tab. 6.20 gibt einen Überblick über die Auswertung der Kategorie *Aufgabenmerkmal – Produktion – Schreibaufgabe – Adressat:in* für das Fach *Wirtschaft-Politik*.

Tab. 6.20 Ergebnisse der Analyse „Aufgabenmerkmale" – „Produktion" – „Schreibaufgaben" – „Adressat:in"/Wirtschaft-Politik

Korpus/ Merkmal	TEAM 5/6 (Mattes & Herzig, 2019) $n_{LWFachI}$			Wirtschaft-Politik 1 (Frintrop-Bechthold & Floren) $n_{LWFachII}$		
	absolut	$relativ_1$	$relativ_{2LW}$	absolut	$relativ_1$	$relativ_{2LW}$
$\mathbf{n_{LWFach}}$	397	–	100	465	–	100
$\mathbf{n_{Schreibaufgaben}}$	66	100	16,62	83	100	17,85
$\mathbf{n_{Adressat:in}}$	**17**	**25,76**	**4,28**	**26**	**31,33**	**5,59**

Sowohl in dem Physik-Lehrwerk *Dorn-Bader – Physik* als auch in den Schreibaufgaben des Lehrwerks *Physik heute 1* konnten keine expliziten Schreibaufgaben isoliert werden, die gleichzeitig eine Adressat:innenbestimmung enthalten. Daher kann an dieser Stelle keine qualitative Analyse erfolgen.

Tab. 6.21 gibt einen Überblick über die Auswertung *Aufgabenmerkmale – Schreibaufgaben – Adressat:in* für das Fach *Physik*.

Tab. 6.21 Ergebnisse der Analyse „Aufgabenmerkmale" – „Produktion" – „Schreibaufgaben" – „Adressat:in"/Physik

Korpus/ Merkmal	Dorn/Bader – Physik 1 (Müller, R., 2019) $n_{LWFachIII}$			Physik heute 1 (Otte-Spille & Langer, 2019) $n_{LWFachIV}$		
	absolut	$relativ_1$	$relativ_{2LW}$	absolut	$relativ_1$	$relativ_{2LW}$
$\mathbf{n_{LWFach}}$	256	–	100	239	–	100
$\mathbf{n_{Schreibaufgaben}}$	23	100	8,98	18	100	7,53
$\mathbf{n_{Adressat:in}}$	**0**	**0,00**	**0,00**	**0**	**0,00**	**0,00**

Fachvergleich – Zusammenfassung

Der Fachvergleich (c) (I) zur Forschungsfrage (a) (IV) *Wie hoch ist der Anteil an Schreibaufgaben, die eine explizite Adressat:innenorientierung enthalten?* kann wie folgt berichtet werden:

Der Fachvergleich über Mittelwerte zeigt, dass in den *Wirtschaft-Politik-Lehrwerken* durchschnittlich 21,5 Schreibaufgaben mit einer Adressat:innenorientierung vorkommen. Dies entspricht einem Anteil von 28,86 % an den erhobenen Schreibaufgaben der Fachstichprobe ($n_{LWFachI+II}$) und 4,99 % Anteil an allen Lernaufgaben der sozialwissenschaftlichen Stichprobe. In der *Physik*-Stichprobe ($n_{LWFachIII+VI}$) konnten 0 adressat:innenorientierte Schreibaufgaben erhoben werden. Damit fallen auch die Anteile an Schreibaufgaben und Lernaufgaben mit einem Ergebnis von 0,00 % aus.

Tab. 6.22 zeigt den Fachvergleich über Mittelwertvergleiche der Auswertung *Aufgabenmerkmal – Produktion – Schreibaufgaben – Adressat:in*:

Tab. 6.22 Klassifikation durchschnittlich erhobener Schreibaufgaben mit Adressat:innenorientierung/Fachvergleich

Korpus/ Merkmal	WiPo-Lehrwerke $n_{LWFachI+II}$			Physik-Lehrwerke $n_{LWFachIII+IV}$		
	absolut $\bar{x}$	relativ$_1$ $\bar{x}$ LWFachI+II	relativ$_2$ $\bar{x}$ LWFachI+II	absolut $\bar{x}$	relativ$_1$ $\bar{x}$ LWFachIII+IV	relativ$_2$ $\bar{x}$ LWFachIII+IV
$\mathbf{n_{LWFachgesamt}}$	431	–	100	247,5	–	100
$\mathbf{n_{Schreibaufgaben}}$	74,50	100	17,29	20,5	100	8,28
$\mathbf{n_{Adressat:in}}$	**21,5**	**28,86**	**4,99**	**0**	**0,00**	**0,00**

Zusammengefasst lässt sich festhalten, dass die Konzeptionsideen der fachlichen Schreibaufgaben übergreifend nicht oder wenig auf eine Förderung des adressat:innenorientierten Schreibens ausgerichtet sind. Die Gemeinsamkeit der Fächer liegt in einer Tendenz zur Marginalisierung dieses Merkmals. Die Fächer zeigen darüber hinaus im innerfachlichen Vergleich deutliche Gemeinsamkeiten. Während die Lehrwerke des Fachs *Wirtschaft-Politik* durchaus Schreibaufgaben mit Adressat:innenorientierung enthalten, die rund ein Drittel der Schreibaufgaben und rund 5 % aller Lernaufgaben ausmachen, konnten in den Physik-Lehrwerken keine adressat:innenorientierten Schreibaufgaben gezählt werden. Die Unterschiedlichkeit zur Stellung des adressat:innenorientierten Schreibens in den fachlichen Kernlehrplänen zugunsten des Fachs *Wirtschaft-Politik* drückt sich zu einem Teil in der Auswertung aus. Den Physik-Lehrwerken fehlen jedoch gänzlich Schreibaufgaben, die das adressat:innenorientierte Schreiben explizit anleiten, obwohl dies im Kernlehrplan als übergreifend zu fördernde Kompetenz benannt wird.

Für die Typisierung kann konstatiert werden, dass das häufigste Merkmal in beiden Fächern *keine Adressat:innenorientierung* darstellt (vgl. Abschnitte 6.2.9 und 6.2.9.1).

Schreibaufgaben – Sprachliche Hilfen

In diesem Abschnitt werden die Ergebnisse der Kategorie *Aufgabenmerkmale – Produktion – Schreibaufgaben – Sprachliche* Hilfen berichtet. Das Referenzkorpus $n_{Schreibaufgaben}$ ist dasselbe, welches auch für die Auswertung der Kategorie *Adressat:in* genutzt wurde. Auch die Darstellungsform lehnt sich an die der Kategorie *Adressat:in* an. Es wird danach gefragt, ob Aufgaben, die eine explizite Schreibaufforderung enthalten, den Schüler:innen sprachliche Hilfen in Form von Formulierungshilfen (Ausdrucksprozeduren und lexikalische Hilfen) und/oder als Textmusterhilfen über die Aufgabenstellung oder in naher Aufgabenumgebung zur Verfügung stellen. Dabei werden die folgenden Fragestellungen behandelt:

(a) (V) Wie hoch ist der Anteil an Schreibaufgaben, die explizite sprachliche Hilfestellungen in Form von Formulierungs- und/oder Textmusterhilfen enthalten?

(c) (I) Welche fachlichen Unterschiede zeigen sich zwischen den Lehrwerken der Fächer Wirtschaft-Politik und Physik der Klasse 5/6?

Zuerst werden die Ergebnisse für Wirtschaft-Politik, dann die Ergebnisse für Physik dargestellt. Abschließend erfolgt der Fachvergleich. Hierauf aufbauend wird das zur Kategorie gehörige Aufgabenmerkmal für die Typisierung abgeleitet.

Die Ergebnisse des Wirtschaft-Politik-Lehrwerks *TEAM 5/6* zeigen, dass von 66 expliziten Schreibaufgaben 19 sprachliche Hilfen enthalten. In Relation zum Korpus der Schreibaufgaben des Lehrwerks entspricht dies einem Anteil von 28,79 %. Von den 19 expliziten Schreibaufgaben, die gleichzeitig sprachliche Hilfen enthalten, stellen 5 Aufgaben Formulierungshilfen und 14 Aufgaben Textmusterhilfen dar. Somit machen die Aufgaben mit Formulierungshilfen einen Anteil an den Schreibaufgaben von 7,47 % und einen Anteil an allen Lernaufgaben von 1,26 % aus. Aufgaben mit Textmusterhilfen bilden einen Anteil von 21,21 % an den expliziten Schreibaufgaben und 3,53 % an allen Lernaufgaben.

Bei den Formulierungshilfen handelt es sich zweimal um rein lexikalische Hilfen in Form von Stichwörtern, z. B. „Niemand darf Gewalt anwenden in der Schule. Welche weiteren Schülerpflichten kannst du aus den Bestimmungen ableiten? Formuliere sie in Form von Regeln. (Das geht auch gemeinsam)" (Mattes & Herzig, 2019, S. 40, Aufgabe 3). In der Aufgabe wird ein Hinweis zu der Hilfekarte auf S. 254 gegeben. Hier finden die Schüler:innen die folgende lexikalische Hilfestellung: „Folgende Stichwörter können dir bei der Suche nach weiteren Pflichten helfen: – Müll / – Benutzung von Abfalleimer / – Mitbringen gefährlicher Gegenstände / – Unterrichtsstörungen / – Befolgen von Anordnungen der Lehrerinnen und Lehrer" (S. 254).

Neben den beiden rein lexikalischen Hilfen steht den Schüler:innen in einer Aufgabe eine Hilfe zur Verfügung, bei der neben der lexikalischen Hilfe eine Tabelle als Textmuster zur Verfügung gestellt wird, welches als Ergebnis der Aufgabenbearbeitung erwartet wird (Mattes & Herzig, 2019, S. 27, Aufgabe 2). Überdies verbinden zwei explizite Schreibaufgaben Formulierungshilfen in Form einer Ausdrucksprozedur mit einer Textmusterhilfe, bei denen ein Textaufbau angebahnt wird. Dies erfolgt einmal über W-Fragen und einmal über eine strukturierte Abfolge der Formulierungshilfen selbst: Die eine Aufgabe lautet: „Bewertet die vorgestellten Texte anhand der folgenden Kriterien: Was hat er [*der Text*, Anm. M.F.] uns an neuem Wissen vermittelt? Wie wichtig ist er für unsere Bildung? Können wir ihn anderen zum Lesen empfehlen? Ja, weil …; nein, weil …" (Mattes & Herzig, 2019, S. 242, Aufgabe 1 bis 4, zusammenhängender Aufgabenblock, Auszug aus Aufgabenteil 3).

Die andere Aufgabe lautet: „Verfasse einen Beitrag für eine Schülerzeitung, in dem du die ‚Nose-to-tail-Bewegung' vorstellst." [Hinweis zur Seite mit den Hilfekarten, S. 257.] „So kannst du deinen Beitrag gliedern: – ‚Nose-to-tail' bedeutet übersetzt … / – Die Grundidee der Bewegung ist … / – Die Bewegung entwickelt sich … / – Die Folgen sind … / – Ich bewerte die Bewegung …" (S. 257).

Bei den Textmusterhilfen handelt es sich 8-mal um Hinweise zum Anlegen einer Tabelle, 1-mal um den Hinweis zu einer Methodenkarte mit der Aufforderung zu einem Schreibgespräch (Mattes & Herzig, 2019, S. 100, Aufgabe 1) und einmal um einen stark reduzierten Modelltext zu einem Brief (Mattes & Herzig, 2019, S. 21, „Was auch noch interessant sein könnte"). Die drei weiteren Textmusterhilfen wurden in der Beschreibung zu den Formulierungshilfen oben bereits aufgeführt.

Im Lehrwerk *Wirtschaft-Politik 1* konnten 28 Aufgaben mit sprachlichen Hilfen erhoben werden. Dies entspricht einem Anteil an den Schreibaufgaben von 33,73 % und einem Anteil an allen Lernaufgaben des Lehrwerks von 6,02 %. Innerhalb des Korpus der sprachlichen Hilfen konnten zehn (10) Formulierungshilfen (12,05 %/ 2,15 %) und 18 Textmusterhilfen erhoben werden (21,68 %/3,87 %).

Bei den Formulierungshilfen handelt es sich um 6 lexikalische Hilfen, bei denen zweimal ein Hinweis auf Begriffe (Schlagworte) gegeben wird, einmal werden Ländernamen und zweimal Wortspeicher für das Lösen der Aufgaben bereitgestellt. Darüber hinaus soll ein Lückentext ergänzt werden. Hierfür werden Begriffe zur Verfügung gestellt. Es sollen bei allen 6 Aufgaben keine Lösungen verfasst werden, die als linearer Text zu klassifizieren sind. Es handelt sich ausschließlich um Aufgaben, bei denen Wörter ergänzt werden, z. B. „Kennt ihr aktuelle Veränderungen des Fernsehens? Ergänzt sie in eurer Bildergeschichte. Der Wortspeicher kann dabei helfen: Smart-TV – Pay-TV – 3D-Fernseher – Fernseh-Apps auf dem Handy oder Tablet – Virtual-Reality-Brillen …" (Frintrop-Bechthold & Floren, 2019, S. 163, Aufgabe 2).

Bei den Textmusterhilfen handelt es sich größtenteils um Modelltexte mit und ohne W-Fragen als Hilfen für das Erstellen von diskontinuierlichen Texten, z. B. für einen Einnahmen-Ausgaben-Plan (S. 56), das Erstellen eines Aktionsplans (S. 81, o. Aufgabennummer), für verschiedene Tabellen (5) (S. 22, Aufgabe D1; S. 96, Aufgabe 2; S. 141, Aufgabe 2; S. 142, Aufgabe 1 und 2; S. 208, Aufgabe 1), verschiedene Schaubilder (S. 73, Aufgabe 1; S. 85, Aufgabe 2; Seite 169, Aufgabe 2; S. 203, Aufgabe 1), Mindmaps (S. 73, Aufgabe 3; S. 116, Aufgabe 2) oder für das Anfertigen eines Plakats (S. 218, o. Aufgabennummer; S. 231, Aufgabe 4; S. 233, Aufgabe 4). Darüber hinaus werden sprachliche Hinweise für das Erstellen eines Wahlprogramms in Form von W-Fragen (S. 110, Aufgabe 4) und ein Hinweis in einer Aufgabenstellung zu zwei Modelltextbeispielen gegeben, um eine Situationsbeschreibung anzufertigen (S. 86, Aufgabe 4).

Tab. 6.23 zeigt zusammenfassend die Ergebnisse der Kategorie *Aufgabenmerkmale – Produktion – Schreibaufgaben – Sprachliche Hilfen* für das Fach *Wirtschaft-Politik*.

Tab. 6.23 Ergebnisse der Analyse „Aufgabenmerkmale" – „Produktion" – „Schreibaufgaben" – „Sprachliche Hilfen"/Wirtschaft-Politik

Korpus/ Merkmal	TEAM 5/6 (Mattes & Herzig, 2019) $n_{LWFachI}$			Wirtschaft-Politik 1 (Frintrop-Bechthold & Floren) $n_{LWFachII}$		
	absolut	$relativ_1$	$relativ_{2LW}$	absolut	$relativ_1$	$relativ_{2LW}$
$\mathbf{n_{LWFach}}$	397	–	100	465	–	100
$\mathbf{n_{Schreibaufgaben}}$	66	100	16,62	83	100	17,85
$\mathbf{n_{Sprachliche\ Hilfen}}$	**19**	**28,79**	**4,79**	**28**	**33,73**	**6,02**
Formulierungshilfen	5	7,47	1,26	10	12,05	2,15
Textmusterhilfen	14	21,21	3,53	18	21,68	3,87

Im Physik-Lehrwerk *Dorn-Bader – Physik* konnten in 23 Schreibaufgaben 5 sprachliche Hilfen erfasst werden (21,74 %/1,95 %), die alle Textmusterhilfen darstellen. Dies entspricht insgesamt einem Anteil von 21,74 % an den Schreibaufgaben des Lehrwerks und 1,95 % an allen Lernaufgaben des Lehrwerks. Bei den fünf erfassten Textmusterhilfen handelt es sich 4-mal um Hinweise zur Erstellung einer Tabelle und 1-mal um einen konkreten Hinweis in naher Aufgabenumgebung zum Verfassen eines Versuchsprotokolls. Insgesamt werden demnach kaum bis keine expliziten schreibbezogenen Unterstützungsangebote für die Schüler:innen bereitgestellt. Formulierungshilfen in Form von lexikalischen Hilfen oder Textprozeduren (Ausdrucksseite) konnten nicht erfasst werden (0,00 %).

In dem Physik-Lehrwerk *Physik heute 1* wurden in 18 expliziten Schreibaufgaben 3 sprachliche Hilfen isoliert (16,67 %/1,26 %), die 2 Formulierungshilfen und 1 Textmusterhilfe darstellen, was einem Anteil von $11,1\overline{1}$ % bzw. 5,56 % an den erhobenen Schreibaufgaben und 0,84 % bzw. 0,42 % Anteil an allen Lernaufgaben entspricht. Bei den zwei Formulierungshilfen handelt es sich um Ausdrucksprozeduren. Einmal mit drei Angeboten zu einer fachlichen Je-desto-Vergleichskonstruktion (zweiteilige Konnektorenkonstruktion), mit der Schüler:innen ihre Beobachtungen notieren können: *Je dicker/dünner/länger der Draht, desto … (Otte-Spille & Langer, 2019, S. 32, Aufgabe 2),* und eine Aufgabe, die Formulierungshilfen mit Leerstellen anbietet, welche wie folgt gestaltet sind und Schüler:innen dabei unterstützen sollen, etwas zu vergleichen: *… wird 2-/4-/8-mal so laut empfunden, wie …* (Otte-Spille & Langer, 2019, S. 125, Aufgabe C). Bei der Textmusterhilfe handelt es sich um eine Mustertabelle mit Spaltenbeschriftung, um die Ergebnisse eines durchgeführten Versuchs zum Thema *Flüssigkeiten im Stromkreis* schriftlich festzuhalten (Otte-Spille & Langer, 2019, S. 31, Aufgabe V1).

Tab. 6.24 gibt einen Überblick über die Auswertung der Kategorie *Aufgabenmerkmale – Schreibaufgaben – Sprachliche Hilfen* für das Fach *Physik*.

Tab. 6.24 Ergebnisse der Analyse „Aufgabenmerkmale" – „Produktion" – „Schreibaufgaben" – „Sprachliche Hilfen"/Physik

Korpus/ Merkmal	Dorn/Bader – Physik 1 (Müller, R., 2019) $n_{LWFachIII}$			Physik heute 1 (Otte-Spille & Langer, 2019) $n_{LWFachIV}$		
	absolut	$relativ_1$	$relativ_{2LW}$	absolut	$relativ_1$	$relativ_{2LW}$
$\mathbf{n_{LWFach}}$	256	–	100	239	–	100
$\mathbf{n_{Schreibaufgaben}}$	23	100	8,98	18	100	7,53
$\mathbf{n_{Sprachliche\ Hilfen}}$	**5**	**21,74**	**1,95**	**3**	**16,67**	**1,26**
Formulierungshilfen	0	0,00	0,00	2	$11,\overline{1}$	0,84
Textmusterhilfen	5	21,74	1,95	1	5,56	0,42

Fachvergleich – Zusammenfassung

Zum Fachvergleich (c) (I) der Forschungsfrage (a) (V) *Wie hoch ist der Anteil an Schreibaufgaben, die explizite sprachliche Hilfestellungen in Form von Formulierungs- und/oder Textmusterhilfen enthalten?* können folgende Ergebnisse berichtet werden:

Der Fachvergleich zeigt, dass in den *Wirtschaft-Politik-Lehrwerken* durchschnittlich 23,5 Schreibaufgaben mit sprachlichen Hilfen in 431 Lernaufgaben erhoben werden konnten. Dies entspricht einem Anteil von 31,54 % an den erhobenen Schreibaufgaben der Fachstichprobe ($n_{LWFachI+II}$) und 5,45 % Anteil an allen Lernaufgaben der sozialwissenschaftlichen Stichprobe. Dabei werden durchschnittlich mehr Textmusterhilfen als Formulierungshilfen gegeben und insgesamt wenige sprachliche Hilfen in expliziten Schreibaufgaben. Von 23,5 Schreibaufgaben mit sprachlichen Hilfen enthalten 7,5 Formulierungshilfen (10,07 % /1,74 %) und durchschnittlich 16 Textmusterhilfen (21,48 %/ 3,71 %).

In der *Physik*-Stichprobe ($n_{LWFachIII+VI}$) konnten 4 sprachliche Hilfen in 20,5 Schreibaufgaben innerhalb des Korpus von 247,5 Lernaufgaben isoliert werden, was einem Anteil von 19,51 % an den Schreibaufgaben der Fachstichprobe entspricht und einem Anteil von 1,62 % an allen Lernaufgaben der Stichprobe *Physik*. Insgesamt wurden durchschnittlich 1 Formulierungshilfe erhoben (4,88 %/ 0,40 %)

und 3 Textmusterhilfen (14,63 %/ 1,21 %). Somit kommen auch in dieser Stichprobe mehr Textmuster- als Formulierungshilfen vor und insgesamt sehr wenige sprachliche Hilfen in Schreibaufgaben.

Fachvergleichend lässt sich feststellen, dass in der Wirtschaft-Politik-Stichprobe mehr sprachliche Hilfen vorkommen, der Anteil jedoch in beiden Stichproben als gering bzw. sehr gering eingeschätzt werden kann.

Tab. 6.25 zeigt den Fachvergleich über Mittelwertvergleiche der Auswertung *Aufgabenmerkmal – Produktion – Schreibaufgaben – Sprachliche Hilfen.*

Tab. 6.25 Klassifikation durchschnittlich erhobener Schreibaufgaben mit sprachlichen Hilfen/Fachvergleich

Korpus/ Merkmal	WiPo-Lehrwerke $n_{LWFachI+II}$			Physik-Lehrwerke $n_{LWFachIII+IV}$		
	absolut $\bar{x}$	relativ$_1$ $\bar{x}$ LWFachI+II	relativ$_2$ $\bar{x}$ LWFachI+II	absolut $\bar{x}$	relativ$_1$ $\bar{x}$ LWFachIII+IV	relativ$_2$ $\bar{x}$ LWFachIII+IV
$\mathbf{n_{LWFachgesamt}}$	431	–	100	247,5	–	100
$\mathbf{n_{Schreibaufgaben}}$	74,5	100	17,29	20,5	100	8,28
$\mathbf{n_{Sprachliche\ Hilfen}}$	**23,5**	**31,54**	**5,45**	**4**	**19,51**	**1,62**
Formulierungshilfen	7,5	10,07	1,74	1	4,88	0,40
Textmusterhilfen	16	21,48	3,71	3	14,63	1,21

Zusammengefasst kann konstatiert werden, dass sprachlichen Hilfen in den untersuchten Aufgabenstellungen eine untergeordnete Bedeutung zukommt. Durchschnittlich 5 % aller Aufgaben aus der Wirtschaft-Politik-Stichprobe und rund 2 % der Aufgabenstellungen aus der Physik-Stichprobe stellen explizite Schreibaufgaben mit sprachlichen Hilfen dar. Selten bzw. sehr selten wird demnach das Schreiben einerseits expliziert, andererseits der Ausbau schreibbezogener bildungssprachlicher Kompetenzen explizit über das Material gefördert. Dies ist eine deutliche Gemeinsamkeit aller Stichproben.

Dabei konnten unter den wenigen erhobenen Hilfen in beiden Fachstichproben mehr Textmusterhilfen isoliert werden, die sich in der Regel auf einfache Hilfen zu einfachen Schreibaufträgen und darüber hinaus auf diskontinuierliche Texte beziehen, wie das Erstellen einer Tabelle. Dies ist für alle Stichproben relevant.

In Physik bilden das Versuchsprotokoll und die Tabelle zur Ergebnis-/ Beobachtungsdokumentation die zentralen Textmuster ab. In Wirtschaft-Politik besteht eine größere Vielfalt an Textmustern, wie z. B. Tabellen, Schaubilder, Pläne oder Plakate.

Formulierungshilfen sind dabei selten, wobei diese zwar bekannt erscheinen, da sie durchaus vorkommen, aber kaum genutzt werden. Abgesehen vom Lehrwerk *Dorn/Bader – Physik 1* konnten in allen Lehrwerken vereinzelt Aufgaben mit Ausdrucksprozeduren als Formulierungshilfen gefunden werden. Die meisten erhobenen Ausdruckshilfen beziehen sich jedoch auf das Geben lexikalischer Hilfen in Form von Begriffen. Aus schreibdidaktischer Perspektive kann zusammengefasst werden, dass die Lehrwerke selten schreibförderliche Aufgabenstellungen enthalten. Das Schreibförderpotenzial der untersuchten sachfachlichen Lernaufgaben kann vor dem Hintergrund der Auswertung als gering eingeschätzt werden. Der materialbezogene Raum für bildungssprachliche Schreibübungen im fachlichen Kontext ist gering.

Für die Typisierung kann daher abgeleitet werden, dass die häufigste Ausprägung für das Aufgabenmerkmal „Sprachliche Hilfen" in expliziten Schreibaufgaben *keine sprachlichen Hilfen* ist. Im Folgenden werden die Ergebnisse zum Bereich „Operatoren" dargestellt (vgl. Abschnitte 6.2.9 und 6.2.9.1).

6.2.8.2 Operatoren

Nachdem die rezeptiven und produktiven Aufgabenmerkmale als sprach- bzw. schreibbezogene *Unterstützungsangebote* in den Lernaufgaben untersucht und die Ergebnisse dargestellt wurden, behandelt der Bereich „Operatoren" mit den Hauptkategorien *Spektrum* und *Spezifik* die größtenteils bildungssprachlichen bzw. sprachhandlungsbezogenen *Anforderungen* an Schüler:innen.

In einem ersten Schritt werden die genutzten Operatoren nach Einzelstichproben und Fachstichproben sortiert beschrieben und verglichen. Anschließend werden die *Quasi-Operatoren,* also alle nicht über standardisierte Listen für das Abitur in NRW definierten Handlungsverben in den Aufgabenstellungen berichtet und klassifiziert. Beide Erhebungen gehören zu dem Bereich *Spektrum.* In einem dritten Schritt werden für Aufgaben mit dem hochfrequenten Operator *erklären* Häufigkeiten zum Vorkommen der Explanandumtypen *erkläre-was-*, *erkläre-wie-* und *erkläre-warum-*Aufgaben ausgegeben, was den Bereich *Spezifik* abbildet.

Es werden die folgenden Forschungsfragen beantwortet:

(b) Operatoren – Spektrum
  (I) Welche Operatoren und Quasi-Operatoren werden in Schulbuchlernaufgaben eingesetzt?
  (II) Welche kognitiv-sprachlichen Teilhandlungen können über Operatoren und Quasi-Operatoren erhoben werden?

Operatoren – Spezifik

(III) Wie hoch ist der Anteil an spezifischen erkläre-Aufgaben (erkläre-was/-wie/-warum)?

Es wird ein abschließender Fachvergleich angestrebt, der die oben genannten Fragestellungen einbezieht:

(c) *Fachspezifik*
  (I) Welche Gemeinsamkeiten und Unterschiede bestehen zwischen den Lehrwerken der Fächer Wirtschaft-Politik und Physik?

Die Darstellung der Ergebnisse orientiert sich auch für diese Kategorie chronologisch am Kategoriensystem und der Reihenfolge der Forschungsfragen. Die Fragestellungen *(b) (I), (b) (II)* und *(b) (III),* welche sich sowohl auf *Operatoren* als auch auf *Quasi-Operatoren* beziehen, werden einmal im Unterkapitel *Operatoren* für Ergebnisse zu *Operatoren* und einmal im Unterkapitel *Quasi-Operatoren* für *Quasi-Operatoren* bearbeitet und getrennt berichtet. Die Zusammenführung der Ergebnisse erfolgt abschließend in einer Zusammenfassung des Abschnitts *Spektrum.* Der Abschnitt zur *Spezifik* schließt hieran an.

Spektrum

Die Ergebnisdarstellung für die Hauptkategorie *Spektrum* umfasst die Ergebnisse der Subkategorien *Operatoren* und *Quasi-Operatoren.*

Operatoren

Die Auswertung der Operatoren in den Aufgaben zielt darauf ab, die sprachhandlungsbezogenen Anforderungen über die Operatoren als Marker des unterrichtlichen metasprachlichen Handelns aus den Aufgabenstellungen zu extrahieren und anhand von Häufigkeiten Tendenzen der Nutzung auszugeben. Somit können Aussagen über die Bedeutung von kognitiv-sprachlichen Handlungen für das fachliche Lernen des Unterrichts getroffen werden. Die Grundlage der deduktiven Kategorienbildung stützt sich auf die jeweilige Operatorenliste der Fächer für das Abitur, diejenige bildungspolitische standardisierte Liste, die im Auswertungsjahr 2023 vorlag und bereits 2019 mit der Schulbuchreform herausgegeben wurde. Es werden die folgenden Forschungsfragen beantwortet:

(b) (I) Welche Operatoren werden in Schulbuchlernaufgaben eingesetzt?

(c) (I) Welche kognitiv-sprachlichen Teilhandlungen können über Operatoren erhoben werden?

Die Darstellungsweise der Einzelergebnisse für das Korpus $n_{Operatoren}$ orientiert sich in der Abfolge an den Auswertungen des Bereichs *Aufgabenmerkmale*. Die Auswertungen beginnen je mit den Wirtschaft-Politik-Lehrwerken. Anschließend werden die Ergebnisse für das Fach Physik vorgestellt. Nach den Lehrwerksvergleichen und einem Fachvergleich erfolgt eine abschließende Zusammenfassung. Das Korpus $n_{Operatoren}$ enthält alle *einfachen* (A) und *sequenzierten* (B) Lernaufgaben mit Handlungsverben im Imperativ Singular oder Plural aus n_{gesamt}, die als Operatoren in den Operatorenlisten der Fächer im Auswertungsjahr 2023 vorlagen.

Aufgrund der hohen Anzahl an Handlungsverben wird auf eine detaillierte Darstellung der Verteilung auf die einzelnen thematischen Kapitel über eine Matrix im Anhang verzichtet. Eine Matrix mit quantitativen Daten wird jedoch für das Vorkommen von Operatoren pro Kapitel und Lehrwerk ausgegeben (s. Anhang A 1.2 im elektronischen Zusatzmaterial).

Auch für den Ergebnisbericht dieser Hauptkategorien werden die Relationen $relativ_1$ und $relativ_2$ verwendet, wobei $relativ_1$ die Relation des Vorkommens von einzelnen Operatoren zum Subkorpus $n_{Operatoren}$ darstellt, also den Anteil einzelner Verb-Häufigkeiten an allen isolierten Operatoren, die für die Ergebnisdarstellung im Einzelnen relevant sind (z. B. mit Bezug zu den erhobenen Operatoren eines Lehrwerks). $Relativ_2$ drückt die Relation zum übergeordneten Referenzkorpus der Lernaufgaben, beispielsweise n_{LWFach}, aus. Dieser Wert zeigt, in welchem Verhältnis die erhobenen Operatoren zur Anzahl der Lernaufgaben stehen. Der Gesamtwert drückt aus, ob eher eine Tendenz dazu besteht, dass weniger als ein Operator in den Aufgaben genutzt wird (z. B. auch deshalb, weil andere Fragenformen genutzt werden) oder mehr als ein Operator. Liegt der Wert über 100 %, bedeutet dies, dass durchschnittlich pro Lernaufgabe mehr als ein Operator verwendet wird. Liegt dieser unter 100 %, dann werden durchschnittlich weniger als ein Operator pro Aufgabe verwendet und auch andere Aufforderungsformen wie W- oder Entscheidungsfragen genutzt.

Bei den zwei Werten handelt es sich demnach im Gegensatz zu vorhergehenden Auswertungen um zwei verschiedene Größen der Bezugnahme. Einerseits, bei $relativ_1$, um Operatoren, und andererseits, bei $relativ_2$, um Lernaufgaben. Für die Interpretation der Einzelergebnisse ist vor allem das Vorkommen häufig genutzter Operatoren relevant, weshalb hierauf der Fokus gerichtet wird.

Bei $relativ_2$ ist das Gesamtergebnis entscheidender für die Datenbeschreibung. Daher wird in der Ergebnisdarstellung für $relativ_2$ ausschließlich die Gesamtzahl an Operatoren berichtet, jedoch werden die Werte nicht für jedes Handlungsverb im

Einzelnen im Fließtext referiert. Bei weiterführendem Interesse kann jeder Verb-Einzelwert der tabellarischen Ergebnispräsentation entnommen werden.

An die Stelle dieser Einzelauswertungen tritt die Präsentation der fünf häufigsten Operatoren und ihre Zuordnung zu den kognitiven Anforderungsbereichen (AFB), wie sie in der Operatorenliste ausgegeben werden. Kommen mehrere Operatoren mit einem gleichen Anteil auf dem fünfthäufigsten Platz vor, werden alle gleichrangigen Operatoren dargestellt. Die Darstellung der Gesamtergebnisse erfolgt chronologisch nach alphabetischer Reihenfolge der Operatorenausdrücke. Um die Rezeption der erhobenen Häufigkeiten zu vereinfachen, werden im Fließtext die Häufigkeiten mithilfe von vier aufsteigenden Frequenzgruppen dargestellt.

Die erste Frequenzgruppe (FGI) fasst alle Operatoren zusammen, die nicht in den Aufgaben genutzt werden, aber Teil der Operatorenliste sind. Die zweite Gruppe (FGII) fasst seltene Vorkommen mit einer Häufigkeit von </ = 1 % zusammen, die dritte Gruppe (FGIII) umfasst alle Operatoren, die häufiger als 1 % genutzt werden, aber nicht zu den fünf häufigsten Operatoren gehören. Sie treten gering bis mittel häufig in den Aufgaben auf. Zuletzt vereint die Gruppe vier (FGIV) die fünf häufigsten Operatoren der Auswertung. Dabei werden im Fließtext die absoluten und relativen Werte (relativ$_1$) der tabellarischen Darstellung in Klammern berichtet. Wenn die Gruppe FGIV vorgestellt wird, werden durchgehend die drei häufigsten Operatoren grau markiert, um die Lesbarkeit der Ergebnisse zu verbessern. Die Referenzwerte für die Zuteilung sind die Werte von relativ$_1$.

Tab. 6.26 gibt einen Überblick über die *Frequenzgruppen zur Einordnung der Operatorenhäufigkeiten.*

Tab. 6.26 Klassifikation der Frequenzgruppen zur Einordnung der Häufigkeit erhobener Operatoren in den Aufgaben

Frequenzgruppe (FG)	Relative Häufigkeit/Kriterium
I	0,00
II	</ = 1,00
III	>1,00 bis IV
IV	Die fünf häufigsten Operatoren der Gesamtauswertung

Nach der Zuordnung zu den Frequenzgruppen und der anschließenden Zuordnung zu den kognitiven Anforderungsbereichen werden die fünf häufigsten Operatoren der Gruppe IV einem Texthandlungstyp mit einschlägigem sprachlichem

Anforderungsbereich nach der jeweiligen Operatorenliste zugeordnet. Dies folgt der Klassifikation von Feilke & Rezat (2019a). Für die chronologische Darstellung der Auswertungen zur FGIV werden die Operatoren nach Häufigkeiten absteigend sortiert, nicht alphabetisch, um die Lesbarkeit zu verbessern

Vergleich und Zusammenfassung Wirtschaft-Politik-Lehrwerke

Für die Darstellung des Vorkommens von Operatoren in den Wirtschaft-Politik-Lehrwerken werden die Einzelauswertungen der Frequenzanalyse nacheinander berichtet und anschließend verglichen. In der Operatorenliste für das Fach werden 29 Operatoren gelistet (Operatorenliste SoWi NRW, o. J.).

Im Lehrwerk *TEAM 5/6* (Mattes & Herzig, 2019) konnten in 397 Lernaufgaben 202 Operatoren absolut isoliert werden. Dies entspricht durchschnittlich einem Anteil von 50,88 % Lernaufgaben mit Operator(en) (relativ$_2$).

Zwölf von 29 der in der Operatorenliste geführten Handlungsverben wurden nicht im Korpus gefunden (0/0,00 %). Zur Frequenzgruppe I gehören die Handlungsverben *auswerten, benennen, charakterisieren, darstellen, einordnen, erschließen, gestalten, interpretieren, problematisieren, prüfen, sich auseinandersetzen und widerlegen.*

Mit einer marginalen Nutzung, Frequenzgruppe II, konnten die fünf Operatoren *analysieren* (1/0,50 %), *entwerfen* (2/0,99 %), *ermitteln* (1/0,50 %), *erörtern* (2/0,99 %) und *überprüfen* (1/0,50 %) erhoben werden.

Die sieben Handlungsverben *beurteilen* (6/3,00 %), *bewerten* (3/1,50 %), *diskutieren* (11/5,40 %), *entwickeln* (3/1,50 %), *herausarbeiten* (3/1,50 %), *Stellung nehmen* (5/2,50 %) und *vergleichen* (11/5,40 %) wurden mit einem geringen bis mittleren Vorkommen erhoben (FGIII).

Mit Abstand konnten die fünf Verben *begründen* (35/17,30 %), *beschreiben* (35/17,30 %), *erklären* (41/20,30 %), *erläutern* (21/10,40 %) und *nennen* (21/10,40 %) am häufigsten gezählt werden. Sie bilden die Frequenzgruppe IV.

Tab. 6.27 zeigt die Auswertung der Kategorie *Operatoren – Spektrum – Operatoren* für die Stichprobe *TEAM 5/6*, wobei Operatoren der Gruppe FGIV markiert sind.

Tab. 6.27 Darstellung der Verteilung der Operatoren im Wirtschaft-Politik-Lehrwerk TEAM 5/6

	absolut $n_{LWFachI}$	relativ$_1$ $n_{Operatoren}$	relativ$_2$ $n_{LWFachI}$
$\mathbf{n_{LWFach}}$	397	–	100
$\mathbf{n_{Operatoren}}$	202	100	50,88
analysieren	1	0,50	0,25
auswerten	0	0,00	0,00
begründen	**35**	**17,33**	**8,82**
benennen	0	0,00	0,00
beschreiben	**35**	**17,33**	**8,82**
beurteilen	6	2,97	1,51
bewerten	3	1,49	0,76
charakterisieren	0	0,00	0,00
darstellen	0	0,00	0,00
diskutieren	11	5,45	2,77
einordnen	0	0,00	0,00
entwerfen	2	0,99	0,50
entwickeln	3	1,49	0,76
erklären	**41**	**20,3**	**10,33**
erläutern	**21**	**10,4**	**5,29**
ermitteln	1	0,50	0,25
erörtern	2	0,99	0,50
erschließen	0	0,00	0,00
gestalten	0	0,00	0,00
herausarbeiten	3	1,49	0,76
interpretieren	0	0,00	0,00
nennen	**21**	**10,4**	**5,29**
problematisieren	0	0,00	0,00
prüfen	0	0,00	0,00
sich auseinandersetzen	0	0,00	0,00
Stellung nehmen	5	2,48	1,26
überprüfen	1	0,50	0,25
vergleichen	11	5,45	2,77
widerlegen	0	0,00	0,00

Neben der Gesamtdarstellung der Operatoren werden im Folgenden die fünf häufigsten Operatoren *begründen* (35/17,30 %), *beschreiben* (35/17,30 %), *erklären* (41/20,30 %), *erläutern* (21/10,40 %) und *nennen* (21/10,40 %) für eine bessere Übersicht noch einmal gesondert dargestellt. Diese sechs Operatoren machen 153 von 202 Operatoren aus und decken damit einen Anteil von 75,74 % aller Operatoren ab (relativ$_1$). Es zeigt sich, dass die Operatoren *begründen, beschreiben* und *erklären* am häufigsten genutzt werden. Gemeinsam konstituieren sie einen Anteil an allen Operatoren von rund 55 % (111/54,96 %).

Bezieht man die Anforderungsbereiche mit ein, dann werden alle Anforderungsbereiche genutzt. *Beschreiben* und *nennen* gehören dem AFB I–II, *erklären* dem AFB II, *erläutern* dem AFB II–III und *begründen* dem AFB III an. Es werden durchschnittlich mittlere Anforderungen gestellt, wenn man das arithmetische Mittel der Anforderungsbereiche gleichgewichtet bildet ($\overline{x} = 2{,}10$).

Tab. 6.28 gibt einen Überblick über die *fünf häufigsten Operatoren der FGIV und ihre kognitiven Anforderungsbereiche (AFB) nach der Operatorenliste* der Auswertung der Kategorie *Operatoren – Spektrum – Operatoren* für die Stichprobe *TEAM 5/6*. Die drei meistgenutzten Operatoren wurden noch einmal hervorgehoben und kumulativ berichtet.

Tab. 6.28 Darstellung der Verteilung der fünf häufigsten Operatoren, FGIV, des Wirtschaft-Politik-Lehrwerks TEAM 5/6

	absolut $n_{LWFachI}$	relativ$_1$ $n_{Operatoren}$	Anforderungsbereich (AFB)	Die drei meistgenutzte Operatoren kumulativ absolut/ relativ$_1$
n_{LWFach}	397	–		
$n_{Operatoren}$	202	100		
begründen	35	17,33	III	**35/17,33**
beschreiben	35	17,33	I–II	**70/34,66**
erklären	41	20,30	II	**111/54,96**
erläutern	21	10,40	II–III	
nennen	21	10,40	I–II	
gesamt	**153**	**75,74**	(2,10)	

Im Hinblick auf den Stellenwert von kognitiv-sprachlichen Handlungen sind für häufige Operatoren erklärende Handlungen durchgehend relevant. Dies lässt sich weiterführend über eine Einordnung mithilfe des Modells von Feilke & Rezat

(2019a) zeigen. Die Operatoren *erklären, begründen* und *erläutern* können alle dem Texthandlungstyp eRKLÄREN zugeordnet werden. Addiert man die absoluten und relativen Häufigkeiten, dann können rund 58 % der Operatoren dem eRKLÄRENzugeordnet werden (97/57,93 %). Reorganisierende, erklärende Texthandlungen sind demnach für die Bearbeitung der Aufgaben im Lehrwerk *TEAM 5/6* hoch relevant. ANALYSIEREN und NENNEN folgen zweit- und drittrangig.

Tab. 6.29 zeigt die *fünf häufigsten Operatoren (FGIV), ihre kognitiven Anforderungsbereiche (AFB) nach der Operatorenliste sowie die Zuordnung zu Texthandlungstypen und Anforderungsbereichen nach Feilke & Rezat (2019a) der Auswertung* der Kategorie *Operatoren – Spektrum – Operatoren* für die Stichprobe *TEAM 5/6*. Die drei häufigsten Operatoren wurden markiert.

Tab. 6.29 Klassifizierung der fünf häufigsten Operatoren der Analyse des Lehrwerks TEAM 5/6 mithilfe des Modells von Feilke & Rezat (2019a)

Operator	absolut	AFB nach Operatorenliste	Texthandlungstypen nach Feilke & Rezat (2019a)	Anforderungsbereiche nach Feilke & Rezat (2019a)
erklären	41	II	ERKLÄREN	Reorganisation
begründen	35	III	ERKLÄREN	Reorganisation
beschreiben	35	I–II	ANALYSIEREN	Reorganisation
erläutern	21	II–III	ERKLÄREN	Reorganisation
nennen	21	I–II	NENNEN	Reproduktion

Es folgt die Auswertung für das Lehrwerk *Wirtschaft-Politik 1 (Frintrop-Bechthold & Floren, 2019)*. Diese zeigt, dass in 465 Lernaufgaben 276 Operatoren der Operatorenliste erhoben werden konnten. Somit werden durchschnittlich 59,35 % standardisierte Operatoren in Lernaufgaben verwendet ($relativ_2$).

Sieben Operatoren der Operatorenliste konnten nicht in den Aufgaben erhoben werden und zählen damit zur FGI (0/0,00 %). Hierzu gehören *beurteilen, charakterisieren, einordnen, erörtern, interpretieren, problematisieren* und *widerlegen*.

Marginal genutzt wurden (FGII) die Handlungsverben *analysieren* (1/0,36 %), *entwickeln* (2/0,72 %), *erschließen* (2/0,72 %), *prüfen* (1/0,36 %) und *sich auseinandersetzen* (1/0,36 %).

Für den niedrigen bis mittleren Bereich (FGIII) können die Operatoren *auswerten* (6/2,17 %), *benennen* (6/2,17 %), *bewerten* (5/1,81 %), *darstellen* (4/1,45 %), *entwerfen* (6/2,17 %), *ermitteln* (7/2,54 %), *gestalten* (3/1,09 %), *herausarbeiten* (3/

1,09 %), *nennen* (13/4,71 %), *Stellung nehmen* (9/3,26 %), *überprüfen* (7/2,54 %) und *vergleichen* (12/4,35 %) berichtet werden.

Hochfrequent lassen sich die Operatoren *begründen* (28/13,77 %), *beschreiben* (26/9,42 %), *erklären* (72/26,09 %), *erläutern* (37/13,41 %) und *diskutieren* (15/ 5,43 %) nachweisen.

Tab. 6.30 zeigt die Auswertung der Kategorie *Operatoren – Spektrum – Operatoren* für die Stichprobe *Wirtschaft-Politik 1*. Die fünf häufigsten Operatoren (FGIV) wurden markiert.

Tab. 6.30 Darstellung der Verteilung der Operatoren im Wirtschaft-Politik-Lehrwerk Wirtschaft-Politik 1

	absolut $n_{LWFachI}$	relativ$_1$ $n_{Operatoren}$	relativ$_2$ $n_{LWFachI}$
n_{LWFach}	465	–	100
$n_{Operatoren}$	276	100	59,35
analysieren	1	0,36	0,22
auswerten	6	2,17	1,29
begründen	**38**	**13,77**	**8,15**
benennen	6	2,17	1,29
beschreiben	**26**	**9,42**	**5,59**
beurteilen	0	0,00	0,00
bewerten	5	1,81	1,08
charakterisieren	0	0,00	0,00
darstellen	4	1,45	0,86
diskutieren	**15**	**5,43**	**3,23**
einordnen	0	0,00	0,00
entwerfen	6	2,17	1,29
entwickeln	2	0,72	0,43
erklären	**72**	**26,09**	**15,47**
erläutern	**37**	**13,41**	**7,96**
ermitteln	7	2,54	1,51
erörtern	0	0,00	0,00
erschließen	2	0,72	0,43

(Fortsetzung)

Tab. 6.30 (Fortsetzung)

	absolut $n_{LWFachI}$	relativ₁ $n_{Operatoren}$	relativ₂ $n_{LWFachI}$
gestalten	3	1,09	0,65
herausarbeiten	3	1,09	0,65
interpretieren	0	0,00	0,00
nennen	13	4,71	2,80
problematisieren	0	0,00	0,00
prüfen	1	0,36	0,22
sich auseinandersetzen	1	0,36	0,22
Stellung nehmen	9	3,26	1,94
überprüfen	7	2,54	1,51
vergleichen	12	4,35	2,58
widerlegen	0	0,00	0,00

Die Zuordnung der hochfrequenten Operatoren der FGIV, *begründen, beschreiben, erklären, erläutern* und *diskutieren*, zu den Anforderungsbereichen zeigt folgendes Bild: *begründen* (III), *beschreiben* (I–II), *erklären* (II), *erläutern* (II–III) und *diskutieren* (III). Zusammen machen die fünf häufigsten Operatoren mit absolut 188 Handlungsverben einen Anteil von 68,16 % an allen im Lehrwerk erhobenen Operatoren aus.

Die Ergebnisse sind vergleichbar mit den Ergebnissen des Lehrwerks TEAM 5/6, jedoch werden tendenziell mehr reflexive Anforderungen abgefragt, die dem AFB II–III bzw. III zugeordnet werden können. Dies drückt sich auch über die drei häufigsten Operatoren *begründen, erklären* und *erläutern* aus, die dem AFB II, II–III und III zugeordnet werden können und mit 147 von 276 Operatoren einen Anteil von rund 53 % bilden (53,27 %). Es werden durchschnittlich mittlere bis höhere Anforderungen abgefragt, wenn man das arithmetische Mittel der Anforderungsbereiche gleichgewichtet bildet ($\overline{x} = 2{,}40$).

Tab. 6.31 gibt einen Überblick über die *fünf häufigsten Operatoren der FGIV und ihre kognitiven Anforderungsbereiche (AFB) nach der Operatorenliste* der Auswertung der Kategorie *Operatoren – Spektrum – Operatoren* für die Stichprobe *Wirtschaft-Politik 1*. Die drei meistgenutzten Operatoren wurden noch einmal hervorgehoben.

Tab. 6.31 Darstellung der Verteilung der häufigsten Operatoren, FGIV, des Wirtschaft-Politik-Lehrwerks Wirtschaft-Politik 1

	absolut $n_{LWFachI}$	relativ$_1$ $n_{Operatoren}$	Anforderungsbereich (AFB)	Die drei meistgenutzten Operatoren kumulativ absolut/ relativ$_1$
$\mathbf{n_{LWFach}}$	465	–		
$\mathbf{n_{Operatoren}}$	276	100		
erklären	72	26,09	II	**72/26,09**
begründen	38	13,77	III	**110/39,86**
erläutern	37	13,41	II–III	**147/53,27**
beschreiben	26	9,42	I–II	
diskutieren	15	5,43	III	
gesamt	**188**	**68,16**	(2,40)	

Abschließend werden die Operatoren der FGIV den Texthandlungstypen zugeordnet. Auch hier zeigt sich, dass vor allem das ERKLÄREN die mit Abstand relevanteste Texthandlung darstellt. Die drei hochfrequenten und zugleich am häufigsten im Material genutzten Operatoren *erklären*, *begründen* und *erläutern* können hier zugeordnet werden. Es folgen über die Operatoren *beschreiben* und *diskutieren* die Texthandlungstypen ANALYSIEREN und DISKUTIEREN. Mit Ausnahme der argumentativen Sprachhandlung DISKUTIEREN, die der Ebene der *Reflexion* zugeordnet werden kann, handelt es sich ausschließlich um kognitive Anforderungen aus dem Bereich der *Reorganisation.*

Tab. 6.32 zeigt die *fünf häufigsten Operatoren (FGIV), ihre kognitiven Anforderungsbereiche (AFB) nach der Operatorenliste sowie die Zuordnung zu Texthandlungstypen und Anforderungsbereichen nach Feilke & Rezat (2019a) der Auswertung* der Kategorie *Operatoren – Spektrum – Operatoren* für die Stichprobe *Wirtschaft-Politik 1.* Die drei häufigsten Operatoren wurden hervorgehoben.

Tab. 6.32 Klassifizierung der fünf häufigsten Operatoren der Analyse des Lehrwerks Wirtschaft-Politik 1 mithilfe des Modells von Feilke & Rezat (2019a)

Operator	absolut	AFB nach Operatorenliste	Texthandlungstypen nach Feilke & Rezat (2019a)	Anforderungsbereiche nach Feilke & Rezat (2019a)
erklären	72	II	ERKLÄREN	Reorganisation
begründen	38	I–II	ERKLÄREN	Reorganisation
erläutern	37	II–III	ERKLÄREN	Reorganisation
beschreiben	26	I–II	ANALYSIEREN	Reorganisation
diskutieren	15	III	DISKUTIEREN	Reflexion

Beide Lehrwerke werden abschließend hinsichtlich der Auswertungsdimensionen kontrastiv gegenübergestellt. Danach werden die Ergebnisse verglichen, zusammengeführt und interpretiert.

Die Ergebnisdarstellung des Lehrwerksvergleichs folgt der Darstellung der Einzelauswertungen im Direkt- und Mittelwertvergleich. Hierfür wird auf die Darstellung der Werte der Größe $relativ_2$ gänzlich verzichtet, um Platz für die Gegenüberstellung der absoluten Werte und die Werte von $relativ_1$ beider Substichproben zu schaffen. Denn es ist besonders relevant, wo beide Lehrwerke starke Gemeinsamkeiten für Operatoren in den Aufgaben zeigen und welche Texthandlungstypen hiermit verbunden sind, um dieses Wissen ggf. für die Weiterentwicklung von sprachbildendem Lernmaterial nutzen zu können. Die erste fachlich-kontrastive Gegenüberstellung erfolgt mittels der Frequenzgruppen.

Die Frequenzgruppe I (0/0,00 %) konstituiert die Operatoren der Operatorenliste für das Fach Sozialwissenschaften/Wirtschaft, die in beiden Lehrwerken nicht für die Konzeption der Aufgaben genutzt wurden. Diese Operatoren sind gleichermaßen in beiden Stichproben: *charakterisieren*, *einordnen*, *interpretieren*, *problematisieren* und *widerlegen*. Somit weisen die Daten deutliche Gemeinsamkeiten auf. Unterschiede zeigen sich bei *auswerten*, *benennen*, *darstellen*, *erschließen*, *gestalten*, *prüfen* und *sich auseinandersetzen*. Diese Verben gehören in der Stichprobe aus *TEAM 5/6* der FGI an, während sich die anderen auf die FGII und FGIII der zweiten Wirtschaft-Politik-Stichprobe aus *Wirtschaft-Politik 1* verteilen. Die absoluten Zahlen und Gruppen werden in Klammern ausgegeben: *auswerten* (FGIII, 6), *benennen* (FGIII, 6), *darstellen* (FGIII, 4), *erschließen* (FGII, 2), *gestalten* (FGIII, 3), *prüfen* (FGII, 2) und *sich auseinandersetzen* (FGII, 1). Somit zeigt eine Hälfte nennenswerte Unterschiede, die andere marginale bis geringe.

Der Frequenzgruppe II gehört in beide Stichproben der Operator *analysieren* an. Darüber hinaus können marginale Unterschiede berichtet werden. Während in der Stichprobe aus *TEAM 5/6* dieser Gruppe *entwerfen, ermitteln, erörtern* und *überprüfen* angehören, sind diese nicht Teil der FGII der zweiten Stichprobe. Abgesehen von *erörtern* – was nicht erhoben wurde – sind sie der FGIII mit folgenden absoluten Werten zugehörig: *entwerfen* (6), *ermitteln* (7) und *überprüfen* (7).

Der Frequenzgruppe III gehören darüber hinaus in beiden Stichproben *beurteilen, herausarbeiten, Stellung nehmen* und *vergleichen* an. Unterschiede zeigen sich neben den bereits aufgezeigten Verben bei *beurteilen, diskutieren* und *entwickeln,* die in *TEAM 5/6* der FGIII und in *Wirtschaft-Politik 1* den Frequenzgruppen I, II und IV angehören: *beurteilen* (FGI, 0), *diskutieren* (FGIV, 15) und *entwickeln* (FGII, 2). Ein einschlägiger Unterschied kann hier bei dem Operator *diskutieren* festgestellt werden. Er bildet den fünfthäufigsten Operator der FGIV. Dieser wird in der Stichprobe aus TEAM 5/6 von *nennen* besetzt, der umgekehrt in der Stichprobe aus *Wirtschaft-Politik 1* zu der Frequenzgruppe III zählt (13).

In Frequenzgruppe IV, der die fünf häufigsten Operatoren angehören, treten die größten Überschneidungen auf. In beiden Stichproben findet man von allen 29 möglichen Operatoren *begründen, beschreiben, erklären* und *erläutern. Erklären* belegt in beiden Stichproben die Spitze, *begründen* ist in beiden Stichproben der zweithäufigste Operator. *Erläutern* und *beschreiben* bilden je umgekehrt die dritte bzw. vierte Häufigkeit ab. Dies zeigen auch die Mittelwertvergleiche, in denen sich diese Ergebnisse ebenfalls widerspiegeln.

Tab. 6.33 zeigt die Auswertung der *fachlichen Gegenüberstellung* der Ergebnisse für die Kategorie *Operatoren – Spektrum – Operatoren* für das Fach *Wirtschaft-Politik.* Der häufigste Operator ist markiert.

Tab. 6.33 Fachliche Gegenüberstellung der absoluten und relativen Häufigkeiten der Ergebnisse für das Fach Wirtschaft-Politik und die Kategorie „Operatoren – Spektrum – Operatoren“

	TEAM 5/6 (Mattes & Herzig, 2019) $n_{LWFachI}$	Wirtschaft-Politik 1 (Frintrop-Bechthold & Floren) $n_{LWFachII}$	TEAM 5/6 (Mattes & Herzig, 2019) $n_{LWFachI}$	Wirtschaft-Politik 1 (Frintrop-Bechthold & Floren) $n_{LWFachII}$
	absolut $\bar{x}$	absolut $\bar{x}$	relativ$_1$ $\bar{x}$	relativ$_1$ $\bar{x}$
$\mathbf{n_{LWFach}}$	397	465	–	–
$\mathbf{n_{Operatoren}}$	202	276	100	100

(Fortsetzung)

Tab. 6.33 (Fortsetzung)

	TEAM 5/6 (Mattes & Herzig, 2019) $n_{LWFachI}$	Wirtschaft-Politik 1 (Frintrop-Bechthold & Floren) $n_{LWFachII}$	TEAM 5/6 (Mattes & Herzig, 2019) $n_{LWFachI}$	Wirtschaft-Politik 1 (Frintrop-Bechthold & Floren) $n_{LWFachII}$
analysieren	1	1	0,50	0,36
auswerten	0	6	0,00	2,17
begründen	35	38	17,33	13,77
benennen	0	6	0,00	2,17
beschreiben	35	26	17,33	9,42
beurteilen	6	0	2,97	0,00
bewerten	3	5	1,49	1,81
charakterisieren	0	0	0,00	0,00
darstellen	0	4	0,00	1,45
diskutieren	11	15	5,45	5,43
einordnen	0	0	0,00	0,00
entwerfen	2	6	0,99	2,17
entwickeln	3	2	1,49	0,72
erklären	**41**	**72**	**20,3**	**26,09**
erläutern	21	37	10,4	13,41
ermitteln	1	7	0,50	2,54
erörtern	2	0	0,99	0,00
erschließen	0	2	0,00	0,72
gestalten	0	3	0,00	1,09
herausarbeiten	3	3	1,49	1,09
interpretieren	0	0	0,00	0,00
nennen	21	13	10,4	4,71
problematisieren	0	0	0,00	0,00
prüfen	0	1	0,00	0,36
sich auseinandersetzen	0	1	0,00	0,36
Stellung nehmen	5	9	2,48	3,26
überprüfen	1	7	0,50	2,54
vergleichen	11	12	5,45	4,35
widerlegen	0	0	0,00	0,00

Zieht man das arithmetische Mittel aus beiden Stichproben der Ergebnisinterpretation hinzu, kann man die Übertragbarkeit und damit die Stabilität der Werte für die fachliche Interpretation prüfen.

So zeigen auch die arithmetischen Mittel aus den Ergebnissen beider Lehrwerke, dass der Operator *erklären* für beide Stichproben der häufigste Operator ist und die Ergebnisse zu den häufigsten Operatoren der Frequenzgruppe IV stabil bleiben.

Tab. 6.34 zeigt die *Durchschnittswerte der fachlichen Gegenüberstellung* der Ergebnisse für die Kategorie *Operatoren – Spektrum – Operatoren* für das Fach *Wirtschaft-Politik*. Der häufigste Operator wurde hervorgehoben.

Tab. 6.34 Durchschnittswerte der fachlichen Gegenüberstellung der absoluten und relativen Häufigkeiten der Ergebnisse für das Fach Wirtschaft-Politik und die Kategorie „Operatoren – Spektrum – Operatoren“

	WiPo-Lehrwerke	WiPo-Lehrwerke
	absolut $\overline{x}$ LWFachI+II	relativ1 $\overline{x}$ LWFachI+II
$\mathbf{n_{LWFach}}$	431	–
$\mathbf{n_{Operatoren}}$	239	100
analysieren	1	0,43
auswerten	3	1,09
begründen	36,5	15,55
benennen	3	1,09
beschreiben	30,5	13,38
beurteilen	3	1,49
bewerten	4	1,65
charakterisieren	0	0,00
darstellen	2	0,73
diskutieren	13	5,44
einordnen	0	0,00
entwerfen	4	1,58
entwickeln	2,5	1,11
erklären	**56,5**	**23,20**
erläutern	29	11,90

(Fortsetzung)

Tab. 6.34 (Fortsetzung)

	WiPo-Lehrwerke	WiPo-Lehrwerke
ermitteln	4	1,52
erörtern	1	0,50
erschließen	1	0,36
gestalten	1,5	0,54
herausarbeiten	3	1,29
interpretieren	0	0,00
nennen	17	7,55
problematisieren	0	0,00
prüfen	0,5	0,18
sich auseinandersetzen	0,5	0,18
Stellung nehmen	7	2,87
überprüfen	4	1,52
vergleichen	11,5	4,90
widerlegen	0	0,00

Wird die Frequenzgruppe IV einzeln betrachtet, dann zeigt sich, dass mit einem Set aus den fünf Operatoren *erklären*, *begründen*, *beschreiben*, *erläutern* und *diskutieren* 165,5 von durchschnittlich 239 Operatoren und ein Anteil von 69,47 % der eingesetzten Operatoren in der fachlichen Stichprobe beschrieben werden können. Mit durchschnittlich 56,5 Handlungsverben und 23,20 % wird der Operator *erklären* am häufigsten genutzt. Am zweihäufigsten tritt der Operator *begründen* auf, der durchschnittlich 36,5-mal erhoben werden konnte (15,50 %). *Beschreiben* folgt an dritter Stelle mit einem absoluten Anteil von durchschnittlich 30,5 und 13,38 %. Die drei häufigsten Operatoren *erklären*, *begründen* und *beschreiben* liegen in 123,5 von 239 Fällen vor und können somit mehr als die Hälfte der fachlich relevanten Operatoren erklären. Durchschnittlich werden mittlere Anforderungen mit einer Tendenz zu höheren kognitiven Anforderungen über die Aufgaben eingefordert (2,40).

Tab. 6.35 gibt einen Überblick über die *Durchschnittswerte der fünf häufigsten Operatoren der FGIV und ihre kognitiven Anforderungsbereiche (AFB) nach der Operatorenliste* der Auswertung der Kategorie *Operatoren – Spektrum – Operatoren* für die Fachstichprobe *Wirtschaft-Politik (WiPo)*. Die drei meistgenutzten Operatoren sind markiert.

Tab. 6.35 Darstellung der Verteilung der häufigsten Operatoren, FGIV, nach durchschnittlichen Werten in der Fachstichprobe der Wirtschaft-Politik-Lehrwerke

	absolut $\bar{x}$ $n_{LWFachI+II}$	relativ₁ $\bar{x}$ $n_{Operatoren}$ $n_{LWFachI+II}$	Anforderungsbereich (AFB)	Die drei meistgenutzten Operatoren kumulativ absolut/ relativ$_1$
n_{LWFach}		–		
$n_{Operatoren}$	239	100		
erklären	56,5	23,20	II	**56,5/23,20**
begründen	36,5	15,55	III	**93/38,75**
beschreiben	30,5	13,38	I–II	**123,5/52,13**
erläutern	29	11,90	II–III	
diskutieren	13	5,44	III	
gesamt	**165,5**	**69,47**	(2,40)	

Abschließend werden die potenziell relevanten Texthandlungen ausgewertet. Die Auswertung und Klassifizierung mithilfe von Feilke/Rezat (2019a) bestätigen, dass erklärend-reorganisierende Texthandlungen besonders häufig vorkommen. Diese sind mit den Operatoren *erklären*, *begründen* und *erläutern* assoziiert. Mit den Operatoren *beschreiben* und *diskutieren* werden darüber hinaus analysierend-reorganisierende und diskursiv-reflexive Handlungen in den Aufgaben eingesetzt.

Tab. 6.36 zeigt die *fünf häufigsten Operatoren (FGIV), ihre kognitiven Anforderungsbereiche (AFB) nach der Operatorenliste sowie die Zuordnung zu Texthandlungstypen und Anforderungsbereichen nach Feilke & Rezat (2019a) der Auswertung* der Kategorie *Operatoren – Spektrum – Operatoren* für die Fachstichprobe *Wirtschaft-Politik*. Die drei häufigsten Operatoren wurden markiert.

Tab. 6.36 Klassifizierung der fünf häufigsten Operatoren. Durchschnittswerte des Fachvergleichs der Wirtschaft-Politik-Stichprobe mithilfe des Modells von Feilke & Rezat (2019a)

Operator	absolut $\bar{x}$	AFB nach Operatorenliste	Texthandlungstypen nach Feilke & Rezat (2019)	Anforderungsbereiche nach Feilke & Rezat (2019a)
erklären	56,5	II	ERKLÄREN	Reorganisation
begründen	36,5	III	ERKLÄREN	Reorganisation
beschreiben	30,5	I–II	ANALYSIEREN	Reorganisation
erläutern	29	II–III	ERKLÄREN	Reorganisation
diskutieren	13	III	DISKUTIEREN	Reflexion

Zusammengefasst zeigen beide Lehrwerke im Fachvergleich Ähnlichkeiten bezüglich der Präferenzen für Operatoren. Dies betrifft sowohl solche, die häufig für die Aufgabenkonstruktion genutzt werden, als auch jene, die weniger häufig oder gar nicht für die Aufgabenkonstruktion herangezogen werden. Mit durchschnittlich 56,5 Handlungsverben und 23,20 % wird der Operator *erklären* am häufigsten verwendet. Erklärend-reorganisierende Handlungen sind sowohl im Direktvergleich als auch im Vergleich der Durchschnittswerte der fachlichen Stichprobe bedeutsam. Gleich ist beiden Stichproben darüber hinaus, dass mit wenigen Operatoren ein Großteil aller genutzten Operatoren in beiden Lehrwerken beschrieben werden kann. Die fünf Operatoren *erklären*, *begründen*, *beschreiben*, *erläutern* und *diskutieren* machen einen Anteil von 69,47 % der durchschnittlich eingesetzten Operatoren in der fachlichen Stichprobe Wirtschaft-Politik aus. Damit verbunden sind mittlere kognitive Anforderungen mit einer Tendenz zu reflexiven Handlungen. Gar nicht in beiden Lehrwerken genutzt wurden die Operatoren *charakterisieren*, *einordnen*, *interpretieren*, *problematisieren* und *widerlegen*.

Vergleich und Zusammenfassung Physik-Lehrwerke

In diesem Unterkapitel werden die Einzelergebnisse der Physik-Stichproben berichtet und verglichen.

Im Lehrwerk *Dorn/Bader – Physik 1* konnten 193 Operatoren in 256 Lernaufgaben erhoben werden. Der relativ$_2$-Wert, der das Verhältnis von Operatoren zu allen Lernaufgaben des Lehrwerks angibt, liegt bei 75,39 %.

Im Folgenden wird, wie in der vorhergehenden Datenbeschreibung, je der relativ$_1$-Wert zu jedem Handlungsverb berichtet, womit der Anteil des spezifischen Operators an allen im Lehrwerk erhobenen Operatoren ausgedrückt wird. Die Darstellung erfolgt zunächst alphabetisch, dann nach Häufigkeit absteigend sortiert. Auch für diese Ergebnispräsentation werden die Frequenzgruppen I bis IV genutzt, um die Häufigkeiten aufsteigend sortiert darzustellen. Die Grundlage des deduktiven Kategoriensystems bildete die Operatorenliste für das Fach Physik in NRW, die im Jahr 2023 gültig war (Operatorenliste Physik NRW, o. J.). Im Gegensatz zu der Liste für Wirtschaft-Politik ist zu beachten, dass die Physik-Liste Operatorengruppen enthält, das bedeutet, dass unter einer Operatorendefinition mehrere Operatorenausdrücke zusammengefasst werden, etwa bei *erklären/erläutern*. Operatorengruppen werden gemäß der fachlichen Summierung unter einer Definition innerhalb der Ergebnispräsentation als eine Einheit behandelt.

Operatoren der Operatorenliste, die nicht in den Aufgaben des Lehrwerks *Dorn/Bader – Physik 1* genutzt wurden und damit der Frequenzgruppe I mit einer Häufigkeit von 0/0,00 % angehören, sind *beurteilen*, *darstellen*, *entscheiden*, *entwerfen/planen*, *herleiten*, *interpretieren* und *nachweisen/widerlegen*. Im Gegensatz zu den Operatoren des Fachs Wirtschaft-Politik werden in Physik Operatoren in Gruppen zusammengefasst, wie hier am Beispiel *nachweisen/widerlegen* zu sehen ist.

Der Frequenzgruppe II, der marginal genutzten Operatoren mit einem Vorkommen von </ = 1,00, gehören die zwei Operatoren/-gruppen *bestimmen/ermitteln* (1/0,52 %) und *zeigen* (1/0,52 %) an.

Mit geringer bis mittlerer Nutzungshäufigkeit von > 1,00 % bis FGIV (hier mit dem Schwellenwert 6,74 %) konnten die Operatoren *berechnen* (3/1,55 %), *durchführen* (2/1,04 %), *skizzieren* (2/1,04 %), *vergleichen* (11/5,70 %) und *zeichnen* (5/2,59 %) erhoben werden.

Die fünf häufigsten Operatoren/-gruppen der Frequenzgruppe IV sind *angeben/nennen* (21/10,88 %), *beschreiben* (37/19,17 %), *begründen* (17/8,81 %), *erklären/erläutern* (80/41,45 %) und *prüfen/untersuchen* (13/6,74 %).

Tab. 6.37 zeigt die Auswertung der Kategorie *Operatoren – Spektrum – Operatoren* für die Stichprobe *Dorn/Bader – Physik 1*, wobei Operatoren der Gruppe FGIV markiert sind.

Tab. 6.37 Darstellung der Verteilung der Operatoren im Physik-Lehrwerk Dorn/Bader – Physik 1

	absolut $n_{LWFachIII}$	relativ$_1$ $n_{Operatoren}$	relativ$_2$ $n_{LWFachIII}$
$\mathbf{n_{LWFach}}$	256	–	100
$\mathbf{n_{Operatoren}}$	193	100	75,39
angeben, nennen	**21**	**10,88**	**8,20**
begründen	**17**	**8,81**	**6,64**
berechnen	3	1,55	1,12
beschreiben	**37**	**19,17**	**14,45**
bestimmen, ermitteln	1	0,52	0,40
beurteilen	0	0,00	0,00
darstellen	0	0,00	0,00
durchführen	2	1,04	0,78
entscheiden	0	0,00	0,00
entwerfen, planen	0	0,00	0,00
erklären, erläutern	**80**	**41,45**	**31,25**
herleiten	0	0,00	0,00
interpretieren	0	0,00	0,00
nachweisen, widerlegen	0	0,00	0,00
prüfen, untersuchen	**13**	**6,74**	**5,08**
skizzieren	2	1,04	0,78
vergleichen	11	5,70	4,30
zeichnen	5	2,59	2,00
zeigen	1	0,52	0,40

Betrachtet man die Frequenzgruppe IV der meistgenutzten Operatoren im Material und verbindet diese mit den Anforderungsbereichen, so lassen sich die Operatoren mit folgenden Anforderungsbereichen bestimmen: *angeben/nennen* (I), *beschreiben* (I–II, vorw. II), *begründen* (II–III, vorw. III), *erklären/erläutern* (II–III, vorw. II) und *prüfen/untersuchen* (II), die addiert eine Summe von 168 Operatoren von 193 bilden und damit 87,05 % beschreiben. Die drei am häufigsten genutzten Operatoren/-gruppen *erklären/erläutern*, *beschreiben* und *angeben/nennen* machen mit 138 von 193 Operatoren rund 72 % (71,50 %) aller Operatoren aus.

Tab. 6.38 gibt einen Überblick über die *fünf häufigsten Operatoren der FGIV und ihre kognitiven Anforderungsbereiche (AFB) nach der Operatorenliste* der Auswertung der Kategorie *Operatoren – Spektrum – Operatoren* für die Stichprobe *Dorn/Bader – Physik 1*. Die drei meistgenutzten Operatoren wurden noch einmal hervorgehoben.

Tab. 6.38 Darstellung der Verteilung der häufigsten Operatoren, FGIV, des Physik-Lehrwerks Dorn/Bader – Physik 1

	absolut $n_{LWFachIII}$	relativ$_1$ $n_{Operatoren}$	Anforderungsbereich (AFB)	Die drei meistgenutzten Operatoren kumulativ absolut/ relativ$_1$
n_{LWFach}	256	–		
$n_{Operatoren}$	193	100		
erklären, erläutern	80	41,45	II–III, vorw. II	**80/41,45**
beschreiben	37	19,17	I–II, vorw. II	**117/60,62**
angeben, nennen	21	10,88	I	**138/71,50**
begründen	17	8,81	II–III, vorw. III	
prüfen, untersuchen	13	6,74	II	
gesamt	**168**	**87,05**	(2,00)	

Die Zuordnung der fünf häufigsten Operatoren des Physik-Lehrwerks *Dorn/ Bader – Physik 1*, die der Frequenzgruppe IV angehören, zeigt ein gemischtes Ergebnis, was jedoch – ähnlich wie in der Stichprobe im Fach Wirtschaft-Politik – die Bedeutung des ERKLÄRENS und der reorganisierenden, kognitiven Handlungen auf einem mittleren Niveau repräsentiert (2,00). Die drei häufigsten Operatoren/ -gruppen sind *erklären/erläutern, beschreiben* und *angeben/nennen*. Diese können nach der Analyse mithilfe des Modells von Feilke/Rezat (2019a) dem ERKLÄREN, ANALYSIEREN und NENNEN zugeordnet werden, womit zweimal reorganisierende und einmal reproduktive Handlungen vorliegen. Da erklärende und erläuternde Handlungen quantitativ überwiegen, besteht eine Tendenz zum ERKLÄREN. Diese bleibt auch dann bestehen, wenn man die Analyse auf die fünf häufigsten Operatoren ausweitet, da der Operator *begründen* ebenfalls zu erklärenden Texthandlungen gezählt wird. Am zweithäufigsten können darüber hinaus analysierende Handlungen benannt werden, da *prüfen/untersuchen* ebenfalls hierzu gehören, die am fünfthäufigsten erhoben werden konnten. Abschließend erhalten mit der Operatorengruppe *prüfen/überprüfen* jedoch auch reflexive Handlungen einen Stellenwert. Feilke/ Rezat ordnen sie dem DISKUTIEREN zu.

Tab. 6.39 zeigt die *fünf häufigsten Operatoren (FGIV), ihre kognitiven Anforderungsbereiche (AFB) nach der Operatorenliste sowie die Zuordnung zu Texthandlungstypen und Anforderungsbereichen nach Feilke & Rezat (2019a) der Auswertung* der Kategorie *Operatoren – Spektrum – Operatoren* für die Stichprobe *Dorn/Bader – Physik 1.* Die drei häufigsten Operatoren sind markiert.

Tab. 6.39 Klassifizierung der fünf häufigsten Operatoren der Analyse des Lehrwerks Dorn/ Bader – Physik 1 mithilfe des Modells von Feilke & Rezat (2019a)

Operator	absolut	AFB nach Operatorenliste	Texthandlungstypen nach Feilke & Rezat (2019a)	Anforderungsbereiche nach Feilke & Rezat (2019a)
erklären, erläutern	80	II–III, vorw. II	ERKLÄREN	Reorganisation
beschreiben	37	I–II, vorw. II	ANALYSIEREN	Reorganisation
angeben, nennen	21	I	NENNEN	Reproduktion
begründen	17	II–III, vorw. III	ERKLÄREN	Reorganisation
prüfen, untersuchen	13	II	DISKUTIEREN	Reflexion

Es folgt die fachliche Auswertung der zweiten Physik-Stichprobe aus *Physik heute 1*, woran die fachliche Zusammenfassung und Gegenüberstellung für das Fach Physik anschließt.

Im Lehrwerk *Physik heute 1* konnten 296 Operatoren in 239 Lernaufgaben erhoben werden, womit in dieser Stichprobe erstmalig mehr Operatoren isoliert wurden als Lernaufgaben. Somit besteht eine Präferenz dafür, mehr als einen Operator pro Lernaufgabe einzusetzen. Dies zeigt der relativ$_2$-Wert, der mit 123,85 % höher liegt als 100 %.

Im Folgenden werden nach der hier etablierten Auswertungsdarstellung die relativ$_1$-Werte der Frequenzgruppen berichtet, welche den Anteil an Einzeloperatoren an den erhobenen Operatoren insgesamt ausdrücken und damit Präferenzen für Handlungsverben wiedergeben.

Zu den Operatoren/-gruppen, die nicht in den Aufgaben genutzt wurden (FGI, 0/ 0,00 %), zählen *entwerfen/planen, interpretieren, durchführen, skizzieren, herleiten* und *nachweisen/widerlegen.*

Zur Frequenzgruppe II, Operatoren, die im Umfang von bis zu 1 % genutzt werden, zählen *beurteilen* (1/0,34 %), *darstellen* (2/0,68 %) und *zeigen* (1/0,34 %).

Operatoren, die häufiger als 1,00 % und weniger als die häufigsten Operatoren der FGIV (Schwellenwert: 23/7,77 %) genutzt werden und damit der Frequenzgruppe FGIII angehören, sind *berechnen* (4/1,35 %), *bestimmen/ermitteln* (15/5,07 %), *entscheiden* (4/1,35 %), *prüfen/untersuchen* (7/2,36 %) und *vergleichen* (18/6,08 %).

Tab. 6.40 zeigt die Auswertung der Kategorie *Operatoren – Spektrum – Operatoren* für die Stichprobe *Physik heute 1*, wobei Operatoren der FGIV markiert sind:

Tab. 6.40 Darstellung der Verteilung der Operatoren im Physik-Lehrwerk Physik heute 1

	absolut $n_{LWFachIV}$	relativ$_1$ $n_{Operatoren}$	relativ$_2$ $n_{LWFachIV}$
$\mathbf{n_{LWFach}}$	239	–	100
$\mathbf{n_{Operatoren}}$	296	100	123,85
angeben, nennen	**54**	**18,24**	**22,59**
begründen	**36**	**12,16**	**15,06**
berechnen	4	1,35	1,67
beschreiben	**53**	**17,91**	**22,18**
bestimmen, ermitteln	15	5,07	6,28
beurteilen	1	0,34	0,42
darstellen	2	0,68	0,84
durchführen	0	0,00	0,00
entscheiden	4	1,35	1,67
entwerfen, planen	0	0,00	0,00
erklären, erläutern	**78**	**26,35**	**32,64**
herleiten	0	0,00	0,00
interpretieren	0	0,00	0,00
nachweisen, widerlegen	0	0,00	0,00
prüfen, untersuchen	7	2,36	2,93
skizzieren	0	0,00	0,00
vergleichen	18	6,08	7,53
zeichnen	**23**	**7,77**	**9,62**
zeigen	1	0,34	0,42

Die Zuordnung der meistgenutzten Operatoren zu Anforderungsbereichen zeigt, dass durchschnittlich mittlere Leistungen über die Operatorennutzung bei der Aufgabenbearbeitung evoziert werden können. Durchschnittlich wird am häufigsten zu kognitiven Leistungen des AFB II aufgefordert ($\overline{x} = 2{,}00$). Die Operatoren der Frequenzgruppe IV lassen sich wie folgt zuordnen: *erklären/erläutern* (II–III, vorw. II), *angeben/nennen* (I), *beschreiben* (I–II, vorw. II), *begründen* (II–III, vorw. III) und *zeichnen* (I–II, vorw. II). Zusammen ergeben die fünf häufigsten Operatoren absolut 244/296 Operatoren in 239 Lernaufgaben, was einem Anteil an den erhobenen Operatoren von 82,43 % entspricht. Die drei häufigsten Operatoren konstituieren dabei einen Anteil an $n_{Operatoren}$ von 185 Operatoren absolut und damit 62,50 %.

Tab. 6.41 gibt einen Überblick über die *fünf häufigsten Operatoren der FGIV und ihre kognitiven Anforderungsbereiche (AFB) nach der Operatorenliste* der Auswertung der Kategorie *Operatoren – Spektrum – Operatoren* für die Stichprobe *Physik heute 1*. Die drei meistgenutzten Operatoren wurden noch einmal hervorgehoben.

Tab. 6.41 Darstellung der Verteilung der häufigsten Operatoren, FGIV, des Physik-Lehrwerks Physik heute 1

	absolut $n_{LWFachIV}$	relativ$_1$ $n_{Operatoren}$	Anforderungsbereich (AFB)	Die drei meistgenutzten Operatoren kumulativ absolut/relativ$_1$
$\mathbf{n_{LWFach}}$	239	–		
$\mathbf{n_{Operatoren}}$	296	100		
erklären, erläutern	78	26,35	II–III, vorw. II	**78/26,35**
angeben, nennen	54	18,24	I	**132/44,59**
beschreiben	53	17,91	I–II, vorw. II	**185/62,50**
begründen	36	12,16	II–III, vorw. III	
zeichnen	23	7,77	I–II, vorw. II	
gesamt	**244**	**82,43**	(2,00)	

Im Folgenden werden neben den kognitiven Anforderungen die texthandlungsbezogenen Anforderungen für die Auswertung der Stichprobe aus *Physik heute 1* und die FGIV beschrieben. Auch in dieser Stichprobe sind das ERKLÄREN und reorganisierende Handlungen diejenigen, die am häufigste erhoben werden konnten, hier mit den Operatoren/-gruppen *erklären/erläutern* und *begründen*. An zweiter Stelle befinden sich mit *angeben, nennen* reproduzierende Handlungen und Sprachhandlungen, die zu NENNEN nach dem Modell von Feilke/Rezat (2019a) gehören. An dritter Stelle werden Lernaufgaben in dem Lehrwerk genutzt, die mit dem Operator *beschreiben* zu analysierenden, reorganisierenden Handlungen (ANALYSIEREN) in den Aufgaben auffordern. Der Operator *zeichnen*, der am geringsten unter den häufigsten Operatoren erhoben wurde, kann mit dem Modell von Feilke/Rezat (2019a) nicht klassifiziert werden, da er nicht Teil des Modells ist. Im Rahmen der Analyse wird das Ergebnis mit „n. v." (*nicht [im Modell] vorhanden*) deklariert.

Tab. 6.42 zeigt die *fünf häufigsten Operatoren (FGIV), ihre kognitiven Anforderungsbereiche (AFB) nach der Operatorenliste sowie die Zuordnung zu Texthandlungstypen und Anforderungsbereichen nach Feilke & Rezat (2019a) der Auswertung* der Kategorie *Operatoren – Spektrum – Operatoren* für die Stichprobe aus *Physik heute 1.* Die drei häufigsten sind markiert.

Tab. 6.42 Klassifizierung der fünf häufigsten Operatoren der Analyse des Lehrwerks Physik heute 1 mithilfe des Modells von Feilke & Rezat (2019a)

Operator	absolut	AFB nach Operatorenliste	Texthandlungstypen nach Feilke & Rezat (2019a)	Anforderungsbereiche nach Feilke & Rezat (2019a)
erklären, erläutern	78	II–III, vorw. II	ERKLÄREN	Reorganisation
angeben, nennen	54	I	NENNEN	Reproduktion
beschreiben	53	I–II, vorw. II	ANALYSIEREN	Reorganisation
begründen	36	II–III, vorw. III	ERKLÄREN	Reorganisation
zeichnen	23	I–II, vorw. II	n. v.	–

In Anlehnung an den innerfachlichen Vergleich der vorhergehenden Stichproben werden im Folgenden Gemeinsamkeiten und Unterschiede beider Physik-Stichproben aufsteigend von der Frequenzgruppe FGI bis zur Frequenzgruppe FGIV beschrieben.

Der Frequenzgruppe I gehören vier Operatoren/-gruppen an, die weder im Lehrwerk *Dorn/Bader – Physik 1* noch in *Physik heute 1* auftreten (0/0,00 %). Diese sind *entwerfen/planen, interpretieren, herleiten* und *nachweisen/widerlegen.* Die beiden Operatoren *durchführen* und *skizzieren*, die überdies nicht in *Physik heute 1* vorkommen, zählen in *Dorn/Bader – Physik 1* zur FGIII, werden jedoch gering genutzt (mit absolut je 2 Operatoren/Stichprobe). *Beurteilen, darstellen* und *entscheiden* sind hingegen in *Dorn/Bader – Physik 1* nicht vertreten und zählen in *Physik heute 1* zur FGII bzw. FGIII, je mit einer marginalen (zweimal absolut: 1; 2) bzw. geringen (absolut: 4) Häufigkeit. Demnach treten keine großen Abweichungen, sondern eher marginale bis geringe Unterschiede auf.

Der Frequenzgruppe II gehört in beiden Stichproben der Operator *zeigen* an, der absolut jeweils einmal genutzt wird. In *Dorn/Bader – Physik 1* gehört diesem Frequenzbereich darüber hinaus die Operatorengruppe *bestimmen/ermitteln* an, die einmal in dieser Stichprobe, aber 15-mal in der anderen Stichprobe aus *Physik heute 1* erhoben werden konnte und hier der FGIII angehört. Hier besteht ein Unterschied in der Nutzung.

Der Frequenzgruppe III gehören neben den bereits aufgeführten Operatoren nach beiden Auswertungen die Operatoren *berechnen* (absolut 3 bzw. 4) und *vergleichen* an (11 bzw. 18). Unterschiede zeigen sich neben den oben bereits aufgeführten Unterschieden bei den Handlungsverben/Verbgruppen *prüfen/überprüfen*, welche in *Dorn/Bader – Physik 1* mit absolut 13 Operatoren der FGIV angehören, während diese Operatorengruppe in *Dorn/Bader – Physik 1* mit absolut 8 Operatoren der FGIII zugeordnet wird. Umgekehrt zeigt sich dies bei *zeichnen. Zeichnen* gehört in der Stichprobe aus *Dorn/Bader – Physik 1* zur FGIII, in der Stichprobe aus *Physik heute 1* gehört *zeichnen* zur FGIV. Zusammengefasst lässt sich sagen, dass die meisten Operatoren außerhalb der FGIV oftmals identisch oder ähnlich häufig genutzt werden. Die Unterschiede sind bis auf wenige Ausnahmen nicht tragend, sondern eher marginal bis gering. Besonders die Auswertung der häufigsten Operatoren der FGIV, auch der drei häufigsten Operatoren, zeigt mehr Gemeinsamkeiten als Unterschiede.

Der Frequenzgruppe IV gehören in beiden Stichproben die Operatoren/-gruppen *angeben/nennen*, *beschreiben*, *begründen* und *erklären/erläutern* an. Es besteht ausschließlich der aufgeführte Unterschied zwischen *zeichnen* und *prüfen/untersuchen*. Beide Operatoren/-gruppen besetzen jeweils den fünften Platz des Häufigkeitsrankings in der jeweiligen FGIV. Platz vier wird in beiden Stichproben von *begründen* besetzt, *angeben/nennen* und *beschreiben* belegen je umgekehrt Platz zwei und drei. In beiden Stichproben bildet die Operatorengruppe *erklären/erläutern* mit Abstand die Spitze der Auswertung.

Tab. 6.43 zeigt die Auswertung der *fachlichen Gegenüberstellung* der Ergebnisse für die Kategorie *Operatoren – Spektrum – Operatoren* für das Fach *Physik* mit den absoluten Werten und den Werten von $relativ_1$.

Tab. 6.43 Fachliche Gegenüberstellung der absoluten und relativen Häufigkeiten der Ergebnisse für das Fach Physik und die Kategorie „Operatoren – Spektrum – Operatoren“

	Dorn/Bader – Physik 1 (Müller, R., 2019) $n_{LWFachIII}$	Physik heute 1 (Otte-Spille & Langer, 2019) $n_{LWFachIV}$	Dorn/Bader – Physik 1 (Müller, R., 2019) $n_{LWFachIII}$	Physik heute 1 (Otte-Spille & Langer, 2019) $n_{LWFachIV}$
	absolut	**absolut**	**relativ$_1$**	**relativ$_1$**
$\mathbf{n_{LWFach}}$	256	239	–	–
$\mathbf{n_{Operatoren}}$	193	296	100	100
angeben, nennen	21	54	10,88	18,24
begründen	17	36	8,81	12,16
berechnen	3	4	1,55	1,35
beschreiben	37	53	19,17	17,91
bestimmen, ermitteln	1	15	0,52	5,07
beurteilen	0	1	0,00	0,34
darstellen	0	2	0,00	0,68
durchführen	2	0	1,04	0,00
entscheiden	0	4	0,00	1,35
entwerfen, planen	0	0	0,00	0,00
erklären, erläutern	**80**	**78**	**41,45**	**26,35**
herleiten	0	0	0,00	0,00
interpretieren	0	0	0,00	0,00
nachweisen, widerlegen	0	0	0,00	0,00
prüfen, untersuchen	13	7	6,74	2,36
skizzieren	2	0	1,04	0,00
vergleichen	11	18	5,70	6,08
zeichnen	5	23	2,59	7,77
zeigen	1	1	0,52	0,34

Nach dem Direktvergleich der absoluten und relativen Ergebnisse der Physik-Stichprobe erfolgt der Vergleich der fachlichen Mittelwerte. Zunächst werden die Mittelwerte aller Einzelergebnisse tabellarisch dargestellt, um im Anschluss auf die Operatoren der Frequenzgruppe IV und die Übertragbarkeit der Einzelstichproben auf die Fachstichprobe und damit die Stabilität der Ergebnisse eingehen zu können

Auch der Vergleich der Mittelwerte zeigt, dass die Operatorengruppe *erklären/erläutern* mit durchschnittlich 79 von 244,5 Operatoren am häufigsten in den Lernaufgaben vorkommt. Ihr Anteil an allen Operatoren entspricht 32,31 %. Eine Abweichung der Ergebnisse von den Einzelauswertungen zeigt sich über die Mittelwertvergleiche in der Frequenzgruppe IV, der hier an fünfter Stelle *vergleichen* angehört. Darüber hinaus bleiben die Ergebnisse der Frequenzgruppe IV konstant. Die fünf häufigsten Operatoren/-gruppen sind *erklären/erläutern*, *beschreiben*, *angeben/nennen*, *begründen* und *vergleichen*. Gar nicht treten in beiden Stichproben *entwerfen/planen*, *herleiten*, *interpretieren* und *nachweisen/widerlegen* auf.

Tab. 6.44 zeigt die *Durchschnittswerte der fachlichen Gegenüberstellung* der Ergebnisse für die Kategorie *Operatoren – Spektrum – Operatoren* für das Fach *Physik*. Der häufigste Operator ist markiert.

Tab. 6.44 Durchschnittswerte der fachlichen Gegenüberstellung der absoluten und relativen Häufigkeiten der Ergebnisse für das Fach Physik und die Kategorie „Operatoren – Spektrum – Operatoren"

	Physik-Lehrwerke	Physik-Lehrwerke
	absolut $\bar{x}$ LWFachIII+VI	**relativ$_1$ $\bar{x}$** LWFachIII+VI
$\mathbf{n_{LWFach}}$	247,5	–
$\mathbf{n_{Operatoren}}$	244,5	100
angeben, nennen	37,5	15,36
begründen	26,5	10,85
berechnen	3,5	1,43
beschreiben	45	18,40
bestimmen, ermitteln	8	3,27
beurteilen	0,5	0,20
darstellen	1	0,41
durchführen	1	0,41

(Fortsetzung)

Tab. 6.44 (Fortsetzung)

	Physik-Lehrwerke	Physik-Lehrwerke
entscheiden	2	0,82
entwerfen, planen	0	0,00
erklären, erläutern	**79**	**32,31**
herleiten	0	0,00
interpretieren	0	0,00
nachweisen, widerlegen	0	0,00
prüfen, untersuchen	10	4,09
skizzieren	1	0,41
vergleichen	14,5	5,93
zeichnen	14	5,73
zeigen	1	0,41

Die genauere Betrachtung der Frequenzgruppe IV ergibt, dass die drei Operatoren/-gruppen *erklären/erläutern, beschreiben* und *angeben/nennen* mit 161 von 244,5 Operatoren einen Anteil an allen Operatoren von 65,86 % ausmachen. Die fünf häufigsten *erklären/erläutern, beschreiben, angeben/nennen, begründen* und *vergleichen* bilden gemeinsam sogar einen Anteil von 202,5/244,5 Operatoren und 82,82 %. Dies bedeutet, dass mit dem Set der fünf Operatoren mehr als 80 % der durchschnittlich eingesetzten Operatoren erklärt werden können. Betracht man die Anforderungsbereiche, dann tritt durchschnittlich der AFB II am häufigsten auf ($\overline{x}$ = 2,00). Wie oben erwähnt, sind vier der fünf Operatoren auch Teil der einzelnen Fachergebnisse für Physik und können damit als einschlägig für die Lernaufgaben bewertet werden.

Tab. 6.45 gibt einen Überblick über die *Durchschnittswerte der fünf häufigsten Operatoren der FGIV und ihre kognitiven Anforderungsbereiche (AFB) nach der Operatorenliste* der Auswertung der Kategorie *Operatoren – Spektrum – Operatoren* für die Fachstichprobe *Physik*. Die drei meistgenutzten Operatoren sind markiert.

Tab. 6.45 Darstellung der Verteilung der häufigsten Operatoren, FGIV, nach durchschnittlichen Werten in der Fachstichprobe der Physik-Lehrwerke

	absolut $\bar{x}$ $n_{LWFachIV}$	relativ$_1$ $\bar{x}$ $n_{Operatoren}$	Anforderungsbereich (AFB)	Die drei meistgenutzten Operatoren kumulativ absolut/ relativ$_1$
$\mathbf{n_{LWFach}}$	247,5	–		
$\mathbf{n_{Operatoren}}$	244,5	100		
erklären, erläutern	79	32,31	II–III, vorw. II	**79/32,31**
beschreiben	45	18,40	I–II, vorw. II	**124/50,50**
angeben, nennen	37,5	15,36	I	**161,5/65,86**
begründen	26,5	10,85	II–III, vorw. III	
vergleichen	14,5	5,93	I–II, vorw. II	
gesamt	**202,5**	**82,82**	(2,00)	

Zuletzt erfolgt der Fachvergleich im Rahmen der Zuordnung der häufigen Operatoren zu den Texthandlungstypen nach Feilke/Rezat (2019a). Hier zeigt sich im Gegensatz zu den vorhergehenden Auswertungen ein gemischteres Bild bei der Auswertung der drei häufigsten Operatoren. Zwar sind auch hier erklärend-reorganisierende Handlungen an erster Stelle und damit das ERKLÄREN potenziell relevant, aber an zweiter und dritter Stelle – und quantitativ einschlägig – sind mit *beschreiben* und *angeben/nennen* auch ANALYSIEREN und NENNEN ausgeprägt vertreten. Weitet man die Interpretation auf die fünf häufigsten aus, dann bleiben erklärende Handlungen hochfrequent, mäßig ist auch VERGLEICHEN vertreten.

Tab. 6.46 zeigt die *fünf häufigsten Operatoren (FGIV), ihre kognitiven Anforderungsbereiche (AFB) nach der Operatorenliste sowie die Zuordnung zu Texthandlungstypen und Anforderungsbereichen nach Feilke & Rezat (2019a) der Auswertung* der Kategorie *Operatoren – Spektrum – Operatoren* für die Stichprobe aus *Physik:* Die drei häufigsten sind markiert.

Tab. 6.46 Klassifizierung der fünf häufigsten Operatoren. Durchschnittswerte des Fachvergleichs der Physik-Stichprobe mithilfe des Modells von Feilke & Rezat (2019a)

Operator	absolut $\bar{x}$	AFB nach Operatorenliste	Texthandlungstypen nach Feilke & Rezat (2019a)	Anforderungsbereiche nach Feilke & Rezat (2019a)
erklären, erläutern	79	II–III, vorw. II	ERKLÄREN	Reorganisation
beschreiben	45	I–II, vorw. II	ANALYSIEREN	Reorganisation
angeben, nennen	37,5	I	NENNEN	Reproduktion
begründen	26,5	II–III, vorw. III	ERKLÄREN	Reorganisation
vergleichen	14,5	II–III	VERGLEICHEN	Reorganisation

Zusammengefasst lässt sich für die Fachstichprobe *Physik* berichten, dass vor allem die Gemeinsamkeiten – ähnlich den Wirtschaft-Politik-Ergebnissen – im innerfachlichen Vergleich deutlich hervortreten und mit einem relativ kleinen Set an Operatoren ein Großteil der in den Aufgaben genutzten Operatoren beschrieben werden kann. Über 65 % der durchschnittlich genutzten Operatoren lassen sich mit den drei Operatoren-/gruppen *erklären/erläutern, beschreiben* und *angeben/nennen* und rund 83 % mit den fünf häufigsten *erklären/erläutern, beschreiben, angeben/nennen, begründen* und *vergleichen* beschreiben. In den Lehrwerken zeigen sich demnach deutliche Präferenzen für Operatoren, die in beiden fachlichen Stichproben identisch sind. Eine Ausnahme bildet der Operator *vergleichen,* der an fünfthäufigster Stelle im Mittelwertvergleich auftritt. Bei den Ergebnissen zu den Physik-Lehrwerken wird der fünfte Rang von *prüfen/überprüfen* (*Dorn/Bader – Physik 1*) und *zeichnen* (*Physik heute 1*) besetzt. Als besonders relevant zeigt sich auch hier das ERKLÄREN, das über die Operatoren *erklären, erläutern* und *begründen* ausgedrückt wird.

Mit diesen erklärenden Handlungen sind vor allem reorganisierende Leistungen und mittlere kognitive Anforderungen (AFB II) verbunden. Werden erklärende Handlungen insgesamt in der FGIV berücksichtigt, dann machen Operatorenausdrücke, die der Texthandlung ERKLÄREN zugeordnet werden können, rund 50 % (*Dorn/Bader – Physik 1*) bzw. 38 % (*Physik heute 1*) aus.

Operatoren, die in beiden Stichproben nicht genutzt werden, sind *entwerfen/planen, interpretieren, herleiten* und *nachweisen/widerlegen.*

Fachvergleich – Zusammenfassung

In diesem Kapitel werden die Ergebnisse der Erhebungen zur Kategorie *Operatoren – Spektrum – Operatoren* zusammengefasst und fachlich verglichen. Damit werden die Forschungsfragen (b) (I) mit (c) (I) *Welche Operatoren werden in Schulbuch-Lernaufgaben eingesetzt?* und (b) (II) mit (c) (I) *Welche kognitiv-sprachlichen Teilhandlungen können über Operatoren erhoben werden?* für die Stichproben beantwortet.

Eine alle Operatoren abbildende tabellarische Gegenüberstellung der Operatoren für beide Fächer erscheint an dieser Stelle nicht zielführend, da beide Operatorenlisten unterschiedlich sind. Die Ähnlichkeiten der Listen lassen es jedoch zu, einzelne Operatoren/-gruppen gegenüberzustellen. Ausgesucht wurden vor dem Ziel der Beantwortung der Forschungsfragen die Gegenüberstellung der Frequenzgruppen IV einerseits und der Vergleich der Operatoren der Frequenzgruppe I andererseits, also von Operatoren, die nicht in den Aufgaben genutzt wurden. Marginale bis geringe Unterschiede in den Stichproben, die in den Einzelauswertungen über die Frequenzgruppe II und III dargestellt werden konnten, sollen an dieser Stelle nicht weiter berücksichtigt werden, um den Fokus auf einschlägige Ergebnisse, Gemeinsamkeiten und Unterschiede zu richten. Damit werden Operatoren mit Häufigkeiten von unter 10,00 % an dieser Stelle nicht einbezogen, um die Interpretation relevanter Ergebnisse zu fokussieren. Die Einzelauswertungen der Frequenzgruppen II und III können im Detail den fachlichen Einzelauswertungen entnommen werden.

Die Auswertung und der fachliche Vergleich der Frequenzgruppe I zeigt, dass in der Wirtschaft-Politik-Stichprobe folgenden fünf Operatoren der fachlichen Operatorenlisten in den Aufgaben beider Lehrwerke nicht vorkommen: *charakterisieren, einordnen, interpretieren, problematisieren* und *widerlegen.*

In der Physik-Stichprobe sind das die vier Operatoren/-gruppen *entwerfen/planen, interpretieren, herleiten* und *nachweisen/widerlegen.*

Vergleicht man beide Fachstichproben miteinander, dann werden die Operatoren *interpretieren* und *widerlegen* in allen vier Lehrwerken nicht in den Aufgaben verwendet.

Interpretieren kann mittels der beiden Operatorenlisten je den Anforderungsbereichen II–III zugeordnet werden. Sprachlich handelt es sich nach dem Modell von Feilke/Rezat (2019a) bei *interpretieren* um eine reflexive Texthandlung (INTERPRETIEREN). *Widerlegen* wird im Modell nicht aufgeführt (n. V.), kann linguistisch als Teilhandlung jedoch argumentierenden Handlungen zugeordnet werden, was den Anforderungsbereichen II–III entspricht und tendenziell eher zu reflexiven Handlungen gezählt werden kann. Beide Operatoren, *interpretieren* und *widerlegen,* können für Schüler:innen der Erprobungsstufe durchaus komplex sein. Dabei ist es bemerkenswert, dass darüber hinaus ein Großteil der Operatoren, die in den Listen für das Abitur vorkommen, in den Stichproben genutzt werden und die fachlichen Vergleiche untereinander deutliche Schnittmengen aufweisen. Durchschnittlich ist beiden fachlichen Stichproben gemeinsam, dass mittlere kognitiv-sprachliche Anforderungen über die Aufgaben gestellt werden, wobei das Erklären die zentrale kognitiv-sprachliche Handlung in beiden Fächern darstellt.

Dies stützt tendenziell die Ergebnisse von Kleinschmidt-Schinke (2018) für die Mittelstufe, die in Anlehnung an Pohls (T., 2016) Vorannahmen bei der Untersuchung von mündlichen Aufgabenstellungen in den Fächern Biologie und Deutsch das *explikativ-erläuternde Profil* (Pohl, T., 2016) als das dominante Profil identifizieren konnte. Hierbei ist der Unterrichtsdiskurs von der epistemischen Leitfrage geprägt, zu erklären bzw. zu erläutern, *warum etwas ist, wie es ist*, nachdem in der Grundschule und auch noch in der Erprobungsstufe die Welt zunächst deskriptiv erschlossen wird. In der Erprobungsstufe markiert der Unterrichtsdiskurs den Übergang von der Grundschule in die Mittelstufe. Die Auswertungen des Operatorenspektrums zeigen für beide Fächer, dass mit Operatoren im Spektrum von nennend-beschreibenden über erklärend-erläuternde bis zu erklärend-begründenden Handlungen ebenfalls eine Tendenz zu einem entsprechenden Durchschnittsprofil angenommen werden kann. Hierauf deuten die häufigsten Operatoren bzw. die am häufigsten erhobenen Operatorengruppen der Frequenzgruppe IV hin.[17]

Der häufigste Operator auf Rang 1 bzw. die häufigste Operatorengruppe ist in der Wirtschaft-Politik-Stichprobe *erklären* bzw. in Physik *erklären/erläutern*, die durchschnittlich rund 23 bzw. 32 % aller Operatoren der jeweiligen Gesamtstichprobe ausmacht/ausmachen. Rang 2 belegt in Wirtschaft-Politik der Operator *begründen* mit rund 16 % und für Physik *beschreiben* mit rund 18 %, der in Wirtschaft-Politik den 3. Rang mit rund 13 % besetzt. In Physik wird dieser mit *angeben/nennen* und rund 15 % gefüllt. Insgesamt lassen sich mit den drei Operatoren *erklären*, *begründen* und *beschreiben* mit rund 52 % mehr als die Hälfte der genutzten Operatoren abbilden. In Physik sind dies die Operatoren/-gruppen *erklären/erläutern*, *beschreiben* und *angeben/nennen*, die zusammen rund 66 % aller Operatoren in der Physik-Stichprobe abbilden. Damit kann mit einem kleinen Set an Operatoren je mehr als die Hälfte der in den Aufgaben genutzten Operatoren erklärt werden, die darüber hinaus ähnlich ausfallen.

[17] Methodisch könnten qualitative Auswertungen ergänzende Ergebnisse liefern, die nicht Teil der Analyse der vorliegenden Arbeit sind.

Auf Rang 4 befindet sich für Wirtschaft-Politik mit rund 12 % *erläutern*, während in der Physik-Stichprobe dieser Rang von *begründen* mit rund 11 % besetzt wird. Rang 5 macht *diskutieren* mit rund 6 % in Wirtschaft-Politik und mit rund 5 % *vergleichen* in Physik aus. Insgesamt bilden die fünf häufigsten Operatoren rund 58 % der Wirtschaft-Politik-Stichprobe und rund 72 % der Physik-Stichprobe ab. Der Unterschied von rund 14 % erklärt sich wiederum zu rund 9 % durch die Verteilung auf die Operatorengruppe *erklären/erläutern*, die als Zusammenführung von zwei Operatoren häufiger codiert wurde als der Einzeloperator *erklären.*[18]

Darüber hinaus ist die relative Verteilung auf die Ränge vergleichbar (Rang 1 gerundet: 23/32; Rang 2 gerundet: 16/18; Rang 3 gerundet: 13/15; Rang 4 gerundet: 12/11; Rang 5 gerundet: 5/6).

Tab. 6.47 gibt einen Überblick über die *fünf häufigsten Operatoren der FGIV* der Auswertung der Kategorie *Operatoren – Spektrum – Operatoren* für die Fachstichprobe *Wirtschaft-Politik und Physik.* Die drei meistgenutzten Operatoren wurden hervorgehoben.

Tab. 6.47 Darstellung der Verteilung der häufigsten Operatoren, FGIV, der durchschnittlichen Ergebnisse der Fachstichproben im Fachvergleich

Rang/Fach	Operator	absolut $\bar{x}$ $n_{LWFachI+II}$ & $n_{LWFachIII+IV}$	relativ$_1$ $\bar{x}$ $n_{LWFachI+II}$ & $n_{LWFachIII+IV}$	kumulativ absolut/relativ$_1$
1 WiPo	**erklären**	56,5	23,20	**56,5/23,20**
1 Physik	**erklären, erläutern**	79	32,31	**79/32,31**
2 WiPo	**begründen**	36,5	15,55	**93/38,75**
2 Physik	**beschreiben**	45	18,40	**124/50,50**
3 WiPo	**beschreiben**	30,5	13,38	**123,5/52,13**
3 Physik	**angeben, nennen**	37,5	15,36	**161,5/65,86**
4 WiPo	erläutern	29	11,90	154/64,03
4 Physik	begründen	26,5	10,85	199/76,71
5 WiPo	diskutieren	13	5,44	167/57,57
5 Physik	vergleichen	14,5	5,93	176/71,79

[18] Aufgaben mit dem Operator *erklären* konnten in der Physik-Stichprobe als Aufgaben mit Einzeloperator in *Dorn/Bader – Physik 1* 50-mal, in *Physik heute 1* 53-mal erhoben werden.

Vergleicht man die ersten drei Operatoren fachlich, dann zeigt sich ein Unterschied in der Variation von *begründen* in Wirtschaft-Politik und *angeben/nennen* in Physik. Hiermit verbunden ist, dass das Erklären bei den oberen Rängen in Wirtschaft-Politik stärker ist und auch begründende Handlungen häufiger sind, womit kognitiv-sprachliche Anforderungen des Anforderungsbereichs III nach der Operatorenliste verbunden sind, während *angeben/nennen* mit dem Anforderungsbereich I verbunden ist. Nimmt man den Klassifikationsvorschlag nach Feilke/Rezat (2019a) hinzu und betrachtet die Texthandlungen und Anforderungsbereiche, dann drückt sich dieser Unterschied auch in den Anforderungsbereichen aus, da unter den ersten drei Rängen ausgenommen *angeben/nennen* (*Reproduktion*) ausschließlich reorganisierende Handlungen vorliegen. Neben erklärenden Handlungen kann darüber hinaus für die ersten drei Operatoren ANALYSIEREN als zweithäufigste Texthandlung und NENNEN identifiziert werden.

Weitet man die Analyse auf die fünf häufigsten Operatoren aus, dann belegt den 4. Rang für beide Fächer ein Operatorenausdruck, der auf ERKLÄREN verweist und damit ebenfalls auf reorganisierende Handlungen. Dies ist für Wirtschaft-Politik *erläutern*, für Physik *begründen*. Beide können (*vorwiegend*) dem Anforderungsbereich (II–)III zugeordnet werden.

Den 5. Rang belegt für Physik mit *vergleichen* ebenfalls eine reorganisierende Handlung, die nach Feilke/Rezat (2019a) mit VERGLEICHEN verbunden werden kann. Für Wirtschaft-Politik konnte mit *diskutieren* ein Operator erhoben werden, der dem AFB III und reflexiven Handlungen sowie dem DISKUTIEREN zugeordnet werden kann. Auch hier zeigt sich, dass Wirtschaft-Politik eine etwas stärkere Tendenz zu argumentierenden kognitiv-sprachlichen Handlungen – ausgehend von erklärenden Handlungen – zeigt. Bildet man das arithmetische Mittel der kognitiven Anforderungsbereiche nach der Operatorenliste und gewichtet die Ränge gleich, dann kann dieser Unterschied metrisch ausgedrückt werden. In Wirtschaft-Politik liegt der durchschnittliche fachlich erhobene kognitive Anforderungsbereich bei $\bar{x} = 2{,}4$ (= II–III) in Physik bei $\bar{x} = 2{,}0$ (II).

Tab. 6.48 zeigt die *fünf häufigsten Operatoren (FGIV), ihre kognitiven Anforderungsbereiche (AFB) nach der Operatorenliste sowie die Zuordnung zu Texthandlungstypen und Anforderungsbereichen nach Feilke & Rezat (2019a) der Auswertung* der Kategorie *Operatoren – Spektrum – Operatoren im Fachvergleich* für die Fachstichprobe *Wirtschaft-Politik* und Physik. Die drei häufigsten Operatoren wurden hervorgehoben.

Tab. 6.48 Klassifizierung der häufigsten Operatoren, FGIV, der durchschnittlichen Ergebnisse der Fachstichproben im Fachvergleich mithilfe des Modells von Feilke & Rezat (2019a)

Rang/Fach	Operator	AFB nach Operatorenliste	Texthandlungstypen nach Feilke & Rezat (2019a)	Anforderungsbereiche nach Feilke & Rezat, (2019a)
1 WiPo	**erklären**	II	ERKLÄREN	Reorganisation
1 Physik	**erklären, erläutern**	II–III, vorw. II	ERKLÄREN	Reorganisation
2 WiPo	**begründen**	III	ERKLÄREN	Reorganisation
2 Physik	**beschreiben**	I–II, vorw. II	ANALYSIEREN	Reorganisation
3 WiPo	**beschreiben**	I–II	ANALYSIEREN	Reorganisation
3 Physik	**angeben, nennen**	I	NENNEN	Reproduktion
4 WiPo	erläutern	II–III	ERKLÄREN	Reorganisation
4 Physik	begründen	II–III, vorw. III	ERKLÄREN	Reorganisation
5 WiPo	diskutieren	III	DISKUTIEREN	Reflexion
5 Physik	vergleichen	I–II, vorw. II	VERGLEICHEN	Reorganisation

Zusammengefasst lässt sich festhalten, dass einerseits die überfachliche Relevanz der kognitiv-sprachlichen Handlung des Erklärens und der reorganisierenden Operatoren (*begründen, beschreiben, erläutern, vergleichen*) nachgewiesen werden konnte und andererseits die gesellschaftswissenschaftlichen Lehrwerke – ausgehend vom Erklären – eine etwas stärkere Tendenz zu argumentierenden Operatoren (*begründen, diskutieren*) zeigen. In Physik konnten neben den erklärenden Handlungen etwas mehr Aufgaben mit nennenden und analysierenden Handlungen (*angeben/nennen*; *beschreiben*) erhoben werden als in Wirtschaft-Politik, sodass hier das Beschreiben und Definieren einen höheren Stellenwert einnimmt. In Wirtschaft-Politik ist es das Begründen und Erläutern. Aus beiden Stichproben lässt sich überfachlich eine Tendenz hin zum explikativ-erläuternden Profil (Pohl, T., 2016) annehmen. Für die Unterrichtskonzeption kann aus der Auswertung darüber hinaus mitgenommen werden, dass für beide Fächer gilt, dass mit einem Set aus fünf Operatoren mehr als die Hälfte der operatorengeleiteten Aufgaben in den Lehrwerken beschrieben werden können. Das Operatorensystem zeigt sich demnach weniger unsystematisch als zuvor angenommen.

Für die Typisierung können als relevante Operatoren für das Fach *Wirtschaft–Politik erklären*, für die Stichprobe in *Physik erklären/erläutern* bestimmt werden. Übergreifend werden besonders kognitiv-sprachliche Handlungen des Erklärens über Aufgaben initiiert (vgl. 6.2.9 und 6.2.9.1).

In diesem Zusammenhang wurde das Modell aus der Deutschdidaktik von Feilke/Rezat (2019a) dazu genutzt, Operatorenausdrücke texthandlungsbezogen näher zu klassifizieren. Grenzen zeigten sich bei der fachlichen Zuordnung im Rahmen der Auswertung bei dem nicht-sprachhandlungsbezogenen Operator *zeichnen*. Darüber hinaus konnten weitere fachliche Operatoren identifiziert werden, die nicht in der Liste des Modells, aber Teil des fachlichen Lernens sind. Um die Ergebnisse für die Entwicklung des Modells zu nutzen, wird abschließend der bestehende Zuordnungsvorschlag für beide Fächer erweitert. Da ab dem Jahr 2025 für *Physik* eine aktualisierte Operatorenliste für NRW gültig ist, die sich in Teilen von den hier genutzten Listen unterscheidet, wird auch ein Klassifizierungsvorschlag auf dieser Grundlage für das Fach ausgegeben. Für das Fach *Wirtschaft-Politik* hat die für die Analyse genutzt Liste weiterhin Gültigkeit.

Der Aufbau der folgenden Klassifizierungsvorschläge lehnt sich jeweils an das Originalmodell an (Feilke & Rezat, 2019a), nutzt jedoch den Begriff *Sprachhandlungstyp* statt *Texthandlungstyp*, um der Erkenntnis aus der Erhebung, dass an Operatoren auch mündliche Anforderungen gebunden sein können, Rechnung zu tragen. Statt *Operatorenformulierungen* wird der Begriff *Operatorenausdrücke* (Feilke & Rezat, 2019a) verwendet. Bestehende Zuordnungen zu Anforderungsbereichen werden übernommen und als *sprachlicher* Anforderungsbereich beschrieben, da sich dies über die Auswertung nach ersten qualitativen Überprüfungen als linguistisch tauglich erwiesen hat. Darüber hinaus wird der durchschnittliche *kognitive* Anforderungsbereich der fachlichen Operatorenliste hinzugenommen, um ebenfalls die *kognitive* Dimension aufzuführen.

Die folgenden Tabellen bilden die fachlichen Zuordnungsvorschläge ab, wobei die nicht primär sprachhandlungsbezogenen Operatoren des Anforderungsbereichs III wie *entwerfen*, *gestalten* und *entwickeln* nicht zugeordnet werden, da sie auf keinen Sprachhandlungstyp referieren. Diese können sich dennoch auf die Herstellung sprachlicher Produkte beziehen, wie eine Mind-Map *gestalten*, eine Beschreibung *entwickeln* oder einen diskontinuierlichen Text wie ein Diagramm *entwerfen*. Die folgenden Ausführungen sind daher theoretisch-konzeptuell zu lesen. Sie stellen einen ersten Ansatzpunkt dar, um fachlich relevante Operatorenausdrücke sprachlichen Anforderungen zuordnen zu können.

Tab. 6.49 zeigt vor diesem Hintergrund eine heuristische Zuordnung für das Fach *Wirtschaft-Politik* nach der 2023 gültigen Operatorenliste für das Bundesland NRW.

Tab. 6.49 Klassifizierung der Operatoren der fachlichen Operatorenliste des Fachs Wirtschaft-Politik mithilfe des Modells von Feilke & Rezat (2019a). (Eigene Ergänzungen/ fachliche Erweiterung)

Operatorenausdrücke aus der Operatorenliste 2023 des Fachs Wirtschaft-Politik	Sprachhandlungstyp	Sprachlicher Anforderungsbereich	Kognitiver Anforderungsbereich
nennen, benennen	NENNEN	I	I–II
darstellen	DARSTELLEN	I	I–II
beschreiben, charakterisieren, analysieren, herausarbeiten, auswerten, ermitteln, einordnen	ANALYSIEREN	II	II
erklären, erläutern, begründen	ERKLÄREN	II	II–III
vergleichen	VERGLEICHEN	II	II–III
interpretieren, erschließen	INTERPRETIEREN	III	II–III
beurteilen, bewerten, diskutieren, erörtern, Stellung nehmen, sich auseinandersetzen mit, widerlegen, problematisieren, prüfen, überprüfen	DISKUTIEREN	III	II–III

Tab. 6.50 und Tab. 6.51 zeigen die Zuordnungen für das Fach *Physik* einerseits nach der Operatorenliste aus dem Jahr 2023 (Tab. 6.50) und andererseits nach der Operatorenliste für das Abitur 2025 des Bundeslands NRW (Tab. 6.51). Nicht sprachhandlungsbezogene Operatoren sind in der Operatorenliste aus dem Jahr 2023 (gültig 2019–2024) *berechnen,*[19] *durchführen, entscheiden, entwerfen/ planen, herleiten, skizzieren* und *zeichnen.*

[19] *Berechnen* kann sowohl beschreibenden, erklärenden, begründenden als auch argumentativen Zwecken im Physikunterricht dienen.

Tab. 6.50 Klassifizierung der Operatoren der fachlichen Operatorenliste (o J., gültig 2019–2024) des Fachs Physik mithilfe des Modells von Feilke & Rezat (2019a). (Eigene Ergänzungen/fachliche Erweiterung)

Operatorenausdrücke aus der Operatorenliste 2023 des Fachs Physik	Sprachhandlungstyp	Sprachlicher Anforderungsbereich	Kognitiver Anforderungsbereich
angeben/nennen	NENNEN	I	I
darstellen, bestimmen/ermitteln, herleiten	DARSTELLEN	I	II–III, vorw. II
beschreiben	ANALYSIEREN	II	I–II, vorw. II
erklären/erläutern, begründen, nachweisen/widerlegen, zeigen, beurteilen	ERKLÄREN	II	II–III, vorw. II
vergleichen	VERGLEICHEN	II	II–III, vorw. II
interpretieren	INTERPRETIEREN	III	II–III, vorw. II
prüfen/untersuchen	DISKUTIEREN	III	II

Die Operatorenliste für das Jahr 2025 enthält keine Anforderungsbereiche mehr, sondern weist aus, dass sich alle Operatoren auf alle kognitiven Niveaustufen beziehen können. Daher werden diese ausschließlich nach sprachlichem Niveau eingeschätzt und pauschal kognitiv mit dem AFB-Wert I–III ausgegeben.

Nicht eingeordnet werden können abermals die nicht (direkt) sprachhandlungsbezogenen Verben *abschätzen*, *berechnen*, *skizzieren* und *zeichnen*. Aus der Liste bis 2025 wurden die Verben *bestimmen*, *durchführen*, *entscheiden*, *entwerfen*, *nachweisen/widerlegen*, *prüfen* und *zeigen* nicht übertragen, da sie nicht mehr aufgeführt werden. *Planen* konnte im Gegensatz zur Liste bis 2025 jedoch in das Modell eingepflegt werden, da die neue Definition das Dokumentieren der Planungsschritte vorsieht. Es wird dem Sprachhandlungstyp des NENNENS zugeordnet. Alle anderen Verben der Operatorenliste ab 2025 sind in Tab. 6.51 aufgeführt.

Tab. 6.51 Klassifizierung der Operatoren der fachlichen Operatorenliste (2025) des Fachs Physik mithilfe des Modells von Feilke & Rezat (2019a). (Eigene Ergänzungen/fachliche Erweiterung)

Operatorenausdrücke aus der Operatorenliste ab 2025 des Fachs Physik	Sprachhandlungstyp	Sprachlicher Anforderungsbereich	Kognitiver Anforderungsbereich
angeben/nennen, planen	NENNEN	I	I–III
darstellen, ermitteln, ableiten, aufstellen/formulieren, herleiten, ordnen	DARSTELLEN	I	I–III
analysieren, beschreiben	ANALYSIEREN	II	I–III
erklären, erläutern, begründen, beurteilen, eine Hypothese aufstellen, auswerten, bewerten	ERKLÄREN	II	I–III
vergleichen	VERGLEICHEN	II	I–III
interpretieren/deuten	INTERPRETIEREN	III	I–III
untersuchen, diskutieren	DISKUTIEREN	III	I–III

Zusammengefasst lässt sich festhalten, dass das Klassifikationsmodell von Feilke & Rezat (2019a) einen Ansatzpunkt bietet, um sprachliche Anforderungen für Aufgaben einschätzen zu können. Fachliche, sprachhandlungsbezogene Operatoren außerhalb des Deutschunterrichts konnten anhand der Operatorendefinitionen den vorgeschlagenen Möglichkeiten zugeordnet werden. Das Modell erscheint in Bezug auf die Stichprobe erschöpfend angelegt zu sein. Ob die damit verbundene Reduktion von Operatorenformulierungen, wie es das Modell vorsieht, in Aufgaben Verstehenshürden abbaut, kann an dieser Stelle nicht beantwortet werden. Dass die linguistische Fundierung es jedoch ermöglicht, Operatoren der Fächer sprachbezogen zu klassifizieren, ist ein Mehrwert des Modells, was für die Einschätzung von Aufgabenschwierigkeiten und für die Aufgabenkonstruktion von Lehrkräften genutzt werden kann. Es zeigen sich Kongruenzen zwischen sprachlichen und kognitiven Anforderungen, was eine Erkenntnis aus der Anwendung des Modells auf die Ergebnisse dieser Studie darstellt. Wichtig erscheint es darüber hinaus auch, dass dieses Interpretationsergebnis der Beurteilung von Aufgabenkomplexität nicht unabhängig einer Einschätzung der inhaltlichen, fachlichen, fachsprachlichen und ggf. ethischen Komplexität erfolgen kann (Bordin & Fuhlrott, 2026).

Da fachliche Inhalte und Vorwissen das Verstehen stark beeinflussen, ist es unabdingbar, die sprachliche und kognitive Komplexität als einen Teil von mehreren Komplexitätsdimensionen einzubeziehen. Diese Erkenntnis, dass kognitive und sprachliche Komplexität immer nur in Relation zum fachlichen Gegenstand bewertet werden können, drückt sich auch in der Operatorenliste für das Fach Physik ab 2025 aus, in der gänzlich auf Angaben von kognitiven Anforderungsbereichen verzichtet und darauf hingewiesen wird, dass Operatoren sich jeweils auf alle Komplexitätsstufen beziehen können. Die Bewertung der kognitiven und sprachlichen Komplexität kann demnach nur dann sinnvoll erfolgen, wenn die Lerninhalte auch dem Lernstand angemessen ausgewählt werden und sich auf einer Komplexitätsebene befinden. Als Beispiel ließe sich formulieren: Wenn fachlich in der 6. Klasse nichts über Quantenoptik bekannt ist, können auch keine Fachbegriffe hierzu genannt werden, sodass das Nennen zu einer kognitiv-sprachlichen Herausforderung wird, die stark über dem Anforderungsbereich I liegt. Ist die Aufgabe gegeben, den Gegenstand zu benennen, mit dem man das Licht in der Wohnung an- und ausschaltet, dann reicht bereits das Alltagswissen über einen Lichtschalter aus, um diese Aufgabe zu beantworten. Innerhalb eines fachlichen Lernprozesseses, bei dem auch die inhaltliche Komplexität in Bezug auf ein Themengebiet sukzessive zunimmt, kann die taxonomische Klassifikation jedoch durchaus hilfreich sein, um verschiedene Komplexitätsstufen von Aufgaben einzuschätzen.

Für die Bearbeitung von Aufgaben sind verschiedene Handlungen unterschiedlichster Komplexitätsdimensionen zu tätigen, die sich im Niveau, der Komplexitätsdimension, sukzessive von der Grundschule zur Sekundarstufe II erhöhen, wobei auch die Sprache zunehmend an Komplexität gewinnt (Kleinschmidt-Schinke, 2018). Daher soll an dieser Stelle kritisch angemerkt werden, dass die bestehenden, bildungspolitisch herausgegebenen Operatorenlisten auf Abituraufgaben nicht auf Aufgaben der Sekundarstufe I bezogen sind, welche die Stichprobe der Untersuchung bilden. Es könnte sinnvoll sein, gerade auf der Grundlage von Untersuchungen zur Bedeutung von Operatoren in den Jahrgangsstufen bildungspolitisch abgestimmte Listen auch für die Grundschule und die Sekundarstufe I herauszugeben, um sprachliches und fachliches Lernen an einer theoretisch abgestimmten Lernprogression zu orientieren, die empirisch fundiert ist. Hierzu ist es wichtig, fachliche Präferenzen für Handlungsverben zu bestimmen. Da die Listen für das

Abitur nicht alle sprachbezogenen Verben abbilden, erscheint es neben den Verben in der Operatorenliste für das Abitur wichtig, alle Handlungsverben in den Aufgaben zu betrachten. Eine Auswertung der nicht bildungspolitisch-definierten Handlungsverben für die hier untersuchte Stichprobe, der *Quasi-Operatoren* in den Aufgaben, erfolgt im folgenden Abschnitt.

Quasi-Operatoren

Der Gebrauch von Operatoren wird aus sprachdidaktischer Perspektive oftmals auf der Grundlage von Analysen bewertet, die sich – wie auch in dieser Studie – auf die Operatorenlisten für das Abitur beziehen und auf dieser Grundlage den Operatorengebrauch niedrigerer Jahrgänge bewerten. Dies begründet sich dadurch, dass keine bildungspolitischen Listen mit Operatorenauswahl und -definition für niedrigere Jahrgänge herausgegeben werden. Dieser Umstand führt dazu, dass der Operatorengebrauch in Aufgaben und Curricula in der Sprachdidaktik häufig als *unsystematisch* bewertet wird, wenn mehrere, andere oder nicht sprachhandlungsbezogene Operatoren über Analysen von Aufgaben und Curricula aufgefunden werden, bspw. Passepartoutverben (Donnerhack et al., 2013; Reitbrecht & Sorger, 2018, vgl. auch Abschnitt 3.2). Es ist zu vermuten, dass der Grund für diese Beurteilung des Operatorensystems darin zu finden ist, dass mit der Einführung der Operatoren eine greifbare Standardisierung verbunden wird, die nicht eingelöst erscheint: Nicht alle Verben können über standardisierte Listen definiert werden und es benötigt mehr Verben für die Aufgabenkonstruktion, als in den Listen vorhanden sind. In den letzten Jahren ist diese Erkenntnis auch in der Bildungspolitik angekommen, weshalb in Operatorenlisten vermerkt wird, dass die Verwendung von andere Verben in den Abituraufgaben möglich ist, wenn die eingesetzten Verben als standardsprachlich verständlich gelten (vgl. u. a. Operatorenliste Deutsch NRW, 2023). Im Rahmen des Abiturs ist dies umsetzbar. Gerade im Rahmen des sprachbildenden Fachunterrichts niedriger Stufen erscheint diese Begründung jedoch problematisch, da ein Umgang mit Operatoren und Handlungsverben fachlich und sprachdidaktisch angebahnt werden sollte. Dies trifft besonders dann zu, wenn Sprachhandlungskompetenzen im Fachunterricht gefördert werden sollen. Hier greift das Argument sehr gut, dass Dopplungen, Polysemie, Heteronymie und unspezifische Verben das Potenzial haben, Verstehenshürden für Schüler:innen auf- statt abzubauen (Feilke & Rezat, 2019a).

Anstatt davon auszugehen, dass die Bildungspolitik erschöpfende Listen herausgibt, die auf niedrigere Stufen angewendet werden können und sprachbewusst gestaltet sind, folgen die Ausführungen dieser Arbeit der Perspektive, dass zuerst mehr über die Sprache der Schule und ihre Fächer empirisch untersucht werden sollte, um hierauf Kompetenzmodelle aufbauen zu können (Pohl, T., 2016). Da

Sprache hochgradig musterhaft ist und Operatoren bei der Erstellung von Curricula und Aufgaben von Expert:innen ausgewählt werden, kann davon ausgegangen werden, dass ab einer bestimmten Untersuchungsmenge diese Muster isoliert werden können.

Die Annahme dieser Arbeit ist demnach einerseits, dass der oben postulierten *Unsystematik* eine fehlende Kenntnis über einen jahrgangsspezifischen Referenzwert (resp. jahrgangsspezifische Operatorenliste) bzw. eine fehlende Kenntnis über jahrgangsrelevante Operatoren zugrunde liegt, andererseits eine fehlende didaktische Anerkennung der Bedeutung von Handlungsverben stattfindet, die nicht über die Operatorenlisten für das Abitur definiert werden, jedoch für die Aufgabenkonstruktion im Fachunterricht unabdingbar sind. Für eine entsprechende Anerkennung und systematische Verwendung plädierte zuerst Köster (2018), wobei die Autorin bspw. für den Deutschunterricht vorschlägt, Operatoren für das Lesen oder die Phasen des Schreibprozesses (Planen, Formulieren, Überarbeiten) gezielt einzusetzen. Welche sprachhandlungsbezogenen Verben und weiteren sprachlichen Aufforderungen über eine Analyse von Handlungsverben beschrieben werden können, die nicht Teil der Operatorenlisten für das Abitur, aber für das fachliche Lernen wichtig sind, wird in dieser Studie anhand der Subkategorie *Quasi-Operatoren* untersucht.

Wie im Kapitel des Kategoriensystems erläutert, dient der eingeführte Begriff *Quasi-Operatoren* der systematischen Trennung von Handlungsverben im Imperativ Singular und Plural in den Aufgaben, die Schüler:innen zwar in der Funktion von Operatoren zu Handlungen auffordern, jedoch nicht Teil der bildungspolitischen Listen sind. Ziel der folgenden Ergebnisdarstellung ist es, Quasi-Operatoren abzubilden, nach übergreifenden Handlungen zu klassifizieren und abschließend in ein quantitatives Verhältnis zu Operatoren zu setzen. Für die Untersuchung der sprachhandlungsbezogenen Normen des Fachunterrichts ist es darüber hinaus interessant, ob weitere kognitiv-sprachliche Handlungen relevant sind, die Operatorenlisten nicht darstellen.

Daher werden die folgenden Forschungsfragen über die Analyse bearbeitet:

(b) *Operatoren – Spektrum*
(I) Welche *Quasi-Operatoren* werden in Schulbuch-Lernaufgaben eingesetzt?
(II) Welche kognitiv-sprachlichen Teilhandlungen können über Quasi-Operatoren erhoben werden?

Ähnlich den vorhergehenden Auswertungen werden die Ergebnisse auch für die Kategorie „Quasi-Operatoren" fachlich-kontrastiv berichtet. Die Reihenfolge der Darstellung schließt an die für diese Arbeit etablierte fachliche Reihenfolge der

Darstellung an. Zuerst werden die Wirtschaft-Politik-Ergebnisse, dann die Physik-Ergebnisse dargestellt. Abschließend werden die fachlichen Ergebnisse verglichen.

Der methodische Unterschied zu den vorhergehenden Auswertungen liegt in der induktiven Erfassung der Codes und den damit verbundenen Schritten der Erhebungs- und Auswertungsverfahren innerhalb der Qualitativen Inhaltsanalyse. Nach der regelgeleiteten Erfassung von Handlungsverben aus den Aufgaben wurden die Codes der Einzelerhebungen über drei Schritte für eine weiterführende Analyse aufbereitet:

1) Es wurden orthografische Fehler, Dopplungen und Mehrdeutigkeiten überprüft und korrigiert.
2) Alle Handlungsverben mit einem spezifizierenden Zusatz (Präposition, Adverb oder nähere Spezifizierung zur semantischen Unterscheidung), wie „etwas" – „sich etwas vorstellen" gegen „anderen etwas vorstellen" oder „teilen (Division)", wurden überprüft, korrigiert und ggf. weiterführend zur Vereindeutigung ergänzt.
3) Erfasste Funktionsverbgefüge wurden überprüft, korrigiert und ggf. semantisch zur Vereindeutigung ergänzt.

Anschließend wurden die erfassten Handlungsverben mit den Kategorien „lesen", „schreiben", „sprechen und zuhören", „denken und wahrnehmen", (Dinge und Informationen) „organisieren", „rechnen, „zeichnen", „Sprachhandlungen" und „Sonstige" klassifiziert. Diese Handlungsbereiche haben sich als Klassifikationskategorien für die induktiv erhobenen Quasi-Operatoren während der Pilotierung und Intercoder-Reliabilitätsprüfung als besonders effektiv erwiesen, um die hohe Anzahl an fachlichen Quasi-Operatoren möglichst übersichtlich und fachlich differenziert darzustellen. Das Grundmodell der Klassifizierung folgt einerseits den Kompetenzbereichen *Lesen, Schreiben, Sprechen und Zuhören* des Deutschunterrichts (vgl. Abschnitt 4.2), andererseits der Operatorentheorie (Taxonomie) mit der Klassifikationskategorie *denken und wahrnehmen.* Diese Auswahl wurde für die Beantwortung der Forschungsfragen mit den (z. T. fachlichen) Kategorien *Sprachhandlungen,* (Informationen und Dinge für das Lernen) *organisieren, zeichnen, rechnen* und *Sonstige* ergänzt. Bei *Sonstige* handelt es sich um eine Klassifikationskategorie, in der Verben und Verbgefüge aufgenommen werden können, die über die anderen Bereiche nicht eindeutig klassifiziert werden können. Das induktiv erschlossene Klassifikationsmodell hat neben seinen Stärken – wie Prägnanz, Trennschärfe, Nähe zu in der Analyse verwendeten deduktiven Kategorien (z. B. *lesen*) – auch Schwächen. Durch die geringe Anzahl an Klassifikationskategorien findet innerhalb der

Handlungsbereiche keine Binnendifferenzierung statt, was zu einer eher makroperspektivischen Betrachtungsweise führt, die nicht umfassend detailliert ist. Über eine Darstellung der einzelnen Quasi-Operatoren soll diesem Umstand begegnet werden. Es wird so möglich, die einzelnen Teile der Klassifikationskategorien nachzuvollziehen, auch wenn diese nicht weiterführend mikroperspektivisch klassifiziert werden. Darüber hinaus zeigt das Vorhandensein der Klassifikationskategorie *Sonstige*, dass die anderen Klassifikationskategorien nicht erschöpfend sind. 1,79 % bis 5,59 % der erhobenen Handlungsverben konnten in der Gesamtauswertung der Kategorie *Sonstige* zugeordnet werden. Dennoch konnten sich nach mehrfachen Modellerhebungen die oben genannten Klassifikationskategorien als zielführend erschöpfend erweisen, um Trends für den fachlichen und überfachlichen Quasi-Operatoren-Gebrauch zu beschreiben.

Die Darstellung der Einzelergebnisse erfolgt, indem zuerst alle erfassten und bereits klassifizierten Handlungsverben einschließlich ihrer Häufigkeit und Klassifikationskategorie tabellarisch aufgeführt werden. Die fünf häufigsten Handlungsverben werden im Anschluss gerankt und klassifiziert. Wie auch in vorhergehenden Auswertungen teilen sich identische Häufigkeiten einen Rang. Aufgrund der Vielzahl an Handlungsverben wird auf eine Darstellung der Verteilung über die thematischen Kapitel der Lehrwerke im Anhang verzichtet.[20]

Vergleich und Zusammenfassung Wirtschaft-Politik-Lehrwerke

In diesem Abschnitt werden die Ergebnisse zur Kategorie *Operatoren – Spektrum – Quasi-Operatoren* für das Fach *Wirtschaft-Politik* dargestellt und verglichen. Die Ergebnispräsentation beginnt mit dem Lehrwerk *TEAM 5/6*.

Zuerst wird die Verteilung der erhobenen Verben auf die Handlungsbereiche *lesen, schreiben, sprechen und zuhören, denken und wahrnehmen, organisieren,*

---

[20] Die Kategorien zeigen im Bereich *lesen, schreiben* sowie *sprechen und zuhören* Ähnlichkeiten mit der Auswertung der *Aufgabenmerkmale Lesen* und *Medialität.* Ein Unterschied besteht darin, dass die Medialitätsauswertungen auf Aufgaben als Einheit bezogen sind und die Auswertungen der Quasi-Operatoren auf das Vorkommen einzelner Handlungsverben in den Aufgaben. Unterschiede in der Ergebnisdarstellung sind durch Mehrfachnennungen von Verben in einer Aufgabenstellung einerseits und verschiedene Aufforderungsformen in den Aufgaben andererseits begründet. Während das Korpus $n_{\text{Medialität}}$ alle Aufgaben umfasst (A und B), umfasst das Korpus $n_{\text{Quasi-Operatoren}}$ Aufgaben mit Handlungsverben im Imperativ Singular oder Plural, die keine Operatoren sind, aber in Aufforderungsform genutzt werden. Beide Auswertungen zeigen aufgrund der Stichprobengröße einen Trend zur Nutzung von Medialitätsmarkern in den Aufgaben, sind aber nicht direkt vergleichbar. Dieser methodische Unterschied sollte bei der Interpretation der Ergebnisse beachtet werden.

rechnen, zeichnen, Sprachhandlungen und *Sonstige* dargestellt. Insgesamt wurden in 397 Lernaufgaben 336 Quasi-Operatoren isoliert, die 79 verschiedene Handlungsverben umfassen.

Im Bereich *lesen* konnten die zwei Verben *lesen* (9) und *vorlesen* (2) erfasst werden. Dies entspricht einem absoluten Vorkommen von 11 und einem relativen von 3,27 % an allen Quasi-Operatoren (11/3,27).

Im Bereich *schreiben* konnten insgesamt 65 Handlungsverben erhoben werden, was einem Anteil von 19,35 % entspricht (65/19,35). Die 65 Handlungsverben verteilen sich auf 12 verschiedene Quasi-Operatoren. Hierzu zählen: (eine Tabelle mit Inhalt) *anlegen* (2), *auf etwas eingehen* (schriftlich, 1), *auflisten* (1), *aufschreiben* (2), *ausfüllen* (2), *etwas eintragen* (1), *formulieren* (21), *notieren* (15), *schreiben* (3), *übernehmen* (im Sinne von notieren, 11), *übertragen* (1) und *verfassen* (5).

Die Kategorie *sprechen und zuhören* ist ähnlich stark frequentiert. Es konnten 66 Handlungsverben erhoben werden, die sich auf 13 verschiedene Verben verteilen und insgesamt 19,64 % von allen Quasi-Operatoren ausmachen (66/19,64). Zu den Verben der Kategorie *sprechen und zuhören* zählen: *anderen etwas vorstellen* (28), *antworten* (mündlich, 1), *befragen* (3), *beraten* (1), *besprechen* (2), *etwas vortragen* (1), *präsentieren* (3), *reden* (1), *schildern* (1), *sich äußern* (1), *sich austauschen* (18), *sich beraten* (2) und *sprechen* (4).

Zu den Klassifizierungshandlungen *denken und wahrnehmen* zählen insgesamt 107 Verben mit einem Anteil von 31,84 % an allen Quasi-Operatoren (107/31,84). Es konnten 17 verschiedene Handlungsverben erhoben werden. Hierzu zählen: *aussuchen* (1), *auswählen* (9), *beachten* (1), *betrachten* (6), *berücksichtigen* (1), *finden* (6), *herausfinden* (2), *heraussuchen* (2), *sammeln* (12), *sich einigen* (5), *sich entscheiden* (18), *sich etwas einprägen* (12), *sich etwas vorstellen* (3), *sich orientieren* (1), *suchen* (kognitiv, 7), *überlegen* (16) und *versuchen* (5).

Der Bereich *organisieren* umfasst 48 Verben absolut. Der relative Anteil liegt bei 14,29 % (48/14,29). Es konnten 22 verschiedene Quasi-Operatoren erhoben werden. Hierzu zählen: *aufteilen* (1), *bearbeiten* (1), (Gruppen) *bilden* (2), *durcharbeiten* (1), *durchgehen* (5), *eingeben* (2), *einüben* (4), *erstellen* (4), *etwas abstimmen* (3), *etwas zusammenstellen* (1), *machen* (1), *nehmen* (1), *ordnen* (3), *recherchieren* (1), *sich informieren* (2), *sich zusammensetzen* (4), *suchen* (organisatorisch, 4), *verteilen* (1), *vervollständigen* (3), *verwenden* (2), *vorbereiten* (1) und *zu Ende führen* (1).

Für die Handlung *rechnen* trat in der Stichprobe ausschließlich das Verb *berechnen* (1/0,30) auf. Für *zeichnen* konnten keine Quasi-Operatoren erhoben werden.

Als zusätzlich zu den Operatoren isolierte Sprachhandlungen konnten im Rahmen der Erhebung von Quasi-Operatoren absolut 32 Verben erhoben werden, die sich auf die acht Ausdrucksformen verteilen und 9,52 % ausmachen (32/9,52). Hierzu zählen *berichten* (2), *erzählen* (3), *gegenüberstellen* (1), *jemanden informieren* (3), *sich ein Urteil bilden* (4), *urteilen* (3), *verdeutlichen* (1) und *zusammenfassen* (15).

Quasi-Operatoren, die nicht eindeutig einer Kategorie zugeordnet werden konnten, werden unter *Sonstiges* summiert. Die Gründe für die Zuordnung zu *Sonstiges* sind überwiegend in einer fehlenden Medialitätskontur oder in einer fehlenden inhaltlichen Übereinstimmung mit den anderen Kategorien zu finden. Insgesamt konnten fünf Verben erfasst werden, was einem Anteil von 1,79 % entspricht (6/ 1,79). Hierzu zählen die Verben: *aufzählen* (medial offen, 1), *beantworten* (medial offen, 2), *etwas schließen* (1), *testen* (1) und *vorspielen* (1).

Tab. 6.52 fasst die Ergebnisse *der Auswertung* der Kategorie *Operatoren – Spektrum – Quasi-Operatoren* für die Fachstichprobe *Wirtschaft-Politik –TEAM 5/6* zusammen. Im Anschluss werden die Klassifikationskategorien hierarchisiert dargestellt.

Tab. 6.52 Operatoren – Spektrum – Quasi-Operatoren – Wirtschaft-Politik – TEAM 5/6: Klassifizierung sowie absolute und relative Übersicht über die Quasi-Operatoren

Klassifikationskategorie	Verben	$\sum$ absolut/relativ gesamt von $n = 336$
lesen	lesen (9), vorlesen (2)	= 11/3,27
schreiben	(eine Tabelle mit Inhalt) anlegen (2), auf etwas eingehen (schriftlich, 1), auflisten (1), aufschreiben (2), ausfüllen (2), etwas eintragen (1), formulieren (21), notieren (15), schreiben (3), übernehmen (im Sinne von notieren, 11), übertragen (1), verfassen (5)	= 65/19,35

(Fortsetzung)

Tab. 6.52 (Fortsetzung)

Klassifikationskategorie	Verben	$\sum$ absolut/relativ gesamt von $n = 336$
sprechen und zuhören	anderen etwas vorstellen (28), antworten (mündlich, 1), befragen (3), beraten (1), besprechen (2), etwas vortragen (1), präsentieren (3), reden (1), schildern (1), sich äußern (1), sich austauschen (18), sich beraten (2), sprechen (4)	= 66/19,64
denken und wahrnehmen	aussuchen (1), auswählen (9), beachten (1), betrachten (6), berücksichtigen (1), finden (6), herausfinden (2), heraussuchen (2), sammeln (12), sich einigen (5), sich entscheiden (18), sich etwas einprägen (12), sich etwas vorstellen (3), sich orientieren (1), suchen (kognitiv, 7), überlegen (16), versuchen (5)	= 107/31,84

(Fortsetzung)

Tab. 6.52 (Fortsetzung)

Klassifikationskategorie	Verben	$\sum$ absolut/relativ gesamt von $n = 336$
organisieren	aufteilen (1), bearbeiten (1), (Gruppen) bilden (2), durcharbeiten (1), durchgehen (5), eingeben (2), einüben (4), erstellen (4), etwas abstimmen (3), etwas zusammenstellen (1), machen (1), nehmen (1), ordnen (3), recherchieren (1), sich informieren (2), sich zusammensetzen (4), suchen (organisatorisch, 4), verteilen (1), vervollständigen (3), verwenden (2), vorbereiten (1), zu Ende führen (1)	= 48/14,29
rechnen	berechnen (1)	= 1/0,30
zeichnen	–	= 0/0,00
Sprachhandlungen	berichten (2), erzählen (3), gegenüberstellen (1), jemanden informieren (3), sich ein Urteil bilden (4), urteilen (3), verdeutlichen (1), zusammenfassen (15)	= 32/9,52
Sonstige	aufzählen (medial offen, 1), beantworten (medial offen, 2), etwas schließen (1), testen (1), vorspielen (1)	= 6/1,79

Um neben den Einzelauswertungen darzustellen, welche Handlungsbereiche am häufigsten über Quasi-Operatoren in der Stichprobe vorkommen, werden die Handlungsbereiche absteigend nach ihrer Häufigkeit sortiert beschrieben und mit den Rängen 1 bis 9 versehen, wobei *1* den Rang mit dem häufigsten Vorkommen darstellt und *9* den Rang mit dem niedrigsten. Die relative Häufigkeit wird jeweils in Klammern angegeben.

Wie Tab. 6.53 zeigt, sind Quasi-Operatoren aus dem Bereich *denken und wahrnehmen* in der Stichprobe am häufigsten und belegen damit den ersten Rang (Rang 1/31,84). Ähnlich häufig und auf Rang 2 und 3 konnten Verben aus den Bereichen *sprechen und zuhören* (Rang 2/19,64) und *schreiben* (Rang 3/19,35) erhoben werden. Auf Rang 4 ist die Kategorie *organisieren* (Rang 4/14,29) verortet. Rang 5 belegen Verben, die weitere *Sprachhandlungen* abbilden (Rang 5/9,52). Auf Rang 6 befindet sich die Kategorie *lesen* (Rang 6/3,27), der die Kategorie *Sonstige* folgt (Rang 7/1,79). Die letzten beiden Ränge werden von *rechnen* (Rang 8/0,30) und *zeichnen* (Rang 0/0,00) belegt.

Tab. 6.53 Operatoren – Spektrum – Quasi-Operatoren – Wirtschaft-Politik – TEAM 5/6: Ranking der erhobenen Kategorien

Klassifikationskategorie	relativ	Rang
denken und wahrnehmen	31,84	1
sprechen und zuhören	19,64	2
schreiben	19,35	3
organisieren	14,29	4
Sprachhandlungen	9,52	5
lesen	3,27	6
Sonstige	1,79	7
rechnen	0,30	8
zeichnen	0,00	9

Nachdem die Klassifikationskategorien nach Häufigkeiten sortiert dargestellt wurden, werden im Folgenden die *frequentesten fünf Handlungsverben* zunächst unabhängig von ihrer Klassifikation dargestellt, anschließend mit ihrer Klassifikationskategorie. Hierbei werden die absoluten und relativen Häufigkeiten angegeben. Für die relativen Daten wird das Vorkommen aller Quasi-Operatoren in der Lehrwerksstichprobe n_{LWFach} mit $n_{Quasi\text{-}Operatoren}$ aus $n_{LWFachI} = 336$ zugrunde gelegt. Wieder werden die Ergebnisse gerankt, wobei Rang 1 abermals die häufigsten Verben abbildet. Bei gleicher Häufigkeit werden Ränge geteilt

Die Auswertung zeigt, dass am häufigsten der Quasi-Operator *anderen etwas vorstellen* mit einem Vorkommen von 28 und 8,33 % in den Lernaufgaben genutzt wird (Rang 1). Mit einer absoluten Häufigkeit von 21 und einer relativen von 6,25 % ist *formulieren* der zweithäufigste Quasi-Operator (Rang 2). Am dritthäufigsten zeigen sich zwei Verben mit Reflexivum: *sich austauschen* und *sich entscheiden.* Beide kommen absolut 18-mal vor, was einer relativen Häufigkeit von 5,36 % entspricht (Rang 3). Das Handlungsverb *überlegen* folgt mit einem Vorkommen von 16 mit 4,76 % (Rang 4). Den letzten Platz der fünf häufigsten Verben belegen *zusammenfassen* und *notieren* mit jeweils einem absoluten Vorkommen von 15 und 4,46 %. Insgesamt machen die fünf häufigsten Quasi-Operatoren mit 131 Verben einen Anteil von rund 39 % an allen in der Stichprobe erhobenen Quasi-Operatoren aus.

Tab. 6.54 zeigt das *Ranking der fünf häufigsten Quasi-Operatoren* aus den Ergebnissen *der Kategorie Operatoren – Spektrum – Quasi-Operatoren – Wirtschaft-Politik– TEAM 5/6.*

Tab. 6.54 Operatoren – Spektrum – Quasi-Operatoren – Wirtschaft-Politik – TEAM 5/6: Ranking der fünf häufigsten Quasi-Operatoren

	absolut LWFachI	**relativ** LWFachI	**Rang** LWFachI
$\mathbf{n_{LWFach}}$	**247,5**	–	
$\mathbf{n_{Quasi\text{-}Operatoren}}$	**336**	**100**	
anderen etwas vorstellen	28	8,33	1
formulieren	21	6,25	2
sich austauschen	18	5,36	3
sich entscheiden	18	5,36	3
überlegen	16	4,76	4
zusammenfassen	15	4,46	5
notieren	15	4,46	5
$\sum$	131	38,98	

Werden die Klassifikationskategorien der Auswertung der fünf häufigsten Quasi-Operatoren hinzugenommen, zeigt sich die folgende Verteilung: *sprechen und zuhören* (Rang 1 und 3), *schreiben* (Rang 2 und 5), *denken und wahrnehmen* (Rang 3 und 4) sowie *Sprachhandlungen* (Rang 5).

In Tab. 6.55 werden diese Ergebnisse der *fünf häufigsten Quasi-Operatoren* der Auswertung der Kategorie *Operatoren – Spektrum – Quasi-Operatoren – Wirtschaft-Politik – TEAM 5/6* mit Rängen und ihrer Klassifikationskategorie noch einmal zusammengefasst dargestellt.

Tab. 6.55 Operatoren – Spektrum – Quasi-Operatoren – Wirtschaft-Politik – TEAM 5/6: Ranking der fünf häufigsten Quasi-Operatoren und Zuordnung zu induktiven Kategorien

$n_{Quasi\text{-}Operatoren\ (7)}$	**Klassifikationskategorie**	**Rang** LWFachI
anderen etwas vorstellen	sprechen und zuhören	1
formulieren	schreiben	2
sich austauschen	sprechen und zuhören	3
sich entscheiden	denken und wahrnehmen	3
überlegen	denken und wahrnehmen	4
zusammenfassen	Sprachhandlungen	5
notieren	schreiben	5

Es folgt die Ergebnisdarstellung der zweiten Wirtschaft-Politik-Stichprobe $n_{Quasi\text{-}Operatoren}$ aus $n_{LWFachII}$ des Lehrwerks *Wirtschaft-Politik 1*.

Die Darstellung der Stichprobe beginnt mit der Verteilung der erhobenen Verben auf die Handlungsbereiche *lesen*, *schreiben*, *sprechen und zuhören*, *denken und wahrnehmen*, *organisieren*, *rechnen*, *zeichnen*, *Sprachhandlungen* und *Sonstige*. Insgesamt wurden in 465 Lernaufgaben 358 Quasi-Operatoren (= $n_{Quasi\text{-}Operatoren}$ aus $n_{LWFachII}$) erhoben. Wie auch in der vorhergehenden Auswertung wird dieses Subkorpus als Referenzkategorie verwendet, um die relativen Anteile von Verben und Klassifikationskategorien zu beschreiben.

Im Bereich *lesen* konnten insgesamt die 4 verschiedenen Verben *lesen* (7), *vorlesen* (1), *durchlesen* (1) und *markieren* (lesen) (3) erhoben werden. Dies entspricht einem absoluten Vorkommen von 12 und einem relativen von 3,35 % an allen Quasi-Operatoren (12/3,35).

Im Bereich *schreiben* konnten 19 verschiedene Quasi-Operatoren erfasst werden. Insgesamt wurden 95 Verben erhoben (95/26,54). Hierzu gehören: (eine Tabelle mit Inhalt) *anlegen* (3), *auflisten* (2), *aufschreiben* (7), *ausfüllen* (1), *dokumentieren* (1), *etwas eintragen* (7), *etwas* (schriftlich) *festhalten* (4), *ergänzen* (schriftlich, 1), *erstellen* (schriftlich, 11), *formulieren* (8), (Protokoll) *führen* (1), *herausschreiben* (2), *hineinschreiben* (1), *notieren* (21), *schreiben* (11), *übernehmen* (im Sinne von *notieren*, 1), *übertragen* (7), *verfassen* (5) und *zusammentragen* (1).

Verben, die unter der Klassifikationskategorie *sprechen und zuhören* zusammengefasst werden können, konnten insgesamt absolut 41-mal erhoben werden, was einem relativen Anteil von 11,45 % entspricht. Es handelt sich dabei um die 13 verschiedenen Ausprägungen *anderen etwas vorstellen* (11), *beantworten* (mündlich, 1), *befragen* (1), *besprechen* (3), *ein Gespräch führen* (1), *eine Diskussion führen* (1), *fragen* (1), (mündlich) *klären* (4), *nachfragen* (1), *präsentieren* (1), *sich äußern* (3), *sich austauschen* (10) und *sprechen* (3).

Für die Kategorie *denken und wahrnehmen* wurden absolut 108 einzelne Verben und 23 verschiedene Quasi-Operatoren erhoben. Der relative Anteil liegt bei 30,17 % (108/30,17 %). Unter die Klassifikation *denken und wahrnehmen* fallen die folgenden Ausprägungen: *anschauen* (4), *aufzeigen* (1), *ausdenken* (1), *auswählen* (5), *beachten* (2), *betrachten* (1), *berücksichtigen* (6), *denken* (2), *erkunden* (1), *finden* (6), *feststellen* (3), *herausfinden* (2), *herausstellen* (2), *nutzen* (Wissen, Informationen 4), *sammeln* (kognitiv, 6), (sich) *entscheiden* (6), *sich etwas vorstellen* (9), *sich mit etwas vertraut machen* (1), *sich orientieren* (2), *suchen* (kognitiv, 2), *untersuchen* (2), *überlegen* (29) und *versuchen* (11).

Die Klassifikation *organisieren* zählt 65 einzelne Handlungsverben mit 26 Varianten. Relativ liegt ein Anteil von 18,16 % vor (65/18,16). Es konnten die folgenden Quasi-Operatoren erhoben werden: *aufstellen* (1), *arbeiten* (1), *abgrenzen* (1), *anbringen* (1), *aufteilen* (2), *bearbeiten* (4), (Gruppen) *bilden* (1), *durchführen* (6), *einbeziehen* (1), *erarbeiten* (2), *etwas verwenden* (eigene Ergebnisse, 2), *etwas zusammenstellen* (4), *festlegen* (1), *gehen* (Internetrecherche, 1), *kennzeichnen* (1), *klicken* (Link, 1), *legen* (ein Plakat in die Mitte, 3), *ordnen* (6), *planen* (1), *recherchieren* (5), *sich informieren* (4), *sich zusammenfinden* (5), *vervollständigen* (3), *vorbereiten* (3), *zur Hilfe nehmen* (1) und *zuordnen* (4).

Zum Bereich *rechnen* konnte kein Quasi-Operator in der Stichprobe erhoben werden (0/0,00), hingegen im Bereich *zeichnen* die zwei Ausprägungen *etwas anfertigen* (zeichnen, 2) und *zeichnen* (7) mit insgesamt neun Handlungsverben, was einem Anteil von 2,51 % entspricht (9/2,51).

Zu den außerhalb der standardisierten Operatoren erhobenen Sprachhandlungen zählen die acht Ausprägungen *berichten* (5), *erzählen* (1), *gegenüberstellen* (1), *sollen (Stellung nehmen*, 1), *wiedergeben* (2), *Vermutung anstellen* (2), *zur Diskussion stellen* (1) und *zusammenfassen* (1). Insgesamt kommen diese Ausprägungen 14-mal in den Aufgaben vor. Dies entspricht einem relativen Anteil von 3,91 % (14/3,91).

In der letzten Rubrik *Sonstige* befinden sich ebenfalls 14 Handlungsverben (14/3,91). Diese sind die acht Quasi-Operatoren *beantworten* (medial offen, 3), *erstellen* (andere, 4), *etwas angeben* (medial offen, 1), *gehen* (im Sinne von laufen, 2), (auswerten) *lassen* (Fragebogen, 1), *testen* (1), *verdeutlichen* (1) und *an jemanden wenden* (1).

Tab. 6.56 fasst die Ergebnisse *der Auswertung* der Kategorie *Operatoren – Spektrum – Quasi-Operatoren* für die Fachstichprobe *Wirtschaft-Politik – Wirtschaft-Politik 1* zusammen. Im Anschluss werden die Ergebnisse hierarchisiert.

Tab. 6.56 Operatoren – Spektrum – Quasi-Operatoren – Wirtschaft-Politik – Wirtschaft-Politik 1: Klassifizierung sowie absolute und relative Übersicht über die Quasi-Operatoren

Klassifikationskategorie	Verben	$\sum$ absolut/relativ gesamt von $n = 358$
lesen	lesen (7), vorlesen (1), durchlesen (1), markieren (lesen, 3),	= 12/3,35
schreiben	(eine Tabelle mit Inhalt) anlegen (3), auflisten (2), aufschreiben (7), ausfüllen (1), dokumentieren (1), etwas eintragen (7), etwas (schriftlich) festhalten (4), ergänzen (schriftlich, 1), erstellen (schriftlich, 11), formulieren (8), (Protokoll) führen (1), herausschreiben (2), hineinschreiben (1), notieren (21), schreiben (11), übernehmen (im Sinne von notieren, 1), übertragen (7), verfassen (5), zusammentragen (1)	= 95/26,54

(Fortsetzung)

Tab. 6.56 (Fortsetzung)

Klassifikationskategorie	Verben	$\sum$ absolut/relativ gesamt von $n = 358$
sprechen und zuhören	anderen etwas vorstellen (11), beantworten (mündlich, 1), befragen (1), besprechen (3), ein Gespräch führen (1), eine Diskussion führen (1), fragen (1), (mündlich) klären (4), nachfragen (1), präsentieren (1), sich äußern (3), sich austauschen (10), sprechen (3)	= 41/11,45
denken und wahrnehmen	anschauen (4), aufzeigen (1), ausdenken (1), auswählen (5), beachten (2), betrachten (1), berücksichtigen (6), denken (2), erkunden (1), finden (6), feststellen (3), herausfinden (2), herausstellen (2), nutzen (Wissen, Informationen, 4), sammeln (kognitiv, 6), (sich) entscheiden (6), sich etwas vorstellen (9), sich mit etwas vertraut machen (1), sich orientieren (2), suchen (kognitiv, 2), untersuchen (2), überlegen (29), versuchen (11)	= 108/30,17

(Fortsetzung)

Tab. 6.56 (Fortsetzung)

Klassifikationskategorie	Verben	$\sum$ absolut/relativ gesamt von $n = 358$
organisieren	aufstellen (1), arbeiten (1), abgrenzen (1), anbringen (1), aufteilen (2), bearbeiten (4), (Gruppen) bilden (1), durchführen (6), einbeziehen (1), erarbeiten (2), etwas verwenden (eigene Ergebnisse, 2), etwas zusammenstellen (4), festlegen (1), gehen (Internetrecherche, 1), kennzeichnen (1), klicken (Link, 1), legen (ein Plakat in die Mitte, 3), ordnen (6), planen (1), recherchieren (5), sich informieren (4), sich zusammenfinden (5), vervollständigen (3), vorbereiten (3), zur Hilfe nehmen (1), zuordnen (4)	= 65/18,16
rechnen	–	= 0/0,00
zeichnen	etwas anfertigen (zeichnen, 2), zeichnen (7)	= 9/2,51
Sprachhandlungen	berichten (5), erzählen (1), gegenüberstellen (1), sollen (Stellung nehmen, 1), wiedergeben (2), Vermutung anstellen (2), zur Diskussion stellen (1), zusammenfassen (1)	= 14/3,91

(Fortsetzung)

Tab. 6.56 (Fortsetzung)

Klassifikationskategorie	Verben	∑ absolut/relativ gesamt von $n = 358$
Sonstige	beantworten (medial offen, 3), erstellen (andere, 4), etwas angeben (medial offen, 1), gehen (im Sinne von laufen, 2), (auswerten) lassen (Fragebogen, 1), testen (1), verdeutlichen (1), an jemanden wenden (1)	= 14/3,91

Im Folgenden werden zunächst die *Klassifikationskategorien* nach Häufigkeit absteigend sortiert dargestellt und Rängen zugeordnet (1 bis 8). Gleichwertige Ergebnisse werden unter einem Rang zusammengefasst. Angegeben werden die absoluten und relativen Häufigkeiten. Das zugrunde liegende Korpus ist das Korpus $n_{\text{Quasi-Operatoren}}$ aus n_{LWFachII}.

Tab. 6.57 zeigt das Ranking der Klassifikationskategorien auf. Nach den Ergebnissen ist *denken und wahrnehmen* mit 30,17 % am häufigsten vertreten und belegt damit den ersten Rang (Rang 1/30,17). Der zweite Rang wird mit 26,52 % von der Kategorie *schreiben* besetzt (Rang 2/26,54). *Organisieren* ist mit 18,16 % auf dem dritten Rang (Rang 3/18,16), *sprechen und zuhören* auf dem vierten mit 11,45 % (Rang 4/11,45). Den fünften Rang teilen sich die Klassifikationskategorien *Sprachhandlungen* mit 3,91 % und *Sonstige* mit ebenfalls 3,91 % (beide Rang 5/3,91). Auf Rang 6 befindet sich die Rubrik *lesen* mit 3,35 % (Rang 6/3,35). *Zeichnen* belegt

Tab. 6.57 Operatoren – Spektrum – Quasi-Operatoren – Wirtschaft-Politik – Wirtschaft-Politik 1: Ranking der erhobenen Kategorien

Klassifikationskategorie	relativ	Rang
denken und wahrnehmen	30,17	1
schreiben	26,54	2
organisieren	18,16	3
sprechen und zuhören	11,45	4

(Fortsetzung)

Tab. 6.57 (Fortsetzung)

Klassifikationskategorie	relativ	Rang
Sprachhandlungen	3,91	5
Sonstige	3,91	5
lesen	3,35	6
zeichnen	2,51	7
rechnen	0,00	8

Rang 7 mit 2,51 % (Rang 7/2,51). Auf Rang 8 ist *rechnen.* Hier konnten keine Verben erhoben werden (0/0,00).

Unabhängig von den Klassifikationskategorien werden im Folgenden die *fünf häufigsten* Handlungsverben gerankt. Abermals teilen sich identische Häufigkeiten einen Platz. Den ersten Rang belegt der Quasi-Operator *überlegen* mit einem absoluten Vorkommen von 29 und einem relativen von 8,10 % (29/8,10). Rang 2 besetzt *notieren* mit 21 Einzelverben in der Stichprobe und 5,87 % (21/5,87). Auf Rang 3 steht *erstellen* mit 15 Verben absolut und 4,19 % (15/4,19). Rang 4 wird von drei Quasi-Operatoren mit den Ergebnissen 11 und 3,07 % geteilt: *versuchen, schreiben, anderen etwas vorstellen.* Rang 5 besetzt *sich austauschen* mit absolut 10 und 2,79 % (10/2,79). Insgesamt bilden die fünf häufigsten Quasi-Operatoren rund 30 % aller in der Stichprobe erhobenen Quasi-Operatoren mit absolut 108 Handlungsverben ab.

Tab. 6.58 zeigt das *Ranking der fünf häufigsten Quasi-Operatoren* aus den Ergebnissen *der Kategorie Operatoren – Spektrum – Quasi-Operatoren – Wirtschaft-Politik – Wirtschaft-Politik 1.*

Tab. 6.58 Operatoren – Spektrum – Quasi-Operatoren – Wirtschaft-Politik – Wirtschaft-Politik 1: Ranking der fünf häufigsten Quasi-Operatoren und Zuordnung zu induktiven Kategorien

	absolut LWFachII	relativ LWFachII	Rang LWFachII
n_{LWFach}	**465**	–	
$n_{Quasi\text{-}Operatoren}$	**358**	**100**	
überlegen	29	8,10	1
notieren	21	5,87	2
erstellen	15	4,19	3
versuchen	11	3,07	4
schreiben	11	3,07	4
anderen etwas vorstellen	11	3,07	4
sich austauschen	10	2,79	5
$\sum$	108	30,17	

Fügt man den fünf häufigsten Quasi-Operatoren die Klassifikationskategorien hinzu, dann kann die folgende Verteilung berichtet werden: *denken und wahrnehmen* (Rang 1 und Rang 4), *schreiben* (Rang 2, Rang 3 und Rang 4), *sprechen und zuhören* (Rang 4 und 5).

In Tab. 6.59 werden die Ergebnisse der *fünf häufigsten Quasi-Operatoren* aus der Auswertung der Kategorie *Operatoren – Spektrum – Quasi-Operatoren – Wirtschaft-Politik – Wirtschaft-Politik 1* mit Rängen und Klassifikationskategorie absteigend dargestellt.

Tab. 6.59 Operatoren – Spektrum – Quasi-Operatoren – Wirtschaft-Politik – Wirtschaft-Politik 1: Ranking der fünf häufigsten Quasi-Operatoren mit Klassifikationsbeschreibung

Quasi-Operator	**Klassifikationskategorie**	**Rang** LWFachII
überlegen	denken und wahrnehmen	1
notieren	schreiben	2
erstellen	schreiben	3
versuchen	denken und wahrnehmen	4
schreiben	schreiben	4
anderen etwas vorstellen	sprechen und zuhören	4
sich austauschen	sprechen und zuhören	5

Es folgen die Ergebnisinterpretationen zu $n_{Quasi\text{-}Operatoren}$ für die Stichproben $_{LWFachI}$ und $_{LWFachII}$.

In diesem Abschnitt werden die Ergebnisse für die Hauptkategorie *Operatoren – Spektrum – Quasi-Operatoren* und das Fach Wirtschaft/Politik interpretiert und fachlich verglichen. In der Stichprobe des Lehrwerks *TEAM 5/6* ($n_{Quasi\text{-}Operatoren}$ aus $n_{LWFachI}$) konnten 336 Quasi-Operatoren in 397 Lernaufgaben isoliert werden, während in der Stichprobe aus *Wirtschaft-Politik 1* ($n_{Quasi\text{-}Operatoren}$ aus $n_{LWFachII}$) 358 Quasi-Operatoren in 465 Lernaufgaben erhoben wurden. Durchschnittlich kommt demnach in der ersten Stichprobe in rund 85 % der Fälle ein Quasi-Operator in einer Lernaufgabe vor. In der zweiten Stichprobe trifft dies auf rund 77 % der Lernaufgaben zu. Trotz einer Differenz von rund 8,00 % kann konstatiert werden, dass Quasi-Operatoren für die Aufgabenkonstruktion beider Lehrwerke bedeutsam sind.

Im Folgenden wird der Fokus auf den Vergleich der vorgestellten fachlichen Rankings gelegt. Die Darstellung beginnt chronologisch mit dem Vergleich der Klassifizierung der Handlungskategorien, woran der Vergleich häufig genutzter Quasi-Operatoren anschließt. Abschließend wird ein zusammenfassendes Fazit formuliert.

Der Vergleich der Häufigkeiten der Klassifikationskategorien *lesen*, *schreiben*, *sprechen und zuhören*, *denken und wahrnehmen*, *organisieren*, *rechnen*, *zeichnen*, *Sprachhandlungen* und *Sonstige* zeigt, dass in beiden Stichproben mit rund 32 % bzw. 30 % die Handlungskategorie *denken und wahrnehmen* den ersten Rang einnimmt. Dies bedeutet konkret, dass in beiden Lehrwerken am häufigsten Quasi-Operatoren aus diesem Themenspektrum genutzt werden. Darüber hinaus treten Verben, die *Sprachhandlungen* repräsentieren, in beiden Stichproben am fünfthäufigsten auf. In der Stichprobe zu $_{LWFachI}$ mit rund 10 %, in der Stichprobe zu $_{LWFachII}$ mit rund 4 %. Ähnlich ist beiden Stichproben daneben, dass die Ränge 2, 3 und 4 von den Kategorien *sprechen und zuhören*, *schreiben* und *organisieren* belegt werden, wenn auch in unterschiedlicher Reihenfolge. In der ersten Stichprobe ist es die Rangfolge *sprechen und zuhören* (rund 20 %), *schreiben* (rund 19 %) und *organisieren* (rund 14 %). In der zweiten Stichprobe kann die Rangfolge *schreiben* (rund 27 %), *organisieren* (18 %) und *sprechen und zuhören* (rund 11 %) belegt werden. Kategorien und damit Verben in Aufforderungsform aus diesem Handlungsbereich, die mit sprachlichen Kompetenzen verbunden sind, machen in der Stichprobe aus *TEAM 5/6* rund 39 % aus, in der Stichprobe aus *Wirtschaft-Politik 1* rund 38 %. Dieser Vergleich zeigt, dass Quasi-Operatoren in beiden Stichproben dafür genutzt werden, sprachliche Prozesse zu initiieren. Die Lehrwerke zeigen hier deutliche Ähnlichkeiten. Die Klassifikationskategorien und einschlägigen Verben aus dem Bereich *lesen* traten ebenfalls sehr ähnlich mit rund je 3 % auf (jeweils Rang 6). Aus diesem Ergebnis lässt sich ableiten, dass für Leseaufforderungen andere Marker genutzt werden als Quasi-Operatoren. Marginal unterschiedlich kann die Kategorie *Sonstige* beschrieben werden. Diese liegt für die erste Stichprobe bei rund 2 %, für die zweite bei rund 4 % (Rang 7 und Rang 5). Die Quasi-Operatoren dieser Kategorie konnten entweder aufgrund einer medialen Offenheit nicht einer sprachlichen Kategorie zugeordnet werden (wie *beantworten*, medial offen) oder eröffneten neue Kategorien (z. B. Kontakte außerhalb des Unterrichts suchen, wie *an jemanden wenden*).

Die beiden letzten und am wenigsten frequentierten Handlungskategorien waren in beiden Fällen *zeichnen* und *rechnen.* Quasi-Operatoren, die zum *Rechnen* auffordern, kamen gerundet in beiden Stichproben nicht vor (je Rang 8). Dies trifft auch auf *zeichnen* für die erste Stichprobe aus *TEAM 5/6* zu (Rang 9). In der zweiten Stichprobe konnten Verben des Zeichnens mit rund 3 % erhoben werden (Rang 7). Dies zeigt einen marginalen Unterschied zwischen den Stichproben des Fachs *Wirtschaft-Politik.*

Nach dem Vergleich der Handlungsbereiche werden im Folgenden die fünf häufigsten Quasi-Operatoren und ihre Handlungsbereiche gegenübergestellt.

Vergleicht man beide Listen der Rankings der fünf häufigsten Einzelverben, dann finden sich vier von sieben Verben in beiden Listen wieder, wenn auch auf unterschiedlichen Plätzen. Diese sind: *überlegen* (Rang 4 mit rund 5 %; Rang 1 mit rund 8 %), *notieren* (Rang 4 mit rund 4 %; Rang 2 mit rund 6 %), *anderen etwas vorstellen* (Rang 1 mit rund 8 %; Rang 4 mit rund 3 %) und *sich austauschen* (Rang 3 mit rund 5 %; Rang 5 mit rund 3 %). Die Ergebnisse zeigen deutliche kulturelle Gemeinsamkeiten, vor allem vor dem Hintergrund, dass in der Stichprobe aus *TEAM 5/6* 80 verschiedene Handlungsverben isoliert wurden und in der Stichprobe aus *Wirtschaft-Politik 1* 103 verschiedene Handlungsverben. Zusammen konnten in der fachlichen Stichprobe demnach 183 verschiedene Handlungsverben in den Aufgaben in der Funktion von Operatoren isoliert werden, die Schüler:innen zu Handlungen auffordern, aber nicht Teil der bildungspolitischen Liste sind. Trotz des häufigen Vorkommens ist es möglich, deutliche Präferenzen für Quasi-Operatoren in den Lehrmitteln über die Schnittmengen der Ergebnisse zu erkennen.

Zusammengefasst kann konstatiert werden, dass der Vergleich der Quasi-Operatoren aus den zwei Lehrwerken des Fachs Wirtschaft/Politik mehr Gemeinsamkeiten als Unterschiede zeigt. Gemeinsamkeiten betreffen das übergreifend häufige Vorkommen von verschiedenen Quasi-Operatoren (336/80 Ausprägungen bzw. 385/103 Ausprägungen) sowie die Tatsache, dass jeweils mehr als 30 % aller Quasi-Operatoren aus beiden Lehrwerken dem Handlungsbereich *denken und wahrnehmen* zugeordnet werden können und diese den meistfrequentierten Handlungsbereich ausmachen. In Teilen zeigen sich auch Gemeinsamkeiten in Bezug auf die Nutzung von Sprachhandlungen (Rang 5) und darin, dass 38 % bzw. 39 %

der Quasi-Operatoren in den Lernaufgaben der Initiierung sprachlicher Lernprozesse dienen. Abschließend haben die Stichproben auch gemeinsam, dass keine (bzw. selten) Quasi-Operatoren aus dem Bereich *rechnen* explizit in den Aufgaben genutzt werden. Hieraus kann geschlossen werden, dass für die Jahrgangsstufe dieses Fachunterrichts mathematische Handlungen (noch) nicht eingesetzt werden, um sozialwissenschaftliche Inhalte zu vermitteln. Unterschiede zeigen sich in Bezug auf die Nutzung von Handlungsverben des Bereichs *zeichnen* und in der Ausprägung von Handlungsverben und einschlägigen Handlungsbereichen marginal.

Zur Beantwortung der ersten Forschungsfrage *Welche Quasi-Operatoren werden in den Lernaufgaben eingesetzt?* können neben den oben dargestellten Detaillisten primär die fünf häufigsten Handlungsverben berichtet werden. Für die Stichprobe aus *TEAM 5/6* sind dies absteigend nach Häufigkeit sortiert *anderen etwas vorstellen, formulieren, sich austauschen, sich entscheiden, überlegen, zusammenfassen* und *notieren.* Für *Wirtschaft-Politik 1* konnten die Quasi-Operatoren *überlegen, notieren, erstellen, versuchen, schreiben, anderen etwas vorstellen* und *sich austauschen* isoliert werden. Diese machen zusammen rund 39 % bzw. 30 % aller stichprobenspezifischen Quasi-Operatoren aus.

Zur zweiten Forschungsfrage *Welche kognitiv-sprachlichen Teilhandlungen können über Quasi-Operatoren erhoben werden?* sind primär die erhobenen Sprachhandlungen zu nennen. Diese sind für die Stichprobe aus *TEAM 5/6* und mit einem Anteil von rund 10 % an $n_{\text{Quasi-Operatoren}}$ von n_{LWFachI} *berichten* (2/0,60), *erzählen* (3/0,90), *gegenüberstellen* (1/0,30), *jemanden informieren* (3/0,90), *sich ein Urteil bilden* (4/1,20), *urteilen* (3/0,90), *verdeutlichen* (1/0,30) und *zusammenfassen* (15/4,50).

In der Stichprobe aus *Wirtschaft-Politik 1* konnten die Sprachhandlungen *berichten* (5/1,40), *erzählen* (1/0,30), *gegenüberstellen* (1/0,30), *sollen* (*Stellung nehmen*, 1/0,30), *wiedergeben* (2/0,60), *Vermutung anstellen* (2/0,60), *zur Diskussion stellen* (1/0,30) und *zusammenfassen* (1/0,30) erhoben werden. Mit rund 4 % werden in den Aufgaben dieser Stichprobe weniger als die Hälfte an Sprachhandlungen (außerhalb der Operatoren) im Vergleich zur ersten Stichprobe genutzt. Inhaltlich zeigen die genutzten Quasi-Operatoren jedoch deutliche Gemeinsamkeiten.

Der Vergleich der isolierten kognitiv-sprachlichen Handlungen zeigt, dass in beiden Stichproben vier Schnittmengen erhoben werden konnten: *berichten, erzählen, gegenüberstellen* und *zusammenfassen.* Unterschiede zeigen sich in den Verben/Verbgefügen *jemanden informieren, sich ein Urteil bilden, urteilen* und *verdeutlichen* vs. *sollen* (*Stellung nehmen*), *wiedergeben, Vermutung anstellen* und *zur Diskussion stellen.* Dabei fällt auf, dass Verben und Verbgefüge des *Informierens* und *Argumentierens* in beiden Stichproben genutzt werden. Diese Ergebnisse werden abschließend mit den Ergebnissen des Fachs *Physik* verglichen. Zuvor werden im folgenden Abschnitt die Physik-Einzelergebnisse berichtet.

Vergleich und Zusammenfassung Physik-Lehrwerke

Nach der Darstellung und dem Vergleich der Wirtschaft-Politik-Ergebnisse werden im Folgenden die Ergebnisse für die Physik-Stichproben beschrieben und verglichen. Die Beschreibung beginnt mit der Stichprobe $n_{\text{Operatoren}}$ aus $n_{\text{LWFachIII}}$ *Dorn/ Bader – Physik 1.*

In dieser Stichprobe konnten in insgesamt 256 Lernaufgaben 273 Quasi-Operatoren erhoben werden, die 121 verschiede Handlungsverben umfassen.

Es konnte mit *lesen* ein Quasi-Operator erhoben werden, der dem Bereich *lesen* zugeordnet werden kann, was einem Anteil an $n_{\text{Operatoren}}$ aus $n_{\text{LWFachIII}}$ von 0,37 % entspricht (1/0,37).

Aus dem Bereich *schreiben* konnten acht verschiedene Handlungsverben isoliert werden, die mit 22 insgesamt einen Anteil von 8,06 % bilden (22/8,06). Diese Verben sind mit absolutem Vorkommen in nachgestellter Klammer aufgeführt: *aufschreiben* (2), *etwas eintragen* (3), *ergänzen* (schriftlich, 1), *formulieren* (2), *notieren* (7), *schreiben* (3), *übertragen* (2) und *zusammentragen* (2).

Für *sprechen und zuhören* wurden insgesamt die drei verschiedenen Verben *befragen* (1), *nachfragen* (1) und *referieren* (1) mit je einem Vorkommen erhoben, was einen Anteil von absolut 3 und 1,10 % entspricht (3/1,10).

Dem Bereich *denken und wahrnehmen* konnten 21 verschiedene Handlungsverben und Verbgefüge mit einer summierten Häufigkeit von absolut 51 und damit 18,68 % zugeordnet werden (51/18,68). Zu diesen Verben gehören: (etwas) *abschätzen* (1), (etwas) *annehmen* (1), (auf etwas) achten (7), *beobachten* (6), *betrachten* (1), *einschätzen* (4), *entwickeln* (1), (kognitiv) *feststellen* (3), (Lösung) *finden* (1), *herausfinden* (3), *kontrollieren* (1), *nachschlagen* (1), *nutzen* (Handy, Informationen) (3), *schauen* (1), *sich etwas vorstellen* (2), *suchen* (3), *überprüfen* (4), *versuchen* (1), *wählen* (1), *zuordnen* (3) und *zurückblicken* (3).

Die Kategorie *organisieren* kann als besonders hochfrequent beschrieben werden. Neben dem Organisieren von Dingen und Informationen beziehen sich die hier einsortierten 77 verschiedenen Handlungsverben und Verbgefüge zu einem Großteil auf das Organisieren und Durchführen von Experimenten. Um die Semantik hier zu verdeutlichen, werden die Verben und Verbgefüge stärker als in der vorhergehenden Analyse mit semantisch-syntaktischen Attributen versehen, um sie im Kontext zu vereindeutigen. Die zusammengefasste Kategorienhäufigkeit von absolut 170 und 62,21 % bilden die folgenden Quasi-Operatoren: (etwas) *anschließen* (2), (ein Vorderrad für ein Experiment) *anstoßen* (1), (in einem Experiment eine Taschenlampe) *auf etwas richten* (1), *aufbauen* (3), (Eisenstab/Magnet für Experiment) *aufhängen* (2), (Wasser) *aufnehmen* (1), *ausprobieren* (1), *bauen* (3), *befestigen* (3), *beginnen* (1), *bekleben* (1), *beleuchten* (3), (Pappröhren) *besorgen* (1), (etwas) *bewegen* (1), (Gegenstände in die Nähe von X) *bringen* (2), (Gegenstand für Experiment) *drücken* (2), (etwas für ein Experiment) *durchkneifen* (1), (etwas für ein Experiment) *einbauen* (2), (etwas) *einschalten* (1), (etwas) *einspannen* (1), (etwas) *einwickeln* (2), *erhitzen* (2), *ersetzen* (1), *erwärmen* (1), *erzeugen* (2), *färben* (1), (mit den Fingern) *fassen* (1), *fertigen* (1), *füllen* (X in Y) (5), *geben* (2), *gießen* (1), *halten* (11), *hängen* (1), *herausdrehen* (1), *herausnehmen* (1), *herstellen* (Stromkreis, Kurzschluss) (2), *ineinanderstecken* (1), *klemmen* (1), *kratzen* (1), (Abstand) *lassen* (1), *legen* (13), *loslassen* (2), *magnetisieren* (2), *markieren* (mit Aufklebern) (2), *messen* (5), *nachbauen* (1), *nehmen* (2), *recherchieren* (15), *schieben* (3), *schlagen* (2), *schließen* (Schalter) (1), *schneiden* (1), *sich informieren* (4), (X in Y) *setzen* (1), *sich nähern* (4), *spannen* (1), *stechen* (1), *stecken* (1), *stellen* (6), *streuen* (1), *stülpen* (1), (etwas) *tauchen* (2), *träufeln* (1), *umwickeln* (1), (Abstand) *verändern* (4), *verbinden* (2), *verkürzen* (1), *verlängern* (1), *verschließen* (1), *vertauschen* (2), (etwas) *verwenden* (4), *wickeln* (2), *wiederholen* (3), *zerschlagen* (1), *zuhalten* (1), (etwas) *zusammenkleben* (1) und (etwas) *zusammenstellen* (2).

Für die Kategorie *rechnen** konnten keine Verben erhoben werden. Dies ist dadurch begründet, dass *berechnen* als fachlicher Operator über die standardisierte Operatorenliste zur Verfügung steht (0/0,00).[21]

Dies trifft auch auf *zeichnen** zu. Als von dem Operator abweichende Quasi-Operatoren konnten (Schalter) *ergänzen* (1) und (etwas) *erstellen* (zeichnen, 3) erfasst werden (4/1,46).[22]

Weitere *Sprachhandlungen*, die über die Analyse erhoben werden konnten, sind *benennen* (2), *bewerten* (2), *diskutieren* (9) und *Stellung nehmen* (2). Insgesamt treten absolut 15 Verben und Verbgefüge auf, was einen Anteil von 5,50 % ausmacht (15/5,50).

Abschließend wurden Verben unter *Sonstige* kategorisiert, die über die anderen Klassifikationskategorien nicht beschrieben werden können oder zu wenig spezifiziert sind, um sie exakt zuordnen zu können. Dies trifft auf sieben von 273 erhobenen Quasi-Operatoren zu, was einen Anteil von 2,56 % umfasst (7/2,56). Hierzu gehören *aufzählen* (medial offen) (1), *demonstrieren* (1), *fotografieren* (1), *gehen* (im Sinne von laufen) (1), *testen* (1) und *verdeutlichen* (2).

Tab. 6.60 zeigt die Ergebnisse *der Auswertung* der Kategorie *Operatoren – Spektrum – Quasi-Operatoren* für die Fachstichprobe *Physik – Dorn/Bader – Physik 1*.

[21] Dieser konnte in der Stichprobe absolut dreimal erhoben werden.

[22] Dieser konnte in der Stichprobe absolut fünfmal erhoben werden.

Tab. 6.60 Operatoren – Spektrum – Quasi-Operatoren – Physik – Dorn/Bader – Physik 1: Klassifizierung sowie absolute und relative Übersicht über die Quasi-Operatoren

Klassifikationskategorie	Verben	$\sum$ absolut/relativ gesamt von $n = 273$
lesen	lesen (1)	= 1/0,37
schreiben	aufschreiben (2), etwas eintragen (3), ergänzen (schriftlich, 1), formulieren (2), notieren (7), schreiben (3), übertragen (2), zusammentragen (2)	= 22/8,06
sprechen und zuhören	befragen (1), nachfragen (1), referieren (1)	= 3/1,10
denken und wahrnehmen	(etwas) abschätzen (1), (etwas) annehmen (1), (auf etwas) achten (7), beobachten (6), betrachten (1), einschätzen (4), entwickeln (1), (kognitiv) feststellen (3), (Lösung) finden (1), herausfinden (3), kontrollieren (1), nachschlagen (1), nutzen (Handy, Informationen) (3), schauen (1), sich etwas vorstellen (2), suchen (3), überprüfen (4), versuchen (1), wählen (1), zuordnen (3), zurückblicken (3)	= 51/18,68

(Fortsetzung)

Tab. 6.60 (Fortsetzung)

Klassifikationskategorie	Verben	∑ absolut/relativ gesamt von $n = 273$
organisieren	(etwas) anschließen (2), (ein Vorderrad für ein Experiment) anstoßen (1), (in einem Experiment eine Taschenlampe) auf etwas richten (1), aufbauen (3), (Eisenstab/Magnet für Experiment) aufhängen (2), (Wasser) aufnehmen (1), ausprobieren (1), bauen (3), befestigen (3), beginnen (1), bekleben (1), beleuchten (3), (Papppröhren) besorgen (1), (etwas) bewegen (1), (Gegenstände in die Nähe von X) bringen (2), (Gegenstand für Experiment) drücken (2), (etwas für ein Experiment) durchkneifen (1), (etwas für ein Experiment) einbauen (2), (etwas) einschalten (1), (etwas) einspannen (1), (etwas) einwickeln (2), erhitzen (2), ersetzen (1), erwärmen (1), erzeugen (2), färben (1), (mit den Fingern) fassen (1), fertigen (1), füllen (X in Y) (5), geben (2), gießen (1), halten (11), hängen (1), herausdrehen (1), herausnehmen (1),	= 170/62,27

(Fortsetzung)

Tab. 6.60 (Fortsetzung)

Klassifikationskategorie	Verben	$\sum$ absolut/relativ gesamt von $n = 273$
	herstellen (Stromkreis, Kurzschluss) (2), ineinanderstecken (1), klemmen (1), kratzen (1), (Abstand) lassen (1), legen (13), loslassen (2), magnetisieren (2), markieren (mit Aufklebern) (2), messen (5), nachbauen (1), nehmen (2), recherchieren (15), schieben (3), schlagen (2), schließen (Schalter) (1), schneiden (1), sich informieren (4), (X in Y) setzen (1), sich nähern (4), spannen (1), stechen (1), stecken (1), stellen (6), streuen (1), stülpen (1), (etwas) tauchen (2), träufeln (1), umwickeln (1), (Abstand) verändern (4), verbinden (2), verkürzen (1), verlängern (1), verschließen (1), vertauschen (2), (etwas) verwenden (4), wickeln (2), wiederholen (3), zerschlagen (1), zuhalten (1), (etwas) zusammenkleben (1), (etwas) zusammenstellen (2)	

(Fortsetzung)

Tab. 6.60 (Fortsetzung)

Klassifikationskategorie	Verben	$\sum$ absolut/relativ gesamt von $n = 273$
rechnen	*(besteht in Operatorenliste)**	= 0/0,00
zeichnen	*(besteht in Operatorenliste)** (Schalter) ergänzen (1), (etwas) erstellen (zeichnen, 3)	= 4/1,46
Sprachhandlungen	benennen (2), bewerten (2), diskutieren (9), Stellung nehmen (2)	= 15/5,50
Sonstige	aufzählen (medial offen) (1), demonstrieren (1), fotografieren (1), gehen (im Sinne von laufen, 1), testen (1), verdeutlichen (2)	= 7/2,56

Die Anteile an Klassifikationskategorien der Stichprobe $n_{\text{Quasi-Operatoren}}$ aus $n_{\text{LWFachIII}}$ werden in Tabelle 6.61 berichtet. Die Klassifikationskategorie mit den meisten Verben und Verbgefügen ist *organisieren*, der 62,27 % aller Quasi-Operatoren zugeordnet werden können. Ein Großteil der Verben ist fachspezifisch auf die Organisation von physikalischen Experimenten ausgerichtet. *Organisieren* belegt damit den ersten Rang (Rang 1/62,27). Auf dem zweiten Rang ist die Kategorie *denken und wahrnehmen* mit 18,68 % verortet (Rang 2/18,68). Es folgt der dritte Rang, der von *schreiben* mit 8,06 % belegt wird (Rang 3/8,06). Mit 5,50 % ist die Klassifikationskategorie *Sprachhandlungen* auf dem vierten Rang (Rang 4/5,50). Auf dem fünften Rang befindet sich die Kategorie *Sonstige* mit 2,56 % (Rang 5/2,56). Die letzten vier Ränge bilden *zeichnen** mit 1,46 % (Rang 6/1,46*), *sprechen und zuhören* mit 1,10 % (Rang 7/1,10), lesen mit 0,37 % (Rang 8/0,37) und *rechnen** mit 0,00* %, wobei *zeichnen* und (be)*rechnen* in der Operatorenliste des Fachs aufgeführt werden. Daher sind diese Ausprägungen mit einem Stern (*) markiert und stehen in Klammern.

Tab. 6.61 zeigt das *Ranking der Klassifikationskategorien zu den Ergebnissen der Kategorie Operatoren – Spektrum – Quasi-Operatoren – Physik – Dorn/Bader – Physik 1.*

Tab. 6.61 Operatoren – Spektrum – Quasi-Operatoren – Physik – Dorn/Bader – Physik 1: Ranking der erhobenen Kategorien

Klassifikationskategorie	relativ	Rang
organisieren	62,27	1
denken und wahrnehmen	18,68	2
schreiben	8,06	3
Sprachhandlungen	5,50	4
Sonstige	2,56	5
(zeichnen *in Operatorenliste vorhanden*)	(1,46)	(6)*
sprechen und zuhören	1,10	7
lesen	0,37	8
(rechnen – *in Operatorenliste vorhanden*)	(0)	(9)*

Nach der Präsentation der Frequenz der Klassifikationskategorien werden die *fünf häufigsten* Handlungsverben zunächst unabhängig von ihren Klassifikationskategorien berichtet und den Rängen 1 bis 5 zugeordnet. In 256 Lernaufgaben der Stichprobe $n_{LWFachIII}$ und den hierin erhobenen 273 Quasi-Operatoren $n_{Operatoren}$ aus $n_{LWFachIII}$ kommt auf Rang 1 mit 15 erhobenen Verben der Quasi-Operator *recherchieren* vor, was einem Anteil von 5,49 % entspricht (Rang 1/5,49). Auf dem zweiten Rang befindet sich das Verb *legen* mit absolut 13 und einem relativen Anteil von 4,76 % (Rang 2/4,76). Auf dem dritten Rang ist das Verb *halten* mit elf Einzelerhebungen und 4,03 % (Rang 3/4,03). Die Ränge 4 und 5 werden von sprachbezogenen Quasi-Operatoren besetzt. Auf Rang 4 liegt *diskutieren* mit 9 und 3,30 % (Rang 4/3,30), auf Rang 5 *notieren* mit 7 und 2,56 % (Rang 5/2,56). Insgesamt machen die fünf häufigsten Operatoren einen absoluten Anteil von 55 und einen relativen Anteil von 20,15 % an der Teilstichprobe $n_{Operatoren}$ aus $n_{LWFachIII}$ aus

Tab. 6.62 zeigt das *Ranking der fünf häufigsten Quasi-Operatoren* aus den Ergebnisse *der Kategorie Operatoren – Spektrum – Quasi-Operatoren – Physik – Dorn/ Bader – Physik 1.*

Tab. 6.62 Operatoren – Spektrum – Quasi-Operatoren – Physik – Dorn/Bader – Physik 1: Ranking der fünf häufigsten Quasi-Operatoren und Zuordnung zu induktiven Kategorien

	absolut LWFachIII	**relativ** LWFachIII	**Rang** LWFachIII
$\mathbf{n_{LWFach}}$	**256**	-	
$\mathbf{n_{Quasi\text{-}Operatoren}}$	**273**	**100**	
recherchieren	15	5,49	1
legen	13	4,76	2
halten	11	4,03	3
diskutieren	9	3,30	4
notieren	7	2,56	5
$\sum$	55	20,15	

Die fünf häufigsten Operatoren verteilen sich dabei auf die folgenden Klassifikationskategorien: *Recherchieren* gehört zu (Informationen) *organisieren* (Rang 1). Dies trifft auch auf *legen* (Rang 2) und *halten* (Rang 3) zu, mit denen Gegenstände/ Dinge während der unterrichtlichen Aufgabenbearbeitung organisiert werden. Demnach besetzen die ersten drei Ränge Verben des Organisierens. Die Ränge vier und fünf werden abgebildet durch *diskutieren* als *Sprachhandlung* (Rang 6) und *notieren* als Verb der Klassifikationskategorie *schreiben* (Rang 7).

Tab. 6.63 stellt die Ergebnisse der *fünf häufigsten Quasi-Operatoren* aus der Auswertung der Kategorie *Operatoren – Spektrum – Quasi-Operatoren – Physik – Dorn/Bader – Physik 1* mit Rängen und Klassifikationskategorie absteigend dar.

Tab. 6.63 Operatoren – Spektrum – Quasi-Operatoren – Physik – Dorn/Bader – Physik 1: Ranking der fünf häufigsten Quasi-Operatoren mit Klassifikationsbeschreibung

Quasi-Operator	Klassifikationskategorie	Rang LWFachIII
recherchieren	organisieren	1
legen	organisieren	2
halten	organisieren	3
diskutieren	Sprachhandlungen	4
notieren	schreiben	5

Nach dem Ergebnisbericht für die Stichprobe *Dorn/Bader – Physik 1* erfolgt nun der Bericht für die Stichprobe $n_{Quasi\text{-}Operatoren}$ aus $n_{LWFach\ IV}$, *Physik heute 1*. In 239 Lernaufgaben konnten 144 Quasi-Operatoren isoliert werden, welche die Teilstichprobe bilden

Für den Bereich *lesen* wurde einmal das Handlungsverb *ablesen* erhoben. Dies entspricht einem Anteil von 0,69 % an allen für diese Stichprobe erhobenen Quasi-Operatoren (1/0,69).

21 Verben mit neun Ausprägungen konnten für den Bereich *schreiben* erfasst werden, was einem Anteil von 14,58 % entspricht (21/14,58). Hierzu zählen *aufschreiben* (1), *dokumentieren* (1), (schriftlich) *ergänzen* (2), (Liste) *erstellen* (1), (etwas) *eintragen* (1), *formulieren* (6), *hineinschreiben* (1), *notieren* (7) und (schriftlich) *übertragen* (1).

Für die Kategorie *sprechen und zuhören* wurden keine Quasi-Operatoren erhoben (0/0,00).

Der Klassifikationskategorie *denken und wahrnehmen* wurden 14 verschiedene Handlungsverben zugeordnet. Hierzu zählen (etwas) *abschätzen* (2), *beobachten* (1), *berühren* (Wärme wahrnehmen) (2), (Wert) *deuten* (1), *ertasten* (1), (weitere Ideen) *finden* (1), *herausfinden* (4), (einen Zusammenhang) *herstellen* (1), *nutzen* (Informationen) (1), *sich etwas vorstellen* (2), *überlegen* (2), *überprüfen* (2), versuchen (2) und *zuordnen* (4). Dies entspricht einem summierten Ergebnis von absolut 62 und relativ 43,06 % (62/43,06).

Der Bereich *organisieren* umfasst 38 verschiedene und insgesamt 62 Quasi-Operatoren. Das entspricht einem Anteil von 43,06 % (62/43,06). Diese Verben und Verbgefüge sind auch hier zu einem Großteil auf das Organisieren von Experimenten bezogen: (gegebene Sätze) *anordnen* (1), *anpusten* (1), (etwas) *anschließen* (2), *anzünden* (1), *aufbauen* (4), (aus)*füllen* (1), *bauen* (1), *benutzen* (2), *bohren* (1), *einbauen* (1), *einteilen* (1), *festknoten* (1), *füllen* (X in Y) (2), *geben* (1), *halten* (2), (heraus)*drehen* (1), *hinzugeben* (1), *kennzeichnen* (2), *legen* (4), *magnetisieren* (1), (Punkte) *markieren* (2), *messen* (3), *nehmen* (2), (Material) *ordnen* (2), *recherchieren* (4), *schütten* (1), *sich informieren* (4), *sortieren* (1), *spannen* (1), *stellen* (1), *trennen* (1), *umrühren* (1), *verbinden* (1), *vertauschen* (1), (Einfallswinkel) *verändern* (2), *wickeln* (Bandende) (1), *wiederholen* (2) und *zerbrechen* (1).

Die Klassifikationskategorie *rechnen**, die auch in der fachlichen Operatorenliste mit *berechnen* abgebildet ist, fällt auch hier mit einer Code-Erfassung gering aus. Es konnte *teilen* (1) im Sinne der Durchführung einer Division als Quasi-Operator erhoben werden (1/0,69)*.

Für die Klassifikationskategorie *zeichnen**, die auch in der fachlichen Operatorenliste aufgeführt wird, konnten fünf verschiedene Quasi-Operatoren insgesamt 19-mal mit einem Anteil von 13,19 % erhoben werden (19/13,19).[23] Die Quasi-Operatoren sind: (ein Tabellengerüst) *anlegen* (2), (Skizze, Zeichnung, Schaltplan, Konstruktionszeichnung) *anfertigen* (8), *einzeichnen* (1), (Zeichnung) *fortsetzen* (1) und (Zeichnung/Tabelle) *übertragen* (7).

---

[23] *Berechnen* konnte in der Stichprobe als Operator absolut 4-mal erhoben werden, *zeichnen* 23-mal.

Für den Bereich *Sprachhandlungen* wurden *diskutieren* (1), *vermuten* (4) und *zusammenfassen* (1) mit insgesamt drei Ausprägungen, einem absoluten Anteil von 6 und einem relativen von 4,17 % erhoben (6/4,17).

Zu *Sonstige* wurden die fünf Quasi-Operatoren *abtasten* (1), *bestätigen* (1), *konstruieren* (4), (sich) *vorbeugen* (1) und *zählen* (1) zugeordnet. Diese machen einen absoluten Anteil von 8 und einen relativen von 5,56 % aus (8/5,56).

Tab. 6.64 fasst die Ergebnisse *der Auswertung* der Kategorie *Operatoren – Spektrum – Quasi-Operatoren* für die Fachstichprobe *Physik – Physik heute 1* zusammen.

Tab. 6.64 Operatoren – Spektrum – Quasi-Operatoren – Physik – Physik heute 1: Klassifizierung sowie absolute und relative Übersicht über die Quasi-Operatoren

Klassifikationskategorie	Verben	$\sum$ absolut/relativ gesamt von $n = 144$
lesen	ablesen (1)	= 1/0,69
schreiben	aufschreiben (1), dokumentieren (1), (schriftlich) ergänzen (2), (Liste) erstellen (1), (etwas) eintragen (1), formulieren (6), hineinschreiben (1), notieren (7), (schriftlich) übertragen (1)	= 21/14,58
sprechen und zuhören	–	= 0/0,00
denken und wahrnehmen	(etwas) abschätzen (2), beobachten (1), (Wärme wahrnehmen) berühren (2), (Wert) deuten (1), ertasten (1), (weitere Ideen) finden (1), herausfinden (4), (einen Zusammenhang) herstellen (1), nutzen (Informationen) (1), sich etwas vorstellen (2), überlegen (2), überprüfen (2), versuchen (2), zuordnen (4)	= 26/18,06

(Fortsetzung)

Tab. 6.64 (Fortsetzung)

Klassifikationskategorie	Verben	∑ absolut/relativ gesamt von $n = 144$
organisieren (hier v. a. im Sinne von.: *ein Experiment organisieren/ durchführen*)	(gegebene Sätze) anordnen (1), anpusten (1), (etwas) anschließen (2), anzünden (1), aufbauen (4), (aus)füllen (1), bauen (1), benutzen (2), bohren (1), einbauen (1), einteilen (1), festknoten (1), füllen (X in Y) (2), geben (1), halten (2), (heraus)drehen (1), hinzugeben (1), kennzeichnen (2), legen (4), magnetisieren (1), (Punkte) markieren (2), messen (3), nehmen (2), (Material) ordnen (2), recherchieren (4), schütten (1), sich informieren (4), sortieren (1), spannen (1), stellen (1), trennen (1), umrühren (1), verbinden (1), vertauschen (1), (Einfallswinkel) verändern (2), (Bandende) wickeln (1), wiederholen (2), zerbrechen (1)	= 62/43,06
rechnen	(*besteht in Operatorenliste*)* teilen (Division) (1)	= 1/0,69

(Fortsetzung)

Tab. 6.64 (Fortsetzung)

Klassifikationskategorie	Verben	$\sum$ absolut/relativ gesamt von $n = 144$
zeichnen	(*besteht in Operatorenliste*)* (ein Tabellengerüst) anlegen (2), (Skizze, Zeichnung, Schaltplan, Konstruktionszeichnung) anfertigen (8), einzeichnen (1), (Zeichnung) fortsetzen (1), (Zeichnung/Tabelle) übertragen (7)	= 19/13,19
Sprachhandlungen	diskutieren (1), vermuten (4), zusammenfassen (1)	= 6/4,17
Sonstige	abtasten (1), bestätigen (1), konstruieren (4), (sich) vorbeugen (1), zählen (1)	= 8/5,56

Nachdem alle einzelnen Quasi-Operatoren mit ihren Häufigkeiten und Klassifikationskategorien vorgestellt wurden, zeigt Tab. 6.65 das Ranking der Klassifikationskategorien. Absteigend können folgende Ränge berichtet werden: *organisieren* (Rang 1/40,28), *denken und wahrnehmen* (Rang 2/20,83), *schreiben* (Rang 3/14,58),

Tab. 6.65 Operatoren – Spektrum – Quasi-Operatoren – Physik – Physik heute 1: Ranking der erhobenen Kategorien

Kategorie	relativ	Rang
organisieren	40,28	1
denken und wahrnehmen	20,83	2
schreiben	14,58	3
(zeichnen – *in Operatorenliste vorhanden*)	(13,19)	(4)*
Sonstige	5,56	5
Sprachhandlungen	4,17	6
lesen	0,69	7
(rechnen – *in Operatorenliste vorhanden*)	(0,69)	(8)*
sprechen und zuhören	0,00	9

*zeichnen** (Rang 4/13,19*), *Sonstige* (Rang 5, 5,56), *Sprachhandlungen* (Rang 6/ 4,17), *lesen* (Rang 7, 0,69) und *rechnen** (Rang 8/0,69). Für *sprechen und zuhören* konnten keine Verben erhoben werden (0,00)

Zunächst unabhängig, anschließend mit Bezug zu den Klassifikationskategorien, werden im Folgenden die *fünf häufigsten Quasi-Operatoren* der Stichprobe $n_{\text{Quasi-Operatoren}}$ aus $n_{\text{LWFach IV}}$ beschrieben. Dabei besetzen gleich häufig erhobene Quasi-Operatoren jeweils einen Rang.

Auf Rang 1 mit 8 Erhebungen absolut und einem Anteil von 5,56 % an der Teilstichprobe konnten *anfertigen* (Rang 1/5,56) und *übertragen* (Rang 1/5,56) isoliert werden. Auf dem zweiten Rang befindet sich *notieren* mit 7 Einzelverben in der Stichprobe und einem relativen Anteil von 4,86 % (Rang 2/4,86). *Formulieren* besetzt Rang 3 mit absolut 6 und relativ 4,17 % (Rang 3/4,17). Auf dem vierten Rang sind 7 Verben, die alle 4-mal absolut mit einem Anteil von 2,78 % erhoben werden konnten. Diese sind *aufbauen, herausfinden, konstruieren, legen, recherchieren, sich informieren* und *zuordnen.* Rang 5 belegt *messen* mit 3 Erhebungen und einem Anteil von 2,08 % (Rang 5/2,08). Insgesamt machen die fünf häufigsten Quasi-Operatoren einen Anteil von 41,69 % aus, der 60 Verben absolut umfasst.

Tab. 6.66 zeigt das *Ranking der fünf häufigsten Quasi-Operatoren* aus den Ergebnissen *der Kategorie Operatoren – Spektrum – Quasi-Operatoren – Physik heute 1.*

Tab. 6.66 Operatoren – Spektrum – Quasi-Operatoren – Physik – Physik heute 1: Ranking der fünf häufigsten Quasi-Operatoren und Zuordnung zu induktiven Kategorien

	absolut LWFachIV	**relativ** LWFachIV	**Rang** LWFachIV
n_{LWFach}	**239**	–	
$n_{\text{Quasi-Operatoren}}$	**144**	**100**	
anfertigen	8	5,56	1
übertragen	8	5,56	1
notieren	7	4,86	2
formulieren	6	4,17	3
aufbauen	4	2,78	4
herausfinden	4	2,78	4
konstruieren	4	2,78	4
legen	4	2,78	4
recherchieren	4	2,78	4
sich informieren	4	2,78	4
zuordnen	4	2,78	4
messen	3	2,08	5
$\sum$	60	41,69	

Die fünf häufigsten Quasi-Operatoren werden abschließend mit Klassifikationskategorie absteigend dargestellt. Auf dem ersten Rang ist mit den zwei Verben *anfertigen* und *übertragen* die Klassifikationskategorie *zeichnen* zweimal vertreten (Rang 1). Der zweite und dritte Rang wird mit *notieren* und *formulieren* durch Quasi-Operatoren der Kategorie *schreiben* besetzt (Rang 2 und 3). Auf Rang vier sind mit den sieben Quasi-Operatoren *aufbauen, zuordnen, konstruieren, legen, herausfinden, recherchieren* und *sich informieren* je dreimal die Kategorie *organisieren* und die Kategorie *denken und wahrnehmen* vertreten (Rang 4). Darüber hinaus kommt einmal mit *konstruieren* ein Quasi-Operator aus der Kategorie *Sonstiges* vor (Rang 4). Auf dem 5. Rang ist mit *messen* noch einmal die Kategorie *organisieren* repräsentiert. *Organisieren* belegt demnach einen Teil von Rang 4 und Rang 5.

Tab. 6.67 stellt die Ergebnisse der *fünf häufigsten Quasi-Operatoren* aus der Auswertung der Kategorie *Operatoren – Spektrum – Quasi-Operatoren – Physik – Physik heute 1* mit Rängen und Klassifikationskategorien absteigend dar.

Tab. 6.67 Operatoren – Spektrum – Quasi-Operatoren – Physik – Physik heute 1: Ranking der fünf häufigsten Quasi-Operatoren mit Klassifikationsbeschreibung

Quasi-Operator	Klassifikationskategorie	Rang LWFachIV
anfertigen	zeichnen	1
übertragen	zeichnen	1
notieren	schreiben	2
formulieren	schreiben	3
aufbauen	organisieren	4
zuordnen	denken und wahrnehmen	4
konstruieren	Sonstige	4
legen	organisieren	4
herausfinden	denken und wahrnehmen	4
recherchieren	organisieren	4
sich informieren	denken und wahrnehmen	4
messen	organisieren	5

Im Anschluss an die Präsentation der Einzelergebnisse der Physik-Stichproben zu der Frage, welche Quasi-Operatoren in den Aufgaben vorkommen, werden im folgenden Abschnitt die fachlichen Ergebnisse verglichen. Am Ende werden die Ergebnisse noch einmal prägnant zusammengefasst und die Forschungsfragen beantwortet.

Insgesamt konnten in der Physik-Stichprobe $n_{Quasi\text{-}Operatoren}$ aus $n_{LWFach\ III}$ 273 Quasi-Operatoren aus 256 Lernaufgaben und in $n_{Quasi\text{-}Operatoren}$ aus $n_{LWFachIV}$ 144 Quasi-Operatoren aus 239 Lernaufgaben isoliert werden. Demnach kommt in der dritten Stichprobe $n_{LWFachIII}$, *Dorn/Bader – Physik 1*, in rund 107 % der Fälle ein Quasi-Operator auf eine Lernaufgabe. In der vierten Stichprobe $n_{LWFachVI}$, *Physik heute 1*, liegt dieser Anteil bei rund 60 %. Hier kommt in mehr als jeder zweiten Lernaufgabe ein Quasi-Operator vor. Quasi-Operatoren sind auch für die Konzeption der physikalischen Aufgabenstellungen bedeutsam. Wie man der Verteilung auf die Klassifikationsbereiche entnehmen kann, steht diese Nutzung in einem engen Zusammenhang mit der Aufgabenbearbeitung und der Organisation und Durchführung von physikalischen Experimenten.

Vergleicht man die *Rankings der Klassifikationskategorien*, dann zeigen sich in beiden Stichproben Gemeinsamkeiten bei den ersten drei Rängen. Sowohl in der dritten (III) Stichprobe als auch in der vierten (IV) Stichprobe konnte die folgende Rangfolge nachgewiesen werden: *organisieren, denken und wahrnehmen* und *schreiben*. Dies spiegelt den Prozess des Experimentierens und das Festhalten von Ergebnissen wider. Dabei sind die Anteile groß. In *Dorn/Bader – Physik 1* machen Quasi-Operatoren dieser drei Ränge zusammen rund 89 % aller erhobenen Quasi-Operatoren aus, in den Aufgaben des Lehrwerks *Physik heute 1* sind dies zusammen rund 76 %. Darüber hinaus treten Verben zu den Handlungsbereichen *lesen* (Rang 8/0,37; Rang 7/0,69) und *sprechen und zuhören* (Rang 7/1,10; Rang 9/0,00) gering oder gar nicht in beiden Stichproben auf. Quasi-Operatoren werden demnach entweder nicht dafür genutzt, die Handlung explizit anzuleiten, was auf Leseinstruktionen zutrifft, oder die Handlungen werden übergreifend nicht in den Aufgaben expliziert, wie es bei *sprechen und zuhören* belegt werden kann, wenn man die Ergebnisse zu den Aufgabenmerkmalen der deduktiven Kategorien „Lesen“ und „Medialität“ (Subkategorie „Explizit mündlich“) für die erweiterte Ergebnisinterpretation heranzieht (vgl. Abschnitt 6.2.8.1).

Eine weitere Gemeinsamkeit der Physik-Stichproben zeigt sich bei der Nutzung von weiteren *Sprachhandlungen* in den Aufgaben. In der dritten Stichprobe konnten rund 6 %, in der vierten 4 % erhoben werden. Diese sind für Dorn/Bader: *benennen, bewerten, diskutieren* und *Stellung nehmen.* Für *Physik heute 1* (IV) sind dies *diskutieren, vermuten* und *zusammenfassen.* Diskutieren tritt mit absolut 9 Verben in der dritten Stichprobe und 1 Verb in der vierten Stichprobe unterschiedlich häufig auf. Mit *bewerten, diskutieren* und *Stellung nehmen* sind für die Bearbeitung von Aufgaben argumentative Sprachhandlungen relevant (absolut: 13). Dies zeigt einen Unterschied zwischen den fachlichen Stichproben. Eine weitere Gemeinsamkeit, die gleichzeitig mit einem Unterschied verbunden ist, ist die Tatsache, dass Verben, die in der Operatorenliste für die Handlungen *rechnen* und *zeichnen* bestehen, hierfür genutzt werden und bis auf die Ausnahme *zeichnen* in der vierten Stichprobe beide Klassifikationskategorien erwartungsgemäß niedrig frequentiert sind. Bei *rechnen* kann der Rang 9 mit 0,00 % in der dritten Stichprobe, der Rang 8 mit 0,69 % in der vierten Stichprobe belegt werden. Bei *zeichnen* ist dies Rang 6 mit 1,46 % in der Stichprobe aus *Dorn/Bader – Physik 1* und Rang 4 mit 13,19 % in der Stichprobe aus *Physik heute 1*. Die Kategorie *zeichnen* kann als Beispiel für eine Quasi-Operatoren-Heteronymie gewertet werden. Die Kategorie *Sonstige* tritt in der Stichprobe $n_{\text{Quasi-Operatoren}}$ aus $n_{\text{LWFachIII}}$ mit rund 3 % auf Rang 5, in der Stichprobe $n_{\text{Quasi-Operatoren}}$ aus n_{LWFachIV} mit rund 6 % auf Rang 5 auf. Wieder handelt es sich um Verben, die nicht eindeutig weiteren Kategorien zugeordnet werden konnten. Bis auf eine Ähnlichkeit bei *zählen* und *aufzählen* sind die Verben hier unterschiedlich.

Abschließend werden die jeweils *fünf häufigsten Quasi-Operatoren* gegenübergestellt, welche aus den Physik-Stichproben isoliert werden konnten. Dies erfolgt unabhängig von der Zuordnung zu den Klassifikationskategorien.

Zu den Gemeinsamkeiten der Ergebnisse gehört, dass drei Quasi-Operatoren in beiden Rankings, wenn auch auf unterschiedlichen Rängen, gelistet sind. Diese Quasi-Operatoren sind: *legen* (Rang 2 mit rund 5 %; Rang 4 mit rund 3 %), *recherchieren* (Rang 1 mit rund 6 %; Rang 4 mit rund 3 %) und *notieren* (Rang 5 mit rund 3 %; Rang 2 mit rund 5 %). Als Referenzwert kann an dieser Stelle die Gesamtanzahl an Quasi-Operatoren genannt werden, aus denen diese Auswahl hervorgeht. Dies sind für beide Lehrwerke summiert 417 Verben und Verbgefüge (144; 273) mit 198 Ausprägungen (122; 76). *Unterschiede* zwischen den Analysen der fünf häufigsten Quasi-Operatoren zeigen sich in der Anzahl an gerankten Handlungsverben, in allen weiteren spezifischen Einzelverben und in dem Anteil der fünf häufigsten Quasi-Operatoren an den jeweiligen fachlichen Stichproben.

Die Anzahl an gerankten Verben liegt bei der Stichprobe aus *Dorn/Bader – Physik 1* bei 1 Verb pro Rang. Die Auswertung für die Stichprobe aus *Physik heute 1* enthält an dieser Stelle 12 Verben, die sich auf die Ränge 1 und 4 mehrfach verteilen. Vor allem der Rang 4 mit 7 gleichfrequenten Verben ist anders. Die Quasi-Operatoren in *Dorn/Bader – Physik 1*, die nicht in der Liste von *Physik heute 1* vorkommen, sind absteigend nach Rang *halten* und *diskutieren.* In der Liste von *Physik heute 1* finden sich die folgenden abweichenden Verben: *anfertigen, übertragen, formulieren, aufbauen, zuordnen, konstruieren, sich informieren* und *messen.*

In der dritten Stichprobe $n_{\text{Quasi-Operatoren}}$ aus $n_{\text{LWFach III}}$ machen die fünf häufigsten Verben mit 55 Einzelverben einen Anteil von rund 20 % aus, in der vierten Stichprobe $n_{\text{Quasi-Operatoren}}$ aus $n_{\text{LWFach IV}}$ machen sie mit 60 Einzelverben einen Anteil von rund 42 % aus.

Zusammengefasst kann konstatiert werden, dass die fachlichen Gemeinsamkeiten bei der Präferenz für Handlungsverben aus den Bereichen *organisieren, denken und wahrnehmen* sowie *schreiben* die Relevanz von Quasi-Operatoren für die Physik-Stichproben deutlich aufzeigen und diese vor allem dafür verwendet werden, um physikalische Experimente anzuleiten und hierbei Erkenntnisse zu sammeln und diese aufzuschreiben. Darüber hinaus werden Quasi-Operatoren zwar für die Anleitung von schriftlichen Aktivitäten genutzt, jedoch kaum oder gar nicht für das Anleiten von Handlungen aus den Bereichen *lesen* oder *sprechen und zuhören.* Obwohl der Pool an Quasi-Operatoren in Physik groß ist, gibt es Überschneidungen bei den drei Handlungsverben *legen, recherchieren* und *notieren,* die in beiden Stichproben zu den fünf häufigsten Quasi-Operatoren gehören. Insgesamt konnten in beiden Stichproben zusammen 417 Verben und Verbgefüge in der Funktion von Operatoren isoliert werden, die nicht Teil der bildungspolitischen Operatorenliste sind. 144 davon finden sich in der Stichprobe des Lehrwerks *Dorn/Bader – Physik 1,* 273 in der Stichprobe aus *Physik heute* 1. Insgesamt liegen für die Stichprobe aus *Dorn/Bader – Physik 1* 122 verschiedene Verben und Verbgefüge vor; für die Stichprobe aus *Physik heute 1* 76.

Auf die erste Forschungsfrage *Welche Quasi-Operatoren werden in den Lernaufgaben eingesetzt?* kann einerseits auf die detaillierten Listen dieses Kapitels mit Einzelauswertungen verwiesen werden, andererseits können die fünf häufigsten Handlungsverben berichtet werden. Für die erste Stichprobe aus *Dorn/Bader Physik 1* sind dies absteigend nach Häufigkeit sortiert *recherchieren, legen, halten, diskutieren* und *notieren.* Für die zweite Stichprobe aus Physik heute 1 sind es die Quasi-Operatoren *anfertigen, übertragen, notieren, formulieren, aufbauen, zuordnen, konstruieren, legen, herausfinden, recherchieren, sich informieren* und *messen.* Sie machen zusammen rund 20 % bzw. 42 % der Stichproben aus.

Zur zweiten Forschungsfrage *Welche kognitiv-sprachlichen Teilhandlungen können über Quasi-Operatoren erhoben werden?* sind primär die erhobenen Sprachhandlungen zu nennen. Diese sind für die Stichprobe $n_{\text{Quasi-Operatoren}}$ aus $n_{\text{LWFachIII}}$ *benennen, bewerten, diskutieren* und *Stellung nehmen.* Für die Stichprobe $n_{\text{Quasi-Operatoren}}$ aus n_{LWFachIV} sind es *diskutieren, vermuten* und *zusammenfassen.* Eine Überschneidung zeigt sich bei *diskutieren.* Ein Unterschied ist, dass in der dritten Stichprobe mehr argumentative Sprachhandlungen genutzt werden, die über die Operatorenliste des Fachs nicht abgebildet werden. Eine fachliche Tendenz für weiterführend relevante kognitiv-sprachliche Handlungen kann auf Grundlage der Ergebnisse mit geringer Ausprägung nicht umfassend belegt werden.

Fachvergleich – Zusammenfassung

Nachdem in den vorhergehenden Abschnitten die Einzelauswertungen und innerfachlichen Vergleiche der Stichproben erfolgt sind, werden in diesem Abschnitt die fachlichen Stichproben zu Wirtschaft-Politik und Physik gegenübergestellt. Dabei werden die *Anzahl an Quasi-Operatoren* ($n_{\text{Quasi-Operatoren}}$ aus $n_{\text{LWFach I bis IV}}$), *die Anzahl an Ausprägungen von Quasi-Operatoren, hochfrequente und niedrig frequentierte* Handlungsbereiche/Klassifikationsbereiche ($hf_{\text{Handlungsbereich}}$) und *Quasi-Operatoren* ($hf_{\text{Quasi-Operatoren}}$) der ersten drei Ränge sowie die isolierten Sprachhandlungen gegenübergestellt.

In allen Stichproben $n_{\text{LWFach I bis IV}}$ konnten Teilkorpora $n_{\text{Quasi-Operatoren}}$ isoliert werden. Demnach werden in allen Lehrwerken neben standardisierten Operatoren weitere Handlungsverben im Imperativ Singular oder Plural genutzt, die Schüler:innen zu Handlungen auffordern, aber nicht Teil der standardisierten Operatorenlisten sind. Überfachlich trifft dies auf jede bis jede zweite Aufgabe zu. Entsprechende *Quasi-Operatoren* erscheinen unabdingbar für die Aufgabenkonstruktion.

In den Stichproben für das Fach Wirtschaft/Politik aus den Lehrwerken *TEAM 5/6* und *Wirtschaft-Politik 1* kommen 336 bzw. 258 Quasi-Operatoren auf 397 bzw. 465 Lernaufgaben. In rund 85 % bzw. 77 % der Lernaufgaben wird ein Quasi-Operator genutzt. Daneben liegt die Nutzung von Operatoren bei 202 Operatoren/ 397 Lernaufgaben und 276 Operatoren/465 Lernaufgaben. Es werden demnach in der Stichprobe für das Fach Wirtschaft-Politik mehr Quasi-Operatoren als Operatoren in den Aufgaben eingesetzt. Insgesamt zeigt sich eine hohe Anzahl an Aufforderungen über Verben im Imperativ, wenn Operatoren und Quasi-Operatoren zusammengerechnet werden. So kommen in der ersten Stichprobe aus *TEAM 5/6* 538 Aufforderungsverben in 397 Lernaufgaben vor. In der zweiten Stichprobe aus *Wirtschaft-Politik 1* 634 Verben und Verbgefüge in 465 Lernaufgaben.

Aus den Stichproben für das Fach Physik und den Lehrwerken *Dorn/Bader – Physik 1* und *Physik heute 1* wurden 273 bzw. 144 Quasi-Operatoren in 256 bzw. 239 Lernaufgaben isoliert. Somit kann konstatiert werden, dass in rund 107 bzw. 60 % der Lernaufgaben Quasi-Operatoren eingesetzt werden. Die dritte Stichprobe aus *Dorn/Bader – Physik* 1 zeigt im Gegensatz zur vierten Stichprobe aus *Physik heute 1* eine deutliche Präferenz für die Nutzung von Quasi-Operatoren in den Aufgaben. Im Verhältnis zur Operatorennutzung kann berichtet werden, dass in der dritten Stichprobe 193 Operatoren und in der vierten Stichprobe 296 Operatoren genutzt werden. Somit werden in der Stichprobe aus *Dorn/Bader – Physik 1* mehr und in der Stichprobe aus *Physik heute 1* weniger Quasi-Operatoren als Operatoren eingesetzt. Diesbezüglich zeigt der Fachvergleich Unterschiede.

Zur *Ausprägung* und der Frage, wie viele verschiedene Quasi-Operatoren in den Aufgaben vorkommen, kann einerseits berichtet werden, dass die Anzahl mit n_{LWFachI} 80, n_{LWFachII}103, $n_{\text{LWFachIII}}$ 122 und n_{LWFachVI} 76 übergreifend groß ist und andererseits Unterschiede ausschließlich zwischen den Lehrwerken bestehen. Aufgrund der Anzahl kann keine fachliche Tendenz festgestellt werden.

Anders zeigt es die *Gegenüberstellung hochfrequenter Handlungsbereiche.* Sowohl für die Stichprobe des Fachs Wirtschaft/Politik als auch für das Fach Physik konnten jeweils in beiden Stichproben auf Rang 1 die gleichen Handlungsbereiche von Quasi-Operatoren als hochfrequent bestimmt werden. Für Wirtschaft-Politik ist dies der Handlungsbereich/Klassifikationsbereich *denken und wahrnehmen*, für Physik ist es *organisieren.* Die Physik-Stichproben zeigen auch auf Rang 2 und 3 identische Handlungsbereiche. Diese sind *denken und wahrnehmen* auf Rang 2 sowie *schreiben* auf Rang 3. *Schreiben* kann auch für die Wirtschaft-Politik-Stichprobe belegt werden, in der ersten Stichprobe auf Rang 3, in der zweiten auf Rang 2. Darüber hinaus sind die Ergebnisse für Rang 2 der ersten Stichprobe mit *sprechen und zuhören* und für Rang 3 der zweiten Stichprobe *organisieren* unterschiedlich. Die Klassifikation von Quasi-Operatoren ist demnach tendenziell dafür geeignet, Tendenzen von fachlich relevanten Handlungsbereichen zu beschreiben. Gerade in Physik konnte vor dem Hintergrund der isolierten Einzelhandlungen festgestellt werden, dass es sich um das Organisieren von physikalischen Experimenten handelt. In Wirtschaft-Politik wird hingegen mehr mit Textmaterial gearbeitet, was mit *denken und wahrnehmen*, auch in Gruppenarbeit, und mit Präsentationen verbunden ist. Dies konnte in Physik kaum oder gar nicht explizit nachgewiesen werden. Auch dann nicht, wenn zu vermuten ist, dass Experimente in der Praxis nicht in Einzelarbeit durchgeführt werden (können).

Die *Gegenüberstellung hochfrequenter Quasi-Operatoren* der Ränge 1 bis 3 zeigt, dass in allen Stichproben zwar unterschiedliche Quasi-Operatoren hochfrequent erhoben werden konnten, sich diese jedoch direkt oder indirekt zur Hälfte auf sprachliche Prozesse beziehen, wie *anderen etwas vorstellen* (I/Rang 1), *formulieren* (I/Rang 2; IV/Rang 3), *sich austauschen* (I/Rang 3) oder *notieren* (II/Rang 2; IV/2). Quasi-Operatoren werden dafür verwendet, Aufgaben medial zu explizieren, da Operatoren in der Regel nicht medial explizit sind. Auch Planungsprozesse, die für das Schreiben relevant sind, können über diese angeleitet werden, wie etwa *sich entscheiden* (I/Rang 3), *überlegen* (II/Rang 1) oder *recherchieren* (III/Rang 1) zeigen. Ebenso werden Quasi-Operatoren für praktisch-haptische organisatorische Prozesse benötigt, wie es die Physik-Stichprobe zeigt, z. B. mit *legen* (III/Rang 2) oder *halten* (III/Rang 3). Zwei Quasi-Operatoren können auch für *zeichnen* genannt werden. Diese sind für Physik *anfertigen* (III/Rang 1) und *übertragen* (III/Rang 1). Da *zeichnen* in der Operatorenliste Physik (auch ab 2025) als Operator besteht, zeigen die entsprechenden Quasi-Operatoren an dieser Stelle auf, dass verschiedene Verben dazu genutzt werden können, eine Handlung auszudrücken. Gleichzeitig zeigen diese Klassifikationskategorien fachliche Unterschiede, da sie über Operatoren in der Operatorenliste des einen Fachs vertreten werden und in der des anderen Fachs nicht. Hierbei kann nachgewiesen werden, dass (be)*rechnen* in der Wirtschaft-Politik-Stichprobe nicht vorkommt und *zeichnen* nicht bzw. ausschließlich marginal genutzt wird.

Zuletzt wird vor dem Hintergrund der Forschungsfrage *Welche kognitiv-sprachlichen Teilhandlungen können über Quasi-Operatoren erhoben werden?* geprüft, ob Abweichungen von der Operatorenliste vorliegen. Fachübergreifend kann konstatiert werden, dass Abweichungen vorliegen, diese jedoch quantitativ je Stichprobe verschieden ausfallen und allen untersuchten Stichproben gemeinsam ist, dass argumentative Sprachhandlungen unterschiedlich häufig erhoben werden konnten, die nicht Teil der Operatorenliste sind, an diese jedoch anschließen. Diese Quasi-Operatoren sind: *bewerten* (2, III), *gegenüberstellen* (1, I; 1, II), *sich ein Urteil bilden/urteilen* (4 + 3, I), *sollen* (Stellung nehmen) (1, II), *zur Diskussion stellen* (1, II), *diskutieren* (9, III) und *Stellung nehmen* (2, III; 1, IV). Aufgrund der durchschnittlich niedrigen Häufigkeit kann von einer Anbahnungsfunktion hin zu argumentativen Sprachhandlungen in den Aufgaben gesprochen werden.

Diskutieren tritt in beiden Physik-Stichproben auf, während *berichten* (2, I; 5, II) in beiden Wirtschaft-Politik-Stichproben erhoben werden konnte, ebenso wie *zusammenfassen*, was in den Aufgaben der ersten Stichprobe mit 15 erhobenen Einzelverben den fünften Rang der Stichprobe belegt und relevant für die Bearbeitung der Aufgaben ist. Dieser Quasi-Operator konnte auch einmal in der vierten Stichprobe erhoben werden. Mit Ausnahme von *zusammenfassen* und den argumentativen Sprachhandlungen traten Sprachhandlungen des Erzählens (*erzählen, I; 1, II*), Informierens (*benennen*, 2, III; *berichten*, 3, I; 5, II; *jemanden informieren*, 1, II; *verdeutlichen*, 1, I; *wiedergeben*, 2, II) und des Vermutens (2, II; 4, IV) auf. Die zentralen kognitiv-sprachlichen Handlungen, die für die Aufgabenbearbeitung wesentlich sind und über einschlägige Operatoren angeleitet werden, etwa *erklären, erläutern* oder *begründen*, werden über die Operatoren der Operatorenlisten zu einem Großteil abgebildet. Dies zeigen die Analysen der Hauptkategorie *Operatoren – Spektrum – Operatoren* (z. B. für *erklären* $\bar{x}$ 56,5-mal und *erläutern* 29-mal durchschnittlich für die Stichprobe für Wirtschaft-Politik oder *erklären/erläutern* 79-mal durchschnittlich für die Physik-Stichprobe).

Für die Typisierung kann für Wirtschaft-Politik der Handlungsbereich *denken und wahrnehmen* und für Physik der Bereich *organisieren* als hochfrequenter Handlungsbereich bestimmt werden. Entsprechende Quasi-Operatoren sind für Wirtschaft-Politik *anderen etwas vorstellen* und *überlegen*, für Physik *recherchieren* und *anfertigen/übertragen*.

Tab. 6.68 zeigt die *fachliche Gegenüberstellung der Ergebnisse* der Hauptkategorie *Operatoren – Spektrum – Quasi-Operatoren*, wobei für jede fachliche Stichprobe $n_{\text{Operatoren}}$ aus $n_{\text{LWFach I bis IV}}$ die Anzahl, die Ausprägungen, hochfrequente Handlungsbereiche, Quasi-Operatoren sowie isolierte Sprachhandlungen aufgeführt werden.

Tab. 6.68 Fachliche Gegenüberstellung der Ergebnisse der Kategorien „Operatoren" – „Spektrum" – „Quasi-Operatoren" mit Anzahl, Ausprägungen, hochfrequenten Handlungsbereichen, Quasi-Operatoren für alle Stichproben sowie isolierten Sprachhandlungen

		TEAM 5/6 (Mattes & Herzig, 2019) $n_{LWFachI}$	Wirtschaft-Politik 1 (Frintrop-Bechthold & Floren) $n_{LWFachII}$	Dorn/Bader – Physik 1 (Müller, R., 2019) $n_{LWFachIII}$	Physik heute 1 (Otte-Spille & Langer, 2019) $n_{LWFachIV}$
$\mathbf{n_{LWFach}}$		397	465	256	239
$\mathbf{n_{Operatoren}}$		202	276	193	296
$\mathbf{n_{Quasi\text{-}Operatoren}}$		336	358	273	144
Ausprägungen		80	103	122	76
$hf_{Handlungsbereich}$	**Rang 1**	denken und wahrnehmen	denken und wahrnehmen	organisieren	organisieren
	Rang 2	sprechen und zuhören	schreiben	denken und wahrnehmen	denken und wahrnehmen
	Rang 3	schreiben	organisieren	schreiben	schreiben
$hf_{Quasi\text{-}Operatoren}$	**Rang 1**	anderen etwas vorstellen	überlegen	recherchieren	anfertigen/ übertragen
	Rang 2	formulieren	notieren	legen	notieren
	Rang 3	sich austauschen/sich entscheiden	erstellen	halten	formulieren
Sprachhandlungen		berichten (2), erzählen (3), gegenüberstellen (1), jemanden informieren (1), sich ein Urteil bilden (4), urteilen (3), verdeutlichen (1), **zusammenfassen (15)**	**berichten (5),** erzählen (1), gegenüberstellen (1), sollen (Stellung nehmen, 1), wiedergeben (2), Vermutung anstellen (2), zur Diskussion stellen (1), zusammenfassen (1)	benennen (2), bewerten (2), **diskutieren (9)**, Stellung nehmen (2)	diskutieren (1), **vermuten (4)**, zusammenfassen (1)

Spezifik

Nachdem über die Hauptkategorie *Operatoren – Spektrum* das Spektrum an Handlungsverben in den Aufgaben über die Analyse und Auswertung von Operatoren und Quasi-Operatoren dargestellt wurde, erfolgt nun als eine Vertiefung der Analyse von Handlungsverben die Ergebnispräsentation der Hauptkategorie *Operatoren – Spezifik – erklären-was/-wie/-warum* als ein ausgewähltes Beispiel für Unterschiede von Sprachhandlungen, die über eine Operatorenformulierung hervorgebracht werden können (Feilke & Rezat, 2019a). Hierfür eignet sich der Operator *erklären* besonders, da er für alle Stichproben als hochfrequent gelten kann.

Es werden die folgenden Forschungsfragen beantwortet:

(b) *Operatoren – Spezifik*
(III) Wie hoch ist der Anteil an spezifischen erkläre-Aufgaben (erklären-was/-wie/-warum)?
(c) *Fachspezifik*
(I) Welche Gemeinsamkeiten und Unterschiede bestehen zwischen den Lehrwerken der Fächer Wirtschaft-Politik und Physik?

Methodisch wurde die Auswertung wie in Abschnitt 6.2.7.2 dargelegt durchgeführt, jedoch abschließend um einen Analyseaspekt erweitert. Zuerst wurden Aufgaben – wie beschrieben – mit den Operatoren *erklären* aus $n_{\text{Operatoren}}$ und $n_{\text{LWFach I bis IV}}$ in das Korpus $n_{\text{erklären-X}}$ aufgenommen. Dabei wurden Aufgaben mit den Kollokationen *erklären + [+ ggf. Einschub + Komma +]* was, *erklären + [+ ggf. Einschub + Komma +] wie* und *erklären + [+ ggf. Einschub + Komma +] warum* isoliert und quantitativ ausgewertet (*codebezogene Analyse*). Da die Anzahl an erklären-Operatoren aus $n_{\text{Operatoren}}$ jedoch je Stichprobe höher lag als die isolierten Kollokationen, wurden im Anschluss alle weiteren Aufgaben mit *erklären*-Operatoren qualitativ vertiefend ausgewertet und den drei Möglichkeiten *erklären-was*, *erklären-wie* und *erklären-warum* zugeordnet (*vertiefte qualitative Analyse*). Im Folgenden werden die beiden Ergebnisse der *codebezogenen Analyse* und der *vertiefenden qualitativen Analyse* berichtet und zuerst innerfachlich, dann fachlich verglichen. Somit wird es möglich, Tendenzen für spezifische Sprachhandlungen der Fächer auszugeben, die an den für alle Stichproben höchstfrequenten Operator *erklären* gebunden sind. Die Ergebnisdarstellung erfolgt über absolute und relative Werte sowie die Ränge 1 bis 3, wobei Rang 1 den höchsten erhobenen Wert beschreibt. Die relativen Werte nehmen Bezug auf $n_{\text{erklären-X}}$ aus $n_{\text{Operatoren}}$ der jeweiligen Lehrwerksstichprobe $n_{\text{LWFach I bis IV}}$.

Vergleich und Zusammenfassung Wirtschaft-Politik-Lehrwerke

Die *codebezogenen Ergebnisse* zu Operatorenkollokationen $n_{\text{erklären-x}}$ für die Stichproben n_{LWFachI} und $n_{\text{LWFach II}}$ der Wirtschaft-Politik-Stichproben zeigen ähnliche Tendenzen auf. In der Stichprobe des Lehrwerkes *TEAM 5/6* konnten von 41 *erklären*-Operatoren (100 %) über aufgabenimmanente, einschlägige Interrogativadverbien 11-mal *erklären-was* (Rang 1/26,83 %), keinmal *erklären-wie* (Rang 3/ 0,00 %) und 9-mal *erklären-warum* (Rang 2/21,96 %) isoliert werden. Ausgehend von allen erhobenen Operatoren der Stichprobe wurden bei 20 Aufgaben mit *erklären*-Operatoren einschlägige Kollokationen genutzt, was einem Anteil von 48,78 % entspricht. In der Stichprobe aus *Wirtschaft-Politik 1* wurden 72 *erklären*-Operatoren erhoben (100 %). 24 davon können den Ausprägungen *erklären-was* ($33{,}3\overline{3}$ %/ Rang 1), 6 *erklären-wie* ($8{,}3\overline{3}$ %/Rang 3) und 15 *erklären-warum* ($20{,}8\overline{3}$ %/Rang 2) zugeordnet werden. Erklären-Kollokationen kommen demnach in der Wirtschaft-Politik-Stichprobe mit einem Anteil von rund 49 % bzw. 63 % vor. In beiden Stichproben ist die Verteilung der Ränge in folgender absteigender Reihenfolge gleich: *erklären-was*, *erklären-warum* und *erklären-wie.*

Tab. 6.69 gibt einen Überblick über die Ergebnisse der Analyse der Kategorie *Operatoren – Spezifik – erklären-was/-wie/-warum* für die Stichproben des Fachs *Wirtschaft-Politik.* Abgebildet werden die Ergebnisse der *codebezogenen Analyse.*

Tab. 6.69 „Operatoren" – „Spezifik" – „erklären-was/-wie/-warum". Absolute und relative Ergebnisse mit Ranking für die Wirtschaft-Politik-Stichproben. Codebezogene Analyse

	TEAM 5/6 (Mattes & Herzig, 2019) n_{LWFachI}			Wirtschaft-Politik 1 (Frintrop-Bechthold & Floren) n_{LWFachII}		
	absolut	relativ	**Rang**	absolut	relativ	**Rang**
$n_{\text{erklären-X}}$	41	100		72	100	
erklären-was	11	26,83	**1**	24	$33{,}3\overline{3}$	**1**
erklären-wie	0	0,00	**3**	6	$8{,}3\overline{3}$	**3**
erklären-warum	9	21,96	**2**	15	$20{,}8\overline{3}$	**2**
gesamt	20	48,78		45	62,50	

Um auch diejenigen Aufgaben einzubeziehen, die nicht als explizite Kollokation vorliegen, wurden im Anschluss an die oben aufgeführte codebezogene Analyse *erklären*-Aufgaben ohne Kollokation mittels einer *vertieften qualitativen Analyse* den drei Ausprägungen *erklären-was/-wie/-warum* zugeordnet und mit den Ergebnissen der codebezogenen Analyse zusammengefasst. Es zeigte sich, dass die drei Ausprägungskategorien *erklären-was/-wie/-warum* als erschöpfend für die Analyse gelten können und die Tendenz, die über die codebezogene Analyse ausgegeben wurde, bestätigt werden konnte.

Die *vertiefte qualitative Analyse* zeigt für die Stichprobe aus *TEAM 5/6*, dass von insgesamt 41 *erklären*-Aufgaben (100 %) 25 der Ausprägung *erklären-was* (60,98 %/Rang 1), 1 Aufgabe der Ausprägung *erklären-wie* (2,44 %/Rang 3) und 15-mal Aufgaben der Ausprägung *erklären-warum* (36,59 %/Rang 2) zugeordnet werden können. Für die Stichprobe aus *Wirtschaft-Politik 1* setzt sich diese Tendenz fort. Von 72 (100 %) *erklären*-Aufgaben konnten 43 *erklären-was* (59,72 %/Rang 1), 9 *erklären-wie* (12,5 %/Rang 3) und 20 Aufgaben *erklären-warum* (27,28 %/Rang 2) zugeordnet werden.

Tab. 6.70 fasst die Analyseergebnisse der *vertieften qualitativen Analyse* der Kategorie *Operatoren – Spezifik – erklären-was/-wie/-warum* für die Stichproben des Fachs *Wirtschaft-Politik* zusammen.

Tab. 6.70 „Operatoren" – „Spezifik" – „erklären-was/-wie/-warum". Absolute und relative Ergebnisse mit Ranking für die Wirtschaft-Politik-Stichproben. Vertiefte qualitative Analyse

	TEAM 5/6 (Mattes & Herzig, 2019) $n_{LWFachI}$			Wirtschaft-Politik 1 (Frintrop-Bechthold & Floren) $n_{LWFachII}$		
	absolut	relativ	**Rang**	absolut	relativ	**Rang**
$n_{erklären\text{-}X}$	41	100		72	100	
erklären-was	25	60,98	**1**	43	59,72	**1**
erklären-wie	1	2,44	**3**	9	12,5	**3**
erklären-warum	15	36,59	**2**	20	27,28	**2**
gesamt	41	100		72	100	

Zusammengefasst lässt sich für die Wirtschaft-Politik-Stichproben konstatieren, dass beide Stichproben deutliche Ähnlichkeiten zeigen, sowohl in der Verteilung als auch in den Häufigkeitsausprägungen. Dies trifft auf die codebezogene Analyse und die vertiefte Analyse zu. Am häufigsten kommt *erklären-was* in beiden Stichproben vor, dann *erklären-warum* und zuletzt *erklären*-wie, wobei Letzteres als explizite Kollokation wenig oder gar nicht in den Aufgaben isoliert werden konnte. Im Folgenden werden die Physik-Stichproben beschrieben.

Vergleich und Zusammenfassung Physik-Lehrwerke

Die Physik-Auswertungen unterscheiden sich in einer ersten Instanz in Bezug auf den methodischen Umgang mit der Stichprobe von der Wirtschaft-Politik-Stichprobe dahingehend, dass der Operator *erklären* in der Operatorenliste *Physik* zusammen mit *erläutern* aufgeführt wird. Daher wurden zunächst aus der Stichprobe $n_{\text{Operatoren}}$ zu $n_{\text{LWFach III + IV}}$ und der Ausprägung *erklären/erläutern* alle *erklären*-Aufgaben isoliert. Anschließend erfolgten die Auswertungsschritte, wie sie auch für die Wirtschaft-Politik-Stichprobe verwendet wurden. Die Referenz zur Ursprungskategorie (und damit Auswertung zu $n_{\text{Operatoren}}$) wird bei der Beschreibung berücksichtigt.

In der Physik-Stichprobe aus *Dorn/Bader – Physik 1* wurden 50 *erklären*-Aufgaben (100 %) aus 80 *erklären/erläutern*-Aufgaben isoliert. Sechs Aufgaben konnten der Ausprägung *erklären-was* (12,00 %/Rang 2), 7 Aufgaben der Ausprägung *erklären-wie* (14,00 %/ Rang 1) und 3 Aufgaben der Ausprägung *erklären-warum* zugeordnet werden, da explizite Kollokationen mit *was/wie* oder *warum* vorlagen. Insgesamt erfolgten 16 Zuordnungen, was einem Anteil von 32,00 % entspricht.

Im Gegensatz zur Wirtschaft-Politik-Stichprobe sind die Verteilungsrelationen der Physik-Stichproben innerfachlich ausschließlich über die Häufigkeit der erhobenen Aufgaben vergleichbar. Diese liegen bei rund 32 bzw. 30 %. In den Stichproben aus *Physik heute 1* und *Dorn/Bader – Physik 1* konnten über die *codebezogene Analyse* 16 Aufgaben mit expliziten Kollokationen direkt zugeordnet werden.

In der Stichprobe aus *Physik heute 1* bezieht sich dieser Gesamtanteil von $n_{\text{erklären-X}}$ auf 53 *erklären*-Aufgaben (von 78 *erklären/erläutern*-Aufgaben), was einem exakten Anteil von 30,19 % entspricht. Dieser Anteil teilt sich auf in 2 Aufgaben mit der Ausprägung *erklären-was* (3,77 %/Rang 3), 3 Aufgaben mit der Ausprägung *erklären-wie* (5,67 %/Rang 2) und 11 Aufgaben mit der Ausprägung *erklären-warum* (20,75 %/Rang 1).

Tab. 6.71 zeigt die Ergebnisse der Analyse der Kategorie *Operatoren – Spezifik – erklären-was/-wie/-warum* für die Stichproben des Fachs *Physik*. Es handelt sich um die Ergebnisse der *codebezogenen Analyse*.

Tab. 6.71 „Operatoren" – „Spezifik" – „erklären-was/-wie/-warum". Absolute und relative Ergebnisse mit Ranking für die Physik-Stichproben. Codebezogene Analyse

	Dorn/Bader – Physik 1 (Müller, R., 2019) $n_{LWFachIII}$			Physik heute 1 (Otte-Spille & Langer, 2019) $n_{LWFachIV}$		
	absolut	relativ	**Rang**	absolut	relativ	**Rang**
$n_{erklären\text{-}X}$	50	100		53	100	
(aus erklären/ erläutern)	(80)	–		(78)	–	
erklären-was	6	12,00	**2**	2	3,77	**3**
erklären-wie	7	14,00	**1**	3	5,67	**2**
erklären-warum	3	6,00	**3**	11	20,75	**1**
gesamt	16	32,00		16	30,19	

Weiterführend werden die Ergebnisse der *vertieften Analyse* der Physik-Stichprobe vorgestellt. Dabei kann vorab angemerkt werden, dass die Ergebnisse zu *Dorn/Bader – Physik 1* weder innerfachliche Gemeinsamkeiten noch eine Trendlinie zwischen codebezogener Analyse und vertiefter Analyse zeigen. Letzteres kann jedoch bei *Physik heute 1* nachvollzogen werden.

In der Stichprobe aus *Dorn/Bader – Physik 1* konnten über die *vertiefte Analyse* aus den 80 *erklären/erläutern-Aufgaben* 50 *erklären*-Aufgaben (100 %), 15 *erklären-was*-Aufgaben (30,00 %/Rang 2), 15 *erklären-wie*-Aufgaben (30,00 %/ Rang 2) und 20 *erklären*-warum-Aufgaben (40,00 %/Rang 1) isoliert werden. Somit kommen am häufigsten *erklären-warum*-Aufgaben in der Stichprobe vor, daneben gleichwertig *erklären-was* und *erklären-wie*-Aufgaben.

In der Stichprobe aus *Physik heute 1* zeigt die *vertiefte qualitative Analyse* die gleiche Rangfolge der Verteilung wie die *codebezogene Analyse.* Von 53 (100 %) *erklären*-Aufgaben aus 78 *erklären/erläutern*-Aufgaben konnten 8 Aufgaben der Ausprägung *erklären-was* (15,09 %/Rang 3), 12 der Ausprägung *erklären-wie* (22,64/ Rang 2) und 33 der Ausprägung *erklären-warum* (62,26 %/ Rang 1) zugeordnet werden.

Tab. 6.72 zeigt die Ergebnisse der Analyse der Kategorie *Operatoren – Spezifik – erklären-was/-wie/-warum* für die Stichproben des Fachs *Physik* für die *vertiefte qualitative Analyse.*

Tab. 6.72 „Operatoren" – „Spezifik" – „erklären-was/-wie/-warum". Absolute und relative Ergebnisse mit Ranking für die Physik-Stichproben. Vertiefte qualitative Analyse

	Dorn/Bader – Physik 1 (Müller, R., 2019) $n_{LWFachIII}$			Physik heute 1 (Otte-Spille & Langer, 2019) $n_{LWFachIV}$		
	absolut	relativ	**Rang**	absolut	relativ	**Rang**
$n_{erklären\text{-}X}$	50	100		53	100	
(aus erklären/ erläutern)	(80)	–		(78)	–	
erklären – was	15	30,00	**2**	8	15,09	**3**
erklären – wie	15	30,00	**2**	12	22,64	**2**
erklären – warum	20	40,00	**1**	33	62,26	**1**
gesamt	50	100		53	100	

Zusammengefasst lässt sich für die beiden Physik-Stichproben festhalten, dass beide Stichproben Unterschiede in der Verteilung und in den Trends zwischen der codebezogenen und der vertieften Analyse zeigen. In der Stichprobe aus *Dorn/ Bader – Physik 1* wurde über die codebezogene Analyse als häufigste Kollokation auf Rang 1 *erklären-wie* erfasst, gefolgt von *erklären-was* und *erklären-warum.* Über die vertiefte qualitative Analyse ergab sich das folgende, in der Häufigkeit absteigend dargestellte Bild: auf Rang 1 *erklären-warum* und auf dem nachfolgenden Rang 2 *erklären-was* und *erklären-wie.* Es bestehen nur zwei Gemeinsamkeiten mit der Stichprobe aus *Physik heute 1.* Zum einen liegen die Anteile an expliziten Kollokationen in beiden Stichproben innerhalb der codebezogenen Analyse mit einem 32- zw. 30-prozentigen Anteil nah beieinander. Andererseits kann das *erklären-wie* über die vertiefte qualitative Analyse bei beiden Stichproben des Fachs Physik auf dem 2. Rang verortet werden. Darüber hinaus zeigen die Analysen keine Gemeinsamkeiten. Die Ergebnisse der Stichprobe aus *Physik heute 1* und der *codebezogenen Analyse* sowie der *vertieft qualitativen Analyse* sind über eine Trendlinie miteinander verbunden: Es können die folgenden *erklären*-Arten, absteigend nach Häufigkeit über beide Analyseebenen sortiert, als relevant für die Aufgabenbearbeitung benannt werden: *erklären-warum*, *erklären-wie* und *erklären-was*. Im Folgenden werden die Ergebnisse noch einmal fachlich verglichen und die Forschungsfragen beantwortet.

Fachvergleich – Zusammenfassung
Über die Kategorie *Operatoren* – Spezifik – *erklären-was/-wie/-warum* wurden exemplarisch über weiterführende Analysen von Aufgaben mit dem Operator *erklären* unterschiedliche Sprachhandlungstendenzen der Fächer untersucht.

Die erste Forschungsfrage *Wie hoch ist der Anteil an spezifischen erkläre-Aufgaben (erkläre-was/-wie/-warum)?* kann mit den Ergebnissen der codebezogenen Analysen beantwortet werden. Für die fachliche Stichprobe *Wirtschaft-Politik* liegt der Anteil insgesamt bei 20 absolut und rund 49 % für die Stichprobe $n_{LWFach\ I}$, *TEAM 5/6*, mit den Anteilen an Ausprägungen von rund 27 % (11) für *erklären*-was, 0 % (0) für *erklären-wie* und von rund 22 % (9) für *erklären-warum*. Für die Stichprobe $n_{LWFach\ II}$, *Wirtschaft-Politik 1*, konnte ein Anteil von insgesamt rund 63 % (45) mit folgender Verteilung erhoben werden: rund 33 % (24) für *erklären-was*, rund 8 % *erklären-wie* (6) und rund 21 % (15) für *erklären-warum*.

Für die Physik-Stichprobe $n_{LWFach\ III}$, *Dorn/Bader – Physik 1*, liegen die Anteile, die über die codebezogene Analyse ermittelt wurden, bei insgesamt 32 % (16) mit einer Verteilung von 12 % (6) *erklären-was*, 14 % (7) *erklären-wie* und 6 % (3) *erklären-warum*. In der Physik-Stichprobe $n_{LWFach\ IV}$, *Physik heute 1*, konnte insgesamt ein Anteil von rund 30 % (16) mit der Verteilung 4 % (2) *erklären-was*, 6 % (3) *erklären-wie* und 21 % (11) *erklären-warum* erhoben werden.

Zur zweiten Forschungsfrage *Welche Gemeinsamkeiten und Unterschiede bestehen zwischen den Lehrwerken der Fächer Wirtschaft-Politik und Physik?* kann konstatiert werden, dass für Wirtschaft-Politik eine identische Rangfolge der spezifizierten Operatoren erhoben werden konnte, die auch über vertiefende qualitative Analysen bestätigt wurde, und hiernach vor allem *erklären-was-* und *erklären-warum*-Aufgaben relevant für die Aufgabenbearbeitung sind. In der Physik-Stichprobe konnte ein ähnlicher Trend mit einer anderen Hierarchie der Spezifikationen in der Stichprobe aus *Physik heute 1* erhoben werden. Sowohl in der *codebezogenen Analyse* als auch in der *vertieften qualitativen Analyse* wurde besonders häufig *erklären-warum* isoliert. Mit Abstand folgen hier *erklären-wie* und *erklären-was*. Die Stichprobe aus *Dorn/Bader – Physik 1* weicht insgesamt ab, zeigt aber ebenfalls über die vertiefte Analyse den Trend auf, dass *erklären-warum* die häufigste Ausprägung darstellt. Eine Darstellung der durchschnittlichen Fachvergleiche kann in Abschnitt 6.2.9 eingesehen werden.

Mit der Erhebung und Auswertung der Operatoren in Abschnitt 6.2.8.2 konnten über die isolierten Häufigkeiten für Physik *nennende Handlungen* ergänzend zum

Erklären beschrieben werden und in Wirtschaft-Politik eine Tendenz zu *argumentierenden Handlungen*, die von erklärenden Handlungen ausgehen. Die Ergebnisse zeigen, dass methodisch über Frequenzanalysen von Operatoren eher Makrostrukturen sprachhandlungsbezogener (*metasprachlicher*, Feilke & Rezat, 2019a) Erwartungen für das Aufgabenlösen beschrieben werden können und erst weiterführende Analysen von Operatorenformulierungen Mikrohandlungen sichtbar werden lassen.

6.2.9 Zusammenfassung der Ergebnisse der Aufgabenanalyse

In diesem Abschnitt werden die zentralen Ergebnisse der Aufgabenanalyse zusammengefasst dargestellt. Insgesamt wurden 13.637 Einzelanalysen an 1357 Schulbuchaufgaben durchgeführt (vgl. Anhang A 1.3 im elektronischen Zusatzmaterial). Das Datenkorpus umfasst 2.883 Seiten. Für den Studienteil der Aufgabenanalyse war das Erkenntnisinteresse leitend, zu hinterfragen, ob Aufgabenmerkmale bestehen, die dazu geeignet sind, das Schreiben materialbezogen in den Fachunterricht zu integrieren (*Schreibpotenzial*) und überdies Schreibkompetenzen zu fördern (*Schreibförderpotenzial*). Zusammengefasst kann konstatiert werden, dass sowohl das *Schreibpotenzial* als auch das *Schreibförderpotenzial* der fachlichen Schulbuchaufgaben aus den vier fachlichen Stichproben als gering eingeschätzt werden kann. Um das Schreiben von Texten und die Sprachhandlungskompetenz im Fachunterricht zu fördern, bedarf es einer Optimierung, Kontextualisierung oder des Einsatzes anderer Aufgaben im Fachunterricht. Das Schreiben wird über das Material in beiden Fächern kaum eingefordert und noch weniger förderlich unterstützt. Kognitiv-sprachliche Anforderungen werden jedoch durchaus über die Aufgabenbearbeitung gestellt. Vor allem erklärende Handlungen sind relevant. Diesbezüglich konnten die Vorannahmen dieser Arbeit bestätigt werden.

Im Folgenden wird jeweils zuerst die Forschungsfrage wiederholt, dann das Ergebnis in einem Fließtext prägnant zusammengefasst und anschließend grafisch über ein fachvergleichendes Säulendiagramm illustriert. Am Ende erfolgt eine Konklusion. Jeder Darstellung ist durch den (durchschnittlichen) Fachvergleich die Forschungsfrage (c) (I) *Welche Gemeinsamkeiten und Unterschiede bestehen zwischen den Lehrwerken der Fächer Wirtschaft/Politik und Physik?* inhärent. Einzelauswertungen, innerfachliche Vergleiche und detaillierte Ausführungen können den Abschnitten 6.2.8.1 und 6.2.8.2 entnommen werden.

Aufgabenmerkmale

Aufgabenmerkmale: Rezeption. Forschungsfrage (a) (I): *Wie hoch ist der Anteil an Leseaufgaben, die explizite, implizite und keine Leseaufforderungen enthalten?*

Rezeption: An die Bearbeitung von Schulbuchaufgaben ist in beiden Fächern zu 87 % (WiPo) bzw. 76 % (Physik)[24] das Lesen eines kontinuierlichen oder diskontinuierlichen Textes gebunden ($n_{Leseaufgaben}$; Bezugsgröße: relativ$_2$).[25] Zu rund 44 % bzw. 43 % enthalten Aufgaben eine explizite Leseaufforderung, zu 40 % bzw. 28 % eine implizite. Selten ist kein Hinweis auf den zu lesenden Text vorhanden (3 bzw. 5 %). Die fachlichen Ergebnisse zeigen vergleichbare Werte, wie in Abb. 6.4 dargestellt.

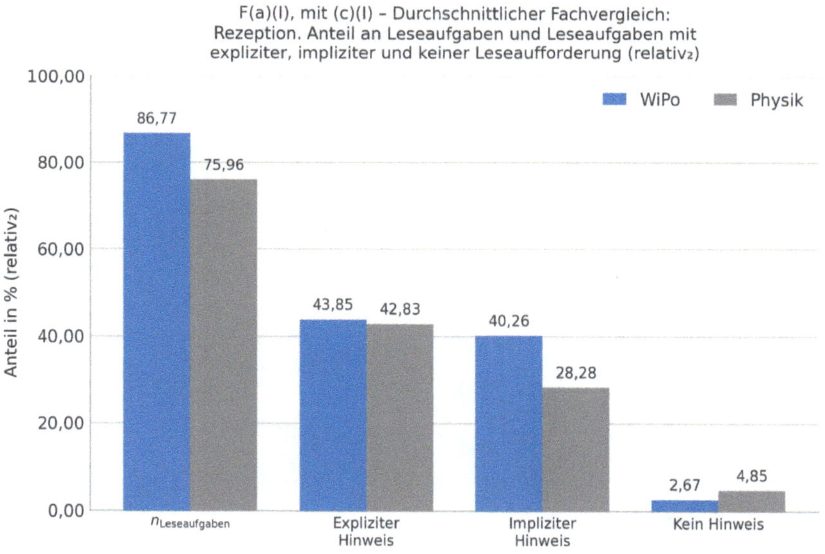

Abb. 6.4 Grafische Darstellung der Antwort auf die Forschungsfrage (a)(I) im durchschnittlichen Fachvergleich (c)(I). Hauptkategorie „Aufgabenmerkmale", „Rezeption". Darstellung der Anteile des Korpus der Leseaufgaben ($n_{Leseaufgaben}$) und der darin erhobenen relativen Anteile (relativ$_2$) an expliziten, impliziten und keinen Hinweisen für das Lesen in den untersuchten Lernaufgaben

---

[24] Bei der Ergebnisdarstellung bezieht sich im Folgenden der erste Prozentwert auf die Fachstichprobe *Wirtschaft-Politik* (WiPo) und der zweite Prozentwert auf die Fachstichprobe *Physik*. Die Werte werden gerundet berichtet.

[25] Vgl. zur Erläuterung der Größen relativ$_1$ und relativ$_2$ die Erläuterungen in Abschnitt 6.2.8. Zu den Bezeichnungen der Korpora siehe Abschnitt 6.2.3.

Aufgabenmerkmale: Produktion: Medialität. Forschungsfrage (a) (II): *Wie hoch ist der Anteil an Aufgaben, die medial explizit bestimmt/nicht bestimmt sind (explizit schriftlich, explizit mündlich, explizit mündlich und schriftlich, medial offen)?*

Produktion: Medialität: Beide fachlichen Stichproben ($n_{Medialität}$) haben gemeinsam, dass sie jeweils am häufigsten Aufgaben enthalten, die medial offen und damit medial unbestimmt gestaltet sind (57 % bzw. 66 %, Bezugsgröße: $relativ_2$). Das bedeutet konkret, dass in den Aufgaben meist nicht expliziert wird, wie eine Aufgabe medial zu lösen ist: mündlich oder schriftlich. Hier zeigt Physik mit rund 9 % eine etwas stärkere Tendenz zur medial offenen Gestaltung von Aufgaben als Wirtschaft-Politik. Es kommen darüber hinaus insgesamt weniger Aufgaben mit explizit medialer Kontur in den untersuchten Physik-Lernaufgaben vor. Während in Wirtschaft-Politik 17 % der Aufgaben Schreibaufgaben darstellen, sind dies in Physik rund 8 %. Aufgaben, die mündlich zu bearbeiten sind,

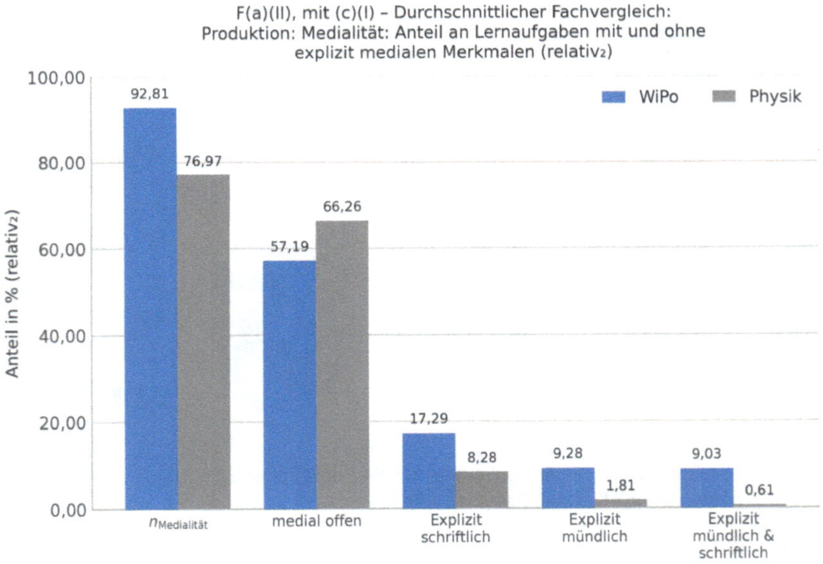

Abb. 6.5 Grafische Darstellung der Antwort auf die Forschungsfrage (a)(II) im durchschnittlichen Fachvergleich (c)(I). Hauptkategorie „Aufgabenmerkmale", „Produktion", „Medialität". Darstellung der Anteile des Korpus der Aufgaben mit Medialitätsmerkmal ($n_{Medialität}$) und der darin erhobenen relativen Anteile ($relativ_2$) an Aufgaben mit dem Merkmal „medial offen", „explizit schriftlich", „explizit mündlich" und „explizit mündlich und schriftlich"

konnten mit einem Anteil von rund 9 % in Wirtschaft-Politik und 2 % in Physik erfasst werden. Aufgaben, die explizit mündlich und schriftlich gelöst werden sollen, machen ebenfalls einen Anteil von rund 9 % in Wirtschaft-Politik aus, in Physik sind es rund 1 %. Abb. 6.5 fasst die Ergebnisse zusammen.

Aufgabenmerkmale: Produktion: Medialität: Schreibaufgaben Forschungsfrage (a) (III): *Wie hoch ist der Anteil an expliziten Schreibaufgaben?*

Produktion: Medialität: Schreibaufgaben: In Relation zu den fachlichen Aufgaben ($relativ_2$) enthält die Wirtschaft-Politik-Stichprobe rund 17 %, die Physik-Stichprobe rund 8 % explizite Schreibaufgaben. Bei näherer qualitativer Betrachtung bildet der Großteil *einfache Schreibaufträge* ab (12 % und 5 %). Nur rund 5 % bzw. 3 % konnten als *komplexe Schreibaufgaben* identifiziert werden. Abb. 6.6. fasst die Ergebnisse zusammen.

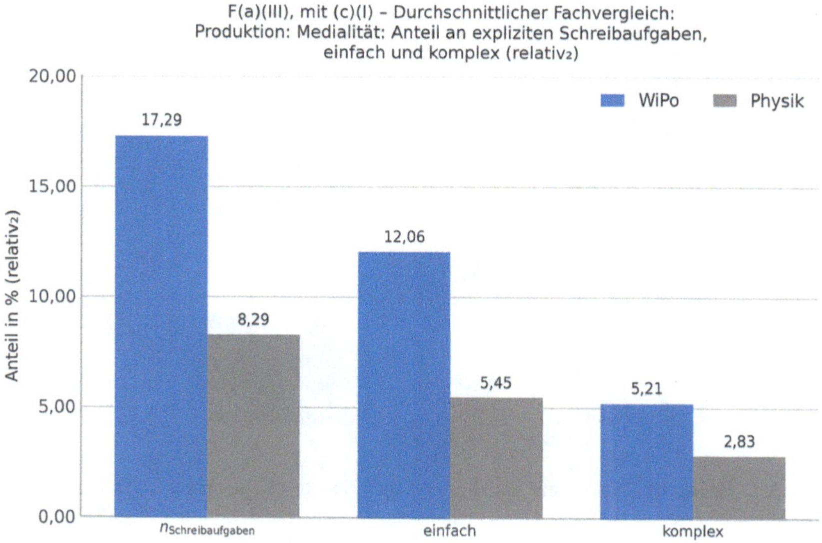

Abb. 6.6 Grafische Darstellung der Antwort auf die Forschungsfrage (a)(III) im durchschnittlichen Fachvergleich (c)(I). Hauptkategorie „Aufgabenmerkmale", „Produktion", „Medialität": „Schreibaufgaben". Darstellung der Anteile des Korpus der Schreibaufgaben ($n_{Schreibaufgaben}$) und der darin enthaltenen Aufgaben mit „einfachen" und „komplexen" Schreibanforderungen

Aufgabenmerkmale: Produktion: Medialität: Schreibaufgaben: Adressat:in. Forschungsfrage (a) (IV): *Wie hoch ist der Anteil an Schreibaufgaben, die eine explizite Adressat:innenorientierung enthalten?*

Aus den Korpora der Schreibaufgaben ($n_{Schreibaufgaben}$) konnten in Relation zu den durchschnittlich erhobenen fachlichen Lernaufgaben (relativ$_2$) in Wirtschaft-Politik 5 %, in Physik durchschnittlich keine Schreibaufgaben mit Adressat:innenorientierung erhoben werden. Schreibaufgaben mit Adressat:innenorientierung sind demnach selten oder gar nicht vorhanden. Abb. 6.7 fasst die Ergebnisse zusammen.

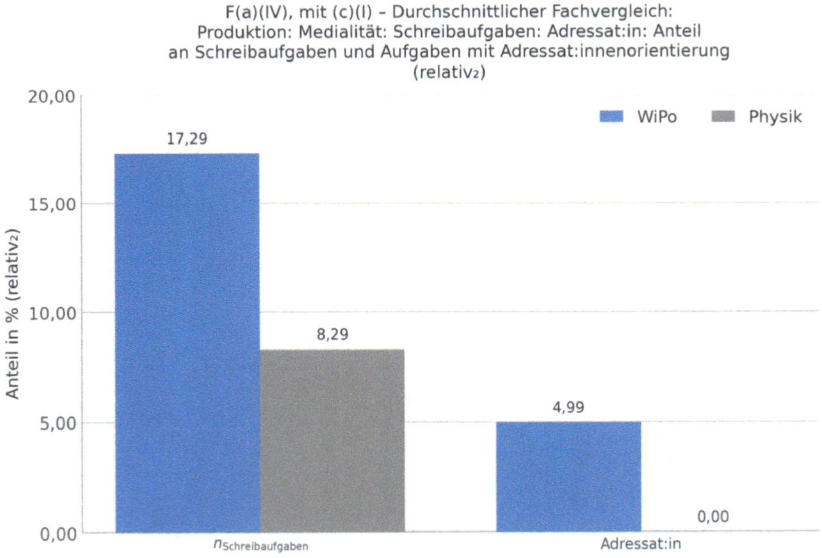

Abb. 6.7 Grafische Darstellung der Antwort auf die Forschungsfrage (a)(IV) im durchschnittlichen Fachvergleich (c)(I). Hauptkategorie „Aufgabenmerkmale", „Produktion", „Medialität": „Schreibaufgaben": „Adressat:in". Darstellung der Anteile des Korpus der Schreibaufgaben ($n_{Schreibaufgaben}$) und der darin enthaltenen Aufgaben mit einer Adressat:innenorientierung

Aufgabenmerkmale: Produktion: Medialität: Schreibaufgaben: Sprachliche Hilfen. Forschungsfrage (a) (V): *Wie hoch ist der Anteil an Schreibaufgaben, die explizite sprachliche Hilfen in Form von Formulierungs- und/oder Textmusterhilfen enthalten?*

Produktion: Medialität: Schreibaufgaben: Sprachliche Hilfen: Von den 17 % bzw. 8 % der Schreibaufgaben ($n_{Schreibaufgaben}$) enthalten 5 % der Wirtschaft-Politik-Aufgaben und 2 % der Physik-Aufgaben sprachliche Hilfen (Bezugsgröße: relativ$_2$). Davon können rund 4 % bzw. 1 % Textmusterhilfen und 2 % bzw. 0 % (0,40) Formulierungshilfen unterschieden werden. Schreibaufgaben mit sprachlichen Hilfen sind in beiden Stichproben selten oder nicht vorhanden. Abb. 6.8 fasst die Ergebnisse zusammen.

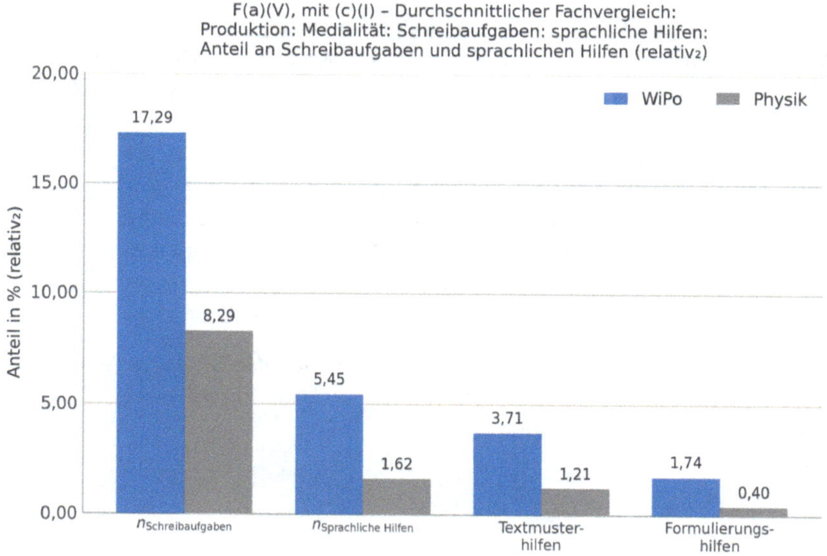

Abb. 6.8 Grafische Darstellung der Antwort auf die Forschungsfrage (a)(V) im durchschnittlichen Fachvergleich (c)(I). Hauptkategorie „Aufgabenmerkmale", „Produktion", „Medialität": „Schreibaufgaben": „Sprachliche Hilfen". Darstellung der Anteile des Korpus der Schreibaufgaben ($n_{Schreibaufgaben}$) und der darin enthaltenen Aufgaben mit „Sprachlichen Hilfen" gesamt und der Unterscheidung von „Textmusterhilfen" und „Formulierungshilfen"

Operatoren – Spektrum – Operatoren/Quasi-Operatoren

Operatoren: Spektrum: Operatoren/Quasi-Operatoren: Forschungsfrage (b) (I): *Welche Operatoren und Quasi-Operatoren werden in Schulbuchlernaufgaben eingesetzt?*[26]

Operatoren: Spektrum: Operatoren/Quasi-Operatoren: Der absolute Vergleich von vorhandenen durchschnittlichen fachlichen Lernaufgaben, der Nutzung von Operatoren und Quasi-Operatoren in den Aufgaben und der Vergleich der Ausprägungen zeigen, dass in Wirtschaft-Politik in 431 Lernaufgaben 239 Operatoren und 347 Quasi-Operatoren mit durchschnittlich 91,5 verschiedenen Verben eingesetzt werden. In Physik kommen in durchschnittlich 247,5 Lernaufgaben 244,5 Operatoren und 208,5 Quasi-Operatoren mit 99 Ausprägungen vor.

Insgesamt sind die Anteile und Ausprägungen in beiden Stichproben groß, in der Physik-Stichprobe werden im Gegensatz zur Wirtschaft-Politik-Stichprobe jedoch etwas mehr Operatoren als Quasi-Operatoren eingesetzt. In der Wirtschaft-Politik-Stichprobe ist der Anteil an Quasi-Operatoren hoch. Die Ausprägungen verschiedener Quasi-Operatoren zeigen qualitativ innerfachlich Ähnlichkeiten und fachvergleichend Unterschiede.

So ist den Wirtschaft-Politik-Stichproben gemeinsam, dass am häufigsten Quasi-Operatoren aus dem Handlungsbereich *denken und wahrnehmen* genutzt werden, in der Physik-Stichprobe sind es am häufigsten Verben aus dem Bereich *organisieren.* Die häufigsten Einzel-Quasi-Operatoren der Stichproben unterscheiden sich in allen Stichproben und sind – sortiert nach $LW_{\text{Fach I bis IV}}$ – *anderen etwas vorstellen, überlegen, recherchieren* und *anfertigen/übertragen.*

Abb. 6.9 zeigt einen Überblick absoluter Häufigkeiten der Gesamtverteilung von Lernaufgaben, Operatoren, Quasi-Operatoren sowie die Anzahl an Ausprägungen von verschiedenen Quasi-Operatoren.

[26] Um die grafische Darstellung vergleichbar zu machen, wurden *erklären* und *erläutern* in Wirtschaft-Politik summiert und *nennen* in die Wirtschaft-Politik-Stichprobe aufgenommen, sodass ein direkter Vergleich zwischen Physik und Wirtschaft-Politik möglich ist, da hier die Operatoren als Zusammenschluss unter einer Definition in der Operatorenliste vorliegen. Für eine differenzierte Darstellung ohne Zusammenschluss siehe Abschnitt 6.2.8.2

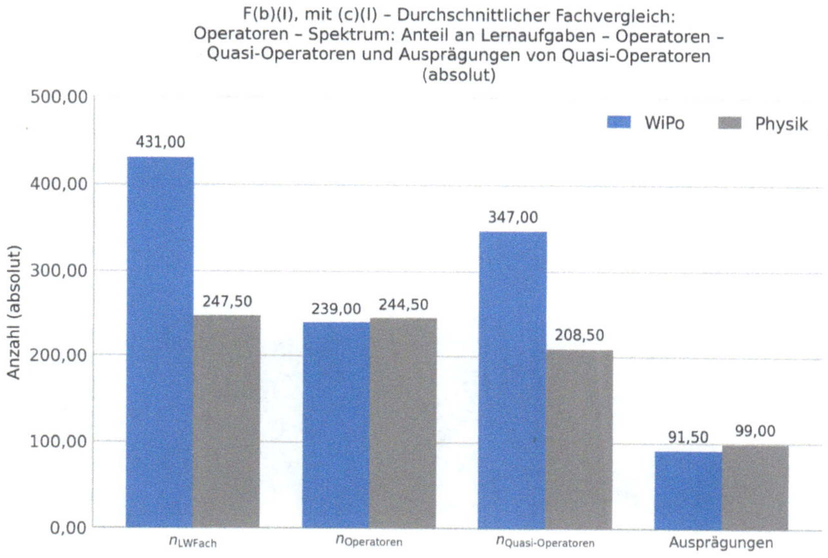

Abb. 6.9 Grafische Darstellung der Antwort auf die Forschungsfrage (b)(I) im durchschnittlichen Fachvergleich (c)(I). Hauptkategorie „Operatoren", „Spektrum", „Operatoren" und „Quasi-Operatoren": Darstellung der absoluten Anteile des Korpus der Lernaufgaben (n_{LWFach}), der darin enthaltenen Operatoren ($n_{Operatoren}$), Quasi-Operatoren ($n_{Quasi\text{-}Operatoren}$) und Ausprägungen („Ausprägungen")

Betrachtet man die relative Verteilung der *drei häufigsten Operatoren* innerhalb der durchschnittlich genutzten Operatoren (relativ$_1$) in den fachlichen Stichproben, dann lassen sich diese überfachlich mit den vier Operatoren/-gruppen *erklären/erläutern* (relativ$_1$ rund 35 % und 32 %), *begründen* (16 % und 11 %), *beschreiben* (13 % und 19 %) und *angeben/nennen* (8 % und 15 %) ausgeben. Abb. 6.10 fasst die Ergebnisse zusammen.

Operatoren: Spektrum: Operatoren/Quasi-Operatoren: Forschungsfrage (b) (II): *Welche kognitiv-sprachlichen Teilhandlungen können über Operatoren und Quasi-Operatoren erhoben werden?*

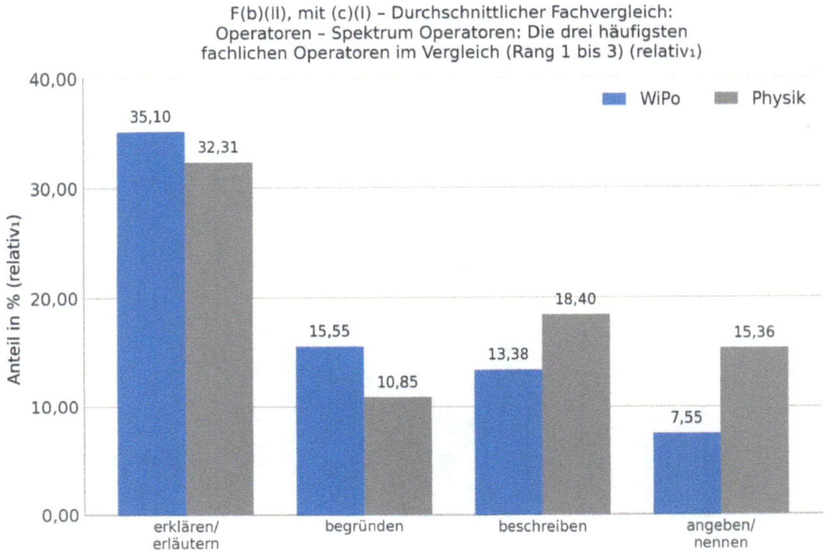

Abb. 6.10 Grafische Darstellung der Antwort auf die Forschungsfrage (b)(II) im durchschnittlichen Fachvergleich (c)(I). Hauptkategorie „Operatoren", „Spektrum", „Operatoren". Darstellung des relativen Anteils (relativ1) der jeweils in den Fachstichproben erhobenen drei häufigsten Operatoren/-gruppen

Kognitiv-sprachliche Handlungen, die jeweils im Verhältnis zu den erfassten Lernaufgaben und in Relation zu den erhobenen Operatoren (eher) gering in den Stichproben über Quasi-Operatoren erhoben werden konnten, sind für Wirtschaft-Politik *zusammenfassen* und *berichten*, für Physik *diskutieren* und *vermuten*.

Die vier häufigsten Operatoren-/gruppen *erklären/erläutern*, *begründen*, *beschreiben* und *angeben/nennen* lassen sich innerhalb der genutzten Operatoren (relativ$_1$) wie folgt den *kognitiven Anforderungsbereichen I bis III* zuordnen: I (0 % und 15 %), I – II, vorw. II (13 % und 18 %), II (23 % und 0 %), II – III, vorw. II (0 % und 32 %), III (16 % und 0 %).[27] Demnach sind fachverbindend mittlere kognitive Anforderungen am häufigsten vertreten. Unterschiede liegen darin begründet, dass in Wirtschaft-Politik die Anforderungsbereiche im

[27] Hier zeigen die fachlichen Operatorenlisten Unterschiede. Für die vereinfachte Interpretation können die Zwischenstufen, wie bspw. *III, vorw. II*, zu den vollen Stufen, wie z. B. *II*, addiert werden. Die Auswertung zeigt dann das folgende Ergebnis: I (0 % und 15 %), II (36 und 50 %) und III (16 und 0 %).

Bereich II beginnen und auch den Bereich III umfassen, während in Physik der Anforderungsbereich I häufig erhoben werden konnte, jedoch kein häufiger Operator des Anforderungsbereichs III, wenn man die drei häufigsten Operatoren des jeweiligen Fachs für die Auswertung heranzieht. Somit zeigt sich ein Trend für Wirtschaft-Politik von II zu III, für Physik von I bis II. Abb. 6.11 fasst die Ergebnisse zusammen.

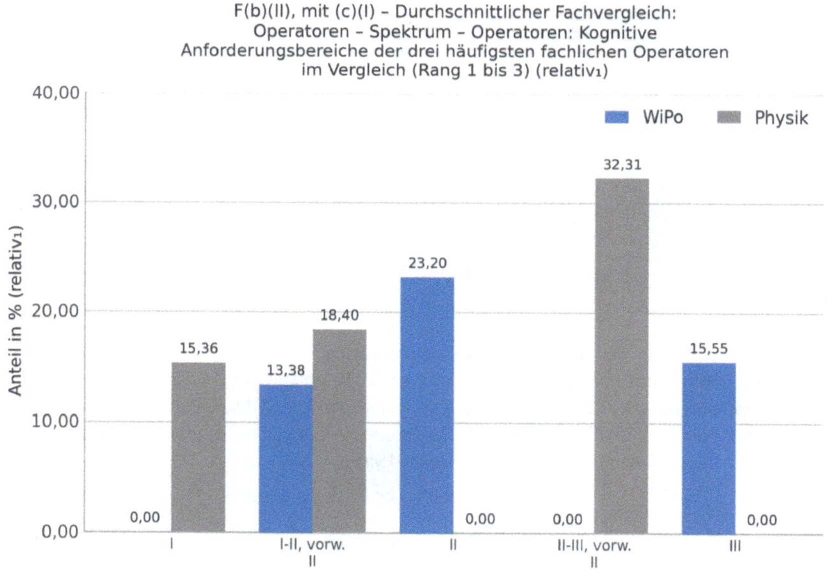

Abb. 6.11 Grafische Darstellung der weiterführenden Antwort auf die Forschungsfrage (b)(II) im durchschnittlichen Fachvergleich (c)(I). Hauptkategorie „Operatoren", „Spektrum", „Operatoren". Darstellung des relativen Anteils (relativ$_1$) der jeweils in den Fachstichproben erhobenen kognitiven Anforderungsbereiche der drei häufigsten Operatoren/-gruppen

Werden für die Auswertung Sprachhandlungstendenzen bestimmt, lassen sich mithilfe des Klassifikationsvorschlages von Feilke & Rezat (2019a) drei Sprachhandlungen über die drei häufigsten Operatoren bestimmen: ERKLÄREN (51 und 43 %), ANALYSIEREN (13 und 18 %) und NENNEN (8 und 15 %). Abb. 6.12 fasst die Ergebnisse zusammen.

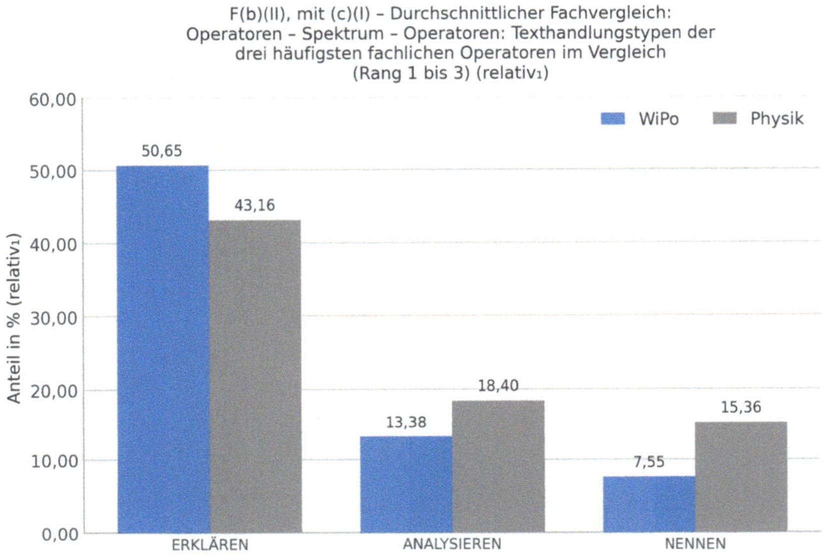

Abb. 6.12 Grafische Darstellung der weiterführenden Antwort auf die Forschungsfrage (b)(II) im durchschnittlichen Fachvergleich (c)(I). Hauptkategorie „Operatoren", „Spektrum", „Operatoren". Darstellung des relativen Anteils (relativ$_1$) der jeweils in den Fachstichproben über die drei häufigsten Operatoren/-gruppen isolierten Texthandlungstypen nach dem Zuordnungsvorschlag von Feilke/Rezat (2019a)

Operatoren – Spezifik – erklären-was/-wie/-warum

Operatoren: Spezifik: erklären was/wie/warum: Forschungsfrage (b) (III): *Wie hoch ist der Anteil an spezifischen erklären-Aufgaben (erklären-was/-wie/-warum)?*

Wird der Operator *erklären* als häufigster Einzeloperator in beiden fachlichen Stichproben exemplarisch weiterführend qualitativ nach den Ausprägungen *erklären-was/-wie* und *-warum* analysiert (codebezogene Analyse), dann zeigt der durchschnittliche Fachvergleich (relativ, $n_{\text{erklären-X}}$ aus $n_{\text{Operatoren}}$), dass in Wirtschaft-Politik am häufigsten explizit *erklären-was* (rund 30 %), dann *erklären-warum* (21 %) und zuletzt *erklären-wie* (rund 4 %) genutzt werden. In der Physik-Stichprobe ist diese Verteilung anders. Am häufigsten tritt *erklären-warum* (13 %), dann *erklären-wie* (10 %) und am geringsten *erklären-was* (8 %) auf. Der durchschnittliche Anteil an expliziten erklären-X-Spezifikationen in den Aufgaben liegt in Wirtschaft-Politik bei 55,68 % aller fachlichen Aufgaben, die den Operator *erklären* tragen ($n_{\text{erklären-X}}$ aus $n_{\text{Operatoren}}$). In Physik liegt dieser Anteil bei 31,08 %. Abb. 6.13 fasst die Ergebnisse zusammen.

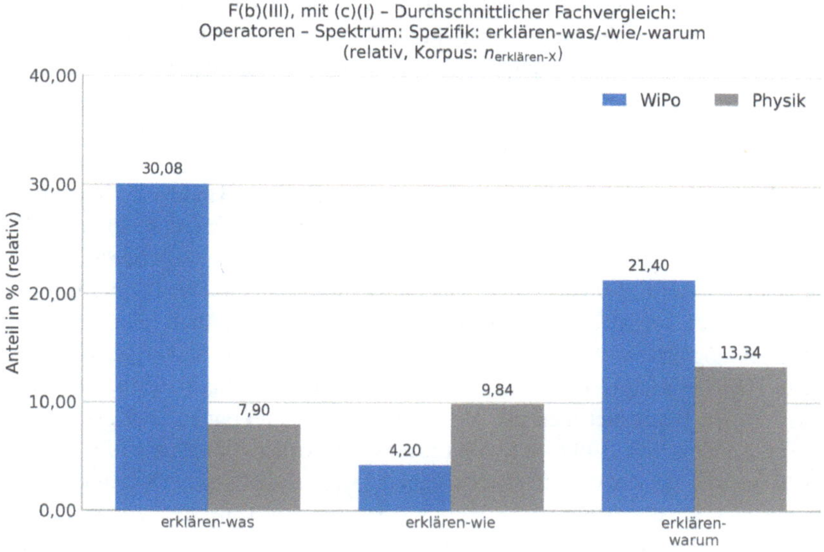

Abb. 6.13 Grafische Darstellung der Antwort auf die Forschungsfrage (b)(III) im durchschnittlichen Fachvergleich (c)(I). Hauptkategorie „Operatoren", „Spezifik", „erklären-was/-wie/-warum". Darstellung des relativen Anteils (relativ) zu den Korpora von $n_{erklären-X}$ mit den Anteilen der Ausprägungen „erklären-was", „erklären-wie" und „erklären-warum" (codebezogene Analyse) aus jeweils $n_{Operatoren}$

Zusammengefasst lässt sich festhalten, dass in Bezug auf das Lesen binnenstrukturelle Merkmale in beiden fachlichen Stichproben erfasst werden konnten, die eine Verbindung von Aufgabenstellung und Text für Schüler:innen herstellen.

In Bezug auf die Ergebnisse zu schreibförderlichen Merkmalen in den Aufgaben kann konstatiert werden, dass beide fachlichen Stichproben kaum oder keine Rückschlüsse auf eine schreibförderliche Aufgabenkultur zulassen. Die meisten Aufgaben in beiden Fächern sind medial offen gestaltet. Auch wenn die untersuchten Lernaufgaben aus dem Fach Wirtschaft-Politik etwas mehr Schreibaufgaben mit Adressat:innenorientierung und sprachlichen Hilfen enthalten als die untersuchten Physik-Aufgaben, wird das komplexe, förderlich instruierte Schreiben kaum oder gar nicht für das fachliche Lernen über Aufgabenstellungen angeleitet. Schreibförderliche Unterstützungsmerkmale in Form von Textmuster-

und/oder Formulierungshilfen treten aus schreibdidaktischer Perspektive in den untersuchten Stichproben selten oder gar nicht auf. Auch hier konnten etwas mehr schreibbezogene Unterstützungsangebote in der Wirtschaft-Politik-Stichprobe erfasst werden als in Physik.

Bezüglich der kognitiv-sprachlichen Anforderungen in den Aufgaben zeigt die Auswertung, dass Aufgaben mit dem Operator *erklären* am häufigsten in beiden Stichproben genutzt werden und mit einer Handvoll Operatoren 60–77 % der Operatoren in den Aufgaben beschrieben werden können. Als hochfrequente Operatoren und Operatorengruppen konnten *erklären/erläutern, begründen, beschreiben* und *angeben/nennen* überfachlich klassifiziert werden. Hiervon abgeleitet ist die Aufgabenbearbeitung durchschnittlich tendenziell mit mittleren kognitiven Anforderungen verbunden. Die Physik-Aufgaben zeigen einen Trend von Anforderungsbereich I zu II, die Wirtschaft-Politik-Aufgaben von II zu III. Betrachtet man die Aufgaben näher, dann können über das Klassifikationsschema von Feilke & Rezat (2019a) die Texthandlungstypen ERKLÄREN (51 % und 43 %), ANALYSIEREN (13 % und 18 %) und NENNEN (8 % und 15 %) als relevant für die Aufgabenbearbeitung benannt werden. Über Aufgaben mit dem Operator *erklären* konnte exemplarisch weiterführend gezeigt werden, dass in Wirtschaft-Politik häufiger *erklären-was* und *erklären-warum* als *erklären-wie* in den Aufgaben erhoben werden konnten, während in Physik *erklären-wie* und *erklären-warum* häufiger als *erklären*-was isoliert wurden.

Neben den Operatoren wurde die Bedeutung der Quasi-Operatoren untersucht. Für alle fachlichen Stichproben kann berichtet werden, dass den Quasi-Operatoren eine Relevanz für die Aufgabenkonstruktion und Aufgabenbearbeitung zugesprochen werden kann. Mit je mehr als 90 verschiedenen Quasi-Operatoren erscheinen diese Handlungsverben als unabdingbar für die Aufgabenkonstruktion. Über die Analyse konnte dabei gezeigt werden, dass die Auswahl an Quasi-Operatoren fachlich variiert und auf das Lernen und den Erkenntnisgewinn der Fächer verweist. So sind für Wirtschaft-Politik vor allem Verben des Denkens und Wahrnehmens häufig, die dazu genutzt werden, um die Textarbeit anzuleiten; in Physik sind es vor allem Verben des Organisierens, die dazu benötigt werden, physikalische Experimente durchzuführen. Überdies traten in allen Stichproben Quasi-Operatoren mit der Funktion auf, sprachliche Prozesse anzuleiten. Die Ergebnisse der Aufgabenanalyse werden im Folgenden dazu genutzt, Aufgabenmerkmale zu typisieren.

6.2.9.1 Typisierung

Aus den Häufigkeitsanalysen werden abschließend *typische* – bzw. *idealtypische*, das heißt *häufige* – Aufgabenmerkmalen abgeleitet. Eine idealtypische Schulbuchaufgabe kann in Bezug auf *Aufgabenmerkmale* und die Grundlage der Ergebnisse als fächerverbindend konstruiert werden. So handelt es sich bei einer idealtypischen Schulbuchaufgabe durchschnittlich um den Konstitutionstyp der *einfachen* Aufgabe im Sinne einer *nicht-sequenzierten* Aufgabe. Typische Aufgabenmerkmale im Bereich *Rezeption* und *Produktion* sind *explizite Hinweise* auf zu lesende Texte und eine *offene mediale* Kontur. Wenn das Schreiben als Tätigkeit expliziert wird, dann handelt es sich fächerverbindend am häufigsten um *einfache* Schreibaufgaben, wie etwa *Liste anfertigen* oder etwas *notieren*, die *ohne* eine *Adressat:innenorientierung* und *ohne sprachliche Hilfen* konstruiert sind.

Im Bereich Operatoren – *Spektrum* und der kognitiv-sprachlichen Anforderungen ist der Operator *erklären* (bzw. die Operatorengruppe *erklären/erläutern*) in beiden fachlichen Stichproben häufig. Damit verbunden sind mittlere kognitive Anforderungen des Anforderungsbereichs II und die *Spezifikation erklären-was* in Wirtschaft-Politik und *erklären-warum* in Physik. Die Nutzung von Quasi-Operatoren variiert. In Wirtschaft-Politik kommen Verben aus dem Bereich *denken und wahrnehmen* besonders häufig vor, in Physik solche aus dem Bereich *organisieren*. Auch die Einzel-Quasi-Operatoren unterscheiden sich. In Wirtschaft-Politik sind dies die Quasi-Operatoren *anderen etwas vorstellten* und *überlegen*, in Physik sind es die Quasi-Operatoren *recherchieren* und *anfertigen/übertragen*. Im Bereich *Spezifik* ist eine idealtypische *erklären*-Aufgabe in Wirtschaft-Politik eine *erklären-was*-Aufgabe, in Physik eine *erklären-warum*-Aufgabe.

Tab. 6.73 zeigt auf der Grundlage der Ergebnisse der Aufgabenanalyse *typische Merkmale* als *häufig erhobene Merkmale* nach Haupt-/Subkategorie sowie Ausprägung auf.

Tab. 6.73 Darstellung der häufigsten Aufgabenmerkmale als hieraus abgeleitete „idealtypische“ Aufgabenmerkmale

Haupt-/ Subkategorie	Ausprägung	Häufigstes Merkmal *Wirtschaft-Politik*	Häufigstes Merkmal *Physik*
Grundlegender Konstitutionstyp	*einfach* *komplex*	einfach	einfach
Aufgabenmerkmale			
Rezeption	Lesen	Explizite Hinweise	Explizite Hinweise
Produktion	Medialität	Medialität offen	Medialität offen
Produktion Schreibaufgaben	einfach komplex	einfach	einfach
Produktion Schreibaufgaben	Adressat:in	Keine Adressat:innenorientierung	Keine Adressat:innenorientierung
Produktion Schreibaufgaben	Sprachliche Hilfen	Keine sprachlichen Hilfen	Keine sprachlichen Hilfen
Operatoren			
Spektrum	Operatoren	erklären	erklären/erläutern
Spektrum	Quasi-Operatoren: Handlungsbereich – Einzelverben/-Verbgruppen	denken und wahrnehmen – anderen etwas vorstellen & überlegen	organisieren – recherchieren & anfertigen/übertragen
Spezifik	erklären – was/wie/warum	erklären-was	erklären-warum

Im Folgenden werden auf der Grundlage der Ergebnisse *idealtypische* fachliche Aufgaben konstruiert.

Eine idealtypische Aufgabenstellung für *Wirtschaft-Politik* könnte lauten:

Überlege, welche Tierhaltungsformen es gibt. Erkläre auf der Grundlage des Textes, was die Kennziffer auf dem Hühnerei über die Haltungsform aussagt.

Eine idealtypische Aufgabenstellung für *Physik* könnte lauten:

M4. Übertrage das Schaubild zum Treibhauseffekt in dein Heft. Erkläre, warum es auf der Erde wärmer wird.

Im nächsten Kapitel wird die Aufgabenanalyse methodisch-kritisch betrachtet. Es werden die Grenzen der Aufgabenanalyse reflektiert und Maßnahmen beschrieben, die studienbegleitend unternommen wurden, um die Übertragbarkeit der Ergebnisse auf die Grundgesamtheit zu begünstigen.

6.2.9.2 Limitationen

In diesem Abschnitt werden die Limitationen der Aufgabenanalyse reflektiert. Es sind *drei grundlegende Limitationen* zu nennen. Dies betrifft erstens die *Stichprobengröße und -auswahl* und damit die Generalisierbarkeit der Ergebnisse, zweitens den *Fokus auf Aufgaben* als Forschungsgegenstand als Teil eines Lehrwerks und drittens die methodisch *vom Kontext isolierte Analyse* als Dokumentenanalyse, mit der die Kontextfaktoren des schulischen Aufgabenlösens nicht einbezogen werden. Im Folgenden werden diese drei Limitationen näher beschrieben, reflektiert und – wo möglich – Maßnahmen beschrieben, die unternommen wurden, um die Ergebnisse zu stabilisieren.

Die *Stichprobengröße und -auswahl* erfolgte kriteriengeleitet und hatte zum Ziel, im Rahmen der Forschungsbedingungen möglichst aussagekräftige, repräsentative Daten auszuwählen. Mit Aufgaben aus zwei Lehrwerken pro Jahrgang und Fach handelt es sich um einen Auszug aus der Grundgesamtheit, die einem fortwährenden Veränderungsprozess unterliegt/unterliegen kann. So werden Schulbuchreihen überarbeitet oder mit Zusatzmaterial als unabhängiges Angebot ergänzt. Die hier vorgestellte Aufgabenanalyse bezieht sich auf die Schüler:innenausgaben von Lehrwerken, welche mit der Lehrplanreform 2019 für das Schuljahr 2019/20 erschienen sind. Somit können die Ergebnisse nicht unreflektiert auf vorhergehend, parallel oder darauffolgend erschienene Schulbücher und deren Aufgaben übertragen werden. Es ist darüber hinaus zu bedenken, dass alle Lehrwerke aus einem Verlagshaus stammen, womit auch redaktionelle

Voraussetzungen einen Einfluss auf die Merkmalsausprägungen haben können. Es konnte recherchiert werden, dass die ausgewählten Lehrwerke der Stichprobe zu nachgefragten Titeln mit Traditionslinie gehören und in der Praxis genutzt werden. Dennoch kann hinterfragt werden, inwiefern die Ergebnisse auch auf andere Lehrwerke und deren Aufgaben übertragen werden können. Über Begleitforschungen wurde versucht, die Übertragbarkeit der Ergebnisse auf die Grundgesamtgesamtheit besser einschätzen zu können. Hierfür wurden einerseits nichtrepräsentative Beobachtungen von Studierenden und andererseits Umfrageantworten von Lehrkräften hinzugezogen.

Die Beobachtungen von Studierenden wurden im Rahmen von deutschdidaktischen Seminaren zwischen 2020 und 2022 durchgeführt und beziehen sich auf 138 Aufgaben aus dem schulischen Unterricht, denen die Studierenden in einer Praxisphase begegneten ($n = 138$). Methodisch handelt es sich um eine Beobachtung mit einem Beobachtungsbogen, der geschlossene nominale Items enthält. Die Studierenden klassifizierten eingesetzte Aufgaben während ihrer Hospitation an allen weiterführenden Schulformen (Sekundarschule, Gesamtschule, Gymnasium und Berufskolleg, Klasse 5–10/–13) in verschiedenen Fächern. Dabei erfolgte die Auswahl an Aufgaben zufällig. Die Studierenden wurden gebeten, nach Möglichkeit ihre Beobachtung im Fachunterricht durchzuführen. Mehrfachantworten pro Item waren möglich. Neben dem Beobachtungsbogen erhielten die Studierenden eine Maske, in die sie die Ergebnisse eintragen konnten. Im Seminar wurden die anonymen, kumulierten Auswertungen zum Anlass genommen, um über Aufgabenkulturen und die Etablierung eines sprachbildenden Fachunterrichts im Rahmen der Lehramtsausbildung zu reflektieren.

Abb. 6.14 zeigt einen *Auszug aus dem eingesetzten Itemrepertoire des Erhebungsinstruments der begleitenden Unterrichtsbeobachtung* zur schulischen Aufgabenkultur.

Das Beobachtungsraster wurde von den Studierenden nach vorhergehender Instruktion eingesetzt. Aufgabe war es, sechs zufällig ausgewählte Aufgaben zu beurteilen, die im Unterricht von Lehrkräften eingesetzt werden. Das Beobachtungsraster ist dazu geeignet, zu erfassen, in welche Sozialform eine Aufgabe eingebettet ist (*Einzelarbeit*, *Partner:innenarbeit*, *Gruppenarbeit*, *Plenum* oder Einzelarbeit als *Hausaufgabe*) und welche Aufforderungsform diese enthält (*W-Fragen*, *Operatoren*, *Entscheidungsfragen* und *andere*). Darüber hinaus können die kommunikativen Aktivitäten (*lesen, schreiben, sprechen und zuhören, zeichnen, rechnen, anderes*) für die Bearbeitung und das Lösen einer Aufgabe erfasst werden. Die Aufgabenkonzeption wurde über die Ausprägungen *einfache Aufgabe, komplexe Aufgabe* und *komplexes Arrangement* (z. B. ein Projekt) operationalisiert. In Bezug auf die Vermittlung von Lese- und Schreibstrategien konnte

Item	Ausprägungen
Sozialform, **in der die Aufgabe gelöst wurde:**	☐ Einzelarbeit ☐ Partner:innenarbeit ☐ Gruppenarbeit ☐ Plenum ☐ Einzelhausaufgabe
Aufforderungsform:	☐ W-Fragen ☐ Operatoren ☐ Entscheidungsfragen ☐ andere
Geforderte kommunikative Aktivitäten der Aufgabenbearbeitung:	☐ lesen ☐ schreiben ☐ sprechen und zuhören ☐ zeichnen ☐ rechnen ☐ andere
Geforderte kommunikative Aktivitäten der Aufgabenlösung:	☐ lesen ☐ schreiben ☐ sprechen und zuhören ☐ zeichnen ☐ rechnen ☐ andere
[...]	
Aufgabenkonzeption:	☐ einfache Aufgabe ☐ komplexe Aufgabe ☐ komplexes Arrangement (z. B. Projekt)
Anleitung der sprachlichen Schritte für das Lösen der Aufgabe wird gegeben über:	☐ Material ☐ Lehrkraft ☐ keine Anleitung
Vermittlung von Schreibstrategien und/oder sprachlichen Hilfen gegeben?	☐ ja ☐ nein
Wenn ja: Welche?	☐ lexikalisch ☐ syntaktisch ☐ textmuster-/sprachhandlungsbezogen ☐ kognitiv ☐ metakognitiv

Abb. 6.14 Auszug aus dem Itemrepertoire des Erhebungsinstruments der begleitenden Unterrichtsbeobachtungen zur Erfassung der Aufgabenkultur(en), die von Studierenden durchgeführt wurden, 2020–2022

eingetragen werden, ob die Arbeitsschritte für das sprachliche Lösen der Aufgaben über das *Material* oder durch die *Lehrkraft* angeleitet wurde oder ob *keine Anleitung* erfolgte. Wurden Hilfestellungen gegeben (*Support*), wurde erfasst, ob es sich um die Vermittlung von *Schreibstrategien* handelte. Wurden Schreibstrategien über das Material oder die Lehrkraft angeleitet, wurde die Art der Hilfe(n) erfasst. Zur Auswahl standen die Ausprägungen *lexikalisch, syntaktisch, textmuster-/sprachhandlungsbezogen, kognitiv* und/oder *metakognitiv*. Darüber hinaus wurden Operatoren und Quasi-Operatoren qualitativ erfasst.

Die Ergebnisse dieser nichtrepräsentativen Beobachtung zeigen, dass in den von den Studierenden ausgewerteten 138 im authentischen Unterricht eingesetzten Aufgaben am häufigsten operatorengeleitete (absolut: 114), einfache (absolut: 78), das heißt nicht-sequenzierte, Aufgaben eingesetzt wurden. Am häufigsten war dabei die Sozialform der Einzelarbeit (absolut: 96). Die häufigsten kommunikativen Aktivitäten für die Aufgabenbearbeitung waren das Lesen (absolut: 88) und Schreiben (absolut: 84), die der Aufgabenlösung das Schreiben (absolut 68). Die Anleitung zum Aufgabenlösen erfolgte am häufigsten über das Material (absolut: 89) und die Lehrkraft (absolut: 81), wobei keine Schreibstrategien angeleitet wurden (absolut: 97). Wenn, dann konnten kognitive Strategien (absolut: 24) ermittelt werden. Operatorendefinitionen wurden im Unterricht nicht gegeben. Der häufigste Operator war fachübergreifend *begründen* (absolut: 13), die häufigsten Quasi-Operatoren waren *lesen* (absolut: 25) und *schreiben* (absolut: 16). Insgesamt wurden für 138 Aufgaben 15 verschiedene Operatoren und 60 verschiedene Quasi-Operatoren von den Studierenden erfasst. Auch wenn die Ergebnisse aufgrund fehlender Einhaltung wissenschaftlicher Gütekriterien ausschließlich einen explorativen Eindruck vermitteln können, spiegeln die Beobachtungen eine Aufgabenkultur wider, wie sie auch über die Analyse der hier vorliegenden Schulbuchaufgaben in der Studie *Sachfachliche-Schreib-Lernaufgaben* gemacht werden konnten. Es konnte demnach angenähert werden, dass hier typisierte Aufgaben Praxisrelevanz besitzen.

Überdies ist bei der Interpretation der Ergebnisse der durchgeführten Aufgabenanalyse der hier vorgestellten Studie *Sachfachliche-Schreib-Lernaufgaben* als zweite Limitation zu bedenken, dass der Fokus auf Aufgaben für die Analyse auch bedeutet, dass binnenstrukturelle Gegebenheiten der Lehrwerke, bspw. Text-Bild-Abfolgen, Abfolge von Kapiteln oder auch die Berücksichtigung von Lehrer:innenbänden bzw. begleitenden Arbeitsheften, nicht berücksichtigt wurden. Für die Einbettung der Aufgaben in den Unterrichtskontext kann dieses Material jedoch bedeutsam sein. Die Gültigkeit der Ergebnisse bedingt, dass Schüler:innen Aufgaben mit Lehrwerken unverändert eigenständig lösen, was durchaus einen Teil der Praktiken des Umgangs mit Schulbuchaufgaben darstellt

(Rezat, Sebastian, 2009). Ziel war es, einen dokumentenanalytischen Eindruck von kulturell-(fach)sprachlichen Mustern und Bedingungen des sprachlichen Lernens im Fachunterricht aus einer sprachdidaktischen Perspektive beschreiben zu können. Hierbei wurden zu einem Teil binnenstrukturelle Merkmale einbezogen, wenn sie direkt an die Aufgabenstellung gebunden waren, jedoch keine, die darüber hinausgingen. Damit ist auch verbunden, dass keine Kontextfaktoren in die Interpretation einflossen.

Mit diesem Punkt wird die dritte Limitation der Aufgabenanalyse angesprochen, die sich methodisch auf die Entscheidung bezieht, eine Aufgabenanalyse durchzuführen, die übergreifend als nichtreaktive Dokumentenanalyse außerhalb des Unterrichtskontextes bewertet werden kann. Während des laufenden Forschungsprozesses wurden zwar mehrfach Schüler:innen gebeten, verschiedene Aufgaben schriftlich zu lösen, wie allerdings Lehrkräfte mit entsprechenden Aufgaben im Unterricht arbeiten, konnte nicht erfasst werden. Über 16 Hospitationsstunden bei drei erfahrenen Lehrkräften im Physik- und Wirtschaft-Politik-Unterricht und über Gespräche mit Lehrkräften ($n = 4$) über Aufgabenmerkmale sowie die Zwischenergebnisse der Studie wurde der Forschungsprozess kommunikativ (extern) validiert. Außerdem wurden die Ergebnisse fortlaufend in wissenschaftlichen Kolloquien und auf Tagungen vorgestellt.

Daneben wurde in einer Fortbildung für Lehrkräfte im Jahr 2023 eine anonyme Umfrage zur Aufgabenkultur durchgeführt. Insgesamt nahmen 14 Lehrkräfte teil ($n = 14$). Dabei handelte es sich um ausgebildete Lehrkräfte oder Lehrkräfte in der zweiten Ausbildungsphase (Lehramtsanwärter:innen). Vertreten waren verschiedene Fächer und Schulformen. Mit einer fünfstufigen Likert-Skala wurden Einschätzungen zu den über die Studie *Sachfachliche Schreib-Lernaufgaben* als idealtypisch identifizierten Aufgabenstellungen (als Summe häufiger Aufgabenmerkmale) abgefragt. Dafür wurden den Lehrkräften ausschließlich *idealtypische* Schulbuchaufgaben gezeigt. In Tab. 6.74 werden die Fragen an die Lehrkräfte, die Bedeutung der Antwortmöglichkeiten ($Min = 1$ und $Max = 5$) sowie die Ergebnisse mit dem arithmetischen Mittel (M)[28] und der Standardabweichung (SD) berichtet.

[28] Im Folgenden wird gemäß der quantitativen Forschung das arithmetische Mittel mit der Notation M dargestellt. Es werden Punkte statt Kommata für die Ergebnisdarstellung verwendet.

Tab. 6.74 Ergebnisse einer standardisierten Umfrage unter Lehrkräften (n = 14) zur Aufgabenkultur und den in dieser Studie beschriebenen idealtypischen Aufgabenstellungen

Nummer	Frage	*Min* = 1	*Max* = 5	*M*	*SD*
1	*Wie schätzen Sie das Schreibförderpotenzial der vorgestellten Aufgaben ein?*	*sehr niedrig*	*sehr hoch*	2.29	1.27
2	*Sind die Aufgaben in den von Ihnen genutzten Schulbüchern ähnlich gestaltet?*	*nie*	*immer*	3.50	0.76
3	*Verfügen Sie über ein ausreichendes didaktisches und methodisches Repertoire, um die Aufgaben schreibförderlich anzupassen?*	*unzureichend*	*vollumfänglich*	3.57	0.85
4	*Wie bewerten Sie die (schreibförderliche) Offenheit von Aufgaben für die Unterrichtsplanung?*	*nicht förderlich*	*förderlich*	2.43	0.94

Die Lehrkräfte schätzten durchschnittlich das Schreibförderpotenzial der gezeigten Aufgaben als eher niedrig ein und bewerteten entsprechende Aufgabenformate als aus der Praxis eher bekannt. Nach ihrer Selbsteinschätzung können sie durchschnittlich entsprechende Aufgaben schreibförderlich optimieren und bewerten das Schreibförderpotenzial von typischen Aufgaben als weniger förderlich für die Unterrichtsplanung.[29]

Wichtig für die Bewertung der Gültigkeit der Ergebnisse der Studie *Sachfachliche Schreib-Lernaufgaben* ist, dass die Aufgaben mit den hier als häufig erhobenen Aufgabenmerkmalen (vgl. Abschnitt 6.2.9.1) als kulturell bekannt gelten können und das *Schreib(förder)potenzial* auch von den befragten Lehrkräften als tendenziell eher *niedrig* und *weniger förderlich* für die Unterrichtskonzeption eingeschätzt wurde. Die Ergebnisse der Selbsteinschätzung zu den eigenen Kompetenzen, entsprechende Aufgaben zu optimieren, zeigen tendenziell hohe Werte.

[29] Neben der kleinen Stichprobe soll kritisch angemerkt werden, dass das Antwortschema mit fünf Ausprägungen eine Tendenz zur Mitte zulässt.

Die Lehrkräfte trauten sich demnach zu, entsprechende Aufgaben zu optimieren. Dies sagt jedoch nichts über die Umsetzungshäufigkeit aus.

Ob eine entsprechende Offenheit oder Optimierung von Aufgabenstellungen für das fachliche Lernen förderlich ist und wie Schüler:innen mit entsprechenden Aufgaben umgehen, wurde im Anschluss an die Aufgabenanalyse mithilfe der zweiten Teilstudie *Klimatext* exemplarisch im Feld überprüft und es wurden damit *tasks in process* untersucht.

6.3 Die Interventionsstudie *Klimatext*

Exemplarische Erprobung idealtypischer und optimierter Aufgaben in der Praxis

Mit der Aufgabenanalyse wurden Support-Merkmale in Schulbuchaufgaben als *tasks as plan* untersucht und herausgestellt, dass kaum Unterstützungsmerkmale in Schulbuchaufgaben der untersuchten Stichproben nachgewiesen werden konnten. Im theoretischen Teil dieser Arbeit wurde auf der Grundlage empirischer Studien aufgezeigt, dass schreibförderliche Unterstützungsmerkmale das Verstehen von Informationstexten begünstigen und überdies einen positiven Einfluss auf die Textqualität haben können. Dies zeigen empirische Fallstudien und Experimente zu Aufgabenoptimierungen aus der Deutschdidaktik (vgl. Abschnitte 3.1, 5.2 und 5.3). Ob entsprechende Aufgabenstellungen jedoch nicht nur für das deutschdidaktische, sondern auch für das fachlich-sprachliche Lernen mit Schulbuchaufgaben förderlich sind, wurde bislang nicht untersucht. Ebenso wenig, wie idealtypische Schulbuchaufgaben wirken. Um die Ergebnisse der deskriptiven Aufgabenanalyse (Abschnitt 6.2.8) in der Praxis zu testen, wurde eine explorative Anschlussstudie konzipiert.

Explorative Studien eigenen sich dann, wenn ein Forschungsgegenstand bislang unter einer Fragestellung wenig untersucht wurde. Es sind qualitative und quantitative Zugänge möglich (Döring & Bortz, 2016). Die Gegenüberstellung idealtypischer und optimierter Schulbuchaufgaben im sprachbildenden, deutschsprachigen Fachunterricht wurde zwar bislang nicht konkret untersucht, es bestehen jedoch Studien zur Wirksamkeit von Aufgabenmerkmalen im Deutschunterricht, von denen methodische Entscheidungen abgeleitet werden können (Anskeit, 2019a; Rüßmann, 2018).

Es handelt sich bei den genannten Studien von Anskeit (2019a) und Rüßmann (2018) um quasi-experimentelle Interventionsstudien. Sie bilden den Ausgangspunkt der methodischen Überlegungen zur Überprüfung des Erkenntnisinteresses in dieser Studie (vgl. weiterführend Abschnitt 5.3). Um beide Fächer der deskriptiven Aufgabenanalyse, Wirtschaft-Politik und Physik, zusammenzuführen, wurde eine quasi-experimentelle Interventionsstudie im Pre-Post-Test-Design im fächerverbindenden Themenfeld *Bildung für nachhaltige Entwicklung* (Anders et al., 2021) konzipiert. Um aktuelle Entwicklungen des digitalen Lernens und des Schulbuchmarktes ebenso einfließen zu lassen wie Erkenntnisse aus der Leseforschung, wurde das Forschungsdesign schreib- und lesesensibel angelegt und in ein hybrides Lernsetting überführt, sodass analoge und digitale Elemente, wie bspw. das Schreiben mit der Tastatur zum Überarbeiten von Texten oder das Handschreiben zur Förderung der kognitiven Verarbeitung, lernförderlich genutzt werden konnten. Die Teilstudie trägt den Namen *Klimatext.*

Klimatext wurde nach mehreren kleinen explorativen Einzelfallbetrachtungen zur Designentwicklung insgesamt zweimal durchgeführt. Die Durchführung erfolgte an zwei verschiedenen Gymnasien in NRW in jeweils einer 6. Klasse. Zunächst wurde das Forschungsdesign mit 17 Schüler:innen pilotiert (N = 17), anschließend überarbeitet und einmal mit einer weiteren 6. Klasse (N = 30) als Haupterhebung umgesetzt. Im Folgenden werden das Forschungsdesign und die Hypothesen (Abschnitt 6.3.1), einschließlich der Pilotierung, die Haupterhebung (Abschnitt 6.3.2), die Stichprobe (Abschnitt 6.3.3), die digitale Erhebung bzw. das hybride Lernsetting (Abschnitt 6.3.4) beschrieben. Die Abschnitte 6.3.5 bis 6.3.8 behandeln die *Messzeitpunkte 1* bis *4* (*MZP 1* bis *4*) mit den eingesetzten Erhebungs- und Auswertungsinstrumenten. Abschnitt 6.3.9 fasst die Ergebnisse der Interventionsstudie zusammen, bevor die Ergebnisse der Gesamtstudie *Sachfachliche Schreib-Lernaufgaben* diskutiert werden (Kapitel 7).

6.3.1 Forschungsdesign und Hypothesen

Die Entwicklung des experimentellen Forschungsdesigns erfolgte ab Ende 2019 und wurde über fachliche Beratungskolloquien und Tagungen bis Ende 2021 extern evaluiert.

Quasi-Experimente sind hypothesenüberprüfende Verfahren. Dies bedeutet, dass eine theoretisch oder empirisch abgeleitete Hypothese über eine Studie überprüft wird. Experimente sind als Methode dazu geeignet, Einflüsse von Faktoren, also Kausalbeziehungen, zu überprüfen. Im Lehr-Lern-Kontext handelt es sich hierbei oftmals um die Wirksamkeit von Fördermethoden im Unterricht (Albert & Marx, 2017). Laborexperimente finden im Gegensatz zu Quasi-Experimenten in einer abgeschlossenen Umgebung ohne Störfaktoren statt. Quasi-Experimente im Lehr-Lern-Kontext werden im Feld, in der Schule, durchgeführt, weshalb eine völlige Kontrolle von Einflussfaktoren nicht möglich ist und auch nicht in Gänze angestrebt wird, damit die Ergebnisse später in die Praxis übertragen werden können. Dennoch wird in entsprechenden Designs methodisch versucht, bestimmte Faktoren, welche die Ergebnisse stark verzerren könnten, auszuschließen. Diese Faktoren, welche die Daten verzerren könnten, werden als *Störfaktoren* bezeichnet. So werden beispielsweise Kompetenztests eingesetzt, um im Vorfeld sicherzustellen, dass die teilnehmenden Lernenden die Kompetenzen mitbringen, um an der Studie teilnehmen zu können. Es handelt sich bei klassischen quasi-experimentellen Interventionsstudien in der Regel um Anwendungs- bzw. Wirksamkeitsforschung. Methodisch ähnlich, aber mit dem Fokus auf ein optimales Unterrichtssetting ausgerichtet, wird im deutschsprachigen Raum zunehmend *Design(-Based) Research* genutzt, welche als Mittelweg zwischen Grundlagen- und Anwendungsforschung beschrieben werden kann. Hierbei steht ein Praxisproblem im Vordergrund, für dessen Lösung Designprinzipien für den Unterricht formuliert und evaluiert werden (Wey, 2022). Experimentelle Methoden können Teil dieser Methodologie werden, jedoch nicht allein ein entsprechendes Design begründen. Bei klassischen quasi-experimentellen Interventionsdesigns, die methodisch eigenständig konzipiert sind, ist der erste Zugang deutlich theoretischer. Hierbei wird der Einfluss einer Variable, der sogenannten *unabhängigen Variable* (*Treatment*, *UV*), auf eine andere, die sogenannte *abhängige Variable* (*AV*), überprüft (Albert & Marx, 2017). Die Variablen werden operationalisiert mit Hypothesen vorab bestimmt. Experimente zählen zu den quantitativen Forschungsmethoden, auch wenn mit ihnen durchaus in der Lehr-Lern-Forschung Datenerhebungsverfahren, Datenauswertungsverfahren und Datenkorpora verbunden sein können, die genuin qualitativ sind. Ihre Ergebnisse werden meist metrisch berichtet. In der Regel kommen dabei inferenzstatistische Verfahren zum Einsatz (Döring & Bortz, 2016). In dieser Arbeit werden die Ergebnisse für eine Stichprobengröße von $N = 30$ dargestellt.[30] Die hier berichteten explorativen Erhebungen können die Grundlage bilden, um das Design weiterzuentwickeln und auf umfangreiche Stichproben anzuwenden.[31]

[30] Die Ergebnisse können deshalb als *exemplarisch* gelten, da für eine Interventionsstudie mit zwei Interventionsgruppen und inferenzstatischem Prüfverfahren nach den Ergebnissen einer Poweranalyse mit *G*Power* (Faul et al., 2009) eine Stichprobengröße von $N = 210$ Schüler:innen notwendig gewesen wäre, um unter der Voraussetzung der Normalverteilung den Einfluss der unabhängigen Variable auf die abhängige signifikant zu testen.

[31] Die geplante Phase der Datenerhebung für das Experiment fiel mit der Coronapandemie zusammen, weshalb zwischen März 2020 und April 2023 keine umfangreichen Datenerhebungen in der Schule möglich waren. Es konnte eine Pilotierung im April 2022 mit Masken

Variablen, Hypothesen und Gruppendesign
Die Studie *Klimatext* sieht mit einem Zwei-Experimentalgruppen-Design die Interventionsgruppe (I1) und die Interventionsgruppe (I2) vor. Die erste Gruppe I1 erhält eine auf den Ergebnissen der deskriptiven Aufgabenanalyse aufbauende idealtypische Schulbuchaufgabe, die zweite Gruppe I2 eine hierauf aufbauende optimierte Version mit schreibförderlichen Aufgabenmerkmalen (vgl. Abschnitt 6.2.9.1). Beide Gruppen lösen die Aufgaben jeweils einmal handschriftlich und schriftlich mit dem Tablet mit Tastatur. Vor und nach der Intervention wird jeweils das Fachwissen getestet, das über den Schulbuchtext in der Intervention transportiert wird. Die unabhängige Variable (UV) bzw. das Treatment stellt die Aufgabenstellung mit und ohne schreibförderliche Optimierungsmerkmale dar; als abhängige Variable (AV) wurde einmal die Quantität und Qualität der Aufgabenlösungen zusammengefasst als bildungssprachliche Qualität der Aufgabenlösungen (Av_1) und einmal das Fachwissen (Av_2) operationalisiert.

Die **Alternativhypothesen** H_1 und H_2 lauten wie in Tab. 6.75 aufgeführt.

Tab. 6.75 Alternativhypothesen der Interventionsstudie „Klimatext“

Bezeichnung	Hypothese
Alternativhypothese H1	Wenn idealtypische Schulbuchaufgaben mit schreibförderlichen Merkmalen erweitert werden (UV), dann ist die Quantität und Qualität der Aufgabenlösungen höher als die Quantität und Qualität derjenigen Aufgabenlösungen, die Schüler:innen auf der Grundlage von idealtypischen Aufgaben verfassen (AV_1) (I2 >I1).
Alternativhypothese H2	Wenn idealtypische Schulbuchaufgaben mit schreibförderlichen Merkmalen erweitert werden (UV), dann erreichen Schüler:innen im Posttest eine höhere Punktzahl in einem Fachwissenstest (AV_2) als im Pretest ($t1 > t0$).

Im Sinne statistischer Terminologie stellen die Hypothesen H_1 und H_2 die Alternativen zur jeweiligen **Nullhypothese** H_0 (1) und H_0 (2) dar. Diese lauten jeweils wie in Tab. 6.76 aufgeführt.

und Abstandsregeln durchgeführt werden, sodass das Hauptdesign 2023 neben der Auswertung der Aufgabenanalyse überarbeitet und 2024 noch einmal umgesetzt werden konnte. Ich danke allen Lehrkräften und Schüler:innen für ihr Engagement und ihre Bereitschaft, mich bei der Umsetzung zu unterstützen. Ein besonderer Dank gilt den Studentischen Hilfskräften Marc Steffen Freund (Pilotierung) und David Schlephorst (Hauptphase).

Tab. 6.76 Nullhypothesen der Interventionsstudie „Klimatext"

Bezeichnung	Hypothese
Nullhypothese H0(1) zu H1	Wenn idealtypische Schulbuchaufgaben mit schreibförderlichen Merkmalen erweitert werden (UV), dann ist die Quantität und Qualität (AV_1) der Aufgabenlösungen gleich der Quantität und Qualität derjenigen Aufgabenlösungen, die Schüler:innen auf der Grundlage von idealtypischen Aufgaben verfassen ($I2 = I1$).
Nullhypothese H0(2) zu H2	Wenn idealtypische Schulbuchaufgaben mit schreibförderlichen Merkmalen erweitert werden (UV), dann erreichen Schüler:innen im Pretest und Posttest die gleiche Punktzahl in einem Fachwissenstest (AV_2) ($t0 = t1$).

Es ist dann ein Interventionserfolg gegeben, wenn die Nullhypothesen verworfen und die Alternativhypothesen angenommen werden können. Zur besseren Lesbarkeit wird – wie üblich – in der Ergebnisbeschreibung mit der Alternativhypothese gearbeitet. Statistische Tests prüfen immer die Nullhypothese, weshalb bei der Beschreibung von Testergebnissen mit der Annahme oder Ablehnung der Nullhypothese gearbeitet wird.

Gütekriterien
Die in Abschnitt 6.2.1 berichteten Gütekriterien wurden bei der Konzeption der Teilstudie *Klimatext* beachtet. Die folgenden Maßnahmen wurden ergriffen, um die Reliabilität, Objektivität und Validität sicherzustellen:

Reliabilität: Der Ablauf zur Durchführung wurde vorab dokumentiert und es wurden Regeln für die Umsetzung bestimmt. Die Einhaltung wurde von geschulten Personen geprüft. Es wurden Phasierungen mit Schritten schriftlich fixiert und als Erhebungsleitfaden eingesetzt (vgl. Anhang A 2.1 im elektronischen Zusatzmaterial).

Für die Auswertung des Fachwissens wurde ein Fachwissenstest konzipiert, der über die Methode der standardisierten Befragung mit geschlossenen Antworten stets ein identisches Erhebungsverfahren garantiert und auch von unabhängigen Personen eingesetzt werden kann. Es wurde die interne Konsistenz überprüft und mit Cronbach's Alpha ausgegeben (H_2).

Für das Auswertungsverfahren zur Erhebung der Textqualität (Qualität der Aufgabenlösung) in der Intervention wurde eine Interrater-Reliabilitätsanalyse durchgeführt, die mit dem Verfahren der Intercoder-Reliabilitätsprüfung in Abschnitt 6.2.7 vergleichbar ist (H_1).

Objektivität: Der Fachwissenstest wurde vorab mit 154 Schüler:innen in NRW online pilotiert und die Itemschwierigkeit angenähert ($n = 154$) (H_1).

Für die Textbeurteilung ist die Berechnung der Interrater-Reliabilität ebenfalls eine Maßnahme zur Sicherung der Objektivität (H_1), welche berechnet wurde.

Validität: Organisatorische Erklärungen sowie die Vermittlung des fachlichen und deutschdidaktischen Inputs fanden je vor der Gesamtheit der Schüler:innen in einem Klassenraum statt. Hierbei wurden alle Daten online über standardisierte Verfahren in Anwesenheit der Forschenden erhoben. Eine Ausnahme bildet die Schreibphase der Intervention in der Haupterhebung, die in zwei Klassenräumen durchgeführt wurde. Mit zwei in Kontakt stehenden Forschenden wurde sichergestellt, dass keine externen Störfaktoren das Ergebnis der Intervention verzerrten. Insgesamt konnte die Erhebungssituation daher einerseits fortlaufend kontrolliert werden, andererseits wurde gesichert, dass beide Interventionsgruppen denselben Input erhielten und zeitlich mit (fast) identischen Rahmenbedingungen arbeiteten. Darüber hinaus wurde für die Gruppeneinteilung die Einschätzung der Lehrkraft berücksichtigt, welche die Kriterien *Geschlecht, Alter*, *kognitive Leistungsfähigkeit, schreibbezogene Kompetenzen (analog und digital), fachliches Vorwissen, fachliches Interesse, Motivation und Anstrengungsbereitschaft*, *Arbeitsverhalten* sowie *Deutsch als Familiensprache* berücksichtigten. In der Haupterhebung wurden die Kriterien *Geschlecht, Alter, schreibbezogene Kompetenzen (digital), fachliches Interesse* sowie *Deutsch als Familiensprache* darüber hinaus im Pretest abgefragt und flossen in die Gruppeneinteilung ein. Überdies wurde das Leseverstehen mit dem standardisierten Leseverstehenstest *ELFE II* getestet. Die Gruppeneinteilung der Lehrkraft wurde anhand der Ergebnisse überprüft und korrigiert, sodass für die Intervention zwei möglichst leistungshomogene Gruppen gebildet werden konnten.

Die Entwicklung eines aufgabenbezogenen Ratings zur Erhebung der Qualität der Aufgabenlösungen setzte bei Beurteilungsverfahren an, die methodisch innerhalb der Deutschdidaktik anerkannt sind (Rüßmann, 2018). Für die Anpassung an die spezielle erklären-Aufgabe für die 6. Klasse wurden Aufgabenlösungen von Expert:innen erhoben, ausgewertet und die Ergebnisse für die Entwicklung eines Ratings genutzt ($n = 13$, Studierende am Ende des Bachelorstudiums in einem sprachdidaktischen Seminar). Die Konzeptionsidee wurde darüber hinaus auf mehreren Tagungen sowie in Workshops mit Lehrkräften und Studierenden diskutiert. In der Folge konnte ein operationalisierbarer Erwartungshorizont für die Schüler:innenlösungen erfasst bzw. konnten konkrete Kriterien für die wissenschaftliche Textbeurteilung abgeleitet werden (H_1).

Zur Entwicklung des Fachwissenstests wurden Schulbuchkapitel verschiedener Schulbücher vorab nach inhaltlichen Schnittmengen gesichtet und mit Lehrkräften besprochen. Es wurden Single-Choice-Antworten genutzt, die keine Tendenz zur Mitte zuließen (H_2).

Alle Maßnahmen wurden vor dem Einsatz in der Haupterhebung mehrfach in Einzelfallstudien und anschließend mit einer Gymnasialklasse pilotiert. Die Pilotierung wurde veröffentlicht (Fuhlrott, 2024).

Pilotierung

Insgesamt nahmen 26 Schüler:innen der 6. Klasse eines Gymnasiums an der Pilotierung der Interventionsstudie *Klimatext* teil, wovon 17 Schüler:innen an allen drei Terminen anwesend waren (missing $= 9$, $N = 17$). Das Gruppendesign der Pilotierung umfasste final eine Interventionsgruppe I1 mit 8 Schüler:innen ($n = 8$) und eine Interventionsgruppe 2, in der 9 Schüler:innen ($n = 9$) mitarbeiteten. Die Gruppeneinteilung nahm in der Pilotierung die Lehrkraft auf der Grundlage des genannten Kriterienkatalogs vor, da die Erhebung personenbezogener Daten zur Zeit der Coronapandemie nicht möglich war. Dieses Verfahren, die Gruppen über die Lehrkraft einzuteilen, erwies sich nach den Erkenntnissen der Datenauswertung als sehr zuverlässig. Zentrale Kompetenzen, welche für die Teilnahme an der Studie relevant waren, konnten in beiden Gruppen vergleichbar und ausreichend vorhanden nachgewiesen werden (Fuhlrott, 2024).

Die gemessene abhängige Variable in der Pilotierung war die bildungssprachliche Textqualität der Aufgabenlösungen aus der Intervention. Darüber hinaus wurde das Fachwissen über einen Pre-Post-Test-Vergleich (*t0* zu *t1*) erfasst, wobei erstmals die Itemschwierigkeit der Fachwissenitems in der Praxis überprüft wurde, bevor der Fachwissenstest weiterentwickelt wurde (Bühner, 2021).

Tab. 6.77 zeigt das Design der Pilotstudie, welches an die Rahmenbedingungen der Praxis angepasst wurde und zwei Doppelstunden und eine Einzelstunde in einem Zeitraum von acht Tagen umfasste.

Tab. 6.77 Erhebungszeitpunkte der Pilotstudie „Klimatext“

Besuch/Funktion	Erhebungsteil	Datum/Umfang
1 Tablet-Schulung / Pretest (*t0*)	Tablet-Schulung *Tablet-Profis*	09.05.22 Doppelstunde
	Fachwissensüberprüfung / Evaluation	
2 Fachlicher Einstieg / Intervention	Fachlicher Einstieg	10.05.22 Doppelstunde
	Intervention / Evaluation	
3 Posttest (*t1*)	Fachwissensüberprüfung / Evaluation	17.05.22 Einzelstunde

Wie in Tab. 6.77 abgebildet, wurde am ersten Erhebungstag (Besuch 1, 09.05.2022) eine *Tablet-Schulung* mit dem Ziel durchgeführt, den Umgang der Schüler:innen mit den Tablets zu schulen und Erkenntnisse darüber zu gewinnen, wie sicher diese mit den Tastaturen schreiben, Skalen verstehen und Schreib- und Leseaufgaben bewältigen können. Im Anschluss lösten die Schüler:innen Aufgaben zum Fachwissen (*t0, Fachwissensüberprüfung*) im Bereich *Nachhaltigkeit* und evaluierten die Sitzung. Einen Tag später fand in einer Doppelstunde die *fachliche Einführung* zum Thema *Nachhaltigkeit* statt, woraufhin die Intervention durchgeführt wurde (Besuch 2, 10.05.2022).[32] Die grundlegende Schreibaufgabe war der Aufgabe der Haupterhebung ähnlich. Nach der Intervention evaluierten die Schüler:innen abermals die Sitzung. Um im Rahmen der Möglichkeiten Effekte auf das Langzeitgedächtnis zu berücksichtigen, fand der letzte Erhebungstermin eine Woche später statt (Besuch 3, 17.05.22). Hier wurden noch einmal das Wissen zum Thema *Nachhaltigkeit* abgefragt (*t1, Fachwissensüberprüfung*) und die Sitzung sowie das Projekt evaluiert. Die Evaluationsergebnisse und die Schüler:innentexte wurden zur Beurteilung und Überarbeitung des Erhebungsdesigns genutzt.

Um den Ablauf der Pilotierung zu kontrollieren, wurden Leitfäden mit Regeln in Anlehnung an Rüßmann (2018) eingesetzt sowie Ablaufpläne in Form von Unterrichtsskizzen (Phasierung) erstellt. Abb. 6.15 zeigt einen Auszug aus den zuvor aufgestellten Regeln für die Durchführung.

[32] Ich danke dem Westermann-Verlag für die Erlaubnis, die Doppelseite 232, 233 aus Mattes & Herzig (2019) in der Pilotierung nutzen zu dürfen.

erlaubt	nicht erlaubt
• Einhaltung der geplanten Phasierung, um die Erhebung möglichst standardisiert durchzuführen.	• Ungeplante Entscheidungen treffen, die von der Phasierung stark abweichen.
• Fragen beantworten, die sich auf das Weltwissen oder auf Organisatorisches beziehen.	• Fragen beantworten, die sich auf das Schreibwissen (Formulierungshilfen, Prozedurenausdrücke) oder auf das inhaltliche Fachwissen zum Thema Nachhaltigkeit (Fachbegriffe, nachhaltiges Wissen) beziehen.

Abb. 6.15 Auszug aus den Erhebungsregeln als Teil des Erhebungsleitfadens, hier: aus der Pilotierung

Entsprechende Regeln, wie „Einhaltung der Phasierung, um die Erhebung möglichst standardisiert durchzuführen", wurden bei der Durchführung durchgängig beachtet. Die Handlungsabfolgen im Unterricht wurden in Anlehnung an klassische Unterrichtsskizzen im Vorfeld festgelegt (Anhang A2.1.1 im elektronischen Zusatzmaterial).

Die Umsetzungsgüte der Pilotierung und der Erhebungssituation beobachtete, protokollierte und evaluierte Freund (2022) im Rahmen einer Masterarbeit. Dabei erfasste Freund im Speziellen die Aufmerksamkeit der Schüler:innen in den Erhebungsphasen in Anlehnung an Hommel (2012) (*Modifiziertes Aufmerksamkeitsinventar* „ModAI"), überprüfte die Umsetzung der vorab festgelegten Pilotierungsphasen auf Umsetzungsmöglichkeiten und die Berücksichtigung der Erhebungsregeln und erhob schüler:innenseitige Einschätzungen zu den eingesetzten Instrumenten über eine Fragebogenstudie. Ziel war es, schüler:innenseitige Chancen und Herausforderungen der Umsetzung des Designs in der Praxis zu beschreiben, damit auf dieser Grundlage Designoptimierungen für die Haupterhebung abgeleitet werden konnten.

Die zentralen Ergebnisse aus den Auswertungen von Freund (2022, S. 60–65), welche für die Entwicklung der Haupterhebung genutzt wurden, können wie folgt zusammengefasst werden:

Chancen:

- Das Interesse und die Motivation der Schüler:innen waren durchgehend hoch. Die Schüler:innen interessierten sich für das Thema *Nachhaltigkeit* und konnten ihr Vorwissen aktiv einbringen. Das Setting, das Layout, die Aufgaben und Instrumente wurden größtenteils positiv angenommen und akzeptiert.

- Das Lernen mit den Tablets machte den Schüler:innen Spaß. Die eigenen Fähigkeiten zum Schreiben und Touchen wurden als gut eingeschätzt. Dies konnte über die Produktauswertungen bestätigt werden.
- In Phasen der aktiven Aufgabenbearbeitung in Einzelarbeit oder frontalerarbeitenden Phasen konnten häufig hohe bis sehr hohe Aufmerksamkeitswerte von außen beobachtet werden, vor allem in den entscheidenden Erhebungsphasen wie der Intervention oder den Fachwissensüberprüfungen.
- Die geplante Phasierung konnte größtenteils umgesetzt werden und erwies sich in ihrer Abfolge als sinnvoll. Die zur Phasierung gehörige Liste von Erhebungsregeln erwies sich ebenfalls als relevant.
- Der Großteil der Schüler:innen bewertete in den meisten Phasen der Erhebung die Relation von Zeit und Aufgabenbearbeitung als ausreichend.
- Der Schwierigkeitsgrad der Fachwissensüberprüfung, der Schulbuchaufgaben, des ersten Lernvideos und des Schulbuchtextes wurde überwiegend als angemessen eingeschätzt. Die Produktauswertungen legen nahe, dass die Fachwissensüberprüfungen zu einfach konstruiert waren (Deckeneffekte), die Schreibaufgabe und der Schulbuchtext jedoch angemessen schwierig waren.

Herausforderungen:

- Die Fachbegriffe „Treibhausgas“ und „Ressourcen“ wurden von manchen Schüler:innen nicht verstanden. Da die Begriffe im Schulbuchtext definiert wurden, sollten diese während der Intervention nicht weiterführend erklärt werden, um den Grad der Selbsterschließung über das Lesen nicht zu beeinflussen. Hierauf wurde in der Haupterhebung reagiert. Über einen fragenentwickelnden Einstieg wurde in der Haupterhebung in der ersten Sitzung überprüft, ob für beide Begriffe ein grundlegendes Begriffsverständnis vorlag. Der Abstand zwischen mündlicher Begriffsklärung und Intervention betrug zwei Wochen, sodass diese Änderung die Ergebnisse möglichst wenig beeinflussen sollte.
- Statt eines Erklärvideos zur Erklärung der Schritte des Aufgabenlösens (Pilotierung) wurde in der Haupterhebung ein Schreibtraining mit modellierendem lauten Denken eingesetzt. Im Rahmen des Schreibtrainings wurden Schritte des Aufgabenlösens vorgestellt und Lese- sowie Schreibstrategien gezeigt. Dabei wurde auch der Ablauf der Intervention einmal simuliert (Schreibtraining) und das Planen und Vorschreiben mit der Hand ebenso stärker angeleitet wie das Überarbeiten des digitalen Textes mit der Tastatur.
- Um einen ungewohnten Umgang mit den Tablets mit Tastatur zu vermeiden, wurden schuleigene Tablets genutzt.

- In der Pilotierung fiel die Schreibzeit der Intervention aufgrund verschiedener Rahmenbedingungen verkürzt aus und wurde von dem fachlichen Einstieg und der Evaluation gerahmt. Hierauf wurde in der Haupterhebung reagiert, indem die Schreibzeit von 25 Minuten auf 35 Minuten angehoben wurde. Darüber hinaus wurde die Intervention als eine eigenständige Einheit in einer Erhebungswoche umgesetzt, sodass die Schüler:innen sich ausschließlich auf das Aufgabenlösen und Schreiben konzentrieren konnten.
- Es bestanden Rollenkonflikte, die in der Haupterhebung durch eine Klärung der Rollen vermieden wurden (Lehrkraft interveniert, wenn es zu Störungen kommt, nicht Forschende).

Im Folgenden wird die Haupterhebung als weiterentwickeltes Design der Pilotierung mit Ergebnissen beschrieben.

6.3.2 Haupterhebung

Die Haupterhebung wurde einmal mit einer Klasse ($N = 30$) an einer staatlich anerkannten privaten Ersatzschule mit einem günstigen Einzugsgebiet durchgeführt. Die Auswahl ergab sich zufällig. Es nahm eine 6. Klasse teil. Die Schule hat als Besonderheit 67-Minuten-Stunden, sodass das zeitliche Erhebungsdesign an einen anderen Stundenturnus angepasst werden musste. Insgesamt fanden vier Besuche in vier Wochen statt. Personenbezogene Daten durften pseudonymisiert erhoben werden. Die gesamte Erhebung wurde sehr engagiert durch die Wirtschaft-Politik-Lehrerin der Klasse unterstützt.[33] Die Schule verfügte über eine sehr gute mediale Ausstattung, sodass die schuleigenen Tablets mit Tastatur genutzt werden konnten. Für die Präsentation stand ein Smartboard zur Verfügung. Die vier *Messzeitpunkte* (MZP 1 bis 4) gliederten sich wie in Tab. 6.78 dargestellt.

[33] Ich danke an dieser Stelle Wiebke Bäumner der St.-Franziskus-Schule, Olpe.

Tab. 6.78 Erhebungszeitpunkte der Hauptstudie „Klimatext"

Messzeitpunkt (MZP)	Erhebungsteil	Datum/Umfang
1 Leseverstehen / Tablet-Schulung / Pretest (*t0*)	*ELFE II*	15.04.24 Einzelstunde
	Tablet-Schulung *Tablet-Profis*, einschl. Erfassung personenbezogener Daten	
	Fachwissensüberprüfung *Quiz 1*	
2 Fachlicher Einstieg / Schreibtraining	Fachlicher Einstieg Umweltaktion am *Earth Day*	22.04.24 Doppelstunde
	Schreibtraining	
3 Intervention	Intervention, schriftliches Lösen einer idealtypischen und einer optimierten Schulbuchaufgabe	29.04.24 Einzelstunde
4 Posttest (*t1*)	Fachwissensüberprüfung	06.05.24 Einzelstunde

Im Folgenden werden die Stichprobe, die Umsetzung der einzelnen Termine einschließlich der genutzten Erhebungs- und Auswertungsinstrumente sowie die Ergebnisse chronologisch beschrieben.

6.3.3 Stichprobe

Die Erhebung fand im April/Mai 2024 statt, womit sich die Schüler:innen in der Mitte des 2. Halbjahres der Klasse 6 befanden. Der Erhebungszeitpunkt der Haupterhebung war demnach in Bezug auf die Entwicklung der Schüler:innen mit dem der Pilotierung vergleichbar (Mai 2022 und April/Mai 2024).

Die Schüler:innen hatten seit der Klasse 6 sowohl das Fach Wirtschaft-Politik als auch das Fach Physik. Von 30 Schüler:innen ($N = 30$) nahmen alle an der Studie teil.[34] Darunter waren 16 Mädchen und 12 Jungen. Zwei Schüler:innen machten keine Angaben zum Geschlecht. Das Alter der Schüler:innen lag zwischen 11 und 12 Jahren. Ein Mädchen gab an, eine andere Sprache als Deutsch in der Familie zu sprechen. Darüber hinaus wählten alle Schüler:innen in der

[34] Wenige Schüler:innen fehlten zu einzelnen Terminen. Die Daten konnten entweder durch die Lehrerin nacherhoben (ausgeschlossen für dieses Verfahren waren die Daten aus der Intervention) oder vereinzelt durch Mittelwerte ersetzt werden. Dies betraf insgesamt vier einzelne Daten in der Gesamtstudie.

Umfrage *Deutsch* als Familiensprache aus. Kein:e Schüler:in hatte bislang eine Klasse wiederholt.

Die Gruppeneinteilung nahm vor dem ersten Messzeitpunkt (MZP) zunächst die Lehrkraft auf der Grundlage der genannten Kriterien vor. Die Erstzuteilung der Lehrkraft wurde nach der Durchführung des Leseverstehenstests und der personenbezogenen Angaben vor der Intervention noch einmal von der Forschenden überarbeitet, konnte sich aber auch in der Haupterhebung als gute Möglichkeit einer ersten Zuteilung erweisen. Es werden für eine bessere Lesbarkeit der Gruppenstärken im Folgenden immer die Ergebnisse der finalen Interventionsgruppen berichtet, die möglichst leistungshomogen angelegt wurden.[35] Mann-Whitney-U-Tests für alle Kontrollvariablen konnten (ausgenommen einer Variable) bestätigen, dass die Gruppen vor der Intervention keine signifikanten Unterschiede zeigten. Die einzelnen Ergebnisse sowie das Setting des Erhebungsdesigns werden im Folgenden chronologisch mit Ergebnissen berichtet.

6.3.4 Digitale Erhebung – hybride Lernumgebung

In Einzelfallstudien, die der Pilotierung und der Haupterhebung vorausgingen, wurden verschiedene Szenarien der Situierung und der digitalen Erfassung der Daten mit Sechstklässler:innen erprobt. Dies stellte einerseits eine zuverlässige und datenschutzsichere, andererseits eine forschungspragmatische und zugleich für die Schüler:innen attraktive Lösung dar. Wichtig war darüber hinaus, dass Lesen und Schreiben als Tätigkeiten didaktisch sinnvoll und lernförderlich genutzt werden konnten. Alle im Folgenden beschriebenen Erhebungen haben die Situierung des Schreib-Lern-Arrangements und das hybrid-digitale Erhebungsverfahren gemeinsam. Beides wird innerhalb der nächsten beiden Absätze näher erläutert.

Situierung

Neben der Nutzung von Vorteilen hybrider Lerngelegenheiten war primär die Einbettung einer Adressat:innenorientierung in der 6. Klasse in den Fachunterricht im Rahmen einer Studie zu Schulbuchaufgaben herausfordernd. In Anlehnung an Steinhoff (2018) wurde zunächst versucht, fiktive und real-konstruierte Adressat:innen für das Schreib-Lern-Arrangement zu entwickeln und diese in einen

[35] Im Zweifelsfall wurde die Leistung zugunsten der Interventionsgruppe I1 (idealtypische Aufgabe) verteilt, damit mögliche Interventionseffekte nicht auf die Gruppenbildung als Störfaktor zurückgeführt werden können.

narrativen Kontext einzubetten. Es wurden die zwei Comic-Figuren *Kathi* und *Cris* entwickelt. Dies zeigt Abb. 6.16.[36]

Gruppe *Cris* Interventionsgruppe I1 – idealtypische Aufgabe in der Intervention	**Gruppe *Kathi*** Interventionsgruppe I2 – optimierte Aufgabe in der Intervention

Abb. 6.16 Figuren des Schreib-Lern-Arrangements „Cris und Kathi" und Beschreibung der Zugehörigkeit zu einer Interventionsgruppe

Die linke Figur in Abb. 6.16 zeigt *Cris*, die rechte Figur zeigt *Kathi.* Die ursprüngliche Rahmengeschichte war dergestalt konstruiert, dass Kathi eine Klimaforscherin ist, die herausfinden möchte, was Schüler:innen über den Klimaschutz wissen, und Cris ihr bei diesem Vorhaben als älterer Schüler hilft. Cris kommt aus Peru und hat bereits umfassende Erfahrungen mit Wetter und Klima sammeln können, da Peru diesbezüglich sehr vielseitig ist. Es war angedacht, dass die Schüler:innen für Kathi als Adressatin ihre Texte verfassen und Cris die Erhebungen moderiert. Diese Situierung hat sich in fünf der Pilotierung vorausgehenden explorativen Einzelfallstudien mit Schüler:innen der 6. Klasse nicht bewähren können, weshalb die Situierung realer konstruiert wurde und beide Protagonist:innen zu den Maskottchen der Interventionsgruppen wurden.

[36] Ich danke Inna Steinhoff für die Illustrationen *Kathi*, *Cris* und das *Gras* für die Projekthomepage. Bei der Entwicklung haben außerdem maßgeblich die Schüler:innen Amelie, Ben, Felipe, Leonie und Marla geholfen.

Cris gehörte zu I1, Kathi zu I2. Beide Figuren wurden ausgedruckt im Klassenraum auf die Seiten der Gruppen an der Wand als Poster aufgehängt und die Schüler:innen fanden beide Figuren durchgehend bei allen Aufgaben online wieder. So konnte sichergestellt werden, dass die Schüler:innen die richtigen Aufgaben online anwählten und sie sich mit einer Gruppe identifizierten. Die Adressat:innenorientierung und Rahmengeschichte wurden ab der Pilotierung identisch gehalten, da sich dieses Setting bewährte. Den Schüler:innen wurde authentisch mitgeteilt, dass sie als Expert:innen an einem Forschungsprojekt zur Entwicklung von Schulbuchaufgaben mitwirken, da es in der Universität keine Schüler:innen gibt, die hierbei helfen können. Den Schüler:innen wurde gesagt, dass die Aufgaben für andere Schüler:innen der 6. Klasse entwickelt werden und demnach die Aufgabenlösungen für die Entwicklung guter Schulbuchaufgaben für andere Sechstklässler:innen genutzt werden. Die Schüler:innen reagierten mit Akzeptanz und Interesse. Anhand der Lösungen kann nachvollzogen werden, dass auch in der Haupterhebung eine hohe Anstrengungsbereitschaft vorlag.

Hybrides Lernsetting und digitale Datenerhebung
Für die Erhebung der Daten und als digitale Schreibumgebung wurde eine Projekthomepage erstellt, die von den Schüler:innen über schuleigene Tablets mit Tastatur und Touchscreen genutzt wurde. Neben Informationen zum Projekt für Eltern und Lehrkräfte war der primäre Zweck der Homepage, eine digitale, datenschutzkonforme Schreibumgebung bereitzustellen, sodass die Schüler:innen mit Tablets online auf die Schreib-Lernumgebung zugreifen konnten. Über einen passwortgeschützten Link, den die Schüler:innen über eine Visitenkarte erhielten, konnten – ausgenommen des Leseverstehenstests *ELFE II* – alle Daten erhoben werden. Für die verschlüsselte Übertragung wurde das Umfragetool *LimeSurvey* in die Seite eingebunden. Dieses wurde von der Universität Siegen gehostet und garantierte eine sichere Datenübertragung. Abb. 6.17 zeigt einen Auszug aus der Startseite der Projekthomepage, die gleichzeitig die Online-Lernumgebung für die Schüler:innen darstellte.

Die Schüler:innen arbeiteten während aller Erhebungen in einem Klassenraum. Dabei saßen 15 Schüler:innen auf der linken Seite (I1) und 15 Schüler:innen auf der rechten Seite (I2) des Klassenraums. Der fachliche Input wurde zugunsten der Erhebungssituation über Frontalunterricht organisiert. Die Lehrkraft saß hinter den Schüler:innen und griff bei Störungen ein und half bei der Wartung und Inbetriebnahme der schuleigenen Tablets. Darüber hinaus verhielt sie sich gemäß der Erhebungsregeln passiv. Bei jeder Erhebung waren zwei Forschende anwesend,

Abb. 6.17 Auszug aus der Startseite der Projekthomepage „klimatext.de"

hier *Forschende/r 1* und *Forschende/r 2* genannt. Forschende/r 1 gab den Input für die Durchführung der Studie mit einer auf dem Smartboard gezeigten digitalen Präsentation, während Forschende/r 2 den Schüler:innen bei der Umsetzung (z. B. beim Login) half und die Einhaltung der vorab bestimmten Interventionsregeln sicherstellte. Die Sitzplätze der Schüler:innen blieben während aller Erhebungszeitpunkte identisch. Die Gruppen wurden räumlich ausschließlich in der Intervention getrennt, damit die unterschiedliche Behandlung (Treatment) nicht zu Störungen führen konnte. Nach der Intervention wurde der authentische Ablauf – im Sinne der Forschungsethik – für alle Schüler:innen transparent gemacht.

Die Schüler:innen arbeiteten ab dem 1. Termin mit den Tablets mit Tastatur, ab dem 2. Termin darüber hinaus mit Forscher:innentaschen, sodass sie zusätzlich auf einen Notizblock im A4-Format, einen Kugelschreiber und einen Textmarker zurückgreifen konnten. Abb. 6.18 zeigt ein Foto einer Schreibumgebung aus der Haupterhebung und der Phase der Intervention. Zu sehen ist ein Tisch eines/einer Schüler:in mit einem Tablet mit Tastatur, einem kopierten Schulbuchtext, Stift und Papier, einem Textmarker, einem Schreibblock sowie einer Tippkarte mit Schreibtipps und einem Kuvert, das die *Forscher:innentasche* darstellt.

Im Folgenden werden die Messzeitpunkte (MZP) 1 bis 4 chronologisch beschrieben. Dabei werden auch die Erhebungsinstrumente, deren Entwicklung und die Ergebnisse dargestellt.

Abb. 6.18 Foto der Schreibumgebung aus der Erhebungsphase „Intervention" in der Haupterhebung

6.3.5 MZP 1 – Leseverstehen, Tablet-Schulung, Pretest t0

In diesem Kapitel werden die Inhalte und Datenerhebungen sowie Auswertungen des ersten Messzeitpunkts (MZP) dargestellt. Hierzu gehört die Erhebung des Leseverstehens und die Tablet-Schulung mit Ergebnissen zur *digitalen Affinität* der Schüler:innen (z. B. Tippgeschwindigkeit), der *Pretest t0* zum Fachwissen und ein erster Einstieg in das fachliche Thema *Nachhaltigkeit.*

6.3.5.1 Leseverstehen

Für die Erhebung des Leseverstehens wurde die Paper-and-Pencil-Version des *ELFE II®* (Lenhard et al., 2022) eingesetzt (Standardversion). Es wurde die Papier- anstatt der Online-Version ausgewählt, da die zu lesenden Fachinhalte (Schulbuchtexte) im Schreibtraining und in der Intervention ebenfalls als analoge Papierversionen vorlagen und Ergebnisse zum Leseverstehen möglichst nicht durch einen Mediumseffekt verzerrt werden sollten (vgl. Abschnitt 5.2). Die

Ergebnisse des *ELFE II* wurden genutzt, um die Gruppenstärken zu tarieren. Im Folgenden werden die T-Werte für das Leseverstehen auf Wort-, Satz- und Textebene berichtet. Abb. 6.19 zeigt die Ergebnisse.

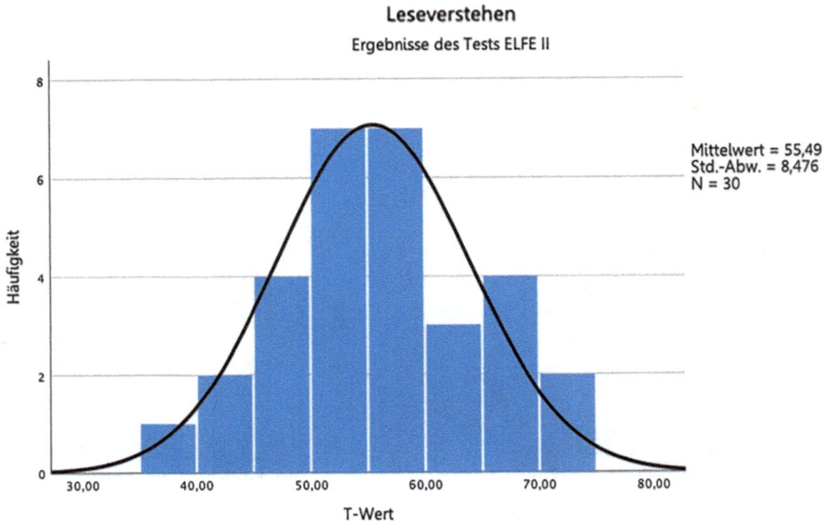

Abb. 6.19 Pretest, t0, Leseverstehen. Ergebnisse der Klasse gesamt, T-Wert gesamt, ELFE II

Das Histogramm in Abb. 6.19 zeigt die Häufigkeitsverteilung der Einzelauswertungen in der Gesamtklasse bei einem gewählten Konfidenzintervall (*KI*) von 95 %. Der T-Wert ist standardisiert. Die Mitte liegt bei 50. Das arithmetische Mittel (*M*) der Klasse zeigt einen T-Wert von 55.49, die Standardabweichung (*SD*) liegt bei rund 8.48. Das erhobene Leseverstehen kann durchschnittlich im oberen Normbereich eingeordnet werden. Sieben Schülerinnen erreichten eine überdurchschnittliche Leistung (T-Wert zwischen 60 und 70) und zwei Schüler:innen eine stark überdurchschnittliche Leistung (T-Wert zwischen 70 und 80). Alle anderen Schüler:innen brachten Werte im unteren (T-Wert zwischen 40 und 50) oder oberen Normbereich hervor (T-Wert zwischen 50 und 60). Abgesehen von einem unterdurchschnittlichen Ergebnis lagen nach diesem Testergebnis keine Lesestörungen in der Klasse vor. Im Gegenteil kann von einer Klasse mit durchschnittlich höheren Kompetenzen gesprochen werden. Neben dem grafischen

Ergebnis zeigte ein Kolmogorov-Smirnov-Test, dass die Leistungen normalverteilt sind. Es ergab sich für beide Gruppen eine Irrtumswahrscheinlichkeit von $p = 0.200$.[37]

Die *Verteilung des Leseverstehens in den Gruppen I1 und I2* zeigt Tab. 6.79 mit Pseudonymen, die in der weiterführenden Darstellung anonymisiert werden.

Tab. 6.79 ELFE II – Gruppenstärken der Interventionsgruppen, T-Wert gesamt

Ergebnisse, t-Wert gesamt	Gruppe I1	Gruppe I2
M	55.57	55.40
SD	8.82	8.75
n	14	15
Pseudonyme	Baum Quelle Stern Wasser Nest Gras Libelle Blüte See Seestern Welle Planet Tanne Wald missing = 1 *fehlender Wert wurde mit dem Mittelwert 55,57 ersetzt*	Wiese Bach Vogel Sonne Regen Bär Eichhörnchen Strauch Schnee Schmetterling Moos Sand Stamm Kiesel Wolke

Die Teilstichprobe der Interventionsgruppe I1 umfasst 14 Schüler:innen ($n = 14$), die Teilstichprobe der Interventionsgruppe I2 15 Schüler:innen ($n = 15$). Das arithmetische Mittel des Gesamt-T-Wertes liegt für I1 bei $M = 55.57$ mit $SD = 8.82$ und für I2 $M = 55.40$ mit $SD = 8.75$. Der fehlende Wert (missing = 1) wurde mit dem Mittelwert der Gruppe ersetzt, sodass im Folgenden die Gruppen mit $n = 15$ für I1 und I2 gearbeitet werden konnte und ein Mittelwert

[37] Der Kolmogorov-Smirnov-Test testet für die Stichprobe die Nullhypothese, dass die Daten normalverteilt sind. Ziel ist hier, die Nullhypothese anzunehmen, das heißt, dass die Irrtumswahrscheinlichkeit bei $p > 0.05$ liegen sollte, um die Normalverteilung der Daten anzuzeigen (Bühl, 2019). Da die Werte der Gruppen hier > 0.05 sind, kann die Nullhypothese angenommen werden.

von $M = 55.49$ vorlag. Ein Mann-Whitney-U-Test zeigte für die Verteilung der Kontrollvariable *Leseverstehen* in den Gruppen, dass sich die Interventionsgruppen I1 und I2 nicht signifikant voneinander unterschieden und die Nullhypothese (I1 = I2) beibehalten werden muss ($U = 112.000$; $z = -0.021$; $p = 1.00$).

Weitere Gruppenmerkmale, die über das Leseverstehen hinausgingen, wurden über die Erhebung *Tablet-Schulung* erfasst, welche – gleich den anderen digitalen Erhebungen – über die Homepage *klimatext.de* durchgeführt wurde.

6.3.5.2 Tablet-Schulung

Mit der Tablet-Schulung *Tablet-Profis* zum ersten Messzeitpunkt wurde das Tablet für das Schreiben und Aufgabenlösen mit dem Touchscreen und der Tastatur gemeinsam erprobt und ein Eindruck von einschlägigen Basisfähigkeiten erfasst. Dabei wurden die Schüler:innen mit den Skalen vertraut gemacht. Eingesetzt wurden Likert-Skalen, Ja-Nein-Optionen sowie kurze und lange Freitextfelder.

Die Tablet-Übung wurde aus der Pilotierung übernommen. Es wurden ausschließlich Items zur Erhebung personenbezogener Merkmale ergänzt.[38] Erfasst wurden *Alter*, *Geschlecht*, *Deutsch als Familiensprache*, *Interesse für das Fach Physik*, *Interesse für das Fach Wirtschaft-Politik*, *Interesse für Umweltschutz* sowie *Interesse für das Schreiben von Texten.*

Die Verteilung von *Alter*, *Geschlecht* und *Deutsch als Familiensprache* wurde bereits im vorhergehenden Kapitel berichtet. Diese waren neben dem Leseverstehen zentrale Kontrollvariablen, die in die Gruppeneinteilung einflossen (geschichtete Stichprobe). Mann-Whitney-U-Tests für unabhängige Stichproben zeigten, dass sich die Gruppen hinsichtlich dieser Variablen nicht signifikant voneinander unterschieden. Der Test prüft die Nullhypothese, dass sich zwei unabhängige Gruppen, hier I1 und I2, nicht voneinander unterscheiden. Fällt die Irrtumswahrscheinlichkeit $p > 0.05$ aus, wird die Nullhypothese beibehalten. Für die Kontrollvariable *Familiensprache Deutsch* kann das Testergebnis mit $p = .073$ berichtet werden ($U = 90.000$; $z = -1.793$), für die Verteilung der Geschlechter mit $p = .743$ ($U = 105.500$; $z = -0.328$) und für die Verteilung des Alters mit $p = .092$ ($U = 78.000$; $z = -1.687$). Demnach muss in allen drei Fällen die Nullhypothese beibehalten werden, dass sich die Interventionsgruppen I1 und I2 nicht signifikant voneinander unterscheiden. Dieses Ergebnis fasst Tab. 6.80 zusammen.

[38] Alle Aufgabenstellungen der Tablet-Schulung wurden in Fuhlrott (2024) beschrieben.

Tab. 6.80 Ergebnisse von Mann-Whitney-U-Tests für die Kontrollvariablen „Familiensprache Deutsch", „Geschlecht" und „Alter"

Kontrollvariable	Test	*p*	Ergebnis
Familiensprache Deutsch	Mann-Whitney-U-Test bei unabhängigen Stichproben	.073	Nullhypothese beibehalten
Geschlecht	Mann-Whitney-U-Test bei unabhängigen Stichproben	.743	Nullhypothese beibehalten
Alter	Mann-Whitney-U-Test bei unabhängigen Stichproben	.092	Nullhypothese beibehalten

Um einen Eindruck von den Gruppen zum fachlichen und schreibbezogenen Interesse zu erhalten, wurden die Schüler:innen mit einer dichotomen Ja-Nein-Option gefragt, wie ihr Interesse für das Fach *Wirtschaft-Politik*, für das Fach *Physik* und für das *Schreiben von Texten* ist. Über die Mittelwerte (*M*), die zwischen 0 (kein Interesse) und 1 (Interesse) liegen konnten, wurde eine Tendenz erfasst, die prozentual gelesen werden kann.

Die Ergebnisse zeigen, dass 77 % ($M = .77$, $SD = .41$) der Schüler:innen der Interventionsgruppe I1 angaben, sich für das Fach *Wirtschaft-Politik zu* interessieren. In Interventionsgruppe I2 waren es 87 % ($M = .87$, $SD = .35$). 62 % ($M = .62$, $SD = .47$) der Schüler:innen aus I1 gaben ein Interesse für *Physik* an, was mehr als die Hälfte ausmachte. In I2 waren es mit 53 % ($M = .53$, $SD = .52$) etwas weniger, aber gleichzeitig mehr als die Hälfte der befragten Schüler:innen.

Das Interesse für Umweltschutz zeigte im Gegensatz zum fachlichen Interesse einen größeren Unterschied zwischen den Interventionsgruppen. In I1 gaben 77 % ($M = .77$, $SD = .41$) an, sich für *Umweltschutz* zu interessieren, in der Interventionsgruppe I2 waren es 93 % ($M = .93$, $SD = .26$). Insgesamt kann trotz dieses Unterschieds konstatiert werden, dass die Schüler:innen – ohne zum Zeitpunkt der Befragung über die Inhalte der Studie Bescheid zu wissen – ein hohes bis sehr hohes Interesse für Umweltschutz in der Befragung angaben.[39] Dies waren gute Voraussetzungen für die fachliche Akzeptanz der Studie durch die Lernenden.

Im Bereich *Texte schreiben* ergaben die Antworten der zweiten Interventionsgruppe I2 im Mittel 60 % ($M = .60$, $SD = .51$). Für die Interventionsgruppe I1 kann ein Wert von 46 % ($M = .46$, $SD = .48$) konstatiert werden. Ausgenommen des Items *Interesse Physik* konnten im Gegensatz zu anderen Kontrollvariablen für die Interventionsgruppe I2 moderat höhere Werte erhoben werden.

[39] Der fachliche Einstieg erfolgte nach der Tablet-Schulung und dem Vorwissensquiz.

Ein Mann-Whitney-U-Test konnte jedoch auch hier zeigen, dass die Gruppen sich hinsichtlich dieser Merkmale nicht signifikant voneinander unterscheiden. Folgende Werte konnten für die Variable *Interesse* ermittelt werden: *Physik* (p = .743; U = 105.500; z = −0.328), *Wirtschaft-Politik* (p = .249; U = 92.000; z = −1.152), *Umweltschutz* (p = .084; U = 83.500; z = −1.726) und *Texte schreiben* (p = .443; U = 96.000; z = −0.768). Tab. 6.81 fasst die Testergebnisse zusammen.

Tab. 6.81 Ergebnisse von Mann-Whitney-U-Tests für die Kontrollvariablen „Interesse Physik", „Interesse Wirtschaft-Politik", „Interesse Umweltschutz" und „Interesse Texte schreiben"

Kontrollvariable	Test	*p*	Ergebnis
Interesse *Physik*	Mann-Whitney-U-Test bei unabhängigen Stichproben	.743	Nullhypothese beibehalten
Interesse *Wirtschaft-Politik*	Mann-Whitney-U-Test bei unabhängigen Stichproben	.249	Nullhypothese beibehalten
Interesse *Umweltschutz*	Mann-Whitney-U-Test bei unabhängigen Stichproben	.084	Nullhypothese beibehalten
Interesse *Texte schreiben*	Mann-Whitney-U-Test bei unabhängigen Stichproben	.443	Nullhypothese beibehalten

Tab. 6.82 zeigt die deskriptiven Werte für die beiden Gruppen I1 und I2 und die Verteilung der einzelnen Subwerte der Variable *Interesse.*

Tab. 6.82 Tablet-Schulung – Ergebnisse zum fachlichen und schreibbezogenen Interesse der Schüler:innen

Gruppe	Interesse	*N*	kein Interesse	Interesse	*M*	*SD*
I1	Wirtschaft-Politik	15	0	1	.77	.41
	Physik	15	0	1	.62	.47
	Umweltschutz	15	0	1	.77	.41
	Texte schreiben	15	0	1	.46	.48
I2	Wirtschaft-Politik	15	0	1	.87	.35
	Physik	15	0	1	.53	.52
	Umweltschutz	15	0	1	.93	.26
	Texte schreiben	15	0	1	.60	.51

Die Schüler:innen wurden weiterführend in der Tablet-Schulung nach der Motivation gefragt, mit dem Tablet im Unterricht zu arbeiten. Über den Einsatz einer *Alphabet Task* und einer *Sentence-Copying*-Aufgabe (vgl. Abschnitt 5.3), einer kurzen schriftlichen *Erklären-Aufgabe* zum Zusammenhang von Obstessen und Gesundheit sowie einer Aufgabe mit der Aufforderung zur Übernahme einer Ausdrucksprozedur in den eigenen Text wurde ein Eindruck des Umgangs der Schüler:innen mit dem Tablet und der Tastatur in Bezug auf das Schreiben eingefangen (vgl. weiterführend Fuhlrott, 2024). Die Werte geben zusammengefasst einen Eindruck von der *digitalen Affinität* der Schüler:innen und sollten demnach zeigen, ob die Schüler:innen der Gruppe ähnlich stark in der Lage sind, mit der Tastatur zu schreiben.

Mann-Whitney-U-Tests zeigten hier, dass die Gruppen vor der Intervention hinsichtlich der erhobenen Kontrollvariablen *Motivation: Lernen mit dem Tablet* ($p = .228$; $U = 91.000$; $z = -1.205$) und *Alphabet Task* ($p = .934$; $U = 110.500$; $z = -0.083$) vergleichbar waren. Eine Ausnahme bildet die Variable *Sentence Copying*. Hier bestand ein Unterschied zwischen den Gruppen, der signifikant war ($p = .011$; $U = 53.500$; $z = -2.544$). Tab. 6.83 fasst die Ergebnisse der Mann-Whitney-U-Tests zusammen.

Tab. 6.83 Ergebnisse von Mann-Whitney-U-Tests für die Kontrollvariablen „Motivation: Lernen mit dem Tablet", „Alphabet Task" und „Sentence Copying"

Kontrollvariable	Test	*p*	Ergebnis
Motivation: Lernen mit dem Tablet	Mann-Whitney-U-Test bei unabhängigen Stichproben	.228	Nullhypothese beibehalten
Alphabet Task	Mann-Whitney-U-Test bei unabhängigen Stichproben	.934	Nullhypothese beibehalten
Sentence Copying	Mann-Whitney-U-Test bei unabhängigen Stichproben	.011	Nullhypothese ablehnen

Für das Item *Motivation: Lernen mit dem Tablet* wurde eine vierstufige Likert-Skala von 1 bis 4 eingesetzt, wobei 1 den niedrigsten und 4 den höchsten Wert repräsentierte. Mit diesem Item sollte neben dem Inhalt das Anwählen einer entsprechenden Skala über das Touchen erprobt werden. Die Werte der Interventionsgruppe I1 lagen durchschnittlich bei $M = 3.62$ ($SD = 0.81$), was einer hohen bis sehr hohen Ausprägung zugeordnet werden kann. Bei der Interventionsgruppe I2 lag der Mittelwert bei $M = 3.87$ ($SD = 0.35$). Das Bedienen der Skala funktionierte ohne Herausforderungen.

Für das Lösen der *Alphabet Task* erhielten die Schüler:innen ein Freifeld, welches alle gemeinsam anwählten und das sich nach 60 Sekunden selbst schloss. Die Schüler:innen hatten die Aufgabe, das Alphabet in Kleinbuchstaben zusammenhängend so schnell wie möglich in das Freifeld zu schreiben. Bei der Datenauswertung wurden ausschließlich richtige Zeichen (Kleinbuchstaben) gezählt. Eine Korrektur wurde nicht vorgenommen. Interventionsgruppe I1 erreichte einen Durchschnittswert von $M = 69.31$ Zeichen/Minute ($SD = 22.85$), wobei das Minimum in der Gruppe bei 37 Zeichen/Minute und das Maximum bei 130 Zeichen/Minute lag.

Interventionsgruppe I2 erreicht durchschnittlich einen Wert von $M = 67.33$ ($SD = 28.02$). Das Minimum (*Min*) betrug in dieser Gruppe 23 Zeichen/Minuten und das Maximum (*Max*) lag bei 118 Zeichen/Minute. Um die Spannbreite innerhalb der Klasse zu verdeutlichen, zeigt Tab. 6.84 das Minimum aus Interventionsgruppe I2 mit 18 Zeichen und das Maximum aus Interventionsgruppe I2 mit 130 Zeichen mit dem Mittelwert der gesamten Klasse $M = 68.32$ und einer Standardabweichung von $SD = 25.14$.[40]

Tab. 6.84 Tablet-Schulung – Ergebnisse der Alphabet Task mit Minimum und Maximum

Alphabet Task	*N*	*M*	*SD*	*Min*	*Max*
Schreibzeit: 1 Minute	30	68.32	25.14	23	130
Online-Erhebung über Freitextfeld, automatischer Ablauf der Zeit				abcdefghijkl mnopqrstuvw	abcdefghijkl mnopqrstuvw xyzabcdefghijkl mnopqrstuvw xyzabcdefghijkl mnopqrstuvw xyzabcdefghijkl mnopqrstuvw xyzabcdefghijkl mnopqrstuvw xyz

[40] In der Pilotierung wurde die identische Aufgabe eingesetzt. Hier erreichte die Interventionsgruppe durchschnittlich I1 54.50 Zeichen/Minute und die Interventionsgruppe I2 68.22 Zeichen/Minute (vgl. Fuhlrott, 2024), womit die Ergebnisse beider unabhängiger Klassen nah beieinander liegen und einen Eindruck von der Tippgeschwindigkeit von Schüler:innen der 6. Klasse des Gymnasiums vermitteln.

Um die Verteilung der für die Erhebung relevanten Tippgeschwindigkeit in der Klasse weiter zu veranschaulichen, bildet das Histogramm in Abb. 6.20 die Verteilung der Häufigkeit ab. Somit kann man einen weiterführenden Eindruck von der Schreibflüssigkeit der Schüler:innen gewinnen.

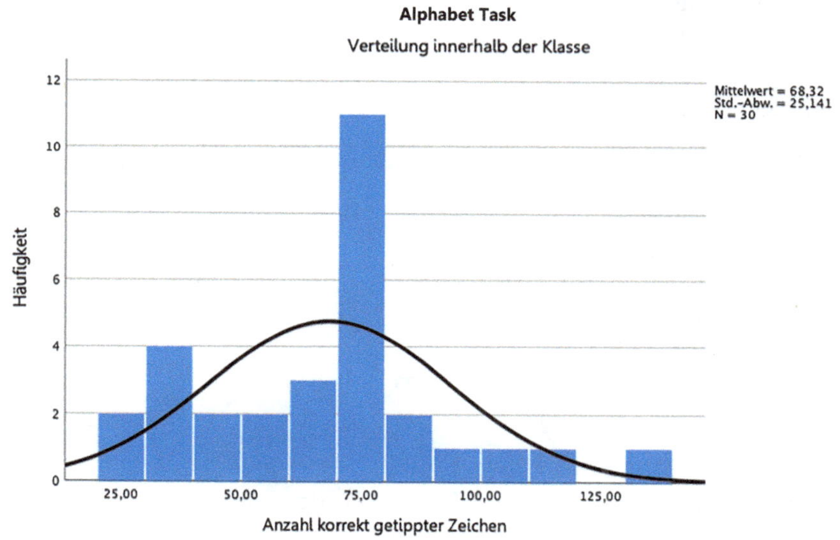

Abb. 6.20 Ergebnisse der Alphabet Task, gesamte Klasse, grafische Darstellung

Nachdem die Schüler:innen die *Alphabet Task* gelöst hatten, hatten sie die Aufgabe, einen Satz mit Groß- und Kleinbuchstaben, Satzzeichen (Punkt, Komma) und Spatien korrekt abzuschreiben. Für die Übung *Sentence Copying* wurden Kenntnisse zur Nutzung der Tastatur sowie Fähigkeiten zum exakten Tippen (Tippgenauigkeit) benötigt. Es konnten 20 Punkte erreicht werden. Der Gruppenvergleich zeigte, dass beide Gruppen diese Aufgabe gut bewältigten und die Grundbefehle der Tastatur beherrschten. Es wurden keine Rückfragen zur Groß- und Kleinschreibung, zur Leertaste oder zum Schreiben von Satzzeichen gestellt.[41] Interventionsgruppe I1 erreichte durchschnittlich einen Wert von $M = 19.46$ ($SD = 0.72$), wobei ein Minimum von 18 Punkten und ein Maximum von

[41] In der Präsentation für die *Tablet-Schulung* gab es eine Schulungsübung zu allen genannten Aspekten, welche in dieser Klasse nicht genutzt wurde, da den Schüler:innen die Tastaturbefehle bekannt waren.

20 Punkten erreicht wurden. Interventionsgruppe I2 erreichte einen Durchschnittwert von $M = 18.47$ ($SD = 1.13$) und ein Minimum von 17 Punkten sowie ein Maximum von 20 Punkten.

Tab. 6.85 fasst die deskriptiven Ergebnisse der Tablet-Schulung für die Items *Motivation: Lernen mit dem Tablet*, *Alphabet Task* und *Sentence Copying* für die Interventionsgruppen I1 und I2 zusammen und gibt damit einen Eindruck von der für die Erhebung relevanten *digitalen Affinität*.

Tab. 6.85 Tablet-Schulung – Ergebnisse zur digitalen Affinität der Schüler:innen

Gruppe		*N*	*Min*	*Max*	*M*	*SD*
I1	Motivation: Lernen mit dem Tablet	15	1	4	3.62	0.81
	Alphabet Task	15	37	130	69.31	22.85
	Sentence Copying	15	18	20	19.46	0.72
I2	Motivation: Lernen mit dem Tablet	15	3	4	3.87	0.35
	Alphabet Task	15	23	118	67.33	28.02
	Sentence Copying	15	17	20	18.47	1.13

Die Schüler:innen wurden hinsichtlich ihrer Motivation, mit dem Tablet zu lernen, ihrer Tippgeschwindigkeit sowie ihrer Tippgenauigkeit auf zwei ähnliche Gruppen verteilt. Die Werte waren ausreichend hoch, um davon auszugehen, dass das Tippen mit der Tastatur keine Störvariable in der Intervention darstellte.

Abschließend wurden über kurze Schreibaufgaben Eindrücke zum Erklären erhoben. Mann-Whitney-U-Tests zeigten auch hier keinen Gruppenunterschied zwischen I1 und I2 hinsichtlich der Kontrollvariablen *Erklären-Aufgabe* ($p = .193$; $U = 82.500$; $z = -1.303$), eine *Formulierungshilfe nutzen* ($p = .317$; $U = 105.000$; $z = -1.000$,) und einem Verständnis zum Operator und bzw. einem *Präkonzept* zur Sprachhandlung *Erklären* ($p = .725$; $U = 107.000$; $z = -0.352$). Tab. 6.86 fasst die Ergebnisse des Mann-Whitney-U-Tests zusammen.

Tab. 6.86 Ergebnisse des Mann-Whitney-U-Tests für die Kontrollvariablen „Erklären-Aufgabe“, „Formulierungshilfe übernehmen“ und „Präkonzept erklären“

Kontrollvariable	Test	*p*	Ergebnis
Erklären-Aufgabe	Mann-Whitney-U-Test bei unabhängigen Stichproben	.193	Nullhypothese beibehalten
Formulierungshilfe nutzen	Mann-Whitney-U-Test bei unabhängigen Stichproben	.317	Nullhypothese beibehalten
Präkonzept Erklären	Mann-Whitney-U-Test bei unabhängigen Stichproben	.725	Nullhypothese beibehalten

Die deskriptiven Ergebnisse zu Erkläre-Fähigkeiten lassen sich wie folgt zusammenfassen: Gruppe I1 erreichte in der *Erkläre-Aufgabe* einen Mittelwert von M = 1.84 (SD = 0.64, Min = 1.00 und Max = 3.00), bei der *Nutzung* einer vergebenen Ausdrucksprozedur als *Formulierungshilfe* für das Erklären einen Mittelwert von M = 1.00 (SD = 0.00, Min = 1.00 und Max = 1.00; keine Varianz) und bei der Aufgabe zum *Präkonzept Erklären* einen Mittelwert von M = .92 (SD = .26, Min = 0.00 und Max = 1.00). Die letztgenannte Aufgabe zielte darauf ab, zu prüfen, ob *Erklären* als Operator der Intervention grundlegend verstanden wird.

Die Interventionsgruppe I2 erreichte bei der Erkläre-Aufgabe einen Wert von M = 2.33 (SD = 1.11, Min = 1.00 und Max = 4.00), bei der Aufgabe zur *Nutzung* einer *Formulierungshilfe* einen Wert von M = .93 (SD = .26, Min = 0.00 und Max = 1.00) sowie bei der Aufgabe zum *Präkonzept Erklären* einen Mittelwert von M = .87 (SD = .35 mit Min = 0.00 und Max = 1.00). Tab. 6.87 fasst die deskriptiven Ergebnisse zum Erklären zusammen.

Tab. 6.87 Tablet-Schulung – Ergebnisse zu Erklären-Fähigkeiten

Gruppe		*N*	*Min*	*Max*	*M*	*SD*
1	Erkläre-Aufgabe	15	1.00	3.00	1.84	0.64
	Nutzung Formulierungshilfe	15	1.00	1.00	1.00	0.00
	Präkonzept Erklären	15	0.00	1.00	.92	.26
2	Erkläre-Aufgabe	15	1.00	4.00	2.33	1.11
	Nutzung Formulierungshilfe	15	0.00	1.00	.93	.26
	Präkonzept Erklären	15	0.00	1.00	.87	.35

Auch wenn zwischen den Gruppen kein signifikanter Unterschied festgestellt werden kann, ist auf Grundlage der deskriptiven Daten zu berichten, dass die

Fähigkeiten hier zugunsten der Gruppe I1 für die Items *Formulierungshilfe nutzen* und *Präkonzept Erklären* ausfiel. Für das Item *Erkläre-Aufgabe* erreichte die Gruppe I2 einen besseren Wert.

Nachdem durch Übungen der Tablet-Schulung über die berichteten Fähigkeiten hinaus sichergestellt werden konnte, dass die Schüler:innen die Bedienung der Skalen beherrschten, was ohne die Auswertung mündlich nach der Tablet-Schulung einerseits erfragt, andererseits online über eine Echtzeitauswertung überprüft werden konnte, wurde der *Pretest (t0)*, der Fachwissenstest mit der Bezeichnung *Quiz 1*, durchgeführt. Er kann gleichzeitig als erste Aufgabe gewertet werden, welche die Schüler:innen mit dem Thema *Nachhaltigkeit* konfrontierte.

6.3.5.3 Pretest, t0

In diesem Abschnitt werden die Entwicklung und der Einsatz des Fachwissenstests beschrieben, der den Schüler:innen als *Quiz 1* und *Quiz 2* online über ein Single-Choice-Aufgabenformat im *Pre- (t0)* und *Posttest (t1)* präsentiert wurde. Die Entscheidung, im Pre- und Posttest einen identischen Test einzusetzen, war dadurch begründet, dass die Wissensvoraussetzungen ebenso wie eine potenzielle Wissensentwicklung vergleichend und möglichst zielgerichtet erhoben werden sollten. Ein Lerneffekt durch die Items wurde über einen Abstand von drei Wochen zwischen beiden Tests reduziert.[42]

Der in vorausgehenden Einzelfallstudien und über die Sichtung verschiedener Schulbücher zum Thema *Nachhaltigkeit* entwickelte Wissenstest wurde final mit insgesamt 154 Sechstklässler:innen in NRW ($N = 154$) entwickelt. Mit 100 Schüler:innen ($n = 100$) wurden die finalen zwölf Items vor dem Einsatz in der Intervention getestet.

Der Fachwissenstest in der Version 4 beinhaltete zwölf Items mit ähnlicher Länge und ähnlicher sprachlicher Komplexität. Es wurden den Schüler:innen in einem Online-Quiz immer drei Antwortmöglichkeiten im Single-Choice-Format gegeben, wobei jeweils die richtige Antwort ausgewählt werden sollte. Über eine kontrollierte Verteilung der richtigen Antwortoptionen wurde ausgeschlossen, dass ein Antwortschema vorlag, das ein erfolgreiches Antworten per Zufallsprinzip ermöglichte.

---

[42] Es wird von Fachwissens*test* gesprochen, wobei angemerkt werden soll, dass es sich nicht um die Entwicklung eines normierten psychologischen Tests handelt, da entsprechende Normierungsverfahren sehr umfangreich sind und kaum für die Zwecke dieser Arbeit zusätzlich geleistet werden können. Das Wissen um Testkonstruktion wurde jedoch genutzt, um im Rahmen dieser Arbeit einen möglichst guten Standard zu gewährleisten.

Im Folgenden ist die Antwortmatrix für richtige Antworten der vierten und finalen Version des Fachwissenstests abgebildet. Es soll hierüber gezeigt werden, dass verzerrende Antwortschemata ebenso wenig möglich waren wie ein Erfolg durch eine Antworttendenz zur Mitte (Raab-Steiner & Benesch, 2018). Die Verteilung der richtigen Antworten auf die Antwortmöglichkeiten A bis C erfolgte darüber hinaus paritätisch, sodass höchstens ein Erfolg von einem Drittel über eine konstante Antworttendenz erreicht werden konnte. Tab. 6.88 zeigt das gewählte Schema in der Übersicht mit Themenbereichen.

Tab. 6.88 Antwortschema und Inhalte der vierten Version der Fachwissenstests Quiz 1 und Quiz 2 der Studie „Klimatext"

Item	A	B	C	Thema
Item 1	x			Begriffsdefinition „Nachhaltigkeit"
Item 2			x	Begriffsdefinition „Rohstoffe der Erde"
Item 3		x		Zusammenhang „Umweltfreundliche Alltagshandlung"
Item 4			x	Zusammenhang „Methan und Kohlenstoffdioxid"
Item 5			x	Zusammenhang „Fortbewegung und Treibhausgase"
Item 6		x		Begriffsdefinition „Treibhausgase"
Item 7	x			Begriffsdefinition „Klimawandel"
Item 8		x		Zusammenhang „Klimafreundliche Energiequelle"
Item 9	x			Begriffsdefinition „Fossile Energieträger"
Item 10	x			Begriffsdefinition „Energiewende"
Item 11		x		Begriffsdefinition „Blauer Engel"
Item 12			x	Zusammenhang nachhaltiges Handeln und Ressourcenschonung

Neben dem Antwortschema können aus der Tabelle die fachlichen Inhalte der Items abgelesen werden. Es wurden 7 Begriffsdefinitionen und 5 Zusammenhänge abgefragt. Die Begriffsdefinitionen bezogen sich auf den Anforderungsbereich I und II und inhaltlich auf *Nachhaltigkeit* (Item 1), *Rohstoffe der Erde* (Item 2), *Treibhausgase* (Item 6), *Klimawandel* (Item 7), *fossile Energieträger* (Item 9), *Energiewende* (Item 10) und das Umweltsiegel *Blauer Engel* (Item 11). Ein Zusammenhang musste für das Lösen der Items 3, 4, 5, 8 und 12 hergestellt werden, womit Anforderungen im kognitiven Bereich zwischen II und III abgerufen wurden. Diese Items bezogen sich inhaltlich auf eine *umweltfreundliche Alltagshandlung* (Item 3), *Methan und Kohlenstoffdioxid* (Item 4), *Fortbewegung und Treibhausgase* (Item 5), *eine klimafreundliche Energiequelle* (Item 8) sowie den Zusammenhang zwischen *Nachhaltigkeit und Ressourcenschonung* (Item 12).

Für die Items wurde die interne Konsistenz geprüft. Mit Cronbach's Alpha α=.742 kann die interne Konsistenz als akzeptabel bis gut beschrieben werden (Streiner, 2003). Die durchschnittliche Schwierigkeit der Items kann auf Grundlage der 154 Rückmeldungen der Schüler:innen vor dem Einsatz in der Haupterhebung mit einem Notendurchschnitt von 2,3 (2,0 bis 2,5) ausgegeben werden (ca. 70,33 % Lösungswahrscheinlichkeit). Dies wurde daher als geeignet bewertet, da das Quiz im Pretest einerseits nicht derart schwer für die Schüler:innen sein durfte, dass es die Motivation und Selbstwirksamkeitserfahrung vor der Erhebung negativ beeinflusste, andererseits so schwierig zu konzipieren war, dass Potenziale bestanden, einen Lernzuwachs zwischen Pre- und Posttest nachzuweisen.

Das Item, das am häufigsten richtig ausgewählt wurde, war Item 2 mit Antwort *C*:

Item 2 – Was sind „Rohstoffe der Erde"?

A Dinge/Stoffe aus dem Labor, die der Mensch noch entdecken wird.
B Dinge/Stoffe aus der Fabrik, die der Mensch bereits erfunden hat.
C Dinge/Stoffe aus der Natur, die der Mensch weiterverarbeiten kann.

Es konnte für Item 2 eine Lösungswahrscheinlichkeit von 95 % erhoben werden.

Das Item, das am häufigsten falsch bewertet wurde, war durchgehend Item 6:

Item 6 – Welche Antwort passt am besten zu dem Begriff „Treibhausgase"?

A Treibhausgase werden ausschließlich von Menschen verursacht.
B Treibhausgase kommen natürlich und menschengemacht vor.
C Treibhausgase werden nicht von Menschen verursacht.

Hier lag die Antwortwahrscheinlichkeit bei 26 %. Die meisten Schüler:innen in der Konstruktionsphase gingen davon aus, dass Treibhausgase ausschließlich vom Menschen verursacht werden. Sie wählten demnach am häufigsten die erste Antwort *A* aus.[43]

---

[43] Hier zeigt sich ein Narrativ, welches der naturwissenschaftlichen Grundbildung überlegen ist (die Verf.'in). Es wird angenommen, dass Treibhausgase ausschließlich vom Menschen gemacht werden. In den beiden Erhebungen konnte wiederholt ein schüler:innenseitiges Präkonzept zu Treibhausgasen über den mündlichen Unterrichtsdiskurs eingefangen werden, welches normativ negativ konnotiert ist. An diesem Beispiel zeigt sich, dass auch deklarative Wissensbildung einen wichtigen Teil einer Bildung für nachhaltige Entwicklung darstellt,

Alle Items bewegten sich hinsichtlich der Lösungswahrscheinlichkeit demnach innerhalb eines Spektrums von 26 % bis 95 %:

Item 1 (87 %), Item 2 (95 %), Item 3 (89 %), Item 4 (77 %), Item 5 (86 %), Item 6 (26 %), Item 7 (89 %), Item 8 (89 %), Item 9 (59 %), Item 10 (78 %), Item 11 (82 %), Item 12 (76 %).

Der vollständige Fachwissenstest, der in der Haupterhebung im Pre- und Posttest eingesetzt wurde, kann im Anhang A 2.2 im elektronischen Zusatzmaterial eingesehen werden. Alle Items konnten von den Schüler:innen in durchschnittlich 5 Minuten bearbeitet werden. Das Antwortformat war ihnen durch die vorhergehende Tablet-Schulung vertraut.

Abb. 6.21 zeigt die gruppenbezogenen Ergebnisse des Pretests als erreichte Punkte im Fachwissenstest, *Quiz 1* zum Zeitpunkt *t0*:[44]

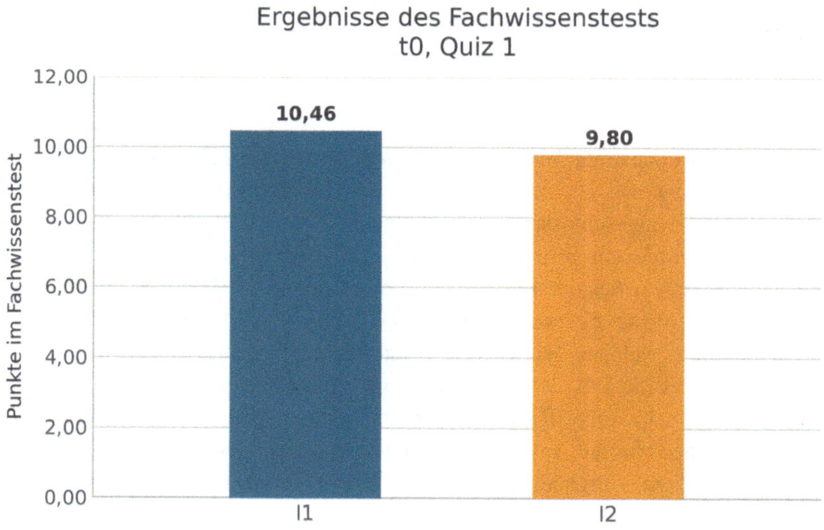

Abb. 6.21 Ergebnisse (Punkte) des Fachwissenstests t0 für die Gruppen I1 und I2

denn ohne Treibhausgase könnte die Wärme in der Atmosphäre des Planeten Erde nicht gehalten werden. Ein *natürlicher* und ein *anthropogener* Treibhauseffekt sind zu unterscheiden.

[44] Die Ergebnisse des Fachwissenstests Quiz 2, Posttest, *t1*, werden chronologisch nach den Ergebnissen der Intervention berichtet und in Abschnitt 6.3.9 vergleichend dargestellt.

Die Interventionsgruppe I1, welche zu einem späteren Zeitpunkt in der Intervention die idealtypische Schulbuchaufgabe erarbeitete, erreichte im ersten Quiz vorab einen durchschnittlichen Wert von $M = 10.46$ von 12 möglichen Punkten.

Die Interventionsgruppe I2 mit der schreibförderlichen Schulbuchaufgabe erreichte im zweiten Quiz einen durchschnittlichen Wert von $M = 9.80$ von 12 möglichen Punkten. Die Interventionsgruppe I1 konnte demnach durchschnittlich 1 richtige Antwort mehr geben als die Interventionsgruppe I2. Die Differenz lag bei $\Delta = 0.66$ Punkten.

Es wurde ein Kolmogorov-Smirnov-Test für eine Stichprobe durchgeführt, um zu überprüfen, ob eine Normalverteilung vorliegt. Dies konnte nicht bestätigt werden (I1 $p = .037$; I2 $p = .022$). Um zu prüfen, ob die Gruppen einen signifikanten Unterschied aufweisen, was an dieser Stelle der Erhebung unerwünscht gewesen wäre, da eine Vergleichbarkeit angestrebt wurde, wurde abermals ein Mann-Whitney-U-Test durchgeführt. Die Analyse zeigte einen Wert von $p = .332$ ($U = 89.500$; $z = -0.970$), womit die Nullhypothese beibehalten wurde. Beide Gruppen waren nicht signifikant unterschiedlich hinsichtlich ihrer fachinhaltlichen Voraussetzungen.

Nachdem der Fachwissenstest, *Quiz 1*, durchgeführt wurde und die Items aus dem Quiz das Thema *Nachhaltigkeit* anbahnten, wurde ein thematischer Ersteinstieg im Umfang von 15 Minuten durchgeführt, damit an diesen thematisch in der Folgewoche angeschlossen werden konnte.

Zunächst wurde ein Bild des Planeten Erde gezeigt und spontane Emotionen und Gedanken bei der Bildbetrachtung mündlich im Plenum eingefangen. Anschließend wurde ein kurzes Video (1:20 min) zum Klimawandel zweimal angesehen, welches als digitales Material des Lehrwerks der Klasse zur Verfügung stand (S. 198, 3).[45] Die Schüler:innen wurden beim ersten Mal aufgefordert, sich schwierige Begriffe aus dem Video schriftlich zu notieren. Beim zweiten Ansehen war die Aufgabe, eine erste Definition von *Nachhaltigkeit* abzuleiten. Über diese Aufgaben sollten einerseits Präkonzepte der Schüler:innen

[45] Ich danke dem C.C. Buchner-Verlag für die Erlaubnis, sowohl das Schulbuchmaterial *Politik & Co Wirtschaft-Politik, 5/6*, als auch das Differenzierungsmaterial (Dieckmann et al., 2019b) frei für die Studie nutzen zu dürfen. Das Lehrwerk war dem Aufbau der Studie zuträglich, das Differenzierungsmaterial beinhaltet sowohl Lesetexte mit verschiedenen Niveaustufen als auch Aufgaben mit Ausdrucksprozeduren und lexikalischen Hilfen. Das Differenzierungsmaterial wurde von der Lehrkraft nicht in der Klasse eingesetzt. Wie auch in den hier analysierten Lehrwerken, wurden sprachliche Hilfen nicht im Schüler:innenband gegeben, durchaus aber im Differenzierungsband. In Physik nutzen die Schüler:innen das auch in dieser Studie analysierte Lehrwerk *Dorn/Bader Physik 1* (Müller, R., 2019).

und andererseits potenzielle Verstehenshürden vor Beginn des fachlichen Einstiegs geklärt werden. Die Schüler:innen nannten als Verstehenshürden *Globale Erwärmung/Erderwärmung*, *Globaler Meeresspiegel* und *Weltklimakonferenz*. Die Begriffe/Konzepte/Prozesse wurden erklärt und zwei Wortspeicherplakate angefertigt, die in der Klasse aufgehängt wurden. Eine Woche später fand der als Unterrichtsstunde konzipierte fachliche Einstieg statt.

6.3.6 MZP 2 – Fachlicher Einstieg, Schreibtraining

Der fachliche Einstieg und das Schreibtraining erfolgten zum MZP 2 in einer Doppelstunde (2-mal 67 Minuten). Beides war dazu konzipiert, die Intervention fachlich und in Bezug auf das Schreiben von Texten sowie den Umgang mit Aufgaben vorzubereiten.

Die fachliche Konzeption beider Teile orientierte sich an den fachlichen Lernzielen der Studie, an den Angeboten des Schulbuchs der Klasse (Dieckmann et al., 2019a) sowie dem schulinternen Lehrplan. Da die kooperierende Lehrkraft den Wirtschaft-Politik-Unterricht zur Verfügung stellte, wurde das Thema ausgehend vom Wirtschaft-Politik-Lehrwerk und dem Nachhaltigkeitskapitel 8 *Nachhaltigkeit: Wir haben nur eine Erde – (wie) können wir sie schützen?* konzipiert (Dieckmann et al., 2019a, S. 198–225). Gemeinsam mit der Lehrkraft wurde zunächst versucht, im Einstieg einen Anschluss an den realen Unterricht zu finden und nach Durchführung der Studie ebenso einen Anschluss zu ermöglichen.

Im fachlichen Einstieg und im Schreibtraining wurden die Inhalte des Unterkapitels 8.1 *Nachhaltigkeit im Alltag und in der Schule* mit 8.1.1 *Nachhaltigkeit – ein Thema für uns alle?!* und 8.1.2 *Nachhaltigkeit in der Schule I: „Müllfreie Schule!“* behandelt. Die Lerninhalte wurden in der Intervention um den Treibhauseffekt und die Erderwärmung ergänzt. Hierzu wurden eigene Materialien entwickelt. Durch die Einbindung des Treibhauseffekts hatte auch das Fach Physik einen inhaltlich angemessenen fachlichen Anteil, denn dieser wurde im verwendeten Wirtschaft-Politik-Lehrwerk nicht näher thematisiert.[46] Es kann konstatiert werden, dass einführende Themen und Inhalte zu *Nachhaltigkeit* in Schulbüchern und freien Lernmaterialien fächerübergreifend ähnlich gestaltet sind. In diesem

[46] Auch in dem in dieser Studie analysierten Physik-Lehrwerk *Dorn-Bader – Physik 1*, welches die Schüler:innen im Fach Physik real nutzten, wird der Klimawandel im Themenfeld *Temperatur und Wärme* behandelt (Müller, R., 2019, S. 32, 33). Hierbei werden neben dem Treibhauseffekt, Treibhausgasen und der Erderwärmung auch politische Aspekte thematisiert wie das *Pariser Abkommen* von 2015. Alle Themen wurden bei der Umsetzung der Intervention berücksichtigt.

Zusammenhang wurde auch mit den *Sustainable Development Goals* (SDG) der United Nations (UN) gearbeitet (Schreiber et al., 2016).

Die im Folgenden aufgeführten fachlichen Lernziele waren Teil der Studie. Diese wurden aus dem Kernlehrplan und dem schulinternen Lehrplan abgeleitet. Das Groblernziel wurde durch die Aufgabe aus der Intervention operationalisiert und die Feinlernziele wurden mit denjenigen Aufgaben verfolgt, die im fachlichen Einstieg sowie im Schreibtraining verwendet wurden:

Groblernziel:

Die Schüler:innen erklären schriftlich, welcher Zusammenhang zwischen nachhaltigem Handeln und dem schonenden Umgang mit Rohstoffen besteht.

Feinlernziele:

- Die Schüler:innen erklären mündlich, was Nachhaltigkeit bedeutet.
- Die Schüler:innen erklären mündlich, was Rohstoffe sind.
- Die Schüler:innen erklären mündlich, warum es schwer sein kann, nachhaltig zu leben, und machen sich Notizen.
- Die Schüler:innen erklären schriftlich den Zusammenhang zwischen Müllsammeln und Nachhaltigkeit.

Im Folgenden wird der fachliche Einstieg beschrieben.

6.3.6.1 Fachlicher Einstieg

Der fachliche Einstieg fand am *Earth Day 2024* statt und begann mit einer Umweltaktion zum Thema *Müll.* Die Aktion wurde nach einer kurzen Vorwissensaktivierung und einer mündlichen Definition von *Nachhaltigkeit* umgesetzt und direkt an die Lebenswelt der Schüler:innen gebunden.

Da Bildung für nachhaltige Entwicklung konzeptuell die Trias *Kopf – Herz – Hand* berücksichtigt, womit der Handlungsorientierung neben der deklarativen Wissensvermittlung und der Bewertung ethischer Aspekte ein hoher Stellenwert zugesprochen wird (Bianchi et al., 2022) und auch das Schulbuch hier Anschlussfähigkeit zeigte, sammelten die Schüler:innen zu Beginn des fachlichen Einstiegs Müll auf dem Schulhof und auf dem Schulgelände. Somit konnte das Setting um authentische Elemente ergänzt werden, die das Potenzial hatten, ein tieferes Verständnis und eine Involviertheit der Schüler:innen zu erzielen. Die Schüler:innen erhielten für die Umsetzung biologisch abbaubare Handschuhe und Müllbeutel und sammelten auf dem Schulhof und im Schulgebäude insgesamt 3,4 kg Müll.[47] Abb. 6.22 zeigt eine Schülerin bei der Umweltaktion am Earth Day 2024 während des fachlichen Einstiegs.

Abb. 6.22 Eine Schülerin bei der Müllsammelaktion am Earth-Day 2024 während des fachlichen Einstiegs

Der Müll wurde nach dem Sammeln nach Rohstoffen sortiert. Es wurden neben den Rohstoffen der Zusammenhang zwischen Nachhaltigkeit und Müllsammeln mündlich besprochen. Die folgende Leitfrage aus dem Schulbuch wurde gemeinsam bearbeitet: *Was hat Nachhaltigkeit mit Müllsammeln zu tun?* Über die Methode *Think-Pair-Share* erarbeiteten die Schüler:innen je zwei Schlagworte zur Frage und sendeten ihre Ergebnisse online über *Mentimeter* in eine sich synchron aufbauende Wortwolke, die auf das Smartboard in der Klasse projiziert wurde. Die Ergebnisse wurden anschließend besprochen, wobei kontroverse Aspekte besonders thematisiert wurden (z. B. die Bequemlichkeit von Menschen

[47] Der Müll wurde von einer Schüler:innengruppe gewogen. Für das Gewicht konnten die anderen Schüler:innen Schätzungen abgeben, die synchron am Smartboard niedergeschrieben wurden.

und das Werfen von Müll in die Natur vs. die Herkunft und die Verrottungsdauer von Plastik). Nach einer kurzen Pause erhielten die Schüler:innen ihre Forscher:innentaschen und die Tablets und nahmen am Schreibtraining teil.

6.3.6.2 Schreibtraining

Das Schreibtraining schloss fachlich an die Umweltaktion und das Lehrwerk an. Es wurde der Schulbuchtext *M5 – Was hat Müllsammeln mit Nachhaltigkeit zu tun?* (Dieckmann et al., 2019a, S. 204, 205) im Schreibtraining eingesetzt. Da die Schreibaufgabe der Intervention mit dem Operator *erklären* arbeitete, wurde aus der W-Frage der Überschrift des Schulbuchtextes eine Aufgabe mit dem Operator *erklären* gemacht: *Erklärt den Zusammenhang zwischen Müllsammeln und Nachhaltigkeit.*

Forschende 1 modellierte alle Schritte für das Lösen der Aufgabe. Dabei wurden verschiedene Lese- und Schreibstrategien gezeigt.

1. Zuerst wurde das Schreibziel mit den Schüler:innen geklärt.
2. Dann wurde die Aufgabenstellung noch einmal gelesen.
3. Weiter wurde der Operator mündlich besprochen.[48]
4. Anschließend wurde der Text von zwei Schüler:innen laut vorgelesen.
5. Alle Schüler:innen lasen den Text anschließend noch einmal leise durch.
6. Im Folgenden wurden das Erstellen einer Concept Map und das Markieren von Textstellen modelliert.
7. Die Schüler:innen schrieben eine erste handschriftliche Texterstfassung als Aufgabenlösung.
8. Das Überarbeiten wurde modelliert. Dabei wurden die folgenden Lese- und Schreibtechniken vorgeführt:
   a. Den eigenen Text noch einmal lesen.
   b. Die Aufgabenstellung wiederholt lesen.
   c. Die Techniken *streichen, ersetzen, hinzufügen, verschieben* nutzen.[49]
   d. Die Rechtschreibung prüfen.

---

[48] Keine der Schüler:innen kannte den Begriff *Operator* oder einen anderen Begriff für Operatoren. Durchaus aber kannten alle Schüler:innen die Art der Aufforderung. Es wurde erfolglos versucht, mit den Schüler:innen ein anderes Wort für *Operator* zu finden. Für eine Didaktisierung wäre eine schüler:innenorientierte, funktionale Namensgebung auch für die Erprobungsstufe wichtig.

[49] Diese Idee stammt aus dem Video von Lars Rüßmann (2018) und wurde in den BMBF-Forschungsprojekten „Schreibförderung in der multilingualen Orientierungsstufe" (SimO) und „Textrevisionen in der multilingualen Orientierungsstufe" (*TimO*) genutzt, welche von Marx und Steinhoff geleitet wurden (Marx & Steinhoff, 2017).

9. Die Schüler:innen hatten 5 Minuten Zeit, um im Anschluss Korrekturen an ihrem Text vorzunehmen.
10. Zuletzt wurde der Text mit der Tastatur abgetippt. Es wurde auch auf die Möglichkeiten der Überarbeitung mit der Tastatur hingewiesen.

Das Ziel des Schreibtrainings war es, möglichst alle Schüler:innen auf das Schreiben einzustellen und bekannte Techniken und Strategien abzurufen. Digital wurde in ein Freitextfeld ohne Features (etwa KIs zur Rechtschreibprüfung) geschrieben, welches eine einfache und reizarme Schreibumgebung bot. Darüber hinaus wurde über das Schreibtraining das grundlegende hybride, analog-digitale Verfahren für die Intervention eine Woche vor der Durchführung mit allen Schüler:innen erprobt.[50]

6.3.7 MZP 3 - Intervention

Der Teil der Intervention umfasste eine Einzelstunde. Nach einer kurzen Einführung, in der aufkommende fachliche Fragen der Schüler:innen aus der letzten Sitzung geklärt wurden, wurden die Interventionsgruppen räumlich getrennt.

Beiden Gruppen standen Tablets mit Tastatur und die Forscher:innentaschen mit einem Notizblock, einem Kugelschreiber, einem Textmarker und einer Karte mit den 17 Nachhaltigkeitszielen zur Verfügung. Beide Gruppen erhielten einen selbst konzipierten Schulbuchtext (vgl. Anhang A 2.3 im elektronischen Zusatzmaterial). Der Text ähnelte im Schwierigkeitsgrad dem Text aus der Pilotierung (gSMOG = 8,75) bzw. war in Bezug auf die Komplexität des Leseverstehens leichter angelegt. Dies wurde mit dem Regensburger Analysetool für Texte, *Ratte* 2.0, beurteilt (Wild & Pissarek, o. J., vgl. Abschnitt 5.2). Die Auswertung mit *Ratte* 2.0 ergab einen gSMOG-Wert von 7,57. Durchschnittlich (algorithmisch berechnet) war der Text demnach für Schüler:innen in der Mitte der 7. Klasse am besten geeignet. Diese Kluft zwischen der realen Jahrgangsstufe (hier Mitte/Ende der Klasse 6) und dem Schwierigkeitsgrad eines Schulbuchtextes (Mitte der Klasse 7) wurde für Gymnasiallehrwerke in der Konzeptions-

[50] Die Lehrkraft führte für das Abtippen und Überarbeiten noch eine weitere Unterrichtsstunde durch, sodass alle Schüler:innen auf die Intervention vorbereitet waren. Es zeigte sich, dass die Schüler:innen im Fach Wirtschaft-Politik wenig schreiben und das Tablet nur selten genutzt wird. Daher war die Nutzung für alle eine neue Erfahrung, die jedoch in der Reflexion am Ende der Studie von den Schüler:innen als gewinnbringend bewertet wurde, obgleich die Mehrheit einen mündlichen Unterricht präferierte, da das Schreiben von den Schüler:innen als sehr anstrengend bewertet wurde.

und Pilotierungsphase mehrmals festgestellt. Der in der Haupterhebung der Intervention eingesetzte Text bestand aus 459 Wörtern und 38 Sätzen, verteilt auf 3 Unterabschnitte mit den Überschriften *Energiewende, Treibhauseffekt und Klimawandel* sowie *Nachhaltiges Handeln.* Der Text enthielt 275 Types und 591 Token. Die Relation, *Type-Token-Ratio* (*TTR*), betrug 0.51. Der erste Grund für die sprachliche Komplexität war die Häufigkeit der eingesetzten Nominalphrasen. Der zweite Grund für die sprachliche Komplexität war das Vorkommen des Fachwortschatzes mit Begriffen wie u. a. *Energiewende,* (*fossile*) *Energieträger, Braunkohle, Erdöl, Erdgas,* also solchen, zu denen Wissen im Unterricht bzw. über die Studie aufgebaut werden sollte. Der Text wurde von den Schüler:innen als anspruchsvoll bewertet. Alle Schüler:innen konnten dennoch gut mit dem Text arbeiten; nicht zuletzt deshalb, da es sich um eine lesestarke Klasse handelte (vgl. Abschnitt 6.3.5.1).

Das Material der Interventionsgruppen unterschied sich – wie auch in der Pilotierung – ausschließlich hinsichtlich der Aufgabenstellung und der Schreibtipps, welche den Schüler:innen für das Aufgabenlösen in der Intervention zur Verfügung standen. Tab. 6.89 stellt das *Interventionsmaterial und das Treatment beider Interventionsgruppen, I1 und I2,* gegenüber.

Tab. 6.89 Interventionsmaterial und Treatment beider Gruppen aus der Intervention im Vergleich

Gruppe	Interventionsgruppe I1	Interventionsgruppe I2
Treatment	ja idealtypische Schulbuchaufgabe	ja schreibförderlich optimierte Schulbuchaufgabe
Figur	Cris	Kathi
Schulbuchtext	identisch mit I2	identisch mit I1
Tablet mit Tastatur	ja	ja
Forscher:innentasche mit Notizblock, Kugelschreiber, Textmarker und Postkarte mit den 17 Nachhaltigkeitszielen (SDGs)	ja	ja

(Fortsetzung)

Tab. 6.89 (Fortsetzung)

Gruppe	Interventionsgruppe I1	Interventionsgruppe I2
Schriftlich zu lösende Aufgabenstellung	Lies den Text. Denke über den Text nach. Bereite deine Aufgabenlösung vor. Erkläre dann, welcher Zusammenhang zwischen Nachhaltigkeit und dem schonenden Umgang mit Rohstoffen besteht.	Lies den Text. Denke über den Text nach. Bereite deine Aufgabenlösung vor. Erkläre dann, welcher Zusammenhang zwischen Nachhaltigkeit und dem schonenden Umgang mit Rohstoffen besteht. Schreibe einen zusammenhängenden Text. Definiere in deinem Text zuerst „Nachhaltigkeit". Hierfür kannst du zum Beispiel schreiben: *Nachhaltigkeit bedeutet, dass* … oder *Unter Nachhaltigkeit versteht man, dass …* Stelle dann einen Zusammenhang zwischen einem „schonenden Umgang mit Rohstoffen" und „Nachhaltigkeit" her. Hierfür kannst du zum Beispiel schreiben: *Wenn man …, dann …* Erkläre so, dass jemand, der den Text nicht kennt, deine Erklärung verstehen kann. Lies die Tippkarte und nutze die Tipps, um deinen Text besser zu machen!
Tippkarte	nein	ja Erklärung des Operators *erklären* und der Quasi-Operatoren *schreiben, definieren, einen Zusammenhang herstellen.* Wiederholung von Schreibstrategien aus dem Schreibtraining (Planen, Formulieren, Überarbeiten)

Beide Interventionsgruppen erhielten ein unterschiedliches Treatment. Die Interventionsgruppe I1 arbeitete mit einer idealtypischen Schulbuchaufgabe zum Lernziel, welche an den Ergebnissen der Schulbuchanalyse dieser Studie orientiert war (vgl. Abschnitt 6.2.9). Die Aufgabe enthielt einen expliziten Lesehinweis, war hinsichtlich der Explikation einer medialen Realisierung offen gestaltet und enthielt keine sprachlichen Hilfen, jedoch Quasi-Operatoren aus den Bereichen *denken und wahrnehmen* (WiPo) sowie *organisieren* (Physik) (vgl. Abschnitt 6.2.9.1).

Die Aufgabe für die Gruppe Interventionsgruppe I1 lautete:

Lies den Text.

Denke über den Text nach.

Bereite deine Aufgabenlösung vor.

Erkläre dann, welcher Zusammenhang zwischen Nachhaltigkeit und dem schonenden Umgang mit Rohstoffen besteht.

Die schreibförderlich optimierte Aufgabe der Interventionsgruppe I2 enthielt die gleichen Merkmale, jedoch überdies einen explizit medial schriftlichen Hinweis, sprachliche Hilfen in Form von Quasi-Operatoren mit Ausdrucksprozeduren (*Textprozeduren*) und einen weiteren Hinweis zur Adressat:innenorientierung über die Transparenz der Textfunktion und ihrer Realisierung für einen generalisierten Anderen. Die Aufgabe für die Interventionsgruppe I2 lautete:

Lies den Text.

Denke über den Text nach.

Bereite deine Aufgabenlösung vor.

Erkläre dann, welcher Zusammenhang zwischen Nachhaltigkeit und dem schonenden Umgang mit Rohstoffen besteht.

Schreibe einen zusammenhängenden Text.

Definiere in deinem Text zuerst „Nachhaltigkeit“.

Hierfür kannst du zum Beispiel schreiben:

Nachhaltigkeit bedeutet, dass … oder

Unter Nachhaltigkeit versteht man, dass …

Stelle dann einen Zusammenhang zwischen einem „schonenden Umgang mit Rohstoffen“ und „Nachhaltigkeit“ her.

Hierfür kannst du zum Beispiel schreiben:

Wenn man ..., dann ...

Erkläre so, dass jemand, der den Text nicht kennt, deine Erklärung verstehen kann.

Lies die Tippkarte und nutze die Tipps, um deinen Text besser zu machen!

Die Markierung innerhalb der hier dargestellten schreibförderlichen Aufgabe – - zeigt die Grenze zwischen Aufgabenstellung und Support-Merkmalen auf.[51] Damit war die Aufgabe der Interventionsgruppe deutlich länger. Die Aufgabe der Interventionsgruppe I1 enthielt 25 Wörter, die Aufgabe der Interventionsgruppe I2 enthielt 98 Wörter.[52] Letztere war demnach 4-mal so lang.

Darüber hinaus erhielten die Schüler:innen der Gruppe I2 eine Tippkarte, auf der die Operatoren und Quasi-Operatoren erklärt wurden. Es wurde noch einmal auf die im Schreibtraining gelernten Techniken zum Planen, Formulieren und Überarbeiten hingewiesen. Die Tippkarte kann in Anhang A 2.4 im elektronischen Zusatzmaterial eingesehen werden. In Bezug auf die Entwicklung fachlicher Lehrwerke kann sie mit einem Methodenhinweis verglichen werden, auf den direkt in der Aufgabe hingewiesen wird. Damit wird eine explizite Binnenstruktur zwischen Tippkarte, Aufgabe und vorab Gelerntem hergestellt.

Weder die Forschenden noch die Lehrkraft gaben weitere sprachlich unterstützende Hinweise zur Aufgabenlösung. Es wurde ausschließlich der Ablauf mündlich erklärt und bei organisatorischen Fragen ausgeholfen (z. B. dann, wenn die Tablets nicht funktionierten). Unterstützend wurde eine Präsentation eingesetzt. Der Text aus der Präsentation zur Erklärung des Ablaufs wird im Folgenden abgebildet:

„Heute machen wir das ähnlich [*wie im Schreibtraining, Erg. M.F.*].

Aber in ganz stiller Einzelarbeit.

---

[51] Diese Markierung dient hier ausschließlich der verständlichen Darstellung und war nicht Teil der realen Aufgabe.

[52] Für die Umsetzung in Schulbüchern kann es von Vorteil sein, Textprozeduren, verbunden mit Operatoren und Quasi-Operatoren, extra zu listen und in der Aufgabe darauf zu verweisen; ähnlich Leinen et al. (2020) für die Gesamtschule und das Fach *Gesellschaftslehre*.

Um die Strategie und die Beziehung von (Quasi-)Operatoren und sprachlicher Konstruktion zu erlernen, ist es jedoch auch relevant, sprachliche Hilfen direkt an die fachlichen Aufgaben zu binden und wiederholt die Nutzung im Selbstlernprozess anzuregen, so wie es im Differenzierungsmaterial zum in der Haupterhebung genutzten Schulbuch umsetzt wurde (Dieckmann et al., 2019b).

Ablauf:

15 Minuten den Text lesen und mit der Hand vorschreiben, dann den Text abtippen und abgeben (insg. 35 Min.).

Wichtig:

Ihr bedient die Tablets jetzt selbständig.

Nun dürft ihr keine Fragen stellen, damit wir am Ende sehen können, wie gut ihr die Aufgaben ohne uns versteht. Falls das Tablet nicht funktioniert, helfen wir euch aber gern. Bitte meldet euch.

Wenn ihr früher fertig seid, wartet bitte, bis die anderen fertig sind.“

Die gezeigten Aufgabenstellungen, einschließlich der zugehörigen Tippkarte für I2, stellen die unabhängigen Variablen im Experiment dar. Die abhängige Variable waren neben dem Fachwissen die Textquantität und Textqualität der Aufgabenlösungen aus der Intervention.

Die Texte wurden über mehrere Verfahren bewertet. Es wurden die Textlänge, die fachlich-sprachliche Qualität der Aufgabenlösung über ein holistisches Rating und die Nutzung der sprachlichen Formulierungshilfen über ein kriterial-analytisches Textprozedurenrating untersucht. In den folgenden Abschnitten werden die Ergebnisse im Gruppenvergleich berichtet.

6.3.7.1 Textlänge

Für das Merkmal der *Textlänge* der Aufgabenlösung in der Intervention wurde ein Mann-Whitney-U-Test durchgeführt. Dieser zeigte, dass die Aufgabenlösungen beider Interventionsgruppen I1 und I2 signifikant unterschiedlich waren. Mit $p = .023$ ($U = 58.500$; $z = -2.240$) musste die Nullhypothese, dass beide Gruppen gleich sind, abgelehnt werden. Tab. 6.90 fasst dieses Ergebnis zusammen.

Tab. 6.90 Ergebnisse des Mann-Whitney-U-Tests für die Textlänge der Aufgabenlösungen aus der Intervention

	Nullhypothese	Test	*p*	Entscheidung
1	Die Verteilung von Textlänge ist für beide Gruppen I1 und I2 gleich.	Mann-Whitney-U-Test bei unabhängigen Stichproben	.023	Nullhypothese ablehnen

Die deskriptiven Ergebnisse zeigen, dass dieser Unterschied zugunsten der Interventionsgruppe I2 mit dem schreibförderlichen Treatment ausfiel. Interventionsgruppe I1 erreichte ein Minimum von 19 Wörtern und ein Maximum von 169 Wörtern, wobei der Durchschnitt mit einem Mittelwert von $M = 99.93$ und einer Standardabweichung von $SD = 42.73$ berichtet werden kann.

Die Interventionsgruppe I2 lag in allen Werten über denen der Gruppe I1 und erreichte ein Minimum von 69 Wörtern und ein Maximum von 219 Wörtern mit einem durchschnittlichen Mittelwert von $M = 139$ Wörtern sowie einer Standardabweichung von $SD = 42.83$. Tab. 6.91 fast die deskriptiven Ergebnisse für die *Textlänge der Aufgabenlösungen aus der Intervention* zusammen.

Tab. 6.91 Textlänge der Aufgabenlösungen aus der Intervention im Gruppenvergleich

Gruppe		N	Min	Max	*M*	*SD*
1	Textlänge Intervention	15	19.00	169.00	99.93	42.73
2	Textlänge Intervention	15	69.00	219.00	139.00	42.83

Um den Unterschied der Lagemaße zu illustrieren, eignen sich Boxplots. Abb. 6.23 zeigt die Ergebnisse für die *Textlänge der Aufgabenlösungen aus der Intervention* für beide Gruppen.

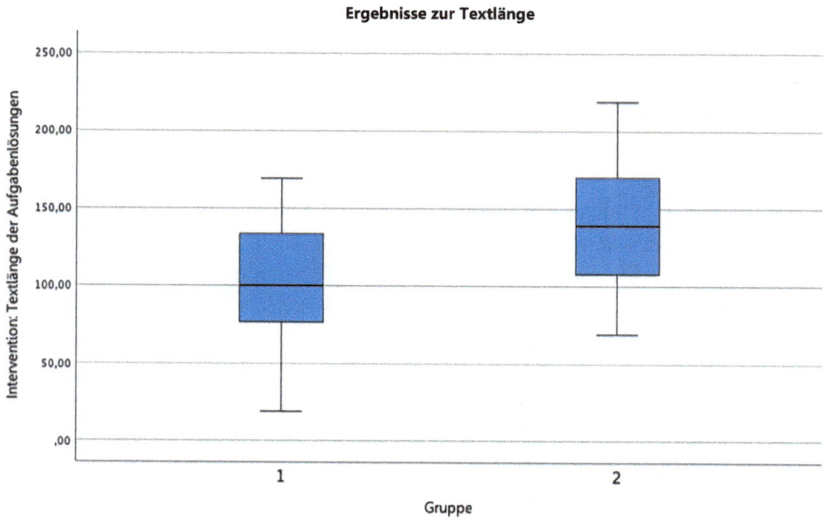

Abb. 6.23 Textlänge der Aufgabenlösungen aus der Intervention im Gruppenvergleich

Für das Merkmal *Textlänge* kann folglich ein signifikanter Effekt der Aufgabenstellung auf die Textlänge berichtet werden. Die Schüler:innen der Interventionsgruppe I2 mit der schreibförderlichen Aufgabenstellung verfassten längere Texte als die Schüler:innen der Gruppe I1 mit der idealtypischen Schulbuchaufgabe.

6.3.7.2 Fachlich-sprachliche Qualität der Aufgabenlösungen

In diesem Unterkapitel wird die sprachliche und fachliche Qualität der Aufgabenlösungen berichtet, die über ein holistisches Verfahren ausgewertet wurden. Um die Aufgabenlösungen als Texte in ihrer sprachlich-fachlichen Gesamtheit zu beurteilen, wurde die Methode des *comparative judgement* gewählt, bei der automatisierte Paarvergleiche durchgeführt werden (De Maeyer et al., 2023). Dabei entscheiden unabhängige Rater:innen naiv über die globale Qualität der Aufgabenlösungen und betrachten den Text als Ganzen, ohne einzelne Kriterien zu analysieren und vorher explizit textlinguistisch geschult worden zu sein (Rüßmann, 2018). Vergleiche verschiedener Ansätze zur Ermittlung der Textqualität in Forschungsstudien zeigen, dass naive Verfahren Ergebnisse hervorbringen, die mit denen vergleichbar sind, in denen die Rater:innen geschult werden, da das Merkmal *Textqualität* ein stabiles Merkmal ist (Knorr et al., 2014). Für die Umsetzung wurde die browserbasierte Software *comproved®* genutzt, die es ermöglicht, Paarvergleiche valide, reliabel und automatisiert durchzuführen. Das Verfahren ist für den Einsatz von Feedback in Klassen ebenso geeignet wie für den Einsatz in der Forschung. Es basiert auf dem *law of comparative judgement* nach Thurstone aus dem Jahr 1927, nach dem es möglich ist, zwischen Objekten paarweise so zu unterscheiden, dass sich die bewerteten Objekte unterscheidend auf einer Skala anordnen lassen (De Maeyer et al., 2023).

Die Software zeigt Rater:innen über eine digitale Maske eine so hohe Anzahl an Paarvergleichen, dass nach dem Rating ein Ranking mit Reliabilitätsmaß ausgegeben werden kann, das zwischen *0* und *1* liegt, wobei *1* eine absolute Interrater-Übereinstimmung zeigt und *0* keine Übereinstimmung.

In der Anwendung werden jedem und jeder Rater:in immer zwei Texte ohne eine Zuordnung zu einer Gruppe digital vorgelegt. Das Format der Texte wurde konstant gehalten (Blindverfahren). Für jedes Paar mussten die Rater:innen entscheiden, welcher der gezeigten Texte *besser ist*, also welcher der Texte eine höhere fachlich-sprachliche Qualität besitzt. Es wurde konkret nach der fachlichen und sprachlichen Qualität der Aufgabenlösung im Verhältnis zur gegebenen Aufgabenstellung gefragt. Dabei wurde den Rater:innen derjenige Teil der Aufgabenstellung laufend gezeigt, der für beide Gruppen identisch angelegt war und den Kern der Aufforderung aus der Aufgabenstellung enthält:

Erkläre, welcher Zusammenhang zwischen Nachhaltigkeit und dem schonenden Umgang mit Rohstoffen besteht.

Die Rater:innen lasen die Texte und wurden aufgefordert, jedes Mal denjenigen Text aus einem Textpaar auszuwählen, der die höhere sprachliche und fachliche Qualität besitzt. Die Texte erhielten nach Abschluss des Ratings einen Score und wurden automatisiert in einem Ranking platziert. Das Verfahren wurde so oft wiederholt, bis ein statistisch ausreichendes Reliabilitätsmaß erreicht wurde. Je mehr Rater:innen und je mehr Paarvergleiche umgesetzt werden, umso valider und reliabler sind die Ergebnisse. Für eine Stichprobengröße von 27 benötigt es laut Herstellerbeschreibung des Softwareunternehmens mindestens eine Anzahl an Paarvergleichen, die sich aus der Formel $\frac{N\,works \times 7{,}5}{N\,assessors}$ ergibt. Da drei Texte nicht in die Beurteilung einbezogen werden konnten, wurde mit $N = 27$ gerechnet.[53] Es wurden 4 unabhängige Rater:innen eingesetzt, womit 51 Paarvergleiche pro Beurteiler:in und insgesamt 204 Paarvergleiche durchgeführt wurden. Ziel war es, einen Reliabilitätswert von >.70 zu erreichen. Dem automatisierten Rating liegt das Verfahren der *Scale Separation Reliability* (*SSR*) (Verhavert et al., 2018) zugrunde. In der vorliegenden Auswertung konnte eine Reliabilität von.79 erreicht werden.

Die Werte und Rangplatzierungen wurden nach Abschluss des holistischen Ratings über Chiffre[54] wieder den Pseudonymen der Proband:innen und Gruppen zugeordnet, sodass die Ergebnisse der Gruppen miteinander verglichen werden konnten. Abb. 6.24 zeigt zunächst die *Verteilung der fachlich-sprachlichen Qualität der Aufgabenlösungen innerhalb der Gesamtstichprobe* ($N = 30$, missing $= 3$).

Der Mittelwert der Gesamtstichprobe, also der gesamten Klasse unabhängig von den Gruppen, liegt bei 0.04 Punkten mit einer Standardabweichung von rund 2.03 Punkten. Dies ist als individuelles Lagemaß der Gesamtstichprobe für die Qualität der Aufgabenlösungen zu lesen. Liegen die Werte im Folgenden unter

[53] Ein Text in Gruppe I1 und zwei Texte in Gruppe I2 konnten nicht in das Korpus aufgenommen werden, da zwei Schüler:innen fehlten und ein Text nicht übermittelt wurde. Die Werte wurden durch Mittelwerte ersetzt. Damit ergibt sich eine geringere Streuung in Gruppe I2, die jedoch nicht die gesamte Streuung erklärt. Dennoch sollte dies bei der Interpretation des Gruppenvergleichs berücksichtigt werden.

[54] Die Verfasser:innen der Texte wurden über eine doppelte Chiffrierung unkenntlich gemacht. Es wurden zwei über einen Algorithmus zufällig ausgewählte Codes zusammengefügt. Diese wurden mit *Chiffre-Präfix* und *Chiffre* bezeichnet. Zusammengefügt bilden sie das Pseudonym nach der Anonymisierung der Daten.

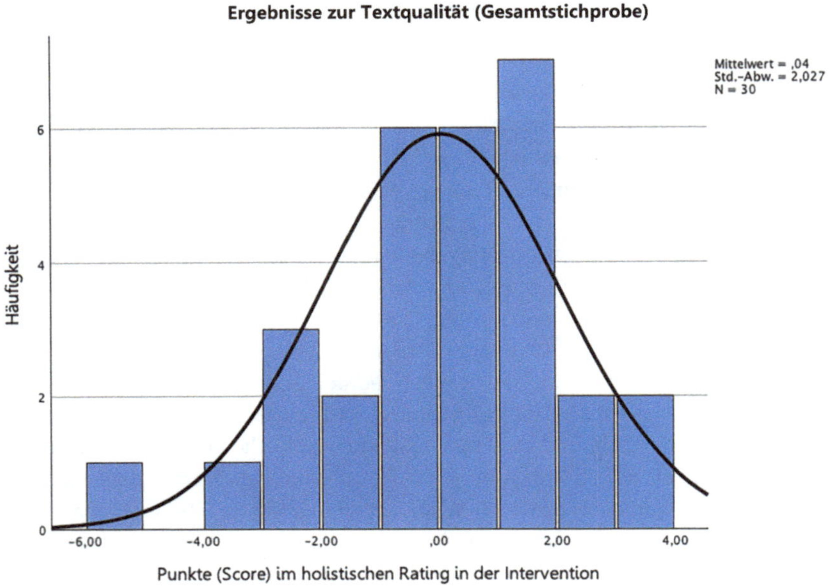

Abb. 6.24 Verteilung der Punkte (Score) im holistischen Rating in der Intervention. Übersicht über die Gesamtstichprobe

0.04 Punkten, liegt der Wert des Textes unter dem Klassendurchschnitt der Aufgabenlösungen aus der Intervention. Liegt der Wert über diesen, ist die Qualität der Aufgabenlösungen besser als der Wert des Klassendurchschnitts. Die Aufgabenlösung mit der niedrigsten Textqualität in der Klasse erreichte einen Punktewert von *−5.54* (*Min*), der beste Text eine Punktzahl von *3.42* (*Max*). Es wurden 27 Ränge ausgegeben, wobei Rang 1 die beste Aufgabenlösung zeigt und Rang 27 diejenige Aufgabenlösung, die als Text mit der niedrigsten Textqualität bewertet wurde.

Tab. 6.92 zeigt die authentischen Schüler:innenlösungen im direkten Paarvergleich. Es wird die beste Aufgabenlösung (*Rang 1*) derjenigen Aufgabenlösung gegenübergestellt, deren Qualität am geringsten eingeschätzt wurde (*Rang 27*):[55]

[55] Der Text mit dem Pseudonym *24–1663193840*, der über das holistische Rating Rang 1 erreichte, ist deutlich länger als der Text mit dem Pseudonym *32–1634214585*, der über das holistische Verfahren auf Rang 27 platziert wurde.

Tab. 6.92 Gegenüberstellung der Schüler:innenlösungen aus der Intervention. Aufgabenlösung mit Rang 1 und Rang 27, holistisches Rating

Schüler:innenlösung, Rang 1	Schüler:innenlösung, Rang 27
Zwischen Nachhaltigkeit und dem schonenden Umgang mit Rohstoffen gibt es Zusammenhänge. Die Energiewende ist ein Plan, bei dem versucht wird weniger der alten Energieträger zu verwenden. Sie werden auch Fossile Energieträger oder Ressourcen genannt. Fossile Energieträger sind Beispielsweise Braunkohle, Erdöl und Erdgas. Diese Fossilen Energieträger werden aus Überresten Toter Tiere und Toten Pflanzen gewonnen. Da dieser Prozess sehr lange dauert sollten die Menschen sparsam mit ihnen umgehen. Beim Autofahren oder Fliegen werden Fossile Energieträger verbrannt und es entstehen viele Schadstoffe und Treibhausgase die der Erde und uns Menschen schaden. Einer der Hauptgrüde für den Klimawandel ist der erhöhte Gehalt an Treibhausgasen durch uns Menschen. Ohne den natürlich Treibhausgas Effekt wäre die Erde zu kalt um auf Uhr zu leben, da er die wärme der Sonne ein wenig in unserer Atmosphäre festhält, das Problem liegt dabei das wir Menschen zu viele Zusätzliche Treibhausgase prodotzieren. Dies sind zum Beispiel Kohlenstoffdioxid oder Methan. Diese Treibhausgase verstärken die natürlichen Treibhausgase,was zu eine Erwärmung der Erde führt. In Zukunft sollen mehr natürliche Energiequellen genutzt werden Beispielsweise die Sonnen-,Wasser-oder Windenergie. Diese Energiequellen produzieren wenig bis keine Treibhausgase und sind erneuerbar. Unter Nachhaltigkeit versteht man, dass Die Menschen sparsam mit den Enegrieträger, die nicht unendlich vorhanden sind, umzugehen um die nachfolgenden Generation nicht einzuschränken. Wenn man Beispielsweise das Licht nur Anschaltet wenn man es benötigt,spart man Strom und Energie. Die Energie soll in Zukunft mehr aus klimafreundlichen Energiequellen zu gewinnen.	Beides hilft der Umwelt und dem Klima. Auserdem hilft es auch der Erde bei der Regeneration der „Energie Rohrstoffen“.
Pseudonym: 24–1663193840	Pseudonym: 32–1634214585

Alle unbereinigten Texte aus dem Blindverfahren sowie eine Tabelle mit den Rangplatzierungen können im Anhang eingesehen werden (vgl. Anhang A 2.5 im elektronischen Zusatzmaterial).

Der Gruppenvergleich zeigt, dass in der *Interventionsgruppe I1* das Gesamtminimum (Min) von *−5.54* und ein Maximum (*Max*) von 2.36 erreicht wurde. Der Mittelwert *M* lag bei *−0.71* und damit unter dem Klassendurchschnitt. Die Standardabweichung (*SD*) betrug *2.20.*

Interventionsgruppe I2 erreichte höhere Werte. Das Minimum (*Min*) lag bei *−2.93*, das Maximum (*Max*) bei *3.43*, also über dem Klassendurchschnitt. Das arithmetische Mittel *M* lag bei 0*.79* mit einer Standardabweichung (*SD*) von *1.60.* Dies zeigt Tab. 6.93.

Tab. 6.93 Holistisches Rating der Texte aus der Intervention. Ergebnisse im Gruppenvergleich

Holistisches Textrating – Intervention						
Gruppe		*N*	*Min*	*Max*	*M*	*SD*
1		15	−5.54	2.36	−0.71	2.20
2		15	−2.93	3.42	0.79	1.60

Insgesamt sind die Werte der *Interventionsgruppe I2* höher und die Standardabweichung und damit die Varianz sind geringer. Die Boxplots in Abb. 6.25 zeigen die Ergebnisse des *holistischen Ratings der Aufgabenlösungen aus der Intervention im Gruppenvergleich.*

Ein Mann-Whitney-U-Test ergab, dass der Gruppenunterschied bei einem Signifikanzniveau von $\alpha = 0.05$ signifikant ist ($U = 65.000$; $z = -1.970$; $p = .049$). Als Gesamtergebnis kann demnach zusammenfassend formuliert werden, dass die fachlich-sprachliche Textqualität der Aufgabenlösungen der Schüler:innen der Interventionsgruppe I2 höher war als diejenige der Interventionsgruppe I1.

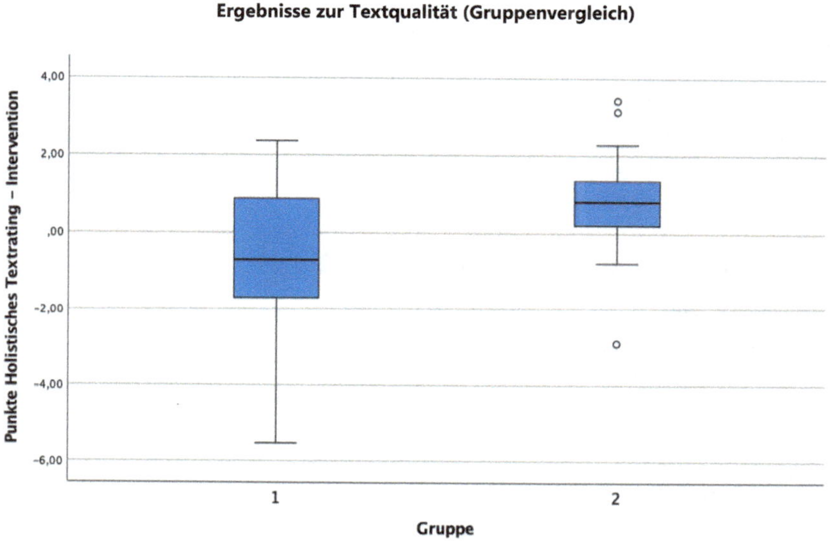

Abb. 6.25 Holistisches Rating der Texte aus der Intervention. Ergebnisse im Gruppenvergleich

6.3.7.3 Nutzung von Textprozeduren

In der Aufgabenstellung der Interventionsgruppe I2 wurden den Schüler:innen Ausdrucksprozeduren als Formulierungshilfen zur Verfügung gestellt, an die direkt sequenzierte Handlungsschemata über Operatoren und Quasi-Operatoren gebunden waren. Um herauszufinden, ob diese sprachlichen Unterstützungsmerkmale in den Texten der Schüler:innen wiederzufinden sind, können Texte in Anlehnung an Anskeit (2019a), Steinhoff et al. (2020) und Steinhoff (2024) per qualitativ-inhaltsanalytischen Ratingverfahren danach untersucht werden, ob die Handlungsschemata und Ausdrucksprozeduren, die den Schüler:innen der Interventionsgruppe I2 gegeben wurden, *parallel* oder *nicht parallel* in den Schüler:innentexten beider Gruppen vorkommen. Dieses Vorgehen wird als *Textprozedurenrating* bezeichnet. Die Kategorisierung in *parallel* und *nicht parallel* verweist darauf, dass ohne eine konkrete zusätzliche Angabe der Schüler:innen (z. B. über Interviews) nicht eindeutig nachgewiesen werden kann, dass eine Formulierungshilfe genau deshalb im Text vorkommt, weil sie über die Aufgabenstellung angeboten und von den Schüler:innen übernommen wurde.

Werden gegebene Ausdrucks- und Handlungsschemata jedoch vermehrt in den Texten derjenigen Interventionsgruppe isoliert, welche diese als Hilfe erhielten, bestehen Hinweise darauf, dass die sprachlichen Hilfen von Schüler:innen angenommen wurden.

Die in Tab. 6.94 aufgeführten Kategorien wurden für die Analyse genutzt. Es konnte mit *0* (nicht im Text vorhanden) und *1* (im Text vorhanden) codiert werden.

Tab. 6.94 Kategorien für das Textprozedurenrating

Handlungsschema (HS)	Ausdrucksschema (AS)	Parallelität (P/NP)
Nachhaltigkeit definieren (D)	*Nachhaltigkeit bedeutet, dass …*	parallel (0)/nicht parallel (1)
	Unter Nachhaltigkeit versteht man, dass …	parallel (0) nicht parallel (1)
Einen Zusammenhang herstellen (Z)	*Wenn man …, dann …*	parallel (0)/nicht parallel (1)

Eine Intercoder-Reliabilitätsprüfung, die an Expert:innentexten und den Pilotierungsdaten mit zwei unabhängigen Codierer:innen durchgeführt wurde (Fuhlrott, 2024), ergab einen Wert von κ =.77 (*substantial*, vgl. Abschnitt 6.2.7). Für die folgende Darstellung der Werte gelten jeweils ein Minimum (*Min*) von.00 und ein Maximum (*Max*) von 1.00, wobei.00 ausdrückt, dass untersuchte Merkmale nicht in den Schüler:innenlösungen vorkommen, und 1.00, dass diese in allen Schüler:innenlösungen einer Interventionsgruppe vorkommen. Die Ergebnisse werden nach Kategorien einzeln im Gruppenvergleich mit Mittelwert (*M*) und Standardabweichung (*SD*) dargestellt.

Handlungsschema „Nachhaltigkeit definieren" (HS-D)

Die Kategorie *Handlungsschema (HS) Nachhaltigkeit definieren (D)* operationalisiert, ob in den Schüler:innenlösungen Definitionen von *Nachhaltigkeit* isoliert werden können, unabhängig davon, ob ein bestimmtes Ausdrucksschema genutzt wird. Die Ergebnisse für die Interventionsgruppe I1 und I2 verteilten sich wie in Tab. 6.95 dargestellt.

Tab. 6.95 Textprozedurenrating: Handlungsschema „Definieren" im Gruppenvergleich

Gruppe/Kategorie		*N*	*Min*	*Max*	*M*	*SD*
1	HS-D	15	.00	1.00	.071	.258
2	HS-D	15	.00	1.00	.692	.445

Die Ergebnisse zeigen, dass in der Interventionsgruppe I1 mit einem Mittelwert von $M = .071$ ($SD = .258$) rund 7 % der Texte eine Definition von Nachhaltigkeit enthalten. In der Gruppe I2, in der über den Quasi-Operator *definieren* in der Aufgabenstellung konkret dazu aufgefordert wurde, wurde ein Ergebnis von $M = .692$ ($SD = .445$) erreicht, wonach rund 70 % der Schüler:innenlösungen eine entsprechende Definition enthielten. Die Differenz zwischen den Mittelwerten von $\Delta = .621$ zeigt an, dass häufiger das Handlungsschema *Definieren* in denjenigen Texten isoliert werden konnte, die auf der Grundlage derjenigen Aufgabe geschrieben wurden, in der konkret zum Definieren aufgefordert wurde. Ein Mann-Whitney-U-Test bestätigte, dass der Gruppenunterschied signifikant ist ($U = 40.500$; $z = -3.378$; $p = .001$).

Ausdrucksschema „Nachhaltigkeit definieren" (AS-D-P/NP)
Zu jedem im vorhergehenden Abschnitt beschriebenen Handlungsschema des *Definierens* ist ein Ausdrucksschema, also ein sprachliches Oberflächenmerkmal notwendig, um dieses zu realisieren. Im Folgenden wird dargestellt, ob die Ausdrucksschemata als *parallel* oder *nicht parallel* zu denen in der Aufgabe gegebenen Formulierungshilfen gewertet werden können. *Parallel* bedeutet, dass eine der beiden gegebenen Formulierungshilfen in den Schüler:innenlösungen mit exaktem Wortlaut gefunden werden konnte, *nicht parallel* bedeutet, dass das Handlungsmuster mit einem anderen Ausdruck realisiert wurde.

Tab. 6.96 zeigt die Ergebnisse im Gruppenvergleich.

Tab. 6.96 Textprozedurenrating: Ausdrucksschema „Definieren" im Gruppenvergleich

Gruppe/Kategorie		*N*	*Min*	*Max*	*M*	*SD*
1	AS-D-P/NP	15	.00	1.00	.067	.258
2	AS-D-P/NP	15	.00	1.00	.533	.474

Die Analyse der Parallelität bzw. Nichtparallelität des Ausdrucksschemas für eine im Schüler:innentext vorhandene *Definition* von *Nachhaltigkeit* zeigt eine ähnliche Verteilung wie die Verteilung des Handlungsschemas. In Gruppe I1 wurden 7 % (M = .067, SD = .258) der Lösungen mit dem entsprechenden Ausdrucksschema realisiert. Absolut konnte 1 Text mit Handlungsschema und parallelem Ausdruck in der Stichprobe gefunden werden. In der Gruppe I2 lag der Wert bei rund 53 % (M = .533, SD = .474). Absolut nutzten 8 von 15 Schüler:innen eine parallele Ausdrucksprozedur, ein/e Schüler:in eine nicht parallele (Mittelwert-Differenz von Δ =.466).[56] Ein Mann-Whitney-U-Test zeigte, dass der Gruppenunterschied signifikant ist (U = 38.500; z = −3.550; p < .001).

Diese Verteilung kann ebenso wie die Auswertung zum entsprechenden Handlungsschema darauf hinweisen, dass die Aufgabenstellung als unabhängige Variable einen Einfluss auf die Schüler:innenlösungen hatte und die gegebene Formulierungshilfe angenommen wurde.

Handlungsschema „Einen Zusammenhang herstellen" (HS-Z)

Im Gegensatz zum Handlungsschema *Nachhaltigkeit definieren* wurde nicht nur *eine* Interventionsgruppe über die Aufgabenstellung aufgefordert, einen Zusammenhang herzustellen, sondern beide Gruppen sollten einen *Zusammenhang zwischen Nachhaltigkeit und dem schonenden Umgang mit Rohstoffen* herstellen.

Tab. 6.97 zeigt die Ergebnisse im Gruppenvergleich zur Nutzung des Handlungsschemas *Einen Zusammenhang herstellen (HS-Z).*

Tab. 6.97 Textprozedurenrating: Handlungsschema „Einen Zusammenhang herstellen" im Gruppenvergleich

Gruppe/Kategorie		*N*	*Min*	*Max*	*M*	*SD*
1	HS-Z	15	.00	1.00	.286	.452
2	HS-Z	15	.00	1.00	.231	.406

Die Ergebnisse der beiden Gruppen liegen nah beieinander, wobei das Handlungsschema mit einem Mittelwert von M = .286 (SD = .452) in der Gruppe I1 mit rund 29 % etwas häufiger vorkommt als in der Gruppe I2 mit M = .231 (SD = .406) und damit rund 23 % (Mittelwert-Differenz von Δ =.055). Demnach konnte in weniger als einem Drittel der Aufgabenlösungen beider Interventionsgruppen die sprachliche Kernhandlung der Aufgabenstellung nachgewiesen werden. Dies kann auf die Schwierigkeit der Texthandlung für Sechstklässler:innen hinweisen.

[56] In der Interventionsgruppe I1 wurde ein fehlender Wert je durch einen Mittelwert ersetzt, in der Interventionsgruppe I2 zwei Werte (I1 missing = 1; I2 missing = 2). Rechnet man die fehlenden Daten aus der Stichprobe heraus, liegt der Wert der parallelen Nutzung in der Gruppe I1 bei weiterhin rund 7 %, in I2 mit n = 13 bei rund 62 %.

Ein Mann-Whitney-U-Test zeigte, dass der Gruppenunterschied nicht signifikant ist (U = 109.000; z = −0.175; p = .861).

Ausdrucksschema „Einen Zusammenhang herstellen" (AS-Z-P/NP)
Als Ausdrucksschema wurde den Schüler:innen der I2 eine *Wenn-dann-Konstruktion* angeboten. Aus dem Ergebnis zum Handlungsschema ging hervor, dass beide Gruppen ähnlich häufig ein entsprechendes Handlungsschema (HSZ) realisierten, der Wert in der Interventionsgruppe I1 sogar noch etwas höher lag als in der Interventionsgruppe I2.

Tab. 6.98 bildet die Ergebnisse zur Erhebung der Parallelität der Ausdrucksprozedur zum Handlungsschema *Einen Zusammenhang herstellen* (AS-Z) im Gruppenvergleich ab.

Tab. 6.98 Textprozedurenrating: Ausdrucksschema „Einen Zusammenhang herstellen" im Gruppenvergleich

Gruppe/Kategorie		*N*	*Min*	*Max*	*M*	*SD*
1	AS-Z-P/NP	15	.00	1.00	.133	.352
2	AS-Z-P/NP	15	.00	1.00	.067	.258

Die Ergebnisse zeigen, dass mit einem Mittelwert von M = .133 (SD = .352) der Interventionsgruppe I1 und einem Mittelwert von M = .067 (SD = .258) der I2 die Wenn-dann-Konstruktion häufiger in den Schüler:innenlösungen der Interventionsgruppe I1 isoliert werden konnte und insgesamt die Nutzung dieser Formulierung in beiden Gruppen gering ausfiel (Mittelwertdifferenz von Δ =.066). Absolut wurden in der Gruppe I1 zwei parallele Konstruktionen erhoben, in Gruppe I2 war es absolut genau eine Konstruktion. In jeder Gruppe gab es zwei Texte, die eine nicht parallele Konstruktion aufwiesen. Ein Mann-Whitney-U-Test zeigte, dass der Gruppenunterschied nicht signifikant ist (U = 107.000; z = −0.352; p = .725).

Die Ergebnisse deuten darauf hin, dass das gegebene Ausdrucksschema unterschiedlich produktiv für das Schreiben von Texten von den Schüler:innen genutzt werden konnte und das Herstellen eines Handlungszusammenhangs seltener in den Schüler:innenlösungen nachgewiesen wurde als das Definieren von Nachhaltigkeit. Aus linguistischer und erwerbsbezogener Perspektive stützen die Ergebnisse die Annahme, dass das Herstellen von Zusammenhängen mehr Anleitung und Übung in der 6. Klasse bedarf. Korrelationen zwischen Textqualität und gegeben sprachlichen Hilfen konnten nur in *sehr geringem Maße* für die Nutzung des Handlungsschemas (ρ =.414*) und des parallelen Ausdrucksschemas des

Definierens (ρ =.434**) nachgewiesen werden (vgl. zur Interpretation Abschnitt 6.3.9.1).

Im Anschluss an das Textprozedurenrating werden im Folgenden die Ergebnisse des Posttests, *t1*, Fachwissenstests, *Quiz 2* dargestellt. Der Fachwissenstest wurde konzeptuell in Abschnitt 6.3.5.3 erläutert.

6.3.8 MZP 4 – Posttest t1

Mit einem Abstand von einer Woche zur Intervention und drei Wochen zwischen Pre- und Posttest wurde das *Quiz 2*, der Fachwissenstest zu *t1*, durchgeführt. Abb. 6.26 zeigt die Ergebnisse im Gruppenvergleich als erreichte Punkte im Test pro Interventionsgruppe.

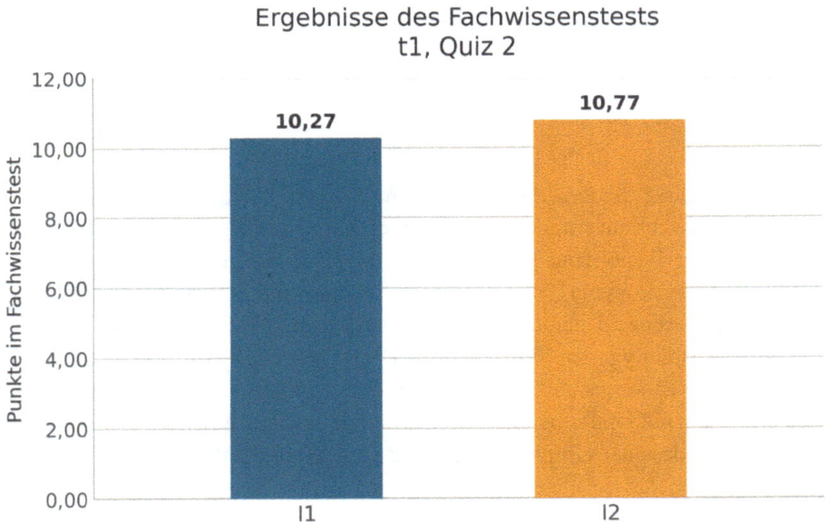

Abb. 6.26 Ergebnisse (Punkte) des Fachwissenstests t1 für die Gruppen I1 und I2

Die Interventionsgruppe I1 mit der idealtypischen Schulbuchaufgabe erreichte im zweiten Quiz einen durchschnittlichen Wert von $M = 10.27$ von 12 möglichen Punkten, womit sich die Punktanzahl von *t1* im Vergleich zu *t0* (M = 10.46) um rund 0.19 Punkte verringerte. Die Leistungen blieben demnach konstant bzw. sanken moderat ab. Die in Abb. 6.27 dargestellte Auswertung zeigt die Entwicklung der Interventionsgruppe I1 von *t0* zu *t1*.

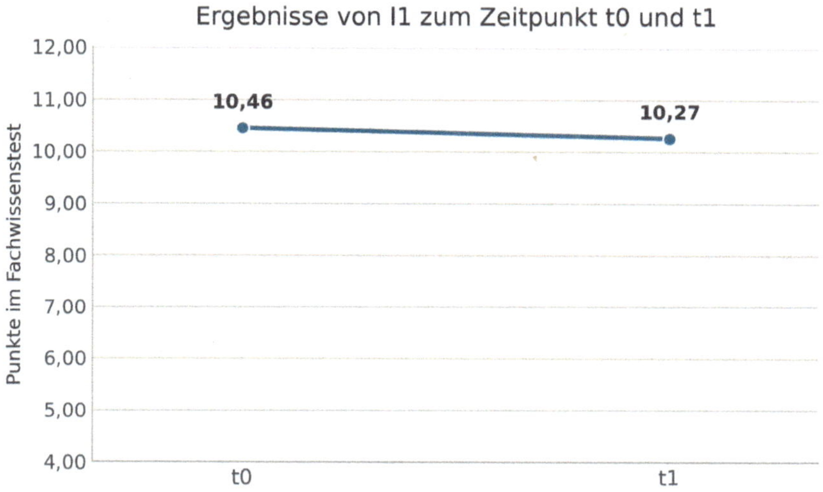

Abb. 6.27 Ergebnisse des Fachwissenstests der Interventionsgruppe I1 zum Zeitpunkt t0 und t1

Die Interventionsgruppe I2 mit der schreibförderlich optimierten Schulbuchaufgabe erreichte im zweiten Quiz einen durchschnittlichen Wert von $M = 10.77$ von 12 möglichen Punkten. Im Vergleich zu *t0* verbesserte sich dieser Wert. I2 erreichte in *t0* 9.80 Punkte. Es kann ein Zuwachs von 0.97 Punkten berichtet werden. Die in Abb. 6.28 dargestellte Auswertung zeigt die Entwicklung der Interventionsgruppe I2 von *t0* zu *t1*.

Demnach kann eine gleichbleibende Leistung von *t0* zu *t1* bei I1 und eine Zunahme von fast einem Punkt bei I2 berichtet werden. Ein Mann-Whitney-U-Test zeigte, dass die Differenz von $\Delta = 0.5$ Punkten der Gruppen zum Messzeitpunkt t1 nicht signifikant unterschiedlich war ($p = 0.332$; $U = 89.500$; $z = -0.970$).

Die zusammenfassende Gegenüberstellung von Pre- und Posttest des Fachwissenstests sowie eine Zusammenfassung der Gesamtergebnisse wird im folgenden Unterkapitel gegeben.

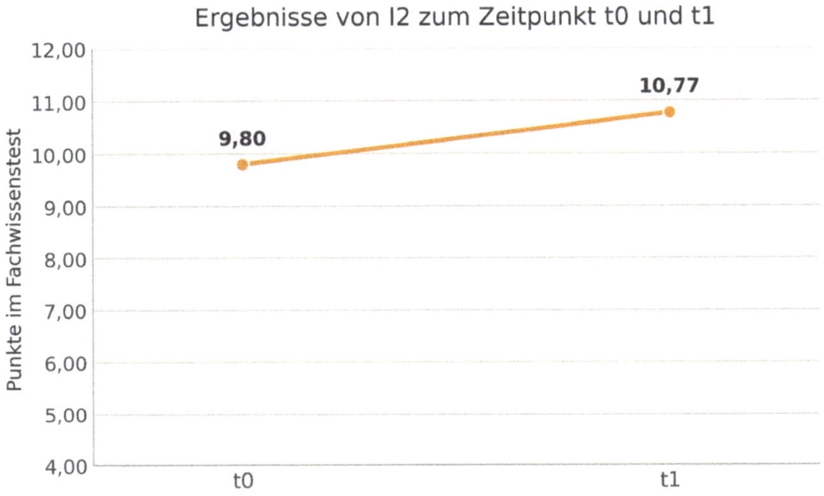

Abb. 6.28 Ergebnisse des Fachwissenstests der Interventionsgruppe I2 zum Zeitpunkt t0 und t1

6.3.9 Zusammenfassung der Hauptergebnisse

Mit der Umsetzung der Haupterhebung der Interventionsstudie *Klimatext* wurde die Wirksamkeit und damit Nützlichkeit idealtypischer und schreibförderlich optimierter Schulbuchaufgaben in der Praxis exemplarisch überprüft. Hierfür wurden zwei Nullhypothesen und zwei Alternativen aufgestellt. Ziel war jeweils, die Nullhypothesen zu verwerfen und die Alternative anzunehmen. In diesem Kapitel werden die Testentscheidungen zusammenfassend für H_1 und H_2 berichtet.

Für H_1 wurden die folgende Nullhypothese und Alternativhypothese aufgestellt (vgl. Abschnitt 6.3.1):

Nullhypothese H_0 zu H_1:

Wenn idealtypische Schulbuchaufgaben mit schreibförderlichen Merkmalen erweitert werden (UV), dann ist die Quantität und Qualität (AV_1) der Aufgabenlösungen gleich der Quantität und Qualität derjenigen Aufgabenlösungen, die Schüler:innen auf der Grundlage von idealtypischen Aufgaben verfassen (I2 = I1).

Alternativhypothesen H_1:

Wenn idealtypische Schulbuchaufgaben mit schreibförderlichen Merkmalen erweitert werden (UV), dann ist die Quantität und Qualität der Aufgabenlösungen höher als die Quantität und Qualität derjenigen Aufgabenlösungen, die Schüler:innen auf der Grundlage von idealtypischen Aufgaben verfassen (AV_1) (I2 >I1).

Es wurde demnach überprüft, ob sich die Quantität und Qualität der Aufgabenlösungen der Interventionsgruppe unterscheiden und ob die gegebenen Support-Merkmale in den Aufgaben mit einer höheren Quantität und Qualität der Aufgabenlösungen verbunden sind. Um dies zu überprüfen, wurden die Aufgabenlösungen der Interventionsgruppen einerseits nach der Textlänge, andererseits holistisch hinsichtlich ihrer fachlich-sprachlichen Lösungsqualität beurteilt. Weiter wurde überprüft, ob die gegebenen Handlungsschemata und Ausdrucksschemata aus der Aufgabenstellung der Interventionsgruppe I2 (Support-Merkmale) Teil der Aufgabenlösungen der Schüler:innen waren. Hierfür wurde ein Textprozedurenrating durchgeführt. Die genannten Aspekte werden gemeinsam als *bildungssprachliche Qualität der Aufgabenlösungen* zusammengefasst interpretiert.

Die Ergebnisse zur *Textlänge* der Aufgabenlösung in der Intervention zeigten, dass sich die Aufgabenlösungen beider Interventionsgruppen I1 und I2 signifikant voneinander unterschieden ($p = .023$; $U = 58.500$; $z = -2.240$), sodass die Nullhypothese verworfen wurde. Die Interventionsgruppe I2 verfasste signifikant längere Aufgabenlösungen.

Mit den Ergebnissen des *holistischen Ratings*, bei dem die *fachlich-sprachliche Qualität der Aufgabenlösungen* über ein Blindverfahren von Expert:innen als Rater:innen naiv eingeschätzt wurde, konnte belegt werden, dass die Ergebnisse ebenfalls zugunsten der Interventionsgruppe I2 ausfielen. Die Rater:innen schätzten die fachlich-sprachliche Qualität der Aufgabenlösungen der Interventionsgruppe I2 als höher ein. Ein Mann-Whitney-U-Test zeigte, dass die Unterschiede zwischen den Interventionsgruppen signifikant waren ($U = 65.000$; $z = -1.970$; $p = .049$).

Zuletzt wurden die Aufgabenlösungen der Schüler:innen mittels *Textprozedurenrating* danach untersucht, ob die als Support-Merkmale in den Aufgaben gegebenen Handlungsschemata (*definieren, einen Zusammenhang darstellen*) und Ausdrucksschemata (*X bedeutet, dass …/Unter X versteht man …/Wenn …, dann …)* in den Aufgabenlösungen isoliert werden konnten. Die Ergebnisse zeigten, dass das *Definieren* als *Handlungsschema* und *paralleles Ausdrucksschema* mit signifikantem Gruppenunterschied häufiger in den Aufgabenlösungen der Interventionsgruppe I2 isoliert werden konnten (Handlungsschema: $U = 40.500$; $z = -3.378$; $p = .001$; Ausdrucksschema: $U = 38.500$; $z = -3.550$; $p < .001$).

Das *Handlungs- und Ausdrucksschema* zur kognitiv-sprachlichen Handlung *Einen Zusammenhang herstellen* konnte in den Aufgabenlösungen beider Gruppen kaum nachgewiesen werden. Es bestand kein signifikanter Gruppenunterschied (Handlungsschema: $U = 107.000$; $z = -0.352$; $p = .725$; Ausdrucksschema: $U = 107.000$; $z = -0.352$; $p = .725$). Demnach wurde der kausale Kern der *Erkläre*-Aufgabe selten in beiden Gruppen mit einer *Wenn-Dann-Konstruktion* und ähnlich selten das Handlungsschema sprachlich korrekt eingelöst. Die Aufforderung zum Handlungsschema war Teil der Aufgabenmerkmale beider Gruppen. Das Ergebnis deutet darauf hin, dass die Realisierung von Kausalzusammenhängen schwer für Schüler:innen der 6. Klasse der Erprobungsstufe ist und es hier mehr Anleitung zur Vertextung bedarf als eine einmalig gegebene potenziell förderliche Textprozedur. Dies bestätigt die Ergebnisse von Heuzeroth (2021) für das kognitiv-sprachliche Herstellen von Zusammenhängen im Geographieunterricht.

Die Ergebnisse des Textprozedurenratings wurden mit den Ergebnissen des holistischen Ratings korreliert. Es konnte für das Ausdrucks- und Handlungsschema zum *Definieren* eine Korrelation mit der fachlich-sprachlichen Textqualität nachgewiesen werden (Handlungsschema: ρ =.414*); Ausdrucksschema ρ = .434**), jedoch keine mit dem Handlungs- und Ausdrucksschema zum *Herstellen von Zusammenhängen.*

Tab. 6.99 fasst die Testergebnisse zur *bildungssprachlichen Qualität der Aufgabenlösung* und damit zu H_0 zu H_1 zusammen.

Tab. 6.99 Zusammenfassung der Ergebnisse der bildungssprachlichen Qualität der Aufgabenlösungen, p <.05

Gruppen	N	Teilmerkmal	Mann-Whitney-U-Test	Interpretation
I1 vs. I2	15 + 15	Textquantität	$U = 58.500$; $z = -2.240$; $p = .023$	signifikant zugunsten I2
I1 vs. I2	15 + 15	Fachlichsprachliche Qualität der Aufgabenlösungen / holistisches Rating	$U = 65.000$; $z = -1.970$; $p = .049$	signifikant zugunsten I2
I1 vs. I2	15 + 15	Textprozedurenrating Handlungs- und Ausdrucksschema *Definieren*	Handlungsschema: $U = 40.500$; $z = -3.378$; $p = .001$; – Ausdrucksschema: $U = 38.500$; $z = -3.550$; $p < .001$	signifikant zugunsten I2 – signifikant zugunsten I2
I1 vs. I2	15 + 15	Textprozedurenrating Handlungs- und Ausdrucksschema *Einen Zusammenhang herstellen*	Handlungsschema: $U = 107.000$; $z = -0.352$; $p = .725$; – Ausdrucksschema: $U = 107.000$; $z = -0.352$; $p = .725$	nicht signifikant – nicht signifikant

Auf der Grundlage der Einzelergebnisse wird die **Alternativhypothese H_1 angenommen und die Nullhypothese verworfen.**[57] Die Aufgabenstellung hatte einen Einfluss auf die sprachliche Qualität der Aufgabenlösung zugunsten der Interventionsgruppe I2.

Nachdem die Ergebnisse zur ersten Hypothese berichtet wurden, erfolgt nun der Bericht zur zweiten Hypothese, bei der die Frage nach dem Einfluss der Aufgabenstellung auf das Fachwissen leitend war. Der Unterschied zum Bericht zur ersten Hypothese besteht darin, dass an dieser Stellen zum ersten Mal die Ergebnisse von *t0* und *t1* verglichen werden. Die zu prüfende Nullhypothese mit Alternative lauteten:

Nullhypothese $H_{0(2)}$ zu H2

Wenn idealtypische Schulbuchaufgaben mit schreibförderlichen Merkmalen erweitert werden (UV), dann erreichen Schüler:innen im Pretest und Posttest die gleiche Punktzahl in einem Fachwissenstest (AV_2) ($t0 = t1$).

Alternativhypothesen H2

Wenn idealtypische Schulbuchaufgaben mit schreibförderlichen Merkmalen erweitert werden (UV), dann erreichen Schüler:innen im Posttest eine höhere Punktzahl in einem Fachwissenstest (AV_2) als im Pretest ($t1 > t0$).

Tab. 6.100 zeigt in diesem Zusammenhang die Ergebnisse für das Fachwissen der Interventionsgruppen I1 und I2 für Quiz 1 *(t0)* und Quiz 2 (*t1*) mit Stichprobengröße *(N)*, Minimum (*Min*), Maximum (*Max*), arithmetischem Mittel *(M)* und Standardabweichung (*SD*). Beide Gruppen waren zum Zeitpunkt *t0* und *t1* nicht signifikant unterschiedlich. Zuletzt ist zu klären, ob sich die Gruppen I1 und I2 von *t0* zu *t1* signifikant verbessern konnten, womit die Hypothese H_2 geprüft wird. Tab. 6.100 wiederholt die Ergebnisse von Quiz 1 und Quiz 2, die im Folgenden Gegenstand der Berechnungen sind.

[57] Da die bildungssprachliche Qualität der Aufgabenlösungen aus Einzeltests kumuliert bewertet wurde, wird keine klassische Einzeltestentscheidung berichtet.

Tab. 6.100 Deskriptive Ergebnisse des Fachwissenstests für die Gruppen I1 und I2 zu *t0* und *t1*

Gruppe		*N*	Min	Max	*M*	*SD*
1	Ergebnisse Quiz 1	15	8	12	10.46	1.29
	Ergebnisse Quiz 2	15	4	12	10.27	2.46
2	Ergebnisse Quiz 1	15	7	12	9.80	1.61
	Ergebnisse Quiz 2	15	8	12	10.77	1.14

Da für den Fachwissenstest keine Normalverteilung als Voraussetzung für einen t-Test nachgewiesen werden konnte, wurde anstatt eines t-Tests der nichtparametrische Wilcoxon-Test und ergänzend ein Vorzeichentest durchgeführt. Da eine gerichtete Alternativhypothese vorlag, wurde einseitig getestet. Es wurden die Werte aus *t0* und *t1*, also Quiz 1 und Quiz 2, der abhängigen Interventionsgruppen I1 und I2 miteinander verglichen und auf Unterschiede überprüft. Das Ergebnis zeigt Tab. 6.101 bei einem gewählten Konfidenzintervall von 95 % und einem Signifikanzniveau von $\alpha = 0.05$ für beide Gruppen mit Stichprobengröße *(N)* sowie der verbalen Interpretation (signifikant/nicht signifikant).

Tab. 6.101 Testergebnisse des Vergleichs von *t0* und *t1* für I1 und I2, $p < .05$

Gruppe	N	Wilcoxon-Test	Vorzeichen-Test	Interpretation
I1	15	$p = .412, z = -0.214$	$p = .613$	nicht signifikant
I2	15	$p = .028, z = -1.899$	$p = .046$	signifikant

Das Ergebnis des Wilcoxon-Tests zeigte für die Interventionsgruppe I1 keinen signifikanten Unterschied mit $z = -0.214$, $p = .412$. Der Vorzeichentest bestätigt das Ergebnis für die Gruppe I1 mit $p = .613$. Für die Interventionsgruppe I1 ist demnach die Nullhypothese beizubehalten.

Für die Interventionsgruppe I2 kann das Gegenteil berichtet werden. Das Ergebnis des Wilcoxon-Tests von $z = -1.899$, $p < .05$ ($p = .028$) zeigt einen signifikanten Wert. Die Nullhypothese $H_{0(2)}$ zu H2 wird hier verworfen und die Alternativhypothese H_2 angenommen. Der Vorzeichentest bestätigte das Ergebnis mit $p = .046$. Die Tabellen Tab. 6.102 und Tab. 6.103 fassen die Testentscheidungen zusammen.

Beibehaltung oder Ablehnung der Nullhypothesen $H_{0(2)}$ zu H2 für die Interventionsgruppe I1 und die Interventionsgruppe I2:

Tab. 6.102 Beibehaltung oder Ablehnung der Nullhypothesen von H2 in der Interventionsstudie „Klimatext"

Bezeichnung	Hypothese	Testentscheidung
Nullhypothese $H_{0(2)}$ zu H2	Wenn idealtypische Schulbuchaufgaben mit schreibförderlichen Merkmalen erweitert werden (UV), dann erreichen Schüler:innen im Pretest und Posttest die gleiche Punktzahl in einem Fachwissenstest (AV_2) ($t0 = t1$).	**I1: beibehalten** **I2: abgelehnt**

Annahme oder Ablehnung der Alternativhypothesen H2 für Interventionsgruppe I1 und Interventionsgruppe I2:

Tab. 6.103 Annahme oder Ablehnung der Alternativhypothesen von H2 in der Interventionsstudie „Klimatext"

Bezeichnung	Hypothese	Testentscheidung
Alternativhypothese H2	Wenn idealtypische Schulbuchaufgaben mit schreibförderlichen Merkmalen erweitert werden (UV), dann erreichen Schüler:innen im Posttest eine höhere Punktzahl in einem Fachwissenstest (AV_2) als im Pretest ($t1 > t0$).	**I1: abgelehnt** **I2: angenommen**

Auf der Grundlage der Ergebnisse des Wilcoxon-Tests und der z-Werte sowie der Stichprobengröße der Interventionsgruppen wird im Folgenden die Effektstärke (ES) über den Korrelationskoeffizienten $r = \left|\frac{z}{\sqrt{n}}\right|$ berechnet.[58] Hierbei sind die folgenden Benchmarks gültig (vgl. auch Myors & Murphy, 2023), die sich an Cohen (1992) anlehnen:

Small effects	.10
Medium effects	.30
Large effects	.50

Für Interventionsgruppe I1 gilt $r = \left|\frac{0{,}241}{\sqrt{30}}\right| =.04$, womit kein Effekt vorliegt.

[58] Für *N* werden die Stichproben aus *t0* und *t1* pro Gruppe addiert.

Für Interventionsgruppe I2 gilt $r = \left|\frac{1,899}{\sqrt{30}}\right| = .347$, womit ein mittlerer Effekt im unteren Bereich vorliegt. Deskriptiv können die Ergebnisse für die absoluten Werte der Interventionsgruppe I1 für *t0* (10.46) und I2 für *t0* (9.80) und *t1* für I1 (10.27) und I2 für *t1* (10.77) wie in Abb. 6.29 visualisiert berichtet werden.

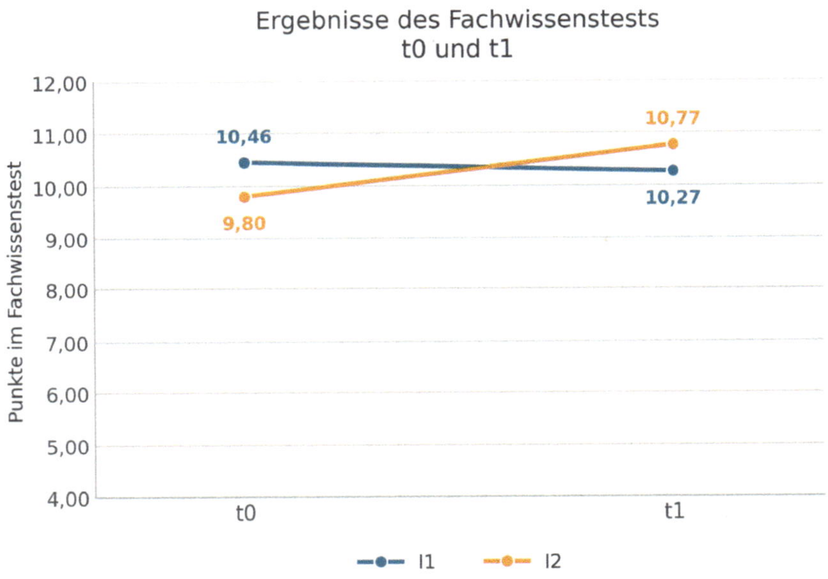

Abb. 6.29 Ergebnisse des Fachwissenstests von t0 und t1 im Gruppenvergleich

Die Ergebnisse eines im Anschluss durchgeführten Mann-Whitney-U-Tests belegen, dass der Unterschied der beiden unabhängigen Gruppen sowohl zum Zeitpunkt *t0* als auch zum Zeitpunkt *t1* nicht signifikant war (*t0* mit $U = 89.500$, $z = -0.970$, $p = 0.332$; *t1* mit $U = 109.000$, $z = -0.151$, $p = .902$). Für den Einsatz *einer* schreibförderlichen Aufgabe im Fachunterricht konnte demnach innerhalb der Interventionsgruppe I2 eine positive Entwicklung für das Fachwissen nachgewiesen werden. Dieser Einfluss trug jedoch nicht dazu bei, dass sich die Stärken der Gruppen I1 und I2 signifikant voneinander unterschieden. Dies wäre bei einem einmaligen Aufgabenstellen im Fachunterricht auch nicht zu erwarten gewesen, da Lernprozesse deutlich mehr Zeit benötigen. Dennoch konnte für die Stichprobe nachgewiesen werden, dass schreibförderliche Schulbuchaufgaben im Vergleich zu idealtypischen Aufgaben tendenziell eher vorteilhaft für das Lernen im Fachunterricht sind. Mindestens erscheint es lohnend, entsprechende Aufgaben anteilig in die bestehende Aufgabenkultur zu integrieren und weiter zu erforschen.

6.3.9.1 Sekundärergebnisse

Neben den berichteten Hauptergebnissen können Sekundärergebnisse berichtet werden, die für das Erkenntnisinteresse der Gesamtstudie interessant sind. Hierzu gehören Korrelationen zwischen den Kontrollvariablen. Für eine Erhöhung der Aussagekraft sind Folgestudien notwendig. Die Ergebnisse können jedoch Hinweise auf potenzielle Zusammenhänge zwischen Fähigkeiten geben, die Schüler:innen für das Lösen von (Schulbuch-)Aufgaben in hybriden Lernsettings benötigen, bzw. Hinweise auf Merkmale geben, die für die Aufgabenkonzeption relevant sind. Für die Analyse von Zusammenhängen wurde der Korrelationskoeffizient *Spearman-Rho* (ρ) berechnet, der dann geeignet ist, wenn die Daten nicht normalverteilt sind. Spearman-Rho kann Werte zwischen -1 und $+ 1$ annehmen, wobei *0* keine Korrelation zwischen zwei Variablen, -1 einen perfekten negativen Zusammenhang und $+ 1$ einen perfekten positiven Zusammenhang zwischen zwei Variablen anzeigt (Bühl, 2019). Es gelten die in Tab. 6.104 aufgeführten Benchmarks von *bis.20* (*sehr geringe Korrelation*) bis *über.90* (*sehr hohe Korrelation*) (Bühl, 2019, S. 422).

Tab. 6.104 Benchmarks und Interpretation für Korrelationskoeffizienten Spearman-Rho nach Bühl (2019, S. 422)

Wert	Interpretation
bis.20	Sehr geringe Korrelation
bis.50	Geringe Korrelation
bis.70	Mittlere Korrelation
bis.90	Hohe Korrelation
über.90	Sehr hohe Korrelation

Für die Darstellung in Tab. 6.105 wurden ausschließlich signifikante Korrelationen ausgewählt, die größer als $\rho = .400$ sind und demnach im oberen Bereich *geringer Korrelationen* liegen oder größer sind. Es wurde einseitig getestet und die gesamte Stichprobe ($N = 30$) analysiert. Bei der Stichprobe konnten signifikante (*) Werte mit $p < .05$ und sehr signifikante Werte mit $p < .01$ (**) für $\rho > .400$ gefunden werden. Die Kreuztabelle zeigt die bivariaten Korrelationen. Die höchste Signifikanz ist markiert.[59]

[59] Zugunsten der Lesbarkeit wurden die Kategorien verkürzt formuliert.

Tab. 6.105 Signifikante Korrelationen zwischen den Kontrollvariablen aus der Haupterhebung, Spearman-Rho; $^{*}p < .05$, $^{**}p < .01$

	Geschlecht	Lesen, ELFE II	Alphabet Task	Präkonzept Erklären	Erklären-Aufgabe	Formulierungshilfe	Interesse WiPo	Interesse Physik	Interesse Umwelt	Interesse Schreiben
Geschlecht	1.00							.420*	.452**	.497**
Lesen, ELFE II		1.00	**.554****							
Alphabet Task			1.00		.402*					
Präkonzept Erklären				1.00		.447**				
Erkläre-Aufgaben					1.00					
Formulierungshilfe						1.00	.447**			
Interesse WiPo							1.00		.451**	
Interesse Physik								1.00		
Interesse Umwelt									1.00	
Interesse Schreiben										1.00

Die Korrelationen können absteigend wie folgt zusammengefasst werden: Es handelt sich um sieben geringe Korrelationen (im oberen Bereich) und eine mittlere Korrelation (im unteren Bereich):

1. **Leseverstehen, Ergebnisse ELFE II – Alphabet Task ρ =.554****
2. Geschlecht – Interesse am Schreiben von Texten ρ =.497**
3. Geschlecht – Interesse für Umweltschutz ρ =.452**
4. Interesse Umweltschutz – fachliches Interesse Wirtschaft-Politik ρ =.451**
5. Fachliches Interesse Wirtschaft-Politik – Nutzung einer Formulierungshilfe ρ =.447**
6. Präkonzept Erklären – Nutzung einer Formulierungshilfe ρ =.447**
7. Geschlecht – fachliches Interesse Physik ρ =.420*
8. Alphabet Task – Erkläre-Aufgabe ρ =.402*

Ausschließlich die Ergebnisse zum Leseverstehen (*ELFE II*) und zur Schreibflüssigkeit mit der Tastatur (*Alphabet Task*) korrelierten im mittleren Maße (ρ = .554**). Dies deutet darauf hin, dass literale Fähigkeiten im Lesen und Schreiben auch in Bezug auf das Schreiben mit der Tastatur zusammenhängen.

Alle weiteren gefundenen Korrelationen sind gering, jedoch berichtenswert. Verbal übersetzt gibt es drei Korrelationen, die mit der Variable *Geschlecht* verbunden sind. Diese sind: *Interesse am Schreiben von Texten* (ρ =.497**), *Interesse für Umweltschutz* (ρ =.452**) und das *fachliche Interesse Physik* (ρ =.420*). Betrachtet man die Verteilung der Geschlechter, dann fallen alle Ergebnisse zugunsten der Mädchen aus. Tab. 6.106 zeigt die Verteilung der Variablen *Interesse* auf die *Geschlechter* über den Bericht des arithmetischen Mittels *M*, wobei ein Wert von *0* kein Interesse und ein Wert von *1* Interesse beschreibt.

Tab. 6.106 Verteilung der Variable „Interesse" auf die Geschlechter

Interesse	Mädchen (*M*)	Jungen (*M*)	Geschlecht nicht angegeben
Texte schreiben	.75	.25	.50
Fach Physik	.75	$.3\overline{3}$	.50
Umweltschutz	1.00	.67	.50

Verbal übersetzt gaben 75 % der Mädchen an, Interesse am *Schreiben von Texten* zu haben, während hier nur 25 % der Jungen zustimmten. Bei den beiden Schüler:innen ohne Angabe des Geschlechts lag der Wert bei 50 %.

Für das fachliche *Interesse am Fach Physik* gaben 75 % der Mädchen an, ein Interesse an Physik zu haben. Bei den Jungen waren es $.3\overline{3}$ %. Der Wert der beiden Schüler:innen ohne Angabe des Geschlechts zeigt eine Zustimmung zum Interesse von 50 %.

Das Interesse an Umweltschutz wurde insgesamt hoch bis sehr hoch angegeben. Alle Mädchen (100 %) gaben an, sich für Umweltschutz zu interessieren. Bei den Jungen lag dieser Wert bei 67 %. Der Wert für das durchschnittliche Interesse der beiden Schüler:innen ohne Angabe des Geschlechts lag bei 50 %.

In Bezug auf das Interesse konnte eine weitere Korrelation erfasst werden, die sich auf die Verbindung des Interesses am Fach Wirtschaft-Politik und am Umweltschutz bezieht (ρ =.451**).

Das *Interesse am Fach Wirtschaft-Politik* korreliert darüber hinaus mit dem erfolgreichen *Nutzen einer Formulierungshilfe* für den eigenen Erkläre-Text (ρ = .447**).

Überdies korrelierte das *Präkonzept Erklären* mit der erfolgreichen *Integration einer Formulierungshilfe* in einen Erklären-Text (ρ =.447**). Dieses Ergebnis spricht dafür, dass spezifisches Sprachhandlungswissen notwendig ist, um eine sprachhandlungsbezogene Formulierungshilfe (Ausdrucksprozedur) in den eigenen Text angemessen zu integrieren.

Die letzte Korrelation betrifft die Ergebnisse aus der *Alphabet Task* und die Ergebnisse zur erfolgreichen Lösung der schriftlichen *Erkläre-Aufgabe* im Pretest (ρ =.402*). Hier konnte eine Korrelation zwischen der Schreibflüssigkeit mit der Tastatur und dem erfolgreichen Lösen einer digitalen Schreibaufgabe mit der Tastatur nachgewiesen werden.

Die Sekundärergebnisse geben demnach Aufschluss darüber, dass Basiskompetenzen im Umgang mit der Tastatur wichtig sind, um Schreibaufgaben in hybriden Lernsettings im Fachunterricht zu lösen. In der Klasse, in der die Haupterhebung stattfand, gaben die Schüler:innen mündlich an, dass sie im Wirtschaft-Politik-Unterricht selten mit der Tastatur schreiben und Aufgaben zu einem Großteil mündlich lösen oder einfache Schreibaufgaben (Listen, kurze Antworten) im Unterricht genutzt werden. Dies deckt sich mit den Ergebnissen der Schulbuchanalyse zur Aufgabenkultur.

Die Sekundärergebnisse sprechen dafür, dass dann, wenn das Tablet mit der Tastatur eingesetzt wird, auch der Umgang mit der Tastatur angeleitet und somit geübt werden sollte. Dies deutet darauf hin, dass es didaktisch sinnvoll sein kann, Tablets – zumindest zeitweise zu Trainingszwecken – neben mündlichen und handschriftlichen Anteilen – auch im Fachunterricht in der Erprobungsstufe einzusetzen.[60]

---

[60] In der Schule, in der die Erhebung stattfand, beginnen die Schüler:innen in der Mittelstufe – also nach der Erprobungsstufe – damit, kontinuierlich auch mit Tablets zu arbeiten.

Darüber hinaus zeigte sich ein Zusammenhang von sprachhandlungsbezogenem Präkonzept und der erfolgreichen Nutzung einer Formulierungshilfe (hier: *Ausdrucksprozeduren*). Dies spricht für die Annahme, dass Textprozeduren auch didaktisch angeleitet werden müssen, damit die Schüler:innen ein Präkonzept entwickeln oder zielführend ausbauen (vgl. auch Rüßmann, 2018). Eine adressat:innengerechte Operatorenliste in Lehrwerken könnte für Lehrkräfte und Schüler:innen hilfreich sein. Ausdrucksprozeduren müssen überdies entwicklungssensitiv genutzt werden.

Ein weiteres Ergebnis betrifft geschlechtsspezifische Effekte und das Interesse am Verfassen von Texten, am Fach Physik und an Umweltschutz. Hier zeigte sich durchgehend ein höheres Interesse bei den Mädchen.

6.3.9.2 Limitationen

Die im Rahmen der Haupterhebung einmalig durchgeführte Studie *Klimatext* hatte das Ziel, zu überprüfen, ob idealtypische und schreibförderliche Schulbuchaufgaben einen Beitrag zur Förderung des bildungssprachlichen Schreibens und fachlichen Lernens leisten können.

Über die Ergebnisse konnte gezeigt werden, dass Support-Merkmale (*explizite Schreibaufforderung*; *Textprozeduren, die an das Operatorensystem angebunden werden*; *eine Tippkarte, mit der das Planen und Überarbeiten der Aufgabenlösung angeregt wurden*) einen Einfluss auf die Textqualität der Aufgabenlösungen der Interventionsgruppe I2 hatten. Die Interventionsgruppe I2 schrieb längere Aufgabenlösungen mit einer höheren fachlich-sprachlichen Qualität. Es konnte nachgewiesen werden, dass die Ausdruckshilfen und Schemahilfen (*Quasi-Operatoren*) für das *Definieren* mit einer höheren Textqualität zusammenhingen. In Bezug auf das Fachwissen wurde ein leicht mittlerer Effekt in der Interventionsgruppe I2 zwischen *t0* und *t1* nachgewiesen.

Limitationen für diese Ergebnisse bestehen primär hinsichtlich der Stichprobe und ihrer Generalisierbarkeit. Zum einen ist die Stichprobe klein, zum anderen handelte es sich um eine Stichprobe von Lernenden in der Haupterhebung, die gute bis sehr gute Voraussetzungen für das Lernen mitbrachten, sodass die Ergebnisse nicht ohne Weiteres auf andere potenzielle Klassen übertragen werden können. Alle Schüler:innen schnitten gut bis sehr gut beim Fachwissenstest ab, was auf Deckeneffekte beim Einsatz des Tests in der Klasse hinweisen kann. Dies schränkt die Aussagekraft hinsichtlich des Aufbaus von Fachwissen ein.

Die Schule verfügt jedoch über Tablet-Koffer, die den zeitweisen Einsatz auch früher möglich machen. Nach Ergebnissen der Pilotierung und auch der Haupterhebung erscheint es didaktisch vertretbar und sinnvoll zu sein, das Schreiben mit der Tastatur und das Aufgabenlösen mit Tablets zeitweise bereits in der Erprobungsstufe im Fachunterricht einzusetzen.

Lernen benötigt darüber hinaus Zeit. Alle Ergebnisse beziehen sich auf einen oder wenige Messzeitpunkte. Eine Longitudinalstudie wäre interessant, um die Ergebnisse und den Einsatz von Schreibaufgaben über einen längeren Zeitraum zu überprüfen. Hierbei könnten auch Videoaufnahmen und Gesprächsdaten der Schüler:innen hinzugezogen werden, welche Hinweise auf die Lern-, Lese- und Schreibprozesse der Schüler:innen geben.

Das Interesse der Schüler:innen war darüber hinaus in der Gruppe I2 höher angelegt. Da nach der Auswertung der Korrelationen *Interesse* als eine relevante Variable identifiziert werden konnte, könnte es sich lohnen, den Einfluss des fachlichen und schreibbezogenen Interesses auf das Aufgabenlösen weiterführend näher zu untersuchen oder stärker in die Konzeption von Forschungsdesigns einzubeziehen.

7 Diskussion

In diesem Kapitel werden die Ergebnisse der Gesamtstudie mit Bezug zu dem Erkenntnisinteresse, den Fragestellungen und den getesteten Hypothesen zusammengefasst sowie die Bedeutsamkeit der zentralen Ergebnisse für die Forschung und Praxis diskutiert. Abschließend wird ein Ausblick gegeben.

Die Studie *Sachfachliche Schreib-Lernaufgaben* hatte zum Ziel, die Beschaffenheit und Wirksamkeit von Aufgabenstellungen des Fachunterrichts Wirtschaft-Politik und Physik in der Erprobungsstufe zu untersuchen. Vor dem Hintergrund der Frage, ob Schulbuchaufgaben der Fächer Aufgabenmerkmale enthalten, die das Schreiben im Allgemeinen und eine Schreibförderung im Speziellen im Fachunterricht anleiten, wurde eine umfassende qualitativ-quantitative Aufgabenanalyse zum *Schreib(förder)potenzial* durchgeführt. Es wurden einerseits *Support-Merkmale* erhoben, die als Aufgabenmerkmale klassifiziert wurden, und andererseits *Demand-Merkmale* über *Operatoren* ausgewertet, welche Aufforderungen zu kognitiv-sprachlichen Handlungen in Aufgabenstellungen manifestieren. Überdies wurden das Lesen und Sprechen dergestalt einbezogen, dass der *sprachliche Weg des Aufgabenlösens* berücksichtigt sowie der Stellenwert des Schreibens eingeschätzt werden konnte.

Es sollten die Vorannahmen untersucht werden, ob im Fachunterricht *Ein-Satz-Aufgaben* dominieren und ob – wie mit der eingangs zitierten Studie von Thürmann, Pertzel und Schütte (2015) und dem Blogbeitrag von Lupschina (2021) dargelegt – der geringe Stellenwert des Schreibens für das fachliche Lernen über die Aufgabenkultur in Lehrwerken möglicherweise perpetuiert wird. Dabei war von Interesse, welche fachlichen Unterschiede zwischen Lehrwerken eines Fachs und zwischen Lehrwerken verschiedener Fächer bestehen. Es wurde demnach auch nach aufgabenkulturellen Merkmalen als Normen gesucht,

M. Fuhlrott, *Sprachbildende Schulbuchaufgaben im Fachunterricht*,
Sprachsensibilität in Bildungsprozessen,
https://doi.org/10.1007/978-3-658-53061-7_7

die mit Bakken und Andersson-Bakken (2021) als *Genremerkmale* von Aufgaben beschrieben werden können.

Auf Grundlage der Ergebnisse der Aufgabenanalyse zeigt sich zusammengefasst das folgende fächerverbindende Bild zu potenziellen *Genremerkmalen* von fachlichen Schulbuchaufgaben aus den Fächern *Wirtschaft-Politik* und *Physik*:

> Den untersuchten Schulbuchaufgaben ist fächerübergreifend gemeinsam, dass sie nicht-sequenzierte, *einfache* Aufgaben darstellen, die meist *explizite Verweise auf zu lesende Informationsquellen* enthalten und *medial offen* gestaltet sind.

Das *Schreibpotenzial* konnte überdies in allen untersuchten Stichproben als *gering* eingeschätzt werden. Es konnten nur wenige Aufgaben erhoben werden, die das Schreiben explizit als Teil der Aufgabenbearbeitung vorsehen. Auch dies kann auf aufgabenkulturelle *Genremerkmale* verweisen:

> Den untersuchten Schulbuchaufgaben ist fächerübergreifend gemeinsam, dass sie keine expliziten Schreibaufgaben darstellen und das *Schreibpotenzial* als *gering* eingeschätzt werden kann.

Wenn Schreibaufgaben in den untersuchten Lehrwerken erhoben werden konnten, dann handelte es sich häufig um *einfache Schreibaufgaben*, wie eine Tabelle anlegen oder etwas notieren. Diese Vorannahme konnte bestätigt werden. Die Aufgaben enthielten fächerübergreifend am häufigsten *keine Adressat:innenorientierung* und keine *sprachlichen Hilfen*, weshalb das *Schreibförderpotenzial* ebenfalls als *gering* eingeschätzt werden kann:

> Den untersuchten Schulbuchaufgaben ist fächerübergreifend gemeinsam, dass sie dann, wenn sie das Schreiben explizit anleiten, *einfache Schreibaufgaben ohne Adressat:innenorientierung* darstellen und *keine sprachlichen Hilfen* als Aufgabenmerkmale enthalten, weshalb das *Schreibförderpotenzial* als *gering* einzuschätzen ist.

Bezüglich der Operatoren und Quasi-Operatoren in den Aufgaben und damit auch in Bezug auf die gestellten Handlungsanforderungen an Schüler:innen lassen sich fachspezifische Unterschiede erkennen. Eine wichtige Gemeinsamkeit im Hinblick auf die in den Aufgaben eingesetzten *Operatoren* ist jedoch zunächst, dass der Operator *erklären* (Wirtschaft-Politik) bzw. das Operatorenset *erklären/erläutern* (Physik) am häufigsten in den Aufgaben erhoben werden konnte. Dies sagt noch nichts über die fachlich-sprachlichen Anforderungen auf der Mikroebene aus, jedoch konnten weiterführende Analysen bestätigen, dass ERKLÄREN für die Aufgabenbearbeitung der Erprobungsstufe die wichtigste Sprach-/Texthandlung für beide Fächer darstellt:

> Den untersuchten Schulbuchaufgaben ist fächerübergreifend gemeinsam, dass Aufgaben mit dem Operator *erklären* bzw. *erklären/erläutern* am häufigsten genutzt werden und das ERKLÄREN potenziell relevant ist.

Kollokationsanalysen und weiterführende qualitative Analysen konnten die *Spezifik* der Erkläre-Aufgaben beschreibbar machen. Hier zeigten sich Unterschiede in den Fächern. Während in der Wirtschaft-Politik-Stichprobe am häufigsten *erklären-was*-Aufgaben erhoben werden konnten, waren es in Physik *erklären-warum*-Aufgaben:

> Die untersuchten Schulbuchaufgaben zeigten fachliche Unterschiede in der *Spezifik* des Erklärens. In Wirtschaft-Politik wurden am häufigsten *erklären-was*-, in Physik *erklären-warum*-Aufgaben eingesetzt.

Hiermit verbunden waren übergreifend mittlere kognitive Anforderungsprofile der Aufgaben nach den Anforderungsbereichen I bis III:

> Die untersuchten Schulbuchaufgaben zeigten fachlich marginale Unterschiede hinsichtlich der kognitiven Anforderungsprofile. Es konnten jedoch übergreifend am häufigsten *mittlere kognitive Anforderungen* über die Anforderungsbereiche der Operatorenlisten bestimmt werden.

Abschließend kann zum *Spektrum der Operatoren* aus den Ergebnissen abgeleitet werden, dass mit einer Handvoll Operatorenausdrücke fächerverbindend 60 % (Wirtschaft-Politik) bis 77 % (Physik) der in den 1357 Aufgaben genutzten Operatoren beschrieben werden können:

> Die Analysen zeigten, dass mit den Operatorenausdrücken *erklären/erläutern, begründen, beschreiben* und *angeben/nennen* fächerübergreifend 60–77 % aller Operatoren in den Aufgaben der Stichproben beschrieben werden können.

Vergleicht man diese Ergebnisse mit denen der Lehrplananalysen (vgl. Abschnitt 2.2.1/2.2.2), dann konnten für Wirtschaft-Politik die Operatoren *beurteilen, beschreiben* und *erläutern* am häufigsten erhoben werden. In Physik waren es primär *erklären/erläutern* und *beschreiben.* Vergleicht man die Kongruenz von Aufgabenanalyse und Lehrplananalyse, dann ist diese für Physik deutlich gegeben. Für Wirtschaft-Politik fällt dies geringer aus. Zwar kann eine Kongruenz bei *beschreiben* und *erläutern* festgestellt werden, aber Erklären-Formulierungen sind im Lehrplan für die Erprobungsstufe weniger vertreten als in den Aufgaben der Lehrwerke.

Fachliche Unterschiede konnten überdies deutlich stärker über *Quasi-Operatoren* als über *Operatoren* herausgestellt werden. Quasi-Operatoren wurden in der vorliegenden Arbeit induktiv erfasst und nach einem eigenen Klassifikationssystem geordnet. In Wirtschaft-Politik wurden am häufigsten Verben des *Denkens und Wahrnehmens*, insbesondere *anderen etwas vorstellen* und *überlegen* erhoben. In Physik konnten am häufigsten Verben des *Organisierens*, insbesondere *recherchieren* und *anfertigen/übertragen* erhoben werden. Die umfangreich erstellten Listen tragen fachliche Profile. Sie können für eine weitere Didaktisierung genutzt werden, gerade im Bereich des sprachlichen Lernens im Fachunterricht:

> Die Ergebnisse zeigen, dass über die induktiv erhobenen *Quasi-Operatoren fachliche Handlungsprofile* sichtbar werden und diese unabdingbar mit der fachkulturellen Aufgabenbearbeitung verbunden sind. Quasi-Operatoren werden benötigt, um sprachliche Prozesse über Aufgabenstellungen zu initiieren.

Aus den Erhebungen konnten gerade deshalb, weil die meisten untersuchten Aufgabenmerkmale fächerübergreifend am häufigsten nachgewiesen werden konnten, idealtypische Aufgabenmerkmale bestimmt und für die Konstruktion einer fächerverbindenden Aufgabe genutzt werden.

Im Anschluss an die Aufgabenanalyse wurde eine entsprechende Aufgabe innerhalb des Querschnittsbereichs *Bildung für nachhaltige Entwicklung* konstruiert und über die Interventionsstudie *Klimatext*, die als Quasi-Experiment methodisch konstruiert war, im Feld vergleichend mit einer schreibförderlich optimierten Variante eingesetzt und die Wirkung getestet.

Nach einer Pilotierung mit 17 Schüler:innen konnten in der Haupterhebung mit zwei vergleichbaren Interventionsgruppen (I1 und I2) die Hypothesen mit 30 Schüler:innen überprüft werden, dass dann, wenn Aufgabenstellungen mit schreibförderlichen Aufgabenmerkmalen optimiert werden, die bildungssprachliche Textqualität der Schüler:innenlösungen besser wird und sich der Wert eines Fachwissenstests vor und nach der Aufgabenbearbeitung erhöht.

Die Hypothese zur *bildungssprachlichen Qualität* konnte sowohl in der Pilotierung als auch in der Haupterhebung über die Auswertung der Textquantität über ein holistisches sprachlich-fachliches Rating und ein Textprozedurenrating bestätigt werden:

> Wenn Aufgabenstellungen mit schreibförderlichen Merkmalen optimiert werden, dann schreiben Schüler:innen *längere und bessere Aufgabenlösungen.*

Das *Textprozedurenrating*, das überprüfte, ob die in der Aufgabenstellung gegebenen sprachlichen Handlungsschemata und Ausdruckshilfen in den Schüler:innentexten parallel oder nicht parallel nachgewiesen werden konnten, zeigte, dass Hilfestellungen zum *Definieren* innerhalb des Herstellens eines erklärenden Kausalzusammenhangs häufig nachgewiesen werden konnten. Dies betraf sowohl Ausdrucks- als auch Schemahilfen. Anders gestaltete sich dies für das Handlungsschema *Einen Zusammenhang erstellen* und eine gegebene *Wenn-dann*-Konstruktion als Ausdruckshilfe. Weder in den Texten der Interventionsgruppe I1 noch in denen der Interventionsgruppe I2 konnten diese nachgewiesen werden, obwohl beiden Gruppen das Handlungsschema und Gruppe I2 zusätzlich das Ausdrucksschema mit der Aufgabenstellung gegeben wurde:

In Bezug auf sprachliche Hilfen in den Aufgabenstellungen (Textprozeduren) als Support-Merkmale kann berichtet werden, dass diese unterschiedlich effektiv für das Schreiben von Texten von den Schüler:innen genutzt werden konnten. Es kann davon ausgegangen werden, dass unterschiedliche Komplexitätsstufen bestehen und ihr Gebrauch je nach Komplexität einer didaktischen Anleitung bedarf.

Sowohl hinsichtlich der Bedeutung der Didaktisierung als auch hinsichtlich der Annahme von entwicklungssensitiven Schema- und Ausdruckshilfen im Gymnasium können die Ergebnisse die Befunde von Rüßmann (2018) bestätigen.

Die zweite untersuchte abhängige Variable, die durch die Aufgabenstellung als unabhängige Variable im Experiment überprüft wurde, war das *Fachwissen.*

Es wurde ein aufgabenspezifischer Fachwissenstest im Pre-Post-Test-Design eingesetzt. Vorab konnte nachgewiesen werden, dass sich die Gruppen nicht signifikant voneinander unterscheiden. Die Auswertungen ergaben, dass die Ergebnisse der Interventionsgruppe I1 konstant blieben bzw. moderat abfielen und in der Interventionsgruppe I2, mit der schreibförderlichen Aufgabe, ein Anstieg der Leistung im Test nachgewiesen werden konnte, der als moderater mittlerer Effekt berichtet werden kann:

Schüler:innen, die mit schreibförderlichen Schulbuchaufgaben arbeiten, erreichen einen *höheren Lernzuwachs* als Schüler:innen, die idealtypische Aufgaben bearbeiten.

Zuletzt wurden Sekundärergebnisse aus der Intervention berichtet, die in Beziehung zum eingesetzten hybriden Lernsetting stehen. Die Schüler:innen schrieben ihre Aufgabenlösung zunächst mit der Hand vor, tippten ihre Aufgabenlösung anschließend mit der Tastatur ab und überarbeiteten ihre Texte digital.

Aus den Sekundärergebnissen soll ausschließlich ein signifikantes Ergebnis (**$p < .01$) berichtet werden. Nach diesem Ergebnis korrelieren die Leseverstehensleistung und die Kompetenzen im Tastaturschreiben. Wer gut lesen kann, schreibt demnach auch schneller und akkurater mit der Tastatur – und umgekehrt.

Das Leseverstehen und die Schreibflüssigkeit mit der Tastatur korrelieren.

Zusammengefasst lässt sich festhalten, dass über die Aufgabenanalyse keine fachliche Schreibkultur in den Stichproben der beiden Fächer *Wirtschaft-Politik* und *Physik* der Erprobungsstufe des Gymnasiums in NRW festgestellt werden konnte, die sich über die Ausgestaltung von fachlichen Aufgabenstellungen ausdrückt. Die Aufgaben zeigen eine schreibförderliche Offenheit. Am häufigsten handelt es sich aus schreibdidaktischer Perspektive um *ungenau definierte und divergente* Aufgaben.

Demnach obliegt es den Schüler:innen, Wissen mitzubringen bzw. sich Informationen einzuholen, oder es obliegt den Lehrkräften, Sprachbildung im Allgemeinen und Schreibförderung im Speziellen in den Fachunterricht zu integrieren. Dies kann hohe Anforderungen an die Profession und Zeit stellen, gerade dann, wenn Lehrkräfte selbst keine sprachlichen Fächer unterrichten. Die Optimierung von Aufgaben über einen längeren Zeitraum, die Auswahl angemessener Sequenzierungen von Operatoren und die Auswahl von erwerbsbezogenen Schema- und Ausdrucksprozeduren ist etwas, das kaum innerhalb des Regelunterrichts geleistet werden kann. Es erscheint daher lohnend, die Operatoren und einschlägige Teilhandlungen fachlich näher zu untersuchen und Lehrkräften erwerbsbezogene Hilfestellungen zur Verfügung zu stellen. Dies könnte ein bildungspolitischer Ansatzpunkt sein. Denkbar wären sprachlich profilierte Operatorenlisten für alle Fächer und die Sekundarstufe I, die auch Quasi-Operatoren didaktisiert berücksichtigen.

Die Nutzung von entsprechenden Listen für die Aufgabenkonstruktion kann jedoch aufgrund der fachlich umfangreichen Inhalte nie erschöpfend sein. Denkbar wäre darüber hinaus, die Lehrwerke zu verändern und schreibförderliche Aufgaben zu einem Teil der fachlichen Aufgabenkultur werden zu lassen. Da das Schreiben viel Zeit benötigt und die Fächer Wirtschaft-Politik und Physik nur wenige Wochenstunden in der Sekundarstufe I unterrichtet werden, wären kleine, regelmäßige, spiralcurriculare Schreibübungen mit Schulbuchaufgaben ein Ansatzpunkt, um dieser Herausforderung zu begegnen. Dabei müssen gemäß der *Genretheorie* von Aufgaben die Veränderungen am aufgabenkulturellen Ist-Zustand so klein sein, dass sie von Expert:innen und Lehrkräften akzeptiert werden, und so groß, dass sie für Schüler:innen wirksam sind. Eine Veränderung von offenen zu teiloffenen Aufgaben schränkt den Vorteil ein, den offene *Ein-Satz-Aufgaben* mitbringen: Sie sind hochgradig flexibel im Unterricht einsetzbar. Dies muss angemessen kompensiert werden, wenn die Veränderungen auf Akzeptanz stoßen sollen. Eine stärker den Unterrichtskontext berücksichtigende und an den Beliefs der Lehrkräfte und Schüler:innen ansetzende longitudinale Forschung wäre wünschenswert, um Änderungen in der Aufgabenkultur zu begleiten und zu evaluieren.

Da die Stichprobe aus der vorliegenden Interventionsstudie sehr klein war und die Schüler:innen gute bis sehr gute Voraussetzungen mitbrachten und auch die Schule sehr gut technisch ausgestattet war, ist zu hinterfragen, wie sich die Ergebnisse verändern, wenn die Studie repliziert und mit Schüler:innen mit unterschiedlichen Lernvoraussetzungen durchgeführt wird. Daher sind die Ergebnisse zur Wirkung von idealtypischen und optimierten Aufgaben vorsichtig zu interpretieren. Vor dem Hintergrund der genannten Studien aus der Deutschdidaktik kann jedoch davon ausgegangen werden, dass die routinierte Ausführung von Praktiken, die mit der Bearbeitung von schreibförderlichen Aufgaben verbunden sind, den Erwerb von Sprachkompetenzen in der Schriftlichkeit sowie in der Mündlichkeit unterstützen kann. Das Ziel sind gut definierte sprachliche Probleme, die so viel Offenheit zeigen, dass sie verschiedene fachliche Zugänge ermöglichen. Diese Aufgaben jedoch auf der Grundlage aktueller Aufgabenstellungen zu konzipieren, kann – wie bereits erläutert – eine Herausforderung darstellen.

In den letzten drei Jahren sind mit der Bereitstellung von *Large Language Models* (LLMs) neue Möglichkeiten entstanden, um Aufgaben innerhalb der Unterrichtsvorbereitung anzupassen. Somit wäre es unter Hinzunahme von KI-Support möglich, weiterhin mit bestehenden Lehrwerken und medial offenen Aufgaben zu arbeiten und diese bei Bedarf anzupassen. LLMs haben überdies das Potenzial, auch Schüler:innen beim Schreiben von Texten zu unterstützen (Steinhoff, 2023; Bodora et al., 2025). Schulbuchverlage integrieren zunehmend KI-Tutoren als Assistenten in digitale Lehrwerke und stellen sie Lehrkräften für die Unterrichtsvorbereitung und den Schüler:innen für die Bearbeitung von Aufgaben zur Verfügung.

Um diese aktuellen Entwicklungen mit den Ergebnissen dieser Arbeit zu verknüpfen, wird abschließend ein Aufgabenanalyseraster vorgestellt, das in drei Fortbildungen mit Lehrkräften 2023 und 2024 getestet wurde und das es erlaubt, idealtypische Aufgaben des Fachunterrichts in einem ersten Schritt zu analysieren und in einem zweiten Schritt Aufgabenstellungen sprachbildend weiterzuentwickeln.

Das Analyseraster enthält die drei Aufgabenmerkmale *Medium*, *Adressat:in* und *Bildungssprache* und integriert den Operatorengebrauch sowie die Nutzung von Textprozeduren. Hiermit kann ein Basisset an Merkmalen von Schulbuchaufgaben eingeschätzt und optimiert werden. Die kursiven und grau hinterlegten Begriffe und Phrasen stellen Eingabeaufforderungen, sogenannte *Prompts*, dar, die es erlauben, Large Language Models strategisch für die Optimierung von Aufgaben heranzuziehen (Lin, 2024). Es werden in der folgenden Übersicht nach einer *Definition* von Merkmalsausprägungen jeweils Optimierungs- und Prompting-Hinweise gegeben.

Tab. 7.1 Aufgabenanalyseraster zur Aufgabenoptimierung mit Optimierungsvorschlägen und Prompts

Merkmale	*Ausprägung*	*Definition*	Optimierung/*Prompting*
Medium	**offen**	Die Aufgabe enthält keinen konkreten Hinweis darauf, ob die Lösung mündlich oder schriftlich realisiert werden soll.	Fügen Sie eine Aufforderung ein, die das Schreiben oder Sprechen expliziert, z. B. *Erkläre schriftlich …*
	medial explizit	Die Aufgabe enthält einen konkreten Hinweis darauf, dass die Lösung mündlich, schriftlich oder mündlich & schriftlich verfasst werden soll.	Wenn es sich um einen komplexen Operator handelt, teilen Sie diesen in kleinere Handlungsschritte auf (*den Operator als Sprachhandlung sequenzieren*). Fügen Sie sprachliche Hilfestellungen, z. B. in Form von Wortschatzhilfen oder Textprozeduren (*bildungssprachliche Redemittel mit Leerstellen*) hinzu.
Adressat:in	**gegeben**	Die Aufgabe enthält eine:n konkrete:n Adressat:in, an den/die die Aufgabenlösung gerichtet ist.	Geben Sie den Schüler:innen Hintergrundinformationen zum/zur Adressat:in. Sie können *Modelltexte* nutzen, um Schüler:innen den Schreibstil von Adressat:innen näherzubringen.
	nicht gegeben	Die Aufgabe enthält keine:n konkrete:n Adressat:in, an den/die die Aufgabenlösung gerichtet ist.	Fügen Sie eine:n Adressat:in in die Aufgabenstellung ein. Beachten Sie, dass unterschiedliche Adressat:innen unterschiedliches (Sprach-)Wissen einfordern.

(Fortsetzung)

Tab. 7.1 (Fortsetzung)

Merkmale	*Ausprägung*	*Definition*	Optimierung/*Prompting*
Bildungssprache	**keine sprachlichen Hilfen gegeben**	Die Aufgabenstellung beinhaltet keine sprachlichen Hilfen für die Schüler:innen.	Geben Sie sprachliche Hilfestellungen, z. B. in Form von Wortschatzhilfen über passende *Definitionen* oder Textprozeduren (*Redemittel mit Leerstellen*).
	Wortschatzhilfen gegeben	Die Aufgabenstellung beinhaltet bildungssprachliche oder fachsprachliche Wortschatzhilfen für die Schüler:innen.	Betrachten Sie die Wortschatzhilfen und schätzen Sie die Verständlichkeit für die Lerngruppe ein. Passen Sie Definitionen ggf. an (z. B. nach dem *GER A1 bis C2*)
	Formulierungshilfen gegeben	Die Aufgabenstellung beinhaltet konkrete Formulierungshilfen auf Wort und/oder Satzebene: z. B. Textprozeduren, die ein textuelles Handlungsschema (auch Operator/en) mit einem bildungssprachlichen Ausdruck verbinden, z. B. *definieren: … versteht man …/… bezeichnet man …*	Prüfen Sie, ob die gegebenen Hilfen zu Ihrer Lerngruppe passen. Setzen Sie die Aufgabe ein oder passen Sie diese weiter an.

Tab. 7.1 zeigt das Analyseraster zur Aufgabenoptimierung.

Als besonders zuverlässig hat sich in Lehrkräftefortbildungen zur Ausgabe von Ausdrucksprozeduren der Prompt *Redemittel mit Leerstellen* erwiesen, da der Begriff, der aus dem DaZ/DaF-Kontext stammt, von gängigen LLMs im Gegensatz zu *Textprozeduren* erkannt wird. Ein Beispielprompt hierzu wäre etwa:

Gib mir für die folgende Schulbuchaufgabe bildungssprachliche Redemittel mit Leerstellen aus, damit meine Schüler:innen der 6. Klasse des Gymnasiums die Aufgabe erfolgreich lösen können. Sequenziere dabei den Operator „Erklären" als Sprachhandlung in sprachliche Teilschritte: „Erkläre, welcher Zusammenhang zwischen Nachhaltigkeit und dem schonenden Umgang mit Rohstoffen besteht."

Eine exemplarische Antwort eines LLM (*ChatGPT-4o mini*, OpenAI, via *fobizz®*, 12.12.24) zu diesem Prompt lautet:

> „[…]
>
> **Definition von Nachhaltigkeit**
>
> ‚Nachhaltigkeit bedeutet, ________.' […]
>
> **Definition des schonenden Umgangs mit Rohstoffen**
>
> ‚Darüber hinaus ist der schonende Umgang mit Rohstoffen zu definieren. Dies bedeutet, ________.' […]
>
> **Zusammenhang zwischen den Konzepten:**
>
> ‚Der Zusammenhang zwischen Nachhaltigkeit und dem schonenden Umgang mit Rohstoffen besteht darin, dass ________.' […]"

Der Outcome des LLM zeigt eine handlungsschematische Sequenzierung, wie sie auch in dieser Arbeit auf Grundlage von Expert:innentexten ohne weitere Hilfestellungen vorgenommen wurde. Nach einer Einleitung, die nicht Teil des LLM-Zitats ist, folgt der Hinweis, *Definitionen* auszugeben und anschließend einen *Zusammenhang herzustellen.*

Die Redemittel sind nah an den Ausdrucksprozeduren der Intervention gelegen, etwa: *Nachhaltigkeit bedeutet, …* Es kann jedoch mehrere Versuche benötigen, um passende Aufgabenmerkmale zu erhalten. Die generierte Hilfestellung zur Herstellung des Kausalzusammenhangs *Der Zusammenhang zwischen X und Y besteht darin, dass …* könnte für die 6. Klasse jedoch sogar geeigneter sein als die in der Interventionsstudie verwendete *Wenn-dann-Konstruktion.*

Demnach müssen Lehrkräfte weiterhin sprachlich-fachliches Professionswissen für die Beurteilung des LLM-Outputs mitbringen, können jedoch hilfreiche Anregungen für die Aufgabenkonzeption von LLMs als *Writing Partner* oder

Writing Tutor (Steinhoff, 2025) erhalten. Inwiefern sich diese Möglichkeiten, sich Textprozeduren/Redemittel ausgeben zu lassen, auf andere Operatoren, Sprach-/Texthandlungen sowie Ausdruckshilfen übertragen lassen, könnte ein interessantes Forschungsdesiderat darstellen.

Welche Wege für die Etablierung und Förderung literaler Fähigkeiten im Fachunterricht künftig übergreifend bedeutsam bleiben, wird darüber entscheiden, wie sich die Aufgabenkultur und das Lernmaterial in der Postdigitalität entwickeln.

Literaturverzeichnis

Abidin, N. A. Z., Yassin, A. I. M., Ali, M. S. A. M., Mansor, W., Azhan, M. N. M., Rozlan, M. F. R. M., Jahidin, A. H., Mahmoodin, Z., & Eskandari, F. (2024). Working Memory Models and Assessment Methods: A Review. In *Proceedings of the 2024 20th IEEE International Colloquium on Signal Processing & Its Applications (CSPA)* (pp. 90–95). IEEE. https://doi.org/10.1109/CSPA60979.2024.10525366

Abraham, U., & Saxalber, A. (2012). Typen sprachlichen Handelns (Operatoren) in der neuen Reifeprüfung Deutsch. *ide: informationen zur deutschdidaktik. Zeitschrift für den Deutschunterricht in Wissenschaft und Schule, 36*(1), 36–40.

Ahrenholz, B., Hövelbrinks, B., & Neumann, J. (2017). Verben und Verbhaltiges in Schulbuchtexten der Sekundarstufe 1 (Biologie und Geographie). In B. Ahrenholz, B. Hövelbrinks & C. Schmellentin (Hrsg.), *Fachunterricht und Sprache in schulischen Lehr-/Lernprozessen* (S. 15–36). Narr Francke Attempto.

Albert, R., & Marx, N. (2017). *Empirisches Arbeiten in Linguistik und Sprachlehrforschung*. Narr Francke Attempto.

Anders, Y., Daniel, H.-D., Hannover, B., Köller, O., Lenzen, D., McElvany, N., Roßbach, H.-G., Seidel, T., Tippelt, R., & Wößmann, L. (2021). *Nachhaltigkeit im Bildungswesen – was jetzt getan werden muss* (vbw – Vereinigung der Bayerischen Wirtschaft e.V., Hrsg.). Waxmann. https://doi.org/10.31244/9783830993018

Anderson, J. R., & Funke, J. (2013). *Kognitive Psychologie* (7., erweiterte und überarbeitete, neu gestaltete Auflage). Springer VS.

Anderson, L. W., & Krathwohl, D. R. (Hrsg.). (2001). *A Taxonomy for Learning, Teaching, and Assessing: A Revision of Bloom's Taxonomy of Educational Objectives*. Pearson.

Andresen, M., & Zinsmeister, H. (2019). *Korpuslinguistik*. Narr Francke Attempto.

Anskeit, N. (2019a). *Schreibarrangements in der Primarstufe: Eine empirische Untersuchung zum Einfluss der Schreibaufgabe und des Schreibmediums auf Texte und Schreibprozesse in der 4. Klasse*. Waxmann.

Anskeit, N. (2019b). Kreativität vs. Musterorientierung? Empirische Erkenntnisse zu einer Didaktik der Textprozeduren. In K. Lehnen, T. Pohl, S. Rezat, T. Steinhoff, & M. Steinseifer (Hrsg.), *FEILKE REVISITED: 60 Stellenbesuche* (S. 23–26). universi.

Anskeit, N., & Steinhoff, T. (2019). Schreiben und fachliches Lernen im Sachunterricht. In L. Decker & K. Schindler (Hrsg.), *Von (Erst- und Zweit-)Spracherwerb bis zu (ein- und mehrsprachigen) Textkompetenzen* (S. 63–76). Gilles & Francke.

M. Fuhlrott, *Sprachbildende Schulbuchaufgaben im Fachunterricht*,
Sprachsensibilität in Bildungsprozessen,
https://doi.org/10.1007/978-3-658-53061-7

Artelt, C., McElvany, N., Christmann, U., Richter, T., Groeben, N., Köster, J., Schneider, W., Stanat, P., Ostermeier, C., Schiefele, U., Valtin, R., Ring, K., & Saalbach, H. (2005). *Förderung von Lesekompetenz: Expertise.* Bundesministerium für Bildung und Forschung [BMBF], Referat Öffentlichkeitsarbeit. https://doi.org/10.25656/01:25990

Artelt, C., Stanat, P., Schneider, W., Schiefele, U., & Lehmann, R. (2004). Die PISA-Studie zur Lesekompetenz: Überblick und weiterführende Analysen. In U. Schiefele, C. Artelt, W. Schneider, & P. Stanat (Hrsg.), *Struktur, Entwicklung und Förderung von Lesekompetenz: Vertiefende Analysen im Rahmen von PISA 2000* (S. 139–168). VS Verlag für Sozialwissenschaften.

Asen-Molz, K., Knott, C., & Schilcher, A. (2022). Erklären als Core Practice. Über die Förderung von Erklärkompetenz angehender Lehrkräfte. *Journal für LehrerInnenbildung, 22*(3), 30–43. https://doi.org/10.25656/01:26752

Austin, J. L. (1962). *How to Do Things with Words.* Oxford University Press.

Bachmann, T., & Becker-Mrotzek, M. (2010). Schreibaufgaben situieren und profilieren. In T. Pohl, T. Steinhoff, H. Günther, U. Bredel, & M. Becker-Mrotzek (Hrsg.), *Textformen als Lernformen* (S. 191–209). Gilles & Francke.

Baddeley, A. D., & Hitch, G. (1974). Working Memory. In G. A. Bower (Ed.), *The Psychology of Learning and Motivation* (Volume 8, S. 47–89). Academic Press. https://doi.org/10.1016/S0079-7421(08)60452-1

Bakken, J., & Andersson-Bakken, E. (2021). The Textbook Task as a Genre. *Journal of Curriculum Studies, 53*(6), 729–748. https://doi.org/10.1080/00220272.2021.1929499

Barmeier, M., Ciprina, H. J., Gora, H., Kugel, W., Maiworm, M., & Wegner, O. (2018). *Prisma Physik 5/6, Schülerbuch.* Klett.

Baurmann, J., & Pohl, T. (2009). Schreiben – Texte verfassen. In A. Bremerich-Vos, D. Granzer, U. Behrens, O. Köller, G. Cwik, & K. Metzger (Hrsg.), *Bildungsstandards für die Grundschule: Deutsch konkret. Aufgabenbeispiele, Unterrichtsanregungen, Fortbildungsideen. Mit CD-ROM* (3. Auflage, S. 75–103). Cornelsen.

Bäuml-Stosiek, D., Born, N., Corneließen, H.-J., Emmelius, D., Heim-Taubert, S., Regenhardt, H.-O., Schwarzrock, G., Sternel, F., Tophofen, S., Willig, K., & Wimmer, S. (2017). *Forum Geschichte: Von der Französischen Revolution bis zum Ersten Weltkrieg.* Cornelsen.

Beacco, J.-C., Fleming, M., Goullier, F., Thürmann, E., Vollmer, H. J., & Sheils, J. (2015). A Handbook for Curriculum Development and Teacher Training: The Language Dimension in All Subjects. Council of Europe.

Bear, M. F., Connors, B. W., & Paradiso, M. A. (2018). *Neurowissenschaften: Ein grundlegendes Lehrbuch für Biologie, Medizin und Psychologie* (A. K. Engel, Hrsg.; A. Held & M. Niehaus, Übersetzung; 4. Auflage). Springer Spektrum.

Becker-Mrotzek, M., & Böttcher, I. (Hrsg.). (2018). *Schreibkompetenz entwickeln und beurteilen* (8. Auflage). Cornelsen.

Becker-Mrotzek, M., & Lemke, V. (2022). Gute Schreibaufgaben für alle Fächer. In V. Busse, N. Müller, & L. Siekmann (Hrsg.), *Schreiben fachübergreifend fördern: Grundlagen und Anregungen für Schule, Unterricht und Lehrkräftebildung* (S. 73–95). Klett Kallmeyer.

Becker-Mrotzek, M., & Schindler, K. (Hrsg.). (2007). *Texte schreiben.* Gilles & Francke.

Becker-Mrotzek, M., & Vogt, R. (2009). *Unterrichtskommunikation: Linguistische Analysemethoden und Forschungsergebnisse* (G. Fritz & F. Hundsnurscher, Hrsg.; 2., bearbeitete und aktualisierte Auflage). Niemeyer.

Behnke, Y., & Bagoly-Simó, P. (2017). Circles of Recycling in Geographieschulbüchern. In B. Aamotsbakken, E. Matthes, S. Schütze, M. Depaepe, C. Heinze, E. Matthes, & W. Wiater (Hrsg.), *Heterogenität und Bildungsmedien: Heterogeneity and Educational Media* (S. 368). Julius Klinkhardt.

Behrens, U. (2016). Lebensweltbezug von Schreibaufgaben als Dogma und Leerstelle. In W. Senn & M. Krelle (Hrsg.), *Qualitäten von Deutschunterricht: Empirische Unterrichtsforschung im Fach Deutsch* (S. 163–180). Fillibach bei Klett.

Beißwenger, M., Boelmann, J. M., Basten, M., Burovikhina, V., Heinrich, S., König, L., Mertens, C., Neff, S., Osterroth, A., Schumacher, F., & Zick, M. (2020). Szenarien des digital gestützten Lernens evaluieren und erforschen: Praxisbeispiele und Potenziale. In M. Beißwenger, B. Bulizek, I. Gryl, & F. Schacht (Hrsg.), *Digitale Innovationen und Kompetenzen in der Lehramtsausbildung* (S. 235–262). Universitätsverlag Rhein-Ruhr.

Bellenberg, G. (2012). *Schulformwechsel in Deutschland: Durchlässigkeit und Selektion in den 16 Schulsystemen der Bundesländer innerhalb der Sekundarstufe I* (unter Mitarbeit von Matthias Forell). Bertelsmann Stiftung. https://www.bertelsmann-stiftung.de/de/publikationen/publikation/did/schulformwechsel-in-deutschland

Berendes, K., Vajjala, S., Meurers, D., Bryant, D., Wagner, W., Chinkina, M., & Trautwein, U. (2018). Reading Demands in Secondary School: Does the Linguistic Complexity of Textbooks Increase with Grade Level and the Academic Orientation of the School Track? *Journal of Educational Psychology*, *110*(4), 518–543. https://doi.org/10.1037/edu0000225

Bergstermann, A., Cendon, E., Flacke, L. B., Friedrich, A., Hiltergerke, C., Schäfer, M., Strazny, S., Theis, F., Wachendorf, N. M., & Wetzel, K. (2013). *Theorie und Praxis einer outcomeorientierten Programmentwicklung*. Bundesministerium für Bildung und Forschung [BMBF].

Bernstein, B. (1964). Elaborated and Restricted Codes: Their Social Origins and Some Consequences. *American Anthropologist*, *66*(6), 55–69. https://doi.org/10.1525/aa.1964.66.suppl_3.02a00030

Bianchi, G., Pisiotis, U., & Cabrera, M. (2022). *GreenComp: Der Europäische Kompetenzrahmen für Nachhaltigkeit* (Y. Punie & M. Bacigalupo, Hrsg.). Amt für Veröffentlichungen der Europäischen Union. https://data.europa.eu/doi/10.2760/161792

Bildungsland NRW & Ministerium für Schule und Bildung des Landes Nordrhein-Westfalen [MSB NRW] (Hrsg.). (2022). *Statistik Telegramm 2021/22. Schuleckdaten 2021/22. Zeitreihen 2012/13 bis 2021/22. Statistische Übersicht Nr. 416*. https://www.schulministerium.nrw/system/files/media/document/file/statistiktelegramm-2021.pdf

Bloom, B. S. (Hrsg.). (1956). *Taxonomy of Educational Objectives: The Classification of Educational Goals*. David McKay.

Bloom, B. S. (Hrsg.). (1972). *Taxonomie von Lernzielen im kognitiven Bereich*. Beltz.

Bodora, A.-L., Decker, L., Fuhlrott, M., Nolden, A., & Steinhoff, T. (2025). Wie schreiben Schüler:innen in der 8. Klasse mit ChatGPT? Einblicke in das Design-Based-Research-Projekt „KI-Schreibarrangements". *Leseräume*, 12(11), 1–4.

Bordin, E. (i. V.). *Multimodale Lesekompetenz: Eine Interventionsstudie und qualitative Inhaltsanalyse zu Anforderungen und Maßnahmen in der Sekundarstufe II am Beispiel digitaler Geographielehrwerke* [Manuskript in Vorbereitung].

Bordin, E., & Fuhlrott, M. (2026). Die dreifache Komplexität von BNE-Lerninhalten: Zum Umgang mit sprachlichen, faktischen und ethischen Dimensionen. In D. Meer & M.

Morek (Hrsg.), *Unterricht auf einem bedrohten Planeten – Perspektiven und Herausforderungen einer Bildung für nachhaltige Entwicklung im Unterricht der sprachlichen Fächer* (S. 116–150). SLLD-B.

Bourdieu, P. (2023). *Die feinen Unterschiede: Kritik der gesellschaftlichen Urteilskraft* (B. Schwibs & A. Russer, Übersetzung; 29. Auflage). Suhrkamp.

Bramann, C., & Kühberger, C. (2021). Differenzierung in Geschichtsschulbüchern: Wege und Herausforderungen für einen inklusiven Geschichtsunterricht. In O. Musenberg, R. Koßmann, M. Ruhlandt, K. Schmidt, & S. Uslu (Hrsg.), *Historische Bildung inklusiv: Zur Rekonstruktion, Vermittlung und Aneignung vielfältiger Vergangenheiten* (S. 313–333). transcript. https://doi.org/10.14361/9783839444351-020

Bremer Kollektiv. (1974). *Grundriß einer Didaktik und Methodik des Deutschunterrichts in der Sekundarstufe I und II*. Carl Ernst Poeschel.

Brennan, R. L., & Prediger, D. J. (1981). Coefficient Kappa: Some Uses, Misuses, and Alternatives. *Educational and Psychological Measurement*, *41*(3), 687–699. https://doi.org/10.1177/001316448104100307

Brinker, K., Cölfen, H., & Pappert, S. (2018). *Linguistische Textanalyse: Eine Einführung in Grundbegriffe und Methoden* (C. Lubkoll, U. Schmitz, M. Wagner-Egelhaaf, & K.-P. Wegera, Hrsg.; 9., durchgesehene Auflage). Erich Schmidt.

Brügelmann, H. (1972). Lernziele im offenen Curriculum. *Thema Curriculum: Beiträge zur Theorie u. Praxis*, *1*(2), 16–44. https://doi.org/10.25656/01:16174

Budke, A., Kuckuck, M., Meyer, M., Schäbitz, F., Schlüter, K., & Weiss, G. (Hrsg.). (2015). *Fachlich argumentieren lernen: Didaktische Forschungen zur Argumentation in den Unterrichtsfächern*. Waxmann.

Bühl, A. (2019). *SPSS: Einführung in die moderne Datenanalyse ab SPSS 25* (16., aktualisierte Auflage). Pearson.

Bühner, M. (2021). *Einführung in die Test- und Fragebogenkonstruktion* (4., korrigierte und erweiterte Auflage). Pearson.

Busse, V. (2022). Schreiben fachübergreifend fördern: Einführung und theoretische Grundlagen. In V. Busse, N. Müller, & L. Siekmann (Hrsg.), *Schreiben fachübergreifend fördern: Grundlagen und Anregungen für Schule, Unterricht und Lehrkräftebildung* (S. 6–20). Klett Kallmeyer.

Cartwright, N. (1989). *How the Laws of Physics Lie*. Clarendon Press. (Original work published 1983).

Clinton, V. (2019). Reading from Paper Compared to Screens: A systematic review and meta-analysis. *Journal of Research in Reading*, *42*(2), 288–325. https://doi.org/10.1111/1467-9817.12269

Cohen, J. (1960). A Coefficient of Agreement for Nominal Scales. *Educational and Psychological Measurement*, *20*(1), 37–46. https://doi.org/10.1177/001316446002000104

Cohen, J. (1992). A Power Primer. *Psychological Bulletin*, *112*(1), 155–159. https://doi.org/10.1037/0033-2909.112.1.155

Coseriu, E. (1988). *Einführung in die Allgemeine Sprachwissenschaft*. Francke.

Cummins, J. (1979). Cognitive/Academic Language Proficiency, Linguistic Interdependence, the Optimum Age Question and Some other Matters. *Working Papers on Bilingualism*, *19*, 197–205.

De Maeyer, S., Van Daal, T., Bouwer, R., Lesterhuis, M., & Hartell, E. (Hrsg.). (2023). *Validity, Reliability and Efficiency of Comparative Judgement to Assess Student Work.* Frontiers in Education. https://doi.org/10.3389/978-2-8325-1143-5

Debus, B., Massing, P., Debus, T., & Achour, S. (Hrsg.). (2020). *Sprachbildung im Politikunterricht*. Wochenschau Verlag.

Deci, E. L., & Ryan, R. M. (Hrsg.). (2002). *Handbook of Self-Determination Research.* University of Rochester Press.

Decker, L., Guschker, B., Hensel, S., & Schindler, K. (2021). *Wissenschaftliches Schreiben lernen in der Sekundarstufe II*. wbv Media. https://doi.org/10.3278/6004816w

Decker, L., & Hensel, S. (2019). Zum Stellenwert des Schreibens im Fachunterricht der gymnasialen Oberstufe – Empirische Befunde und schreibdidaktische Konsequenzen. In L. Decker & K. Schindler (Hrsg.), *Von (Erst- und Zweit-)Spracherwerb bis zu (ein- und mehrsprachigen) Textkompetenzen* (S. 49–62). Gilles & Francke.

Deutsche Akademie für Sprache und Dichtung & Union der Deutschen Akademien der Wissenschaften (Hrsg.). (2021). *Die Sprache in den Schulen – eine Sprache im Werden: Dritter Bericht zur Lage der deutschen Sprache.* Erich Schmidt.

Dick, M. (2024). *Vernetzung statt Addition: Eine Treatmentstudie in der de-fragmentierenden Deutschlehrerbildung am Beispiel Textverstehen und Aufgabenkonstruktion.* Gabriele Schäfer.

Dieckmann, E., Labusch, A., Lindner, N., & Ott, S. (2019a). *Politik & Co. 5/6: Wirtschaft-Politik*. C.C. Buchner.

Dieckmann, E., Labusch, A., Lindner, N., & Ott, S. (2019b). *Politik & Co. 5/6: Differenzierungsheft als Kopiervorlage.* C.C. Buchner.

Diekmann, A. (2018). *Empirische Sozialforschung: Grundlagen, Methoden, Anwendungen* (12. Auflage). Rowohlt.

Donnerhack, S., Berndt, A., Thürmann, E., & Vollmer, H. J. (2013). Bildungssprachliche Kompetenzerwartungen für den Mittleren Schulabschluss – Am Beispiel des Faches Evangelische Religion. In M. Becker-Mrotzek, K. Schramm, E. Thürmann, & H. J. Vollmer (Hrsg.), *Sprache im Fach: Sprachlichkeit und fachliches Lernen* (S. 381–400). Waxmann.

Döring, N., & Bortz, J. (2016). *Forschungsmethoden und Evaluation in den Sozial- und Humanwissenschaften* (5., vollständig überarbeitete, aktualisierte und erweiterte Auflage). Springer.

Durkheim, É. (2019). *Die Regeln der soziologischen Methode* (9. Auflage). Suhrkamp.

Efing, C. (2022). Bildungssprache – eigenständiges Register, Fachsprache light oder reines Konstrukt? Oder: Hat der Modebegriff Bildungssprache einen Mehrwert? In L. Auteri, N. Barrale, A. Di Bella & S. Hoffmann (Hrsg.), *Jahrbuch für Internationale Germanistik: Wege der Germanistik in transkultureller Perspektive: Akten des XIV. Kongresses der Internationalen Vereinigung für Germanistik (IVG)* (S. 39–52). Peter Lang.

Ehlich, K. (1984). Zum Textbegriff. In A. Rothkegel & B. Sandig (Hrsg.), *Text – Textsorten – Semantik. Linguistische Modelle und maschinelle Verfahren* (S. 9–25). Buske.

Ehlich, K. (1993). Deutsch als fremde Wissenschaftssprache. In A. Wierlacher (Hrsg.), *Jahrbuch Deutsch als Fremdsprache* (S. 13–42). iudicium.

Ehlich, K., & Rehbein, J. (1979). Handlungsmuster im Unterricht. In R. Mackensen & F. Sagebiel (Hrsg.), *Soziologische Analysen: Referate aus den Veranstaltungen der Sektionen der Deutschen Gesellschaft für Soziologie und der ad-hoc-Gruppen beim 19. Deutschen Soziologentag (Berlin, 17.–20. April 1979)* (S. 535–562). Universitätsbibliothek der Technischen Universität Berlin.

Ehlich, K., & Rehbein, J. (1986). *Muster und Institution: Untersuchungen zur schulischen Kommunikation.* Narr.

Ehlich, K., Bredel, U., & Reich, H. H. (Hrsg.). (2008). *Referenzrahmen zur altersspezifischen Sprachaneignung.* Bundesministerium für Bildung und Forschung [BMBF], Referat Öffentlichkeitsarbeit.

Eickelmann, B., & Jarsinski, S. (2018). Digitale Schulbücher – Fluch oder Segen? Aspekte für die Sekundarstufe I. *Schulmagazin 2*, 7–11.

El-Mafaalani, A. (2012). *BildungsaufsteigerInnen aus benachteiligten Milieus: Habitustransformation und soziale Mobilität bei Einheimischen und Türkeistämmigen.* VS Verlag für Sozialwissenschaften. https://doi.org/10.1007/978-3-531-19320-5

Elbin-Bruns, B., Koch, T., Leinen, K., Müller, J. P., Pinter, G., Zorbach, D., & Frank, M. (2020). *Projekt G – Gesellschaftslehre, Klasse 5/6.* Klett.

Emmerich, M. (2016). Differenz und Differenzierung im Bildungssystem: Schulische Grammatik der Inklusion/Exklusion. In V. Moser & B. Lütje-Klose (Hrsg.), *Schulische Inklusion* (S. 42–57). Beltz Juventa.

Enzenbach, C., Krabbe, H., & Fischer, H. (2019). Textsortenfähigkeiten und fachliches Verständnis beim Schreiben im Physikunterricht. In H. Roll, M. Bernhardt, C. Enzenbach, H. E. Fischer, E. Gürsoy, H. Krabbe, M. Lang, S. Manzel & I. Uluçam-Wegmann (Hrsg.), *Schreiben im Fachunterricht der Sekundarstufe I unter Einbeziehung des Türkischen: Empirische Befunde aus den Fächern Geschichte, Physik, Technik, Politik, Deutsch und Türkisch* (S. 173–193). Waxmann.

Faul, F., Erdfelder, E., Buchner, A., & Lang, A.-G. (2009). Statistical Power Analyses Using G*Power 3.1: Tests for Correlation and Regression Analyses. *Behavior Research Methods, 41*(4), 1149–1160. https://doi.org/10.3758/BRM.41.4.1149

Feigenspan, K., & Michalak, M. (2023). Subject First: Why Linguistically Sensitive Teaching Should Always Start From the Subject. In E. M. Gierlinger, G. Keplinger, & M. Döll (Hrsg.), *Talk in Multilingual Classrooms: Teachers' Awareness of Language Knowledge in Secondary Education* (S. 69–90). Waxmann.

Feilke, H. (1994). *Common sense-Kompetenz: Überlegungen zu einer Theorie des „sympathischen" und „natürlichen" Meinens und Verstehens.* Suhrkamp.

Feilke, H. (2005). Beschreiben, erklären, argumentieren – Überlegungen zu einem pragmatischen Kontinuum. In P. Klotz & C. Lubkoll (Hrsg.), *Beschreibend wahrnehmen – wahrnehmend beschreiben: Sprachliche und ästhetische Aspekte kognitiver Prozesse* (S. 45–59). Rombach.

Feilke, H. (2010). „Aller guten Dinge sind drei" – Überlegungen zu Textroutinen & literalen Prozeduren. In I. Bons, T. Gloning, & D. Kaltwasser (Hrsg.), *Fest-Platte für Gerd Fritz* (S. 1–23). Universität Gießen. http://www.festschrift-gerd-fritz.de/files/feilke_2010_literale-prozeduren-und-textroutinen.pdf

Feilke, H. (2012a). Bildungssprachliche Kompetenzen – fördern und entwickeln. *Praxis Deutsch, 39*(233), 4–13.

Feilke, H. (2012b). Schulsprache – Wie Schule Sprache macht. In S. Günthner, W. Imo, D. Meer, J. G. Schneider, H. Henne, H. Sitta, & H. E. Wiegand (Hrsg.), *Kommunikation und*

Öffentlichkeit: Sprachwissenschaftliche Potenziale zwischen Empirie und Norm (S. 149–175). De Gruyter.

Feilke, H. (2015). Transitorische Normen: Argumente für einen didaktischen Normbegriff. *Didaktik Deutsch: Halbjahresschrift für die Didaktik der deutschen Sprache und Literatur*, *20*(38), 115–135. https://doi.org/10.25656/01:17148

Feilke, H., & Hennig, M. (2016). *Zur Karriere von „Nähe und Distanz": Rezeption und Diskussion des Koch-Oesterreicher-Modells*. De Gruyter.

Feilke, H., & Rezat, S. (2019a). Operatoren „to go": Prozedurenorientierter Schreibunterricht. *Praxis Deutsch*, *46*(274), 4–13.

Feilke, H., & Rezat, S. (2019b). *Operatoren to go: Ein Arbeitsheft zum Nachschlagen und Üben für das Fach Deutsch ab der Sek I*. Friedrich.

Feilke, H., & Rezat, S. (2021). Erklärtexte lesen und schreiben. *Praxis Deutsch*, *48*(285), 4–13.

Fix, M. (2008). *Texte schreiben: Schreibprozesse im Deutschunterricht* (2. Auflage). Schöningh. https://doi.org/10.36198/9783838528090

Freund, M. S. (2022). *Lernaufgaben im Fachunterricht*. [Masterarbeit, Universität Siegen, unveröffentlichtes Manuskript].

Frintrop-Bechthold, D., & Floren, F. J. (2019). *Wirtschaft-Politik, 1: Arbeitsbuch*. Westermann.

Fuchs, E., Niehaus, I., & Stoletzki, A. (2014). *Das Schulbuch in der Forschung: Analysen und Empfehlungen für die Bildungspraxis*. V&R unipress.

Fuhlrott, M. (2023). Zum Schreib- und Lernpotenzial sachfachlicher Schulbuchaufgaben: Eine Mixed-Methods-Studie in der Erprobungsstufe des Gymnasiums. In V. Lemke, N. Kruse, T. Steinhoff, & A. Sturm (Hrsg.), *Schreibunterricht: Studien und Diskurse zum Verschriften und Vertexten* (S. 223–240). Waxmann.

Fuhlrott, M. (2024). Klimatext. Eine Interventionsstudie zur Förderung bildungssprachlicher Textkompetenzen in hybriden Lernsettings. In J. Goschler, P. Rosenberg, & T. Woerfel (Hrsg.), *Empirische Zugänge zu Bildungssprache und bildungssprachlichen Kompetenzen* (S. 193–216). Springer Spektrum. https://doi.org/10.1007/978-3-658-43737-4_8

Fuhrhop, N., & Olthoff, S. (2019). Komposita als Herausforderung in Schulbuchtexten? In M. Butler & J. Goschler (Hrsg.), *Sprachsensibler Fachunterricht: Chancen und Herausforderungen aus interdisziplinärer Perspektive* (S. 35–68). Springer. https://doi.org/10.1007/978-3-658-27168-8_2

Fürstenau, S., & Gomolla, M. (Hrsg.). (2011). *Migration und schulischer Wandel: Mehrsprachigkeit*. VS Verlag für Sozialwissenschaften. https://doi.org/10.1007/978-3-531-92659-9

Gadow, A. (2016). *Bildungssprache im naturwissenschaftlichen Sachunterricht: Beschreiben und Erklären von Kindern mit deutscher und anderer Familiensprache* (Studien Deutsch als Fremd- und Zweitsprache, Band 1). Erich Schmidt.

Gailberger, S., & Köhnen, R. (Hrsg.). (2020). *Ideologiekritik und Deutschunterricht heute? Analysen und Handlungsansätze 50 Jahre nach Gründung des Bremer Kollektivs*. Peter Lang.

Geißler, R. (2014). *Die Sozialstruktur Deutschlands* (7., grundlegend überarbeitete Auflage). Springer VS. https://doi.org/10.1007/978-3-531-19151-5

Gibbons, P. (2015). *Scaffolding Language, Scaffolding Learning: Teaching English Language Learners in the Mainstream Classroom* (Second Edition). Heinemann. http://lobid.org/resources/990206766770206441

Girwidz, R. (2020). Medien im Physikunterricht. In E. Kircher, R. Girwidz, & H. E. Fischer (Hrsg.), *Physikdidaktik: Grundlagen* (S. 293–335). Springer Spektrum. https://doi.org/10.1007/978-3-662-59490-2_8

Gläser, J., & Laudel, G. (2009). *Experteninterviews und qualitative Inhaltsanalyse als Instrumente rekonstruierender Untersuchungen* (3., überarbeitete Auflage). Springer VS.

Gläser-Zikuda, M. (2011). Qualitative Auswertungsverfahren. In H. Reinders, H. Ditton, C. Gräsel, & B. Gniewosz (Hrsg.), *Empirische Bildungsforschung* (S. 109–119). VS Verlag für Sozialwissenschaften. https://doi.org/10.1007/978-3-531-93015-2_9

Göbert, S. (2015). Die Fach(un-)spezifik des argumentierend-erörternden Schreibens – vergleichende Untersuchung der Fächer Deutsch, Geschichte und Biologie. In A. Budke, M. Kuckuck, M. Meyer, F. Schäbitz, K. Schlüter & G. Weiss (Hrsg.), *Fachlich argumentieren lernen: Didaktische Forschungen zur Argumentation in den Unterrichtsfächern* (S. 316–320). Waxmann.

Gogolin, I. (1994). *Der monolinguale Habitus der multilingualen Schule.* Waxmann.

Gogolin, I., & Lange, I. (2011). Bildungssprache und durchgängige Sprachbildung. In S. Fürstenau & M. Gomolla (Hrsg.), *Migration und schulischer Wandel: Mehrsprachigkeit* (S. 107–127). Springer VS.

Göldi, S. (2011). *Von der bloomschen Taxonomy zu aktuellen Bildungsstandards: Zur Entstehungs- und Rezeptionsgeschichte eines pädagogischen Bestsellers.* hep.

Goschler, J. (2021). Kognitiv-linguistische Zugänge zum Problem von sprachlichem und fachlichem Lernen. In M. Mainzer-Murrenhoff, S. Drumm, & L. Heine (Hrsg.), *Sprachtheorien in der Zweit- und Fremdsprachenforschung: Eine Basis für empirisches Arbeiten zwischen Fach- und Sprachenlernen.* Schneider Verlag Hohengehren.

Graham, S. (2019). Changing How Writing Is Taught. In *Review of Research in Education, 43*(1), 277–303. https://doi.org/10.3102/0091732X18821125

Graham, S., & Hebert, M. (2011). Writing to Read: A Meta-Analysis of the Impact of Writing and Writing Instruction on Reading. *Harvard Educational Review, 81*(4), 710–744. https://doi.org/10.17763/haer.81.4.t2k0m13756113566

Graham, S., Kiuhara, S. A., & MacKay, M. (2020). The Effects of Writing on Learning in Science, Social Studies, and Mathematics: A Meta-Analysis. *Review of Educational Research, 90*(2), 179–226. https://doi.org/10.3102/0034654320914744

Groß Ophoff, J., Koch, U., Hosenfeld, I., & Helmke, A. (2006). Ergebnisrückmeldungen und ihre Rezeption im Projekt VERA. In H. Kuper & J. Schneewind (Hrsg.), *Rückmeldung und Rezeption von Forschungsergebnissen: Zur Verwendung wissenschaftlichen Wissens im Bildungssystem* (S. 19–40). Waxmann.

Halliday, M. A. K. (2014). *Halliday's Introduction to Functional Grammar* (4. ed.). Routledge.

Halliday, M. A. K., & Martin, J. R. (2004). *Writing Science: Literacy and Discursive Power. Critical Perspectives on Literacy and Education.* Routledge.

Hattie, J. (2012). *Visible Learning for Teachers: Maximizing Impact on Learning.* Routledge.

Hayes, J. R., & Flower, L. S. (2016). Identifying the Organization of Writing Processes. In L. W. Gregg & E. R. Steinberg (Hrsg.), *Cognitive Processes in Writing* (S. 3–30). Routledge.

Heer, N. (2010). Das Schulbuch als textlinguistischer Forschungsgegenstand. In M. Foschi Albert, M. Hepp, E. Neuland, & M. Dalmas (Hrsg.), *Text und Stil im Kulturvergleich: Pisaner Fachtagung 2009 zu interkulturellen Wegen germanistischer Kooperation* (S. 471–481). Iudicium.

Heer, N. (2011). Aufgaben im Schulbuch aus textlinguistischer Sicht: Zur intra- und intertextuellen Orientierung. In E. Matthes & S. Schütze (Hrsg.), *Aufgaben im Schulbuch* (S. 43–56). Klinkhardt.

Heins, J. (2016). Qualitative Inhaltsanalyse: Mit dem Rüstzeug der QIA neue Wege gehen. In J. Boelmann (Hrsg.), *Empirische Erhebungs- und Auswertungsverfahren in der deutschdidaktischen Forschung* (2. durchgesehene Auflage, S. 305–323). Schneider Verlag Hohengehren.

Heins, J. (2017). *Lenkungsgrade im Literaturunterricht: Zum Einfluss stark und gering lenkender Aufgabensets auf das Textverstehen.* Springer Fachmedien. https://doi.org/10.1007/978-3-658-17890-1

Heins, J. (2018). Lernaufgaben im Literaturunterricht: Zwischen normativer Diskussion, empirischer Wirkungsforschung und (unterrichts)praktischen Konsequenzen. *lesefo-rum*.ch, 2018(3), 1–17.

Helmke, A. (2022). *Unterrichtsqualität und Professionalisierung: Diagnostik von Lehr-Lern-Prozessen und evidenzbasierte Unterrichtsentwicklung* (1. Neuauflage). Klett Kallmeyer.

Herzig, K. (2019). *Team Wirtschaft – Politik NRW G9, 5/6: Arbeitsbuch.* Westermann.

Herzog, W. (2012). Die Wirklichkeit des Psychischen. In *Wissenschaftstheoretische Grundlagen der Psychologie* (S. 111–124). VS Verlag für Sozialwissenschaften. https://doi.org/10.1007/978-3-531-93141-8_8

Heuzeroth, J. (2021). *Kausalität und Sprache im Geographieunterricht – Einflussfaktoren und Förderstrategien für das Entwickeln geographischer Kausalstrukturen im Rahmen des systemischen Denkens.* Universitäts- und Stadtbibliothek Köln [Dissertation, Universität zu Köln]. https://kups.ub.uni-koeln.de/54247/1/Dissertation_Kausalität_und_Sprache_im_Geographieunterricht_Johannes_Heuzeroth_final.pdf

Hirschauer, S. (2004). Praktiken und ihre Körper. Über materielle Partizipanden des Tuns. In K. H. Hörning & J. Reuter (Hrsg.), *Doing Culture: Neue Positionen zum Verhältnis von Kultur und sozialer Praxis* (S. 73–91). transcript Verlag. https://doi.org/10.1515/9783839402436-005

Hlebec, H. (2018). *Aufgabentheorie und grammatisches Lernen: Eine Untersuchung zu Merkmalen von Lernaufgaben für den Grammatikunterricht.* Schneider Verlag Hohengehren.

Hoffmann, L. (2016). *Deutsche Grammatik: Grundlagen für Lehrerausbildung, Schule, Deutsch als Zweitsprache und Deutsch als Fremdsprache* (3., neu bearbeitete und erweiterte Auflage). Erich Schmidt.

Hölscher, P. (2005). *Lernszenarien. Ein neuer Weg, der Lust auf Schule macht: Teil 3. Sprachhandeln in den Klassen 5 bis 9 interkulturell – integrativ – interaktiv* (Staatsinstitut für Schulpädagogik und Bildungsforschung München, Hrsg.). Finken.

Hommel, M. (2012). Kodierhandbuch des Beobachtungsinventars zur systematischen und videobasierten Erfassung der Aufmerksamkeit von Lernenden. *Dresdener Beiträge zur Wirtschaftspädagogik*, *1*, 57.

Hülsmann, D., & Hesse, F. (2024). Bericht über das Colloquium „Sprachlichkeit und Fachlichkeit in ihrem Zusammenspiel für fachliche Lernprozesse“. In: *Didaktik Deutsch*, 56(1), 87–94. https://doi.org/10.21248/dideu.717

Jahnke-Klein, S., & Busse, V. (2019). Sprachsensibel unterrichten in den Naturwissenschaften – Kontextorientierung als Lernhilfe oder zusätzliche Barriere? In M. Butler & J. Goschler (Hrsg.), *Sprachsensibler Fachunterricht: Chancen und Herausforderungen aus interdisziplinärer Perspektive* (S. 115–140). Springer. https://doi.org/10.1007/978-3-658-27168-8_5

Jonassen, D. H. (2000). Toward a Design Theory of Problem Solving. *Educational Technology Research and Development*, *48*(4), 63–85. https://doi.org/10.1007/BF02300500

Jordan, A., Krauss, S., Löwen, K., Blum, W., Neubrand, M., Brunner, M., Kunter, M., & Baumert, J. (2008). Aufgaben im COACTIV-Projekt: Zeugnisse des kognitiven Aktivierungspotentials im deutschen Mathematikunterricht. *Journal für Mathematik-Didaktik*, *29*(2), 83–107. https://doi.org/10.1007/BF03339055

Kauertz, A., Löffler, P., & Fischer, H. E. (2015). Physikaufgaben. In E. Kircher, R. Girwidz, & P. Häußler (Hrsg.), *Physikdidaktik: Theorie und Praxis* (3. Auflage, S. 451–475). Springer Spektrum. https://doi.org/10.1007/978-3-642-41745-0

Keller, S., & Reintjes, C. (Hrsg.). (2016). *Aufgaben als Schlüssel zur Kompetenz: Didaktische Herausforderungen, wissenschaftliche Zugänge und empirische Befunde.* Waxmann.

Kiel, E. (1999). *Erklären als didaktisches Handeln.* Ergon.

Klein, J. (1987). *Die konklusiven Sprechhandlungen: Studien zur Pragmatik, Semantik, Syntax und Lexik von BEGRÜNDEN, ERKLÄREN-WARUM, FOLGERN und RECHTFERTIGEN*. Niemeyer. https://doi.org/10.1515/9783111371627

Kleinknecht, M., Ottinger, S., & Richter, D. (2014). Aufgabenanalyse erlernen – Empirische Forschung zum Einsatz eines allgemeindidaktischen Kategoriensystems in der Lehrerfortbildung. In M. Pfitzner (Hrsg.), *Aufgabenkultur im Sportunterricht: Konzepte und Befunde zur Methodendiskussion für eine neue Lernkultur* (S. 137–158). Springer. https://doi.org/10.1007/978-3-658-03837-3_7

Kleinschmidt-Schinke, K. (2018). *Die an die Schüler/-innen gerichtete Sprache (SGS): Studien zur Veränderung der Lehrer/-innensprache von der Grundschule bis zur Oberstufe.* De Gruyter.

Klieme, E., Avenarius, H., Blum, W., Döbrich, P., Gruber, H., Prenzel, M., Reiss, K., Riquarts, K., Rost, J., Tenorth, H.-E., & Vollmer, H. J. (2003). *Zur Entwicklung nationaler Bildungsstandards*: *Eine Expertise* (2., unveränderte Auflage). Bundesministerium für Bildung und Forschung [BMBF]

Knopp, M., Bulut, N., Hippmann, K., Jambor-Fahlen, S., Linnemann, M., & Stephany, S. (Hrsg.). (2022). *Sprachliche Bildung in der digitalisierten Gesellschaft: Was wir in Zukunft wissen und können müssen.* Waxmann. https://doi.org/10.31244/9783830995555

Knorr, D., Heine, C., & Engberg, J. (Hrsg.). (2014). *Methods in Writing Process Research.* Peter Lang.

Koch, P., & Oesterreicher, W. (1985). Sprache der Nähe – Sprache der Distanz. Mündlichkeit und Schriftlichkeit im Spannungsfeld von Sprachtheorie und Sprachgeschichte. *Romanistisches Jahrbuch*, *36*(1), 15–43. https://doi.org/10.1515/9783110244922.15

Köster, J. (2018). *Aufgaben im Deutschunterricht: Wirksame Lernangebote und Erfolgskontrollen* (2. Auflage). Klett Kallmeyer.

Krabbe, H., & Beese, M. (2015). Lesestrategie für Erklärungstexte in Physikbüchern. *Der mathematische und naturwissenschaftliche Unterricht*, *68*(3), 148–155.

Krabbe, H., Timmerman, P., & Boubakri, C. (2019). BESCHREIBEN, ERKLÄREN und BEGRÜNDEN im Physikunterricht. In C. Maurer (Hrsg.), *Naturwissenschaftliche Bildung als Grundlage für berufliche und gesellschaftliche Teilhabe. Gesellschaft für Didaktik der Chemie und Physik Jahrestagung in Kiel 2018* (S. 265–268). https://www.gdcp-ev.de/wp-content/tagungsbaende/GDCP_Band39.pdf

Krippendorff, K. (2004). *Content Analysis: An Introduction to Its Methodology* (2nd edition). Sage Publications.

Kuckartz, U. (2018). *Qualitative Inhaltsanalyse: Methoden, Praxis, Computerunterstützung* (4. Auflage). Beltz Juventa.

Kulgemeyer, C. (2020). Didaktische Kriterien für gute Erklärvideos. In K. D. Wolf & S. Dorgerloh (Hrsg.), *Lehren und Lernen mit Tutorials und Erklärvideos* (S. 70–75). Beltz.

Kunter, M., & Trautwein, U. (2013). *Psychologie des Unterrichts*. Schöningh.

Landis, J. R., & Koch, G. G. (1977). The Measurement of Observer Agreement for Categorical Data. *Biometrics, 33*(1), 159–174. https://doi.org/10.2307/2529310

Le, N.-T., & Pinkwart, N. (2016). Ein adaptierbares Fragengenerierungs-Framework zur Unterrichtsvorbereitung. In *DeLFI 2016 – Die 14. E-Learning Fachtagung Informatik: Workshopband* (CEUR Workshop Proceedings, S. 149–162). http://ceur-ws.org/Vol-1669/WS5_6_096_Paper.pdf

Lechner, M. (2007). Unterrichten heißt: Aufgaben stellen. Befunde und Konsequenzen. *SEMINAR, 2*, 122–133.

Legutke, M. K. (2006). Aufgabe – Projekt – Szenario. Über die großen Perspektiven und die kleinen Schritte. In K.-R. Bausch, E. Burwitz-Melzer, F. G. Königs, H.-J. Krumm, L. Bredella, H. Christ, M. K. Legutke, F.-J. Meißner, & D. Rösler (Hrsg.), *Aufgabenorientierung als Aufgabe: Arbeitspapiere der 26. Frühjahrskonferenz zur Erforschung des Fremdsprachenunterrichts* (S. 140–148). Narr Francke Attempto.

Leinen, K., Pinter, G., Stein, R., & Zorbach, D. (2020). *Projekt G.1: Gesellschaftslehre*. Klett.

Lenhard, W. (2013). *Leseverständnis und Lesekompetenz: Grundlagen – Diagnostik – Förderung*. Kohlhammer.

Lenhard, W., Lenhard, A., & Schneider, W. (2022). ELFE II: *Ein Leseverständnistest für Erst- bis Siebtklässler – Version II* (5., aktualisierte Aufl.). Hogrefe.

Leubecher, R., Zabel, J., Funke, M., Linnenkemper, V., Schneider, M., & Bergmann-Gering, A. (2024). Bewertungskompetenz in Biologieschulbüchern: Eine integrativ-inhaltsanalytische Untersuchung von Schulbuchaufgaben für die Sekundarstufe I. *Zeitschrift für Didaktik der Naturwissenschaften, 30*(2). https://doi.org/10.1007/s40573-023-00166-9

Liegmann, A. B., & Dreyer, H. (2014). Unterstützen Schulbücher individuelle Förderung? Eine Analyse am Beispiel von Leselehrwerken für Klasse 4. *Zeitschrift für Bildungsforschung, 4*(2), 153–171. https://doi.org/10.1007/s35834-014-0090-z

Lin, Z. (2024). How to Write Effective Prompts for Large Language Models. *Nature Human Behaviour,* 8, 611–615. https://doi.org/10.1038/s41562-024-01847-2

Lindauer, T., Riss, M., & Schmellentin, C. (2012). *Empfehlungen für die sprachbewusste Gestaltung von Lehrmitteln. Bildungsraum Nordwestschweiz im Auftrag des Regierungsausschusses*. https://www.schulen-aargau.ch/media/schulen-aargau/unterricht/lehrplan-lehrmittel/bksvs-empfehlungen-sprachbewusste-gestaltung-lehrmittel.pdf

Linke, A., Nussbaumer, M., Portmann-Tselikas, P. R., Willi, U., & Berchtold, S. (2004). *Studienbuch Linguistik* (5., erweiterte Auflage). Niemeyer.

Lobin, H. (2014). *Engelbarts Traum: Wie der Computer uns Lesen und Schreiben abnimmt.* Campus.

Löffler, H. (2016). *Germanistische Soziolinguistik* (5., neu bearbeitete Auflage). Erich Schmidt.

Luft, C. (2019). Sprachliche Handlungen in politischen Sach- und Werturteilen: Theoretische Überlegungen aus interdisziplinärer Perspektive. *CIVES-Forum*, *7*, 59.

Lupschina, R. (2021, 27. April). Einen schlafenden Riesen wecken – Von der Autonomie, Geschichte zu schreiben. *Historischer Augenblick – Geschichte digital* [Blog-Beitrag]. https://www.historischer-augenblick.de/geschichtelernen (Zugriff am 20.04.2026).

Lynch, D., Christensen, U. J., & Howe, N. J. (2020). AI Technology and Personalized Learning Design – Uncovering Unconscious Incompetence. In D. Burgos (Ed.), *Radical Solutions and Learning Analytics: Personalised Learning and Teaching Through Big Data* (pp. 157–172). Springer Nature. https://doi.org/10.1007/978-981-15-4526-9_10

Mägdefrau, J., & Michler, A. (2012). Individualisierende Lernaufgaben im Geschichtsunterricht – Eine empirische Untersuchung zur Rolle von Schulbuchaufgaben und Eigenkonstruktionen der Lehrkräfte. *Zeitschrift für Geschichtsdidaktik*, *11*, 208–232.

Maier, U., Kleinknecht, M., & Metz, K. (2010). Ein fächerübergreifendes Kategoriensystem zur Analyse und Konstruktion von Aufgaben. In H. Kiper, W. Meints, S. Peters, S. Schlump, & S. Schmit (Hrsg.), *Lernaufgaben und Lernmaterialien im kompetenzorientierten Unterricht* (S. 28–43). Kohlhammer.

Martin, A. J. (2016). *Using Load Reduction Instruction (LRI) to Boost Motivation and Engagement*. British Psychological Society.

Martin, A. J., & Evans, P. (2018). Load Reduction Instruction: Exploring a Framework that Assesses Explicit Instruction through to Independent Learning. *Teaching and Teacher Education*, *73*, 203–214. https://doi.org/10.1016/j.tate.2018.03.018

Martin, J. R., & Rose, D. (2008). Genre Relations: Mapping Culture (Reprint 2009). Equinox.

Marx, N., & Steinhoff, T. (2017). *Schreibförderung in der multilingualen Orientierungsstufe: Zur Wirksamkeit des wiederholten Einsatzes unterschiedlich profilierter Revisionsarrangements auf die Textproduktion von Schülerinnen und Schülern der 6. Jahrgangsstufe in Oberschulen, Gesamtschulen und Gymnasien in den Erstsprachen Deutsch und Türkisch und in der Zweitsprache Deutsch. [Schlussbericht zu dem vom BMBF geförderten Forschungsprojekt, Projektlaufzeit: 10.2013–09.2016].* https://edocs.tib.eu/files/e01fb17/886945909.pdf

Massumi, M. (2019). *Migration im Schulalter: Systemische Effekte der deutschen Schule und Bewältigungsprozesse migrierter Jugendlicher*. Peter Lang.

Mattes, W., & Herzig, K. (2019). *TEAM Wirtschaft-Politik NRW G9, 5/6: Arbeitsbuch.* Westermann.

Matthes, E., & Schütze, S. (Hrsg.). (2011). *Aufgaben im Schulbuch.* Klinkhardt.

Mayring, P. (2015). *Qualitative Inhaltsanalyse: Grundlagen und Techniken* (12., überarbeitete Auflage). Beltz.

McElvany, N., Lorenz, R., Frey, A., Goldhammer, F., Schilcher, A., & Stubbe, T. C. (Hrsg.). (2023). *IGLU 2021: Lesekompetenz von Grundschulkindern im internationalen Vergleich und im Trend über 20 Jahre.* Waxmann.

Menck, P. (2022). *Das Schulbuch: Ein Medium der Bildung.* universi.

Metz, K., Kleinknecht, M., Hoppe, H., Bohl, T., & Maier, U. (2014). Einsatz des Kategoriensystems zur überfachlichen Aufgabenanalyse in der Lehrerfortbildung. In P. Blumschein (Hrsg.), *Lernaufgaben – Didaktische Forschungsperspektiven* (S. 52–64). Julius Klinkhardt.

Ministerium für Schule und Bildung des Landes Nordrhein-Westfalen (Hrsg.). (2019). *Kernlehrplan für die Sekundarstufe I Gymnasium in Nordrhein-Westfalen: Physik* [KLP NRW Physik, Gym, Sek. I, 2019]. https://lehrplannavigator.nrw.de/system/files/media/document/file/g9_ph_klp_3411_2019_06_23.pdf

Ministerium für Schule und Bildung des Landes Nordrhein-Westfalen (Hrsg.). (2019). *Kernlehrplan für die Sekundarstufe I Gymnasium in Nordrhein-Westfalen: Wirtschaft-Politik* [KLP NRW Wirtschaft-Politik, Gym, Sek. I, 2019]. https://lehrplannavigator.nrw.de/system/files/media/document/file/g9_wipo_klp_3429_2019_06_23.pdf

Ministerium für Schule und Bildung des Landes Nordrhein-Westfalen (Hrsg.). (2021). *Deutsch – Übersicht über die Operatoren: Gültig ab dem Abitur 2023* [Operatorenliste Deutsch NRW, 2023]. https://www.standardsicherung.schulministerium.nrw.de/system/files/media/document/file/d-operatoren-ab-abitur-2023.pdf

Ministerium für Schule und Bildung des Landes Nordrhein-Westfalen (Hrsg.). (2008). *Lehrplan für die Primarstufe in Nordrhein-Westfalen: Sachunterricht* [LP, Grundschule, NRW, 2008]. https://lehrplannavigator.nrw.de/system/files/media/document/file/lp_gs_2008_0.pdf

Ministerium für Schule und Bildung des Landes Nordrhein-Westfalen (Hrsg.). (2022). *Physik – Übersicht über die Operatoren (gültig ab dem Abitur 2025)* [Operatorenliste Physik NRW (gültig ab dem Abitur 2025), o.J.]. https://www.standardsicherung.schulministerium.nrw.de/system/files/media/document/file/ph_operatoren_ab_abitur2025.pdf

Ministerium für Schule und Weiterbildung des Landes Nordrhein-Westfalen (Hrsg.). (2008). *Richtlinien und Lehrpläne für die Grundschule in Nordrhein-Westfalen: Deutsch, Sachunterricht, Mathematik, Englisch, Musik, Kunst, Sport, Evangelische Religionslehre, Katholische Religionslehre*. Ritterbach.

Ministerium für Schule und Weiterbildung des Landes Nordrhein-Westfalen [MSW NRW] (Hrsg.). (2017). *Rahmenvorgabe Verbraucherbildung in Schule in der Primarstufe und Sekundarstufe I in Nordrhein-Westfalen*. https://www.qua-lis.nrw.de/system/files/media/document/file/msw_2017_rahmenvorgabeverbraucherbildung-3.pdf

Ministerium für Schule und Weiterbildung des Landes Nordrhein-Westfalen (Hrsg.). (o.J.). *Physik – Übersicht über die Operatoren* [Operatorenliste Physik NRW, o.J.]. [Ab 2026 nicht mehr online abrufbar].

Ministerium für Schule und Weiterbildung des Landes Nordrhein-Westfalen (Hrsg.). (o.J.). *Sozialwissenschaften und Sozialwissenschaften/Wirtschaft: Übersicht über die Operatoren* [Operatorenliste SoWi NRW, o.J.]. [Ab 2026 nicht mehr online abrufbar].

Morek, M. (2012). *Kinder erklären: Interaktionen in Familie und Unterricht im Vergleich*. Stauffenburg.

Morek, M., & Heller, V. (2012). Bildungssprache – Kommunikative, epistemische, soziale und interaktive Aspekte ihres Gebrauchs. *Zeitschrift für angewandte Linguistik*, *57*, 67–101. https://doi.org/10.1515/ZFAL-2012-0011

Müller, F. (2018). *Praxisbuch Differenzierung und Heterogenität: Methoden und Materialien für den gemeinsamen Unterricht*. Beltz.

Müller, H.-J. (2010). Lernaufgaben und der Aufbau von Wissen. In H. Kiper, W. Meints, S. Peters, S. Schlump, & S. Schmit (Hrsg.), *Lernaufgaben und Lernmaterialien im kompetenzorientierten Unterricht* (S. 84–100). Kohlhammer.

Müller, R. (2019). *Dorn Bader – Physik Gymnasium, 1, Schülerband*. Westermann.

Myors, B., & Murphy, K. (2023). *Statistical Power Analysis: A Simple and General Model for Traditional and Modern Hypothesis Tests* (5th Edition). Routledge. https://doi.org/10.4324/9781003296225

Neubrand, J. (2002). *Eine Klassifikation mathematischer Aufgaben zur Analyse von Unterrichtssituationen: Selbsttätiges Arbeiten in Schülerarbeitsphasen in den Stunden der TIMSS-Video-Studie*. Franzbecker.

Neugebauer, M. (2010). Bildungsungleichheit und Grundschulempfehlung beim Übergang auf das Gymnasium: Eine Dekomposition primärer und sekundärer Herkunftseffekte: Educational Inequality and Teacher Recommendations at the Transition to Upper Secondary School: A Decomposition of Primary and Secondary Effects of Social Origin. *Zeitschrift für Soziologie, 39*(3), 202–214. https://doi.org/10.1515/zfsoz-2010-0303

Niederhaus, C. (2011). *Fachsprachlichkeit in Lehrbüchern: Korpuslinguistische Analysen von Fachtexten der beruflichen Bildung*. Waxmann.

OECD (2023), *PISA 2022 Ergebnisse (Band I): Lernstände und Bildungsgerechtigkeit*. wbv Media. https://doi.org/10.3278/6004956w

Oleschko, S., & Moraitis, A. (2012). Die Sprache im Schulbuch. Erste Überlegungen zur Entwicklung von Geschichts- und Politikschulbüchern unter Berücksichtigung sprachlicher Besonderheiten. *Bildungsforschung, 9*(1), 11–46. https://doi.org/10.25656/01:8306

Otte-Spille, S., & Langer, M. (2019). *Physik heute, 1, Schülerband*. Westermann.

Pendorf, T. (2019). Die Bildungssprache – zwischen Kognition, Kommunikation und Distinktion: Eine Annäherung an ein multiples Phänomen der deutschen Bildungslandschaft. In J. Hugo, N. Brink, J. Seidemann & M. Drahmann (Hrsg.), *Verantwortung im Kontext von Schule: Perspektiven aus Wissenschaft und Praxis* (S. 183–195). Waxmann.

Pertzel, E., & Schütte, A. U. (2016). *Schreiben in Biologie, Geschichte und Mathematik (Klasse 5/6): Schriftlichkeit im sprachsensiblen Fachunterricht*. Waxmann.

Philipp, M. (2014). *Selbstreguliertes Schreiben: Schreibstrategien erfolgreich vermitteln*. Beltz.

Philipp, M. (2017a). Lese- und Schreibkompetenz. In M. Philipp (Hrsg.), *Handbuch: Schriftspracherwerb und weiterführendes Lesen und Schreiben* (S. 36–50). Beltz Juventa.

Philipp, M. (2017b). Förderung hierarchiehoher Schreibprozesse. In M. Philipp (Hrsg.), *Handbuch: Schriftspracherwerb und weiterführendes Lesen und Schreiben* (S. 285–299). Beltz Juventa.

Philipp, M. (2020a). Wer schreiben kann, ist klar im Vorteil. Das Schreiben schulisch sinnvoll für die Förderung von Leseverstehen und Fachlernen nutzen. *Schulmanagement, 4*, 28–31.

Philipp, M. (2020b). Der Computer als Lese- und Schreibtool: Neue Chancen, neue Herausforderungen. *Die GRUNDSCHULZEITSCHRIFT, 320*, 33–36.

Philipp, M. (2021). *Lesen – Schreiben – Lernen: Prozesse, Strategien und Prinzipien des generativen Lernens*. Beltz.

Piaget, J. (2016). *Meine Theorie der geistigen Entwicklung* (R. Fatke, Hrsg.; H. Kober, Übersetzung; 4. Auflage). Beltz.

Pohl, M. (2023). *Digitale Mathematikschulbücher in der Sekundarstufe I: Eine deskriptive und empirische Studie zur Struktur und Nutzung digitaler Schulbücher durch Lernende.* Springer Spektrum.

Pohl, T. (2016). Die Epistemisierung des Unterrichtsdiskurses – ein Forschungsrahmen. In E. Tschirner, O. Bärenfänger, & J. Möhring (Hrsg.), *Deutsch als fremde Bildungssprache: Das Spannungsfeld von Fachwissen, sprachlicher Kompetenz, Diagnostik und Didaktik* (S. 55–80). Stauffenburg.

Pohl, T. (2023). Wie Sprache Bildung macht und wie Bildung Sprache macht: Einblicke in den Unterrichtsdiskurs. In J. Struger (Hrsg.), *Sprache – Macht – Bildung* (S. 37–62). Frank & Timme. https://doi.org/10.57088/978-3-7329-8979-9_3

Pohl, T., & Steinhoff, T. (2010). Textformen als Lernformen. In T. Pohl, T. Steinhoff, H. Günther, U. Bredel, & M. Becker-Mrotzek (Hrsg.), *Textformen als Lernformen* (S. 5–26). Gilles & Francke.

Pratama, M. P., Sampelolo, R., & Lura, H. (2023). Revolutionizing Education: Harnessing the Power of Artificial Intelligence for Personalized Learning. *Klasikal: Journal of Education, Language Teaching and Science, 5*(2), 350–357. https://doi.org/10.52208/klasikal.v5i2.877

Qualitäts- und UnterstützungsAgentur – Landesinstitut für Schule [QUA-LiS NRW] & Ministerium für Schule und Bildung des Landes Nordrhein-Westfalen [MSB NRW]. (2019). *Integration der Ziele des Medienkompetenzrahmens NRW (MKR) in die Kernlehrpläne für die Sekundarstufe I des Gymnasiums.* [Ab 2026 nicht mehr online abrufbar].

Qualitäts- und UnterstützungsAgentur – Landesinstitut für Schule [QUA-LiS NRW] (2020). *Beispiel für einen schulinternen Lehrplan Gymnasium – Sekundarstufe I: Wirtschaft-Politik (Fassung vom 30.01.2020).* [Ab 2026 nicht mehr online abrufbar].

Quasthoff, U. M. (2011). Diskurs- und Textfähigkeiten: Kulturelle Ressourcen ihres Erwerbs. In L. Hoffmann, K. Leimbrink, & U. M. Quasthoff (Hrsg.), *Die Matrix der menschlichen Entwicklung* (S. 210–251). De Gruyter. https://doi.org/10.1515/9783110259766.210

Raab-Steiner, E., & Benesch, M. (2018). *Der Fragebogen: Von der Forschungsidee zur SPSS-Auswertung* (5., aktualisierte und überarbeitete Auflage). utb; facultas.

Rädiker, S., & Kuckartz, U. (2019). *Analyse qualitativer Daten mit MAXQDA: Text, Audio und Video.* Springer VS. https://doi.org/10.1007/978-3-658-22095-2

Redder, A. (2010). Grammatik und sprachliches Handeln in der Funktionalen Pragmatik: Grundlagen und Vermittlungsziele. In Japanische Gesellschaft für Germanistik (Hrsg.), *Grammatik und sprachliches Handeln.* Iudicium, 9–24.

Redder, A. (2016). Theoretische Grundlagen der Wissenskonstruktion im Diskurs. In J. Kilian, B. Brouër & D. Lüttenberg (Hrsg.), *Handbuch Sprache in der Bildung* (S. 297–318). De Gruyter.

Redder, A., Guckelsberger, S., & Graßer, B. (2013). *Mündliche Wissensprozessierung und Konnektierung: Sprachliche Handlungsfähigkeiten in der Primarstufe.* Waxmann.

Reiss, K., Weis, M., Klieme, E., & Köller, O. (Hrsg.). (2019). *PISA 2018: Grundbildung im internationalen Vergleich.* Waxmann. https://doi.org/10.31244/9783830991007

Reitbrecht, S., & Sorger, B. (2018). Operatoren als Marker der Kompetenzorientierung: Eine Analyse des österreichischen Curriculums der Sekundarstufe I. *R&E-SOURCE, S10* (Sonderausgabe). https://journal.ph-noe.ac.at/index.php/resource/article/view/497/553

Reusser, K. (2013). Aufgaben – das Substrat der Lerngelegenheiten im Unterricht. *profil, 3*, 4–6. https://doi.org/10.5167/UZH-87667

Reusser, K., Lipowsky, F., & Pauli, C. (2021). Eine kognitiv aktivierende Lernumgebung gestalten. *Pädagogik, 73*(11), 8–13. https://doi.org/10.5167/UZH-231971

Rezat, S. [Sebastian] (2009). *Das Mathematikbuch als Instrument des Schülers: Eine Studie zur Schulbuchnutzung in den Sekundarstufen.* Vieweg+Teubner. https://doi.org/10.1007/978-3-8348-9628-5

Riebling, L. (2013). Heuristik der Bildungssprache. In I. Gogolin, I. Lange, U. Michel & H. H. Reich (Hrsg.), *Herausforderung Bildungssprache – und wie man sie meistert* (S. 106–153). Waxmann.

Röhl, T. (2015). Auffordern. Postphänomenologische Überlegungen zur Materialität schulischen Unterrichtens. In T. Alkemeyer, H. Kalthoff, & M. Rieger-Ladich (Hrsg.), *Bildungspraxis Körper – Räume – Objekte* (S. 235–260). Velbrück Wissenschaft. https://doi.org/10.5771/9783845277349-233

Roll, H., Bernhardt, M., Enzenbach, C., Fischer, H. E., Forkarth, C., Gürsoy, E., Krabbe, H., Lang, M., Manzel, S., & Uluçam, A. I. (Hrsg.). (2022). *Schreibförderung im Fachunterricht der Sekundarstufe I: Interventionsstudien zu Textsorten in den Fächern Geschichte, Physik, Technik, Politik, Deutsch und Türkisch.* Waxmann.

Roll, H., Bernhardt, M., Enzenbach, C., Fischer, H. E., Gürsoy, E., Krabbe, H., Lang, M., Manzel, S., & Uluçam-Wegmann, I. (Hrsg.). (2019). *Schreiben im Fachunterricht der Sekundarstufe I unter Einbeziehung des Türkischen: Empirische Befunde aus den Fächern Geschichte, Physik, Technik, Politik, Deutsch und Türkisch* (Bd. 48). Waxmann.

Rosebrock, C., Nix, D., Rieckmann, C., & Gold, A. (2019). *Leseflüssigkeit fördern: Lautleseverfahren für die Primar- und Sekundarstufe* (6. Auflage). Klett Kallmeyer.

Rosebrock, C., & Nix, D. (2020). *Grundlagen der Lesedidaktik und der systematischen schulischen Leseförderung* (9., aktualis. Neuauflage). Schneider Verlag Hohengehren.

Rüßmann, L. (2018). *Schreibförderung durch Sprachförderung: Eine Interventionsstudie zur Wirksamkeit sprachlich profilierter Schreibarrangements in der mehrsprachigen Sekundarstufe I.* Waxmann.

Rüßmann, L., Steinhoff, T., Marx, N., & Wenk, A. K. (2016). Schreibförderung durch Sprachförderung? Zur Wirksamkeit sprachlich profilierter Schreibarrangements in der mehrsprachigen Sekundarstufe I unterschiedlicher Schulformen. *Didaktik Deutsch, 21*(40), 41–59. https://doi.org/10.25656/01:16939

Schäfers, S. (2005). *Deutschaufgaben verständlich formulieren: Eine sprachwissenschaftliche Untersuchung schulischer schriftlicher Aufgabenstellungen am Beispiel des Deutschunterrichts in der gymnasialen Oberstufe* [Dissertation, Universität Paderborn]. https://digital.ub.uni-paderborn.de/ubpb/urn/urn:nbn:de:hbz:466-20050101465

Schilcher, A., Krauss, S., Lindl, A., & Hilbert, S. (Hrsg.). (2020). *Fachspezifische Lehrerkompetenzen im Erklären.* Beltz Juventa.

Schilcher, A., & Rincke, K. (2015). Schreiben als Motor für die Auseinandersetzung mit Fach und Sprache: Erklären und Argumentieren. In S. Schmölzer-Eibinger & E. Thürmann (Hrsg.), *Schreiben als Medium des Lernens: Kompetenzentwicklung durch Schreiben im Fachunterricht* (Bd. 8, S. 99–114). Waxmann.

Schleppegrell, M. J. (2004). *The Language of Schooling: A Functional Linguistics Perspective.* Routledge.

Schmellentin, C. (2023). Teilhabe braucht Bildung, Bildung braucht Sprache – Bildungspolitische Herausforderungen für Schule und Hochschule. *Didaktik Deutsch, 28*(54), 17–34. https://doi.org/10.21248/dideu.667

Schmellentin, C., & Lindauer, T. (2020). Sprachbewusster Fachunterricht – Entwicklungsperspektiven für eine interdisziplinäre Fachdidaktik. *Swiss Journal of Educational Research, 42*(3), 669–677. https://doi.org/10.24452/sjer.42.3.11

Schmidt, R. (2020). *Zur Bedeutung didaktischer Artefakte im Rechtschreibunterricht: Eine qualitative Studie zum Gebrauch von Lehr-Lern-Materialien durch Lehrpersonen.* Springer VS.

Schmitz, A., & Oleschko, S. (2017). Die Bedeutung der sprachlichen Bildung im Fachunterricht: Empirische Befunde zur Rezeption und Produktion von Texten aus gesellschaftswissenschaftlichen Bezugsdisziplinen. In M. Becker-Mrotzek, P. Rosenberg, C. Schroeder, & A. Witte (Hrsg.), *Deutsch als Zweitsprache in der Lehrerbildung* (Bd. 2, S. 143–154). Waxmann.

Schmölzer-Eibinger, S., Egger, E., & Dorner, M. (2012). *Sprache in Schulbüchern: Empfehlungen zur Sprachverwendung in Schulbüchern für SchulbuchautorInnen, GutachterInnen und Schulbuchverlage.* BMUKK. https://pubshop.bmbwf.gv.at/index.php?rex_media_type=pubshop_download&rex_media_file=456_sprache_schulbuch.pdf

Schmölzer-Eibinger, S., & Thürmann, E. (Hrsg.). (2015). *Schreiben als Medium des Lernens: Kompetenzentwicklung durch Schreiben im Fachunterricht* (Bd. 8). Waxmann.

Schneider, H., Gilg, E., Dittmar, M., & Schmellentin, C. (2019). Prinzipien der Verständlichkeit in Schulbüchern der Biologie auf der Sekundarstufe 1. In B. Ahrenholz, S. Jeuk, B. Lütke, J. Paetsch, & H. Roll (Hrsg.), *Fachunterricht, Sprachbildung und Sprachkompetenzen* (S. 61–86). De Gruyter. https://doi.org/10.1515/9783110570380-004

Schneider, W., Baumert, J., Becker-Mrotzek, M., Hasselhorn, M., Kammermeyer, G., Rauschenbach, T., Roßbach, H.-G., Rothweiler, M., & Stanat, P. (2012). *Expertise „Bildung durch Sprache und Schrift (BISS)“* (Bund-Länder-Initiative zur Sprachförderung, Sprachdiagnostik und Leseförderung, Hrsg.). https://www.biss-sprachbildung.de/pdf/biss-website-biss-expertise.pdf

Schott, F., & Azizi Ghanbari, S. (2012). *Bildungsstandards, Kompetenzdiagnostik und kompetenzorientierter Unterricht zur Qualitätssicherung des Bildungswesens: Eine problemorientierte Einführung in die theoretischen Grundlagen.* Waxmann.

Schrader, F.-W., & Helmke, A. (2001). Alltägliche Leistungsbeurteilung durch Lehrer. In F. E. Weinert (Hrsg.), *Leistungsmessungen in Schulen* (S. 45–58). Beltz.

Schreiber, J.-R., Siege, H., & Ständige Konferenz der Kultusminister der Länder in der Bundesrepublik Deutschland (Hrsg.). (2016). *Orientierungsrahmen für den Lernbereich globale Entwicklung im Rahmen einer Bildung für nachhaltige Entwicklung: Ein Beitrag zum Weltaktionsprogramm „Bildung für nachhaltige Entwicklung“: Ergebnis des gemeinsamen Projekts der Kultusministerkonferenz (KMK) und des Bundesministeriums für wirtschaftliche Zusammenarbeit und Entwicklung (BMZ), 2004–2015* (2., aktualisierte und erweiterte Auflage). Cornelsen.

Schreier, M. (2014). Varianten qualitativer Inhaltsanalyse: Ein Wegweiser im Dickicht der Begrifflichkeiten. *Forum: Qualitative Social Research/Qualitative Sozialforschung, 15*(1), 1–27.

Schuttkowski, C. (2021). *Sprachsensibler Umgang mit Texten: Zur Wirksamkeit von sprachsensiblen Leseinstruktionen auf das Textverständnis von Schülerinnen und Schülern.* Waxmann. http://lobid.org/resources/99370954940006441

Schwarz, D. (2013). *Utopie und Illusion: Zur Förderung von Lesekompetenz in der Erprobungsstufe.* Universitätsverlag Rhein-Ruhr.

Searle, J. R. (1990). *Ausdruck und Bedeutung: Untersuchungen zur Sprechakttheorie* (3. Auflage). Suhrkamp.

Searle, J. R. (2011). *Ausdruck und Bedeutung: Untersuchungen zur Sprechakttheorie* (6. Auflage). Suhrkamp. http://lobid.org/resources/99018789658020644l

Stalder, F. (2016). *Kultur der Digitalität.* Suhrkamp.

Stanat, P., Schipolowski, S., Schneider, R., Weirich, S., Henschel, S., Sachse, K. A., & Lohbeck, A. (Hrsg.). (2023). *IQB-Bildungstrend 2022: Sprachliche Kompetenzen am Ende der 9. Jahrgangsstufe im dritten Ländervergleich.* Waxmann.

Ständige Konferenz der Kultusminister der Länder in der Bundesrepublik Deutschland [KMK]. (1997). *Grundsätzliche Überlegungen zu Leistungsvergleichen innerhalb der Bundesrepublik Deutschland – Konstanzer Beschluss.* [2026 online nicht mehr abrufbar].

Ständige Konferenz der Kultusminister der Länder in der Bundesrepublik Deutschland [KMK]. (2005). *Bildungsstandards der Kultusministerkonferenz: Erläuterungen zur Konzeption und Entwicklung.* Luchterhand.

Ständige Konferenz der Kultusminister der Länder in der Bundesrepublik Deutschland [KMK]. (2010). *Konzeption der Kultusministerkonferenz zur Nutzung der Bildungsstandards für die Unterrichtsentwicklung.* Carl Link.

Ständige Konferenz der Kultusminister der Länder in der Bundesrepublik Deutschland [KMK]. (2019). *EMPFEHLUNG: Bildungssprachliche Kompetenzen in der deutschen Sprache stärken (Beschluss der Kultusministerkonferenz vom 05.12.2019).* https://www.kmk.org/fileadmin/Dateien/veroeffentlichungen_beschluesse/2019/2019_12_05-Beschluss-Bildungssprachl-Kompetenzen.pdf

Ständige Konferenz der Kultusminister der Länder in der Bundesrepublik Deutschland [KMK]. (2020). *Bildungsstandards im Fach Physik für die Allgemeine Hochschulreife (Beschluss der Kultusministerkonferenz vom 18.06.2020).* Carl Link.

Ständige Konferenz der Kultusminister der Länder in der Bundesrepublik Deutschland [KMK]. (2022a). *Bildungsstandards für das Fach Deutsch. Erster Schulabschluss (ESA) und Mittlerer Schulabschluss (MSA) (Beschluss der Kultusministerkonferenz vom 15.10.2004 und vom 04.12.2003, in der Fassung vom 23.06.2022).* https://www.kmk.org/fileadmin/Dateien/veroeffentlichungen_beschluesse/2022/2022_06_23-Bista-ESA-MSA-Deutsch.pdf

Ständige Konferenz der Kultusminister der Länder in der Bundesrepublik Deutschland [KMK]. (2022b). *Bildungsstandards für das Fach Deutsch Primarbereich (Beschluss der Kultusministerkonferenz vom 15.10.2004, in der Fassung vom 23.06.2022).* https://www.kmk.org/fileadmin/veroeffentlichungen_beschluesse/2022/2022_06_23-Bista-Primarbereich-Deutsch.pdf

Ständige Wissenschaftliche Kommission der Kultusministerkonferenz [SWK] (Hrsg.). (2022). *Basale Kompetenzen vermitteln – Bildungschancen sichern. Perspektiven für die Grundschule. Gutachten der Ständigen Wissenschaftlichen Kommission der Kultusministerkonferenz (SWK). Zusammenfassung.* https://doi.org/10.25656/01:25543

Statistisches Bundesamt. (2023). *Zahl der Schülerinnen und Schüler an ausgewählten allgemeinbildenden Schulen.* https://www.destatis.de/DE/Themen/Gesellschaft-Umwelt/Bildung-Forschung-Kultur/Bildungsindikatoren/schueler-allgmeinbildende-schulen-tabelle.html

Steinhoff, T. (2007). *Wissenschaftliche Textkompetenz: Sprachgebrauch und Schreibentwicklung in wissenschaftlichen Texten von Studenten und Experten.* Max Niemeyer. https://doi.org/10.1515/9783110973389

Steinhoff, T. (2017). Funktionale Schreibdidaktik. In Y. Ekinci, E. Montanari, & L. Selmani (Hrsg.), *Grammatik und Variation: Festschrift für Ludger Hoffmann zum 65. Geburtstag* (S. 321–332). Synchron.

Steinhoff, T. (2018). Schreibarrangements: Impulse für einen lernförderlichen Schreibunterricht. *Der Deutschunterricht, 3,* 2–10.

Steinhoff, T. (2019). Konzeptualisierung bildungssprachlicher Kompetenzen. Anregungen aus der pragmatischen und funktionalen Linguistik und Sprachdidaktik. *Zeitschrift für Angewandte Linguistik, 2019* (71), 327–352. https://doi.org/10.1515/zfal-2019-2019

Steinhoff, T. (2022a). Die digitale Transformation des Schreibens. In M. Knopp, N. Bulut, K. Hippmann, S. Jambor-Fahlen, M. Linnemann, & S. Stephany (Hrsg.), *Sprachliche Bildung in der digitalisierten Gesellschaft: Was wir in Zukunft wissen und können müssen* (S. 143–159). Waxmann.

Steinhoff, T. (2022b). Fokus auf Textprozeduren! Wortschatzarbeit am Beispiel des Argumentierens, Beschreibens und Erklärens. In I. Pohl & W. Ulrich (Hrsg.), *Wortschatzarbeit* (3., aktualisierte und erweiterte Auflage, S. 638–652). Schneider Verlag Hohengehren.

Steinhoff, T. (2023). Der Computer schreibt (mit): Digitales Schreiben mit Word, Whatsapp, ChatGPT & Co. als Koaktivität von Mensch und Maschine. *MiDU – Medien im Deutschunterricht, 5*(1), 1–16. https://doi.org/10.18716/OJS/MIDU/2023.1.4

Steinhoff, T. (2024). Textprozeduren in Interventionsstudien: Methodische Verfahren und theoretische Fragen am Beispiel dreier Feldexperimente. In S. Rezat, E. Grundler, H. Feilke, & S. Schmölzer-Eibinger (Hrsg.), *Textprozeduren in Spannungsfeldern* (S. 95–114). Stauffenburg.

Steinhoff, T. (2025). Künstliche Intelligenz als Ghostwriter, Writing Tutor und Writing Partner. Zur Modellierung und Förderung von Schreibkompetenzen im Zeichen der Automatisierung und Hybridisierung der Kommunikation am Beispiel des Schreibens mit ChatGPT in der 8. Klasse. In C. Albrecht, J. Brüggemann, T. Kretschmann, A. Krommer & C. Meier (Hrsg.), *Personale und funktionale Bildung im Deutschunterricht. Theoretische, empirische und praxisbezogene Perspektiven* (S. 85–99). Metzler. https://doi.org/10.1007/978-3-662-69640-8_7

Steinhoff, T., Borgmeier, H., Brosowski, T., & Marx, N. (2020). Förderung des mündlichen bildungssprachlichen Handelns in den Sachfächern der Sekundarstufe I. In C. Titz, S. Weber, H. Wagner, A. Ropeter, S. Geyer & M. Hasselhorn (Hrsg.), *Sprach- und Schriftsprachförderung wirksam gestalten: Innovative Konzepte und Forschungsimpulse* (S. 135–155). Kohlhammer.

Steinmetz, M. (2020). *Verstehenssupport im Literaturunterricht: Theoretische und empirische Fundierung einer literaturdidaktischen Aufgabenorientierung.* Springer. https://doi.org/10.1007/978-3-658-28378-0

Stephany, S. (2018). *Sprache und mathematische Textaufgaben: Eine empirische Untersuchung zu leser- und textseitigen sprachlichen Einflussfaktoren auf den Lösungsprozess.* Waxmann.

Streiner, D. L. (2003). Starting at the Beginning: An Introduction to Coefficient Alpha and Internal Consistency. *Journal of Personality Assessment*, *80*(1), 99–103. https://doi.org/10.1207/S15327752JPA8001_18

Strödter, C., & Fothe, M. (2012). Experimente zur Verwendung von Operatoren in Aufgabenstellungen im Fach Informatik. *informatica didactica*, *9*. https://dblp.org/rec/journals/didactica/StrodterF12

Struger, J. (2017). *Wissen sichtbar machen: Elemente und Rahmenbedingungen einer epistemisch orientierten Schreibdidaktik*. Studien Verlag.

Struger, J. (2018). Textsorten als Handlungsmuster – ein funktional-pragmatischer Zugang. *ide. Informationen zur Deutschdidaktik. Zeitschrift für den Deutschunterricht in Wissenschaft und Schule*, *42*(2), 74–84.

Struger, J. (2023). Zum Begriff der Bildungssprache. In J. Struger (Hrsg.), *Sprache – Macht – Bildung* (S. 13–35). Frank & Timme. https://doi.org/10.57088/978-3-7329-8979-9_2

Sturm, A. (2024). Hierarchieniedrige Schreibfähigkeiten und Schreibflüssigkeit: Ein mehrdeutiges Konstrukt. *Lernen und Lernstörungen*, *13*(2), 63–74. https://doi.org/10.1024/2235-0977/a000436

Sturm, A., & Beerenwinkel, A. (2020). Schreibendes Lernen im naturwissenschaftlichen Unterricht – Grenzen und Möglichkeiten. *leseforum.ch*. https://www.leseforum.ch/sysModules/obxLeseforum/Artikel/695/2020_2_de_sturm_beerenwinkel.pdf

Sturm, A., Lindauer, N., & Sommer, T. (2018). Rückmelden: Aufgaben- und lernzielbezogenes Feedback. *Der Deutschunterricht*, *70*(3), 80–91.

Surkamp, C. (Hrsg.). (2022). *Bildung für nachhaltige Entwicklung im Englischunterricht: Grundlagen und Unterrichtsbeispiele*. Klett Kallmeyer.

Sweller, J. (2004). Instructional Design Consequences of an Analogy between Evolution by Natural Selection and Human Cognitive Architecture. *Instructional Science*, *32*(1/2), 9–31. https://doi.org/10.1023/B:TRUC.0000021808.72598.4d

Tajmel, T., & Hägi-Mead, S. (2017). *Sprachbewusste Unterrichtsplanung: Prinzipien, Methoden und Beispiele für die Umsetzung*. Waxmann.

Tajmel, T. (2018). Das Konkretisierungsraster: Eine Methode zur systematischen Analyse sprachlicher Anforderungen im Physikunterricht. *Naturwissenschaften im Unterricht. Physik*, *29*(165/166), 60–63.

Tatje, C. (2017). *Die Rolle des Schulbuchs bei der Vermittlung der Europäischen Union: Nutzung und Wirkung im politischen Fachunterricht*. Springer VS.

Thiel, F., Tarkian, J., Lankes, E.-M., Maritzen, N., Riecke-Baulecke, T., & Kroupa, A. (Hrsg.). (2019). *Datenbasierte Qualitätssicherung und -entwicklung in Schulen: Eine Bestandsaufnahme in den Ländern der Bundesrepublik Deutschland*. Springer VS.

Thürmann, E. (2014). Bildungssprachliche Kompetenz. In J. Grabowski (Hrsg.), *Sinn und Unsinn von Kompetenzen: Fähigkeitskonzepte im Bereich von Sprache, Medien und Kultur* (S. 73–92). Barbara Budrich.

Thürmann, E., Krabbe, H., Platz, U., & Schumacher, M. (2017). *Sprachbildung als Aufgabe aller Fächer und Lernbereiche: Erfahrungen mit Sprachberatung an Ganz-In-Gymnasien*. Waxmann.

Thürmann, E., Pertzel, E., & Schütte, A. U. (2015). Der schlafende Riese: Versuch eines Weckrufs zum Schreiben im Fachunterricht. In S. Schmölzer-Eibinger & E. Thürmann (Hrsg.), *Schreiben als Medium des Lernens: Kompetenzentwicklung durch Schreiben im Fachunterricht* (S. 17–45). Waxmann.

Thürmann, E., & Vollmer, H. J. (2017). Sprachliche Dimensionen fachlichen Lernens. In M. Becker-Mrotzek & H.-J. Roth (Hrsg.), *Sprachliche Bildung – Grundlagen und Handlungsfelder* (S. 299–320). Waxmann.

Tindall-Ford, S., Agostinho, S., & Sweller, J. (Hrsg.). (2020). *Advances in Cognitive Load Theory: Rethinking Teaching*. Routledge. https://doi.org/10.4324/9780429283895

Tyler, R. W. (1973). *Curriculum und Unterricht*. Pädagogischer Verlag Schwann.

Valverde, G. A., Bianchi, L. J., Wolfe, R. G., Schmidt, W. H., & Houang, R. T. (2002). *According to the Book: Using TIMSS to Investigate the Translation of Policy into Practice Through the World of Textbooks*. Springer. https://doi.org/10.1007/978-94-007-0844-0

van Ackeren, I., Klemm, K., & Kühn, S. M. (2015). *Entstehung, Struktur und Steuerung des deutschen Schulsystems: Eine Einführung* (3., überarbeitete und aktualisierte Auflage). Springer VS. https://doi.org/10.1007/978-3-531-20000-2

van der Weel, F. R., & van der Meer, A. L. H. (2024). Handwriting But Not Typewriting Leads to Widespread Brain Connectivity: A High-Density EEG Study with Implications for the Classroom. *Frontiers in Psychology*, *14*, Article *1219945*. https://doi.org/10.3389/fpsyg.2023.1219945

van Dijk, T. A., & Kintsch, W. (1983). *Strategies of Discourse Comprehension*. Academic Press.

van Ophuysen, S., Schürer, S., & Bloh, B. (2021). Die Gestaltung des Übergangs zur Weiterführenden Schule – Welche Maßnahmen wurden und werden an Grundschulen in NRW praktiziert? *Zeitschrift für Grundschulforschung*, *14*(1), 149–167. https://doi.org/10.1007/s42278-020-00101-8

VERBI Software. (2022). MAXQDA 2022 [Computer software]. https://www.maxqda.com/

Verhavert, S., De Maeyer, S., Donche, V., & Coertjens, L. (2018). Scale Separation Reliability: What Does It Mean in the Context of Comparative Judgment? *Applied Psychological Measurement*, *42*(6), 428–445. https://doi.org/10.1177/0146621617748321

Vollmer, H. J. (2011, November 26). *Schulsprachliche Kompetenzen: Zentrale Diskursfunktionen* [Unveröffentlichtes Manuskript]. Universität Osnabrück. https://www.home.uni-osnabrueck.de/hvollmer/VollmerDF-Kurzdefinitionen.pdf

Vollmer, H. J., & Thürmann, E. (2010). Zur Sprachlichkeit des Fachlernens: Modellierung eines Referenzrahmens für Deutsch als Zweitsprache. In B. Ahrenholz (Hrsg.), *Fachunterricht und Deutsch als Zweitsprache* (S. 107–132). Narr.

Vygotskij, L. (2003). *Ausgewählte Schriften: Band 2* (J. Lompscher, Hrsg.). Lehmanns Media.

Weinbrenner, P. (1995). Grundlagen und Methodenprobleme sozialwissenschaftlicher Schulbuchforschung. In R. Olechowski (Hrsg.), *Schulbuchforschung* (S. 21–45). Lang.

Weinert, F. E. (Hrsg.). (2001). *Leistungsmessungen in Schulen*. Beltz.

Weißeno, G., & Götzmann, A. (2020). Empirische Analysen zur politischen Fachsprache in Schulbüchern – ein Trendbericht. In I. Juchler (Hrsg.), *Politik und Sprache: Handlungsfelder politischer Bildung* (S. 139–153). Springer. https://doi.org/10.1007/978-3-658-30305-1_11

Wellenreuther, M. (2018). *Lehren und Lernen – aber wie?: Ein Studienbuch für das Lehramtsstudium* (9., vollständig überarbeitete und erweiterte Auflage). Schneider Verlag Hohengehren.

Wey, S. (2022). *Wie Sprache dem Verstehen hilft: Ergebnisse einer Interventionsstudie zu sprachsensiblem Geographieunterricht*. Springer VS.

Wiater, W. (Hrsg.). (2003). *Schulbuchforschung in Europa – Bestandsaufnahme und Zukunftsperspektive*. Julius Klinkhardt.

Wiater, W. (2015). Die Bildungssprache im Schulbuch. *Mitteilungen des Deutschen Germanistenverbandes, 62*(4), 323–329. https://doi.org/10.14220/mdge.2015.62.4.323

Wild, J., & Pissarek, M. (o.J.). *RATTE 2.0. Regensburger Analysetool für Texte*. http://ratte.lesedidaktik.net/

Winkler, I. (2011). *Aufgabenpräferenzen für den Literaturunterricht: Eine Erhebung unter Deutschlehrkräften*. Springer VS. https://doi.org/10.1007/978-3-531-92698-8

Wintergerst, R. (2023). *Digitale Schulen aus Perspektive von Schülerinnen und Schülern*. Bitkom. https://www.bitkom.org/sites/main/files/2023-08/Bitkom-Praesentation-Schuelerstudie-2023.pdf

Wurm, C. (Hrsg.). (2015). *Auf den Punkt gebracht: Deutscher Wortschatz zur Textarbeit*. Klett.

FSC
www.fsc.org
MIX
Papier | Fördert
gute Waldnutzung
FSC® C083411

Kolibri 360 GmbH
Ferdinand-Jühlke-Straße 7
99095 Erfurt, Deutschland
produktsicherheit@kolibri360.de